U0325186

Color Atlas of Medical Bacteriology

3rd Edition

医学细菌学彩色图谱

第3版

著　者　[美] 路易斯·德拉马扎（Luis M. delaMaza）
[美] 玛丽·佩兹洛（Marie T. Pezzlo）
[美] 卡西亚娜·比滕古（Cassiana E. Bittencourt）
[美] 埃琳娜·彼得森（Ellena M. Peterson）
主　译　王嫩寒

WILEY

CNS K 湖南科学技术出版社 · 长沙
国家一级出版社　全国百佳图书出版单位

图书在版编目（CIP）数据

医学细菌学彩色图谱 /（美）路易斯·德拉马扎等著;王嫩寒主译. — 3版. -- 长沙 ： 湖南科学技术出版社, 2023.9
（国际临床经典指南系列丛书）
ISBN 978-7-5710-2024-8

Ⅰ. ①医… Ⅱ. ①路… ②王… Ⅲ. ①细菌学－图谱
Ⅳ. ①Q939.1-64

中国国家版本馆CIP数据核字(2023)第019614号

Title: Color Atlas of Medical Bacteriology,Third edition by Luis M. de la Maza, Marie T. Pezzlo, Cassiana E. Bittencourt and Ellena M. Peterson,ISBN: 9781683670353

著作权登记号 18-2023-066

YIXUE XIJUNXUE CAISE TUPU

医学细菌学彩色图谱

著　　者：［美］路易斯·德拉马扎［美］玛丽·佩兹洛［美］卡西亚娜·比腾古［美］埃琳娜·彼得森
主　　译：王嫩寒
出 版 人：潘晓山
出版统筹：张忠丽
责任编辑：李　忠　杨　颖
特约编辑：王超萍
出版发行：湖南科学技术出版社
社　　址：长沙市芙蓉中路一段416号泊富国际金融中心
网　　址：http://www.hnstp.com
湖南科学技术出版社天猫旗舰店网址：
　　　　　http://hnkjcbs.tmall.com
邮购联系：0731-84375808
印　　刷：湖南凌宇纸品有限公司
　　　　（印装质量问题请直接与本厂联系）
厂　　址：长沙县黄花镇黄垅新村工业园财富大道16号
邮　　编：410137
版　　次：2023年9月第1版
印　　次：2023年9月第1次印刷
开　　本：889mm×1194mm　1/16
印　　张：22
字　　数：660千字
书　　号：ISBN 978-7-5710-2024-8
定　　价：198.00元

作者简介

路易斯·德拉马扎（Luis M. de la Maza）

西班牙人，马德里大学 MD，明尼苏达大学 Ph.D。在波士顿和明尼苏达州完成病理学和实验室医学的住院医师培训课程后，路易斯博士在美国国立卫生研究院（NIH）学习了 4 年，研究腺病毒相关的分子结构和生物学特性。1979 年，担任美国加州大学尔湾分校医学院医学微生物学部主任，同时也是临床实验室科学家培训计划的负责人。他的研究集中在沙眼衣原体疫苗上。

玛丽·佩兹洛（Marie T. Pezzlo）

玛丽·佩兹洛在康涅狄格大学和圣约瑟夫学院获得学士学位和理学硕士学位，以及医学技术专家认证。她对临床微生物学的热情始于 Raymond Bartlett 博士在哈特福德医院担任院长期间。8 年后，她成为美国加州大学尔湾医学中心医学微生物学部门的高级主管。她的研究兴趣一直集中在微生物的快速检测上，尤其是尿路感染。在她的职业生涯中，一直是美国微生物学会的活跃成员，在该学会的许多活动中担任志愿者。

卡西亚娜·比滕古（Cassiana E. Bittencourt）

巴西人，在桑托斯大都会大学获得博士学位。她在美国南佛罗里达州大学学习，成为病理住院医师，现为美国德克萨斯大学西南医学中心的微生物学研究员。她在解剖和临床病理学以及医学微生物学方面获得了美国病理学委员会的认证。2016 年，她加入美国加州大学病理部，担任尔湾分校医学院医学微生物学分部的医学主任。她目前的研究方向包括传染病组织学、非培养方法的应用和住院医师培训。

埃琳娜·彼得森（Ellena M. Peterson）

美国旧金山大学学士，乔治城大学微生物学和免疫学博士。1978 年，埃琳娜加入了美国加州大学尔湾分校医学院病理部。在任职期间，曾担任医学院招生副院长和临床微生物学实验室副主任，目前是临床实验室科学家项目的项目总监。她的研究重点是衣原体的致病性。

译者委员会

主　译　王嫩寒　北京市疾病预防控制中心

副主译　蹇明盛　安宁市第一人民医院

　　　　　何建林　云南大学附属医院

　　　　　赵　越　广东省人民医院（广东省医学科学院）

译　者　唐喜军　珠海市中西医结合医院

　　　　　邓碧凡　贺州市人民医院

　　　　　靳子健　中日友好医院

前　言

在第三个千年即将到来之际，当沃森和克里克的名字比科赫和巴斯德更为医学生们所熟悉，当核酸扩增试验和基质辅助激光解析电离 - 飞行时间质谱仪正在逐渐取代手工鉴定方法时，谁还需要细菌学图谱？

传统上，细菌诊断学在很大程度上依赖于革兰氏染色或细菌在琼脂平板上的生长情况。虽然已经出版过很多关于这一主题的教科书，但大多是对微生物的文字描述，很少有图像。在某种程度上，我们出版本图谱第一版的动机是为自己的讲座和实验室演示寻找插图。然而，医学细菌学是动态变化的，特别是在分类学和方法学上经常发生变动。因此，我们要迎接更新带来的挑战。

在第 3 版《医学细菌学彩色图谱》中，我们加入了典型革兰氏染色、菌落形态和生化反应的新插图，并对一些微生物组织病理学进行了大篇幅的讲解。该版还包括一些新的章节，论述了实验室的全面自动化。在本书的第 42 章中，我们设计了速览表，总结第 3 版中涉及的细菌的关键细节。到目前为止，“全实验室自动化”的实施仅限于大型实验室，但一些自动化设备在中型实验室中也有使用。速览一章的目的是为从事临床检验工作的实验室人员提供帮助，大多数情况下，他们需要快速识别特定细菌分离株的一些典型特征。同时，本书也可以为备考的学生提供快速“复习”资料，以便“临时抱佛脚”。

本书的每个章节都有一个简短的介绍，主要是图谱的背景资料。若想深入了解某种微生物，读者需参考其他优秀的教科书和手册。本书的结构参考了许多图书，后续会有介绍，特别参考了 ASM 出版社出版的《临床微生物学手册》第 12 版（MCM12）。我们对本图谱中出现的任何错误负责。本图谱包含的特定微生物的图片数量与其分离频率或临床相关性不一定成正比。某些细菌具有可变、独特或罕见的特征，在本书中尽可能提供这些细菌的代表性样本。希望这本图谱会成为您的得力帮手。

基因组学和蛋白质组学的应用带来了微生物临床诊断学的革命。然而，和杰纳斯一样，所有革命都有两面性。从积极的一面来看，这些新方法有助于提高临床实验室对多种微生物鉴定的敏感性和特异性。同时也提高了菌种鉴定的效率，能够更有效地进行患者的治疗管理。在我们能够充分利用这些新技术之前，仍然面临重大挑战。首先，人类微生物组异常复杂，要想对其数据进行充分地收集、分类和解读，需要投入大量科研资源。然而，在能够充分利用这些技术之前，我们必须学会如何处理杰纳斯的第二张脸。分类学的进步，能够指导临床医生进行更具体、更有针对性的治疗，对治疗产生非常积极的影响，但也给微生物实验室带来了实际问题：即如何将这些技术的改变渗入到日常工作当中，既能满足临床医生的需要，又能避免潜在的负面结果。因此，目前迫切需要为定义新的微生物族、属和种建立明确的指南。这些指南应该由不同专业领域的专家共同商讨编写，应涵盖分类学、生物学和保健医学等。

随着基因组学和蛋白质组学的日益广泛应用，实验室中细菌的显著类型、形状和颜色等表型特征正迅速被只能通过仪器测量的信号所取代。在不久的将来，我们将向我们的后代展示这本图谱中许多已成为遥远记忆的图像。那么现在，让我们尽情享受这个五彩缤纷的美丽细菌世界。

参考文献

Carroll KC, Pfaller MA, Landry ML, McAdam AJ, Patel R, Richter SS, Warnock DW (ed). 2019. Manual of Clinical Microbiology, 12th ed. ASM Press, Washington, DC.

Doern CD. 2018. Pocket Guide to Clinical Microbiology, 4th ed. ASM Press, Washington, DC.

Jousimies - Somer HR, Summanen P, Citron DM, Baron EJ, Wexler HM, Finegold SM. 2002. Wadsworth - KTL Anaerobic Bacteriology Manual, 6th ed. Star Publishing Co, Inc, Redwood City, CA.

Mahon CR, Lehman DC. 2019. Textbook of Diagnostic Microbiology, 6th ed. WB Saunders Co, Philadelphia, PA.

Milner DA. 2019. Diagnostic Pathology: Infectious Diseases, 2nd ed. Elsevier, Philadelphia, PA.

Murray PR, Rosenthal KS, Pfaller MA. 2016. Medical Microbiology, 8th ed. Elsevier, Philadelphia, PA.

Procop GW, Church DL, Hall GS, Janda WM, Koneman EW, Schreckenberger PC, Woods GL. 2017. Koneman's Color Atlas and Textbook of Diagnostic Microbiology, 7th ed. Wolters Kluwer Health, Lippincott Williams & Wilkins, Philadelphia, PA.

Tille PM. 2017. Bailey and Scott's Diagnostic Microbiology, 14th ed. Elsevier, Philadelphia, PA.

Walsh TJ, Hayden RT, Larone DH. 2018. Larone's Medically Important Fungi: A Guide to Identification, 6th ed. ASM Press, Washington, DC.

致　谢

感谢在本书诞生之路上辛勤付出的人。首先，要感谢美国加州大学尔湾医学中心医学微生物学部门的全体工作人员。感谢我们在奥兰治县卫生局现在和过去的同事们，特别是 Douglas Moore, Paul Hannah, Douglas Schan 和 Tamra Townsen。他们为这本涵盖高致病性微生物的第一版图册的问世提供了非常宝贵的帮助。我们还要感谢 Alan G. Barbour、Philippe Brouqui、J. Stephen Dumler、Ted Hackstadt、Barbara McKee、James Miller 和 Christopher D. Paddock 的贡献，他们提供了关键的图片和标本，使我们的工作更加轻松。感谢美国得克萨斯州大学奥斯汀分校西南医学中心的 Dominick Cavuoti 博士对这一版书中组织病理学图像方面的帮助和重大贡献。此外，我们还要感谢以下公司：AdvanDX, Inc., Anaerobe Systems, APAS Independence, BD Diagnostic Systems, bioMérieux, Inc., COPAN Diagnostics, Dade Behring Inc., EY Laboratories, Hardy Diagnostics, Quidel, Thermo Scientific Remel Products, Inc., and Roche Diagnostics Systems，他们为我们提供了各种微生物、培养基、试剂、材料和照片。

技术说明

本书中的显微镜照片是用蔡司通用显微镜（卡尔蔡司公司，德国）拍摄的，该显微镜配备蔡司和奥林巴斯（日本奥林巴斯光学公司）镜头。大多数组织病理学图像是使用尼康 Eclipse Ci 显微镜、尼康透镜和配备数字尼康 DS-Fi1（日本尼康公司）相机的尼康目镜 CFI 10x/22 或配备数字尼康 Coolpix 4500 相机的尼康 Eclipse 50i 显微镜、尼康透镜和尼康目镜 CFI 10x/22 拍摄。革兰氏染色和抗酸染色的最终放大倍数为 ×1200。

大多数宏观图像都是用带有卡尔蔡司 S 平面 60 mm f/2.8 镜头的 Contax RTS 相机和带有 Micro-Nikkor 55 mm f/3.5 镜头的尼康 EL 相机拍摄。一部分图片是用透镜奥林巴斯 SP-800UZ 14MP 数码相机配备 30 倍宽光学镜头，4.9－147 毫米 1:2.8－5.6 拍摄。

模拟设备使用普罗维亚 100F 和 400F 专业富士铬胶片（日本东京富士照相胶片有限公司）和柯达罗马 25 专业胶片（纽约罗切斯特伊士曼柯达有限公司）。

目 录

第 1 章　葡萄球菌属、微球菌属和其他过氧化氢酶阳性球菌…… 1
第 2 章　链球菌属…… 10
第 3 章　肠球菌属…… 21
第 4 章　气球菌属、乏养菌属和其他革兰氏阳性需氧球菌…… 26
第 5 章　革兰氏阳性棒状杆菌…… 31
第 6 章　李斯特菌属和丹毒丝菌…… 42
第 7 章　芽孢杆菌属…… 47
第 8 章　诺卡菌属、红球菌属、马杜拉放线菌属、链霉菌属、戈登菌属和其他需氧放线菌…… 53
第 9 章　分枝杆菌属…… 59
第 10 章　肠杆菌目简介…… 77
第 11 章　埃希菌属、志贺菌属和沙门菌属…… 88
第 12 章　克雷伯菌属、肠杆菌属、柠檬酸杆菌属、克罗诺杆菌属、沙雷菌属、邻单胞菌属和其他肠杆菌科菌属…… 96
第 13 章　耶尔森菌属…… 111
第 14 章　弧菌科…… 116
第 15 章　气单胞菌属…… 122
第 16 章　假单胞菌属…… 126
第 17 章　伯克霍尔德菌属、寡养单胞菌属、罗尔斯顿菌属、贪铜菌属、潘多拉菌属、短波单胞菌属、丛毛单胞菌属、代尔夫特和食酸菌属…… 131
第 18 章　不动杆菌属、金黄杆菌属、莫拉菌属、甲基杆菌属和其他非发酵革兰氏阴性杆菌…… 137
第 19 章　放线杆菌属、凝聚杆菌属、二氧化碳嗜纤维菌属、艾肯菌属、金氏菌属、巴斯德菌属和其他苛养菌或罕见的革兰氏阴性杆菌…… 147
第 20 章　军团菌属…… 157

第 21 章　奈瑟菌属 …… 160
第 22 章　嗜血杆菌属 …… 166
第 23 章　鲍特菌属及其相关菌属 …… 171
第 24 章　布鲁菌属 …… 176
第 25 章　巴尔通体属 …… 179
第 26 章　弗朗西斯菌属 …… 182
第 27 章　厌氧菌简介 …… 184
第 28 章　梭菌属和梭状芽孢杆菌属 …… 192
第 29 章　消化链球菌属、芬戈尔德菌属、厌氧球菌属、嗜胨菌属、*Cutibacterium*、乳杆菌属、放线菌属和其他革兰氏阳性厌氧无芽孢菌 …… 203
第 30 章　拟杆菌属、卟啉单胞菌属、普里沃菌属、梭杆菌属和其他革兰氏阴性厌氧菌 …… 214
第 31 章　弯曲菌属和弓形杆菌属 …… 221
第 32 章　螺杆菌属 …… 226
第 33 章　衣原体 …… 230
第 34 章　支原体和脲原体 …… 234
第 35 章　钩端螺旋体属、疏螺旋体属、密螺旋体属和短螺旋体属 …… 237
第 36 章　立克次体属、东方体属、埃立克体属和柯克斯体属 …… 245
第 37 章　惠普尔养障体 …… 251
第 38 章　抗生素敏感性试验 …… 252
第 39 章　细菌感染的分子诊断 …… 258
第 40 章　实验室自动化 …… 277
第 41 章　染色、培养基、试剂和组织病理学 …… 283
第 42 章　速览：细菌 …… 306

第 1 章 葡萄球菌属、微球菌属和其他过氧化氢酶阳性球菌

葡萄球菌属（*Staphylococcus*）、微球菌属（*Micrococcus*）、考克氏菌属（*Kocuria*）和不动盖球菌属（*Kytococcus*）的成员都是过氧化氢酶阳性的革兰氏阳性球菌，多成对或成簇出现。这些微生物可以在哺乳动物和鸟类的皮肤和黏膜表面定植。葡萄球菌属是重要的人类致病菌，而本章中提到的其他菌属在人类感染中的作用较小，因此将单独讨论。

一般来说，根据能否使兔血浆凝固，葡萄球菌属的成员可分为凝固酶阳性的葡萄球菌（即金黄色葡萄球菌）和凝固酶阴性葡萄球菌（coagulase-negative staphylococci，CoNS），即其他葡萄球菌。导致人类感染最常见的葡萄球菌是金黄色葡萄球菌，它是人类发病甚至死亡的主要原因。金黄色葡萄球菌可通过释放毒素入血致病，或直接侵入和破坏组织而致病，其感染可以是浅表皮肤感染，也可能是致命的全身感染。当皮肤完整性受到破坏时，金黄色葡萄球菌可通过皮肤破损处侵入人体，引起感染。较常见的金黄色葡萄球菌感染包括疖、毛囊炎、蜂窝织炎和脓疱病等。当宿主免疫功能低下时，感染风险增加。金黄色葡萄球菌引起的全身感染有败血症，可导致感染部位远处的细菌植入，造成骨髓炎、肺炎和心内膜炎等。产毒性金黄色葡萄球菌菌株能引发大疱性脓疱病、烫伤样皮肤综合征和中毒性休克综合征等。金黄色葡萄球菌也是引起食物中毒的原因之一，因为它可以在土豆沙拉、冰淇淋和蛋羹等食物中产生肠毒素。摄入含有毒素的食物后 2~8h 内，可出现剧烈呕吐和腹泻等症状。

CoNS，尤其是表皮葡萄球菌（*Staphylococcus epidermidis*）、腐生葡萄球菌（*Staphylococcus saprophyticus*）、溶血葡萄球菌（*Staphylococcus haemolyticus*）、路邓葡萄球菌（*Staphylococcus lugdunensis*）和施氏葡萄球菌（*Staphylococcus schleiferi*），是常见的人类致病菌。其中，表皮葡萄球菌是引起医疗保健相关感染的主要原因，尤其是在免疫功能低下的宿主中，感染风险增加。由于 CoNS 是正常皮肤和黏膜微生物群的成员，从临床标本中分离出的 CoNS，经常被视为污染菌，其致病性可被忽视。与金黄色葡萄球菌不同，CoNS 感染的临床表现多是亚急性的，这也使得 CoNS 感染更不易被鉴别。CoNS 的一个重要毒力特性是它们能够在留置或植入设备的表面形成生物膜，因此，CoNS 是血管内感染的常见病原体。表皮葡萄球菌也是引起心内膜炎的原因之一，并且多与静脉吸毒者的右侧心内膜炎有关。腐生链球菌是年轻、性活跃女性非复杂性尿路感染的主要原因，在该患者群体中的发病率仅次于大肠埃希菌。在最新定义的人类致病菌中，邓路葡萄球菌和施氏葡萄球菌与严重感染有关，包括心内膜炎、败血症、关节炎和关节感染等。路邓葡萄球菌更常见定植于腰部以下的皮肤和组织，并引起感染（如疖和脓肿），有时其临床表现更像金黄色葡萄球菌感染，而不像是 CoNS。这类细菌可引起侵袭性感染，如心内膜炎，死亡率极高。因此，快速准确地识别致病菌，对于迅速开始适当的抗菌治疗非常重要。其他种类的 CoNS 也可引起多种感染，但发病率较低。

金黄色葡萄球菌和 CoNS 感染的一个日益严重的问题是细菌对抗菌药物，特别是甲氧西林的耐药性。在大多数耐甲氧西林金黄色葡萄球菌（methicillin-resistant *S. aureus*，MRSA）菌株中，耐药的发生是由于青霉素结合蛋白的产生，主要是 PBP2a 或 PBP2c，分别由 *mecA* 或 *mecC* 基因编码，并由一个移动遗传单元携带，称为 SCCmec。β-内酰胺酶产生过剩的致病菌在 MRSA 或耐甲氧西林的凝固酶阴性葡萄球菌中占比较小。近年来，

还分离出对万古霉素敏感性降低的金黄色葡萄球菌菌株。这些菌株被称为万古霉素中介金黄色葡萄球菌（vancomycin-intermediate *S. aureus*，VISA）；当万古霉素 MIC≥16 μg/mL，称为万古霉素耐药金黄色葡萄球菌（vancomycin-resistant *S. aureus*，VRSA）；当菌株对糖肽类抗生素有一定敏感性时，称为糖肽类中介型金黄色葡萄球菌（glycopeptide-intermediate *S. aureus*，GISA）。虽然目前发现的这类菌株较少，但它们对严重金黄色葡萄球菌感染的有效治疗构成潜在威胁。

MRSA 的检测比较困难，因为不同亚群表现出不同程度的耐药性，称为异质性耐药。在用纸片扩散法或 MIC 法检测 MRSA 时，常用抗生素有头孢西丁和苯唑西林，但头孢西丁的敏感性比苯唑西林更高。一些分子学检测方法，如直接检测 *mecA* 基因，以及使用针对变异的 PBP2a 蛋白单克隆抗体的快速检测技术，可用于避免 MRSA 体外敏感性检测中存在的一些问题。此外，由于快速鉴定金黄色葡萄球菌阳性培养物，特别是 MRSA，在后续治疗中至关重要，目前已生产出包被有金黄色葡萄球菌和 MRSA 的引物和探针的核酸检测产品和单个核酸扩增产品。根据检测方法的不同，这些产品可以直接检测临床标本，或检测血液培养物中成对或成群生长的革兰氏阳性球菌。此外，也可以通过核酸扩增或使用选择性显色琼脂从鼻腔培养物中筛选 MRSA。通过标准敏感性方法识别 VISA 菌株仍然是一项挑战；具有较高万古霉素 MIC 的 VRSA 菌株可通过肉汤稀释法、自动化选择系统和含有 6 μg/mL 万古霉素的筛选琼脂进行鉴定。

在 35 ℃的有氧环境中培养 24~48 h 后，葡萄球菌可在各种培养基上快速生长，菌落直径 1~3 mm。在血琼脂平板上，葡萄球菌产生白色至奶油色、不透明的菌落。金黄色葡萄球菌菌落通常呈奶油色，但偶尔也有黄色或金色的色素产生，这是该菌种命名的由来。金黄色葡萄球菌具有 β-溶血性。在同一培养基中看到大小不同的菌落并不稀奇，这是几种异质耐药 MRSA 菌株共有的表型特征。CoNS，尤其是表皮葡萄球菌，产生白色菌落；其他 CoNS 菌株和菌种的菌落可能带有轻微的乳脂。一般来说，CoNS 菌株是非溶血性的，也有一些细菌在血液琼脂平板上产生一个小的 β-溶血环。

由于金黄色葡萄球菌经常在混合培养中分离出，因此可使用选择性培养基和鉴别培养基进行分离培养，有助于在临床样本中鉴别出，特别是鼻拭子，多用于金黄色葡萄球菌的筛查。例如甘露醇盐琼脂平板，其中高浓度的盐（7.5%）可抑制许多其他微生物的生长。金黄色葡萄球菌可以发酵甘露醇，甘露醇和培养基中的酚红指示剂有助于区别金黄色葡萄球菌和 CoNS。但是，由于其他一些微生物也可以在这种培养基上生长，且 CoNS 菌株也可以发酵甘露醇，因此需要进行额外的检测。如上所述，对 MRSA 的选择性和鉴别性的显色培养基更常用于筛选鼻标本培养物。

除了其独特的革兰氏染色形态（成对和成群的革兰氏阳性球菌），这些微生物的一个共同特征是过氧化氢酶阳性。凝固酶可将纤维蛋白原转化为纤维蛋白，通过凝固酶试验可检测某种细菌凝固血浆的能力，有助于区分金黄色葡萄球菌和其他形态相似的细菌。将待鉴定的微生物悬液接种到含有乙二胺四乙酸（EDTA）的兔血浆中，并在 35 ℃下培养 4 h。轻轻倾斜试管，观察是否有血凝块形成。如果试验在 4 h 时呈阴性，则培养延长至 24 h 再观察。4 h 读数非常重要，因为某些菌株可产生纤溶蛋白，在长时间培养时可溶解血凝块，导致结果假阴性。一些 MRSA 菌株产生非常弱的凝固酶反应，也可导致结果阴性。也可通过玻片凝集试验检测结合凝固酶（或称聚集因子）。在玻片凝集试验中，将一滴菌悬液滴在玻片上，加入一滴兔血浆使其乳化。如果存在结合凝固酶，则微生物会凝集。为了使该试验结果更准确，需要使用生理盐水代替血浆来检查自身凝集。在对照组中，路邓葡萄球菌和施氏葡萄球菌也可表现为结合凝固酶阳性，但可通过阴性试管凝固试验与金黄色葡萄球菌进行区分。或者，可以使用商品化的测试产品，这些产品中，乳胶颗粒表面包被有血浆、免疫球蛋白或（在某些版本的产品中）更常见的多糖抗原的抗体。血浆可检测结合聚集因子，而免疫球蛋白可结合蛋白 A，多糖抗原的抗体可结合金黄色葡萄球菌表面的血清型抗原。但是，由于结合凝固酶和蛋白 A 水平较低，一些 MRSA 菌株在这些检测中可能呈阴性，并且由于某些 CoNS 分离株上存在多糖抗原，可能出现假阳性反应。

产生弱凝固酶反应的金黄色葡萄球菌菌株可通过 DNA 酶试验或耐热核酸内切酶试验进行进一步鉴定。金黄色葡萄球菌和施氏葡萄球菌有降解

DNA 的酶、脱氧核糖核酸酶和耐热核酸内切酶。以上两种试验均使用相同的琼脂基础培养基，琼脂中含有 DNA 和异染性染料甲苯胺蓝 O。在培养皿上滴加高浓度的微生物悬液。35 ℃培养 24 h 后，菌落周围出现粉红色薄雾，与培养基的蔚蓝底色形成对比。在耐热核酸内切酶试验中，将微生物悬浮液煮沸后再滴在 DNA 板上。

CoNS 可根据其对所选药剂（最常用的是新生霉素）以及关键生物化学物质的敏感性特征，进行菌种水平的鉴定。多种商品化检测产品结合了几种生化测试，以区分不同的 CoNS。虽然大多数具有临床意义的 CoNS 都是新生霉素敏感的，但腐生葡萄球菌对新生霉素耐药。其他可用于鉴别 CoNS 的试验包括磷酸酶活性试验、乙酰甲基甲醇产生试验、多黏菌素敏感性试验、吡咯烷酰芳酰胺酶活性试验和糖类产酸试验等。

目前，虽然生化试验仍然用于葡萄球菌菌株的菌种鉴定，但基质辅助激光解吸电离飞行时间质谱（matrix-assisted laser desorption ionization-time of flight，MALDI-TOF）正在迅速取代传统的生化试验。

过去的一些曾属于微球菌属，并可对人类致病的菌种已被重新划分为考克氏菌属（*Genera Kocuria*）和不动盖球菌属（*Kytococcus*）。尽管进行了重新分类，这些菌种常统称为微球菌属。微球菌属的 G+C 含量高于葡萄球菌属。它们也是常见的皮肤定植菌，具有比较低的致病力。这些微生物的感染多发生在免疫功能低下的宿主身上。藤黄微球菌（*Micrococcus luteus*）和其他一些致病菌与多种感染有关，包括脑膜炎、中枢神经系统分流装置感染、心内膜炎和化脓性关节炎等。

微球菌属，除了成对和成簇排列，还可以表现为四分体。与葡萄球菌一样，在实验室条件下，它们很容易生长，并可以用各种培养基分离。但是，与葡萄球菌相比，微球菌生长较慢，在 35 ℃下培养 24 h 后出现较小的菌落。此外，根据菌种的不同，菌落颜色可以从奶油色到黄色（藤黄微球菌）或玫瑰红。与 CoNS 一样，有多种商品化试剂盒可用于菌种的鉴定，包括脲酶试验、糖类产酸试验、七叶皂苷试验和明胶试验等。杆菌肽、溶葡萄球菌酶和呋喃唑酮可用于区分葡萄球菌和微球菌。一般来说，葡萄球菌对杆菌肽（0.04 μg 纸片）具有耐药性，而微球菌对杆菌肽敏感；呋喃唑酮（100 μg 纸片）和溶葡萄球菌酶（200 μg 纸片）则相反，微球菌对二者具有耐药性。MALDI-TOF 有助于微球菌属的菌种鉴定，随着越来越多的菌株特征被添加到现有数据库中，该方法正迅速成为微球菌属鉴定的首选方法。

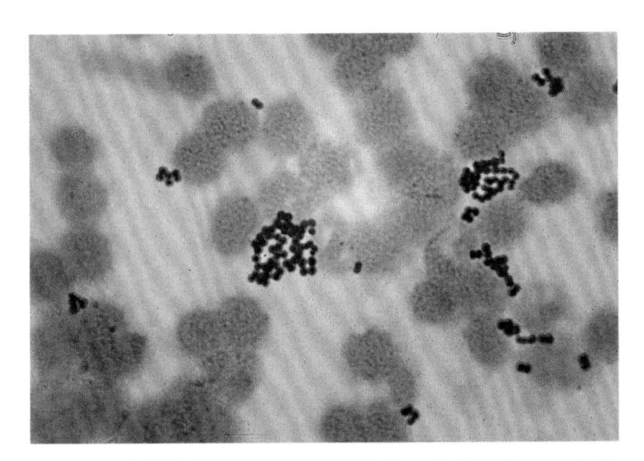

图 1-1　**金黄色葡萄球菌革兰氏染色。**对血培养阳性物进行革兰氏染色，发现葡萄簇状革兰氏阳性球菌。传代培养至固体培养基，可分离得到金黄色葡萄球菌

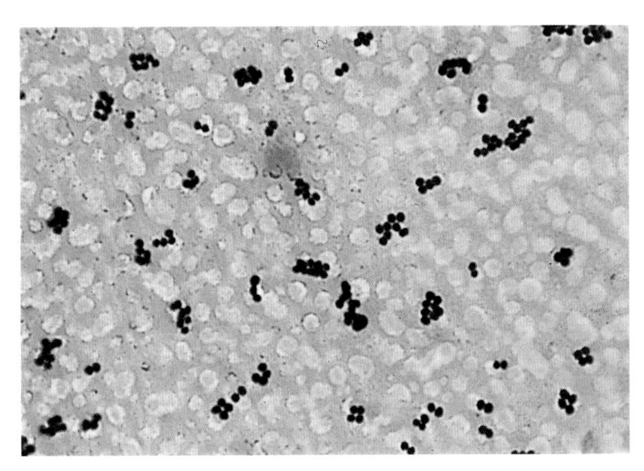

图 1-2　**藤黄微球菌的革兰氏染色。**藤黄微球菌是一种革兰氏阳性球菌，与金黄色葡萄球菌一样，可以成对或成簇出现。但是在该图中，它倾向于形成四分体

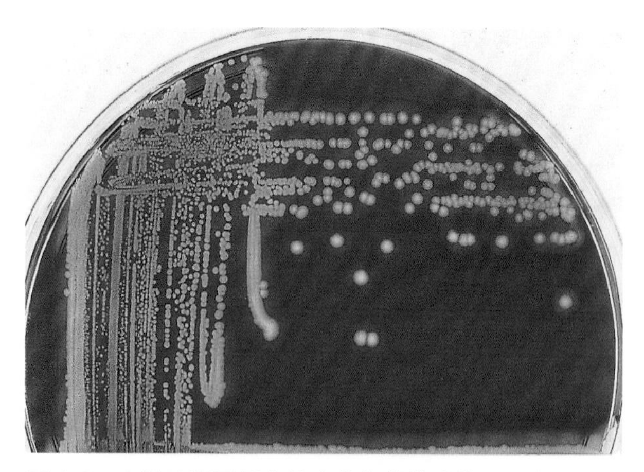

图 1-3　**血液琼脂平板上的金黄色葡萄球菌。**图中所示为金黄色葡萄球菌在 35 ℃的血琼脂平板上过夜培养。菌落呈乳白色，不透明，边缘光滑。菌落周围有一个 β-溶血环

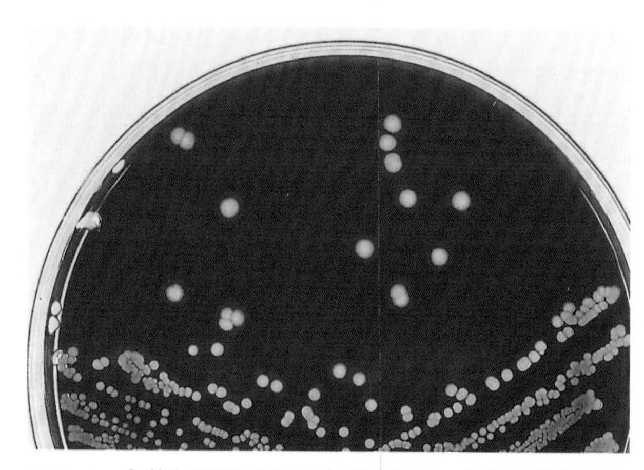

图 1-4　**金黄色葡萄球菌的金黄色色素。**金黄色葡萄球菌能够产生金色色素，这也是它命名的由来。实际上，这种颜色的菌株并不经常能够从临床标本中分离出来。图中所示分离株在 35 ℃的血液琼脂平板上培养过夜，然后在室温下放置 1 d。当置于室温下或孵化后冷藏时，往往会产生更多的色素

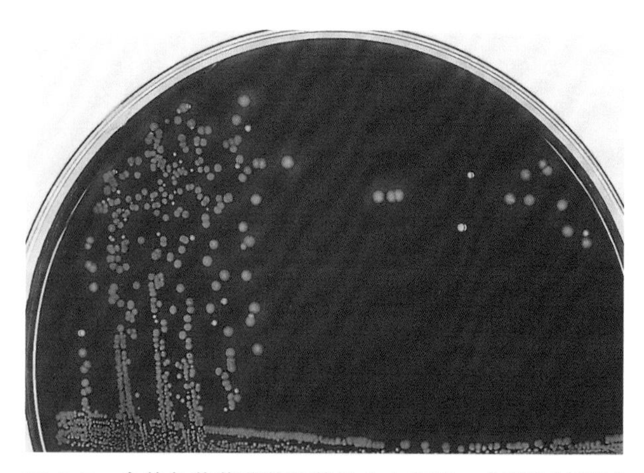

图 1-5　**金黄色葡萄球菌菌落的大小变化。**金黄色葡萄球菌菌株，尤其是 MRSA 菌株，多会产生大小不同和溶血程度不等的菌落。图中所示为在血液琼脂平板上 35 ℃培养 24 h 产生的菌落

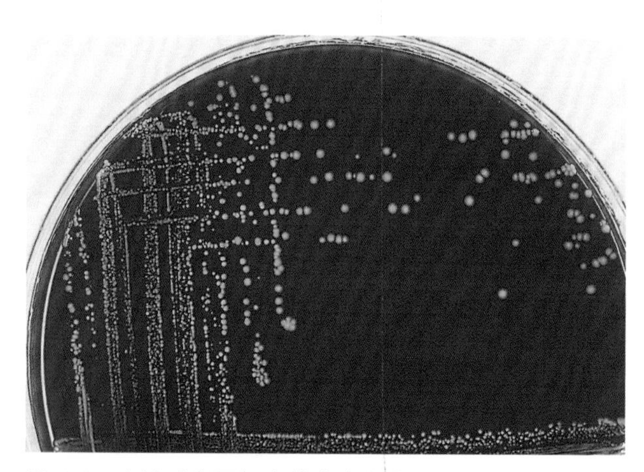

图 1-6　**血液琼脂平板上的表皮葡萄球菌。**表皮葡萄球菌与金黄色葡萄球菌和其他 CoNS 相比，产生白色菌落，很少或几乎没有色素沉着。此处显示的是在 35 ℃的血液琼脂平板上培养 24 h 的菌落。该表皮葡萄球菌菌株在菌落大小上也表现出一些差异

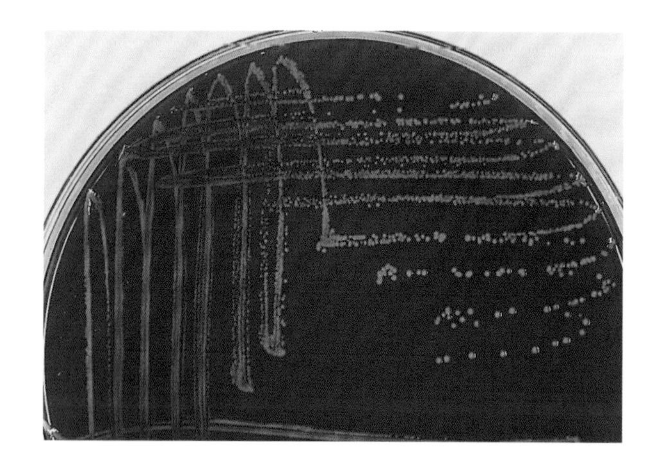

图 1-7　**血液琼脂平板上的路邓葡萄球菌。**血琼脂上的路邓葡萄球菌菌落与表皮葡萄球菌菌落相似，区别在于表皮葡萄球菌形成典型的白色菌落（图 1-6），而路邓葡萄球菌的菌落往往是米白色

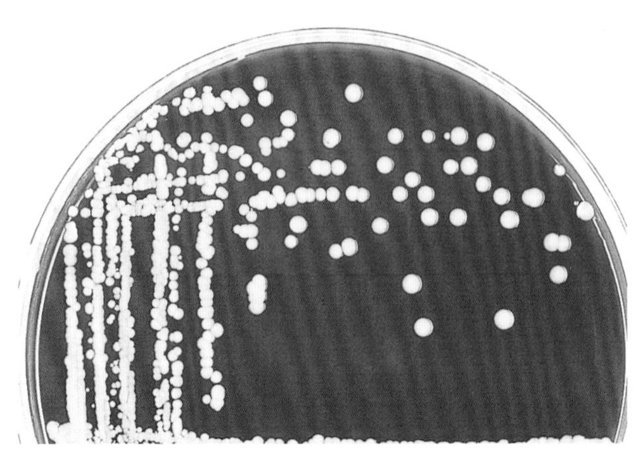

图 1-8　**血液琼脂平板上的藤黄微球菌。**藤黄微球菌的一个鉴别特征是其产生鲜黄色菌落。此处所示为在 35 ℃的血液琼脂平板上培养 72 h 出现的菌落。一般来说，微球菌属的生长速度比葡萄球菌属慢

图 1-9　**凝固酶试验。**用于区分金黄色葡萄球菌和其他葡萄球菌的常用方法是试管凝固酶试验。金黄色葡萄球菌凝固酶实验呈阳性，CoNS 实验结果为阴性。待鉴定的分离菌菌落在 0.5 mL 兔血浆中乳化后，在 35 ℃下培养 4 h，轻轻倾斜，以观察凝块的形成。左边的试管是阴性的，血浆仍然是液体，而右边的试管是阳性的，有凝结血块形成。若培养 4 h 结果为阴性，则应继续培养至 24 h

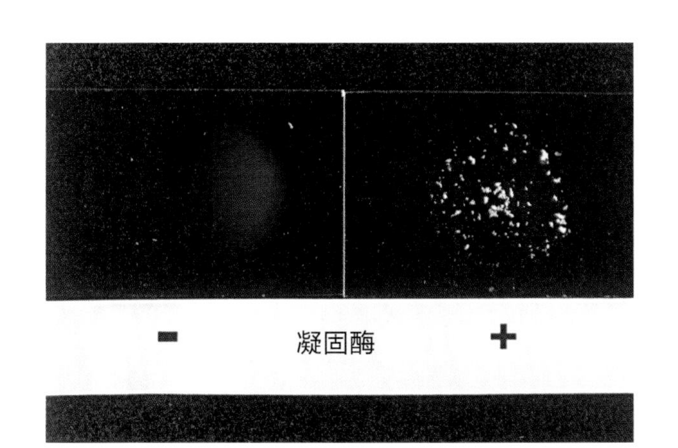

图 1-10　**玻片凝固酶试验。**玻片凝固酶试验是一种快速检测微生物表面凝聚因子的方法。该试验在生理盐水（左侧，作为自身凝集对照）和兔血浆（右侧）中乳化待鉴定的微生物。仅在血浆中凝集则为阳性结果。如图所示，金黄色葡萄球菌（右）本试验呈阳性，路邓葡萄球菌和施氏葡萄球菌菌株玻片凝固酶试验也为阳性

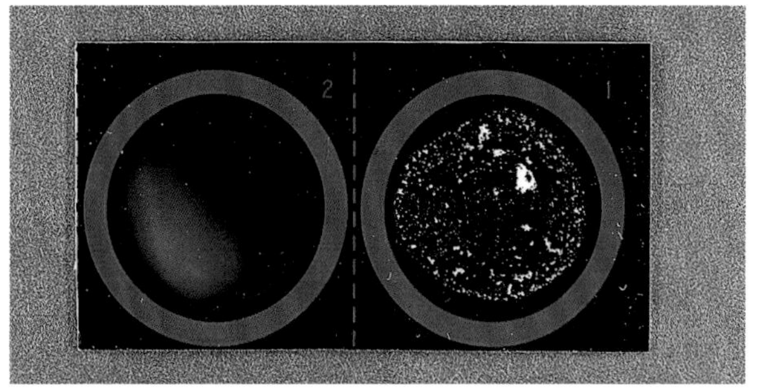

图 1-11　**鉴别金黄色葡萄球菌的乳胶试验。**在该试验中，乳胶粒子被抗体包裹，抗体可以识别结合凝固酶和免疫球蛋白，免疫球蛋白将结合大多数金黄色葡萄球菌菌株表面的蛋白质 A。表皮葡萄球菌（左）作为阴性对照，将待测样本（右）用包被的乳胶珠乳化。图示的待测样本经鉴定为金黄色葡萄球菌。与玻片凝固酶试验一样，一些 MRSA 菌株的结果可能为阴性，而一些 CoNS 菌株，即路邓葡萄球菌和施氏葡萄球菌菌株可能为阳性

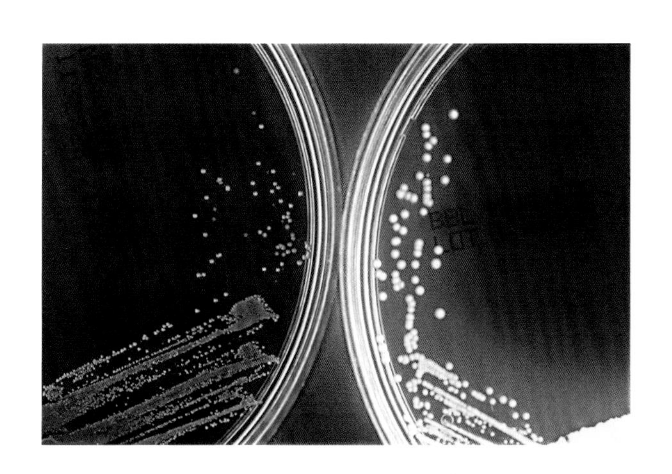

图 1-12　**甘露醇盐琼脂平板。**甘露醇盐琼脂平板是一种选择性鉴别培养基，用于分离和鉴定金黄色葡萄球菌。高盐浓度会抑制皮肤和黏膜中许多微生物的生长。培养基中的酚红指示剂可检测甘露醇发酵产生的酸（黄色）。如图所示，CoNS（左）和金黄色葡萄球菌（右）被接种在琼脂上，然后培养过夜

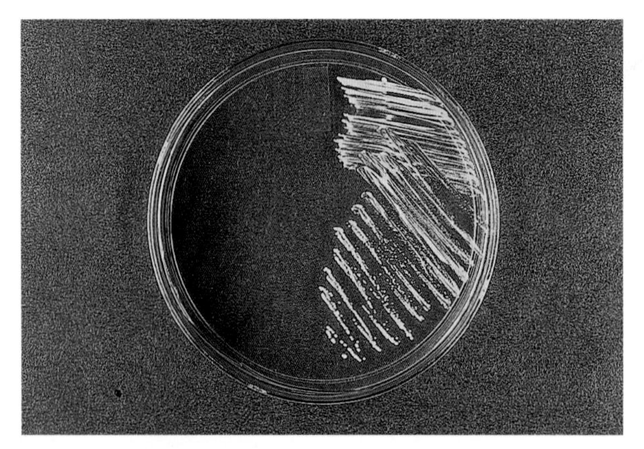

图 1-13 **含苯唑西林的甘露醇盐琼脂平板。**含苯唑西林的甘露醇盐琼脂平板可用于筛查鼻腔标本中是否存在 MRSA，因为该培养基中 7.5% 的盐和 6 μg 苯唑西林可抑制鼻腔的大多数定植微生物。由于能够发酵甘露醇，MRSA 呈中等黄色。图为接种甲氧西林敏感金黄色葡萄球菌菌株（左）和耐甲氧西林金黄色葡萄球菌菌株（右）的平板。对甲氧西林敏感的金黄色葡萄球菌菌株未能生长。与大多数甲氧西林敏感性体外试验一样，使用苯唑西林（非甲氧西林）是因为其稳定性较高

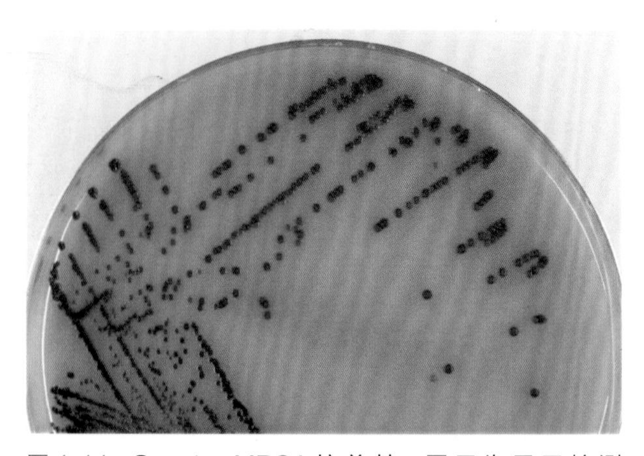

图 1-14 **Spectra MRSA 培养基。**图示为用于检测 MRSA 的显色培养基，Spectra MRSA（Thermo Scientific，Remel Products，Lenexa，KS），兼具选择性和鉴别性。当抑制琼脂中的显色底物在 MRSA 的酶作用下降解时，菌落呈现牛仔布蓝色。图中所示为隔夜鼻腔拭子培养，从中分离出耐甲氧西林金黄色葡萄球菌

A

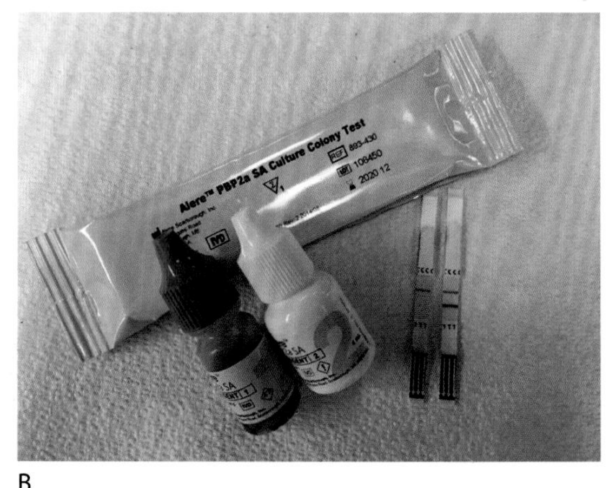

B

图 1-15 **检测 MRSA 中 PBP2a 的试验。**图 A，*mecA* 基因编码产物是一种变异的青霉素结合蛋白 PBP2a，导致菌株对甲氧西林耐药。用这种变异蛋白的单克隆抗体包被乳胶粒子，在 Oxoid 凝集试验中检测 PBP2a。图 B 所示为 Alere PBP2a SA 培养菌落试验（Alere Scarborough，Inc.，Scarborough，ME），这是一种利用单克隆抗体检测 PBP2a 的胶体金层析检测法。两种方法都很快捷，在固体培养基上分离到菌株后即可进行检测

图 1-16　**用于鉴别金黄色葡萄球菌和 CoNS 的 DNA 酶平板。**金黄色葡萄球菌产生 DNA 酶，可降解 DNA。此特性可用于区分 CoNS（左）和金黄色葡萄球菌（右）。该方法尤其适用于鉴定产生少量凝固酶的金黄色葡萄球菌菌株，这类菌株的凝固酶试验不确定或为假阴性。唯一与金黄色葡萄球菌同样能够产生 DNA 酶的 CoNS 是施氏葡萄球菌。在本试验中，在含有 DNA 和甲苯胺蓝的琼脂平板上接种高浓度的待测样本悬液。如果待测样本能产生 DNA 酶（右），则 DNA 会降解，导致接种物周围区域的琼脂因甲苯胺蓝的异染性而变为粉红色

图 1-17　**耐热核酸内切酶活性试验。**除了 DNA 酶，金黄色葡萄球菌还能产生一种耐热核酸内切酶，这种内切酶也能切割 DNA。为了检测该酶活性，将待测样本的高浓度悬浮液煮沸，然后填充在含有甲苯胺蓝的 DNA 板上的切孔中。如图 1-16 图例所述，如果 DNA 降解，琼脂颜色会从蓝色变为粉红色。表皮葡萄球菌不产生热稳定的核酸内切酶（左），含有金黄色葡萄球菌的微孔周围呈粉红色（右）

图 1-18　**用于鉴别路邓葡萄球菌（*S. lugdunensis*）的鸟氨酸脱羧酶试验。**与大多数 CoNS 菌种不同，路邓葡萄球菌鸟氨酸脱羧酶试验呈阳性。该试验操作为将待测样本接种到含有 1% 鸟氨酸脱羧酶的培养基上并孵育过夜。由于一些表皮葡萄球菌菌株在培养 24 h 后也可能呈阳性，因此应在培养 8 h 后检查培养基，若此时呈阳性，则为路邓葡萄球菌，表皮葡萄球菌为阴性。图示左侧为腐生葡萄球菌（*S. saprophyticus*），结果阴性，培养基为黄色的，表示其只发酵葡萄糖；而路邓葡萄球菌（右）则呈阳性，如图所示，培养基碱化呈玫瑰色

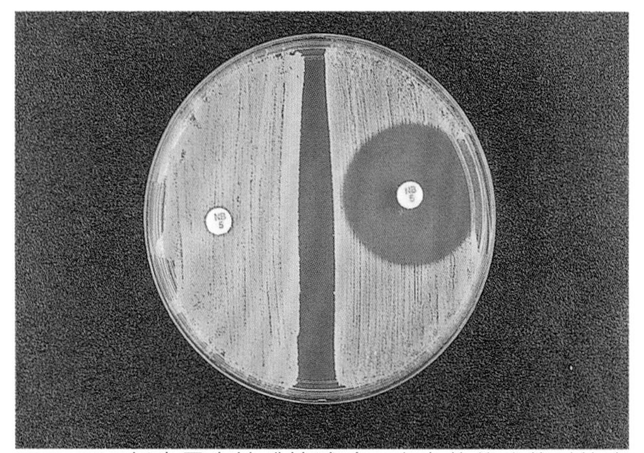

图 1-19　**新生霉素敏感性试验。**腐生葡萄球菌对抗生素新生霉素耐药，利用该特性，可与其他有临床意义的 CoNS 分离株进行区分。如图所示，在 Mueller-Hinton 琼脂平板上分别接种 0.5 麦氏浓度的腐生葡萄球菌悬液（左）和表皮葡萄球菌悬液（右）。将新生霉素纸片（5 μg）置于琼脂表面，在 35 ℃下培养 24 h。测量抑菌环直径≤16 mm，表明对新生霉素具有耐药性，如左侧腐生葡萄球菌所示，该样本没有抑菌环。相反，表皮葡萄球菌在新生霉素纸片周围有一个大的抑菌环

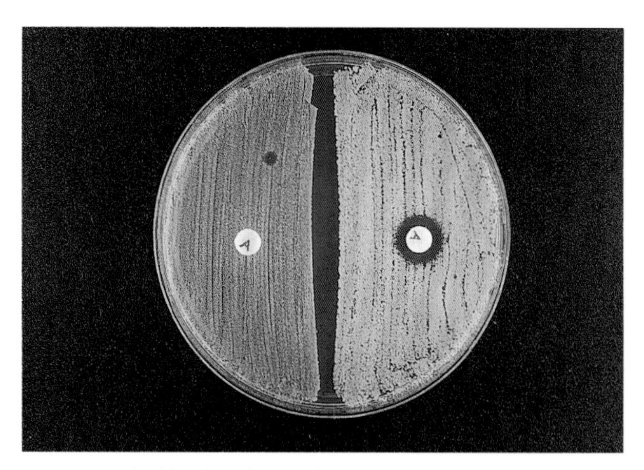

图 1-20　**杆菌肽敏感性试验。**该试验多用于检测化脓性链球菌杆菌肽敏感性，同样可用于区分耐杆菌肽的葡萄球菌属和对杆菌肽敏感的微球菌属。如图所示，在含有 0.04 U 杆菌肽的纸片周围，表皮葡萄球菌（左）生长不受抑制，而藤黄葡萄球菌（右）在该纸片周围出现抑菌环

图 1-21　**溶葡萄球菌酶敏感性试验。**溶葡萄球菌酶是一种肽链内切酶，能裂解富含甘氨酸的五肽，这对于跨越细胞壁至关重要。这些肽链的分裂削弱了细胞壁，使其易于溶解。葡萄球菌属中，有几种菌对溶葡萄球菌酶敏感。由于肽链的组成不同，特别是甘氨酸含量的差异，对溶葡萄球菌酶的敏感性可能会有所不同。例如，金黄色葡萄球菌非常敏感，而腐生葡萄球菌由于其五肽桥主要含有丝氨酸，因此对溶葡萄球菌酶敏感性比金葡菌低。微球菌属对溶葡萄球菌酶不敏感。如图所示，该试验中，分别将待测样本在盐水中制成浓悬液，加入等量的溶葡萄球菌酶试剂。在 35 ℃下反应 2 h 后，悬浮液清亮，表明待测微生物被溶解。在本例中，接种藤黄葡萄球菌的培养基（左侧）保持浑浊，因此溶葡萄球菌酶试验为阴性，而右侧接种金黄色葡萄球菌的培养基呈阳性。该检测也可用纸片扩散法进行

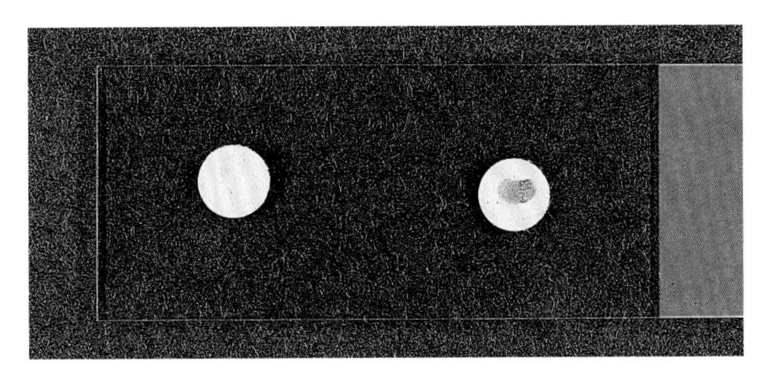

图 1-22　**改良氧化酶试验。**改良的氧化酶试验，即 Microdase 试 验（Thermo Scientific，Remel），可用于区分微球菌属和葡萄球菌属。微球菌属具有细胞色素 c，这是产生阳性氧化酶反应所必需的，而临床相关葡萄球菌属是氧化酶阴性的，因为它们缺乏细胞色素 c。在图示示例中，将表皮葡萄球菌菌落（左）和藤黄葡萄球菌菌落（右）涂抹到浸有溶解于二甲基亚砜中的四甲基对苯二胺（TMPD）的圆盘上。若在 2 min 内出现紫蓝色，表明由于氧化酶与细胞色素 c 和 TMPD 发生了反应，检测结果呈阳性

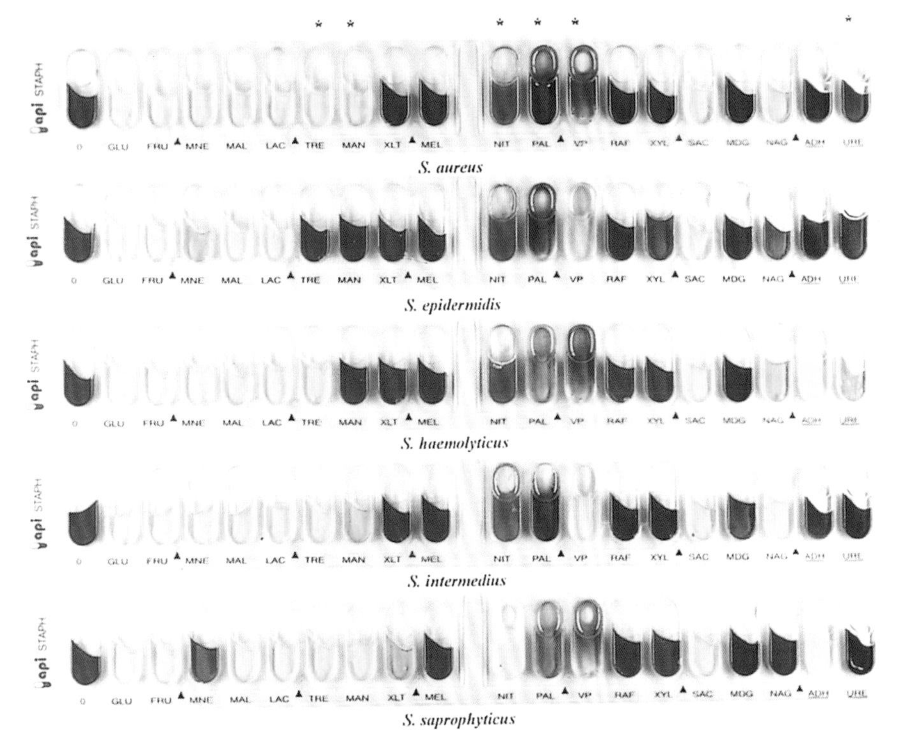

图 1-23　**API 葡萄球菌鉴定系统。**API 葡萄球菌鉴定系统（bioMérieux，Inc.，Durham，NC）是一种商品化产品，可以区分几种葡萄球菌。每个测试条由 20 个微管组成，包括阴性对照。图中星号表示用于区分和鉴定所示五种葡萄球菌的关键反应

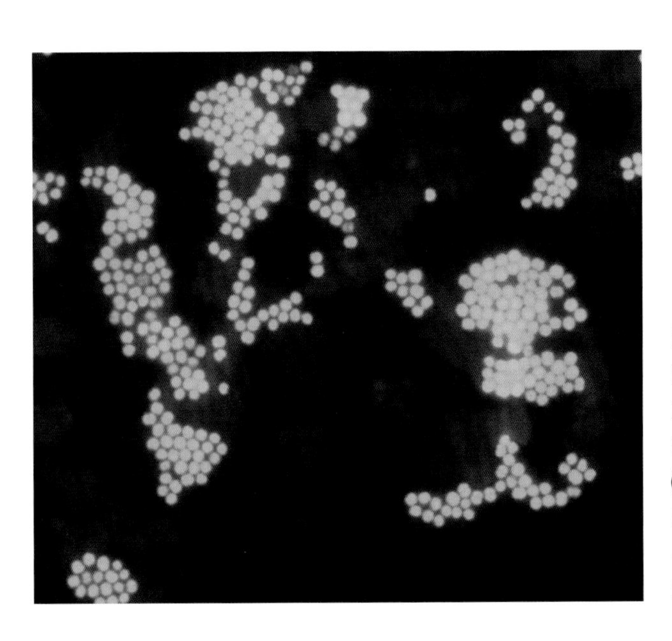

图 1-24　**PNA-FISH 检测，用于鉴别血液培养中金黄色葡萄球菌与 CoNS。**PNA-FISH（AdvanDx，Woburn，MA）是一种 90 min 荧光原位杂交（fluorescent in situ hybridization，FISH）分析方法，利用荧光标记肽核酸（peptide nucleic acid，PNA），可直接在培养出成簇革兰氏阳性球菌的血液培养瓶中进行。如图所示，培养物可与绿色荧光探针杂交，是革兰氏阳性球菌，为金黄色葡萄球菌（本图由 AdvanDx 提供）

第 2 章　链球菌属

链球菌属（*Streptococcus*）由 100 多个种和亚种组成，是人类呼吸道、胃肠道和生殖道正常菌群的主要组成部分。该属的成员为革兰氏阳性球菌，成对和（或）呈链状出现，为过氧化氢酶阴性的兼性厌氧菌，通过发酵代谢糖类，主要产生乳酸。

一般来说，链球菌属根据其溶血特性和兰斯菲尔德（Lancefield）抗原组成的表型特征进行分类，也可以根据致病潜力进行分类。虽然这些微生物分类法仍然可用，但每个分类系统都有许多例外和重叠的部分。近年来，多采用遗传分析法为微生物分类，使得分类更明确。但是，从实用角度来看，以表型特征进行分类更方便使用。在血琼脂平板上，链球菌属可以表现为 β - 溶血（完全溶血）、α - 溶血（不完全溶血，菌落周围出现绿色区域）或 γ - 溶血（无溶血）。在兰斯菲尔德系统中，根据细胞壁糖类（兰斯菲尔德抗原）或脂磷壁酸（D 组）含量的不同，一些链球菌属的细菌被分为 A、B、C、D、F 和 G 组。具有兰斯菲尔德抗原的大多数成员为 β - 溶血，D 组除外，为 α - 溶血或非溶血。

化脓性链球菌（A 组 β - 溶血性链球菌）

化脓性链球菌（*Streptococcus pyogenes*）是 β - 溶血性链球菌，具有兰斯菲尔德 A 组抗原。化脓性链球菌是毒性最强的链球菌之一，与多种临床疾病有关，包括咽炎、脓疱病、菌血症和软组织感染等。化脓性链球菌感染引起的后遗症包括风湿热、肾小球肾炎、猩红热样皮疹、中毒性休克样综合征和坏死性筋膜炎等。

化脓性链球菌具有兰斯菲尔德 A 组抗原的特性，常用于直接检测咽喉标本中是否有化脓性链球菌。有几种商品化剂盒可用于直接检测该抗原，它们具有很高的特异性，但灵敏度不同。因此，对于感染发生率和后遗症发生率较高的儿童患者，专家建议即使直接抗原检测为阴性，也要进行细菌培养。或者，通过 DNA 扩增方法直接检测化脓性链球菌比直接检测细菌抗原更敏感。与培养相比，一些 DNA 扩增分析方法的灵敏度大于 90%，因此阴性扩增结果不需要培养确认。进行培养时，通常将接种标本的血琼脂平板放置在 5% CO_2 孵箱中培养，以分离化脓性链球菌。可在血液琼脂平板中加入甲氧苄啶 – 磺胺甲恶唑，以增加对化脓性链球菌的选择性。针对兰斯菲尔德 A 组抗原的特异性抗体可用于鉴定化脓性链球菌。杆菌肽敏感性试验传统上也被用于鉴定大菌落 β - 溶血的微生物。将 0.04 U 杆菌肽纸片放置于待测微生物培养平板上，若出现抑菌环，杆菌肽敏感性试验为阳性。鉴定化脓性链球菌的另一个快速有效的生化试验是 *PYR* 试验，用来检测待测样本是否能够产生吡咯烷基芳酰胺酶。基质辅助激光解吸电离飞行时间质谱（MALDI-TOF MS）也可用于鉴定化脓性链球菌。

小菌落 β - 溶血菌也可具有兰斯菲尔德 A 组抗原，这些微生物被归类为草绿色链球菌（*viridans group streptococci*），咽峡炎群（anginosus group）的成员。小菌落（咽峡炎链球菌）和大菌落的 A 组链球菌（化脓链球菌）可以通过生化试验进行区分，化脓性链球菌吡咯烷基芳酰胺酶（PYR）试验阳性，Voges-Proskauer（VP）试验为阴性，而咽峡炎链球菌则相反。

血清学试验可用于检测宿主对 A 组抗原和 M 蛋白以及与化脓性链球菌相关的细胞外产物的反应，例如链球菌溶血素 O（抗链球菌溶血素 O 试验）和 DNA 酶 B 试验。这些试验用于帮助诊断化脓性链球菌感染的后遗症。M 蛋白是化脓性链球菌的主要毒力因子，其编码区域的测序也可用于流行病学调查中的菌株分型。

无乳链球菌（*S. agalactiae*）

具有兰斯菲尔德 B 组抗原的 β- 溶血性链球菌被归类为无乳链球菌。这些致病菌可引起多种人类感染，特别是在免疫力低下的宿主中。由于这些致病菌可以在出生时传播，或定植于母体肠道和（或）泌尿生殖道，或出生后获得，因此成为新生儿感染的主要原因。

为了减少新生儿暴露于无乳链球菌的风险，美国疾病预防控制中心在 2010 年建议对怀孕 35~37 周的孕妇进行无乳链球菌培养筛查。2019 年，美国妇产科学会将这一时限改为 36~37 周。为了检测怀孕女性无乳链球菌的定植情况，应采集阴道远端和肛门直肠的拭子。将拭子涂抹接种血液琼脂平板，再将拭子置于含有抗生素的浓缩肉汤中，例如，多黏菌素（10 μg/mL）、庆大霉素（8 μg/mL）或萘啶酸（15 μg/mL）。如果血琼脂平板上无乳链球菌无生长，则在培养 18~24 h 后，将浓缩肉汤传代至血琼脂平板上继续培养。一般来说，与化脓性链球菌相比，无乳链球菌菌落在血琼脂平板上产生狭长的 β- 溶血区。另外，胡萝卜肉汤和 Granada 培养基（在无乳链球菌存在下变为橙色）也可用于检测无乳链球菌的存在；然而，非溶血性菌株无法通过色素依赖性鉴别培养基检测到。可使用核酸扩增技术（nucleic acid amplification techniques，NAAT）对过夜培养后的浓缩肉汤进行检测，该方法的灵敏度极高，已逐渐替代固体琼脂培养法。NAAT 已被用于对未进行筛查的分娩女性进行检测。但是由于该试验不能进行富集培养，因此灵敏度降低，不作为美国疾病预防控制中心推荐使用方法。

无乳链球菌可通过使用抗体检测 B 组抗原进行兰斯菲尔德分型。此外，还可以进行 CAMP（Christie，Atkins，Munch-Petersen）试验，检测无乳链球菌产生的一种蛋白——CAMP 因子。为了检测 CAMP 因子，在培养基上，无乳链球菌与金黄色葡萄球菌菌株呈直角划线接种，金黄色葡萄球菌能产生与 CAMP 因子协同作用的 β- 溶血素。如果存在无乳链球菌，则在两条细菌生长线相交处可以看到箭头形状的溶血。市面上有商品化检测产品，包被有葡萄球菌溶血素的纸片，能够在无乳链球菌产生的 CAMP 因子存在的情况下检测溶血的增强。另外，通过其水解马尿酸的能力，也可以推断是否存在无乳链球菌。本试验分为快速（2 h）和过夜版本，其原理为马尿酸水解为甘氨酸，随后可使用茚三酮试剂检测甘氨酸。近来，MALDI-TOF MS 方法也用于鉴定无乳链球菌。

停乳链球菌似马亚种（大菌落 β- 溶血，兰斯菲尔德抗原 C 组和 G 组）

从人体中分离出的大菌落 β- 溶血性链球菌，具有兰斯菲尔德 C 组或 G 组抗原，偶尔也有兰斯菲尔德 A 组和 L 组抗原，具有遗传相关性，被归入同一亚种，即停乳链球菌似马亚种（*S. dysgalactiae* subsp. *equisimilis*）。这种致病菌引起的急性疾病谱与化脓性链球菌相似，但其感染多无后遗症，只有少数相关报道。停乳链球菌似马亚种并不是唯一拥有 *Lancefield* C 和 G 抗原的链球菌。其他具有 C 组或 G 组抗原的大菌落菌株，可能是 α 或 β 溶血性或非溶血性的，主要在动物中发现，可引起人畜共患病。

停乳链球菌似马亚种的人类分离株通常通过大菌落、β- 溶血以及兰斯菲尔德抗原进行鉴别。有些小菌落 β- 溶血微生物也可能有 C 组或 G 组抗原，但属于草绿色链球菌，咽峡炎链球菌组。当遇到大菌落和小菌落 β- 溶血的 C 组和 G 组链球菌时，可通过检测乙酰甲基甲醇的 VP 试验或检测 β-d- 葡萄糖醛酸酶（β-d-glucuronidase，BGUR）的快速试验进行区分，大菌落分离物 BGUR 快速试验呈阳性，而 VP 试验为阴性。BGUR 也可使用含甲基伞形酰 -β-d- 葡萄糖醛酸的 MacConkey 琼脂平板进行快速检测。与化脓性链球菌和无乳链球菌不同，目前为止，采用 MALDI-TOF MS 鉴定停乳链球菌一直存在问题，因为用该方法很难将其与草绿色链球菌区分。

肺炎链球菌（*S. pneumoniae*）

肺炎链球菌属于链球菌属中的草绿色链球菌群，由于其独特的表型和临床表现，这里将其单独讨论。肺炎链球菌是正常呼吸道微生物群的一部分，携带这种微生物很常见。它是造成社区获得性肺炎的主要原因之一。此外，肺炎链球菌还可引起菌血症、心内膜炎、脑膜炎、鼻窦炎和中耳炎等。根据荚膜多糖抗原性的不同，肺炎链球菌可分为90多种血清型。含有13或23抗原基因的疫苗在减少肺炎链球菌引起的感染方面发挥了重要作用。传统上，肺炎链球菌对青霉素普遍敏感，但是越来越多的菌株对这种一线抗生素的敏感性降低。这种革兰氏阳性菌的一个关键特征是革兰氏染色时呈现柳叶刀状外观。有些菌株能产生荚膜，由于荚膜的抗吞噬功能，往往抗原性更强，将这类菌株进行革兰氏染色，可见菌体周围有透明环。

肺炎链球菌可在血琼脂平板上生长，在5% CO_2 培养箱中培养生长最佳。菌落为 α-溶血，由于荚膜的存在，菌落外观湿润，有黏性。随着菌龄的增长，菌落逐渐出现凹陷，看起来有一个穿孔的中心。肺炎链球菌根据荚膜抗原特性，已鉴定出80多个血清型。肺炎链球菌遇到特异性抗体时，荚膜肿胀，称为Quellung反应。另外，也可以使用商品化凝集试验对菌株进行分型。

最常用于鉴定肺炎链球菌的两种试验是胆汁溶解试验和奥普托欣敏感性试验。进行胆汁溶解试验时，在有肺炎链球菌生长的肉汤或固体培养基中添加脱氧胆酸钠，会导致菌体溶解。为了区分肺炎链球菌和其他 α-溶血性链球菌，可采用奥普托欣敏感性试验。在直径6 mm，含有5 μg奥普托欣的纸片周围出现抑菌环，且直径≥14 mm，则考虑为肺炎链球菌。曾经被认为是不溶于胆汁或对奥普托欣不敏感的肺炎链球菌菌株，近来被归为假肺炎链球菌（*Streptococcus pseudopneumoniae*），属于缓症链球菌群（*S. mitis* group）的一种。由于所使用的数据库不同，有报道称MALDI-TOF曾将草绿色链球菌群中的假肺炎链球菌分离株误认为肺炎链球菌。目前，最新版的两种商品化检测仪器数据库在正确识别肺炎链球菌方面有所改进。

市面上有针对尿液和脑脊液标本的肺炎链球菌抗原检测产品。这些检测对接受抗生素治疗的成年患者和同时伴有血液感染的肺炎患者意义很大。根据应用情况来看，直接NAAT存在一些问题，部分原因是无法区分正常菌群和引起呼吸道感染的致病菌。当采用NAAT对血液培养阳性标本或脑脊液进行检测时，有混合结果报告。

草绿色链球菌群

草绿色链球菌群的主要种类可分为牛链球菌群（*S. bovis*）、缓症链球菌群（*S. mitis* group）、咽峡炎链球菌群（*S. anginosus* group）、变异链球菌群（*S. mutans* group）和唾液链球菌群（*S. salivarius* group）（表2-1）。与链球菌属的其他微生物一样，草绿色链球菌群是黏膜的正常菌群，常见于胃肠道和泌尿生殖道以及口腔。一些草绿色链球菌群的细菌与龋齿和亚急性细菌性心内膜炎有关，尤其是在心脏瓣膜受损或人工心脏瓣膜患者中。在混合感染引起的脓肿中多能分离到草绿色链球菌。中间型链球菌（*Streptococcus intermedius*）可见于深部脓肿，尤其是脑脓肿和肝脓肿。在中性粒细胞减少症患者中，草绿色链球菌感染的概率增高，这可能是由于所使用的某些化疗药物对口腔黏膜的损害所致。

表2-1　常见与人类疾病相关的草绿色链球菌群

菌群	包含菌种
牛链球菌群	解没食子酸链球菌（*S. gallolyticus*） 婴儿链球菌（*S. infantarius*） 非解乳糖链球菌（*S. alactolyticus*）
缓症链球菌群	缓症链球菌（*S. mitis*） 肺炎链球菌（*S. pneudopneumoniae*） 假肺炎链球菌（*S. pseudopneumoniae*） 嵴链球菌（*S. cristatus*） 戈登链球菌（S. gordonii） 口腔链球菌（*S. oralis*） 副溶血链球菌（*S. parasanguinis*） 血链球菌（*S. sanguinis*）
咽峡炎链球菌群（米勒链球菌）	咽峡炎链球菌（*S. anginosus*） 星座链球菌（*S. constellatus*） 中间型链球菌（*S. intermedius*）
变异型链球菌群	变异型链球菌（*S. mutans*） 仓鼠链球菌（*S. criceti*） 道勒链球菌（*S. downei*） 鼠链球菌（*S. ratti*） 远缘链球菌（*S. sobrinus*）
唾液链球菌	唾液链球菌（*S. salivarius*） 前庭链球菌（*S. vestibularis*）

在临床实验室条件下，传统上很难确定草绿色链球菌群的菌种特性。一部分原因是它们缺乏特征性的溶血反应，这群的细菌可以是 α-溶血性或非溶血性，偶有 β-溶血性。除了牛链球菌群的成员以及肠球菌属拥有 D 组抗原外，大多数草绿色链球菌缺乏独特的兰斯菲尔德抗原。迄今为止，已存在有数个命名系统对草绿色链球菌群进行分类。目前，有商品化的试剂盒可用来对该群微生物进行菌种鉴定，随着数据库的不断完善和对命名法的不断整合，这些试剂盒的实用性将越来越强。一些传统的检测可以用来对草绿色链球菌进行分组，有时也可以用来进行菌种鉴定。比较重要的试验包括尿素水解试验（待测样本接种到 Christensen 尿素琼脂平板上，在 35 ℃下培养 7 d）、检测乙酰甲基甲醇产生的 VP 试验、精氨酸水解试验（可通过不同的方法进行，根据检测方法和待测样本的不同，该试验的结果可能会有所不同）、七叶皂苷水解试验（可使用商品化的七叶皂苷培养基进行，观察一周内斜面变黑情况）、发酵试验［在含有 1.6%（wt/vol）紫色肉汤基的巯基乙酸发酵液中加入 1%（wt/vol）糖类，接种待测微生物并厌氧培养 24 h］以及透明质酸酶产生试验（可在含有 400 μg 透明质酸的琼脂平板上进行）。荧光底物试验也有助于对草绿色链球菌进行菌种鉴定。通过这种方法，4- 甲基伞形酮相关底物被降解，其副产物可以在紫外线照射下肉眼可见。目前，MALDI-TOF MS 鉴别草绿色链球菌群仍然存在很多问题。

牛链球菌群（D 组链球菌）

随着分子诊断学技术的发展，草绿色链球菌群中的牛链球菌群生物命名发生了极大变化。尽管如此，与草绿色链球菌群中的其他种群一样，这些微生物的分类和命名经常存在混淆。最新的分类方法中，根据 DNA 研究结果，将牛链球菌群细分为四个组。第一组中的微生物主要从动物中分离出来，包括以前称为牛链球菌和马链球菌（*Streptococcus equinus*）的菌株，现在都被归为一个菌种，即马链球菌。牛链球菌群中能够引起人类感染的菌种主要属于第二组。修订后的命名法将其称为解没食子酸链球菌（*S. gallolyticus*），它由三个亚种组成，即解没食子酸链球菌解没食子酸亚种（*Streptococcus gallolyticus* subsp. *gallolyticus*）、解没食子酸链球菌巴氏亚种（*S. gallolyticus* subsp. *pasteurianus*），解没食子酸链球菌马其顿亚种（*S. gallolyticus* subsp. *macedonicus*）。值得注意的是，从血液培养中分离出的解没食子酸链球菌与结直肠癌密切相关。此外，解没食子酸链球菌还可引起菌血症、心内膜炎和脑膜炎等。婴儿链球菌婴儿亚种（*Streptococcus infantarius* subsp. *infantarius*）和婴儿链球菌结肠亚种（*Streptococcus infantarius* subsp. *coli*）属于第三组，在临床上也很重要。第四组包括非解乳糖链球菌，也有报道在人类感染中分离出过，与该组其他成员相比更不常见。

牛链球菌群的成员在血琼脂平板上培养时表现为 α-溶血性或非溶血性，该特征可用来进行初步鉴定，继而通过生化反应将其与其他 α-溶血性和非溶血性链球菌区分开来。牛链球菌群的关键特征，可用于区分牛链球菌与其他草绿色链球菌，包括具有兰斯菲尔德 D 组抗原，可在 40% 胆汁中生长和水解七叶皂苷的能力，不能发酵山梨醇，能够发酵甘露醇、菊糖和淀粉以及不能产生尿素酶。牛链球菌属菌株还需要与同样可以分解胆汁七叶皂苷的肠球菌属菌株进行区分，牛链球菌属菌株不能在 45 ℃生长，或在 35 ℃下 6.5% 的 NaCl 中不能生长，并且 PYR 试验阴性。

缓症链球菌群

缓症链球菌群包括缓症链球菌、口腔链球菌、血链球菌、副溶血链球菌、戈登链球菌和嵴链球菌，其命名方法略有差异。根据鉴定标准，相似的微生物会有不同的名称，这使得致病菌与疾病的相关性变得不那么明确。缓症链球菌群与心内膜炎和牙菌斑有关。在接受化疗和放射治疗的患者中，从血液中分离出缓症链球菌的频率更高，很可能是由于这些患者的口腔黏膜有炎症。

缓症链球菌群为 α-溶血性。草绿色链球菌群的一些关键生化反应，尤其是 VP 试验、尿素酶和透明质酸酶的产生试验，在缓症链球菌群是阴性。口腔链球菌和缓症链球菌的精氨酸水解试验为阴性，可用来区别于该组的其他成员。由于细胞外可产生右旋糖酐，血链球菌和戈登链球菌大多可形成坚硬、黏腻、表面光滑的菌落。

咽峡炎链球菌群

血链球菌、星座链球菌和中间型链球菌 3 种菌组成咽峡炎链球菌群，也称为米勒链球菌群。这组微生物会引起心内膜炎和肝脏、大脑、腹部、胸膜腔和头颈部的化脓性感染。

该组成员通常形成小菌落，可为 α - 溶血或 β - 溶血性或非溶血性。星座链球菌通常具有 β - 溶血性，而中间链球菌菌株通常不具有溶血性。该组菌多不具有特定的兰斯菲尔德抗原的特征，因此不是很容易分组。但是，中间型链球菌菌株多具有兰斯菲尔德 F 组抗原。CO_2 或厌氧条件通常能促进咽峡炎链球菌群的生长。许多菌株在固体培养基上生长时会产二乙酰，因此有奶油糖果的甜味。

该群微生物具有精氨酸试验阳性、VP 试验阳性和脲酶阴性的特征。该群的三个菌种很难互相区分，可以用的验证试验包括透明质酸酶试验（咽峡炎链球菌为阴性）、β -d- 岩藻糖苷酶活性试验（中间型链球菌为阳性）和 β -d- 葡萄糖苷酶试验（星座链球菌为阴性，中间型链球菌结果不确定）。

变异链球菌群

变异链球菌群，尤其是变异链球菌，多与龋齿的发生有关。在这一组中，变异链球菌和远缘链球菌最常从人类牙菌斑中分离出来，而仓鼠链球菌、道勒链球菌和鼠链球菌很少在人类中发现。由于这些菌种主要存在于动物体中，因此这里不再讨论。变异链球菌通常具有 α - 溶血性，少数菌株表现出 β - 溶血性，而仓鼠链球菌为非溶血性，少数菌株具有 α - 溶血性。革兰氏染色显示，变异链球菌偶尔表现为短杆菌。该组成员为精氨酸试验阴性、七叶皂苷试验阳性、VP 试验阳性、脲酶试验阴性和透明质酸酶试验阴性。

唾液链球菌群

唾液链球菌群中与人类疾病相关的两个菌种是唾液链球菌和前庭链球菌，定植于口腔，第三种嗜热链球菌（*Streptococcus vestibularis*）主要存在于乳制品中。这组成员没有毒性，但唾液链球菌可导致中性粒细胞减少症患者败血症。大多数菌株为 α - 溶血性菌株，偶尔表现为非溶血性。唾液链球菌偶尔有兰斯菲尔德 K 组抗原。唾液链球菌群在蔗糖琼脂平板上培养时，可产生胞外多糖，使得菌落表现为大菌落、黏液样外观；或者，它们可以形成大而硬的菌落，在琼脂上形成凹坑。前庭链球菌尿素酶试验阳性，不产生像唾液链球菌那样的细胞外多糖。

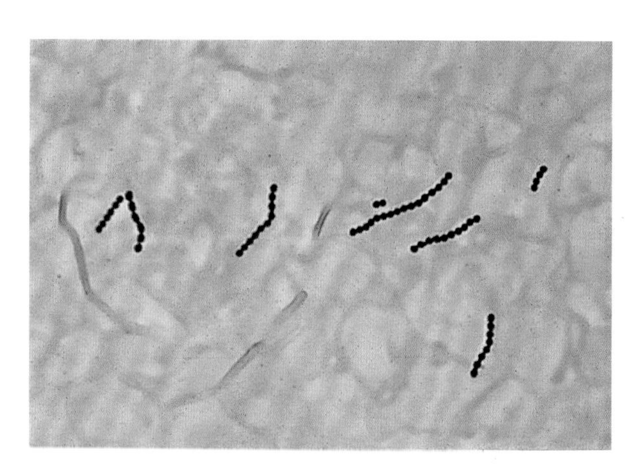

图 2-1　**化脓性链球菌的革兰氏染色。**化脓性链球菌（A 组链球菌）是一种革兰氏阳性球菌，通常成对或链状出现。图示为血液培养菌株的革兰氏染色

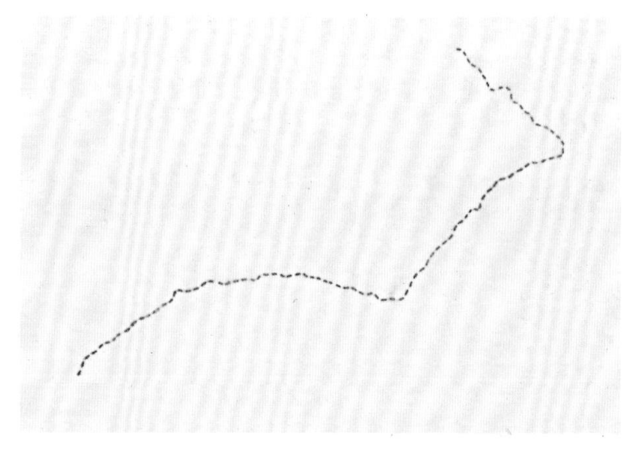

图 2-2　**草绿色链球菌的革兰氏染色。**如图所示为血液培养阳性物的革兰氏染色，草绿色链球菌倾向于为长链革兰氏阳性球菌。该菌多着色不良，给人的印象是它们不像其他链球菌那样健康

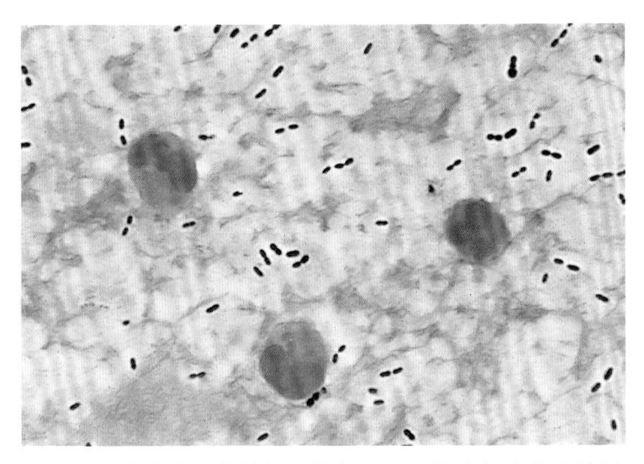

图 2-3　**肺炎链球菌革兰氏染色。**图示为痰标本的直接涂片染色，显示了肺炎链球菌的典型形态，为柳叶刀状，革兰氏阳性球菌，成对出现。在样本的粉红色蛋白质背景下，肺炎链球菌的荚膜可见，为菌体周围的清晰光晕

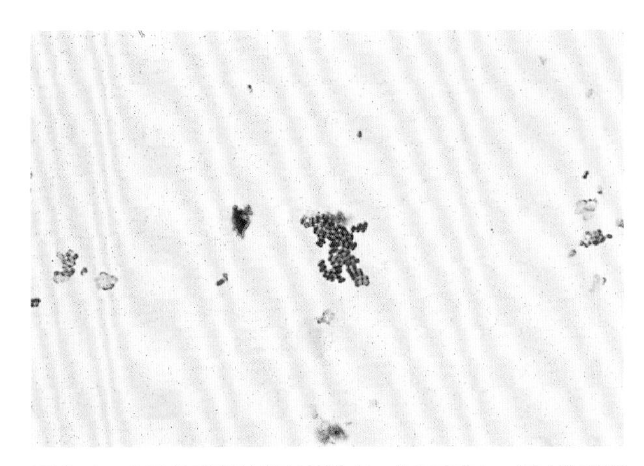

图 2-4　**变异链球菌的革兰氏染色。**如图所示，变异链球菌可以为球菌，也可以被拉长，类似杆菌。图示为在血琼脂平板上过夜生长的微生物的革兰氏染色。据报道，变异链球菌在酸化的肉汤培养基中生长，也会产生这种拉长形式

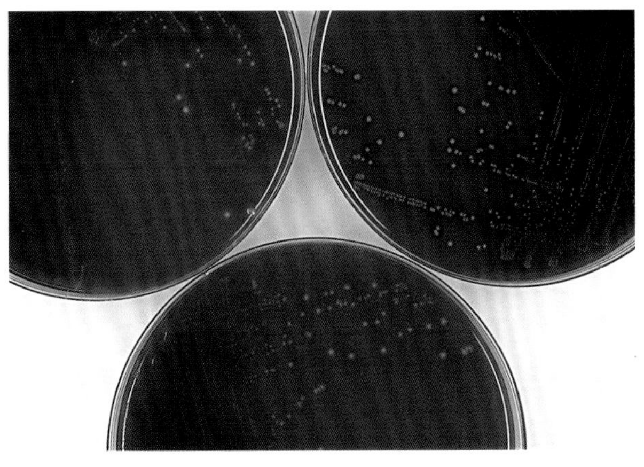

图 2-5　**血液琼脂平板上的 β、α 和 γ 溶血。**鉴定链球菌属常用的一个关键特征是血液琼脂平板上产生的溶血类型。三种类型的溶血为 γ-溶血（或无溶血）；α-溶血，表现为细菌菌落周围琼脂变为绿色；以及 β-溶血，即菌落周围的红细胞完全溶解，从而在菌落周围形成一个清晰的区域。图为血琼脂平板上的链球菌，可产生 β-溶血（左上）、α-溶血（右上）和 γ-溶血（下）

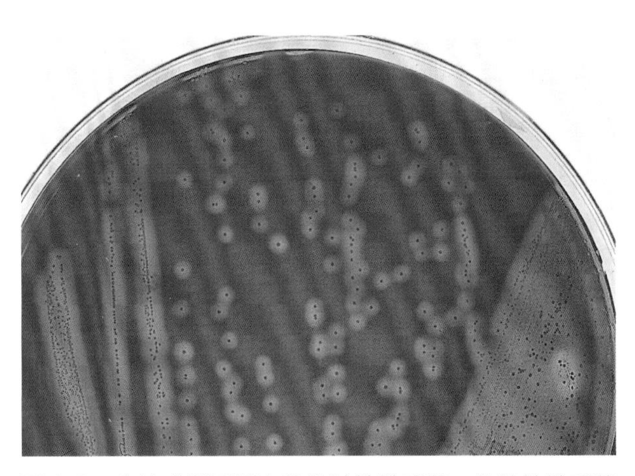

图 2-6　**血液琼脂平板上的化脓性链球菌。**化脓性链球菌（A 组链球菌）表现为在一个相对较小的菌落周围产生一个较大的 β-溶血区。这种菌落通常是半透明的，在较大的 β-溶血区上有一个小水滴样菌落。菌落有清晰、平滑的边缘。切割琼脂，如该培养皿右下角所示，由于氧气减少以及由此产生的氧气稳定和不稳定溶血素的贡献，通常会导致过度溶血反应

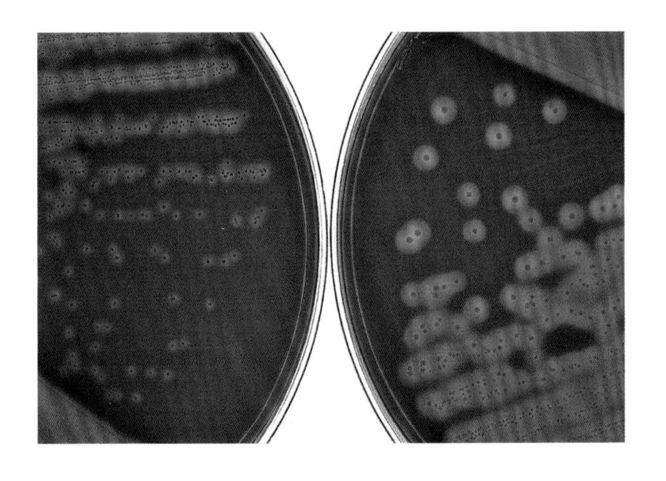

图 2-7　**血液琼脂平板上的化脓性链球菌和星座链球菌。**星座链球菌或小菌落的 A 组链球菌（左）可能与大菌落 A 组链球菌的化脓性链球菌（右）混淆，因为这两种链球菌都具有兰斯菲尔德 A 群抗血清，并且在血琼脂平板上表现为 β-溶血性。图示为二者在血琼脂平板上培养 48 h，菌落大小存在显著差异，星座链球菌的菌落较小

图 2-8 **血液琼脂平板上的无乳链球菌。**无乳链球菌（左）或 B 组链球菌菌落较大，会产生一个相对较小的 β-溶血区，而化脓性链球菌（右）则产生一个大的 β-溶血区。图示为培养 24 h 的血琼脂平板

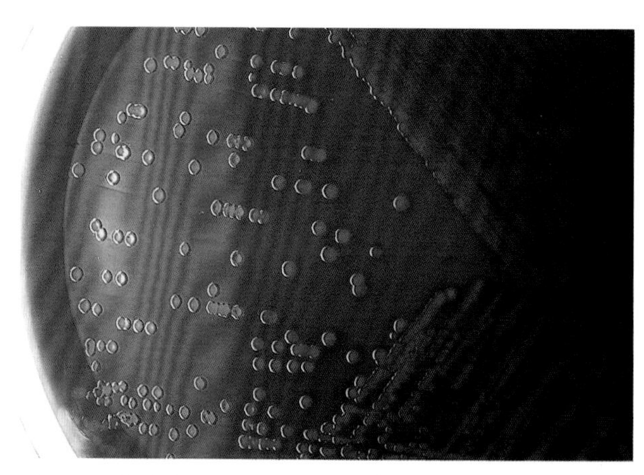

图 2-9 **血琼脂平板上的肺炎链球菌。**当在血琼脂平板上生长时，肺炎链球菌会产生 α-溶血环，并且由于生长菌落中心的菌体自溶，菌落中部经常出现凹陷或穿孔

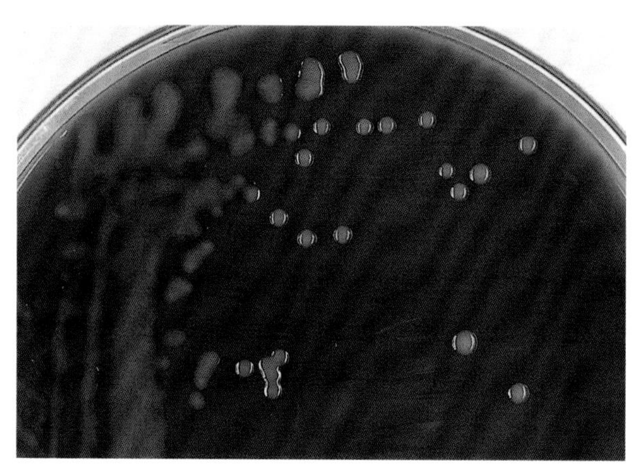

图 2-10 **在巧克力琼脂平板上生长时，肺炎链球菌产生大的荚膜。**与图 2-9 中的肺炎链球菌菌株相比，该菌株在巧克力琼脂平板上生长时呈黏液状，与荚膜的产生有关

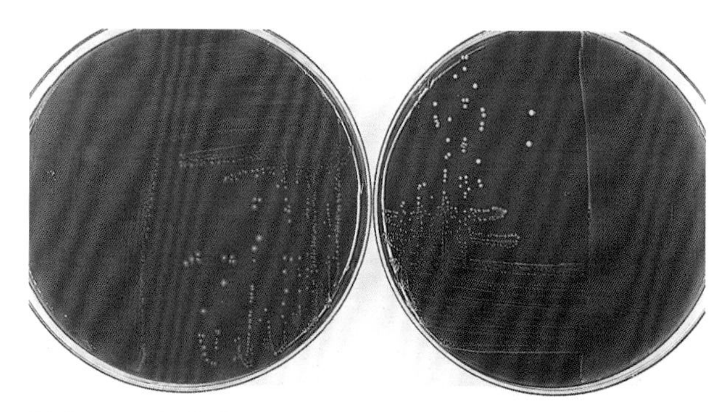

图 2-11 **血液琼脂平板上的牛链球菌群（D 组）和屎肠球菌。**一般来说，在血琼脂上，牛链球菌群的成员（左）可产生 α-溶血菌落，如图所示，可与屎肠球菌（右）混淆

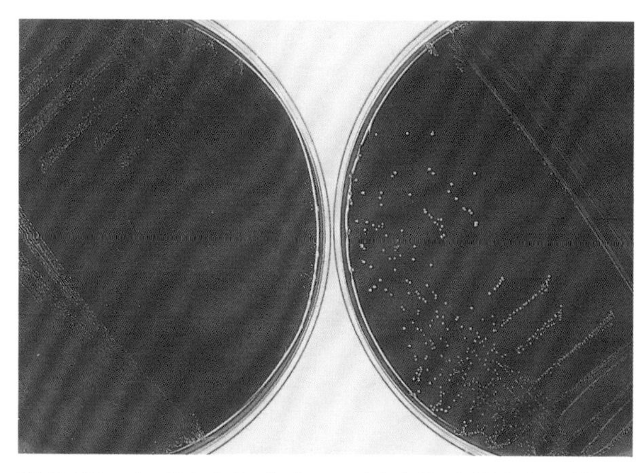

图 2-12 **在 5% CO_2 存在下，星座链球菌的生长增强。**属于咽峡炎链球菌群的草绿色链球菌在 5% CO_2 或厌氧条件下比在需氧条件下生长更好。如图所示为星座链球菌在血液琼脂培养基上生长，在空气中培养过夜（左）和在 5% CO_2 存在下培养（右）的结果对比

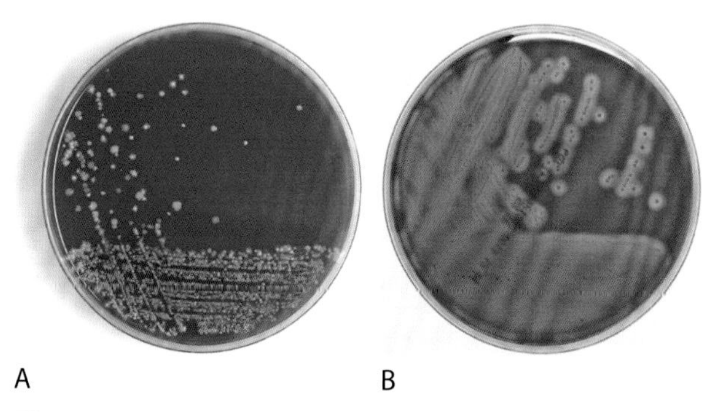

A B

图 2-13 **无乳链球菌（B 组链球菌）的选择培养。**通过采集阴道-肛门直肠拭子，对怀孕 36~37 周的女性进行无乳链球菌筛查。如图所示，将标本涂抹至血液琼脂平板上，同时放置在选择性肉汤中。如果培养过夜后未从血琼脂平板中分离出无乳链球菌，则将增强肉汤传代至血琼脂平板并培养过夜。在所示培养物中，未从原代血平板中分离出无乳链球菌（A）；然而，在 LIM 肉汤的继代培养（B）中，无乳链球菌的生长显著增强

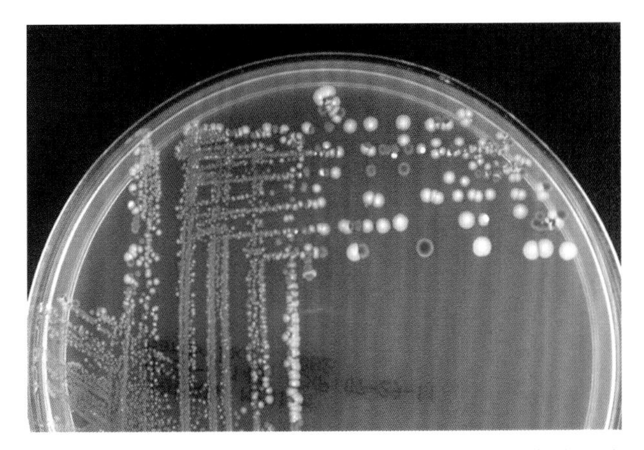

图 2-14　**Granada 琼脂平板用于检测临床标本中的无乳链球菌。**带有浓缩肉汤的 Granada 琼脂平板可用于直接培养孕妇阴道 - 肛门直肠拭子，用于检测无乳链球菌。培养过夜之后，如图所示，出现橙色的菌落，可以报告为无乳链球菌生长

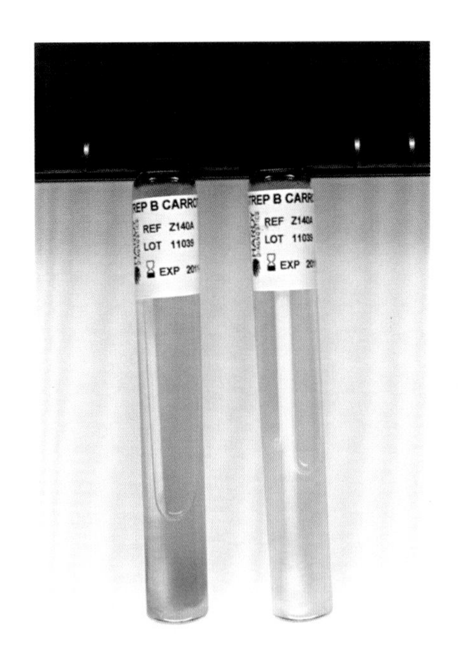

图 2-15　**用于直接检测无乳链球菌的胡萝卜肉汤培养基。**胡萝卜肉汤培养基可用于无乳链球菌（B 组链球菌的增菌和鉴定。采集怀孕女性的阴道 - 肛门直肠拭子放置在肉汤中，并过夜孵育。肉汤颜色变红，表明有无乳链球菌的存在。如果没有出现橙色，但肉汤中有菌落生长，则需进行传代培养以排除无乳链球菌的存在

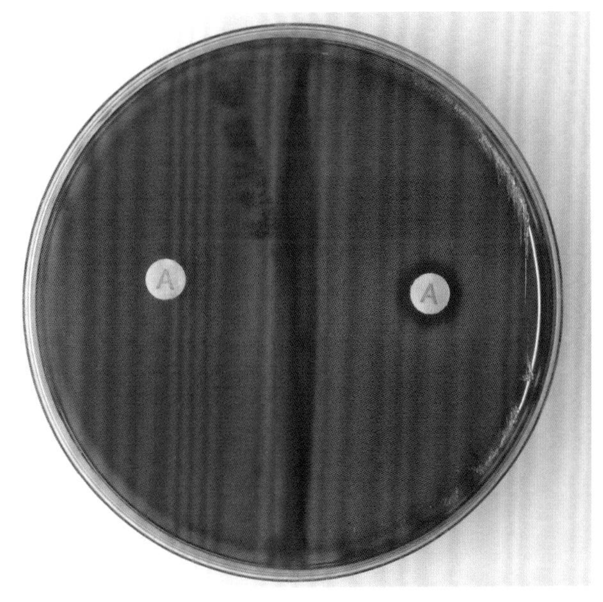

图 2-16　**杆菌肽敏感性试验用于鉴定化脓性链球菌（A 组链球菌）。**杆菌肽敏感性试验是一种常见的试验，用于将 A 组链球菌与其他 β - 溶血性链球菌相区别。如图所示，浸渍有 0.04 U 杆菌肽的纸片不能抑制无乳链球菌（左）的生长，而化脓性链球菌（右）不能生长到杆菌肽纸片周围。任何大小的抑菌环的形成都被判读为结果阳性。该试验是鉴定化脓性链球菌的一种廉价方法，但特异性不高，因为有 5%~10% 的其他 β - 溶血性链球菌也可以被抑制，并且不够快速，需要过夜培养

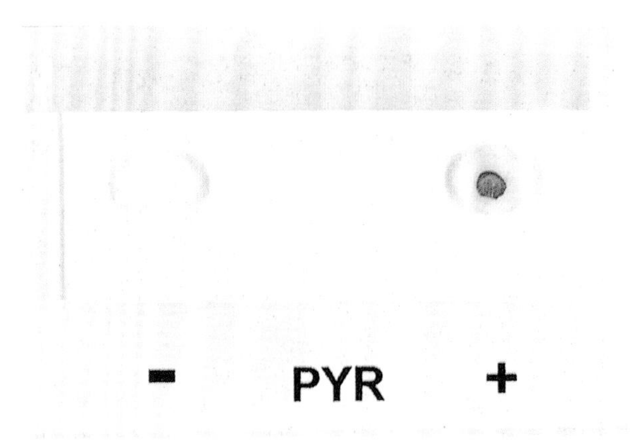

图 2-17　**PYR 试验。**PYR 试验是一种快速、敏感的化脓性链球菌鉴定试验。许多实验室已将杆菌肽试验替换为 PYR 试验，用于化脓性链球菌的初步鉴定。为了进行本试验，将分离物涂抹到含有 l- 焦谷氨酸 β - 萘胺的纸片上。如果该微生物具有吡咯烷基芳酰胺酶，则能够降解底物并产生 β - 萘胺，可通过添加对二甲氨基肉桂醛（吡咯试剂）来检测。左侧的分离物为 PYR 阴性，右侧的分离物为 PYR 阳性（化脓链球菌）

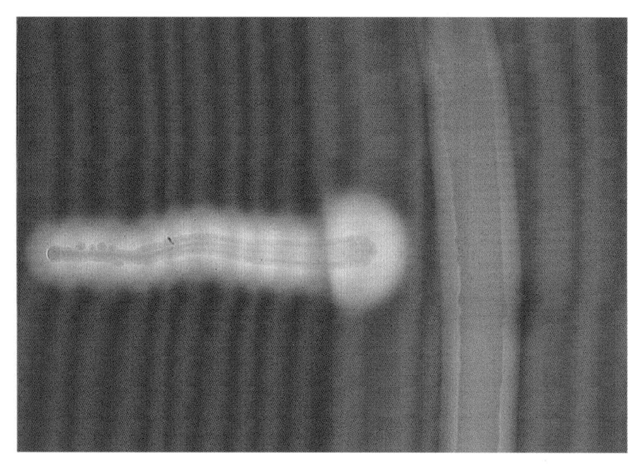

图 2-18　**鉴定无乳链球菌（B 组链球菌）的 CAMP 试验。**CAMP 试验可用于初步鉴定无乳链球菌。为了进行试验，将产生 β-赖氨酸的金黄色葡萄球菌菌株划线接种到血液琼脂平板上。待鉴定的分离菌株与金黄色葡萄球菌成直角接种，注意两条线不接触。过夜培养后，如果分离物是无乳链球菌，由于两种微生物产生的溶血素的协同作用，彼此相邻的 β-溶血区域应呈箭头状

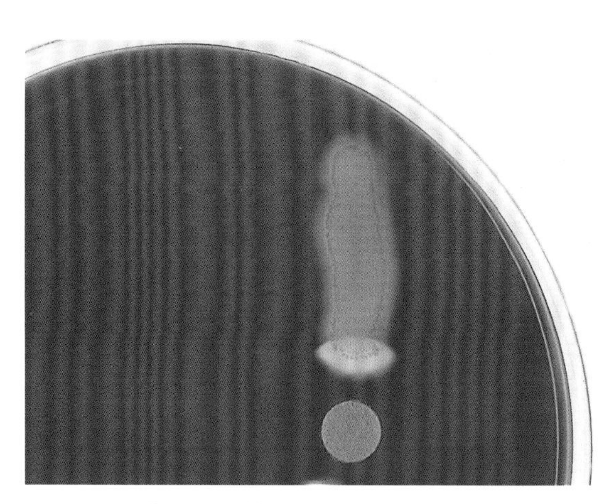

图 2-19　**使用 β-赖氨酸纸片进行的 CAMP 试验。**除了图 2-18 所示试验操作外，也可使用浸渍有 β-赖氨酸（Thermo Scientific、Remel Products、Lenexa、KS）的纸片进行 CAMP 试验。将待鉴定的微生物以直线接种在距离纸片 5 mm 的范围内，并将培养物培养过夜。如图所示，如果分离物是无乳链球菌，则可以看到足球或新月形的 β-溶血

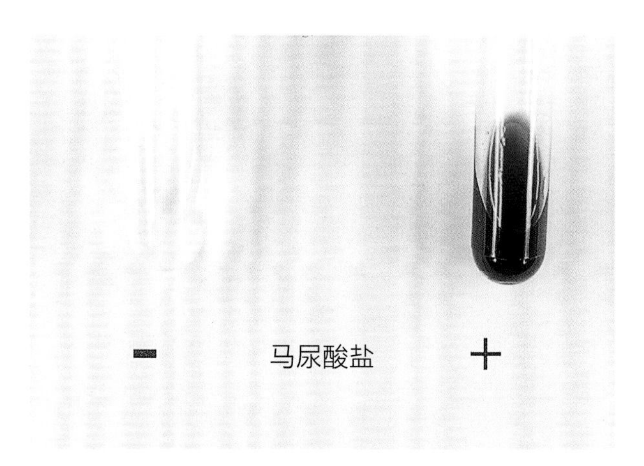

图 2-20　**鉴定无乳链球菌的马尿酸盐试验。**如图所示，与马尿酸盐阴性的其他 β-溶血性链球菌（左）相比，无乳链球菌（右）马尿酸盐阳性

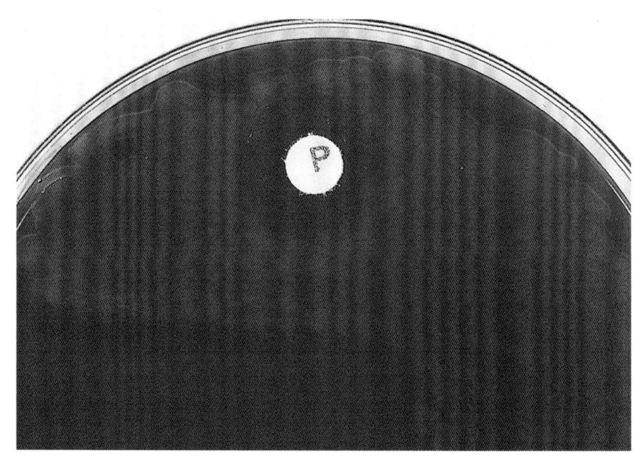

图 2-21　**鉴定肺炎链球菌的奥普托欣敏感性试验。**奥普托欣能抑制肺炎链球菌的生长。在血琼脂平板上接种肺炎链球菌后，将浸渍有 5 μg 奥普托欣的纸片牢固地放置在平板上。35 ℃、5% CO_2 条件下过夜培养后，若形成直径大于 14 mm 的抑菌环，则认为是肺炎链球菌

图 2-22　**鉴别肺炎链球菌的胆汁溶解试验。**胆汁溶解试验可用于区分肺炎链球菌和其他 α-溶血性链球菌。在该实验中，当在菌落上滴下 2% 脱氧胆酸钠并在 35 ℃下培养 30 min 时，血琼脂上的肺炎链球菌菌落会消失或溶解

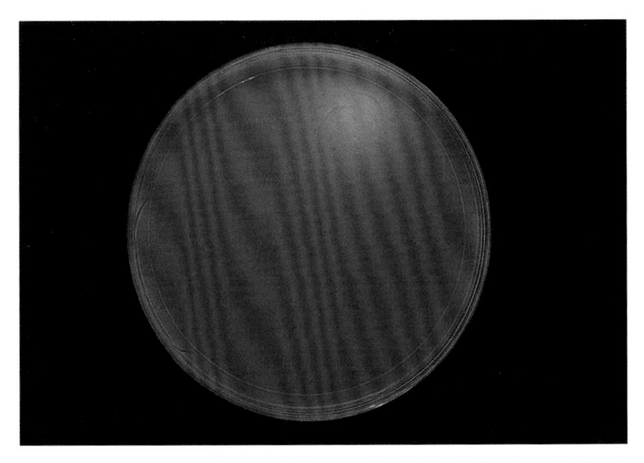

图 2-23 **BGUR 产生试验。**咽峡炎链球菌（米勒链球菌）组的 β- 溶血成员与属于 C 组和 G 组的链球菌不容易区分，BGUR 试验有助于鉴别。在本试验中，底物甲基伞形 -β-d- 葡糖苷酸可被 BGUR 分解生成荧光化合物。如图所示，将 C 组链球菌和咽峡炎链球菌组的分离物的浓悬液接种在含有甲基伞形 -β-d- 葡糖苷酸的 MacConkey 琼脂平板上（BD Diagnostic Systems，Franklin Lakes，NJ）。培养皿在 35 ℃下培养 30 min，并在长波紫外线下观察。C 组分离菌株（右上象限）产生荧光，可将其与非荧光性咽峡炎链球菌群（左下象限）区分开来

图 2-24 **牛链球菌群与屎肠球菌群的鉴别。**胆汁七叶皂苷琼脂斜面和 6.5% NaCl 肉汤培养基常用于 α- 溶血性链球菌的鉴别和鉴定。在图中所示的例子中，很难区分牛链球菌群和屎肠球菌群，因为这两种微生物的菌落看起来相似（图 2-11），并且当接种在胆汁七叶皂苷斜面上时，这两种微生物都能够在 40% 胆汁的存在下生长并水解七叶皂苷，导致培养基变黑。但是牛链球菌群（左）不能在 6.5% 的 NaCl 中生长，不像屎肠球菌（右）可以在高盐（6.5%）溶液中生长，使得肉汤颜色从紫色或粉色变为黄色

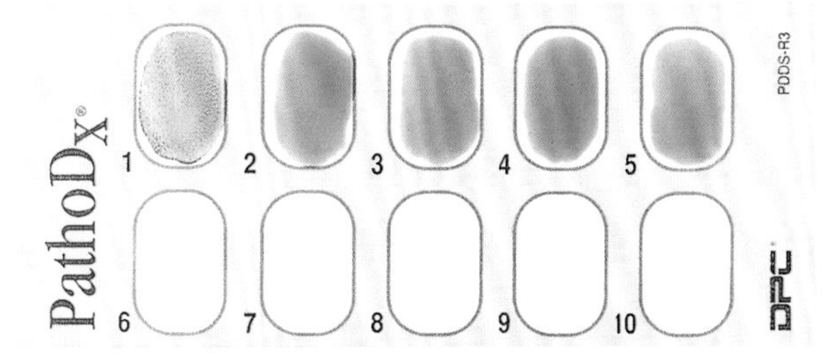

图 2-25 **用于鉴定兰斯菲尔德抗原的乳胶凝集试验。**β- 溶血性链球菌可根据其兰斯菲尔德抗原进行分类。为了检测兰斯菲尔德抗原，常用方法是使用与乳胶颗粒偶联的单克隆抗体进行乳胶凝集试验。在本图所示的试验（PathDX；Thermo Scientific Remel Products）中，将染料加入乳胶试剂中，以使凝集反应可以用肉眼观察。大多数商品化试剂盒含有 A、B、C、F 和 G 组的试剂，在该分型反应中，这些试剂分别显示在孔 1-5 中。图示待测菌株为化脓性链球菌（A 组链球菌）

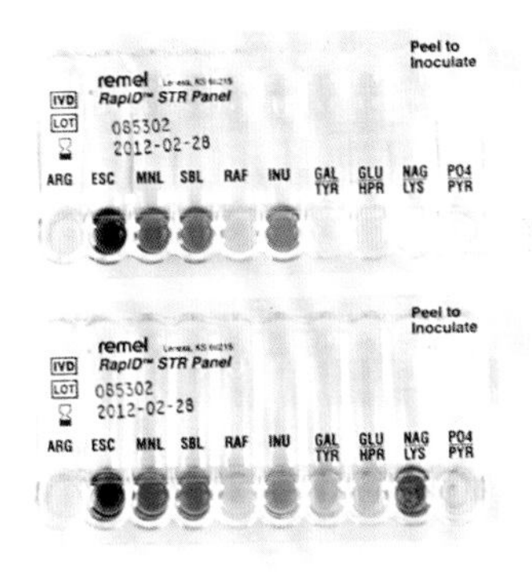

图 2-26 **RapID STR 链球菌鉴定系统。**RapID STR 系统（Thermo Scientific，Remel Products）是利用常规试验和显色底物来鉴定链球菌的快速检测系统。该系统有 10 个反应孔。最后四个孔是双功能孔，即在向孔中添加试剂后，可以读取两个反应的结果，因此总共有 14 个生化反应可用。由于微生物的溶血反应，该系统能够识别大多数有临床意义的链球菌。与许多商品化检测系统一样，并非所有的鉴定结果都与常规生化试验得到的结果相一致。在图中所示示例中，该分离菌株被鉴定为唾液链球菌。试验时，在将试剂加入下排的双功能反应孔之前，要先读取上排反应孔的结果

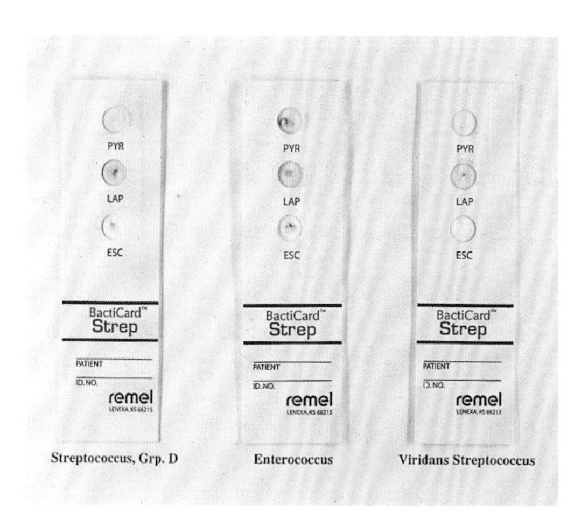

图 2-27 **BactiCard 检测系统。**BactiCard（Thermo Scientific Remel Products）是一种快速鉴定链球菌的检测系统。它可检测吡咯烷酰芳酰胺酶（PYR）、亮氨酸芳酰胺酶（LAP）和七叶皂苷水解活性（ESC）。将过氧化氢酶阴性、革兰氏阳性球菌菌落直接接种到板条的三个湿润部分，然后在室温下培养 10 min。以下三种微生物的典型反应模式示例如下：从左至右分别为，D 组链球菌（牛链球菌群），LAP 和 ESC 阳性；肠球菌属：PYR、LAP 和 ESC 阳性；病毒群链球菌：LAP 阳性

第 3 章　肠球菌属

肠球菌属（*Enterococcus*）的成员是革兰氏阳性球菌，可在自然界恶劣条件下生存，因此普遍存在于土壤、水和植物中。它们主要在人类胃肠道定植，但在其他部位也有发现，如人类生殖道。目前该属菌种有 57 种。其中，从临床标本中分离出来的最常见的菌种是粪肠球菌（*Enterococcus faecalis*）。近年来，随着抗生素获得性耐药的增加，特别是对万古霉素的耐药，屎肠球菌（*E. faecium*）的分离率正在增加。一些不太常见的临床菌种包括鹑鸡肠球菌（*E. gallinarum*）、酪黄肠球菌（*E. casseliflavus*）、鸟肠球菌（*E.avium*）和棉子糖肠球菌（*E. Raffinosus*）等。其他肠球菌种很少从人类标本中分离得到。

一般来说，很难判断肠球菌属菌株是导致感染的诱因，还是仅仅在某个部位定植。目前，肠球菌属是引起健康护理相关血行感染的三大最常见原因之一，并且可能是引起健康护理相关尿路感染的原因。肠球菌属也可引起伤口感染和心内膜炎等，但很少引起中枢神经系统和呼吸道感染。目前，肠球菌属已成为老年人、免疫缺陷患者以及长期使用抗生素的住院患者感染的一个日益重要的原因。

肠球菌属可在恶劣条件下生存并能产生生物膜，这一能力使其难以在医院环境中被彻底清除。它们能在环境表面和仪器上长时间存活，并能抵抗许多标准的清洁方法。以上种种，加上对万古霉素的获得性耐药性以及对氨基糖苷类和 β-内酰胺类抗生素的固有耐药性，使得肠球菌属，特别是屎肠球菌成为主要的医源性致病菌。

一般来说，对万古霉素（vancomycin）敏感性降低的肠球菌分离株可根据其携带的耐药基因分类为 vanA，vanB 和 vanC；虽然还有其他对万古霉素耐药性相关的基因，但在临床中并不常见。vanA 和 vanB 菌株对人类构成了最大的威胁，因为它们的耐药性更强，并且耐药性基因携带在质粒或转座子上，因此易于转移。vanA 分离株，主要是屎肠球菌，偶尔还有粪肠球菌，多与高水平万古霉素耐药性相关，MIC $\geqslant$ 256 μg/mL，同时对替考拉宁耐药。对万古霉素耐药并携带 *vanB* 基因的菌株可能具有中等水平至高水平的万古霉素 MIC。vanC 菌株，主要是鹑鸡肠球菌和酪黄肠球菌，多与较低的万古霉素 MIC 相关，并且耐药性似乎是组成性的和染色体介导的。vanC 菌株似乎没有参与到万古霉素耐药的传播中。偶有万古霉素依赖性肠球菌菌株的报道，这些菌株仅在含有万古霉素的培养基上生长。

由于万古霉素耐药性肠球菌（vancomycin-resistant enterococci，VRE）的重要性日益增加，目前已研发出选择性和鉴别培养基以及分子检测方法，以促进这类微生物的快速检测。在一些情况下，需要对患者进行 VRE 筛查，采集直肠拭子进行培养。选择性培养基，例如弯曲杆菌琼脂培养基和含有万古霉素的选择性显色培养基已用于检测直肠拭子和粪便中的这类微生物。有许多基于 DNA 的多重检测方法能够区别屎肠球菌和粪肠球菌，并能直接从临床样本或阳性血培养瓶中检测 *vanA* 和 *vanB* 基因。直接分子检测方法的一个限制是其特异性，因为一些 van 基因，例如 *vanB*，可以在其他属微生物中找到。用于从血液培养物中鉴定肠球菌属的其他快速方法还有荧光原位杂交（fluorescence in situ hybridization，FISH）和基质辅助激光解吸电离飞行时间质谱（MALDI-TOF MS）等。

肠球菌属通常成对分布或呈短链状排列。然而，在某些生长条件下，菌体会拉长，并出现球形纤毛。一般来说，肠球菌属具有 α- 溶血性或非溶血性。但是，由于使用的血液琼脂培养基类型不同，它们有可能表现为 β- 溶血性。一些菌株具有兰斯菲尔德 D 组抗原，可通过基于单克隆抗体的凝集试验进行检测。肠球菌属通常为过氧化氢酶阴性，在 10~42 ℃的温度范围内生长，兼性厌氧。肠球菌属的其他特性包括能够在 6.5% NaCl 中生长，在 40% 胆汁盐存在下水解七叶皂苷，并且 PYR 试验和亮氨酸氨基肽酶试验呈阳性。

虽然有很多不同的肠球菌种类鉴定方法，但常见的肠球菌分离株可以通过一些关键的生化反应和（或）MALDI-TOF MS 进行区分，如阿拉伯糖的利用、运动能力、α -D- 甲基葡萄糖苷的酸化等，色素变化也可用于在菌种水平上鉴别大多数粪肠球菌、屎肠球菌、鹑鸡肠球菌和酪黄肠球菌菌株。添加山梨糖和棉子糖可以鉴别不太常见的菌株，如鸟肠球菌和棉子糖肠球菌。目前也有商品化鉴定系统可用于进行菌种鉴定。虽然这些产品可以鉴定分离率较高的菌种，但对于不太常见的分离株，它们的结果并不可靠。

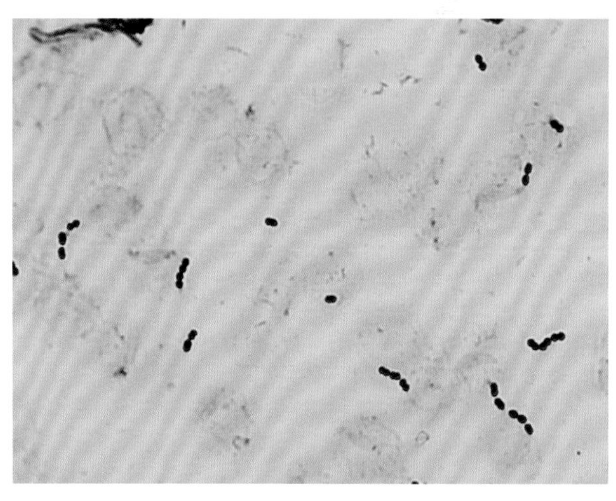

图 3-1　**屎肠球菌革兰氏染色。**图示为从血液培养中获得的屎肠球菌。这是一种革兰氏阳性球菌，成对或短链出现

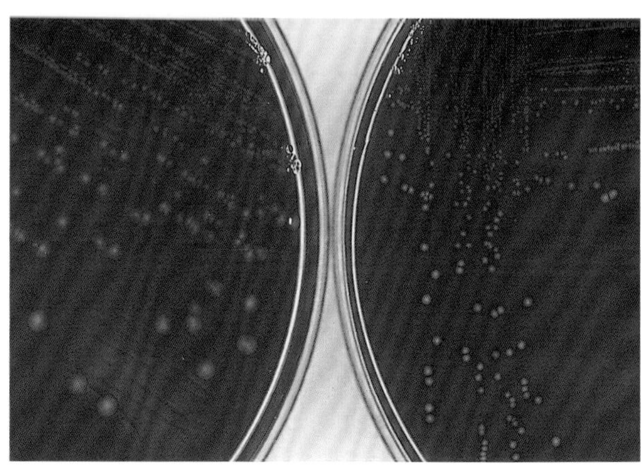

图 3-2　**绵羊血琼脂平板上的粪肠球菌和屎肠球菌。**粪肠球菌（左）为非溶血性、扁平、灰色菌落，边缘光滑、半透明。相比之下，屎肠球菌菌落（右）被小的 α- 溶血区包围，并有明确的不透明边缘

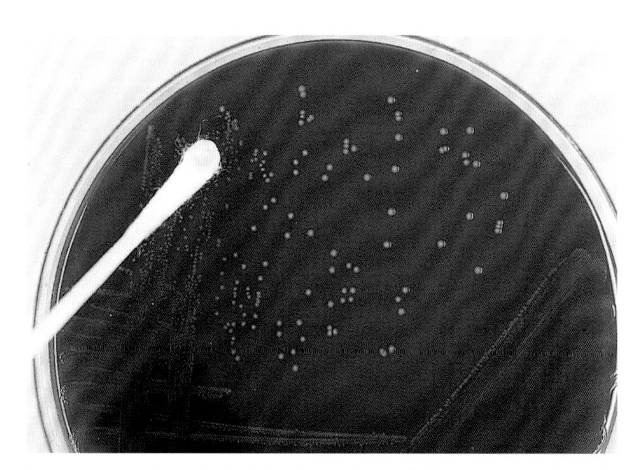

图 3-3　**血液琼脂平板上的酪黄肠球菌。**用棉签蘸取菌落，很容易看到酪黄肠球菌菌落典型的黄色色素

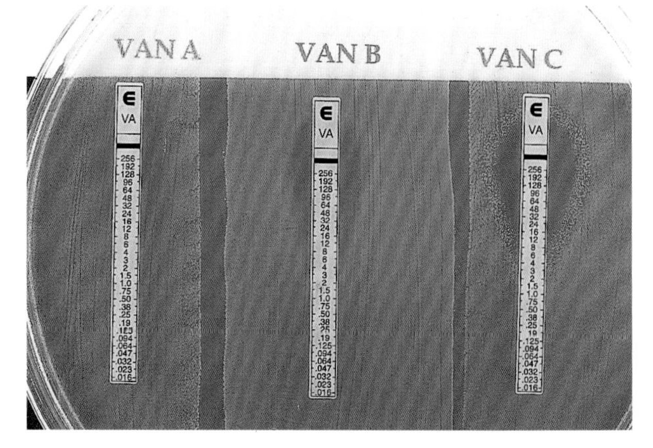

图 3-4　**vanA，vanB 和 vanC 肠球菌株的万古霉素敏感性比较。**一般来说，根据万古霉素的 MIC，可采用 E 试验将肠球菌分为三大类：vanA，vanB 和 vanC。如图所示，左侧为 vanA 类的屎肠球菌分离株，对万古霉素具有高度耐药性。MIC 为 32 μg/mL 的粪肠球菌分离株（中间）为万古霉素是 vanB 类。vanC 类鹑鸡肠球菌的 MIC 为 16 μg/mL

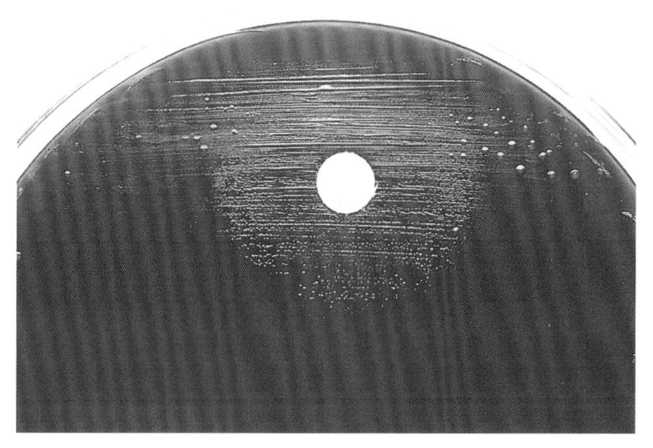

图 3-5　**万古霉素依赖性粪肠球菌菌株。**该菌株从直肠培养物中分离，初代在每毫升含有 10 μg 万古霉素的弯曲杆菌培养基上生长，但传代培养后未能在绵羊血琼脂平板上生长。如图所示，纸片中的万古霉素（30 μg）能促进该分离菌株在血液琼脂平板上生长

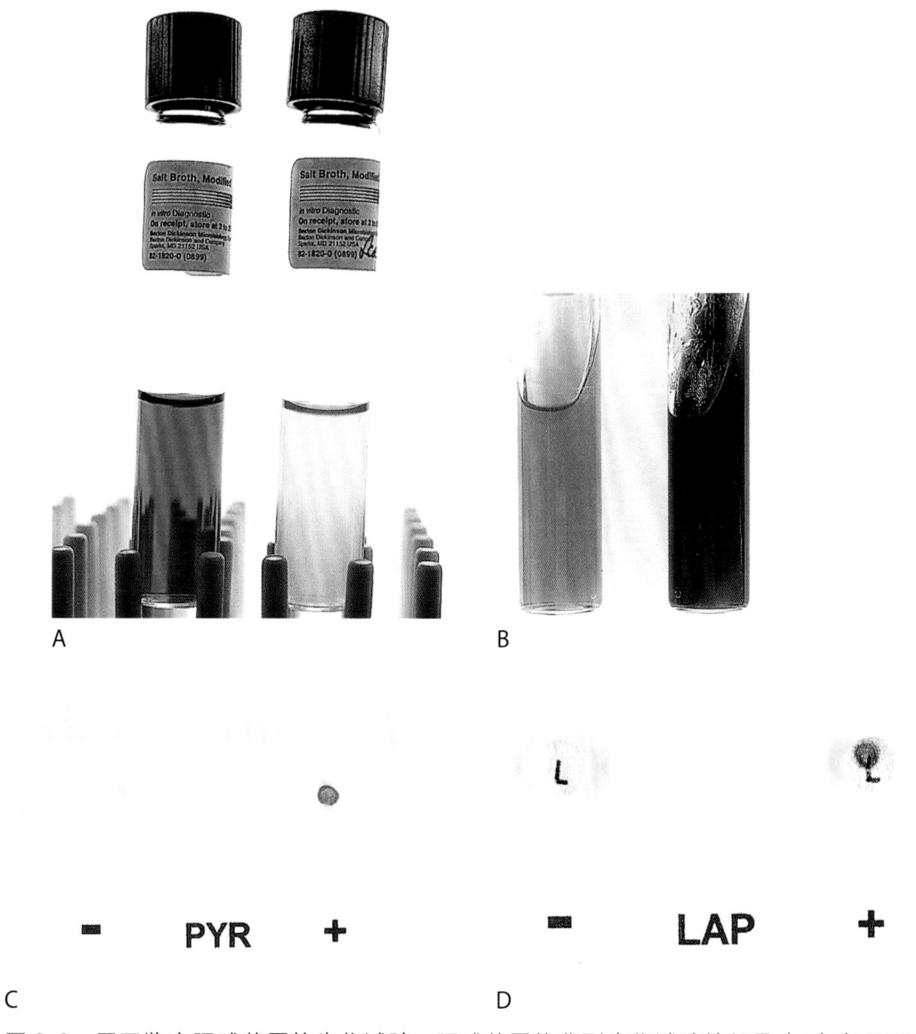

图 3-6　**用于鉴定肠球菌属的生化试验。**肠球菌属的典型生化试验特征是（A）在 6.5% NaCl 存在下生长，（B）在含有 40% 胆盐和水解七叶皂苷的培养基上生长，（C）PYR 试验阳性，以及（D）亮氨酸氨基肽酶（LAP）试验阳性。每种试验的左侧为结果呈阴性的非肠球菌分离菌株，肠球菌属典型的阳性反应显示在右侧

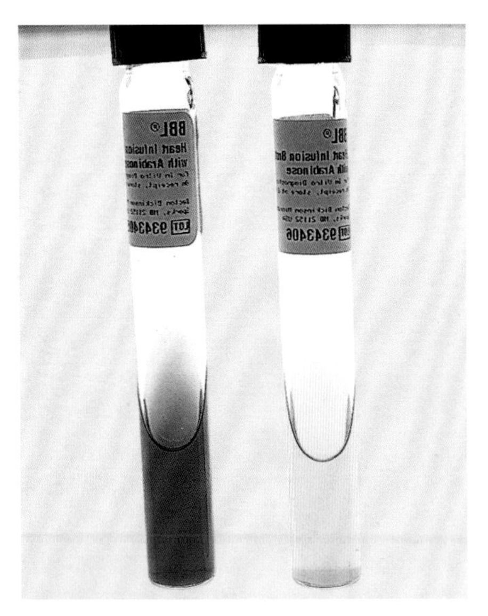

图 3-7 **阿拉伯糖利用试验。**利用阿拉伯糖可以鉴别粪肠球菌和屎肠球菌。在含有阿拉伯糖和溴甲酚紫指示剂的脑心浸液肉汤培养基接种粪肠球菌（左）和屎肠球菌（右）。粪肠球菌呈阴性反应，表现为培养基原来的紫色，而屎肠球菌为阳性反应，颜色变为黄色

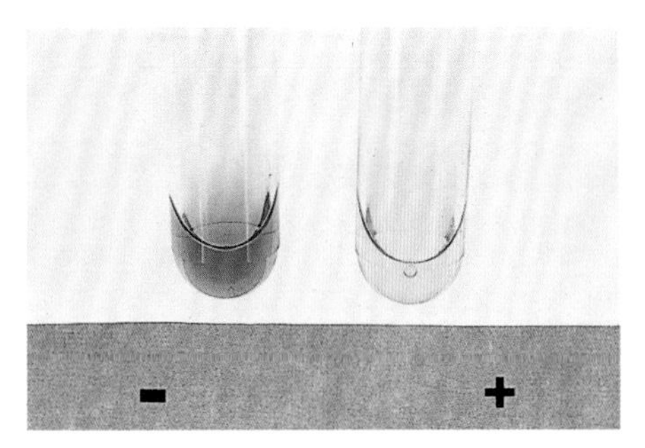

图 3-8 **α-D- 甲基葡萄糖酸化试验。**一种能鉴别屎肠球菌、鹑鸡肠球菌和酪黄肠球菌的试验是 1% α-D- 甲基葡萄糖酸化试验。粪肠球菌（左）不能利用这种化合物，酚红指示剂的颜色没有变化。另外两种菌可以利用这种化合物，如接种了鹑鸡肠球菌的肉汤颜色为黄色，如上右图所示，表明培养基酸化。试验过程中，肉汤需在 35 ℃下培养过夜

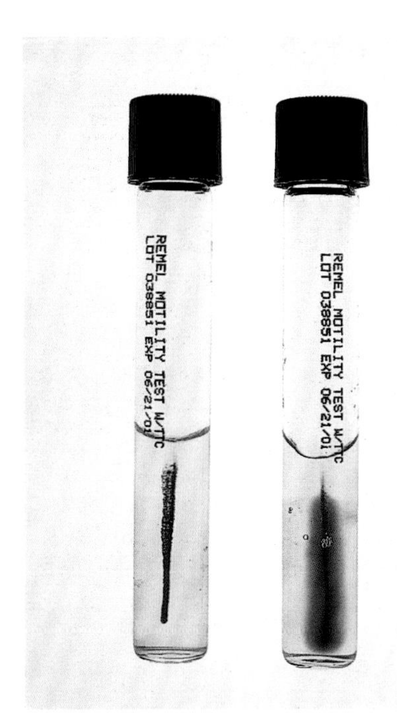

图 3-9 **运动能力试验鉴定肠球菌。**运动能力试验是一种常用的检测方法，用于将酪黄肠球菌和鹑鸡肠球菌与其他常见肠球菌临床分离株（即屎肠球菌和粪肠球菌）相鉴别。如图所示，屎肠球菌（左）无动力，而鹑鸡肠球菌（右）是有动力的。图中所示的动力琼脂培养基中含有氯化三苯基四唑，有助于观察试验

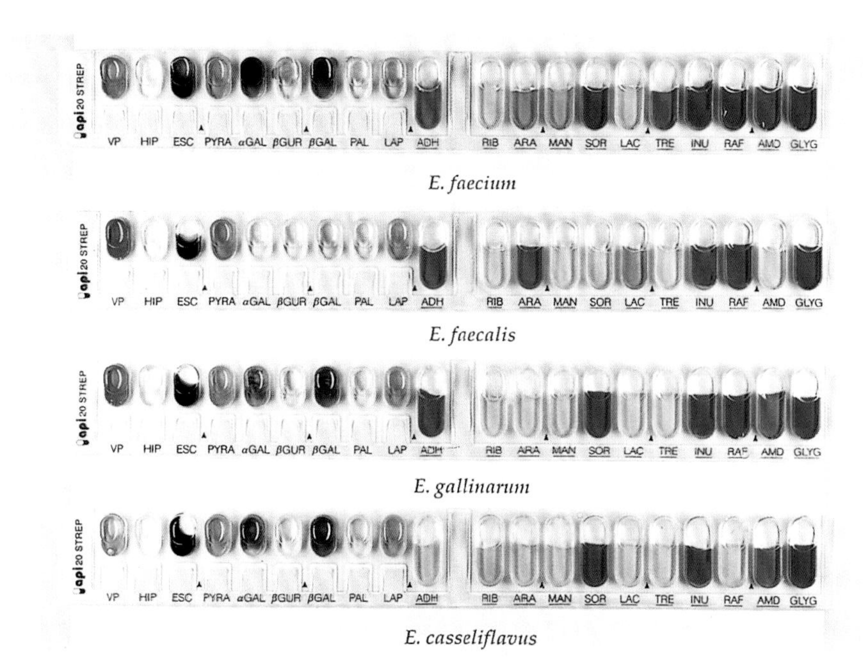

图 3-10　**使用 API 20 菌种鉴定系统鉴定肠球菌。**API 20 鉴定试剂盒可用于区分临床常见的肠球菌属分离株。图示为接种到 API 20 鉴定系统中的四种肠球菌（bioMérieux，Inc.，Durham，NC）

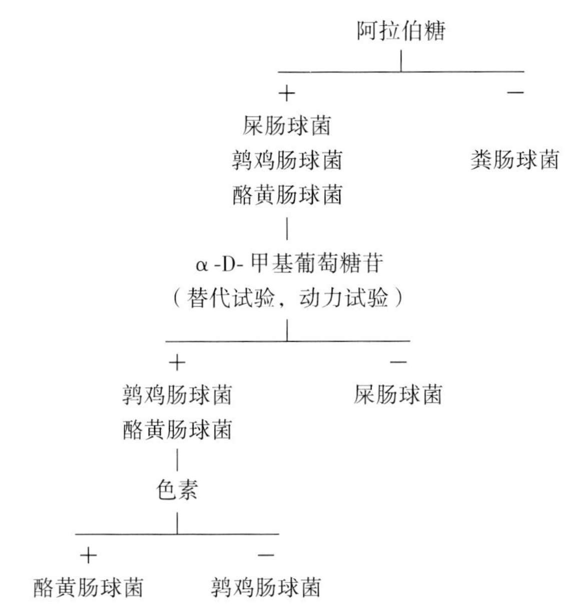

图 3-11　**肠球菌常见临床分离株鉴定的简图。**由于所鉴定的菌种不同，生化反应的结果会有差异

图 3-12　**直接鉴定肠球菌的肽核酸（Peptide nucleic acid，PNA）原位荧光杂交技术（FISH）。**将血液培养阳性的短链或成对分布的革兰氏阳性球菌进行 PNA FISH 检测（Enterococcus AdvanDx；OpGen，Inc.，Gaithersburg，MD）。PNA FISH 是利用荧光标记的 PNA 进行的 90 min 的 FISH 分析。PNA FISH 可检测粪肠球菌（绿色）和屎肠球菌以及其他肠球菌属（红色）。这些探针以这些微生物的菌种特异性 rRNA 为目标，可以很容易地穿透细菌细胞壁和细胞膜。图示为粪肠球菌（绿色）和屎肠球菌（红色）混合培养阳性物（照片由 AdvanDx 提供）

第 4 章　气球菌属、乏养菌属和其他革兰氏阳性需氧球菌

本章讨论的微生物为过氧化氢酶阴性、革兰氏染色阳性球菌，可以是人体正常菌群的一部分，大多数情况下可引起机会性感染。它们的镜下形态和培养特性类似于葡萄球菌属和链球菌属，因此可能被误判。在某些情况下，只有当本以为是链球菌属的菌种对万古霉素耐药性时，才考虑是否属于本章讨论的菌群。显微镜下形态与葡萄球菌属相似的菌属或菌种有气球菌属（*Aerococcus*）、狡诈菌属（*Dolosigranulum*）、溶血孪生球菌（*Gemella haemolysans*）、创伤球菌属（*Helcococcus*）和片球菌属（*Pediococcus*）；与链球菌属相似的包括乏养菌属（*Abiotrophia*）、狡诈球菌属（*Dolosicoccus*）、费克蓝姆菌属（*Facklamia*）、溶血孪生球菌之外的孪生球菌、球链菌属（*Globicatella*）、颗粒链菌属（*Granulicatella*）、不活动粒菌属（*Ignavigranum*）、乳球菌属（*Lactococcus*）、明串珠菌属（*Leuconostoc*）、漫游球菌属（*Vagococcus*）和魏斯氏菌属（*Weissella*）。球链菌属、费克蓝姆菌属、不活动粒菌属（*Ignavigranum*）和狡诈球菌属很少能从临床标本中分离得到。

乳球菌属由无运动能力的菌种组成，以前被归类为 *Lancefield* 抗原 N 组链球菌。已知乳酸乳球菌（*Lactococcus lactis*）和格氏乳球菌（*Lactococcus garvieae*）会导致人类感染。具有 *Lancefield* N 组抗原的有运动能力的乳球菌样微生物属于漫游球菌属，类似肠球菌属。以前认为是营养缺乏链球菌或卫星链球菌的微生物现在归类于乏养菌属和颗粒链球菌属。

尽管这些微生物的毒力很低，但它们可以在免疫功能低下的患者中引起感染。感染通常发生在长期住院、接受侵入性手术、组织损伤、异物侵入和抗菌治疗后。已从菌血症和（或）心内膜炎患者标本中分离出气球菌属、乏养球菌属、孪生球菌、颗粒链菌属、片球菌属、球链菌属、乳球菌属、明串珠菌属和魏斯氏菌属，从下肢伤口培养物（如足部溃疡）中分离出创伤球菌属。乏养菌属和颗粒链菌属是心内膜炎的致病菌，会影响天然瓣膜和人工瓣膜。融合魏斯氏菌（*Weissella confusa*），以前被归类为融合乳杆菌（*Lactobacillus confusus*），也偶有报道与菌血症和心内膜炎有关。漫游球菌也已从血液、腹腔积液和伤口中分离出。

尿道气球菌（*Aerococcus urinae*）与尿路感染有关，主要发生在老年人，也可引起淋巴结炎、心内膜炎和腹膜炎等。从尿液中还可分离出血气球菌和脲气球菌。

该群中的葡萄球菌样微生物成对、成四分体和成簇出现，链球菌样的细菌成对或链状排列。孪生球菌可能为革兰氏可变或革兰氏阴性，乏养菌属和颗粒链菌属可以是成对和链状的球杆菌，如果生长在营养缺乏的培养基上，则可能表现为多形性。对该群菌种进行显微镜形态学鉴定时，应选择在肉汤培养基（如巯基乙酸盐）中生长的细菌。

本章涉及的微生物是兼性厌氧菌，但绿色气球菌（*Aerococcus viridans*）除外，绿色气球菌是微需氧菌，它在厌氧条件下生长不良或根本不生长。大多数微生物在巧克力平板或血琼脂平板和巯基乙酸肉汤中生长良好，乏养菌属和颗粒链球菌除外，可通过“卫星现象”对这两个菌种进行鉴别。将待测微生物接种到绵羊血琼脂平板上进行融合生长，再将金黄色葡萄球菌（ATCC 25923）单一划线接种到该区域。在 35 ℃的 CO_2 环境中培养后，乏养菌属和颗粒链球菌菌株仅在葡萄球菌生长区域附近生长，出现“卫星现象”。或者，也可在培养基中加入吡哆醛纸片。某些不活动粒菌属的菌株也可能表

现出卫星现象。创伤菌群生长缓慢，需要 48~72 h 的培养才能得到可视菌落。这些微生物在厌氧培养时生长最好，在培养基中添加 1% 的马血或 0.1% 的吐温 80 可刺激其生长。Thayer-Martin 培养基可用于选择性分离 PYR 阴性、耐万古霉素的明串珠菌属、片球菌属和魏斯氏菌属的菌株。生长温度特征对区分乳球菌属和链球菌属及肠球菌属方面也很重要。乳球菌属在 10 ℃和 35 ℃下生长，链球菌属在 35 ℃下生长（有些链球菌在 45 ℃下生长），而肠球菌属在所有三种温度下均可生长。

有助于鉴定这群微生物的一些关键生化试验包括过氧化氢酶产生试验、七叶皂苷水解试验、能够在 6.5% NaCl 中生长、亮氨酸氨基肽酶（LAP）试验和 PYR 试验等，以及万古霉素敏感性试验（表 4-1）。这群微生物中的大多数为过氧化氢酶阴性和 PYR 阳性，但绿色气球菌可能产生较弱的过氧化氢酶阳性反应，而气球菌、片球菌、明串珠菌和一些乳球菌菌株为 PYR 阴性。LAP 阴性菌属包括狡诈球菌属、链球菌属、创伤菌属和明串珠菌属。两种特殊的气球菌，脲气球菌和绿色气球菌，也是 LAP 阴性。

目前，也有商品化鉴定系统和自动化方法可用，但其准确性有限。但是，这些方法也可以提供菌株的表型信息，可与上述试验和表 4-1 中所述的基本试验结合使用。通过基因检测技术（16S rRNA）进行鉴定比通过表型方法进行鉴定准确性更高。

表 4-1　需氧生长且过氧化氢酶阴性或弱阳性反应的各种革兰氏阳性球菌的鉴定[a]

微生物	水解七叶皂苷	LAP	PYR	能够在 6.5% NaCl 中的生长	VAN
乏养菌属	V	+	+	0	S
绿色气球菌[b]	+	0	+	+	S
柯氏气球菌	0	0	0	+	S
血气球菌	+	+	+	+	S
尿道气球菌	V	+	0	+	S
脲气球菌	+	0	0	+	S
狡诈球菌属	0	0	+	0	S
狡诈菌属	+	+	+	+	S
费克蓝姆菌	0	+	+	+	S
孪生球菌	0	+	+	0	S
球链菌属	+	0	V	+	S
颗粒链球菌	ND	+	+	0	S
创伤球菌	+	0	+	V	S
不活动粒菌属	0	+	+	+	S
乳球菌属	+	+	V	V	S
明串珠菌属	V	0	0	+	R
片球菌	V	+	0	V	R
漫游球菌属	+	+	+	V	S
魏斯氏菌属	V	0	0	+	R

[a] LAP. 亮氨酸氨基肽酶产生试验；PYR. 吡咯烷基氨基肽酶（吡咯烷基芳酰胺酶）产生试验；VAN. 万古霉素敏感性试验；+. 阳性；V. 可变；0. 阴性；S. 敏感；R. 耐药；ND. 没有相应数据。

[b] 罕见菌株可能为过氧化氢酶弱阳性。

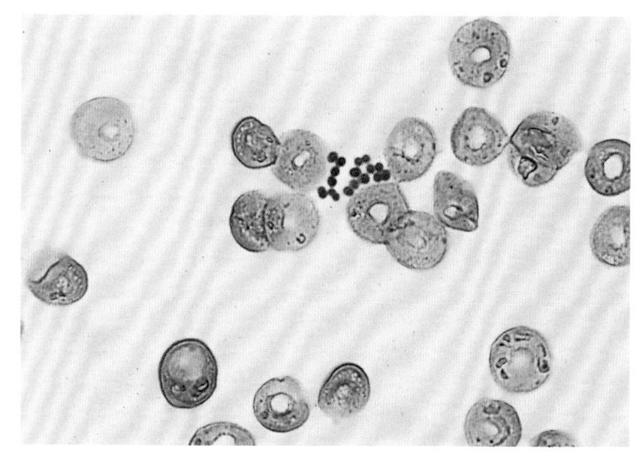

图 4-1　**血液培养阳性的绿色气球菌革兰氏染色。**显微镜下，气球菌菌株与葡萄球菌相似，为革兰氏阳性球菌，直径 1.0~2.0 μm。它们通常成对出现，如图所示，或在液体培养基中生长时形成四分体

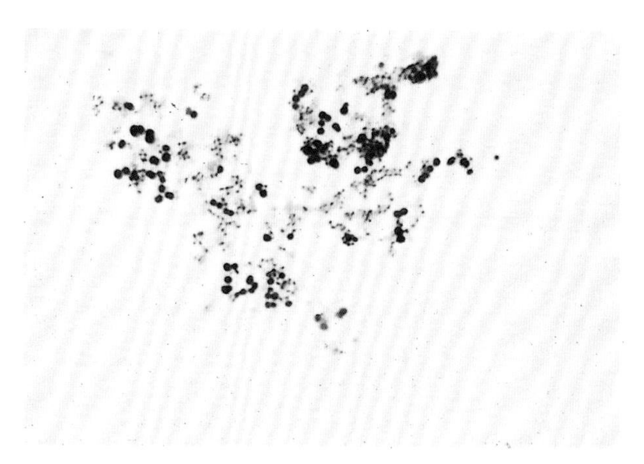

图 4-2　**孪生球菌属的革兰氏染色。**孪生球菌属的菌体可以是球形或细长，菌体大小为（0.5~0.8）μm×（0.5~1.4）μm。溶血性孪生球菌最初被归类为奈瑟菌属，是由于其革兰氏染色可变或革兰氏阴性的性质，通常表现为双球菌，成对出现，互相靠近的位置扁平

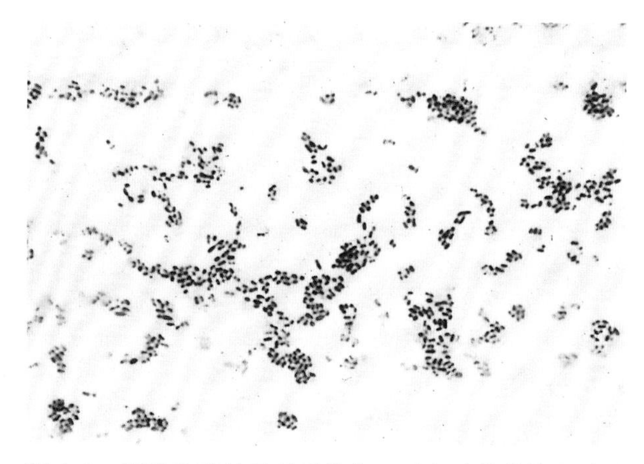

图 4-3　**明串珠菌的革兰氏染色。**明串珠菌菌体呈球形或球杆形，末端圆形，菌体大小为（0.5~0.7）μm×（0.7~1.2）μm，可成对和成链分布

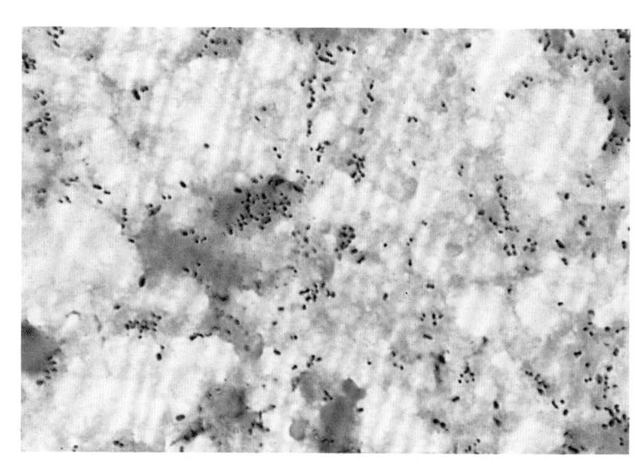

图 4-4　**乏养球菌革兰氏染色。**显微镜下，乏养球菌是微小的球菌或球杆菌，直径 0.1~0.2 μm，成对和（或）长链排列

图 4-5　**血液琼脂平板上的尿道气球菌和绿色气球菌。**尿道气球菌（左）和绿色气球菌（右）的菌落相似。它们都是 α-溶血菌落，菌落直径为 1.0~2.0 mm，在血液琼脂上可与甲型溶血性链球菌菌落混淆，在显微镜下易与葡萄球菌混淆，如图 4-1 所示。这些微生物是微需氧的，大多数菌株在厌氧培养时不生长，其余菌株在空气中生长不良，氧浓度降低时生长良好

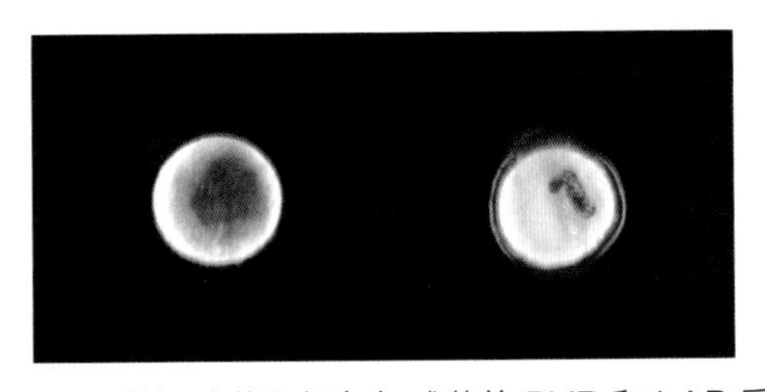

图 4-6　**尿道气球菌和绿色气球菌的 PYR 和 LAP 反应。**根据 PYR（左）和 LAP（右）反应可以区分尿道气球菌和绿色气球菌。如图所示，绿色气球菌为 PYR 阳性和 LAP 阴性，而尿道气球菌为 PYR 阴性和 LAP 阳性（图中未显示）

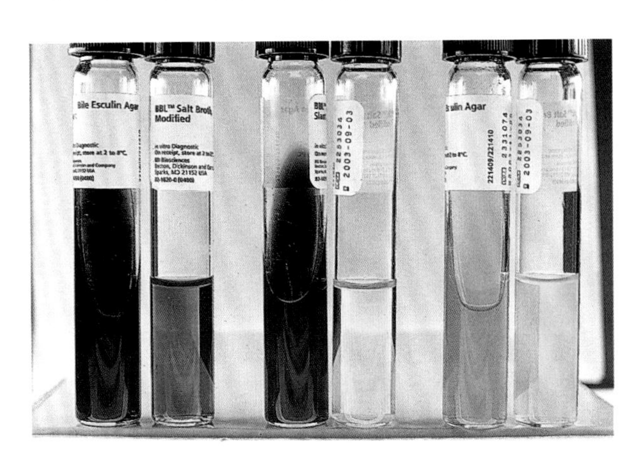

图 4-7　**牛链球菌、粪肠球菌和尿道气球菌在胆汁－七叶皂苷琼脂斜面和 6.5% NaCl 肉汤中的反应。**牛链球菌（左边）、粪肠球菌（中间）和尿道气球菌（右边）可以根据它们在胆汁－七叶皂苷琼脂和 6.5% NaCl 肉汤中的反应进行区分。如图所示，牛链球菌可在含有 40% 胆汁的情况下生长，并水解七叶皂苷，使斜面变黑，但在 6.5% NaCl 肉汤中不生长，而粪肠球菌在两种培养基中均呈阳性。6.5% NaCl 肉汤中的阳性反应表现为生长或浑浊，颜色从紫色变为黄色。尿道气球菌在胆汁－七叶皂苷琼脂上的反应可能不同。在本例中，尿道气球菌不水解七叶皂苷，能在 6.5% 的 NaCl 肉汤中生长

图 4-8　**血液琼脂平板上的明串珠菌。**明串珠菌属菌落具有 α-溶血性，体积小，直径为 1.0~2.0 mm，可与草绿色链球菌群的菌落混淆

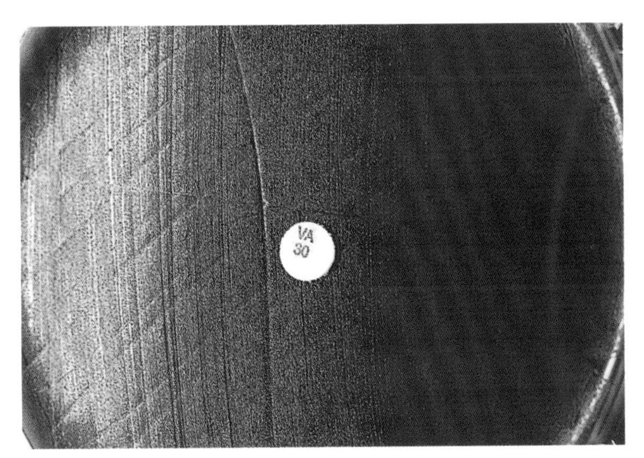

图 4-9　**血液琼脂平板上的耐万古霉素的明串珠菌。**对万古霉素的耐药性可用于鉴别明串珠菌和草绿色链球菌。将待测菌的浓悬液均匀涂布在血液琼脂平板上，并将 30 μg 万古霉素纸片放置在接种物的中心。培养皿在 35 ℃的 CO_2 环境中培养过夜。如图所示，产生抑菌环则表示对万古霉素敏感，而耐药菌株没有抑菌环。其他耐万古霉素、过氧化氢酶阴性、革兰氏阳性的球菌还有肠球菌

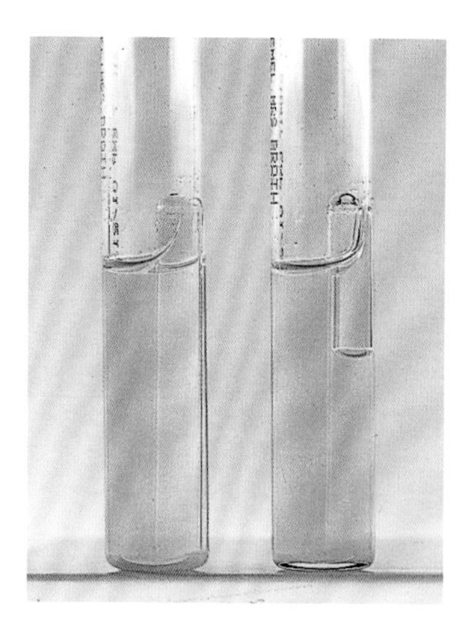

图 4-10 **明串珠菌利用葡萄糖产气试验。**葡萄糖发酵产生气体可用于鉴别明串珠菌和其他耐万古霉素微生物。在本例中，左侧的葡萄糖肉汤中接种了片球菌，右侧的试管中接种了明串珠菌。左侧试管中没有气体产生，而接种明串珠菌的试管上半部分有气体产生。魏斯氏菌也可产生气体，可能会与明串珠菌混淆，这二者的区别在于明串珠菌精氨酸试验阴性，而魏斯氏菌能水解精氨酸

图 4-11 **血液琼脂平板上的孪生球菌。**孪生球菌的菌落具有 α-溶血性且较小，直径约为 1.0 mm，可与草绿色链球菌群的菌落混淆。有些可能是 β-溶血菌株。孪生球菌的菌落也与绿色气球菌和明串珠菌相似，体积稍小，生长可能较慢

图 4-12 **巧克力琼脂平板上的乏养球菌。**乏养球菌菌落较小，直径为 1.0 mm，具有 α-溶血性或非溶血性，可与草绿色链球菌群的菌落混淆。乏养球菌在巧克力琼脂平板上生长，如图所示，但在血液琼脂上不生长，除非培养基中添加吡哆醛或金黄色葡萄球菌接种物，如图 4-13 所示

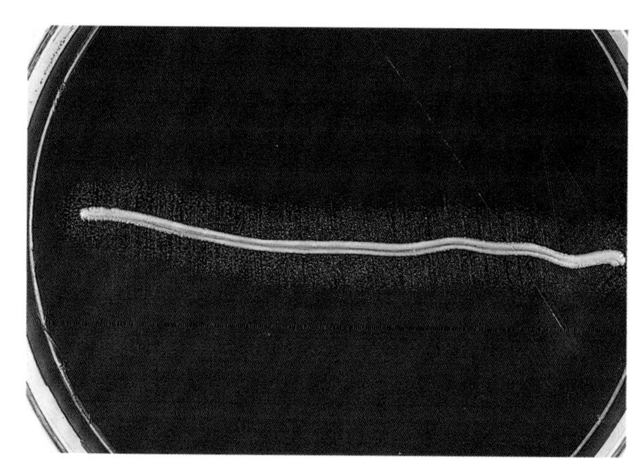

图 4-13 **乏养球菌在血液琼脂上的卫星生长。**乏养球菌菌落，以前称为营养变异链球菌，当生长在不能支持其生长的培养基上时，在金黄色葡萄球菌的 β-溶血菌株周围形成卫星生长。为了进行该试验，先将乏养球菌接种在培养基表面，然后以单一划线接种金黄色葡萄球菌，如图所示。在 35 ℃、CO_2 存在下培养后，乏养球菌菌落仅在葡萄球菌划线周围区域生长

图 4-14 **乏养球菌在含吡哆醛的血液琼脂上的卫星生长。**用乏养球菌演示卫星生长的另一种方法是用 0.001% 吡哆醛补充培养基，可以在培养基中添加盐酸吡哆醛水溶液，或使用含有吡哆醛的纸片，如图所示。只有在纸片周围吡哆醛扩散到的区域才有乏养球菌生长

第 5 章　革兰氏阳性棒状杆菌

本章讨论的微生物包括需氧、革兰氏阳性、不形成孢子、形状不规则的棒状杆菌。术语“棒状杆菌”源自希腊语“coryne”一词，意思是“棍棒”。虽然棒状杆菌属是唯一真正的棍棒状细菌，其他属也可能具有不规则的形态。常见的棒状革兰氏阳性球菌包括棒状杆菌属（*Corynebacterium*）、隐秘杆菌属（*Arcanobacterium*）、罗氏菌（*Rothia*）和加德纳菌（*Gardnerella*）。第 29 章将讨论革兰氏阳性厌氧棒状杆菌，包括放线菌属、放线杆菌属、双歧杆菌属和丙酸杆菌属（皮肤杆菌属）。有几个不太常见的分离菌属，一般来说是从环境中获得，或者是人源性细菌微生物体系的一部分，致病力很弱。以下情况需对棒状杆菌进行菌种水平的鉴定：棒状杆菌是从原则上无菌的身体部位分离出来的；棒状杆菌是从充分收集的临床标本中分离到的优势菌；从尿培养中获得棒状杆菌，菌落计数＞ 10^4 CFU/mL，或菌落计数为 10^5 CFU/mL 的优势菌。如果从多个样本中分离得到棒状杆菌，并且在直接革兰氏染色时发现有白细胞存在，则这些微生物更具有临床意义。人类感染棒状杆菌属可以是社区获得性感染（如结膜炎、咽炎、泌尿生殖道感染、皮肤和软组织感染等），也可能是医疗相关感染（如脑脊液分流感染、肺炎和一些骨科矫形手术，以及静脉导管相关感染，术后、腹膜透析相关感染和尿路感染）。

在临床实验室中最常遇到的是一些条件致病菌，以及引起白喉的白喉棒状杆菌（*Corynebacterium diphtheriae*）。溃疡棒状杆菌（*Corynebacterium ulcerans*）和假结核棒状杆菌（*Corynebacterium pseudotuberculosis*）也可能含有携带白喉毒素基因的噬菌体，并且可能具有产生白喉毒素的能力。棒状杆菌属中一些具有医学临床意义的菌种包括：无枝菌酸棒状杆菌（*Corynebacterium amycolatum*）、金黄色棒状杆菌（*Corynebacterium aurimucosum*）、科伊尔棒状杆菌（*Corynebacterium coyleae*）、白喉棒状杆菌、解葡萄糖醛酸棒状杆菌（*Corynebacterium glucuronolyticum*）、杰氏棒状杆菌（*Corynebacterium jeikeium*）、克氏棒状杆菌（*Corynebacterium kroppenstedtii*）、麦氏棒状杆菌（*Corynebacterium macginleyi*）、接近棒状杆菌（*Corynebacterium propinquum*），假白喉棒状杆菌（*Corynebacterium pseudodiphtheriticum*）、假结核棒状杆菌、里氏棒状杆菌（*Corynebacterium riegelii*）、抗逆棒状杆菌（*Corynebacterium resistens*）、拟棒状杆菌（*Corynebacterium simulans*）、纹带棒状杆菌（*Corynebacterium striatum*）、溃疡棒状杆菌和解脲棒状杆菌（*Corynebacterium urealyticum*.）。

引起人类感染的常见的棒状杆菌属细菌有杰氏棒状杆菌、纹带棒状杆菌和解脲棒状杆菌。杰氏棒状杆菌是最常见的从临床标本中分离出来的菌种之一，已知可引起菌血症和人工瓣膜心内膜炎。在因罹患血液和实体器官恶性肿瘤、留置医疗器械以及与医疗保健相关的菌血症和败血症而导致免疫功能低下的宿主中也可以发现该菌感染。该菌通常对多种抗生素具有耐药性。纹带棒状杆菌是一种新发现的与医疗保健相关的病原体，与人类的几种感染有关，包括人工心脏装置相关性心内膜炎、免疫缺陷患者的败血症和菌血症、呼吸道感染、骨髓炎、脑膜炎和伤口感染等。它也是一种多重耐药菌，感染后死亡率极高。解脲棒状杆菌可从 pH 值为碱性的尿液样本中分离出来，并与鸟粪石结晶有关，即碱性痂块膀胱炎。这种微生物通常对多种抗生素耐药。

其他重要的棒状杆菌属细菌包括溶血隐秘棒

状杆菌（*Arcanobacterium haemolyticum*）、阴道加德纳菌（*Gardnerella vaginalis*）和龋齿罗氏菌（*Rothia dentocariosa*）。溶血隐秘棒状杆菌与大龄儿童的咽炎、伤口和软组织感染、心内膜炎和骨髓炎有关。阴道加德纳菌是人类肛门直肠微生物群以及女性阴道微生物群的一部分，是与细菌性阴道炎相关的微生物之一。龋齿罗氏菌是人类口咽腔正常微生物群的一部分，与龋齿和牙周疾病以及免疫缺陷患者的心内膜炎和肺炎有关。

其他医学相关棒状杆菌包括节杆菌属（*Arthrobacter*）、短杆菌属（*Brevibacterium* spp.）、纤维单胞菌属（*Cellulomonas* spp.）、纤维菌属（*Cellulosimicrobium* spp.）、人皮肤杆菌属（*Dermabacter hominis*）、微杆菌属（Microbacterium spp.）、黏液罗氏菌属（*Rothia mucilaginosa*）、伯氏隐秘杆菌（*Trueperella bernardiae*）、化脓隐秘杆菌（*Trueperella pyogenes*）和耳炎苏黎世菌（*Turicella otitidis*）。表 5-1 列举了需氧棒状杆菌的临床感染症状和特征。显微镜下，棒状杆菌的形状和大小各不相同，球形杆菌的直径约为 0.5~2 μm，典型的棒状杆菌直径可达 6 μm。革兰氏染色不均匀。细胞的排列方式是棒状杆菌的一个特征，经常被描述为 V 形，或平行的栅栏样排列，有些还可能有分枝。

除了少数例外，临床常见的棒状杆菌分离株适合在 37℃下，含 CO_2 的环境中生长，约 48 h 繁殖一代。使用肉汤培养基进行分离培养时需培养 5 d。一些生长缓慢的棒状杆菌可引起尿路感染，因此，对于有症状的患者（如老年人、带导尿管患者或有鸟粪石结晶的患者），尿液培养应持续 48 h 以上。

一些糖类试验和其他生化试验可用于鉴别各种棒状杆菌属细菌（表 5-2）。重要的鉴定试验包括过氧化氢酶试验、胱氨酸胰蛋白酶琼脂培养基中的氧化发酵试验、运动能力、硝酸还原试验、七叶皂苷产生试验、尿素水解试验以及葡萄糖、麦芽糖、蔗糖、甘露醇和木糖的产酸试验。xylose. API Coryne（bioMérieux，Inc.，Durham，NC）和 RapID CB Plus（Thermo Scientific，Remel Products，Lenexa，KS）是用于鉴定棒状杆菌属成员的商品化鉴定产品。这些表型检测可以准确鉴定大多数常见的棒状杆菌，但在一些情况下仍需要使用其他检测方法，如基质辅助激光解吸电离飞行时间质谱（MALDI-TOF MS），某些情况下还需用到分子诊断技术，例如 16S rRNA 基因测序。

白喉棒状杆菌是致病性最强的棒状杆菌。诊断白喉棒状杆菌感染通常基于临床症状，然后再进行培养确认。首选的标本是鼻咽拭子。在怀疑白喉棒状杆菌感染时，需将样本接种至血琼脂平板，但有时很难将白喉棒状杆菌与其他棒状杆菌区分开来。在血琼脂平板上培养出棒状杆菌后，如果怀疑存在白喉棒状杆菌，应继续接种选择性培养基，如亚碲酸盐培养基（含 Tinsdale 或胱氨酸 - 碲酸盐的血液琼脂平板）。在含亚碲酸盐的琼脂平板上，白喉棒状杆菌可形成黑色菌落，周围有棕色晕环，很容易与其他棒状杆菌区分，这是白喉棒状杆菌的一个重要鉴别特征。如果是亚碲酸钾敏感菌株，则不会在含亚碲酸盐的培养基上生长，而是会在血液琼脂平板上生长。由于许多微生物都可在 Loeffler 血清培养基上生长，很难区分棒状杆菌，因此不再推荐将其用于初次接种。但 Loeffler 血清培养基是证明存在异染性颗粒的首选培养基，这也是白喉棒状杆菌的特征。

产毒试验是确定白喉棒状杆菌致病性的重要方法。体外白喉抗毒素试验，也称为改良 Elek 法，非常有意义，通常由参比实验室进行。市售商品化抗毒素已成功用于改良 Elek 试验，将抗毒素包被于空白滤纸片上，浓度为 10 IU/ 片，最快可在 24 h 内读取沉淀线。随着基于 PCR 技术的白喉毒素基因（*tox*）检测方法的发展，当某鉴定方法对白喉棒状杆菌、假结核棒状杆菌或溃疡棒状杆菌呈阳性时，可采用实时 PCR *tox* 基因检测法进行进一步鉴定。该试验在参比实验室进行。PCR 试验阳性后应进行 Elek 检测。

由于其他棒状杆菌也会导致人类感染，因此除白喉棒状杆菌外的其他棒状杆菌属应被视为可能的病原体。如果这些棒状杆菌是从正常无菌部位获得，标本收集充分，且多个样本呈阳性，或者如果它们出现在带有白细胞的直接革兰氏染色中，则应对其进行菌种水平的鉴定。

表 5-1　棒状杆菌属临床感染及特征[a]

菌种	感染的临床来源和类型	特征
棒状杆菌		
无枝菌酸棒状杆菌	皮肤的正常菌群；菌血症、伤口感染、泌尿和呼吸道感染、异物介导的感染	培养 24 h 后，菌落直径为 1~2 mm，干燥，蜡质，灰白色，边缘不规则；由于其多变的生化反应，可被误认为纹带棒状杆菌或干燥棒状杆菌
金黄色棒状杆菌	无菌体液，女性泌尿生殖道；引起假肢关节感染、尿路感染	菌落在 5% 绵羊血琼脂平板上可呈现轻微的黄色，有黏性，但在无血的胰蛋白酶大豆琼脂平板上则无色；一些菌株出现灰黑色色素，与其他棒状杆菌不一样；菌落形态与微小棒状杆菌相似，通过 MALDI-TOF MS 和 16S rRNA 基因测序很难区分这两个菌种
科伊尔棒状杆菌	血液、无菌体液、脓肿、泌尿生殖道	培养 24 h 后形成直径约 1 mm 的菌落，白色、乳脂状、有黏性且有光泽；CAMP 试验强阳性；缓慢发酵糖类
白喉棒状杆菌	呼吸道和皮肤；无家可归者、酗酒和吸毒者的心内膜炎	白喉棒状杆菌有四种生物型：贝尔凡提型、重型、中间型和轻型；菌落因生物类型而异；在用亚碲酸盐增强的选择性培养基上，例如，新制备的 Tinsdale 琼脂平板，菌落呈黑色，带有黑色晕环，这是白喉棒状杆菌的特征
解葡萄糖醛酸棒状杆菌	有症状男性患者的前列腺和泌尿生殖道；男性肉芽肿性乳腺炎，血液感染	培养 24 h，菌落直径为 1.0~1.5 mm，白黄色，中间凸起，奶油状；存在脲酶的情况下，快速（5 min）尿素试验阳性；CAMP 阳性；是少数具有 β- 葡萄糖醛酸酶活性的棒状杆菌属之一
杰氏棒状杆菌	菌血症、心内膜炎；假体、心脏瓣膜、骨髓、胆汁、伤口；尿路感染	严格需氧菌，微小灰白色菌落；生长缓慢，需要 48 h 繁殖一代；具有亲脂性；在血琼脂平板中添加吐温 80 可促进生长；氧化葡萄糖，有时氧化麦芽糖
克氏棒状杆菌	下呼吸道；肺部感染患者；育龄妇女肉芽肿性乳腺炎	在 37 ℃下培养 24 h 后，产生直径小（0.5 mm）、浅灰色、半透明、略微干燥的菌落；是可以水解七叶皂苷的少数棒状杆菌属细菌之一
麦氏棒状杆菌	主要是眼部感染；菌血症、心内膜炎、败血症、假体感染、呼吸机相关肺炎、手术部位和心脏瓣膜感染	亲脂性；与大多数其他棒状杆菌不同的是，麦氏棒状杆菌能发酵甘露醇
接近棒状杆菌	心内膜炎，角膜炎，肺炎	培养 24 h 后，菌落直径为 1~2 mm，白色，边缘干燥；生化反应与假白喉棒状杆菌相似；两者都是硝酸盐试验阳性，然而，接近棒状杆菌尿素酶试验结果可变，而假白喉棒状杆菌尿素酶阳性
假白喉棒状杆菌	通常存在于口咽部；引起肺炎、心内膜炎、皮肤溃疡、尿路感染和伤口感染	如上所述，假白喉棒状杆菌菌落类似于接近棒状杆菌；通过 16S rRNA 基因测序，这二者的同源性大于 99%，因此，除非接近棒状杆菌的脲酶试验呈阴性，否则很难通过生化试验对它们进行区分
假结核棒状杆菌	绵羊和山羊的干酪性淋巴结炎；人类感染源于处理或食用受感染动物的肉	孵育 24 h 后菌落直径约 1 mm，黄白色，不透明，中间凸出；假结核棒状杆菌与溃疡棒状杆菌关系密切；尿素酶试验阳性，反向 CAMP 试验阳性；可能具有白喉毒素基因
抗逆棒状杆菌	菌血症	菌落呈灰白色，表面有光泽，边缘完整；具有亲脂性；吡嗪酰胺酶试验阴性；在厌氧条件下生长缓慢
里氏棒状杆菌	血液和脐带血；尿路感染和尿脓毒症	菌落直径约 1.5 mm，白色，表面有光泽，凸出，但有些菌株在培养 48 h 后可能呈现乳脂状，有黏性；尿素试验阳性；与解脲棒状杆菌一样，在室温下培养 5 min 可水解尿素；与其他棒状杆菌不同，它缓慢发酵乳糖，但不发酵葡萄糖

表 5-1 （续）

菌种	感染的临床来源和类型	特征
拟棒状杆菌	血液、胆汁；足部脓肿、淋巴结感染、皮肤疖	菌落直径 1~2 mm，灰白色，表面有光泽，乳脂状；它是唯一能消耗硝酸盐和亚硝酸盐的棒状杆菌
纹带棒状杆菌	无菌体液、组织、假肢	培养 24 h 后，菌落直径约 1.0~1.5 mm，有光泽，乳脂状，边缘湿润；可发酵糖类；CAMP 反应弱
溃疡棒状杆菌	与呼吸道白喉相关的产毒菌株；皮肤感染可能与宠物感染假结核分枝杆菌有关	菌落直径 1~2 mm，灰白色，干燥，有溶血性；通过尿素酶阳性反应和反向 CAMP 反应与白喉棒状杆菌和假结核棒状杆菌进行生化鉴别
解脲棒状杆菌	尿路感染，尤其是碱性尿液	菌落小，针尖样，灰白色，与其他嗜脂棒状杆菌菌落相似；严格需氧；脲酶反应和反向 CAMP 反应阳性
其他棒状杆菌		
溶血隐秘棒状杆菌	青少年咽炎、菌血症、心内膜炎、伤口和组织感染	在 CO_2 中培养 48 h 后出现直径小（＜ 0.5 mm），白色的菌落，有 β - 溶血性；与伯氏隐秘杆菌和化脓隐秘杆菌同属于放线菌科；过氧化氢酶阴性、不可移动、可发酵糖类，反向 CAMP 试验阳性
节杆菌和类节杆菌属	菌血症、心内膜炎、异物感染、尿路感染	菌落直径约 2 mm，灰白色或黄色，乳脂状；孵育 24 h 后有黏性；可能具有活动能力；需要同化介质来氧化糖类，因为它们在常规测试中不起反应，例如 API 棒状杆菌生化反应鉴定条；需要分子诊断学方法进行菌种水平的最终鉴定
短杆菌属	人体皮肤的正常菌群；也存在于食物、环境和动物中；菌血症、心内膜炎、异物相关感染、腹膜炎、尿路感染	培养 24 h 后菌落直径≥2 mm，白色至黄色，凸起，呈奶油状；显微镜下，该属细菌为短杆菌，3 日及以上的菌落，革兰氏染色时，菌体形态可能为球形；过氧化氢酶阳性，有氧化性，不可移动，可在 6.5% NaCl 中生长
纤维单胞菌属	菌血症，胆囊炎，心内膜炎，藏毛囊肿	培养 24 h 后，菌落直径为 0.5~1.5 mm，呈白色、凸起、奶油状；7 天后菌落呈淡黄色；显微镜下，该菌看起来像小而细长的革兰氏阳性杆菌
纤维菌属	菌血症、败血症性关节炎、异物相关感染	菌落直径为 1~5 mm，呈黄色，培养 24 h 后可在琼脂上形成凹坑；最终鉴定需要进行分子测试
人皮肤杆菌	皮肤的正常菌群；菌血症；眼部、皮肤和伤口感染；脓肿、骨髓炎和腹膜炎	菌落直径为 1~1.5 mm，白色，凸出，培养 48 h 后呈乳状或黏稠状；革兰氏染色镜下呈球杆菌或球形；过氧化氢酶试验阳性，氧化酶试验阴性，不可移动，可发酵糖类；是唯一能够使赖氨酸和鸟氨酸脱羧的过氧化氢酶阳性棒状杆菌
阴道加德纳菌	人类肛门直肠菌群的一部分；可从阴道 pH 值在 6~7 之间的健康女性中发现；最常引起细菌性阴道病；也与菌血症、子宫内膜炎、产后败血症、尿失禁和伤口感染有关	与棒状杆菌无亲缘关系；不建议单独进行常规培养；如果需要培养，可接种在阴道（V）琼脂培养基上，或加吐温 80 的双层人血琼脂培养基（HBT 琼脂）；菌落通常很小，在 37℃ CO_2 中培养 48 h 后发生 β - 溶血；显微镜下，观察到革兰氏可变的杆菌或球杆菌；阴道分泌物涂片显示“线索细胞”，提示细菌性阴道病；过氧化氢酶和氧化酶试验阴性；马尿酸钠水解试验阳性；分解葡萄糖、麦芽糖和蔗糖产酸（可变）
微杆菌属	菌血症，异物感染和伤口感染	菌落不透明，表面有光泽，通常为黄色至橙色，在 35 ℃下培养 48~72 h 后，在酵母提取物或乳琼脂上生长时，菌落呈白黄色至红橙色；显微镜下，它们为细长、不规则的革兰氏阳性杆菌，单株、成对或 V 型分布
龋齿罗氏菌	口咽腔正常菌群；与龋齿有关，以及牙周病，心内膜炎，菌血症，呼吸道和泌尿生殖道感染	菌落直径为 1~2 mm，白色，凸起，表面光滑，在 CO_2 环境中培养 48 h 后，在血琼脂培养基上可形成轮状辐射；有些菌株可能有灰黑色色素沉着；在显微镜下，为多形性、革兰氏阳性、球形或杆状微生物，有些可以形成分枝

表 5-1 （续）

菌种	感染的临床来源和类型	特征
伯氏隐秘杆菌	脓肿、菌血症、坏死性筋膜炎	菌落直径小（<0.5 mm），白色，其 β-溶血性，在 CO_2 环境中孵育 48 h 后可能呈乳状或有黏性；与化脓性隐秘杆菌相比较，为无分枝的革兰氏阳性杆菌；发酵麦芽糖比葡萄糖更快产酸；可发酵糖原
化脓性隐秘杆菌	脓肿、伤口和组织感染	CO_2 环境中培养 48 h 后，菌落直径约为 1 mm，出现 β-溶血；镜下为革兰氏阳性分枝杆菌；与溶血隐秘棒状杆菌和伯氏隐秘杆菌一起，属于放线菌科，可通过其发酵木糖的能力与它们区别开来
耳炎苏黎世菌	耳感染，耳脓肿，乳突炎、菌血症	培养 48 h 后，菌落直径为 1~1.5 mm，白色，乳脂状，凸出，边缘完整；革兰氏染色阳性杆菌

[a] 生化反应见表 5-2。

表 5-2　常见人类感染棒状杆菌的鉴定[a]

菌种	过氧化氢酶试验	硝酸盐试验	脲酶试验	氧化或发酵试验	葡萄糖分解试验	麦芽糖分解试验	蔗糖分解试验	甘露醇分解试验	木糖分解试验
棒状杆菌属									
无枝菌酸棒状杆菌	+	V	V	F	+	V	V	0	0
金黄色棒状杆菌	+	0	0	F	+	+	+	0	0
科伊尔棒状杆菌	+	0	0	F	(+)	0	0	0	0
白喉棒状杆菌	+	+	0	F	+	+	0	0	0
解葡萄糖醛酸棒状杆菌	+	V	V	F	+	V	+	0	V
杰氏棒状杆菌	+	0	0	OX	+	V	0	0	0
克氏棒状杆菌	+	0	0	F	+	V	+	0	0
麦氏棒状杆菌	+	+	0	F	+	0	+	V	0
接近棒状杆菌	+	+	V	OX	0	0	0	0	0
假白喉棒状杆菌	+	+	+	OX	0	0	0	0	0
假结核棒状杆菌	+	V	+	F	+	+	V	0	0
里氏棒状杆菌	+	0	+	F	0	(+)	0	0	0
抗逆棒状杆菌	+	0	0	F	+	0	0	0	0
拟棒状杆菌	+	+	0	F	+	0	+	0	0
纹带棒状杆菌	+	+	0	F	+	0	V	0	0
结核硬脂酸棒状杆菌	+	V	0	F	+	V	V	0	0
溃疡棒状杆菌	+	0	+	F	+	+	0	0	0
解脲棒状杆菌	+	0	+	OX	0	0	0	0	0
其他棒状杆菌									
溶血隐秘棒状杆菌	0	0	0	F	+	+	V	0	0
节杆菌和类节杆菌	+	V	V	OX	V	V	V	0	0
短杆菌属	+	V	0	OX	V	V	V	0	0
纤维单胞菌属	+	+	0	F	+	+	+	V	+
纤维杆菌属	+	V	V	F	+	+	+	0	+

表 5-2 （续）

菌种	过氧化氢酶试验	硝酸盐试验	脲酶试验	氧化或发酵试验	葡萄糖分解试验	麦芽糖分解试验	蔗糖分解试验	甘露醇分解试验	木糖分解试验
人皮肤杆菌属	+	0	0	F	+	+	+	0	V
阴道加德纳菌	0	0	0	F	+	+	V	0	0
微杆菌属	V	V	V	F/OX	+	+	V	V	V
龋齿罗氏菌	V	+	0	F	+	+	+	0	0
伯氏隐秘杆菌	0	0	0	F	+	+	0	0	0
化脓隐秘杆菌	0	0	0	F	+	V	V	V	+
耳炎苏黎世菌	+	0	0	OX	0	0	0	0	0

[a] +. 阳性反应（阳性≥90%）；V. 不确定（阳性 11%~89%）；0. 阴性反应（阳性≤10%）；F. 发酵反应；OX. 氧化反应；带括号表示反应延迟或弱反应。

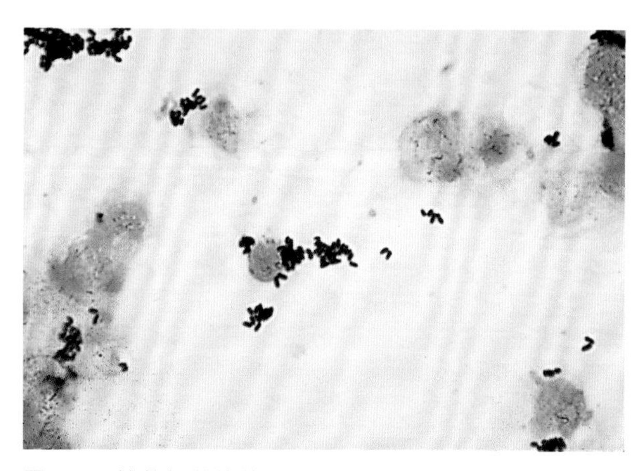

图 5-1　**棒状杆菌的革兰氏染色。**革兰氏阳性杆菌，菌体较小，约 1 μm × 3 μm，呈栅栏状、V 形或 L 形分布。这种排列是一种称为“断裂”的细胞分裂的结果，这种分裂使细胞以平行和垂直的方式排列

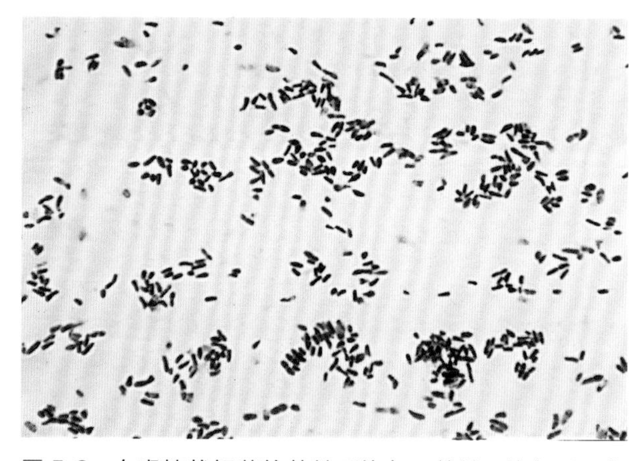

图 5-2　**白喉棒状杆菌的革兰氏染色。**革兰氏染色后，在显微镜下观察，可见白喉棒状杆菌与其他棒状杆菌相似。菌体大小为 1 μm × 3 μm，排列分布类似于图 5-1 所示。另一种推荐的染色方法是亚甲基蓝染色。在 Loeffler 培养基上生长并用亚甲基蓝染色时，可以发现白喉棒状杆菌的异染颗粒，这些颗粒也可能存在于其他棒状杆菌的菌体中

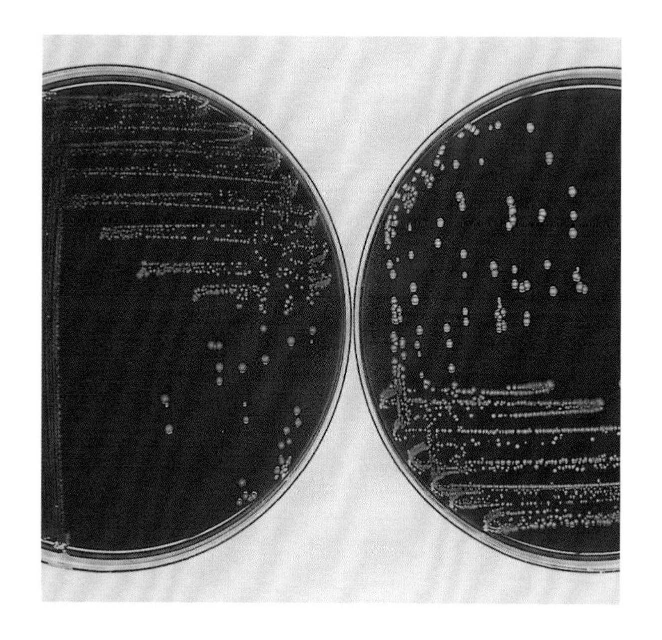

图 5-3　**血液琼脂平板和多黏菌素－萘啶酸（colistin-nalidixic acid，CNA）血液琼脂平板上的白喉棒状杆菌。**白喉棒状杆菌接种在血液琼脂平板上，在 5%~10% CO_2 条件下过夜培养后，生长良好，长出非溶血性、白色、不透明菌落。血琼脂平板是白喉棒状杆菌的主要分离培养基，如果没有亚碲酸盐培养基的情况下，推荐使用 CNA 作为分离白喉棒状杆菌和其他棒状杆菌的选择性培养基。图示为白喉棒状杆菌在血琼脂平板（左）和 CNA（右）上的生长。如果使用 CNA 作为分离白喉棒状杆菌的选择性培养基，应挑取几个菌落进行染色和生化试验，因为其他微生物也可以在该培养基上生长

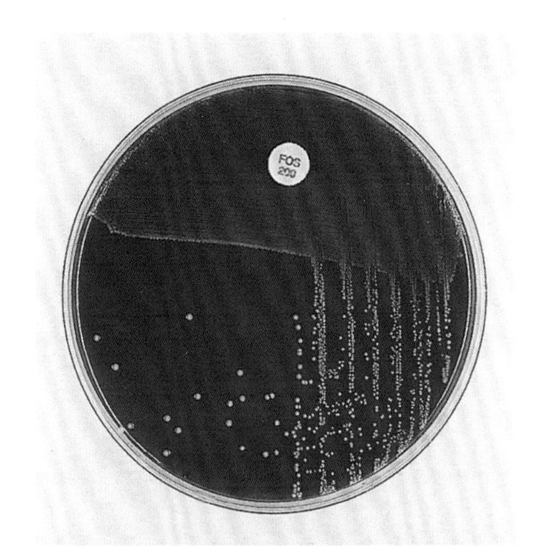

图 5-4 **白喉棒状杆菌在带有 200 μg 磷霉素纸片的血液琼脂平板上的生长情况。**棒状杆菌属，包括白喉棒状杆菌，对磷霉素高度耐药（>50 μg）；因此，含有高达 100 μg/mL 磷霉素的血琼脂基培养基可作为分离大多数棒状杆菌的选择性培养基。或者，可以将磷霉素纸片放置在血液琼脂平板上。在本例中，200 μg 磷霉素不抑制白喉棒状杆菌的生长

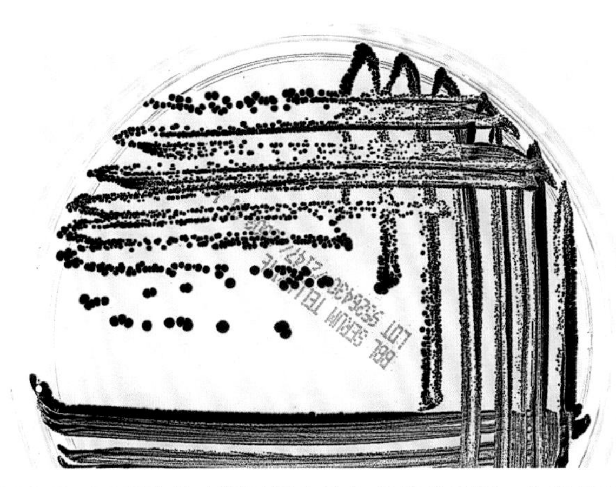

图 5-5 **亚碲酸盐琼脂平板上的白喉棒状杆菌。**白喉棒状杆菌的主要培养基应包括血琼脂培养板和选择性培养基，最好含有亚碲酸钾。如图所示，在选择性亚碲酸盐培养基上，白喉棒状杆菌菌落呈青铜色、灰黑色外观，而其他棒状杆菌也可生长，但大多数不会代谢亚碲酸盐

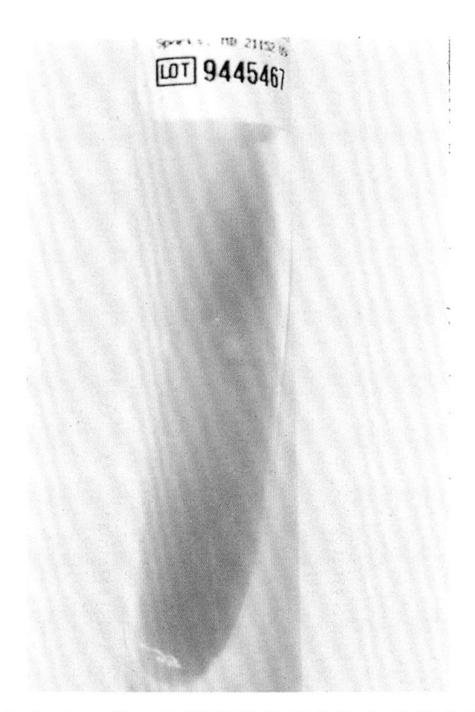

图 5-6 **Loeffler 血清琼脂斜面上的白喉棒状杆菌。**现在，已不再推荐使用 Loeffler 血清琼脂斜面作为分离白喉棒状杆菌的基础培养基，因为其他细菌可在其上过度生长。在 Loeffler 培养基上，棒状杆菌与其他需氧革兰氏阳性杆菌之间没有明显的区别。Loeffler 培养基的一个重要作用是将疑似白喉棒状杆菌的菌落接种到该培养基上，对生长的菌落进行亚甲基蓝染色后，可以检测到的异染颗粒

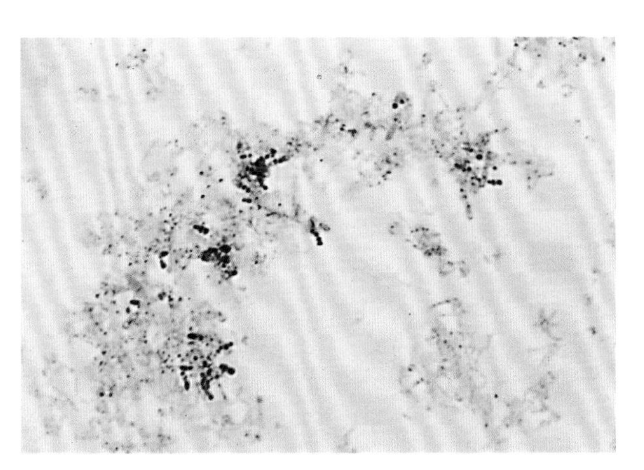

图 5-7 **亚甲基蓝染色下的异染颗粒。**白喉棒状杆菌和其他棒状杆菌在 Loeffler 血清琼脂上生长时会产生异染颗粒（极体）。这些颗粒，也称类染色质颗粒，是无机聚磷酸盐的堆积。亚甲基蓝可以使白喉棒状杆菌的异染颗粒呈现更深的蓝色或红色。图示为显微镜下的异染颗粒

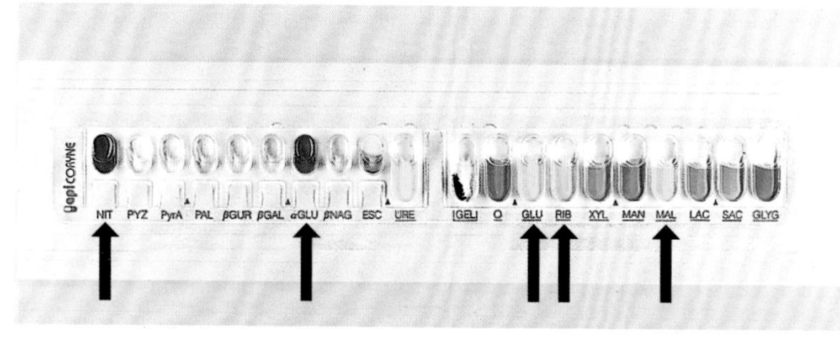

图 5-8 **API Coryne 棒状杆菌鉴定条鉴定的白喉棒状杆菌。**API Coryne（bioMérieux，Inc.，Durham，NC）是一个商品化测试系统，旨在鉴定棒状杆菌属和相关细菌。它由 20 种脱水基质组成，用于鉴定微生物的酶活性或糖发酵。在试纸条上接种微生物后，将板条在 35~37 ℃下培养 24 h。箭头指示的颜色变化提示阳性反应。在本例中，从左到右，硝酸盐（NIT）、α-葡萄糖苷酶（α-GLU）、葡萄糖（GLU）、核糖（RIB）和麦芽糖（MAL）出现阳性反应。该菌株的过氧化氢酶试验呈阳性，鉴定为白喉棒状杆菌

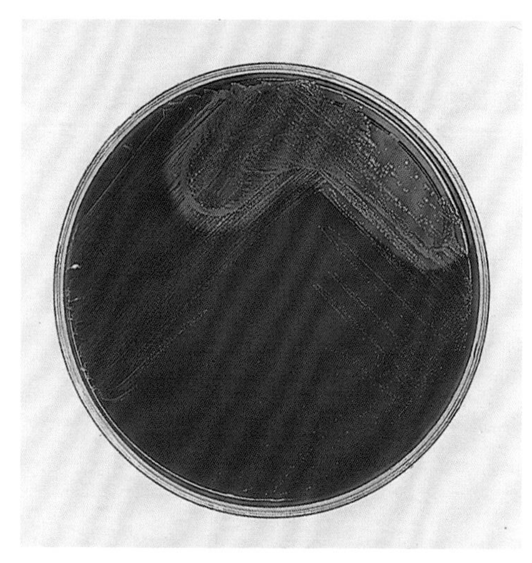

图 5-9 **含吐温 80 的血液琼脂平板上的杰氏棒状杆菌。**杰氏棒状杆菌是一种嗜脂棒状杆菌，添加 0.1%~1.0% 吐温 80 可促进其生长。在本例中，将吐温 80 添加到血液琼脂平板中。这张图片显示了添加吐温 80 的平板区域的杰氏棒状杆菌生长增强

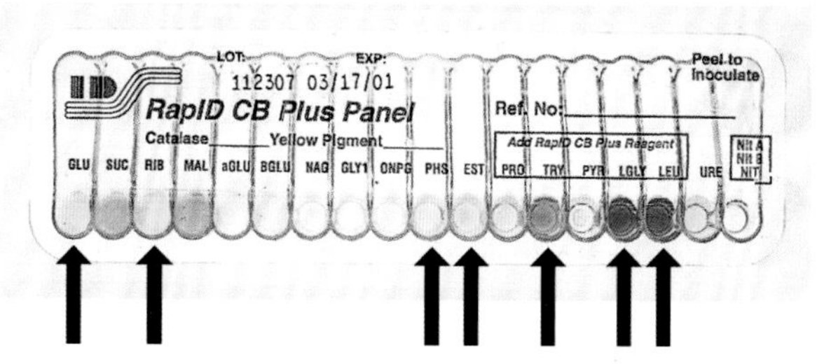

图 5-10 **RapID CB Plus 系统鉴定的杰氏棒状杆菌。**RapID CB Plus 系统（Thermo Scientific，Remel Products，Lenexa，KS）是一种微检测方法，采用带有常规底物和显色底物的 18 孔系统来鉴定医学上常见的棒状杆菌和相关微生物。接种板在 35~37 ℃的温度下，在无 CO_2 的空气中培养 4~6 h。添加试剂，并按照说明书的规定判读结果。前 11 孔，黄色或橙黄色为阳性；其余 7 孔，紫色、红色或粉色表示阳性反应。在本例中，葡萄糖（GLU）、核糖（RIB）、对硝基苯磷酸酯（PHS）、脂肪酸酯（EST）、色氨酸-β-萘胺（TRY）、亮氨酸-甘氨酸-β-萘胺（LGLY）和亮氨酸-β-萘胺（LEU）呈阳性，如箭头所示。这些反应结果与杰氏棒状杆菌一致

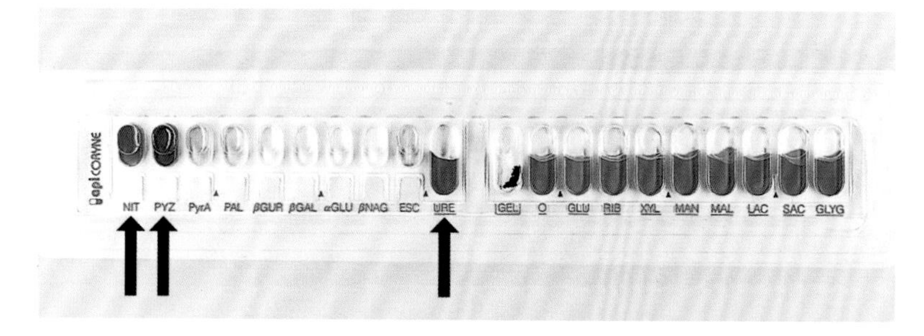

图 5-11 **API Coryne 系统鉴定的假白喉棒状杆菌。**反应的判读见图 5-8 图例所示。在本例中，硝酸盐（NIT）、吡咯嗪酰胺酶（PYZ）和脲酶（URE）呈阳性，如箭头所示。过氧化氢酶试验也呈阳性。这些反应证实了假白喉棒状杆菌的鉴定

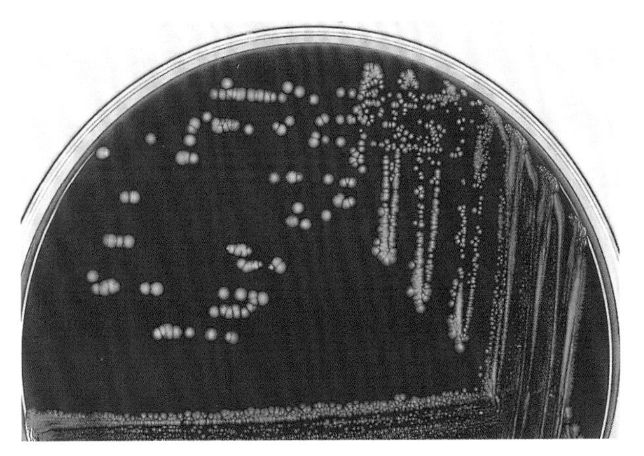

图 5-12　**血液琼脂平板上的假白喉棒状杆菌。**培养 48 h 后，假白喉棒状杆菌菌落呈白色，边缘稍干，直径约为 2 mm

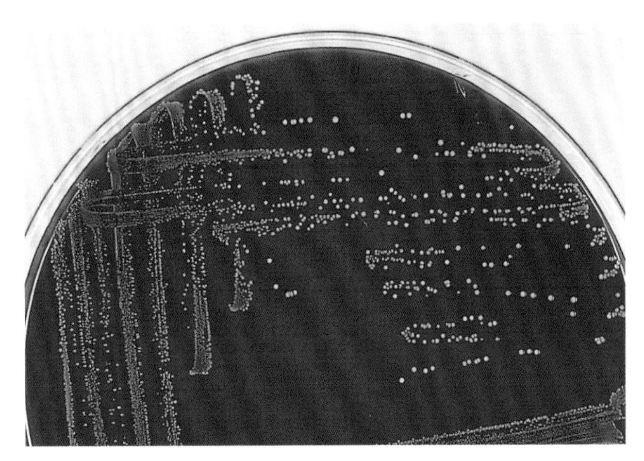

图 5-13　**血液琼脂平板上的解脲棒状杆菌。**解脲棒状杆菌在血琼脂平板上形成针尖大小（直径约 0.5~1 mm）、表面凸起、光滑、浅灰色的菌落。与杰氏棒状杆菌一样，解脲棒状杆菌也是一种亲脂性微生物，因此，当在吐温 80 存在下生长时，生长增强

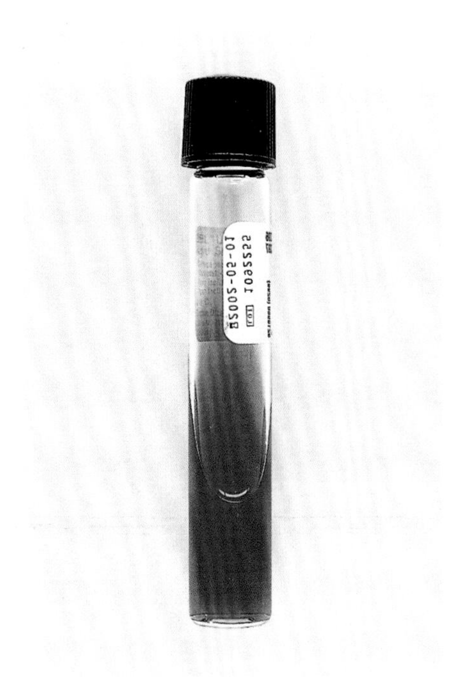

图 5-14　**尿素琼脂斜面上的解脲棒状杆菌。**解脲棒状杆菌在接种到尿素琼脂斜面培养基上时很快水解尿素。这会使整个培养基呈现粉红色

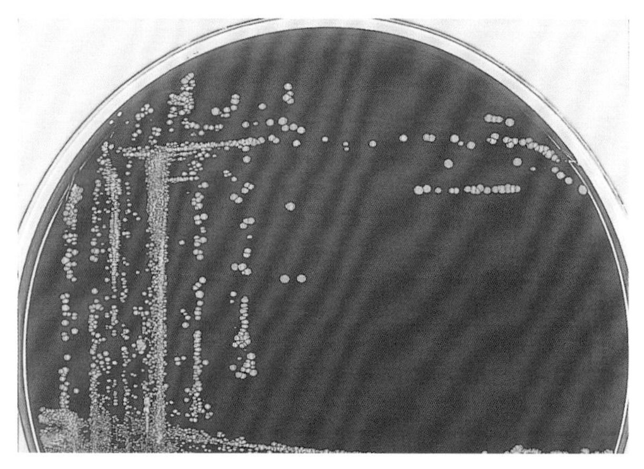

图 5-15　**血液琼脂平板上的干燥棒状杆菌。**血琼脂平板上的干燥棒状杆菌菌落大小为小到中等（直径 1~3 mm），干燥，淡黄色，颗粒状

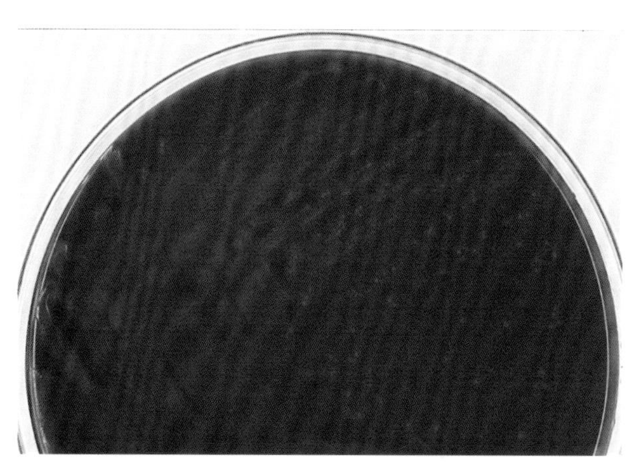

图 5-16　**血液琼脂平板上的溶血隐秘棒状杆菌。**溶血隐秘棒状杆菌菌落很小（直径在 0.5~1 mm），35~37 ℃，CO_2 环境中培养 48 h 后，在血液琼脂平板上发生 β-溶血。菌落可以是光滑的，也可以是粗糙的。一般来说，此处所示的光滑形态是从伤口标本中分离出来的，而粗糙形态的菌多是从呼吸道标本中分离出来的。化脓隐秘杆菌菌落外观与之相似

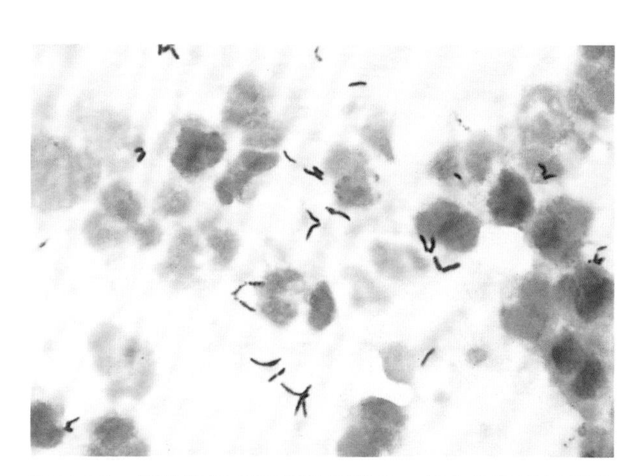

图 5-17　**化脓隐秘杆菌革兰氏染色。**该化脓隐秘杆菌是从扁桃体周围脓肿取得的样本中发现的。这些革兰氏阳性杆菌比棒状杆菌长，长度可达 6 mm。可见 V 形和分枝，是这种微生物的特征

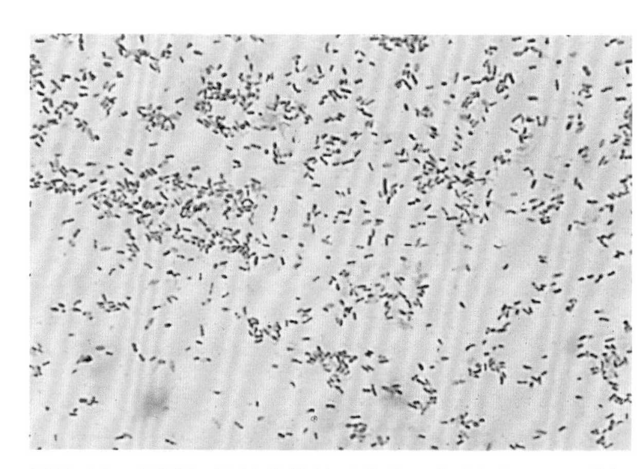

图 5-18　**阴道加德纳菌革兰氏染色。**如图所示，阴道加德纳菌表现为革兰氏可变杆菌和球杆菌。由于革兰氏反应的不确定性，这种微生物以前被归入棒状杆菌属和嗜血杆菌属

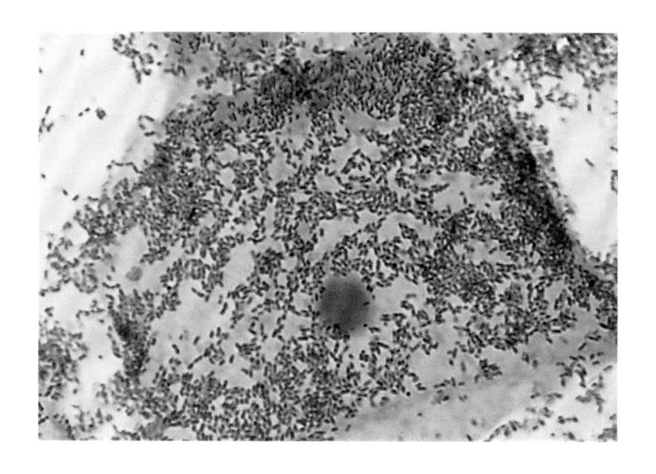

图 5-19　**线索细胞的革兰氏染色。**线索细胞是由细菌性阴道病患者阴道分泌物中收集的混合细菌覆盖的上皮细胞。如图所示，典型的涂片显示线索细胞（上皮细胞）覆盖着小型革兰氏染色结果可变的杆菌和球菌

图 5-20　**阴道加德纳菌在血液琼脂平板和阴道琼脂（V 琼脂）平板上的菌落。**图示阴道加德纳菌菌落在 5% 血液琼脂（左）和 V 琼脂（右）上生长。V 琼脂是一种含有人血的非选择性增菌培养基，支持阴道加德纳菌分离和 β - 溶血反应。生长在 5% 绵羊血琼脂上的菌落在 37 ℃、5%~7% CO_2 的环境中培养 48 h 后几乎看不见，而生长在 V 琼脂上的菌落（含 5% 人血）不透明，直径为 1 mm，周围有 β - 溶血区

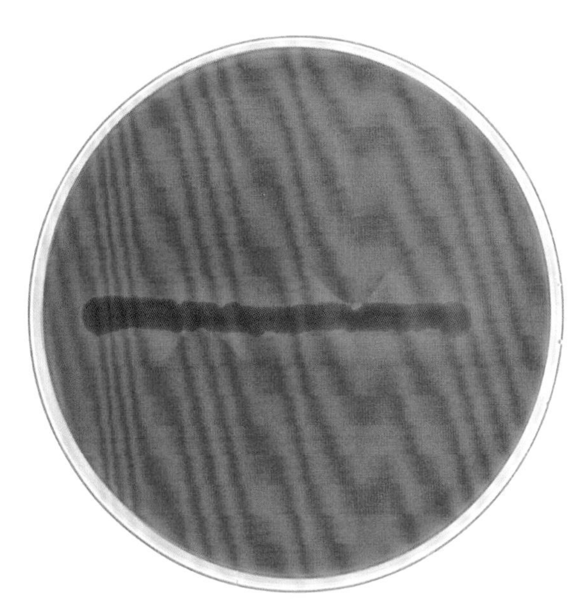

图 5-21　**溶血隐秘杆菌的反向 CAMP（抑制）试验。**CAMP 抑制试验确定待测微生物是否抑制金黄色葡萄球菌 β - 溶血素对绵羊红细胞的作用。在这张图片中，将一株金黄色葡萄球菌接种到绵羊血琼脂平板上，垂直接种两条待测微生物——溶血隐秘杆菌，但不接触金黄色葡萄球菌条带。在 37 ℃下过夜培养后，观察到三角形的 β - 溶血素抑制区。其他可产生类似反应的革兰阳性棒状杆菌是假结核棒状杆菌和溃疡棒状杆菌。该反应不同于 CAMP 试验阳性，其特征是葡萄球菌 β 溶血素和 CAMP 因子扩散区域内出现箭头状完全溶血区（此处未显示）

第 6 章 李斯特菌属和丹毒丝菌属

李斯特菌属包括几个菌种，其中只有单核细胞增生性李斯特菌（简称单增李斯特菌，*Listeria monocytogenes*）和伊氏李斯特菌（*Listeria ivanovii*）对人类和动物具有致病性。最常从食物中分离出来的无害李斯特菌（*Listeria innocua*）不是人类病原体，这些微生物存在于土壤、水和植被中。严格意义上的李斯特菌属应包括单增李斯特菌、伊氏李斯特菌、马氏李斯特菌（*Listeria marthii*）、无害李斯特菌、威氏李斯特菌（Listeria welshimeri）和斯氏李斯特菌（*Listeria seeligeri*）。其他菌种，如格氏李斯特菌（*Listeria grayi*），被归类为广义的李斯特菌（*Listeria sensu lato*）。后一组的区别在于其具有将硝酸盐还原为亚硝酸盐的能力以及缺乏运动能力（除外格氏李斯特菌）。

单增李斯特菌感染好发于夏季，影响孕妇、新生儿、细胞介导免疫功能受损的患者（如艾滋病、淋巴瘤和移植患者）和老年人。怀孕和免疫功能低下的患者感染后死亡率较高。在妊娠期间，单增李斯特菌感染可导致羊膜炎和胎儿感染，从而引起妊娠终止。在新生儿中，由于宫内感染或环境污染（如乳制品），可出现早期和晚期播散性临床症状。患有母传李斯特菌病的新生儿可发展为婴儿败血症性肉芽肿，并引起全身性化脓性肉芽肿。该病的散发病例和大规模流行均有报道。食品，尤其是乳制品和肉类，是最常见的传播媒介。除了败血症外，中枢神经系统感染，包括脑膜炎和脑炎，是最常见的临床表现。伊氏李斯特菌主要是反刍动物的致病菌，但在人类也可能发生系统性感染，特别是在 HIV-1 感染患者中。

血液、羊水和脑脊液（CSF）经常用于检测单增李斯特菌。来自非无菌部位（如阴道或粪便）的标本培养通常没有诊断价值，因为大约 1%~5% 的健康个体有单核细胞增生李斯特菌定植。为了检查单增李斯特菌的携带情况，从胃肠道分离该微生物的首选是粪便标本，而不是直肠拭子。单增李斯特菌在血液和巧克力琼脂平板上生长良好，但可将样本在冰箱中储存几天来进行冷集菌，也可以减少快速生长细菌的污染，提高从非无菌部位样本中分离出单增李斯特菌的概率。培养李斯特菌属的选择性培养基包括氯化锂 - 苯乙醇 - 头孢羟羧氧酰胺和 PALCAM 琼脂。由于含有多黏菌素 B、盐酸吖啶、氯化锂、头孢他啶和七叶皂苷甘露醇，PALCAM 是一种高选择性培养基。市面上已有商品化的用于选择性分离李斯特菌属的显色培养基。

单增李斯特菌是一种需氧、无孢子形成、菌体短［（0.4~0.5）μm×（0.5~2）μm］、革兰氏阳性杆菌或球杆菌，具有圆形末端，单独或呈短链状出现。在脑脊液中，单增李斯特菌可能在细胞内或细胞外，如果菌体呈球形或成对出现，容易和肠球菌属或肺炎链球菌混淆。单增李斯特菌也可能具有类似棒状杆菌的多形性栅栏结构。如果革兰氏染色过度，这种微生物也可能与嗜血菌属混淆。

将单增李斯特菌从临床标本分离鉴定的依据有革兰氏染色下的细菌形态、血琼脂平板上的 β - 溶血狭窄区、翻滚运动、水解七叶皂苷、过氧化氢酶阳性、马尿酸盐阳性反应、H_2S 阴性反应、d- 葡萄糖产酸，以及 VP 试验和甲基红阳性反应。伊氏李斯特菌可产生大面积的 β - 溶血，而无害李斯特菌不溶血。毒力岛聚集了编码内切蛋白 A 和内切蛋白 B 以及李斯特菌溶素的毒力基因。分子技术可用于李斯特菌属的鉴定和流行病学特征分析，包括全基因组测序和基质辅助激光解吸电离飞行时间质谱（MALDI-TOF MS）等。商品化的脑膜炎和脑炎分子检测系统可在 1h 内检测 CSF 中的单核细胞增生性李斯特菌。

丹毒丝菌属包括 4 个菌种，即红斑丹毒丝菌（*Erysipelothrix rhusiopathiae*）、扁桃体丹毒丝菌（*Erysipelothrix tonsillarum*）、inopinata 丹毒丝菌（Erysipelothrix inopinata）和幼虫丹毒丝菌（*Erysipelothrix larvae*）。只有红斑丹毒丝菌是人类致病菌。红斑丹毒丝菌可由多种动物携带，偶尔会引起一种称为类丹毒的人类皮肤感染，这种感染局限于手部，多是由于受感染动物（尤其是家猪和鱼）造成的皮肤擦伤、创伤或咬伤引起的。因此，兽医、屠夫和鱼类处理人员经常罹患该病。红斑丹毒丝菌的全身性皮肤感染很少见。感染可在免疫功能低下的患者体内传播，导致菌血症和心内膜炎。

红斑丹毒丝菌是一种革兰氏阳性杆菌，无孢子产生，细且短［（0.2~0.4）μm×（0.8~2.5 μm）］，末端呈圆形，常单独出现或以短链形式存在，更倾向于形成长度达 60 μm 的细长长丝。

临床标本，如组织和活检标本，可以接种在血液或巧克力血琼脂平板上进行培养。接种在胰蛋白酶大豆肉汤、Schaedler 培养基或巯基乙酸肉汤中的样本应在 35~37 ℃、有氧或 5% CO_2 环境中培养 7 d。脓毒症患者的血液可接种到商品化血液培养系统或含有 1% 葡萄糖的营养肉汤中，在 35 ℃，5% CO_2 条件下培养，每天传代培养。

丹毒丝菌属过氧化氢酶和氧化酶阴性，不水解七叶皂苷，甲基红和 VP 试验阴性。这属微生物不产生吲哚或水解尿素，但在三糖铁琼脂中产生 H_2S，最后一个特征有助于将该属的成员与乳酸杆菌属、李斯特菌属、环丝菌属（*Brochothrix*）和库特氏菌属（*Kurthia*）区分开来。此外，丹毒丝菌在 4 ℃下不生长，而李斯特菌可以在低温下生长。蔗糖可用于区分两种丹毒丝菌：红斑丹毒丝菌为蔗糖阴性，而扁桃体丹毒丝菌为阳性。丹毒丝菌的分型可使用分子技术进行。

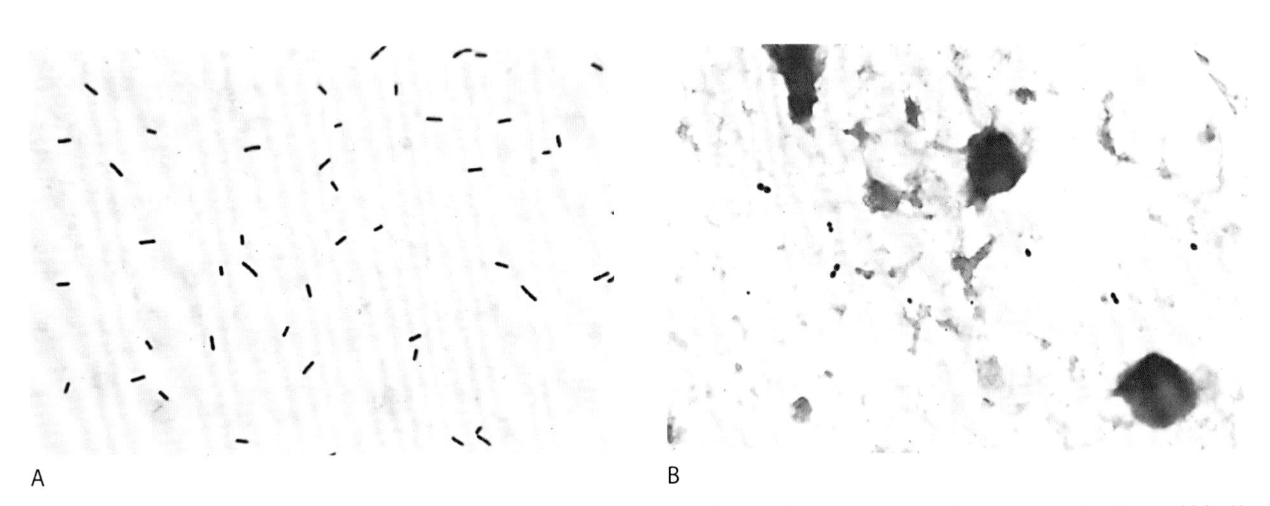

图 6-1　**单增李斯特菌革兰氏染色。**图 A：革兰氏染色显示单增李斯特菌的典型形态，由单个或短链状革兰氏阳性杆菌组成。图 B：如图所示，菌龄长的培养物常表现为革兰氏染色可变，在临床标本（如 CSF）中也可出现球形形态。在这种特殊情况下，需与肺炎链球菌鉴别

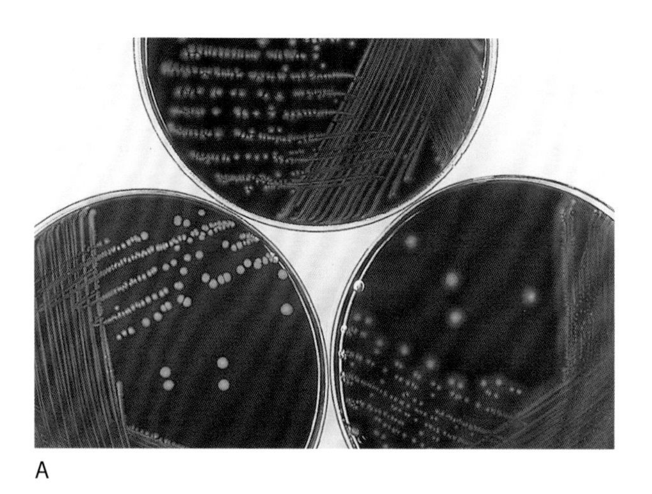

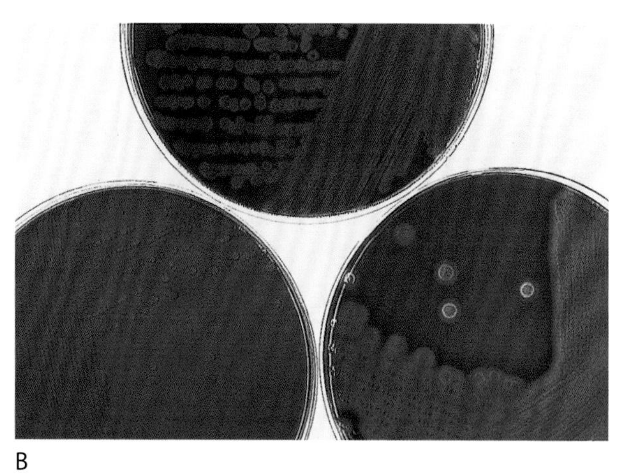

A　　B

图 6-2　**血液琼脂平板上的李斯特菌属。**图 A 前照灯；图 B 后照灯。单增李斯特菌（顶部）菌落小、半透明或灰色，有狭窄的 β - 溶血区，很容易与 B 组链球菌混淆。溶血对于区分单增李斯特菌和其他两种 β - 溶血性李斯特菌很重要：单增李斯特菌和斯氏李斯特菌产生的溶血区通常不超过菌落边缘，而伊氏李斯特菌（右下）产生的溶血区很大。因此，对于单增李斯特菌和斯氏李斯特菌，可能需要去除菌落以观察溶血情况。另一方面，无害李斯特菌（左下）是非溶血性的

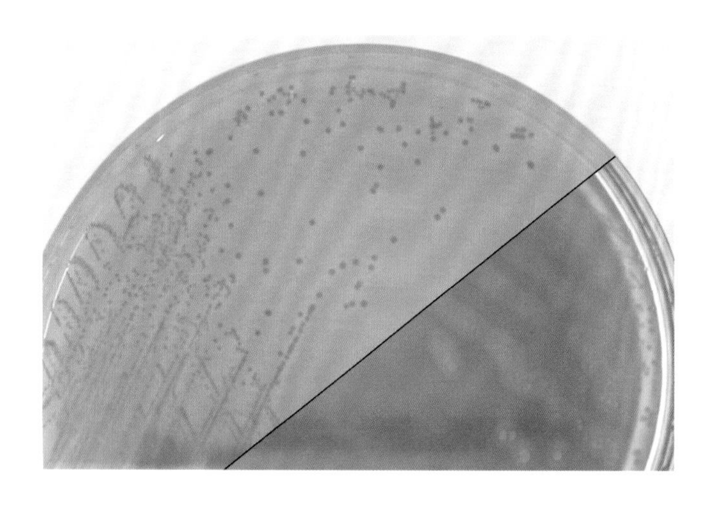

图 6-3　**显色培养基上的单增李斯特菌。**磷脂酰肌醇特异性磷脂酶 C 是一种仅由单核细胞增生李斯特菌和伊氏李斯特菌产生的酶。将显色底物加入培养基中，以便通过特征性的颜色快速鉴定菌落。在 BD CHROMagar 李斯特菌琼脂平板（BD Diagnostic Systems，Franklin Lakes，NJ）上，单增李斯特菌和伊氏李斯特菌产生蓝绿色菌落，周围有不透明的白色晕环，伊氏李斯特菌的菌落较小（左上角，前照灯；右下角，后照灯）

图 6-4　**单增李斯特菌在半固体培养基上的运动性。**接种单增李斯特菌的半固体培养管在室温下培养过夜，单增李斯特菌因其运动性（如图所示）形成典型的伞状，而在 37 ℃下培养时，不会出现这种表现。将单增李斯特菌在室温下营养肉汤中培养 1~2 h 后，可在显微镜下观察到翻滚运动（此处未显示）

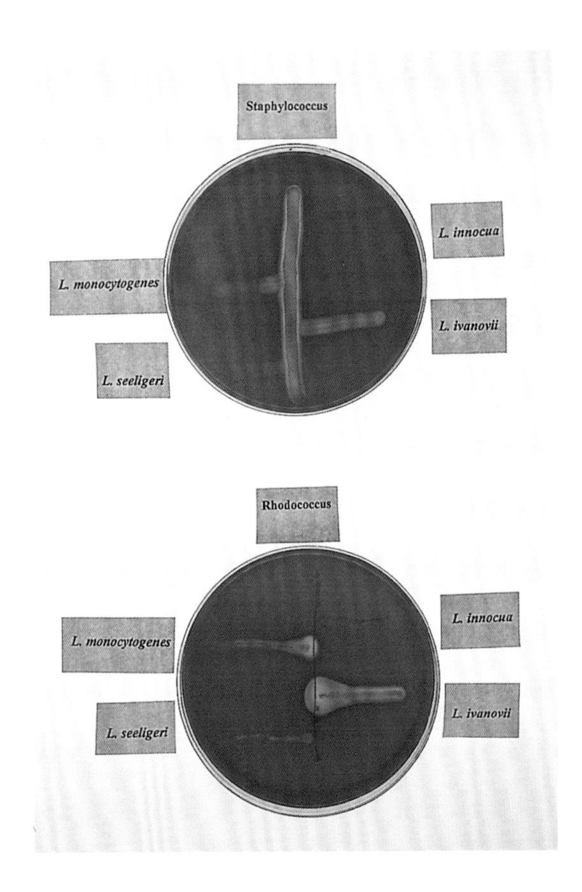

图 6-5　**CAMP 试验。**CAMP 试验用于对李斯特菌属的细菌进行菌种鉴定。在该实验中，将金黄色葡萄球菌和马红球菌在血液琼脂平板上沿一个方向划线，待测李斯特菌属的培养物与金黄色葡萄球菌和马红球菌成直角划线，但互不接触。单增李斯特菌和斯氏李斯特菌在接近金黄色葡萄球菌（上）时溶血作用增强；伊氏李斯特菌在靠近马红球菌处溶血作用增强，呈现出典型的铲形（下）。由于菌株的不同，单增李斯特菌的溶血作用在马红球菌附近可能会增强，也可能不会增强。CAMP 因子是由某些微生物产生的一种可扩散的细胞外蛋白，如单增李斯特菌、斯氏李斯特菌和大多数 B 组链球菌，与葡萄球菌 β - 溶血素有协同作用。CAMP 试验结果不稳定，推荐使用商品化的 β - 溶血纸片法（Remel Products，Lenexa，KS）

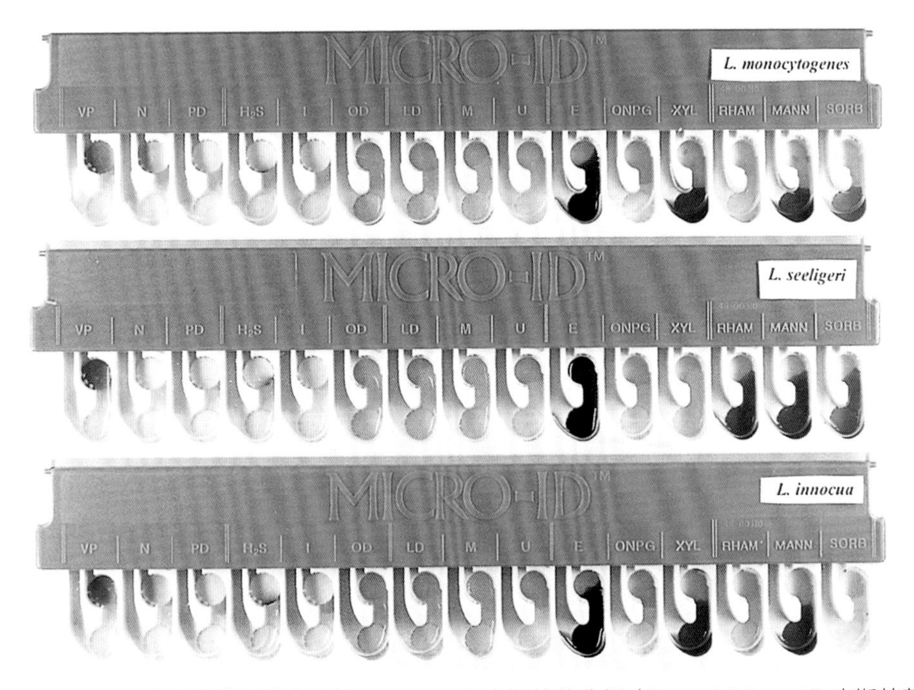

图 6-6　**Micro-ID 李斯特菌属鉴定系统。**Micro-ID 李斯特菌分析（Remel Micro-ID 李斯特菌鉴定系统；Thermo Fisher Scientific，Inc.，Waltham，MA）包括 15 项生化测试，用于将李斯特菌鉴定到菌种水平。需要额外的溶血活性试验来区分单增李斯特菌和无害李斯特菌。如图所示，单增李斯特菌和无害李斯特菌的 d- 木糖（XYL）和甘露醇（MANN）呈阴性，L- 鼠李糖（RHAM）呈阳性，而斯氏李斯特菌的 d- 木糖呈阳性

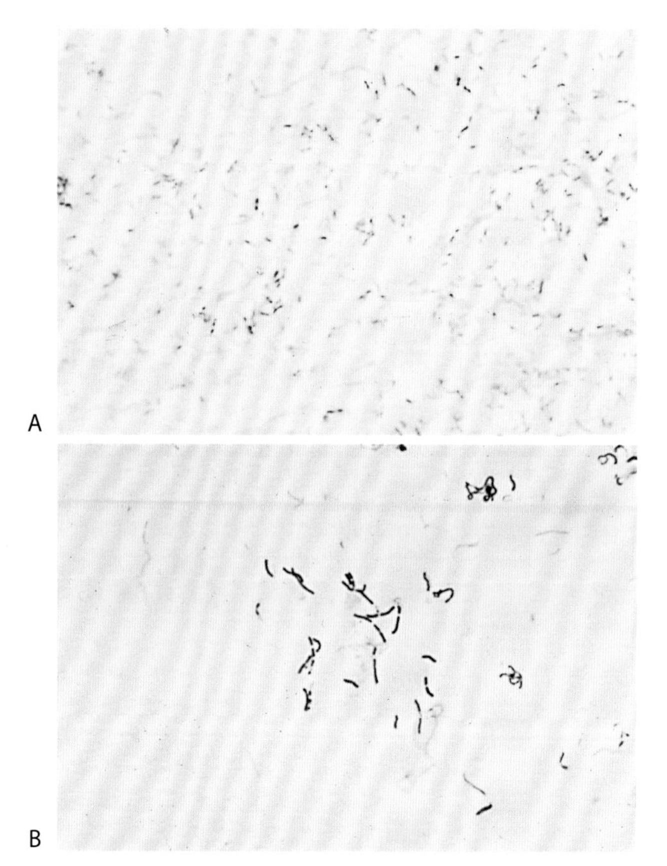

图 6-7　**红斑丹毒丝菌革兰氏染色。**红斑丹毒丝菌为革兰氏阳性菌，但很容易脱色，呈现串珠状外观。光滑菌落的细菌染色后可见杆菌或球杆菌（图 A），而粗糙菌落中的细菌呈长丝状（图 B）。粗糙菌落适宜在 37 ℃下生长，光滑菌落适宜在 30 ℃下生长

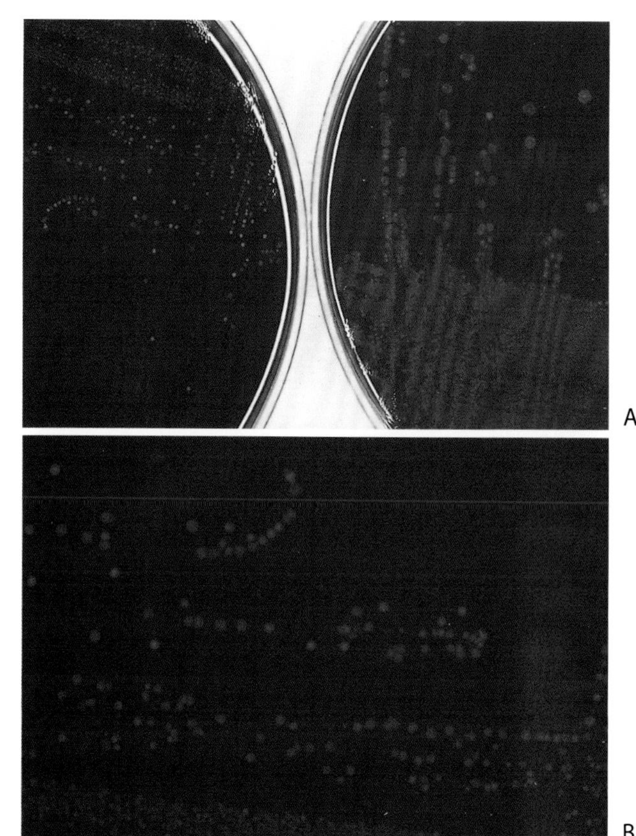

图 6-8　**血液琼脂平板上的红斑丹毒丝菌。**培养 24 h 后，红斑丹毒丝菌的菌落较小，似针尖样（图 A，左）。培养 72 h 后，可识别出两种类型：光滑、透明、有光泽、圆形、凸面菌落，边缘完整，直径约 1 mm（图 A，右），以及较大、粗糙、平坦、不透明、表面无光泽、边缘不规则的菌落（图 B）。红斑丹毒丝菌的菌落无溶血性，但在菌落下方可发现绿色变色

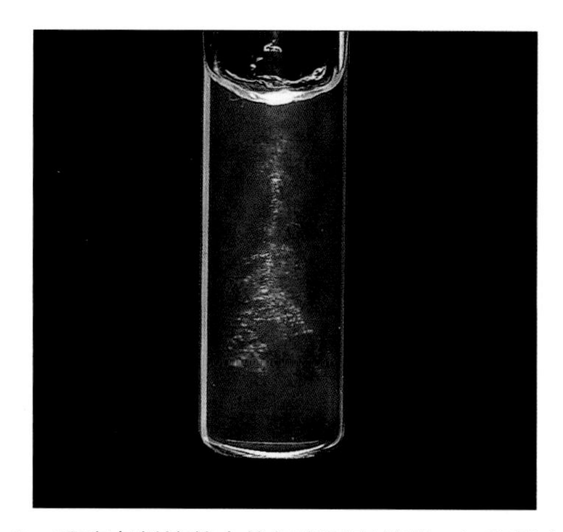

图 6-9　**明胶穿刺培养中的红斑丹毒丝菌。**红斑丹毒丝菌的一个有用的鉴别特征是其在 22 ℃下培养的明胶穿刺培养物中呈现“试管刷外观”

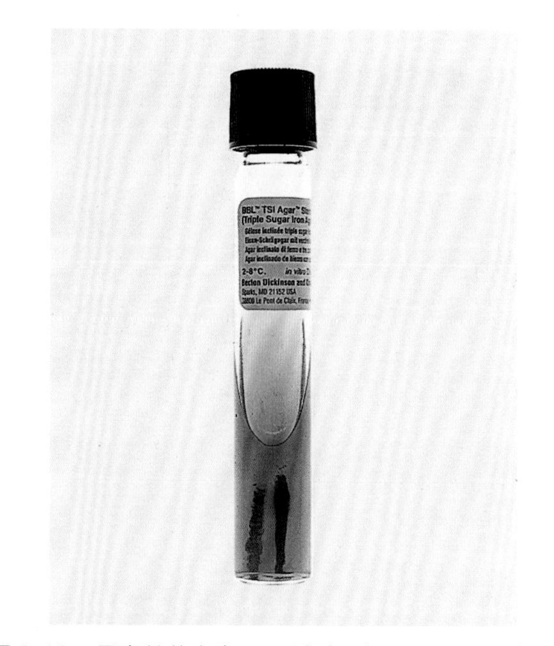

图 6-10　**丹毒丝菌产生 H_2S 试验。**如图所示，丹毒丝菌属能在三糖铁琼脂斜面上产生 H_2S

第 7 章 芽孢杆菌属

芽孢杆菌属属于杆菌科。芽孢杆菌有 300 多种，最常见的是蜡样芽孢杆菌（*Bacillus cereus*）、地衣芽孢杆菌（*Bacillus licheniformis*）、巨大芽孢杆菌（*Bacillus megaterium*）、蕈状芽孢杆菌（*Bacillus mycoides*）、短小芽孢杆菌（*Bacillus pumilus*）、单纯芽孢杆菌（*Bacillus simplex*）、枯草芽孢杆菌（*Bacillus subtilis*）和苏云金芽孢杆菌（*Bacillus thuringiensis*）。还有一种以前被归为芽孢杆菌属的菌种已被转移到嗜热芽孢杆菌菌属。嗜热脂肪芽孢杆菌（*Geobacillus stearothermophilus*）是高压灭菌试验中常用的指示菌。大多数芽孢杆菌属是腐生菌，在自然界中广泛分布，但也有一些是条件致病菌。炭疽杆菌（*Bacillus anthracis*）和蜡样芽孢杆菌比较特殊，它们是人类和动物的专性致病菌。

显微镜下，芽孢杆菌属为革兰氏阳性杆菌，也存在革兰氏变异或革兰氏阴性的，特别是菌龄长的菌株。芽孢杆菌属的细菌能产生内生孢子，可以是需氧菌或兼性厌氧菌。内生孢子对热、辐射、消毒剂和干燥有很强的抵抗力，并且是洁净环境中的常见污染物，如手术室、药品和食品。在有水存在时，它们可以生长。如果是在食物中生长，会导致腐败或食物中毒。

芽孢杆菌属过氧化氢酶阳性，能水解明胶、酪蛋白和淀粉。除炭疽芽孢杆菌和蕈样芽孢杆菌外，大多数菌种都有运动能力。其他有助于鉴定芽孢杆菌属的测试包括卵磷脂酶产生（蛋黄反应）试验、硝酸盐还原试验和厌氧生长能力。商品化的鉴定系统，例如 API 20E（bioM é rieux，Inc.，Durham，NC），可用于鉴定蜡样芽孢杆菌群的成员。蜡样芽孢菌群的致病性是由于产生溶细胞素、内毒素、外毒素和溶血素。

临床上，炭疽芽孢杆菌是芽孢杆菌属最重要的成员，因为它是动物和人类炭疽病的病原体。炭疽病主要是食草动物和人类的一种疾病，通过直接或间接接触受感染的动物或其尸体而感染。有毒菌株的传播是重大的公共卫生事件。因此，诊断实验室应做好准备，从临床标本中识别炭疽杆菌，并将可疑分离株转交给适当的实验室，严格遵守 CDC 指南（https://www.cdc.gov/biosafety/publications/bmbl5/）以及 LRN 前哨临床微生物学实验室指南中的规定，可从美国微生物学会获得（https://www.asm. org/Articles/Policy/Laboratory-Response-Network-LRN-Sentinel-Level-C）。建议使用生物安全Ⅱ级规程进行炭疽杆菌的分离和鉴定。

炭疽病的 3 个主要临床表现分别是皮肤病变、呼吸系统（吸入型）疾病和胃肠道（摄入）病变。皮肤炭疽表现为非特异性的无痛丘疹，由中心坏死的水泡演变而来，逐渐形成黑色结痂。皮肤炭疽占全世界自然获得的炭疽病的 99%。吸入性炭疽最开始出现流感样表现，随后，患者出现喘息、发绀、休克和脑膜炎。胸部 X 光显示，由于纵隔淋巴结肿大和胸腔积液，出现肺浸润或纵隔增宽。摄入型炭疽病有两种形式：口腔或口咽和胃肠道。在口腔或口咽感染中，病变位于口腔或舌头、扁桃体或咽后壁。症状包括喉咙痛伴颈部水肿、吞咽困难和呼吸困难。肠道炭疽引起恶心、呕吐、败血症和血性腹泻，溃疡主要发生在回肠或盲肠末端的黏膜。炭疽杆菌水肿毒素、致死毒素和荚膜抗原的 3 种毒力因子导致高死亡率，尤其是在肠炭疽和肺炭疽病例中。

如果发现某微生物的镜下形态和菌落形态与炭疽杆菌一致，且分离物不溶血、过氧化氢酶阳性且不可运动，则应立即通知 LRN 实验室，并将分离菌株转送至实验室，排除炭疽杆菌。炭疽杆菌菌落革兰氏染色后，镜下可见革兰氏阳性杆菌，链状分布，有椭圆形孢子，不会引起细胞显著肿胀。在湿涂片、相差显微镜或孔雀绿染色中也可以观察到孢子。临床标本若不在 CO_2 环境中培养，则不会发现孢子。显微镜下，炭疽杆菌为革兰氏阳性杆菌，大小为（1~1.5）μm×（3~5）μm。当在临床标本中看到时，该杆菌呈包裹状，并以 2~4 个细胞组成的短链出现。印度墨汁染色可用于直接检查外周血、脑脊液，或在添加碳酸氢钠的培养基上生长的菌株，可用来显示荚膜。此外，M'Fadyan 染色（多色甲基－烯蓝）可用于炭疽杆菌的荚膜染色。直接荧光抗体（direct fluorescent-antibody，DFA）分析已用于检测炭疽杆菌细胞壁相关多糖（半乳糖 / N- 乙酰葡萄糖胺）和感染炭疽杆菌荚膜。应用细胞壁多糖和荚膜抗原的单克隆抗体可以快速区分炭疽杆菌和其他芽孢杆菌。

血液和巧克力琼脂平板都支持炭疽杆菌的生长。炭疽杆菌生长迅速，8 h 内可在血琼脂平板上观察到菌落。在 35~37 ℃的血琼脂平板上过夜培养后，菌落直径为 2~5 mm，无溶血性，扁平或稍凸，边缘不规则或蜡质，外观为磨玻璃样。菌落有黏性，当用接种环挑取菌落时，会出现蛋清一样的拉丝现象。在参比实验室可进行炭疽杆菌的一些鉴定试验，包括 γ 噬菌体裂解、直接免疫荧光分析、时间分辨荧光和分子特征检测等，以及抗生素敏感性试验。

蜡样芽孢杆菌也是人类的一种重要病原体，引起导管相关菌血症和食源性疾病，通常与食用亚洲风味的炒饭有关。这种微生物引起两种形式的食源性疾病：中毒和真正的感染。中毒是由热稳定性肠毒素引起的，在摄入受污染食物后 1~5 h 内突然出现恶心和呕吐。真正的感染是由不耐热肠毒素引起的，在摄入食物后 8~16 h 内导致腹痛和腹泻。蜡样芽孢杆菌也会在创伤后引起严重的眼部和伤口感染。

蜡样芽孢杆菌菌落较大（直径 4~7 mm），具有 β - 溶血性，形状可为圆形，也可不规则，颜色为灰色或绿色，外观呈磨玻璃状。蜡样芽孢杆菌菌落与炭疽杆菌的菌落非常相似，只是蜡样芽孢杆菌具有溶血性，能够运动，并能在苯乙基酒精血液琼脂平板上生长。蜡样芽孢杆菌与炭疽芽孢杆菌以及其他芽孢杆菌属成员的区别在于，蜡样芽孢杆菌具有卵磷脂酶阳性和明胶水解阳性的特性，并能分解葡萄糖、麦芽糖和水杨酸产生酸。

近年来备受关注的是 2000 年初在喀麦隆和科特迪瓦等非洲国家发现的蜡样芽孢杆菌炭疽生物变异菌株（*B. cereus* biovar anthracis）。这些菌株引起炭疽样疾病，在基因上与炭疽杆菌相似，产生炭疽杆菌毒力因子，在美国这一毒力因子被认为是选择因子。该菌与其他蜡样芽孢杆菌菌株的不同之处在于它们不具有溶血性，并且有荚膜。炭疽芽孢杆菌、蜡样芽孢杆菌和蜡样芽孢杆菌炭疽生物变异菌株的特征如表 7-1 所示。

蜡样芽孢杆菌和蜡样芽孢杆菌炭疽生物变异菌株的分离和鉴定也应使用生物安全Ⅱ级规程进行。此外，这些分离菌株必须提交给 LRN 参比实验室。

其他芽孢杆菌可以形成多种形态的菌落，可以是表面光滑有光泽的，也可以是颗粒状和皱缩的。菌落的颜色可能是奶油色到绿色或橙色。总的来说，尽管芽孢杆菌属菌落形态多样，但它们很容易被鉴别。不同种类芽孢杆菌的鉴定应包括评估孢子和菌落特征、活力、溶血和蛋黄反应的基本试验。如果需要对炭疽杆菌以外的分离菌株进行进一步鉴定，则在进行基本试验后，可使用商品化鉴定系统。芽孢杆菌的鉴别特征如表 7-2 所示。

表 7-1　炭疽杆菌、蜡样芽孢杆菌、蜡样芽孢杆菌炭疽生物变种异 CA 和蜡样芽孢杆菌炭疽生物变异 CI[a] 的鉴定

菌种	羊血琼脂平板溶血情况	动力	青霉素 G	荚膜
炭疽杆菌	0	0	S	+
蜡样芽孢杆菌	+	+	R	0（体外培养）
蜡样芽孢杆菌炭疽生物变种异 CA	0	+/0	R	+
蜡样芽孢杆菌炭疽生物变异 CI	0	+/0	S	+

[a] CA. 喀麦隆株；CI. 科特迪瓦菌株；0. 阴性；+. 阳性 S. 敏感；R. 耐药；+/0. 可变（大多数为阳性）。

表 7-2　芽孢杆菌的鉴别[a]

菌种	厌氧生长	运动能力	卵磷脂酶试验（蛋黄反应）	明胶水解试验	精氨酸二氢酶试验	硝酸还原实验
炭疽杆菌	+	0	+	V	0	+
蜡样芽孢杆菌	+	+	+	+	V	V
地衣芽孢杆菌	+	+	0	+	V	+
巨大芽孢杆菌	0	+	0	+	0	0
蕈样芽孢杆菌	+	0	+	+	V	V
短小芽孢杆菌	0	+	0	+	0	0
枯草芽孢杆菌	0	+	0	+	0	+
苏云金芽孢杆菌	+	+	+	+	+	+

[a] +. 阳性反应（≥ 85% 阳性）；V. 可变（15%~84% 阳性）；0. 阴性反应（< 15% 阳性）。

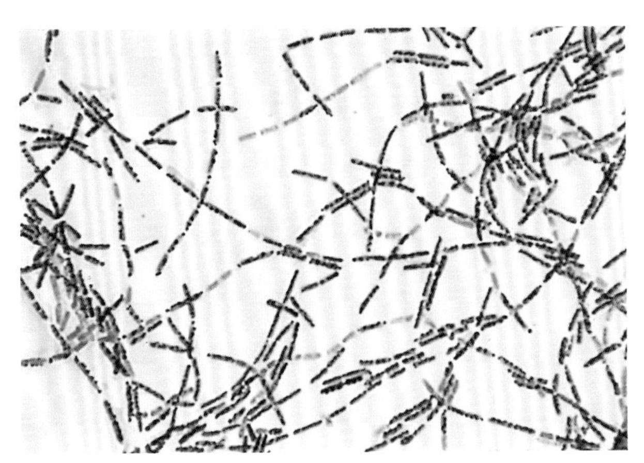

图 7-1　**炭疽杆菌革兰氏染色。**炭疽杆菌革兰氏染色显示，细胞大小约 1~5 μm，呈长链状。炭疽杆菌主要为革兰氏阳性，也存在一些革兰氏可变和革兰氏阴性菌。孢子呈椭圆形，位于近顶部的中央，没有引起细胞显著肿胀

图 7-2　**在尿素琼脂斜面上生长的炭疽杆菌的革兰氏染色。**如图所示，芽孢杆菌并不总是革兰氏染色阳性。在本例中，炭疽杆菌在尿素琼脂斜面上生长，可促进孢子的形成。涂片革兰氏染色显示为革兰氏阴性杆菌，似竹节，有未着色区域，提示有孢子存在

图 7-3　**炭疽杆菌孢子染色。**用 10% 孔雀绿水溶液加热固定染色 45 min，可使孢子着色。然后冲洗载玻片，并使用 0.5% 藏红水溶液作为复染剂染色 30 s。孢子呈绿色，菌体细胞呈粉红色，如图所示（由加利福尼亚州圣安娜市奥兰治县卫生局提供）

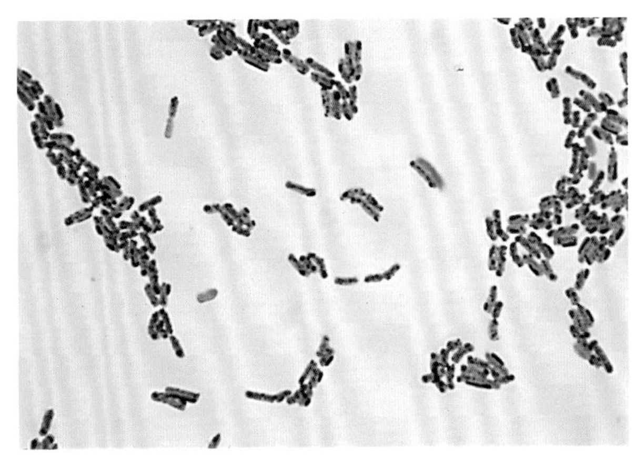

图 7-4　**蜡样芽孢杆菌的革兰氏染色。**蜡样芽孢杆菌的革兰氏染色与炭疽杆菌相似（图 7-1），但是，蜡样芽孢杆菌出现栅栏样结构，而不是长链

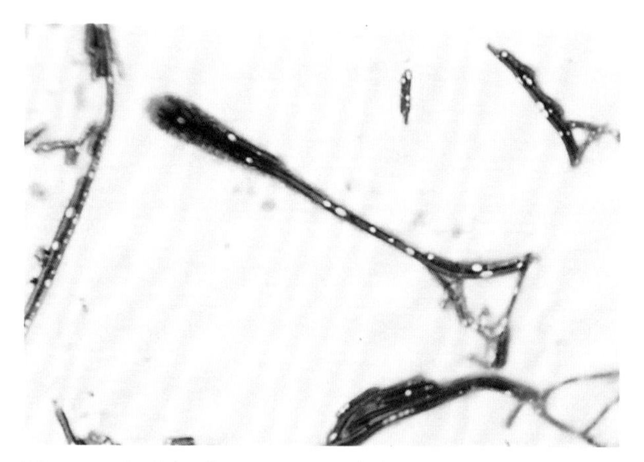

图 7-5 **炭疽杆菌 M′Fadyan 染色。**M′Fadyan 染色法是一种改良的亚甲蓝染色法，用于检测临床标本中的炭疽杆菌。如图所示，炭疽杆菌染色呈深蓝色，周围有粉红色的荚膜；这被称为 M′Fadyan 反应

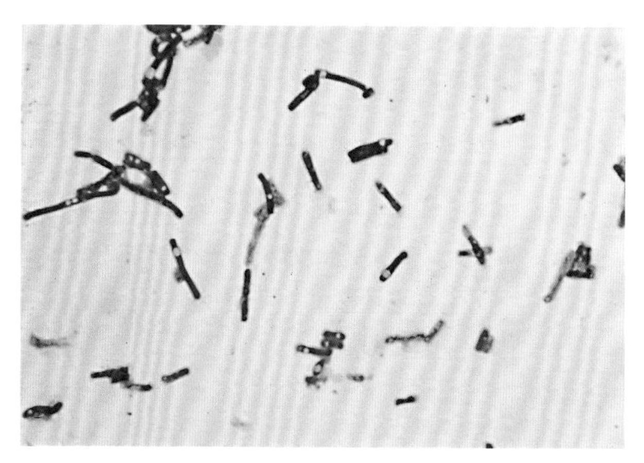

图 7-6 **蜡样芽孢杆菌的 M′Fadyan 染色。**与炭疽杆菌不同，蜡样芽孢杆菌的细胞呈深蓝色，没有被粉红色区域包围，因为它们没有荚膜

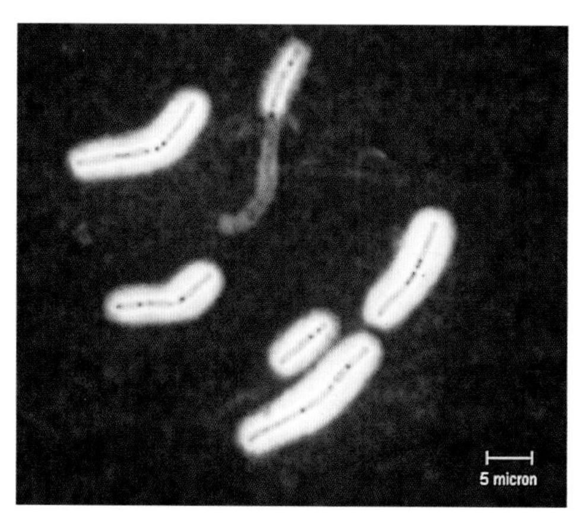

图 7-7 **炭疽杆菌的印度墨汁染色。**印度墨汁染色法用于改善临床标本中带荚膜的炭疽杆菌的可视性，如图所示。（由加利福尼亚州圣安娜市奥兰治县卫生局提供）

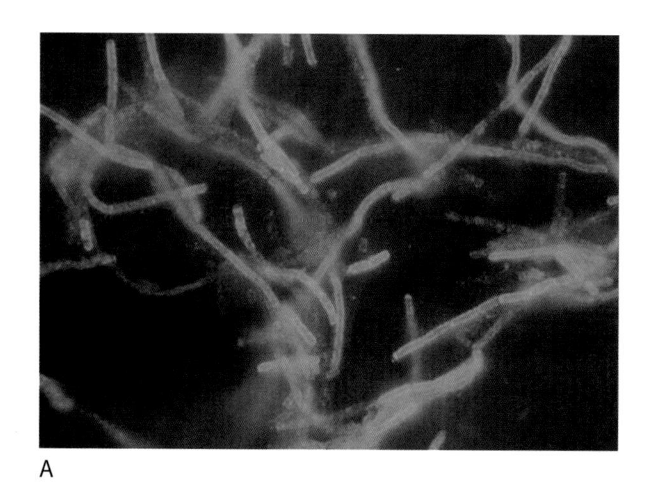

A

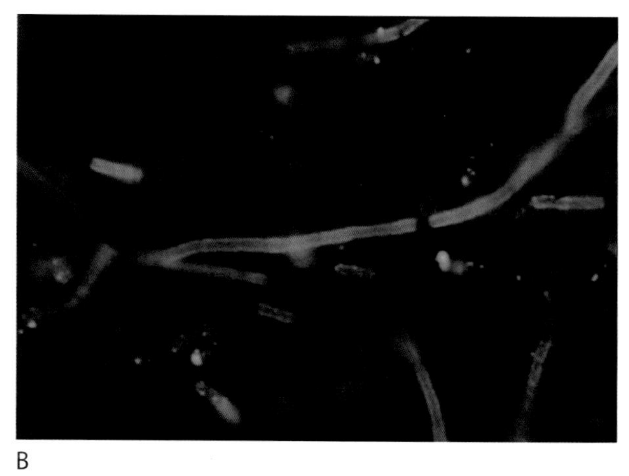

B

图 7-8 **炭疽杆菌的 DFA 检测。**DFA 可用于检测炭疽杆菌营养细胞产生的半乳糖 /N- 乙酰葡萄糖胺细胞壁相关多糖和荚膜。该方法可识别细胞壁多糖（图 A）和荚膜抗原（图 B）的单克隆抗体，能快速区分炭疽杆菌和其他芽孢杆菌。这两种抗原同时存在，可鉴定为炭疽杆菌

图 7-9　血液琼脂平板上的炭疽杆菌。在血液琼脂平板上，35 ℃培养过夜后，炭疽杆菌菌落直径约为 2~5 mm。扁平或微凸，无溶血性，形状可能为圆形，也可能不规则，边缘完整或不规则，呈哑光、波浪状或磨玻璃状。菌落坚韧，当用接种环提起时，表现得像打过的蛋清，如图中箭头所示。菌落也可能呈逗号形状或具有类似美杜莎头的“卷发”样

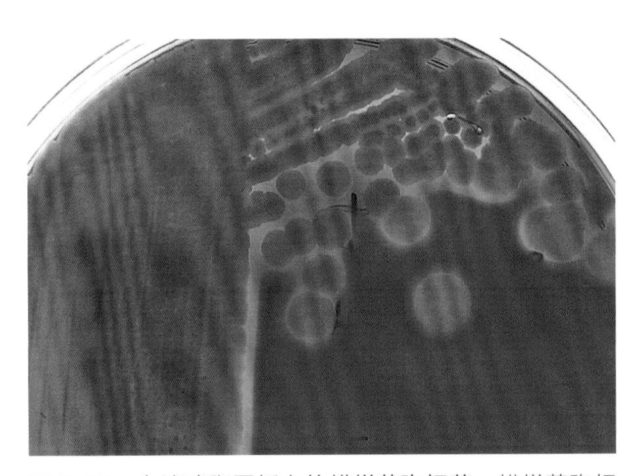

图 7-10　血液琼脂平板上的蜡样芽孢杆菌。蜡样芽孢杆菌菌落较大（直径约 7 mm），具 β-溶血性，圆形，绿色，磨玻璃外观。菌落外观与炭疽杆菌非常相似，但炭疽杆菌菌落稍小，不溶血，非常坚韧

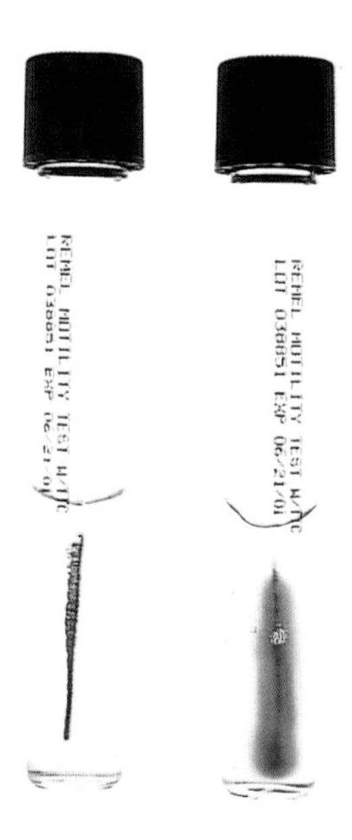

图 7-11　区分炭疽杆菌和其他芽孢杆菌属的动力试验。菌落形态、溶血和动力试验是区分炭疽杆菌和其他芽孢杆菌属的关键特征。为测试运动能力，在含有胰蛋白酶和染料三苯基四氮唑的琼脂深层接种待测微生物，并在 35 ℃下培养过夜。如果该微生物具有运动性，它将从接种线或穿刺线迁移。在三苯基四氮唑的帮助下可以观察到这种迁移现象，三苯基四氮唑被微生物还原，形成不溶于水的红色素（formazan）。在图示例子中，炭疽杆菌是不活动的（左），蜡样芽孢杆菌是活动的（右）

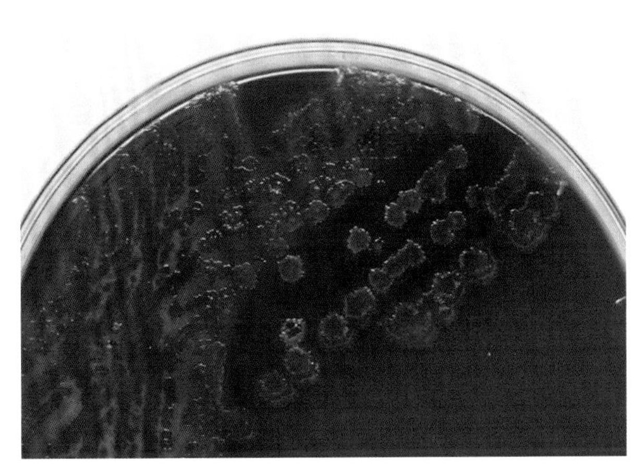

图 7-12　血液琼脂平板上的地衣芽孢杆菌。地衣芽孢杆菌名字来源于其苔藓样的菌落形态。菌落形状不规则，直径为 3~4 mm。新鲜的菌落潮湿，呈乳状和黏液状；随着菌龄的增长，菌落变得干燥、粗糙、坚硬，呈现出苔藓样外观，如图所示。最初，地衣芽孢杆菌可能与枯草芽孢杆菌菌落混淆，随后出现的苔藓样外观使其区别于其他芽孢杆菌属

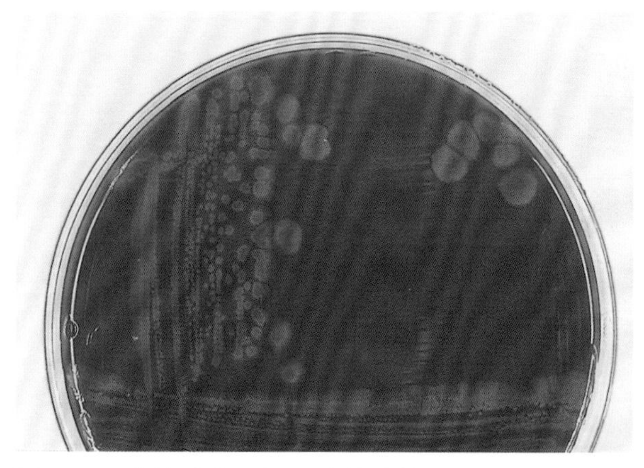

图 7-13　**血液琼脂平板上的枯草芽孢杆菌。**枯草芽孢杆菌菌落直径约为 4~5 mm，平坦、无光泽，有点干燥，外观为磨玻璃样。因具有 β-溶血性，可与炭疽杆菌区别。枯草芽孢杆菌的菌落与蜡样芽孢杆菌相似（图 7-10），但通常较小

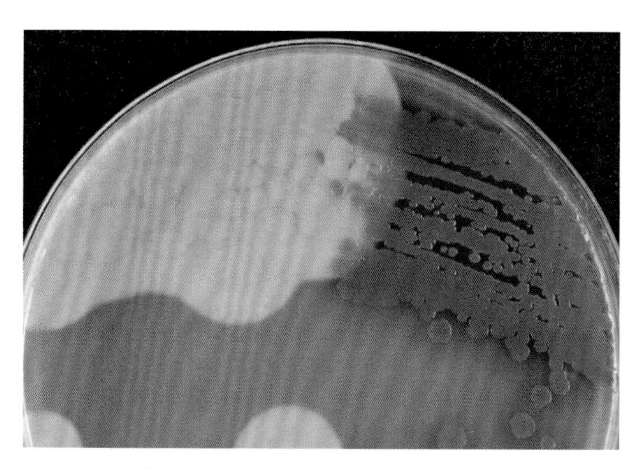

图 7-14　**蜡样芽孢杆菌和枯草芽孢杆菌的蛋黄反应。**蜡样芽孢杆菌可合成卵磷脂酶，在蛋黄琼脂平板上，菌落周围形成不透明的沉淀带（左），而枯草芽孢杆菌不合成卵磷脂酶（右）

图 7-15　**血液琼脂平板上的蕈样芽孢杆菌。**蕈样芽孢杆菌菌落具有特征性的似根或似毛外观，如图所示。最终，这些毛状的微生物遍布整个平板。与其他芽孢杆菌不同（炭疽杆菌除外），蕈样芽孢杆菌不具有动力

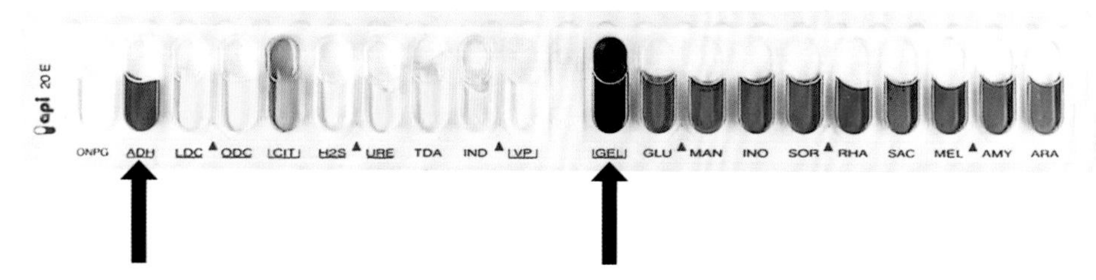

图 7-16　**API 20E 系统鉴定的蜡样芽孢杆菌。**API 20E 系统的数据库中包含芽孢杆菌属。在本例中，精氨酸二氢酶试验呈阳性。该试验排除了炭疽杆菌。其余反应中，明胶试验为阳性，其他试验为阴性，证实了蜡样芽孢杆菌的鉴定。阳性反应用箭头表示

第 8 章 诺卡菌属、红球菌属、马杜拉放线菌属、链霉菌属、戈登菌属和其他需氧放线菌

需氧放线菌是一些不同生物的统称。这些生物主要根据其显微特征归入这一类。它们是革兰氏阳性的，一部分是抗酸杆菌，可能有分枝状丝状菌丝，可形成孢子或通过碎片繁殖。除*Lawsonella* 属外，所有菌属在有氧条件下比厌氧条件下生长更好。这些生物的分类目前正在发生重大变化，主要是基于基因组和蛋白质组分子技术的应用，将来可能会有更具临床相关性的分类法。与人类疾病最相关的病原体包括诺卡菌属（*Nocardia*）、马杜拉放线菌属（*Actinomadura*）、链霉菌属（*Streptomyces*）、红球菌属（*Rhodococcus*）、戈登菌属（*Gordonia*）和冢村菌属（*Tsukamurella*）。值得注意的是，从临床标本中分离出其中一些微生物并不一定意味着它们是真正致病菌，因为它们可能是共生微生物群的一部分。该群引起的大多数感染是机会性的，好发于免疫功能低下的宿主。

需氧放线菌中，在人类中最常见的菌属是诺卡菌属。分布于全球各地的土壤和水中。在免疫功能缺陷患者或有潜在肺部疾病的患者中，感染通过肺部和皮肤途径发生。创伤处的定植可发生在免疫功能强的宿主体内。在已分离鉴定的 100 多种诺卡菌中，最常从人类中分离出来的包括星形诺卡菌（*Nocardia asteroides*）、脓肿诺卡菌（*Nocardia abscessus*）、巴西诺卡菌（*Nocardia brasiliensis*）、盖尔森基兴诺卡菌（*Nocardia cyriacigeorgica*）、皮疽诺卡菌（*Nocardia farcinica*）、新星诺卡菌（*Nocardia nova*）、假巴西诺卡菌（*Nocardia pseudobrasiliensis*）、退伍军人诺卡菌（*Nocardia veterana*）和华莱氏诺卡菌（*Nocardia wallacei*）。根据抗生素敏感性及对临床的指导意义，将表型类似星形诺卡菌的菌种继续进行生物分类，称为星形诺卡菌复合群，包括脓肿诺卡菌、巴西诺卡菌、盖尔森基兴诺卡菌、皮疽诺卡菌、nana 诺卡菌复合群、豚鼠耳炎诺卡菌（*Nocardia otitidiscaviarum*）、假巴西诺卡菌和南非诺卡菌复合群（*Nocardia transvalensis* complex）。

通过肺部途径感染星形诺卡菌常会导致慢性支气管肺炎，其进展时间为数周或数月，死亡率很高。在肺炎病灶基础上出现坏死，并发生微弱的炎症反应。致病菌最终可传播到其他器官，包括大脑、皮下组织和肾脏。大多数患者痰液浓稠，经常会出现脓痰。但与厌氧放线菌感染不同，很少出现痰中硫黄样颗粒或窦道产生。虽然有许多星形诺卡菌引起感染的临床病例报告，但尚不能在分子水平证明这一诊断。现在人们认为，严格意义上的星形诺卡菌很少有致病性。许多被鉴定为星形诺卡菌的分离株目前被认为是盖尔森基兴诺卡菌（*N. cyriacigeorgica*）。临床相关的分离菌株应通过分子检测和抗生素药物敏感性试验进行鉴定。

足部皮肤或皮下组织感染巴西诺卡菌可导致脓肿的形成，称为放线菌性足菌肿（与真菌产生的真菌性足菌肿相区别），可破坏周围组织，包括骨骼。皮肤中可形成窦道引流，脓液中可能含有黄色或橙色的硫黄样颗粒，由微生物和硫酸钙组成。引流窦道的脓液可用于制作涂片进行直接检查。硫黄样颗粒可以在载玻片和盖玻片之间破碎，释放出分枝或交织的细丝，革兰氏染色呈阳性。

诺卡菌属是需氧的革兰氏阳性杆菌，也可能表现为革兰氏阴性菌，带有革兰氏阳性珠粒，并可形成纤细的丝状分枝，类似于真菌菌丝。这些菌丝可以分裂成杆菌或球菌，无动力。这属微生物的细胞壁含有分枝菌酸，因此，它们部分具有耐酸性。诺卡菌属过氧化氢酶阳性，可氧化利用糖类。

诺卡菌在非选择性培养基上生长相对较好，包括血液平板和巧克力琼脂平板、不含氯霉素的

沙氏葡萄糖琼脂培养基和Lowenstein-Jensen培养基或Middlebrook培养基。诺卡菌生长缓慢，在25~37 ℃的温度下，通常需要5~7 d的时间才能出现可视菌落。诺卡菌在培养基上形成气生菌丝，在立体显微镜下可以看到菌丝。诺卡菌的一个特性是可以分解石蜡产能，该特征可用于与其他需氧菌相鉴别。

红球菌属（红色色素球菌）包括50多种革兰氏阳性球杆菌，部分具有抗酸性，是专性需氧放线菌。马红球菌（*Rhodococcus equi*）是该属在临床上是最重要的菌种，免疫功能低下者感染马红球菌可导致肉芽肿性肺炎，尤其是HIV-1感染的患者。肺内多出现空洞性病变，致病菌可能传播到其他脏器，包括大脑和皮下组织。马红球菌可以从痰、支气管肺泡灌洗液、肺活检标本和血液培养中分离得到。在非选择性培养基上可生长良好，3~5 d可出现典型的鲑鱼红色素。生化试验很难确定该菌，菌种鉴定通常依赖菌落形态和革兰氏染色，革兰氏染色为阳性球杆菌，有分枝，部分具有抗酸性。

马杜拉放线菌属包含近80种细菌，其中马杜拉马杜拉放线菌（*Actinomadura madurae*）、拉丁马杜拉放线菌（*Actinomadura latina*）和白乐杰氏马杜拉放线菌（*Actinomadura pelletieri*）可能与人类感染有关，特别是在热带地区，引起放线菌足菌肿。这些微生物存在于土壤中，通过皮下传播，造成马杜拉足，形成引流窦道。引流窦道在足菌肿很常见，肉眼可见颗粒（微生物菌落）。病情继续进展可导致结缔组织、肌肉和骨骼的受累，引起纤维化和变形。

链霉菌属包括近700种细菌，主要引起局部、化脓性、慢性足菌肿，表现类似于马杜拉放线菌引起的足菌肿。索马里链霉菌（*Streptomyces somaliensis*）是该属中最常见的菌种，常见于免疫功能低下的患者。在世界某些地区，特别是在非洲、墨西哥和南美洲，索马里链霉菌是腿部、头部和颈部放线菌足菌肿的常见的病因。近来发现，其他链霉菌与多种感染有关，特别是在艾滋病患者中。链霉菌的菌落可产生多种色素，可能导致培养基着色，并可产生气生菌丝，但并非所有菌株都能产生色素。

诺卡菌属、马杜拉放线菌属和链霉菌属最初是根据它们在诺卡菌ID四分板上分解酪蛋白、酪氨酸、黄嘌呤和淀粉的能力进行区分的（BD Diagnostic Systems，Franklin Lakes，NJ）（表8-1）。现在建议所有临床相关分离株进行基因组和（或）蛋白质组技术检测，以及抗生素敏感性试验。

与红球菌属关系密切的戈登菌属和冢村菌属存在于土壤中，是人类条件致病菌。这两个属的成员与导管相关脓毒症以及皮肤、肺和中枢神经系统感染有关，尤其是在免疫功能低下的患者中。戈登菌属的菌落形态可以光滑、黏腻，也可以干燥，菌落颜色可以为米色或鲑鱼红色。一些菌株产生不发育的菌丝，而另一些菌株形成菌丝束梗（aerial synnemata），需要与菌丝相鉴别。分生孢子束（Synnemata）也称为coremia，是一组直立的分生孢子团，结合在一起，在顶端和（或）上部孔的侧面产生分生孢子。冢村菌属菌落直径为0.5~2 mm，圆形，边缘光滑，有些菌落边缘有毛根，干燥，白色或橙色。长时间培养后，菌落形似大脑，不产生气生菌丝。

其他很少与人类感染相关的需氧放线菌包括嗜皮菌（*Dermatophilus*）、破乳剂产生菌（*Dietzia*）、拟诺卡菌属（*Nocardiopsis*）、慢反应脂肪酸菌属（*Segniliparus*）和威廉姆斯氏菌属（*Williamsia*）。

临床实验室的重要工作是评估分离物的临床意义，并尝试区分定植菌或污染物和真正的病原体。采集合适的标本、显微镜检查和培养对于指导治疗至关重要。应注意临床标本中多形核细胞和单核细胞的存在。临床分离菌株，尤其是从免疫功能低下患者处采集到的，有临床表现和实验室检测，证明它是一种致病的需氧放线菌，应转交给专门实验室进行最终鉴定和药敏试验。

表8-1　用于鉴定放线菌的底物分解试验

菌株	分解底物[a]				
	酪蛋白	酪氨酸	黄嘌呤	淀粉	尿素
马杜拉马杜拉放线菌	+	+	0	+	+
白乐杰氏马杜拉放线菌	+	+	0	0	0
星形诺卡菌	0	0	0	0	+
巴西诺卡菌	+	+	0	0	+
豚鼠耳炎诺卡菌	0	0	+	0	+
索马里链霉菌	+	+	0	V	0
环圈链霉菌	+	+	+	+	V

[a] +. 阳性反应（＞90% 阳性）；V. 可变（11%~89% 阳性）；0. 阴性反应（＜10% 阳性）。

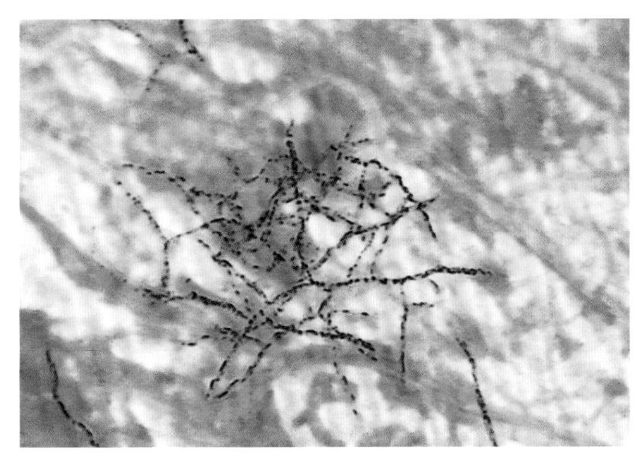

图 8-1　**气管吸出物中诺卡菌的革兰氏染色。**星形诺卡菌为细长有分枝的革兰氏阴性菌，有串珠状区域，与革兰氏阳性球菌相似

图 8-2　**星形诺卡菌的抗酸染色。**可见星形诺卡菌产生细长的丝状结构，部分耐酸。图示为培养的菌落涂片，细丝断裂

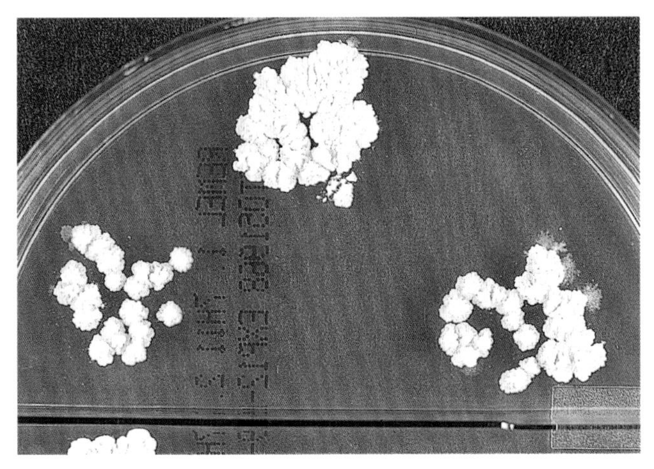

图 8-3　**7H11 培养基上的星形诺卡菌。**星形诺卡菌的菌落在形态上是高度可变的，这取决于培养条件。由于气生菌丝的生长，其颜色可以是灰白色，如图所示，也可以是橙色和鲑鱼粉色

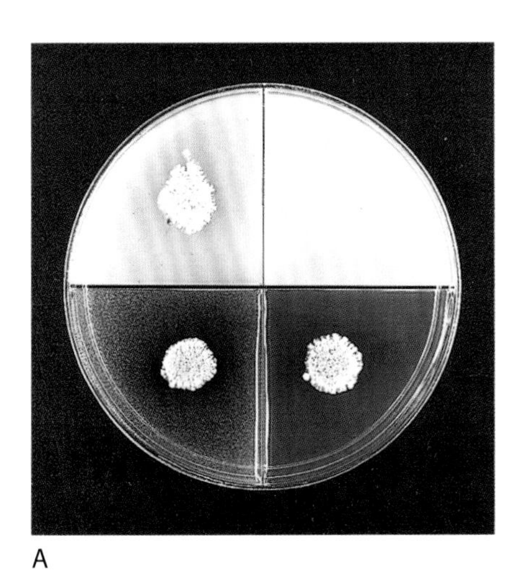

A

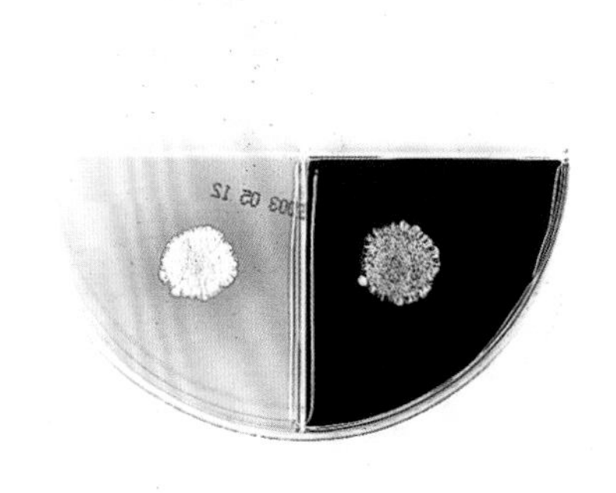

B

图 8-4　**诺卡菌 ID 四分板上的星形诺卡菌。**诺卡菌 ID 四分板用于确定待测微生物分解黄嘌呤（左上）、酪氨酸（左下）、酪蛋白（右上）和淀粉（右下）的能力。（图 A）能够分解这些物质的微生物在菌落周围形成清晰的晕环。（图 B）当含有淀粉的四分板中加入革兰氏碘液后，菌落周围出现无色区域，表明该菌能水解淀粉。如图所示，星形诺卡菌不会分解这四种基质中的任何一种。该平板应每周观察 1 次，持续 1 个月，因为菌株以不同的速率生长和分解基质。在含有酪氨酸和黄嘌呤琼脂的象限中可能产生黑色素

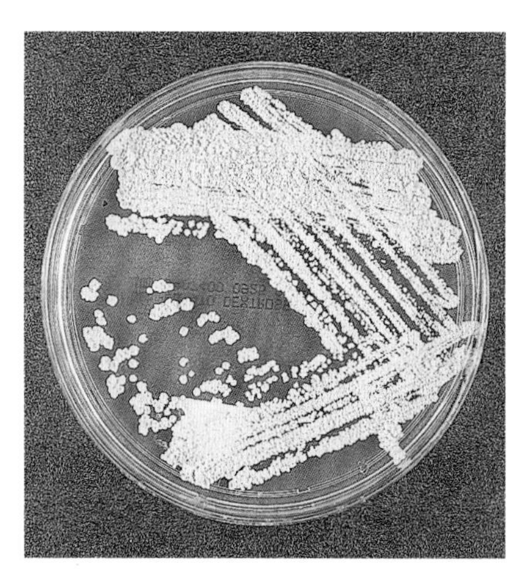

图 8-5　**沙氏葡萄糖琼脂平板上的巴西诺卡菌。**巴西诺卡菌的菌落通常呈橘黄色，干燥、易碎

图 8-6　**尿素和硝酸盐肉汤中的巴西诺卡菌。**巴西诺卡菌可水解尿素（左）并将硝酸盐还原为亚硝酸盐或氮气（右）。为了进行脲酶试验，在 Christensen 尿素琼脂中接种该菌并在室温下培养数周。诺卡菌（*Nocardia* spp.）含有尿素酶，尿素酶分解尿素形成碳酸和氨，导致 pH 值升高，由于琼脂中存在酚红，使培养基变红。硝酸盐还原为亚硝酸盐会形成红色重氮，从而使培养基变红色。若反应结果为阴性，可通过添加锌粉来确认。在阴性反应管中加入锌粉，若 5~10 min 内出现红色，则表明硝酸盐没有减少。如果在加入锌粉后，发酵液保持澄清，则意味着硝酸盐已被还原为游离氮气，反应应视为阳性

图 8-7　**巴西诺卡菌溶菌酶试验。**实际上，诺卡菌属的所有成员都可以在溶菌酶存在下生长，这与厌氧放线菌形成对比，厌氧放线菌在溶菌酶存在下不生长。为了进行该试验，在两管无菌甘油肉汤［一管含溶菌酶（左）和一管不含溶菌酶（右）］中接种待鉴定的微生物。如图所示，如果细菌在两个试管中都生长良好，则该试验被视为阳性。如果在含有溶菌酶的试管中没有生长，则认为该试验为阴性

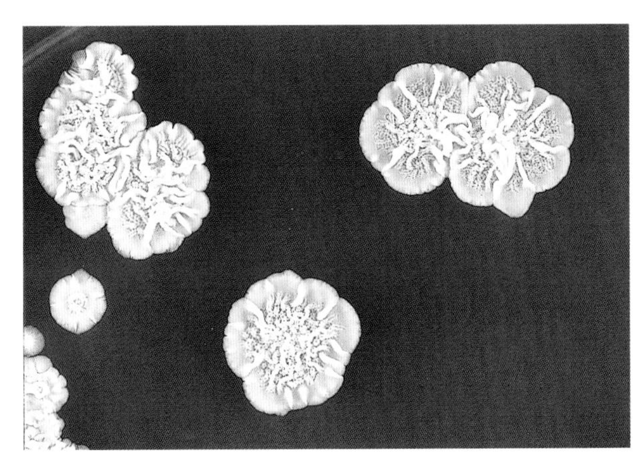

图 8-8　**沙氏葡萄糖琼脂平板上的豚鼠耳炎诺卡菌。**豚鼠耳炎诺卡菌多形成棕褐色菌落。这种特殊的分离物在培养 2 周后形成干燥的大脑样菌落

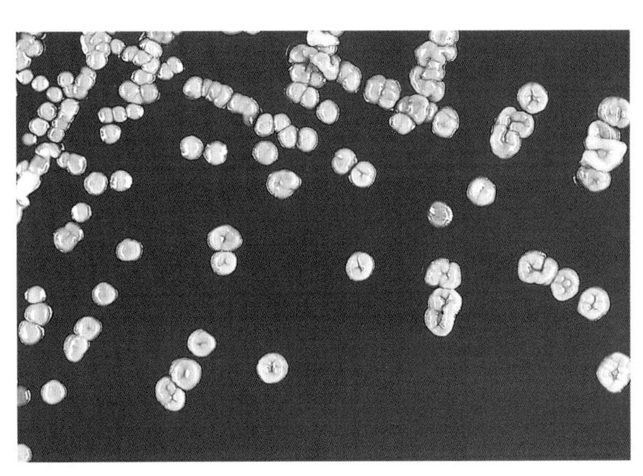

图 8-9　**沙氏葡萄糖琼脂平板上的马杜拉马杜拉放线菌。**马杜拉马杜拉放线菌的菌落可以是白色或粉红色，多黏腻，如图所示，具有臼齿外观。放线菌属有时产生气生菌丝

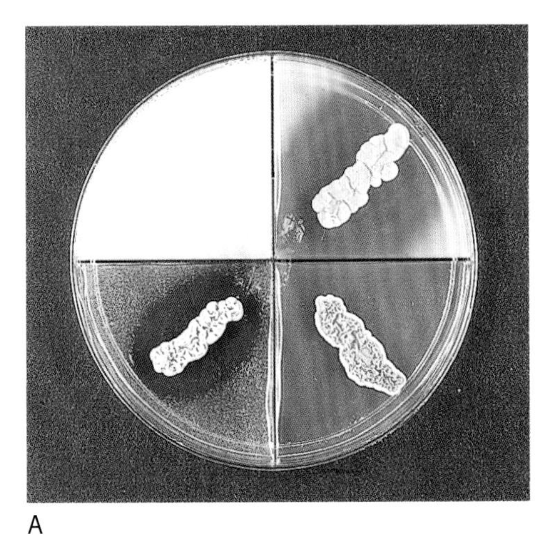

A

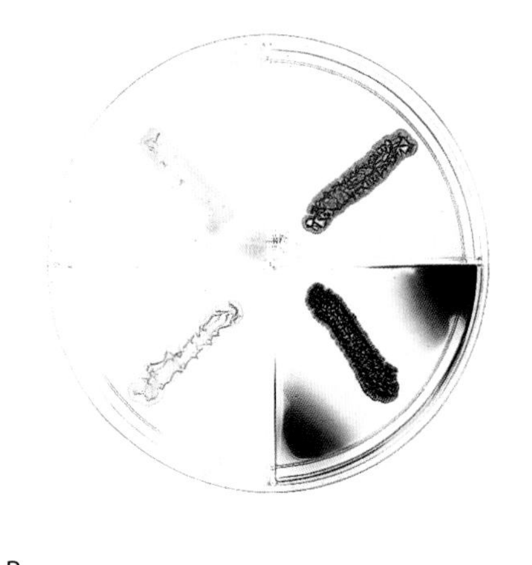

B

图 8-10　**诺卡菌 ID 四分板上的马杜拉马杜拉放线菌。**马杜拉马杜拉放线菌不分解黄嘌呤（左上），但分解酪氨酸（左下）、酪蛋白（右上）和淀粉（右下）（详情参见图 8-4）

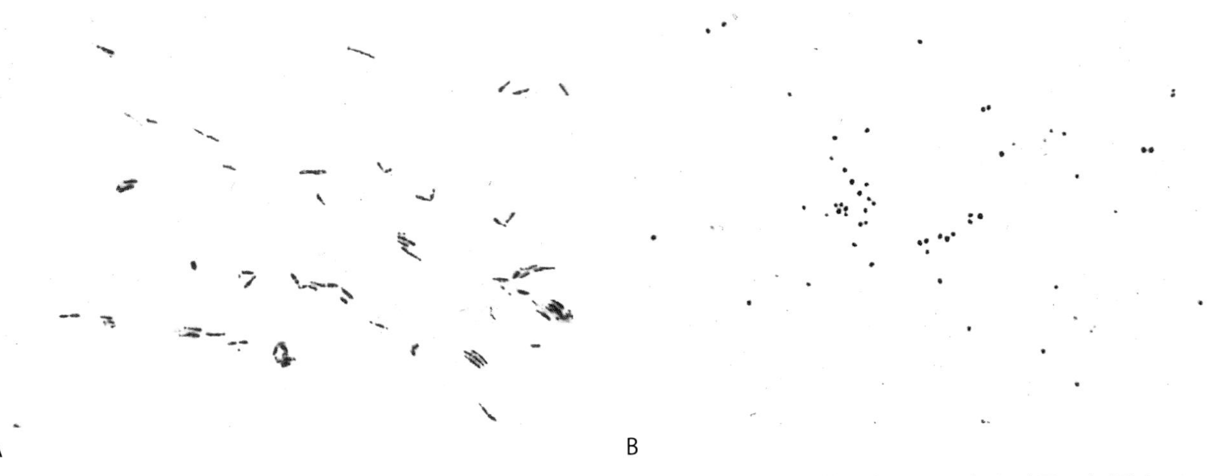

A　　B

图 8-11　**马红球菌革兰氏染色。**根据培养条件的不同，马红球菌的形态可以是杆状，也可以是球形。（图 A）经过 24 h 培养，马红球菌呈明显的杆状。（图 B）培养 72 h 后，同一生物体具有球形结构

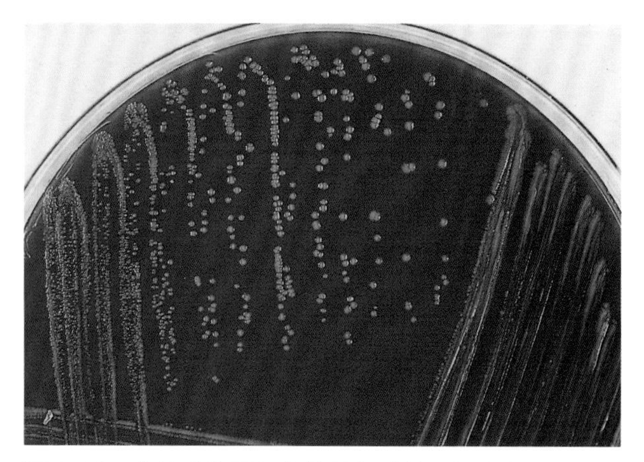

图 8-12 **血液琼脂平板上的马红球菌。** 红球菌属的成员可具有不同的菌落形态，从粗糙到光滑或黏腻。颜色也可以从浅黄色到橙色或深玫瑰色。图中所示的分离菌株有平滑的圆形菌落，颜色为橙粉色

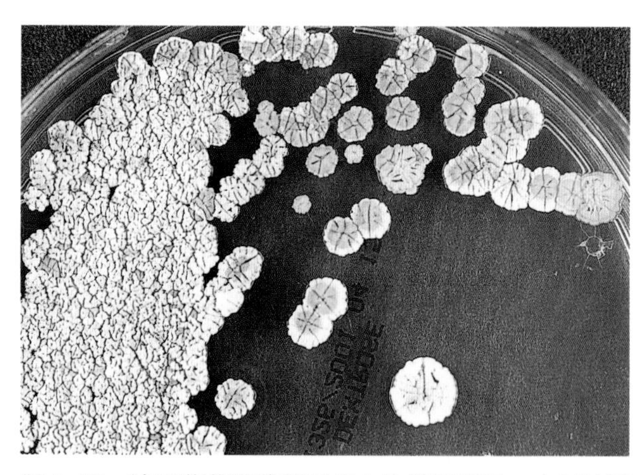

图 8-13 **沙氏葡萄糖琼脂平板上的链霉菌属。** 由于该属中包含的细菌种类繁多，因此有许多菌落形态。图中所示菌落呈橙色至棕褐色，不规则，表面光滑、有皱纹或疣状，这是无环链霉菌生长

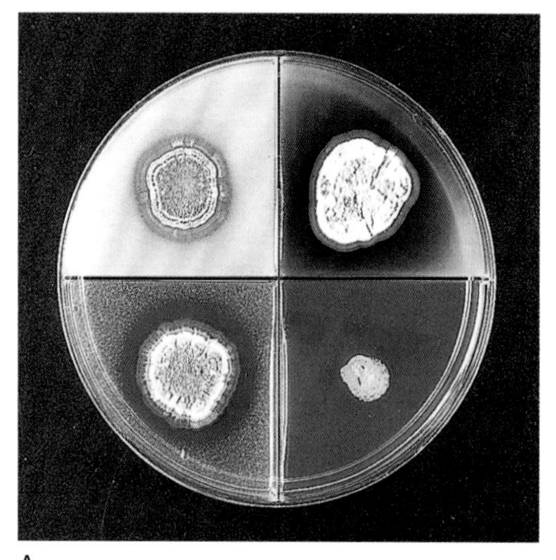

A

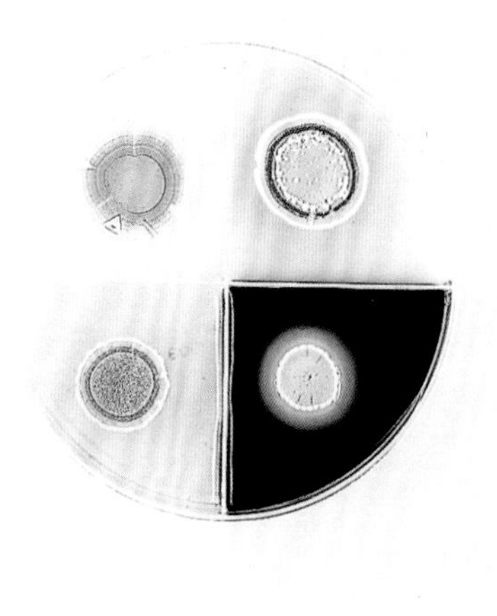

B

图 8-14 **诺卡菌 ID 四分板上的无环链霉菌。** 无环链霉菌可以分解诺卡菌 ID 四分板中的底物黄嘌呤（左上）、酪氨酸（左下）、酪蛋白（右上）和淀粉（右下）（详情参见图 8-4）

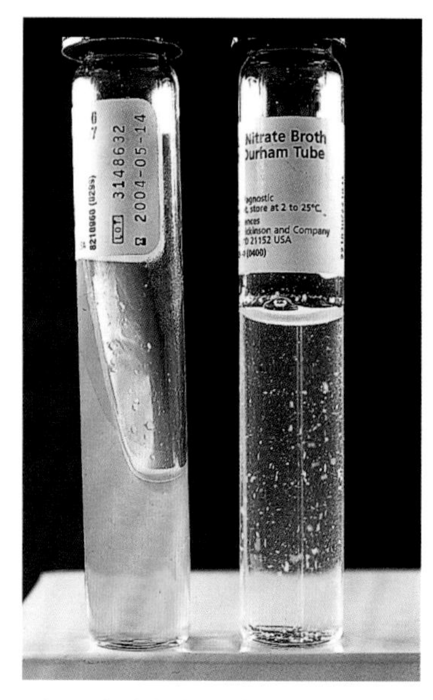

图 8-15 **尿素和硝酸盐肉汤中的链霉菌属。** 与诺卡菌相比，大多数链霉菌不产生脲酶，也不能将硝酸盐还原为亚硝酸盐（图 8-6）

图 8-16 **链霉菌属溶菌酶试验。** 链霉菌在溶菌酶存在下不生长（左）。这种微生物只能在不含溶菌酶的试管中生长（右图）。这与诺卡菌属的成员形成对比，诺卡菌属可以在含有溶菌酶的培养基中生长（图 8-7）

第 9 章　分枝杆菌属

分枝杆菌属是分枝杆菌科的唯一属，包括 180 多个种。根据流行病学和引起疾病的临床表现，与人类相关的可分为四大类：结核分枝杆菌复合群（*Mycobacterium tuberculosis* complex，MTBC）、麻风分枝杆菌（*Mycobacterium leprae*）、溃疡分枝杆菌（*Mycobacterium ulcerans*）和非结核分枝杆菌（*nontuberculous mycobacteria*，NTM）。MTBC 包括结核分枝杆菌、牛分枝杆菌（*Mycobacterium bovis*）、牛分枝杆菌卡介苗（卡介苗杆菌）、非洲分枝杆菌、卡氏分枝杆菌（*Mycobacterium canettii*）、羊分枝杆菌（*Mycobacterium caprae*）、田鼠分枝杆菌（*Mycobacterium microti*）、海豹分枝杆菌（*Mycobacterium pinnipedii*）、mungi 分枝杆菌（Mycobacterium mungi）、orygis 分枝杆菌（Mycobacterium orygis）、蹄兔杆菌（dassie bacillus）、黑猩猩杆菌（chimpanzee bacillus）、suricattae 分枝杆菌（Mycobacterium suricattae）。表 9-1 列出了具有临床意义的可培养分枝杆菌。

据估计，全世界约有 1/3 的人口感染结核分枝杆菌，每年约有 200 万人死于该菌感染。美国约 4% 的人口为潜伏性肺结核，10%~15% 的感染者将来会发展为活动性肺结核。耐多药结核分枝杆菌和广泛耐药结核分枝杆菌的持续增加以及艾滋病患者的高感染风险进一步提高了人们对该疾病的重视。结核分枝杆菌通过空气中的气溶胶（大小为 1~5 μm）传播，主要由咳嗽患者产生。结核分枝杆菌的半数感染剂量非常低（＜10 抗酸杆菌），因此，传播是一个重大的公共健康问题。

牛分枝杆菌的宿主范围很广，包括非人灵长类动物、牛、水牛、山羊、猪、狗、猫和一些鸟类等。由于饮用被感染的牛产生的生牛奶（未经高温消毒），牛分枝杆菌感染的人数正在上升。牛分枝杆菌卡介苗株是牛分枝杆菌的一种减毒形式，已在世界许多地区广泛用作疫苗，以预防儿童脑膜炎和

表 9-1　具有临床意义的可培养分枝杆菌

慢生型			快生型	
MTBC（不产色）	非结核分枝杆菌		不产色	产色
	不产色	产色		
结核分枝杆菌	鸟分枝杆菌复合群	亚洲分枝杆菌	脓肿分枝杆菌	草分枝杆菌
非洲分枝杆菌	隐藏分枝杆菌	微黄分枝杆菌	龟分枝杆菌	母牛分枝杆菌
牛分枝杆菌	胃分枝杆菌	戈登分枝杆菌	偶发分枝杆菌	
牛分枝杆菌卡介苗株	日内瓦分枝杆菌	堪萨斯分枝杆菌	产黏液分枝杆菌	
卡内蒂分枝杆菌	嗜血分枝杆菌	海分枝杆菌	耻垢分枝杆菌	
羊分枝杆菌	玛尔摩分枝杆菌	瘰疬分枝杆菌		
田鼠分枝杆菌	石氏分枝杆菌	猿分枝杆菌		
mungi 分枝杆菌	土分枝杆菌复合群	斯氏分枝杆菌		
海豹分枝杆菌	次要分枝杆菌	蟾分枝杆菌		
	溃疡分枝杆菌			

播散性肺结核，但它不能防止原发感染和结核的复燃。由于其刺激免疫系统的能力，卡介苗株还可用于治疗某些肿瘤，例如膀胱肿瘤。非洲分枝杆菌和卡氏分枝杆菌主要在非洲发现，其流行病学特征尚不明确。田鼠分枝杆菌可感染免疫功能正常和免疫功能低下的人。羊分枝杆菌，过去曾被鉴定为结核分枝杆菌羊亚种和牛分枝杆菌羊亚种。在欧洲某些地区，羊分枝杆菌感染占人类结核病的 30%，其中大多数有肺部表现。现已证明，海豹分枝杆菌可以从海狮传染给人，会导致肺部、胸膜、淋巴结和脾脏的肉芽肿性病变。

除结核分枝杆菌复合群外，其他能引起人类患病的缓慢生长的分枝杆菌包括非结核分枝杆菌中的鸟分枝杆菌复合群（*Mycobacterium avium* complex，MAC）、堪萨斯分枝杆菌（*Mycobacterium kansasii*）、嗜血分枝杆菌（*Mycobacterium haemophilum*）和海分枝杆菌（*Mycobacterium marinum*）。非结核分枝杆菌在环境中普遍存在，在健康人的皮肤、呼吸道和胃肠道中也有发现。传播途径包括呼吸道和胃肠道，偶有医源性获得的或与卫生保健有关。非结核分枝杆菌在人与人之间的传播不常见，致病性低。胃肠道症状多出现在免疫缺陷患者中，这些患者血液培养常呈阳性。

鸟分枝杆菌复合群包括 11 种菌：鸟分枝杆菌（*M. avium*）、胞内分枝杆菌（*Mycobacterium intracellulare*）、奇美拉分枝杆菌（*Mycobacterium chimaera*）、奥尔胡斯海港分枝杆菌（*Mycobacterium arosiense*）、哥伦比亚分枝杆菌（*Mycobacterium colombiense*）、vulneris 分枝杆菌（*Mycobacterium vulneris*）、马赛分枝杆菌（*Mycobacterium marseillense*）、Bouchedurhonese 分枝杆菌（*Mycobacterium bouchedurhonense*）、timonese 分枝杆菌（*Mycobacterium timonense*）、yongonense 分枝杆菌（*Mycobacterium yongonense*），以及细胞旁分枝杆菌（*Mycobacterium paraintracellulare.*）。此外，鸟分枝杆菌还有 4 个亚种：鸟分枝杆菌鸟类亚种（*Mycobacterium avium* subsp. *avium*）、鸟分枝杆菌副结核亚种（*M. avium* subsp. *paratuberculosis*），鸟分枝杆菌森林土壤亚种（*M. avium* subsp. *silvaticum*）和鸟分枝杆菌 hominissuis 亚种（*M. avium* subsp. *hominissuis*）。这些分枝杆菌在环境中很常见，包括水和土壤，以及猪、鸡和猫等动物。从人类感染的角度来看，它们的重要性随着艾滋病毒的流行而显著增加。MAC 是最常分离到的慢生长人类致病分枝杆菌，其次是堪萨斯分枝杆菌。MAC 感染在中年男性吸烟者和绝经后女性支气管扩张症（Lady Windermere 综合征）患者中很常见。这些环境微生物经常存在于水、土壤、植物和动物中，因此，从肺标本中分离到该菌时，是否具有临床意义需要仔细分析临床相关性。有数家医院报告了心脏搭桥手术后的奇美拉分枝杆菌感染。在手术中使用的加热器冷却装置中可能存在这些微生物。患者可能在术后 1~4 年出现人工瓣膜心内膜炎、血管移植物感染或播散性疾病。

溃疡分枝杆菌是继结核分枝杆菌和麻风分枝杆菌之后，人类最常见的分枝杆菌病原体。这种微生物在非洲特别流行，它引起的疾病被称为布鲁里溃疡，在澳大利亚，被称为 Bairnsdale 溃疡。

不可培养的非结核分枝杆菌包括麻风分枝杆菌，可引起麻风病（汉森病），这是一种慢性肉芽肿性疾病，表现为麻痹性皮肤损伤和周围神经病变。麻风分枝杆菌不能在体外培养，因此，诊断主要基于临床表现和皮肤活检。用细菌抗原制备的麻风素进行皮肤试验有助于诊断。

分枝杆菌是需氧杆菌，菌体直或略微弯曲，大小为（1.0~10.0）μm×（0.2~0.6）μm，可以分枝，无动力，不形成孢子，但孢子样结构的产生存在争议。结核分枝杆菌可在组织中持续存在数年，并可重新激活，表明其具有适应厌氧条件的能力。分枝杆菌壁中存在的大量脂质，使得这类菌难以染色。芳基甲烷染料，如品红和金胺 O，在苯酚存在下可穿透细胞壁并与分枝菌酸络合，用作初步染色。再将细胞暴露于酸－醇或强矿物酸脱色后，添加复染剂。这类微生物可抵抗浓度为 3% 的盐酸脱色，称为抗酸性。部分具有抗酸性的其他微生物包括诺卡菌和红球菌、米氏军团菌、原生动物门等孢球虫、环孢菌和隐孢子虫等。

最常用于分离培养的是呼吸道样本。活检标本、胃液、脑脊液和尿液也经常在分枝杆菌实验室进行检测。对于自身免疫功能低下的患者，还需采集血液和粪便样本。从临床标本中分离培养分枝杆菌需要同时接种肉汤和固体培养基。肉汤培养基比固体培养基更灵敏、检测更快速。可采用利用肉汤培养基的半自动化培养系统。在固体培养基培养，可以根据菌落形态和色素产生情况进行初步菌种鉴定。

Lowenstein-Jensen 培养基可用于分枝杆菌的分离培养。它含有全蛋、甘油、土豆粉和盐，以支持分枝杆菌的生长，并含有孔雀绿，可以抑制污染细菌的生长。其他选择性培养基中也含有抗生素，以尽量减少其他细菌的生长。Middlebrook 7H10 和 7H11 是透明的琼脂培养基，与 Lowenstein-Jensen 培养基相比，其优势在于可以通过平板背面观察菌落的生长情况并进行菌落形态的早期检测。这些培养基，除了规定的盐、维生素和孔雀绿外，还含有一些增菌因子，如油酸、牛白蛋白、葡萄糖和过氧化氢酶。向 7H11 中添加 0.1% 酪蛋白水解物，可以提高异烟肼耐药结核分枝杆菌菌株的培养阳性率。

如果分枝杆菌在 7 d 内产生可视菌落，则被归类为快速生长菌（如偶发分枝杆菌群、龟 - 脓肿分枝杆菌复合体和产黏液分枝杆菌）。如果在 2~8 周内形成菌落（表 9-1），则被归类为缓慢生长菌（如 MAC、堪萨斯分枝杆菌、嗜血分枝杆菌和海分枝杆菌）。菌落的生长速率取决于分枝杆菌的种类，并受培养基和培养温度的影响。根据其光反应特性，分枝杆菌可分为 3 类。在光照条件下产生黄色至深橙色胡萝卜素色素的菌种被称为光产色菌，有无光照均可产色色素的菌种称为暗产色菌，有无光照均不产生色素的菌种，如结核分枝杆菌，可出现浅黄色菌落，被归类为不产色菌。

正常无菌部位采集的标本可在 0.85% 无菌盐水或 0.2% 牛白蛋白中研磨，然后直接接种到培养基上。污染部位采集的样本需要用控制污染的最温和的方法进行处理。最常用的去污剂是氢氧化钠，它既是一种黏液溶解剂，也是一种去污剂。然而，分枝杆菌也容易受到氢氧化钠的影响，因此，使用氢氧化钠时需注意用量及作用时间。所有导致气溶胶形成的操作均应在Ⅱ级生物安全柜中进行，对培养物的操作应在生物安全Ⅲ级条件下进行。需要采取最大限度地预防措施来保护医务人员，同时防止标本污染。

诊断肺结核最快速的方法是痰标本 Ziehl-Neelsen 染色或 Kinyoun 染色，使用石炭酸复红，或者，可以使用更敏感的荧光染料，例如单独使用金胺 O 或与罗丹明 B 联合使用。建议在 24 h 内收集三次痰标本进行涂片。第一个痰标本应该在清晨收集。一次涂片检查中，约 90% 的患者可被鉴定为抗酸杆菌涂片阳性，而另外两次涂片检查可将阳性率提高约 8% 和 3%。报告时，应包括抗酸杆菌的数量。建议使用痰涂片或涂片与核酸扩增技术的组合来确定何时停止医院的呼吸道隔离。

分枝杆菌培养应在 37 ℃、5%~10% CO_2 环境下培养 6~8 周。需要注意的是，皮肤损伤标本应在 30 ℃下培养，因为海分枝杆菌、嗜血分枝杆菌、龟分枝杆菌和溃疡分枝杆菌等病原体在较低温度下生长更好。为了分离培养到嗜血分枝杆菌，需要接种到巧克力琼脂培养基上，因为这种微生物的生长需要血红素或血红蛋白。目前已有应用液体培养基的商品化的液体培养系统。

过去，分枝杆菌的鉴定依赖于生长速率、菌落形态、色素沉着和生化试验。表 9-2 列出了用于鉴定分枝杆菌的生化试验，它们应与分子检测联合使用。DNA 探针可用于鉴定 MTBC、MAC、鸟分枝杆菌、胞内分枝杆菌、戈登分枝杆菌和堪萨斯分枝杆菌等。结核分枝杆菌探针不能区分结核分枝杆菌、牛分枝杆菌、牛分枝杆菌卡介苗株、非洲分枝杆菌、田鼠分枝杆菌和卡氏分枝杆菌。与培养和生化试验相比，分子诊断方法具有 99% 以上的灵敏度和特异性。一些实验室采用核酸扩增技术直接从临床标本中检测和鉴定分枝杆菌，这些技术的特异性和敏感性尚待评价。全基因组测序、基质辅助激光解吸电离飞行时间质谱和高效液相色谱法也可用于分枝杆菌的鉴定，并正在逐步取代传统的鉴定方法。

结核菌素皮肤试验是诊断结核病最常用的免疫诊断试验。然而，该试验也有缺点，即无法区分活动性结核病与过去接种卡介苗致敏，并且与非结核分枝杆菌感染也有交叉反应。γ - 干扰素释放试验能够克服其中一些缺点。该试验可确定 T 细胞 γ - 干扰素对两种或三种抗原的反应，这些抗原仅在结核分枝杆菌、苏尔加分枝杆菌（*Mycobacterium szulgai*）、堪萨斯分枝杆菌和海分枝杆菌中发现。该检测主要用于检测潜伏性结核病，而非活动性结核病。

表 9-2 分枝杆菌鉴定试验

鉴定试验[a]			
不产色	光产生	暗产色	快速生长均
芳基硫酸酯酶试验	28 ℃芳基硫酸酯酶试验	42 ℃芳基硫酸酯酶试验	芳基硫酸酯酶试验
过氧化氢酶试验	过氧化氢酶试验	过氧化氢酶试验	过氧化氢酶试验
耐盐性	28 ℃生长试验	42 ℃生长试验	铁吸收试验
烟酸	烟酸	耐盐性	耐盐性
硝酸还原实验	硝酸还原实验	硝酸还原实验	硝酸还原实验
PZA	色素沉着	25 ℃产色	不含 CV 的麦康凯培养基
水解吐温 80	水解吐温 80	水解吐温 80	利用柠檬酸钠、肌醇和甘露醇
尿素酶试验		尿素酶试验	
T2H			

[a] PZA. 吡咯嗪酰胺酶；CV. 结晶紫；T2H. 噻吩 -2- 羧酸酰肼。

A

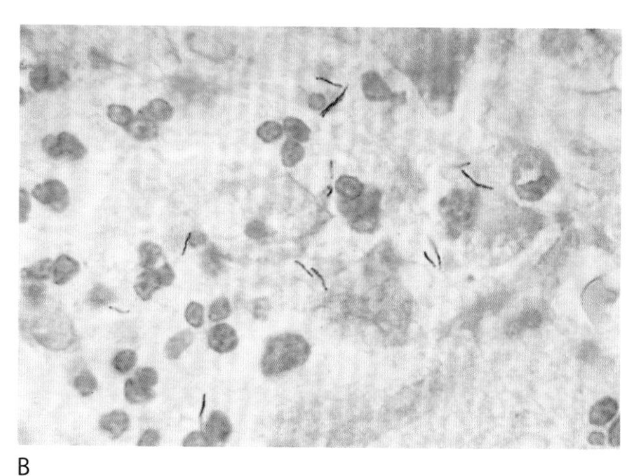
B

图 9-1 **结核分枝杆菌 Kinyoun 染色。**用石炭酸品红作为复染剂进行染色，如 Ziehl-Nielsen 染色和 Kinyoun 染色，痰标本（图 A）和组织标本（图 B）中的结核分枝杆菌在蓝色或绿色背景下表现为红紫色、弯曲、短或长的杆菌，大小为（1.0~10.0）μm×（0.2~0.6）μm

A

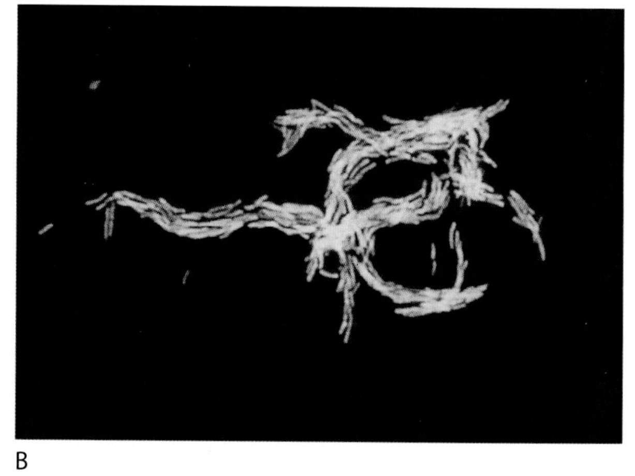
B

图 9-2 **结核分枝杆菌金胺染色。**（图 A）使用两种常用的荧光染料，金胺 O 和金胺罗丹明，结核分枝杆菌会发出黄色或橙色的荧光，这取决于使用的显微镜滤镜。荧光染色法敏感性高，并且可以在低倍镜下寻找结核分枝杆菌。一些专家认为，荧光染色法的缺点之一是一些快速生长菌可能不会染色。因此，当怀疑有快速生长菌时，建议用 Ziehl-Neelsen 或 Kinyoun 染色法对涂片进行复染。（图 B）在液体培养基中培养后，结核分枝杆菌形成大型蛇形索状结构

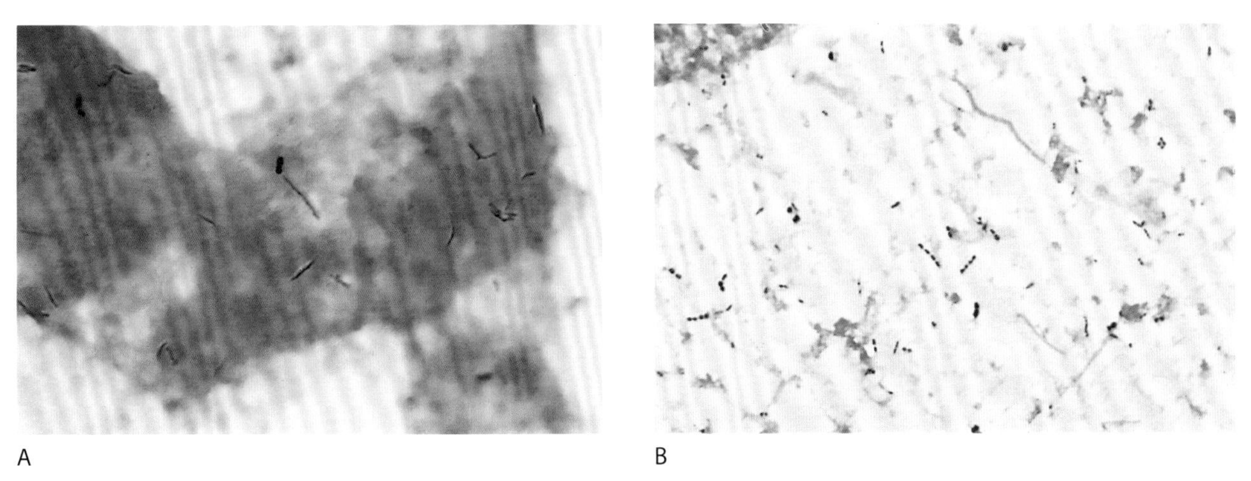

A　　B

图 9-3　**结核分枝杆菌革兰氏染色。**分枝杆菌革兰氏染色呈阳性，尽管用这种方法通常不易着色。（图 A）痰标本的革兰氏染色显示分枝杆菌，可能轻微染色或完全不染色，产生“鬼影”现象。（图 B）有时它们表现为串珠状革兰氏阳性杆菌

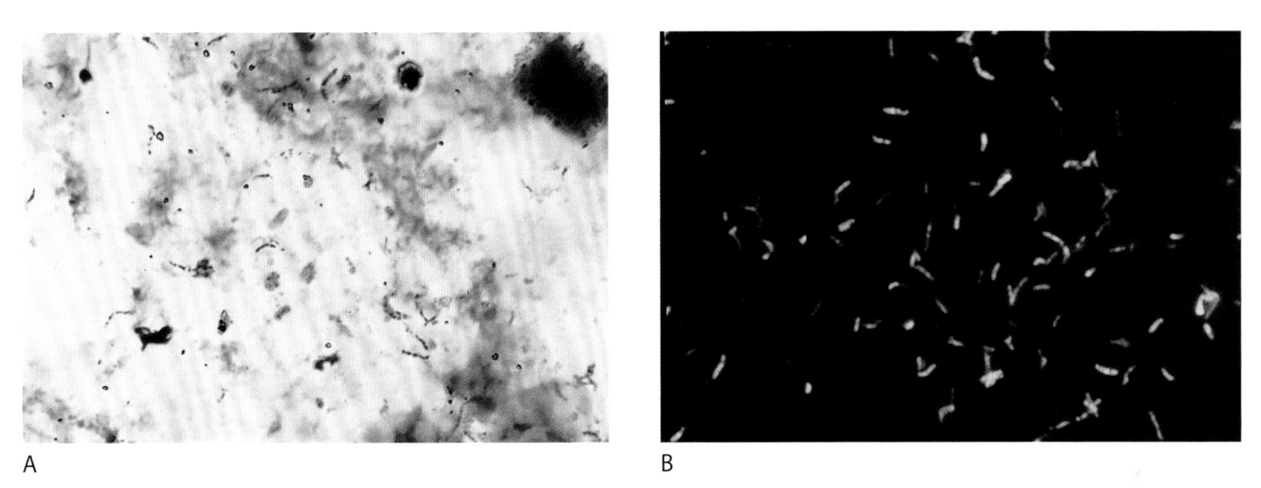

A　　B

图 9-4　**鸟分枝杆菌 - 胞内分枝杆菌的 Kinyoun 和金胺染色。**（图 A）鸟分枝杆菌 - 胞内分枝杆菌经 Kinyoun 法染色后呈串珠状外观。（图 B）在液体培养基中，这些微生物散在分布，不像结核分枝杆菌那样形成蛇形索

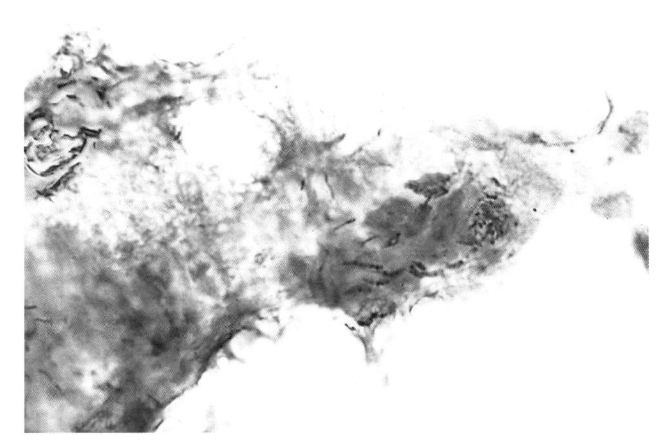

图 9-5　**麻风分枝杆菌 Fite-Faraco 染色法。**麻风分枝杆菌仅部分耐酸，因此，标准抗酸染色后菌体着色浅，推荐使用 Fite-Faraco 染色

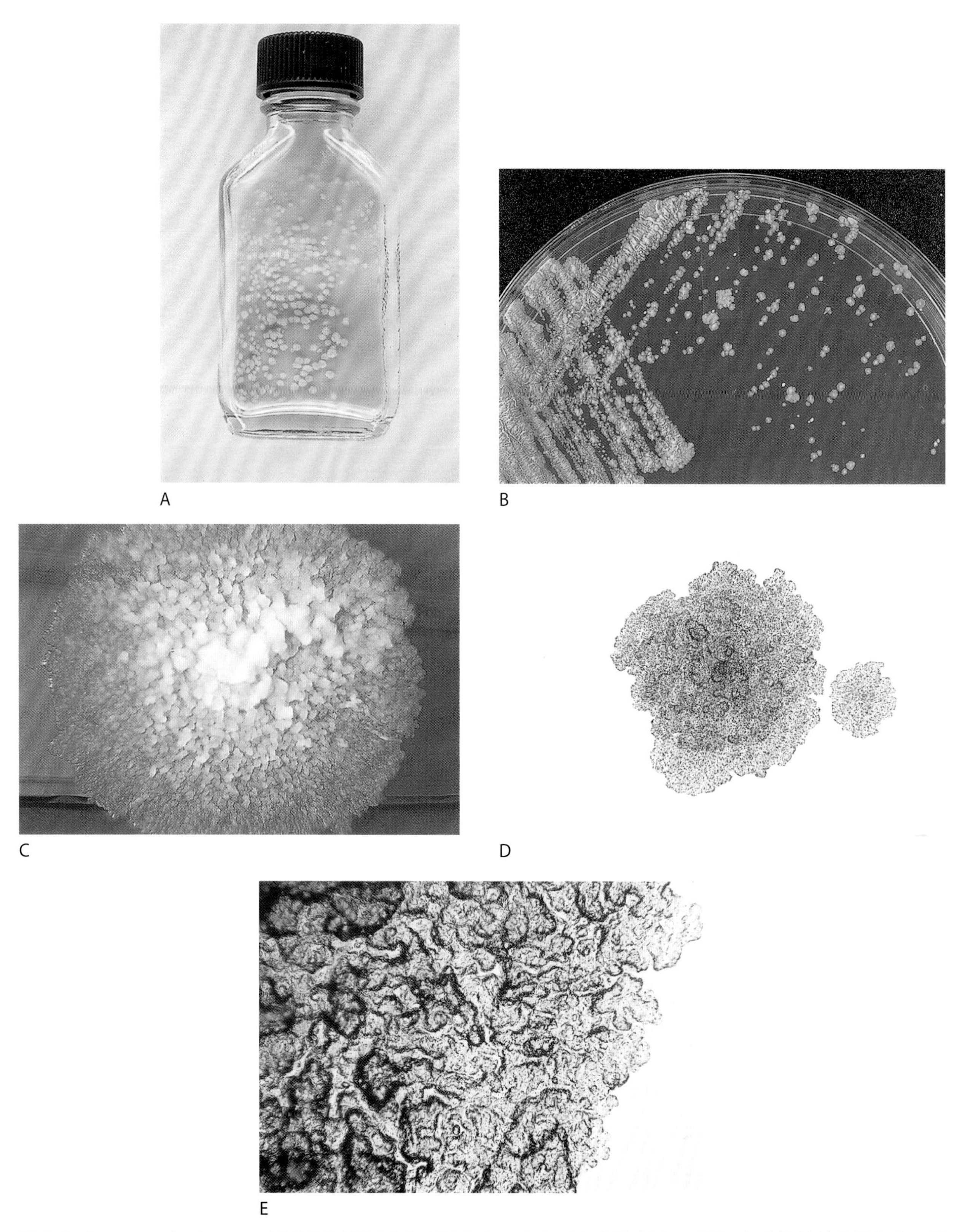

图 9-6 Lowenstein-Jensen 琼脂斜面（图 A）和 Middlebrook 7H11 琼脂（图 B 至图 E）上的结核分枝杆菌。图 A 至图 C 中的结核分枝杆菌菌落干燥、皱褶、粗糙、薄且易碎，边缘不规则，呈浅黄色。图 D 和图 E，当用透射光从 Middlebrook 琼脂的反面检查菌落时，可以在低倍镜下观察到串联现象，菌龄长的菌落和高倍镜下更明显

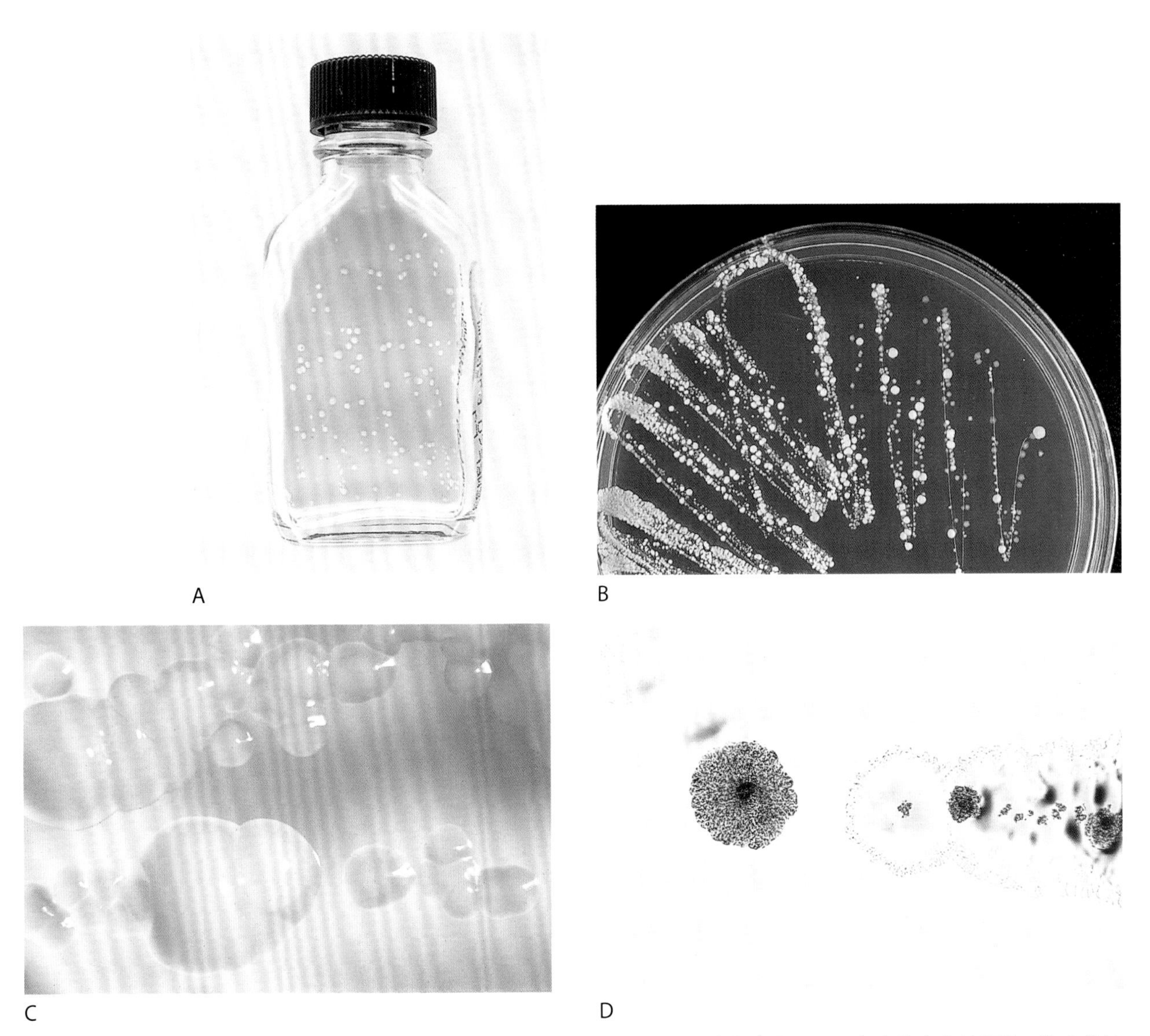

图 9-7　**Lowenstein-Jensen 琼脂斜面（图 A）和 Middlebrook 7H11 琼脂（图 B 至 D）上的鸟分枝杆菌 - 胞内分枝杆菌。**（图 A）鸟分枝杆菌 - 胞内分枝杆菌在 Lowenstein-Jensen 琼脂上生长非常缓慢，通常需要 3~4 周才能清楚地看到菌落。（图 B）如 Middlebrook 7H11 琼脂培养所示，大多数鸟分枝杆菌 - 胞内分枝杆菌菌株以混合菌落形态生长。像结核分枝杆菌菌落一样，它们是浅黄色的，但是明显小于结核分枝杆菌菌落。图 C 可以观察到圆顶、圆形、完整、透明、无色素和表面有光泽的菌落。也可出现与结核分枝杆菌菌落相似的粗糙和起皱菌落。图 D，当用透射光从反面观察时，菌落可粗糙、干燥、起皱、伴黑色颗粒，或呈浅黄色中心伴光滑半透明边缘

A

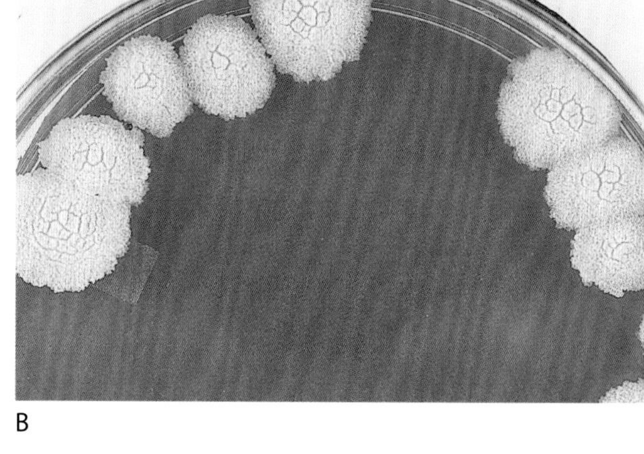

B

图 9-8 **Lowenstein-Jensen 琼脂斜面（A）和 Middlebrook 7H11 琼脂（B）上的脓肿分枝杆菌。**脓肿分枝杆菌生长迅速，形成大的、圆形、光滑的菌落，边缘完整或呈扇形，深黄色。偶尔也会发现粗糙、起皱的菌落。脓肿分枝杆菌存在于自来水中，并与几次注射和导管相关的医疗相关感染暴发有关。此外，它可以造成肺和播散性皮肤损害，尤其是在免疫抑制患者中

A

B

C

图 9-9 **在 Lowenstein-Jensen 琼脂斜面（图 A 和图 B）和 Middlebrook 7H11 琼脂（图 C）上的龟分枝杆菌。**龟分枝杆菌是一种速生菌，能在 2~4 d 内产生顶部圆滑、圆形、光滑、表面有光泽、浅黄色的菌落，菌落边缘薄而不规则（如图 A 和图 C）。它也可能产生粗糙、起皱的菌落（如图 B），这取决于菌株。临床上，龟分枝杆菌常与免疫功能低下个体的播散性结节性皮肤病有关

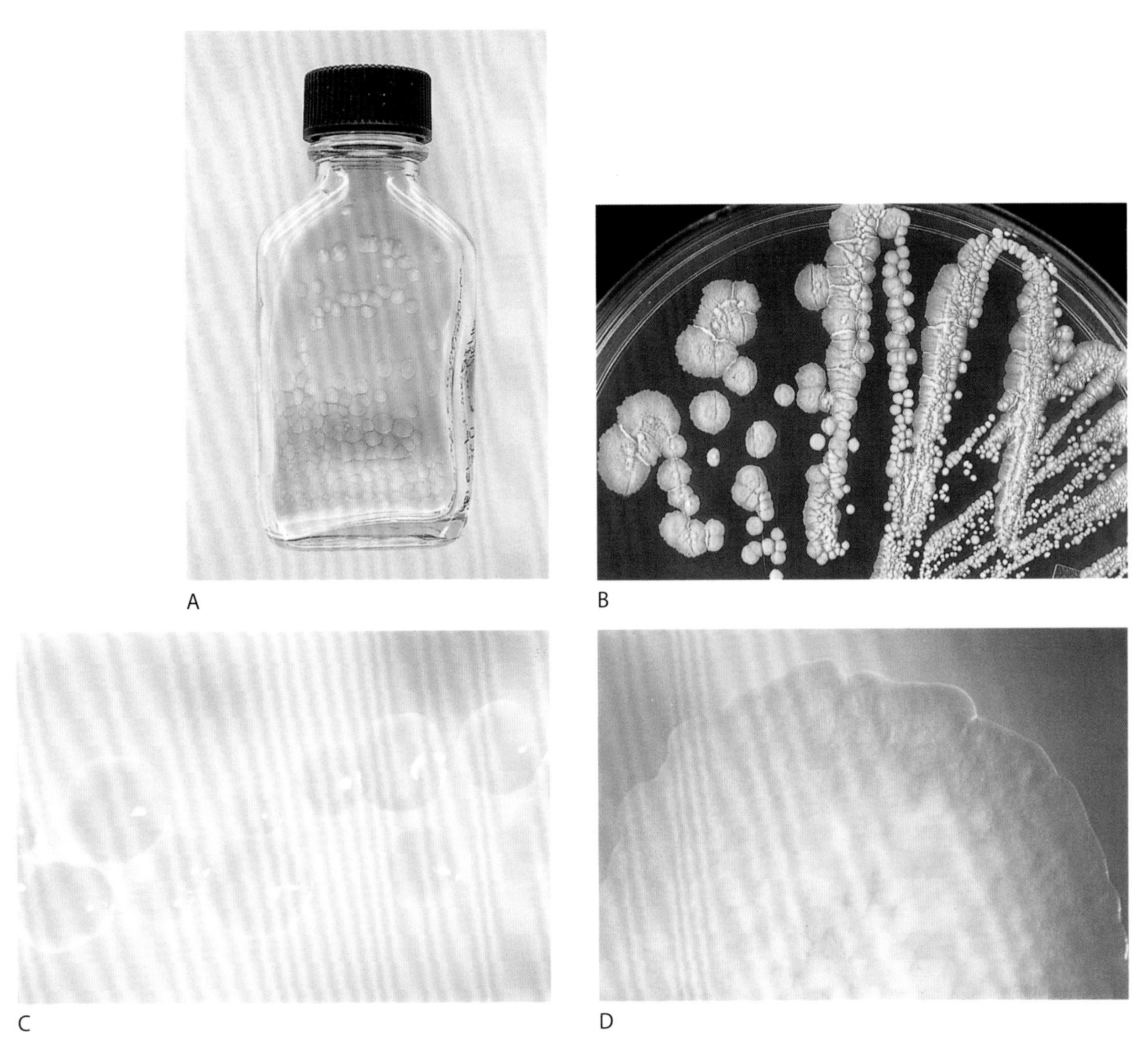

图 9-10　**Lowenstein-Jensen 琼脂斜面（图 A）和 Middlebrook 7H11 琼脂（图 B 至图 D）上的偶然分枝杆菌。**根据菌株的不同，偶然分枝杆菌在 Middlebrook 培养基上生长 2~4 d，可形成光滑或粗糙菌落。图 A 为偶然分枝杆菌在 Lowenstein-Jensen 琼脂斜面上生长，图 C 所示 7H11 琼脂上生长的菌落在高倍镜下进行观察，可以看到光滑菌落，圆形、凸面、表面有光泽、完整，呈浅黄色。在 Middlebrook 7H11 琼脂上也可以观察到粗糙、起皱的菌落（如图 B 和图 D）。偶然分枝杆菌通常会导致继发于穿透性损伤的感染，如创伤或外科手术，多与污染的水或土壤有关

图 9-11　Lowenstein-Jensen 琼脂斜面（图 A）和 Middlebrook 7H11 琼脂（图 B 至图 D）上的戈登分枝杆菌。戈登分枝杆菌（也被称为自来水细菌）产生圆形、光滑、凸起、完整、表面有光泽、黄色到橙色的菌落（如图 A 和图 B）。无光照即可产生色素沉着。图 C 为在高倍镜下，菌落密集，边缘光滑。图 D 为被光照射的菌落的背面。戈登分枝杆菌多在水和土壤中发现，但很少引起人类疾病

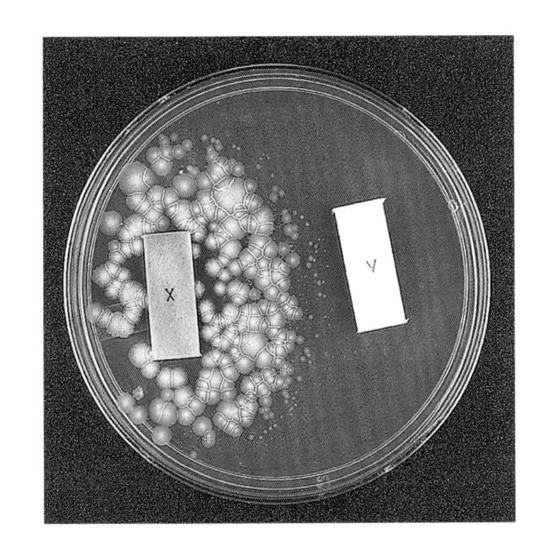

图 9-12　Middlebrook 7H11 琼脂平板上的嗜血分枝杆菌。嗜血分枝杆菌的一个独特之处在于它需要血红素或血红蛋白才能生长。如图所示，微生物生长在含有 X 因子的条带旁边，但不生长在含有 V 因子的条带旁边。此处显示的菌落光滑、圆形且无色素。这种分枝杆菌通常从免疫功能低下的患者中分离出来，尤其是艾滋病患者

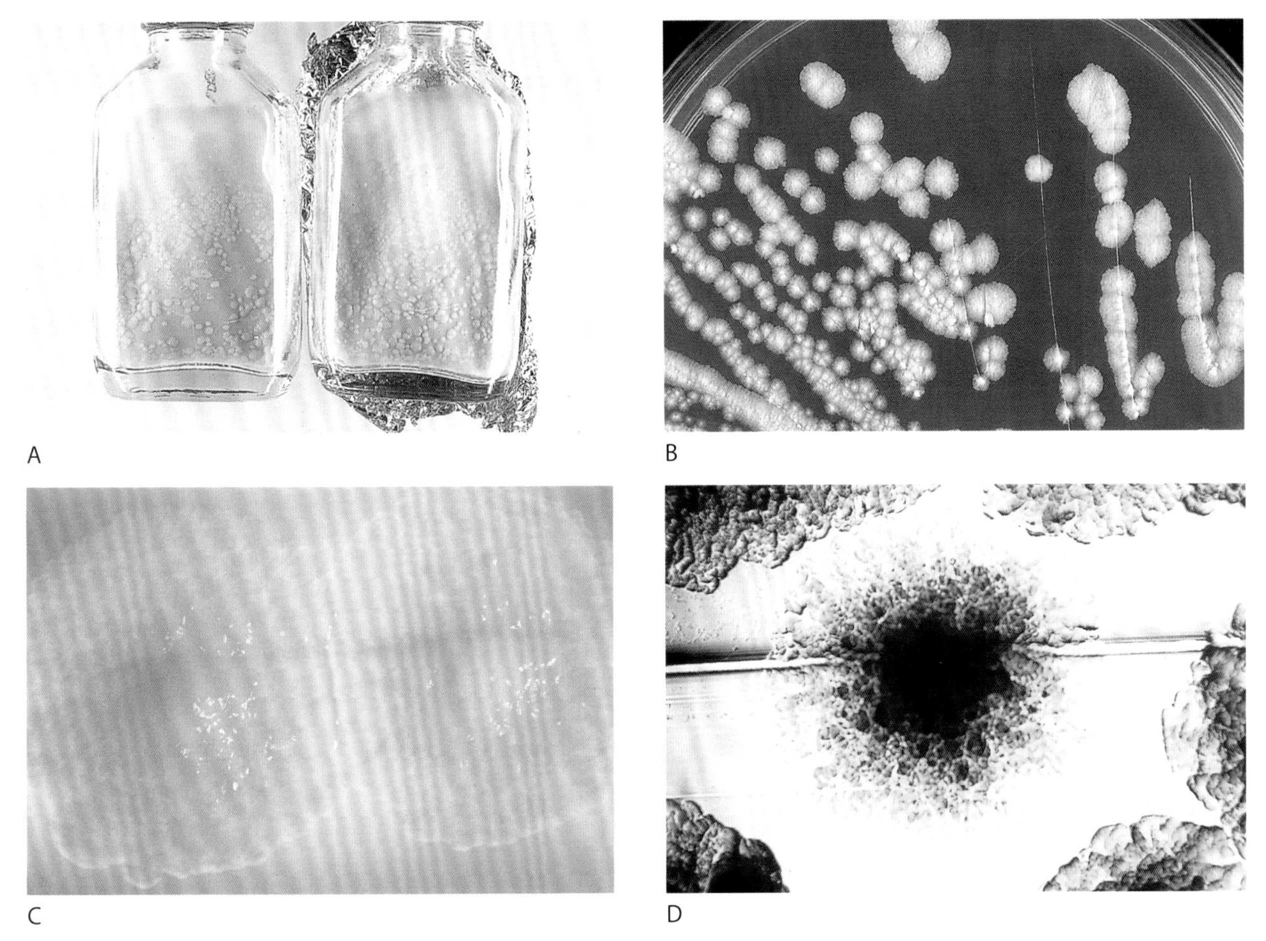

图 9-13　Lowenstein-Jensen 琼脂斜面（图 A）和 Middlebrook 7H11 琼脂（图 B 至图 D）上的堪萨斯分枝杆菌。堪萨斯分枝杆菌菌落在光照下通常光滑、半球形、黄色（图 A，左），在黑暗中生长时呈浅黄色，边缘薄而不规则（图 A，右）。堪萨斯分枝杆菌的菌落也可能粗糙、起皱，边缘呈波浪状，中心呈深色，含有 β- 胡萝卜素晶体（如图 B 和图 C）。图 D 为透过透射光观察平板的背面，可以很容易地看到暗中心。堪萨斯分枝杆菌是人类非结核分枝杆菌性肺病最常见的病因之一，与普通人群相比，艾滋病患者或器官移植患者中的分离率更高

图 9-14　在 Lowenstein-Jensen 琼脂斜面（图 A）和 Middlebrook 7H11 琼脂（图 B 和图 C）上的海分枝杆菌。总的来说，海分枝杆菌的菌落是不规则的，有薄的边缘，浅黄色，在光照下会变成黄色（如图 A）。图 B 和图 C 所示的海分枝杆菌菌落粗糙且起皱，图 B 所示为菌落的前部，图 C 为透照菌落的底部。偶尔有些菌株会产生光滑的菌落。皮肤病变的患者，接触过淡水或盐水（游泳池肉芽肿或鱼缸肉芽肿），应考虑是否有海分枝杆菌感染

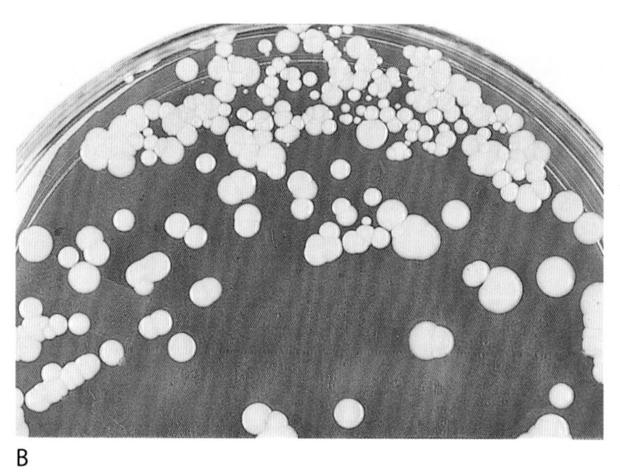

图 9-15　Lowenstein-Jensen 琼脂斜面（图 A）和 Middlebrook 7H11 琼脂（图 B）上的产黏液分枝杆菌。如图所示，产黏液分枝杆菌通常会产生大而光滑的浅黄色黏液菌落。过去被称为龟分枝杆菌样生物，多从自来水中分离出来。产黏液分枝杆菌引起导管相关败血症和创伤后伤口感染。从单一痰液样本中分离出这种微生物通常没有临床意义

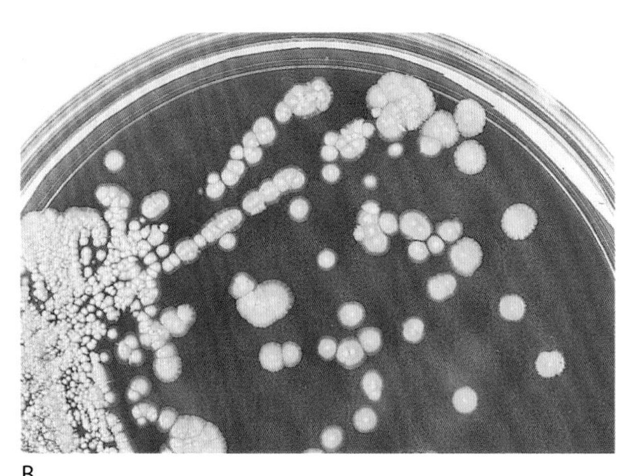

A　B

图 9-16　Lowenstein-Jensen 琼脂斜面（图 A）和 Middlebrook 7H11 琼脂（图 B）上的瘰疬分枝杆菌。瘰疬分枝杆菌产生光滑、圆形、潮湿、有光泽的菌落，菌落中心凸起，浅黄色，可变成深橙色，具体取决于菌株。瘰疬分枝杆菌生长缓慢，通常需要 3~4 周才能形成独立的菌落。常引起 5 岁以儿童颈部淋巴结炎

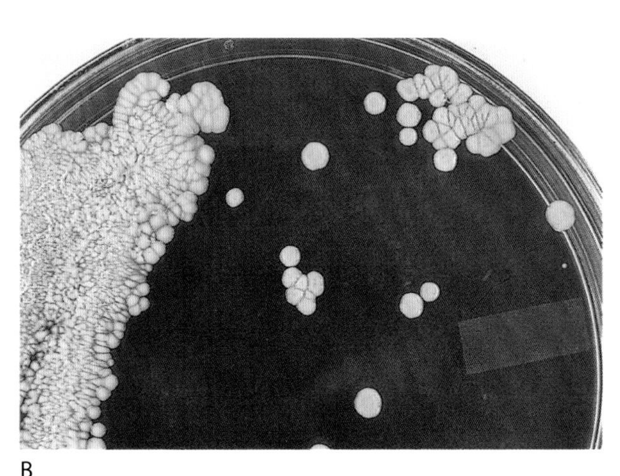

A　B

图 9-17　Lowenstein-Jensen 琼脂斜面（图 A）和 Middlebrook 7H11 琼脂（图 B）上的猿猴分枝杆菌。猿猴分枝杆菌产生光滑、顶部圆形、表面有光泽的菌落，当暴露在光线下时，菌落颜色从棕色变为浅黄色。最初是从猴子身上分离出来的，在少数人身上也有发现，其临床症状类似于感染鸟分枝杆菌－胞内分枝杆菌的艾滋病患者

A

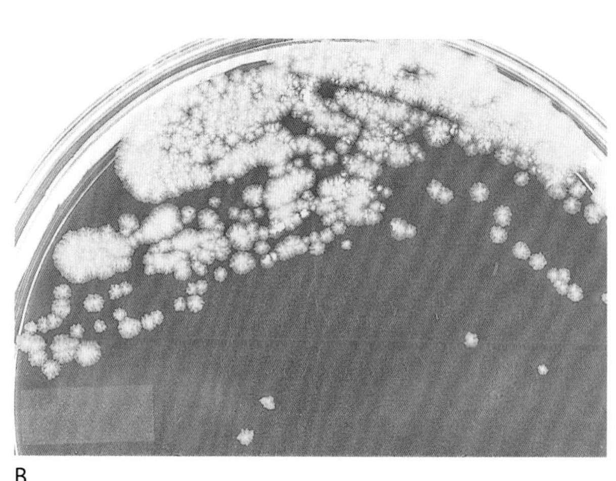

B

图 9-18　Lowenstein-Jensen 琼脂斜面（图 A）和 Middlebrook 7H11 琼脂（图 B）上的苏尔加分枝杆菌。苏尔加分枝杆菌菌落呈浅黄色，从光滑到粗糙不等。这种微生物在 37 ℃下生长时表现为暗产色，在 25 ℃下生长时是光产生菌。苏尔加分枝杆菌易感染中年男性，引起慢性肺部疾病，类似于肺结核

A

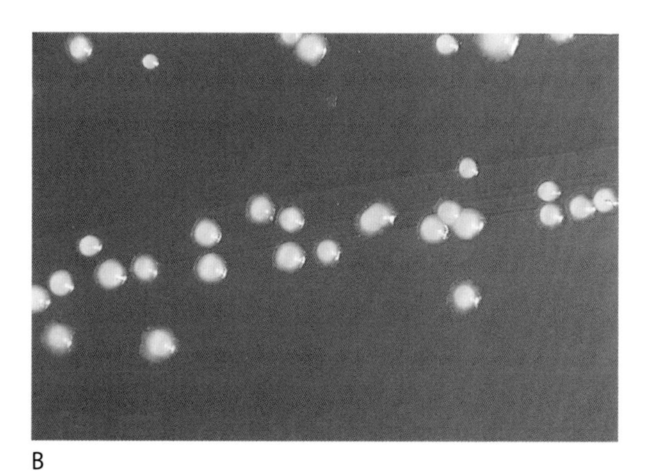

B

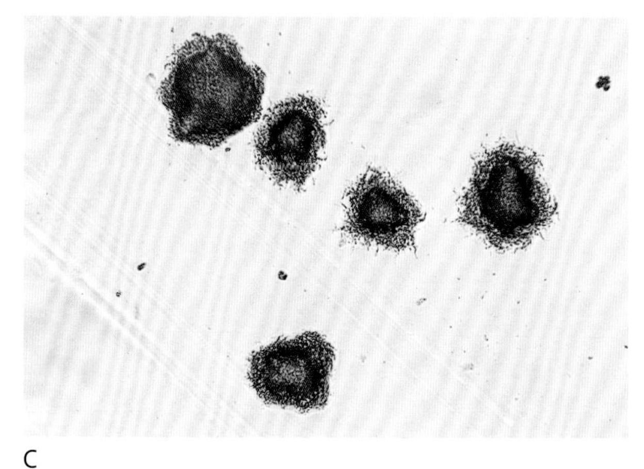

C

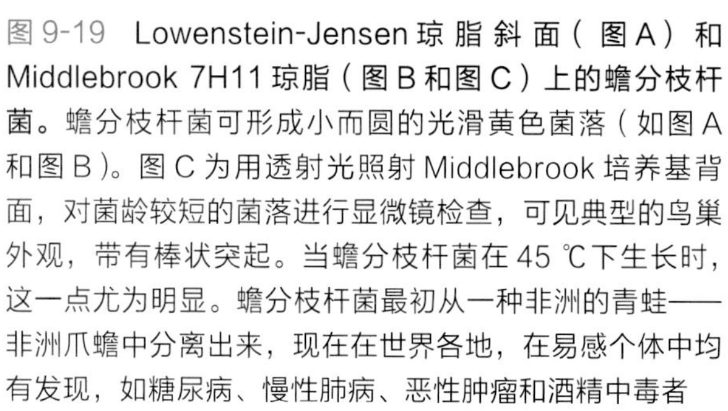

图 9-19　Lowenstein-Jensen 琼脂斜面（图 A）和 Middlebrook 7H11 琼脂（图 B 和图 C）上的蟾分枝杆菌。蟾分枝杆菌可形成小而圆的光滑黄色菌落（如图 A 和图 B）。图 C 为用透射光照射 Middlebrook 培养基背面，对菌龄较短的菌落进行显微镜检查，可见典型的鸟巢外观，带有棒状突起。当蟾分枝杆菌在 45 ℃下生长时，这一点尤为明显。蟾分枝杆菌最初从一种非洲的青蛙——非洲爪蟾中分离出来，现在在世界各地，在易感个体中均有发现，如糖尿病、慢性肺病、恶性肿瘤和酒精中毒者

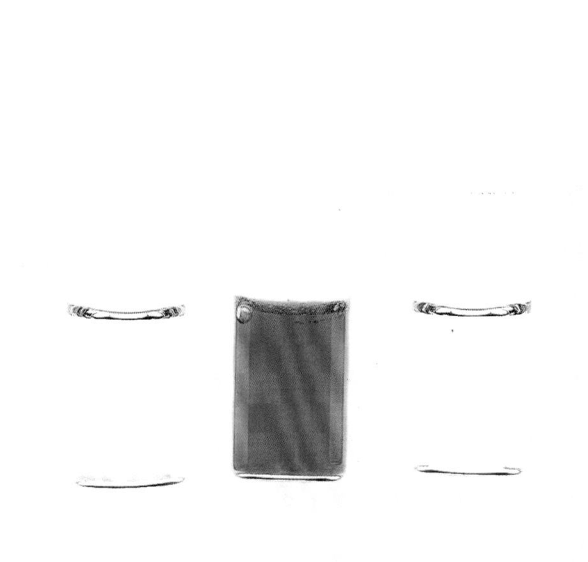

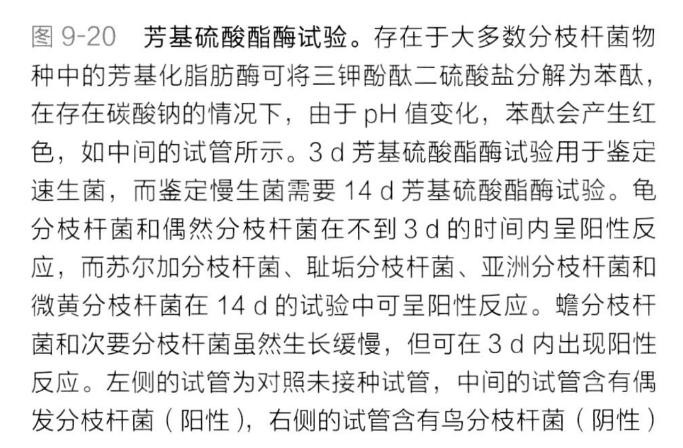

图 9-20　**芳基硫酸酯酶试验。**存在于大多数分枝杆菌物种中的芳基化脂肪酶可将三钾酚酞二硫酸盐分解为苯酞，在存在碳酸钠的情况下，由于 pH 值变化，苯酞会产生红色，如中间的试管所示。3 d 芳基硫酸酯酶试验用于鉴定速生菌，而鉴定慢生菌需要 14 d 芳基硫酸酯酶试验。龟分枝杆菌和偶然分枝杆菌在不到 3 d 的时间内呈阳性反应，而苏尔加分枝杆菌、耻垢分枝杆菌、亚洲分枝杆菌和微黄分枝杆菌在 14 d 的试验中可呈阳性反应。蟾分枝杆菌和次要分枝杆菌虽然生长缓慢，但可在 3 d 内出现阳性反应。左侧的试管为对照未接种试管，中间的试管含有偶发分枝杆菌（阳性），右侧的试管含有鸟分枝杆菌（阴性）

图 9-21　**过氧化氢酶试验。**一般来说，除胃分枝杆菌、对异烟肼耐药的结核分枝杆菌和牛分枝杆菌以及一些对异烟肼耐药的非致病性堪萨斯分枝杆菌外，分枝杆菌都有过氧化氢酶。在本试验中，过氧化氢酶将过氧化氢分解为水和氧气。根据产生的氧气气泡的高度，分枝杆菌可分为两类：一类产生高度小于 45 mm 的气泡柱，另一类产生高度大于 45 mm 的气泡柱。该测试可以根据过氧化氢酶的热稳定性，进一步细分分枝杆菌。一些分枝杆菌有一种过氧化氢酶，能在 68 ℃的温度下存活 20 min，而其他过氧化氢酶不能耐受如此高的温度。如图所示，偶然分枝杆菌（左）产生的气泡柱高度超过 45 mm，而鸟分枝杆菌产生的气泡柱高度低于 45 mm（右）。中央的试管是未接种的对照

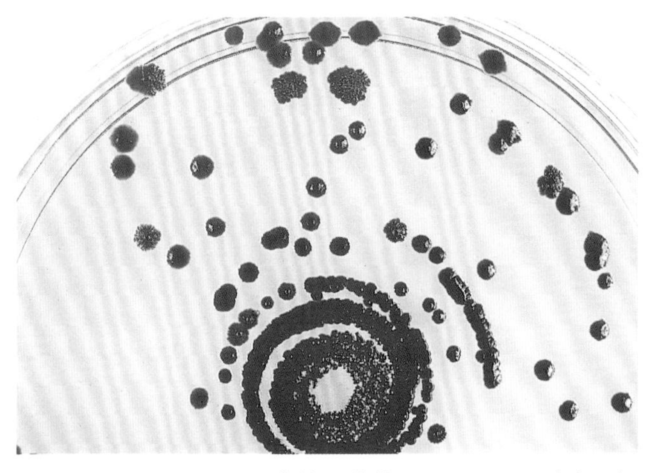

图 9-22　**分枝杆菌在不含结晶紫的 MacConkey 琼脂平板上生长。**不含结晶紫的 MacConkey 琼脂平板可用于区分快速生长的致病性分枝杆菌和非致病性分枝杆菌。如图所示，偶然分枝杆菌复合群的成员通常在此培养基上生长，而快速生长的非致病性分枝杆菌则不生长。耻垢分枝杆菌偶尔也能在这种培养基上生长

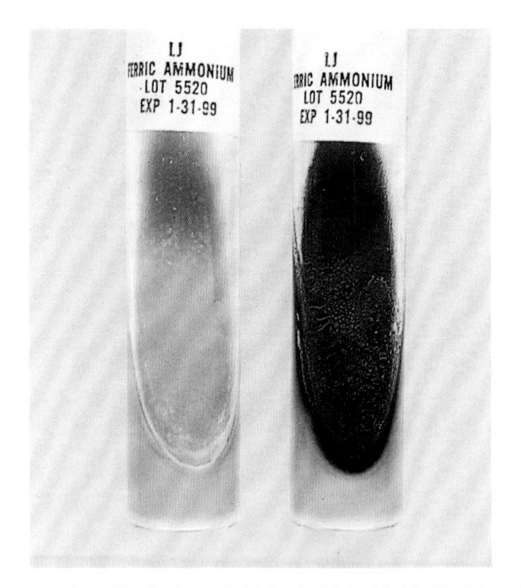

图 9-23　**铁吸收试验。**分枝杆菌能够将柠檬酸铁铵转化为氧化铁，产生铁锈红色菌落。本试验用于区分龟分枝杆菌（左，阴性）和偶然分枝杆菌（右，阳性）。大多数速生分枝杆菌为阳性，而慢生分枝杆菌为阴性。培养物应在 28 ℃下在管中培养 2 周，瓶盖不能太紧。若无反应，需延长培养 2 周，才能报告检测结果为阴性

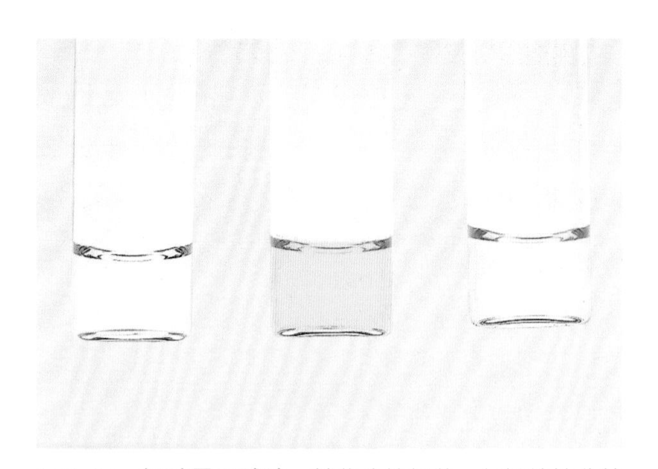

图 9-24　**烟酸累积试验。**某些分枝杆菌，包括结核分枝杆菌、猿猴分枝杆菌以及一些海分枝杆菌和牛分枝杆菌卡介苗株，能阻断游离烟酸转化为烟酸的代谢途径，烟酸与溴化氰和初级芳香胺反应生成黄色。中间试管为结核分枝杆菌（阳性），左侧为未接种的对照管，鸟分枝杆菌（阴性）在右边

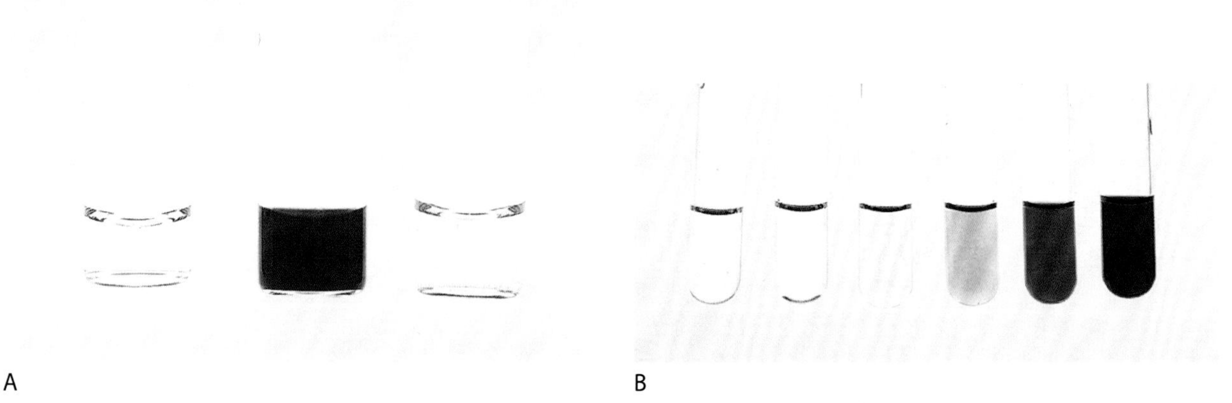

A　　B

图 9-25　**硝酸还原试验。**硝酸还原试验的原理是基于某些分枝杆菌可产生硝酸还原酶而将硝酸盐还原为亚硝酸盐。可使用化学试剂或化学试纸进行检测。（图 A）除结核分枝杆菌外，堪萨斯分枝杆菌、苏尔加分枝杆菌、耻垢分枝杆菌和偶发分枝杆菌硝酸还原试验也为阳性。右边的试管含有鸟分枝杆菌（阴性），中间的试管含有结核分枝杆菌（阳性），左边的试管是未接种的对照。（图 B）硝酸盐标准管可用于比较结果。左侧的 3 根管为阴性，右侧的 3 根为阳性

图 9-26　**PZA 试验。**吡嗪酰胺酶将吡嗪酰胺水解为吡嗪酸和氨，在硫酸亚铁铵存在下检测到吡嗪酸。结核分枝杆菌在 4 d 内反应呈阳性（右），而牛分枝杆菌在 7 d 后呈阴性（中）。左边的试管是未接种的对照。PZA 试验也有助于区分堪萨斯分枝杆菌（阴性）和海分枝杆菌（4 d 后呈阳性）

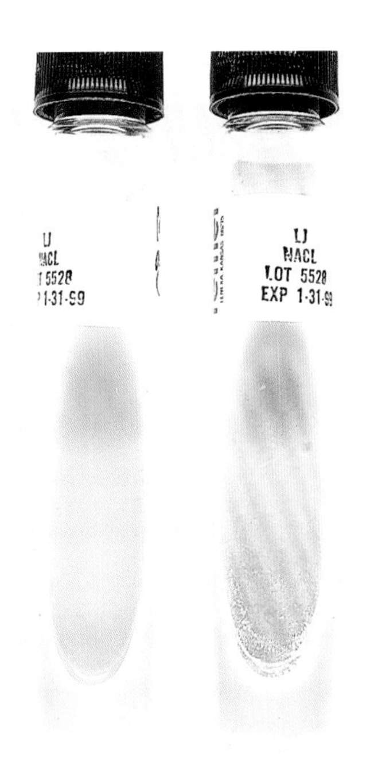

图 9-27　**耐盐试验。**大多数快速生长分枝杆菌（除外龟分枝杆菌和产黏液分枝杆菌）以及慢生菌里的次要分枝杆菌可以在 5% NaCl 存在的环境下生长。如图所示，左侧试管接种戈登分枝杆菌（阴性），右侧试管中接种微黄分枝杆菌（阳性）

图 9-28　**亚碲酸盐还原试验。**某些分枝杆菌含有亚碲酸盐还原酶，可将无色亚碲酸钾还原为黑色金属碲沉淀。图示左侧为戈登分枝杆菌，反应为阴性，鸟胞内分枝杆菌复合群中的菌株（右）在 3~4 d 内可分解碲酸盐，而不产色菌则不会

图 9-29　**吐温 80 水解试验。**该试验有助于区别具有潜在致病性、生长缓慢的暗产色和不产色菌与一些常见的腐生菌。鸟胞内分枝杆菌复合群、蟾分枝杆菌和耻垢分枝杆菌通常为阴性。一些分枝杆菌产生的脂肪酶将吐温 80（聚氧乙烯山梨醇酐单油酸酯）水解成油酸和聚氧乙烯山梨醇，导致培养基颜色变化。当被吐温 80 结合时，由于透射光的旋光作用，中性红在中性 pH 下呈琥珀色。吐温 80 水解后释放出中性红，基质变成红色。如图所示，从左到右，分别为未接种的对照管、鸟分枝杆菌管、堪萨斯分枝杆菌管和戈登分枝杆菌管

图 9-30　**脲酶试验。**有几种方法可用于检测分枝杆菌中的脲酶。尿素水解产生氨和二氧化碳。该试验有助于鉴别暗产色菌和不产色菌。左边的为对照管，没有接种菌株。鸟-胞内分枝杆菌复合群为脲酶阴性（中间），而耻垢分枝杆菌能产生脲酶，试验结果为阳性（右侧）

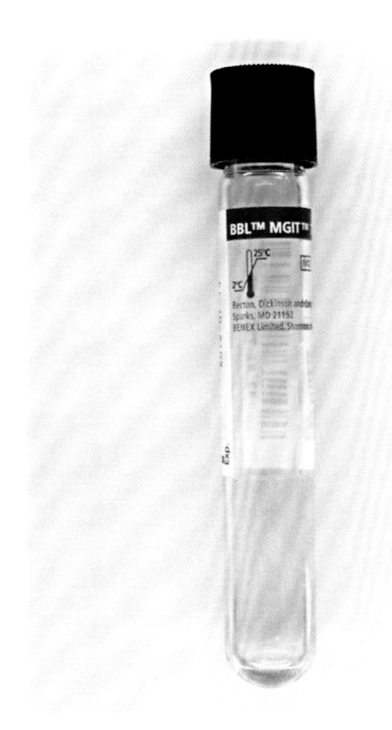

图 9-31　**BD BACTEC MGIT。**BD BACTEC MGIT（分枝杆菌生长指示管）（BD Diagnostic systems Franklin Lakes，NJ）使用荧光测定技术加快结果的读取。阳性检测在试管底部和液面处发出橙色荧光，可使用伍德灯或其他长波紫外线光源读取，也可在 BD BACTEC 960 仪器化分枝杆菌生长系统中培养和读取荧光

第 10 章　肠杆菌目简介

过去，肠杆菌科（Enterobacteriaceae）归于肠杆菌目（Enterobacteriales，现在为 Enterobacterales），肠杆菌科以前是肠杆菌目中的一个独立家族，现在被划分为 7 个家族。大多数引起临床感染的兼性厌氧革兰氏阴性杆菌都是肠杆菌科的成员，但耶尔森菌属和沙雷菌属已转移到耶尔森菌科；变形杆菌属（*Proteus*）、普罗维登斯菌属（*Providencia*）和摩根菌属（*Morganella*）属于摩根菌科；哈夫尼亚菌属（*Hafnia*）和爱德华菌属（*Edwardsiella*）已迁至哈夫尼亚科；泛菌属（*Pantoea*）和塔特姆菌属（*Tatumella*）属于欧文菌科。邻单胞菌属被归入肠杆菌科，但是，在 2016 年公布的重新分类中（http://www. bacterio.net/enterobacterales. html），它没有被归到任何科，而被认为是地位未定（incertae sedis）的一员，因为它与肠杆菌属的其他成员的联系有限。

肠杆菌目由许多属的革兰氏阴性杆菌组成，大多数临床感染由其中的 11 个属引起，包括柠檬酸杆菌属（*Citrobacter*）、克罗诺杆菌属（*Cronobacter*）、肠杆菌属（*Enterobacter*）、埃希菌属（*Escherichia*）、克雷伯菌属（*Klebsiella*）、邻单胞菌属（*Plesiomonas*）、变形杆菌属（*Proteus*）、沙门菌属（*Salmonella*）、沙雷菌属（*Serratia*）、志贺菌属（*Shigella*）和耶尔森菌属（*Yersinia*）。在这些属中，大肠埃希菌、肺炎克雷伯菌和奇异变形杆菌占临床微生物学实验室分离的肠杆菌的 90% 以上。

一些肠杆菌菌株定植于人类的肠道，可以引起胃肠道和肠外感染，特别是在免疫力低下的宿主中。已知有 4 个属可引起肠道感染：埃希菌属、沙门菌属、志贺菌属和耶尔森菌属。泌尿和呼吸道、伤口和血液感染多由柠檬酸杆菌属、克罗诺杆菌属、肠杆菌属、克雷伯菌属、邻单胞菌属和沙雷菌属引起，是最常见的肠外感染。虽然很少见，但也有一些菌会引起脑膜炎。

在过去的 40 年里，肠杆菌科的属和种的数量显著增加，菌属从 11 个增加到 37 个，菌种从 26 个增加到 148 个，还有一些生物群和未命名的肠道菌群，但并非所有这些属都会导致人类感染。分类学的变化对临床微生物学实验室、患者护理和鉴定产品生产商均提出了挑战。在肠杆菌属的 29 个种和亚种中，有几个已转移到其他 8 个与肠杆菌属无关的新属。例如，3 种著名的肠杆菌属菌种——产气肠杆菌（*Enterobacter aerogenes*）、成团肠杆菌（*Enterobacter agglomerans*）和阪崎肠杆菌（*Enterobacter sakazakii*）——现已分别转移到其他 3 个属，即克雷伯菌属、泛菌属和克罗诺杆菌属。产气肠杆菌是一种常见的临床标本分离菌株，现在被归类为产气克雷伯菌。成团肠杆菌已被重新分类为泛菌属成团肠杆菌，阪崎肠杆菌已被转移到克罗诺杆菌属，该属现在包括 5 种以前被鉴定为阪崎肠杆菌的细菌，所有 5 种细菌均可导致人类感染。

从产气肠杆菌到产气克雷伯菌的分类变化可能对患者的治疗造成不利影响，因为产气肠杆菌携带的染色体可编码 AmpC，而产气克雷伯菌和肺炎克雷伯菌没有，故可能导致治疗失败。因此，在实施分类变更之前，应考虑对患者治疗的影响。

在最近的重新分类方法出现之前，肠杆菌目定义为兼性厌氧菌、细胞色素氧化酶阴性的革兰氏阴性杆菌，不产生孢子，可以发酵葡萄糖。现在，这一定义已不再准确，因为最近归到肠杆菌目的邻单胞菌氧化酶阳性，2 种沙雷菌，黏质沙雷菌 sakuensis 亚种（*Serratia marcescens* subsp. *Sakuensis*）和解脲沙雷菌（*Serratia ureilytica*）可产生孢子。

显微镜下，肠杆菌目的成员从长度为 2~3 μm

的短杆菌到长度为 6~7 μm、宽度为 0.5~2 μm 的细长杆菌不等。一些菌种通过均匀分布的鞭毛运动，而其他菌种则不运动。

虽然肠杆菌目被认为是兼性厌氧菌，但大多数在常规实验室培养基（包括 5% 绵羊血琼脂平板）以及选择性培养基（如 MacConkey 琼脂）或选择性鉴别培养基［如 Hektoen 肠道（Hektoen enteric，HE）琼脂平板和木糖赖氨酸脱氧胆酸（xylose lysine deoxycholate，XLD）琼脂培养基］上，在有氧条件下生长良好。一般来说，肠杆菌目在 35 ℃下，18~24 h 内能长出菌落。

在血琼脂平板上，肠杆菌目的菌落可表现为 β-溶血性，菌落较大、有光泽，灰色，有些菌具有特征形态。例如，克雷伯菌属可能产生黏液样菌落，变形杆菌属的菌落成群结队，耶尔森菌属菌落通常很小如针尖样。此外，一些菌种，如黏质沙雷菌、红色沙雷菌（*Serratia rubidaea*）、阪崎克罗诺杆菌（*Cronobacter sakazakii*）和成团泛菌（*Pantoea agglomerans*），会产生色素。

选择性培养基有助鉴定肠杆菌。MacConkey 和伊红－亚甲蓝琼脂平板可用于区分快速乳糖发酵菌和延迟乳糖发酵菌或非乳糖发酵菌。其他选择性培养基，如 HE 和 XLD 琼脂，有助于进一步区分属和种的特征，并将一些肠道病原体与正常肠道微生物群的成员区分开来。正常肠道微生物群成员大多数都会发酵水杨酸并在 HE 琼脂平板上产生鲑鱼色菌落，而肠道致病菌不能发酵水酸苷，可形成绿色菌落。HE 和 XLD 琼脂均含有柠檬酸铁铵，可用于检测 H_2S 产生菌，如沙门菌和变形杆菌。选择性培养基还有助于区分同一菌种的特定血清型菌株。例如，含有山梨醇的 MacConkey 琼脂平板可用于区分大肠埃希菌 O157 : H7 与其他血清型大肠埃希菌。大肠埃希菌 O157 : H7 在含有山梨醇的 MacConkey 琼脂上产生无色菌落，因为它不与山梨醇发生作用，而大多数其他血清型大肠埃希菌是山梨醇阳性的，形成粉红色菌落。CHROM agar O157 也是大肠埃希菌 O157 : H7 的选择性培养基。头孢磺啶－三氯生－新生霉素（Cefsulodin-irgasan-novobiocin，CIN）琼脂是耶尔森菌的选择性培养基。

肠杆菌具有一些生物化学特性。它们发酵葡萄糖和其他糖类，多可以产生气体。除邻单胞菌外，均为氧化酶阴性。肠杆菌的过氧化氢酶阳性，还能将硝酸盐还原为亚硝酸盐。葡萄糖发酵产生各种终产物，可通过甲基红和 VP 试验确定。

鉴定肠杆菌的 4 种常用方法是吲哚试验（indole）、甲基红试验（methyl red）、VP 试验和柠檬酸盐试验（citrate），多作为一组试验方法同时使用，称为 IMViC 试验，各种反应结果见表 10-1。其他有助于肠杆菌鉴定的生化试验还有苯丙氨酸试验、色氨酸试验、赖氨酸试验、鸟氨酸试验、精氨酸试验、尿素试验、邻硝基苯-β-d-半乳糖苷试验（o-nitrophenyl-β-d-galactopyranoside，ONPG）、明胶试验和 4-甲基伞形酰-β-d-葡萄糖醛酸酶试验（4-methylumbelliferyl-β-d-glucuronidase，MUG）。赖氨酸脱羧酶、鸟氨酸脱羧酶和精氨酸二氢酶试验鉴定肠杆菌的辅助性试验，可用于鉴定常见的临床分离的克雷伯菌属、肠杆菌属和沙雷菌属（表 10-2）。三糖铁（Triple sugar iron，TSI）琼脂也有助于鉴定肠杆菌属（表 10-3）。

一些肠杆菌能够利用丙二酸钠作为唯一的碳源，二氢铵作为唯一的氮源。该反应类似于柠檬酸盐利用试验。表 10-4 列出了一些常用于鉴定肠杆菌的阳性反应试验。

一般来说，在临床微生物学实验室里，通常是使用一种或多种筛选试验，根据试验结果确定是否需要使用鉴定系统进行附加试验。

表 10-1 **常见肠杆菌的 IMViC 乳糖反应**

发酵乳糖	微生物 IMViC 试验结果[a]				
	++00	00++	0+0+	++0+	0+00
快速	埃希菌属	克雷伯菌属	柠檬酸杆菌属		
	耶尔森菌属 V（+/0），+00	产酸克雷伯菌（*Klebsiella oxytoca*）（+0++）			
	邻单胞菌属 志贺菌属[b]	劳特氏菌属（*Raoultella*）（V0++）			
		肠杆菌属			
		克罗诺杆菌属			
缓慢	埃希菌属	蜂房哈夫尼亚菌（00+0）	柠檬酸杆菌属	柠檬酸杆菌属	宋内志贺菌
		克雷伯菌属肺炎克雷伯菌肺炎亚种	沙门菌属		克雷伯菌属肺炎克雷伯菌臭鼻亚种
		肠杆菌属			克雷伯菌属肺炎克雷伯菌鼻硬结亚种
		沙雷菌属			彭氏变形杆菌
不发酵乳糖	爱德华菌属		沙门菌	普罗维登斯菌属	志贺菌属
	普通变形杆菌（*Proteus vulgaris*）		沙门菌肠亚种肠伤寒血清型（*Salmonella enterica* serotype Typhi）（0+00）		耶尔森菌属
	摩氏摩根菌（*Morganella morganii*）		奇异变形杆菌（*Proteusmirabilis*）0+V（+/0）V（+/0）		
	邻单胞菌属[b]				

[a] IMViC. 试验：+. 阳性；0. 阴性；V. 结果可变。
[b] 肠杆菌目中唯一的氧化酶阳性微生物。

表 10-2 **肠杆菌科的脱羧酶 - 二氢酶反应**

微生物名称	试验结果[a]		
	赖氨酸	精氨酸	鸟氨酸
柯氏柠檬酸杆菌	+	+	+
弗氏柠檬酸杆菌	+	0	+
阪崎克罗诺杆菌	0	+	+
迟缓爱德华菌	+	0	+
产气肠杆菌（克雷伯菌）	+	0	+
阴沟肠杆菌	0	+	+
大肠埃希菌	+	0	+
蜂房哈夫尼亚菌	+	0	+
肺炎克雷伯菌鼻硬结亚种以外的菌株	+	0	0
肺炎克雷伯菌鼻硬结亚种	0	0	0

表 10-2 （续）

微生物名称	试验结果[a]		
	赖氨酸	精氨酸	鸟氨酸
摩氏摩根菌	0	0	+
成团泛菌	0	0	0
类志贺邻胞菌	+	+	+
gergoviae 多杆菌（肠杆菌）	+	0	+
奇异变形杆菌	0	0	+
普通变形杆菌	0	0	0
普罗威登斯菌属	0	0	0
除伤寒沙门菌以外的沙门菌	+	+	+
伤寒沙门菌	+	0	0
除红色沙雷菌以外的沙雷菌	+	0	+
红色沙雷菌	+	0	0
宋内志贺菌以外的志贺菌	0	0	0
宋内志贺菌	0	0	+
耶尔森菌	0	0	+

[a] +. 阳性；0. 阴性。

表 10-3 各种肠杆菌的 TSI 反应[a]

A/AG	A/AG，H_2S^+	ALK/A	ALK/AG	ALK/AG，H_2S^+	ALK/A，H_2S^w
柠檬酸杆菌属	柠檬酸杆菌属	大肠埃希菌	大肠埃希菌	柠檬酸杆菌属	沙门菌肠道伤寒血清型
克罗诺杆菌	普通变形杆菌	肺炎克雷伯菌鼻硬结亚种	柠檬酸杆菌属	迟缓爱德华菌	
肠杆菌		摩根菌属	肠杆菌属	奇异变形杆菌	
大肠埃希菌		彭氏变形杆菌	哈夫尼亚菌属	沙门菌除外沙门菌肠道伤寒血清型和沙门菌肠道副伤寒血清型	
克雷伯菌属		普罗威登斯菌属	克雷伯菌属		
泛菌属		沙雷菌	产黏液变形杆菌		
gergoviae 多杆菌		志贺菌	产碱普罗威登斯菌属		
类志贺邻胞菌[b]		耶尔森菌	肠沙门菌副伤寒血清型		
耶尔森菌[c]			沙雷菌		
			克氏耶尔森菌		

[a] A. 酸性；B. 碱性；G. 产气；+. 阳性；w. 弱反应。

[b] 类志贺邻胞菌不分解葡萄糖产气，TSI 反应为酸性 / 酸性。

[c] 弗氏耶尔森菌能分解葡萄糖产气；小肠结肠炎耶尔森菌不产生气体。两者都会发酵蔗糖产酸。

表 10-4　**常用于鉴定的肠杆菌的阳性反应试验**

苯丙氨酸脱氨酶试验	尿素酶试验	ONPG	丙二酸利用试验	明胶水解
摩根菌	柠檬酸杆菌 [ab]	柠檬酸杆菌属	柯氏柠檬酸杆菌	泛菌属
变形杆菌属	阴沟肠杆菌 [a]	肠杆菌属	肠杆菌属	沙雷菌属
普罗威登斯菌属	克雷伯菌 [c]	克罗诺杆菌属	克雷伯菌属	
	变形杆菌属 c	埃希菌属	红色沙雷菌	
	雷氏普罗威登斯菌属 [c]	蜂房哈夫尼亚菌		
	耶尔森菌 [ab]	克雷伯菌属		
		泛菌属		
		类志贺邻胞菌		
		纤维素降解菌		
		沙雷菌属		
		宋内志贺菌		
		耶尔森菌		

[a] 培养过夜。
[b] 反应结果可变（+/0）。
[c] 在 3h 内出现阳性反应。

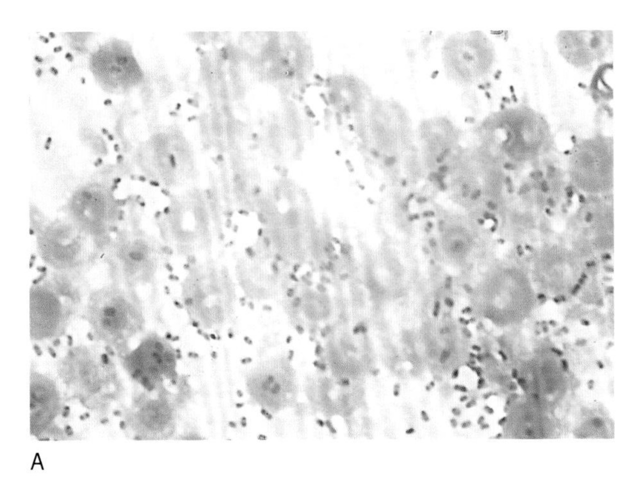
A

B

图 10-1　**肠杆菌的革兰氏染色。**一些肠杆菌，如大肠埃希菌，是短（长 2~3 μm）的饱满的革兰氏阴性杆菌，两端深染（图 A），而其他菌种，如变形杆菌，是长（6~7 μm）杆菌，两端深染（图 B）

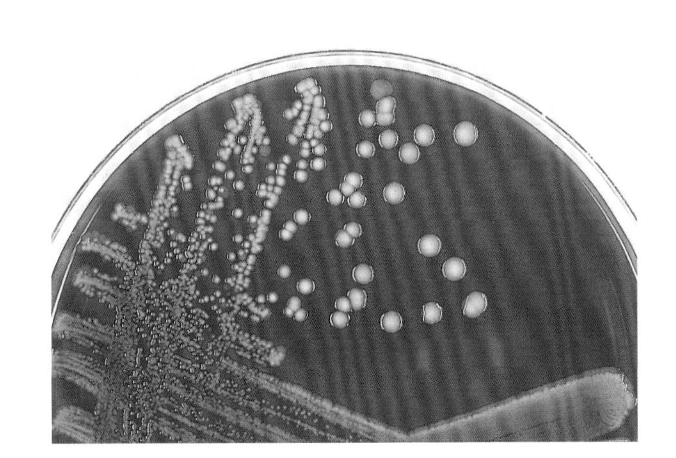

图 10-2　**血琼脂平板上的肺炎克雷伯菌。**肺炎克雷伯菌菌落较大（直径约 4~6 mm），灰色，不透明，有黏液感

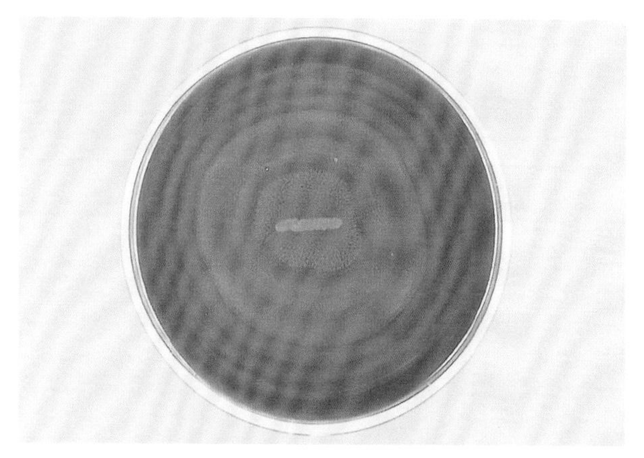

图 10-3　**血液琼脂平板上的变形杆菌属。**变形杆菌属在血琼脂平板上表现出特征性群集，导致琼脂平板上出现波浪状外观。由于这种运动产生的群集效应，无法区分单个菌落

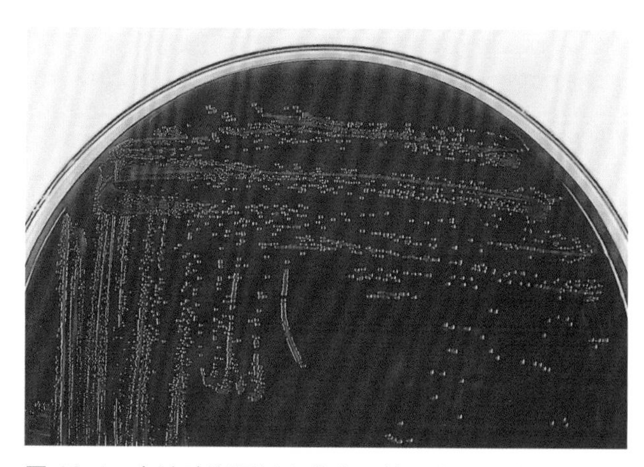

图 10-4　**血液琼脂平板上的小肠结肠炎耶尔森菌。**小肠结肠炎耶尔森菌菌落小（直径约 1~2 mm）、灰色、不透明针尖样。因其菌落体积小，与肠杆菌科常见分离菌群易区分

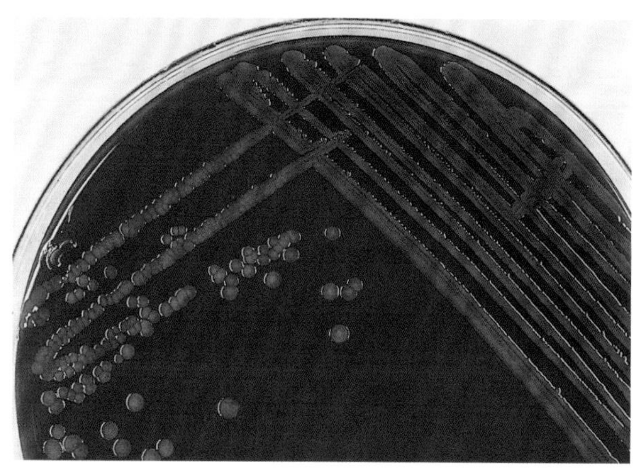

图 10-5　**血液琼脂平板上的沙雷菌属。**红色沙雷菌和一些黏质沙雷菌菌株产生红色或橘红色的色素，即灵菌红素，可出现在整个菌落中，也可仅出现在菌落中心或边缘

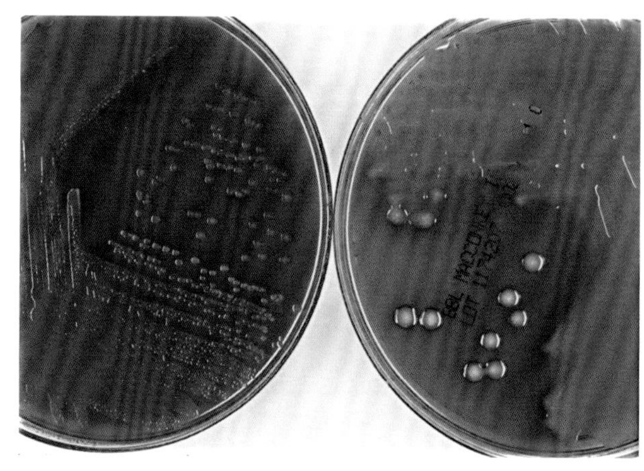

图 10-6　**MacConkey 琼脂平板上的大肠埃希菌和克雷伯菌属。**根据大肠埃希菌和克雷伯菌在 MacConkey 琼脂平板上的特征形态，可以对其进行初步区分。大肠埃希菌菌落干燥，呈甜甜圈状，深粉红色，直径约 2~4 mm（左）；而克雷伯菌菌落通常呈黏液状，较大（直径 4~6 mm），呈深至淡粉色（右）

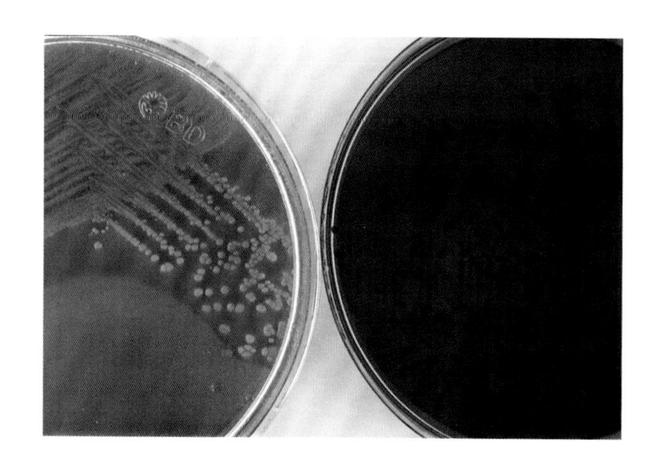

图 10-7　**HE 琼脂平板上的大肠埃希菌和志贺菌属。**HE 琼脂平板是一种选择性和鉴别性培养基，用于从正常肠道微生物群中分离和鉴别肠道病原体。培养基中含有胆盐、糖类（包括乳糖、蔗糖和水杨酸）、指示剂染料（溴百里酚蓝和酸性品红）、硫代硫酸钠和柠檬酸铁铵（用于检测 H_2S）。糖类和蛋白胨含量的增加抵消了胆盐和指示剂对微生物的抑制作用。糖类可区分发酵菌和非发酵菌。快速发酵菌，如大肠埃希菌，菌落呈鲑鱼红色或橙色，周围有胆汁沉淀区（左），而志贺菌菌落呈绿色（右）

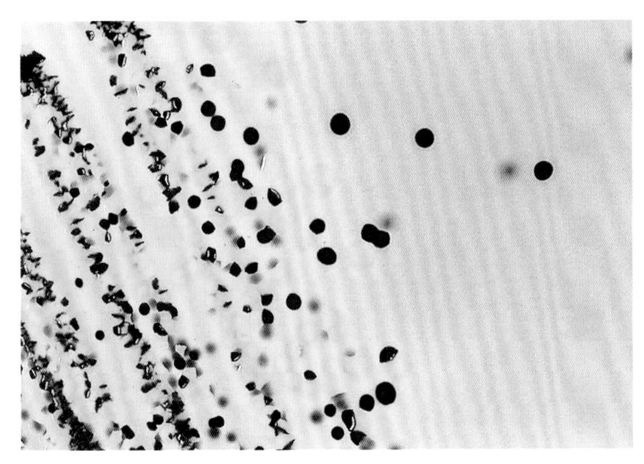

图 10-8　HE 琼脂平板上 H_2S 阳性沙门菌菌落。沙门菌和一些变形杆菌菌株形成带黑色中心的绿色至蓝绿色菌落，H_2S 阳性

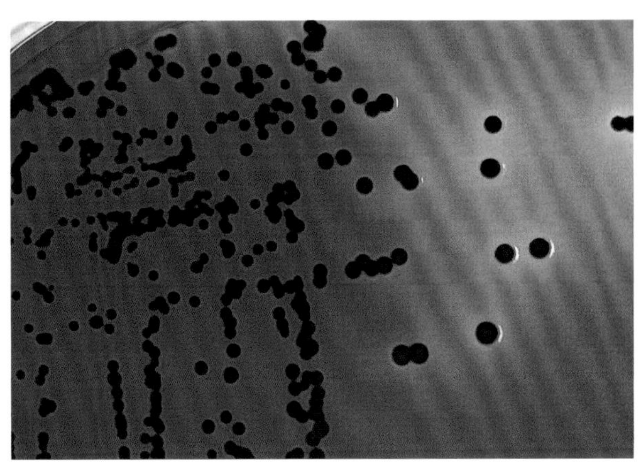

图 10-9　XLD 琼脂平板上 H_2S 阳性沙门菌菌落。在 XLD 琼脂上，沙门菌可通过三种反应与正常肠道微生物群成员相鉴别：木糖发酵、赖氨酸脱羧和硫化氢生成。在这种培养基上，碱性条件下硫化氢的生成导致形成带有黑色中心的红色菌落，这是沙门菌的特征，而在酸性条件下，不会形成这种黑色沉淀

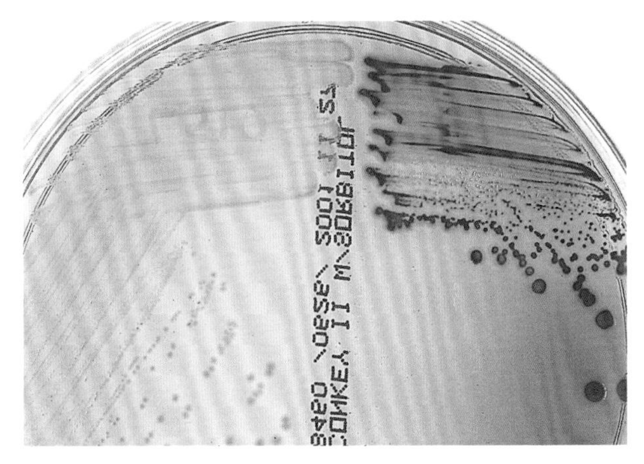

图 10-10　含山梨醇的 MacConkey 琼脂平板上的大肠埃希菌和大肠埃希菌 O157 : H7。大肠埃希菌 O157 : H7 为山梨醇阴性，菌落无色（左），而其他大肠埃希菌菌株发酵山梨醇，呈粉红色菌落（右）

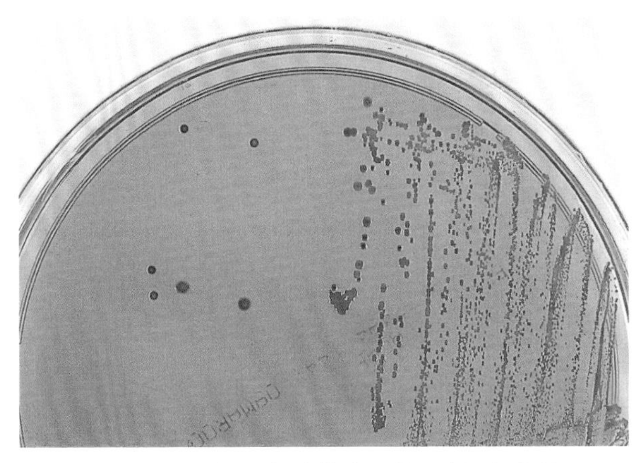

图 10-11　CIN 琼脂平板上的小肠结肠炎耶尔森菌。CIN 琼脂平板是一种选择性培养基，专门用于从粪便标本中分离小肠结肠炎耶尔森菌。该培养基含有酵母提取物、甘露醇和胆盐，以中性红和结晶紫作为 pH 指示剂。小肠结肠炎耶尔森菌菌落很小（直径 1~2 mm）。小肠结肠炎耶尔森菌发酵甘露醇，导致菌落周围 pH 值下降。菌落吸收中性红色，在菌落中心可能呈红牛眼样。大多数其他细菌，包括发酵甘露醇的其他肠道细菌，在 CIN 琼脂上受到抑制

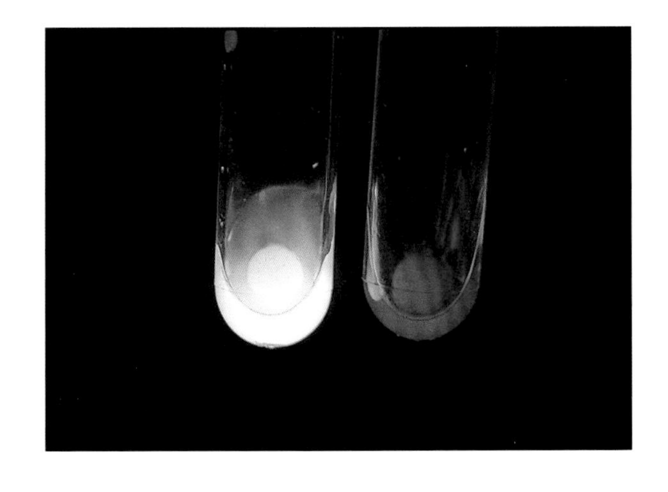

图 10-12　MUG 试验。在存在 β- 葡萄糖醛酸酶的情况下，底物 MUG 释放 4- 甲基伞形花序酮，这是一种荧光化合物，很容易通过长波（360 nm）紫外线（左管）检测到。大约 97% 的大肠埃希菌菌株具有 β- 葡萄糖醛酸酶，因此 MUG 是一种快速（30 min）鉴定该菌种的方法。需要注意的是，大肠埃希菌 O157 : H7（右管）很少含有 β- 葡萄糖醛酸酶

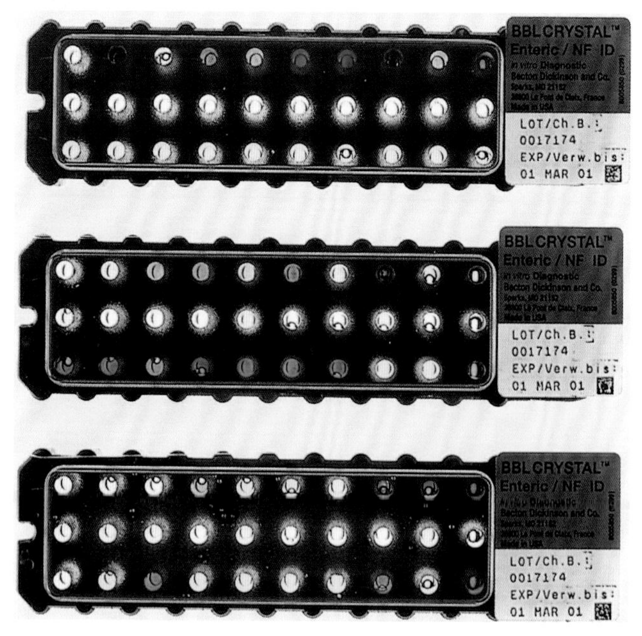

图 10-13 **BBL Crystal 肠道 / 非发酵菌鉴定系统。**BBL Crystal 肠道 / 非发酵菌鉴定板（BD Diagnostic systems Franklin Lakes，NJ）是一种改良的微孔板，由 30 个有机和非发酵剂孔组成，用于鉴定肠杆菌和其他革兰氏阴性杆菌。经过 18~20 h 的孵育后，检查各反应孔的颜色变化。由此产生的反应被转换成 10 位的配置文件编号，作为鉴别的基础。图示为肺炎克雷伯菌（上）、奇异变形杆菌（中）和大肠埃希菌（下）

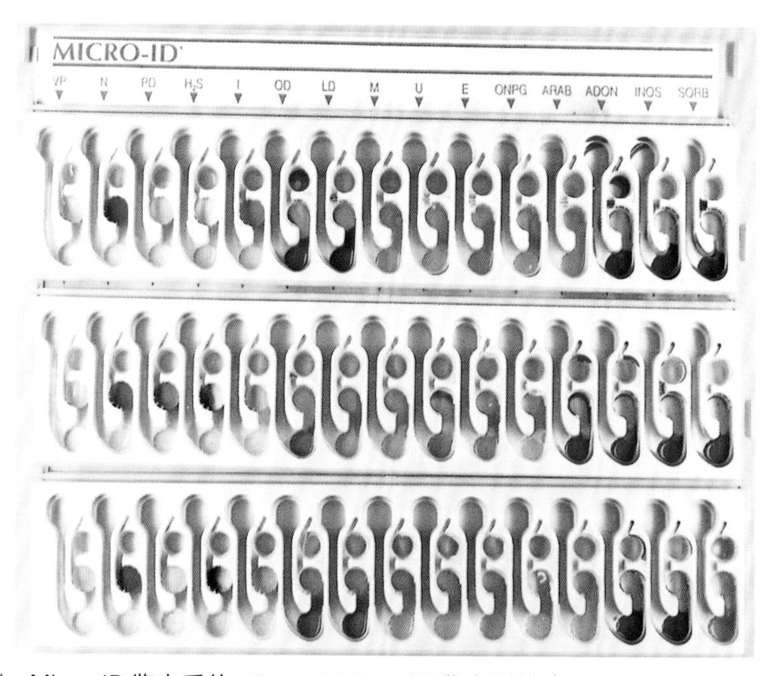

图 10-14 **Micro-ID 鉴定系统。**Remel Micro-ID 鉴定系统（Thermo Fisher Scientific, Inc.，Waltham，MA）是一个独立的鉴定系统，包含 15 项生化试验，用于快速鉴定肠杆菌。该系统的原理是细菌含有可以检测到的预制酶，在培养 4h 内能检测到。每个反应槽包含 1 个滤纸盘，该滤纸盘包被有检测酶或代谢产物的试剂。接种并培养 40 h 后，检查反应槽，并根据颜色变化判读结果。图示为肺炎克雷伯菌（上）、奇异变形杆菌（中）和大肠埃希菌（下）

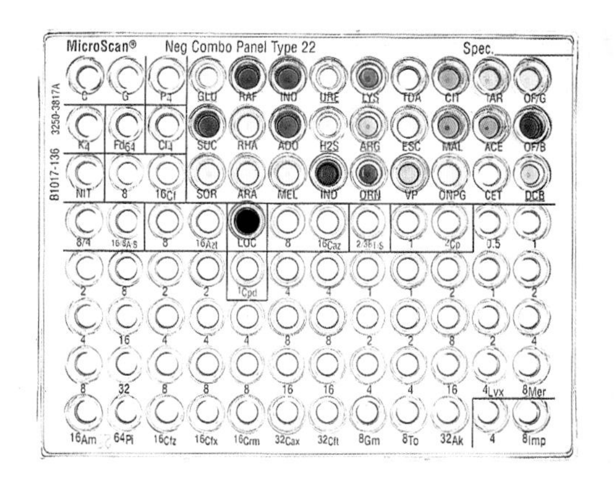

图 10-15　**MicroScan Combo 平板鉴定系统。**MicroScan Combo 平板鉴定系统（Beckman，Brea，CA）利用改良的常规和显色试验鉴定发酵和非发酵革兰氏阴性杆菌。在 35 ℃下培养 16~42 h 后，检测 pH 值变化、底物利用率和抗菌剂存在下菌落生长情况。图示为大肠埃希菌

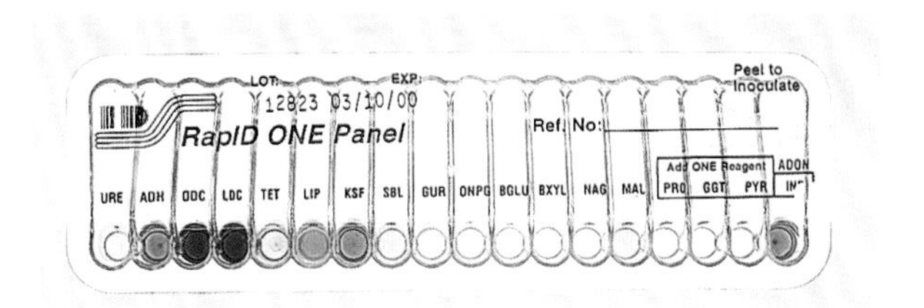

图 10-16　**RapID onE 系统。**RapID onE 系统（Thermo Scientific，Inc.，Waltham，MA）是一种定性微方法，利用常规试验和显色底物，鉴定临床上重要的肠杆菌和其他一些氧化酶阴性的革兰氏阴性杆菌。在该检测系统中接种待测微生物的浓悬液，35 ℃下培养 4 h 后，记录每个试验孔颜色的变化。将试验结果与数据库中的反应结果进行比对，通过阳性和阴性结果对待测微生物进行判定。图示为大肠埃希菌

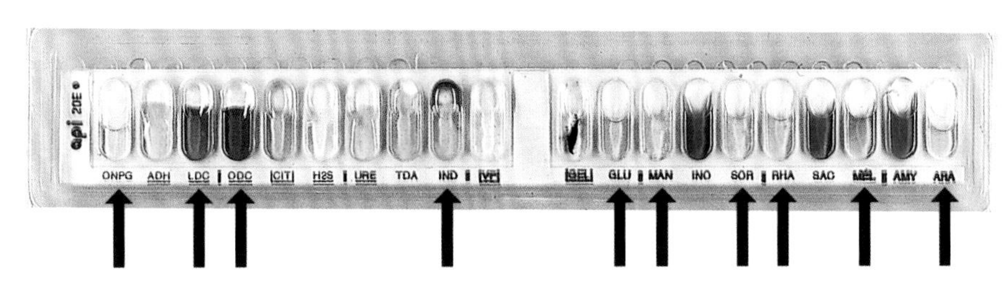

图 10-17　**API 20E 系统。**API 20E 系统（bioMérieux，Inc.，Durham，NC）是一个独立的鉴定系统，由 20 个脱水基质微管组成，用于进行肠杆菌的标准生化测试。反应管中接种待测菌在 0.85%NaCl 中的细菌悬液。为了快速鉴定（40 h 内），接种物浓度须为 1 麦氏浓度。系统中包括的底物 / 试验有 ONPG、精氨酸（ADH）、赖氨酸（LDC）、鸟氨酸（ODC）、柠檬酸（CIT）、H_2S、尿素（URE）、色氨酸（TDA）、吲哚（IND）、Voges-Proskauer（VP）、明胶（凝胶）、葡萄糖（GLU）、甘露醇（MAN）、肌醇（INO）、山梨醇（SOR）、鼠李糖（RHA）、蔗糖（SAC）、蜜二糖（MEL）、杏仁苷（AMY），和阿拉伯糖（ARA）。通过添加所需试剂并肉眼观察判读结果来进行鉴别。将测试每 3 个测定为 1 组，分为 7 组，得出一个数值代码。测试结果转换为 7 位数的检索编码。未在 API 试纸上进行的氧化酶测试包含在 AMY 和 ARA 的结果中，因此提供了第 7 位数字。如果任何一项测试呈阳性，则为每根管子分配 1 个分数；每组的第 1 个测试得 1 分，第 2 个测试得 2 分，第 3 个测试得 4 分。如果测试为阴性，得分为 0。1 组的总分可以在 0~7 之间。此处显示的是对 ONPG、LDC、ODC、IND、GLU、MAN、SOR、RHA、MEL 和 ARA 呈阳性反应（箭头所示）的大肠埃希菌。氧化酶测试结果（未显示）为阴性。因此，该菌的检索编码为 5144552

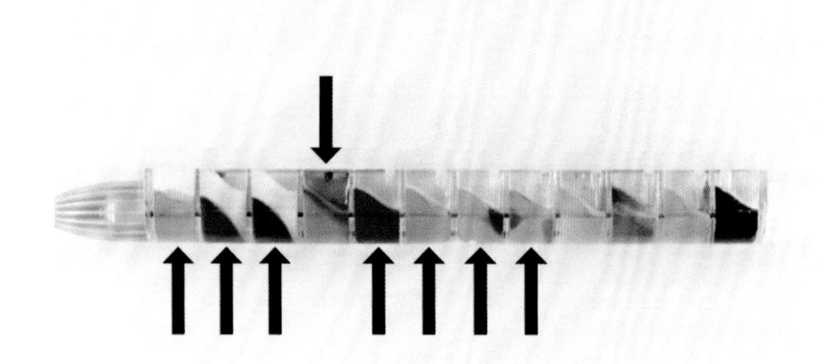

图 10-18　**Enterotube Ⅱ 鉴别系统。**Enterotube Ⅱ 鉴别系统（BD Diagnostic systems，Franklin Lakes，NJ）是一个具有分隔的塑料管，包含 12 种不同的常规培养基和一根封闭的接种线，可使单个菌落进行 15 次标准生化试验。测试包括葡萄糖、葡萄糖产气、赖氨酸脱羧酶、鸟氨酸脱羧酶、H_2S 生成、吲哚、D-阿拉伯糖醇、乳糖、阿拉伯糖、山梨醇、VP、半乳糖醇、苯丙氨酸脱氨酶、尿素和柠檬酸盐。通过添加所需试剂并肉眼观察判读结果进行鉴定。颜色反应，加上计算机编码，可用来鉴定肠杆菌。该系统只能用于氧化酶阴性细菌。图示为大肠埃希菌。箭头所示的阳性反应为葡萄糖、葡萄糖产气、赖氨酸脱羧酶、鸟氨酸脱羧酶、吲哚、乳糖、阿拉伯糖和山梨醇。五位检索编码为 36560

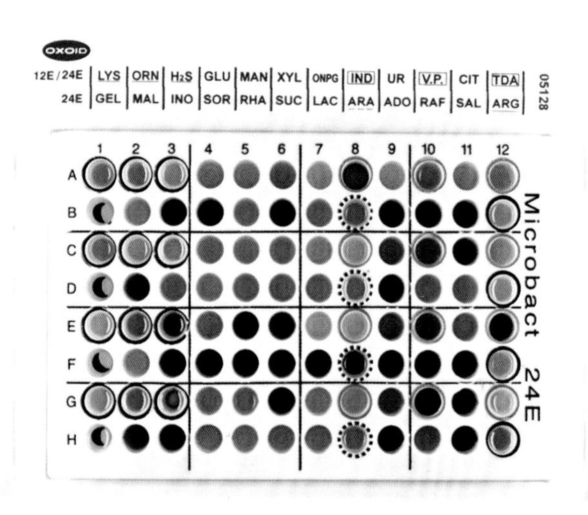

图 10-19　**Microbact 革兰氏阴性菌鉴定系统。**Microbact 24E 鉴定系统（Thermo Fisher Scientific，Inc.，Waltham，MA）由两条独立的条带组成，分别为 12A（也称为 12E）和 12B，每条条带包含 12 种不同的生化底物。若仅使用一个试纸条，对各种革兰氏阴性杆菌的鉴别能力降低。例如，12A 条带只可鉴别肠杆菌目中氧化酶阴性、硝酸盐阳性和发酵葡萄糖的 15 个菌属。添加 12B 条带后，鉴别范围扩大到包括氧化酶阳性、硝酸盐阴性和非发酵葡萄糖的菌属。Microbact 24E 鉴定系统中包括的底物其缩写和预期阳性反应，从第 1 行开始，从左到右依次为赖氨酸（LYS，蓝绿色）、鸟氨酸（ORN，蓝色）、H_2S（黑色）、葡萄糖（GLU，黄色）、甘露醇（MAN，黄色）、木糖（XYL，黄色）、ONPG（黄色）、吲哚（IND，粉红色－红色）、脲酶（URE，粉红色－红色）、Voges-Proskauer（VP，粉红色－红色）、柠檬酸盐（CIT，蓝色）和色氨酸脱氨酶（TDA，樱桃红）。下面一行包括明胶（GEL，黑色）、丙二酸盐（MAL，蓝色）、肌醇（INO，黄色）、山梨醇（SOR，黄色）、鼠李糖（RHA，黄色）、蔗糖（SUC，黄色）、乳糖（LAC，黄色）、阿拉伯糖（ARA，黄色）、阿多糖醇（ADO，黄色）、棉子糖（RAF，黄色），水杨酸（SAL，黄色）和精氨酸（ARG，24 h 时呈绿色-蓝色，48 h 时呈蓝色）。IND、VP 和 TDA 孔中需添加试剂。此外，读取 ONPG 孔的反应结果后，要在 ONPG 孔中添加硝酸盐试剂。应注意，为鉴定肠杆菌，应在 24 h 和 48 h 分别读取明胶孔的结果，其他革兰氏阴性杆菌应仅在 48 h 读取。精氨酸颜色反应结果在 24 h 和 48 h 不同，如上所述。对菌种的鉴别基于 8 位检索编码，类似于图 10-17 图例中所述的 API20E 系统。图中所示的微生物从上到下依次为大肠埃希菌（A 行和 B 行）、肺炎克雷伯菌（C 行和 D 行）、奇异变形杆菌（E 行和 F 行）和阴沟肠杆菌（G 行和 H 行）

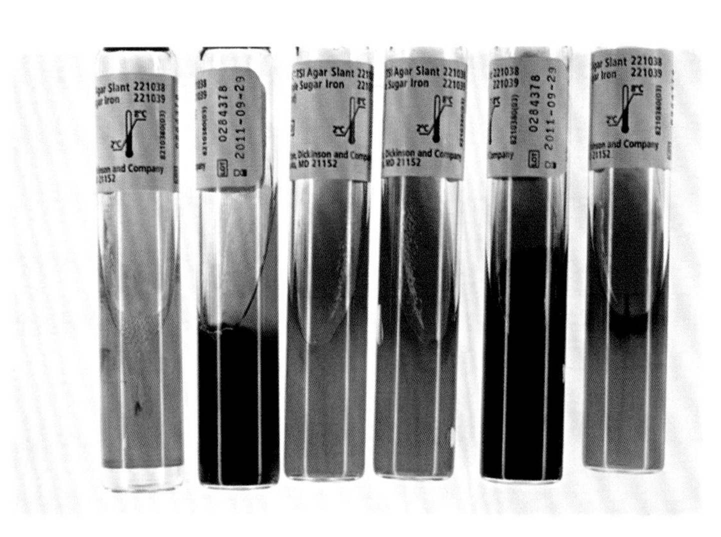

图 10-20　**TSI 琼脂斜面。**TSI 琼脂斜面含有 3 种糖类物质：蔗糖、乳糖和葡萄糖，比例为 10：10：1。为了检测 H_2S，在基质中加入硫代硫酸钠，作为硫原子的来源。硫酸亚铁和柠檬酸铁铵这两种铁盐和 H_2S 反应生成黑色的硫化亚铁沉淀。在 TSI 管中，上部分的琼脂形成斜面，由于暴露在氧气中，因此是有氧环境，而下部分（底部）与空气隔绝，因此被认为是无氧环境。通过观察琼脂中的裂缝或气泡，也可以检测 CO_2 和 H_2 的产生。在试管中，使用长而直的金属丝接种一个单独的、分离培养良好的菌落。若斜面和底部均无碱性反应（ALK/ALK），培养基无任何变化，意味着该微生物不能发酵培养基中的糖类物质，因此可排除肠杆菌的可能。如果仅发酵葡萄糖，则由于无氧条件下葡萄糖发酵产生的酸（A），底部将变黄；由于蛋白胨在有氧条件下的氧化降解（ALK/A），斜面将呈碱性（粉红色）。葡萄糖和乳糖或蔗糖发酵，使得斜面和底部均为酸性（A/A）。肠杆菌成员表现出多种反应，图示这 6 种反应与表 10-3 中所示的反应相对应，第 1 管斜面酸性、底部酸性和管底部产生气体（A/AG）。因为它们都会发酵葡萄糖，所以底部总是酸性的（黄色）。右边的最后 1 根试管显示了沙门菌伤寒血清型的特征性反应，有少量的 H_2S 生成。TSI 系统的另一种替代方法是 Kligler 铁琼脂（KIA），它不含蔗糖。由于沙门菌和志贺菌不代谢乳糖或蔗糖。因此，TSI 琼脂斜面上的任何酸反应都不包括沙门菌和志贺菌。小肠结肠炎耶尔森菌发酵蔗糖，但不发酵乳糖，因此 TSI 琼脂中的结果为 A/A，KIA 中的结果为 ALK/A

第 11 章　埃希菌属、志贺菌属和沙门菌属

大肠埃希菌属于肠杆菌科，是肠道菌群埃希菌－志贺菌属的成员。埃希菌属包括 6 种菌，大肠埃希菌是迄今为止最常见的，也是临床微生物学实验室中最常分离的细菌种类。大肠埃希菌多存在于人和动物的胃肠道中。

大肠埃希菌可通过粪－口途径以及受污染的食物、未经氯化消毒的水、生牛奶和烹调不当的牛肉在人与人之间传播。污染源通常是牛粪。大肠埃希菌可引起肠外和胃肠道感染，包括尿路感染、败血症、医疗相关肺炎和伤口感染等。

最常见的肠外大肠埃希菌感染是育龄妇女的尿路感染（urinary tract infections，UTI）。此外，大肠埃希菌导管相关 UTI 是最常见的医疗相关感染。UTI 后可导致血液感染。由于广泛开展怀孕女性 B 组链球菌筛查和预防，无乳链球菌感染大大减少，大肠埃希菌现已超过无乳链球菌，成为新生儿早发性脑膜炎的主要病因。

引起胃肠炎或肠炎的大肠埃希菌可根据临床表现进行分类：最常见的是肠产毒素性大肠埃希菌（enterotoxigenic *E. coli*，ETEC），与慢性持续性腹泻有关，是婴儿、幼儿和成人腹泻的常见原因；肠致病性大肠埃希菌（enteropathogenic *E. coli*，EPEC），是世界范围内引起婴儿腹泻的原因，导致发热、呕吐和水样腹泻；肠侵袭性大肠埃希菌（enteroinvasive *E. coli*，EIEC），是与志贺菌密切相关的大肠埃希菌（病理型），可引起从轻度腹泻到痢疾样疾病的症状；肠聚集性大肠埃希菌（enteroaggregative *E. coli*，EAEC），是引起持续性非血性水样腹泻的原因，与发达国家的旅行者腹泻有关；产志贺毒素大肠埃希菌（Shiga toxin-producing *E. coli*，STEC）O157 或肠出血性大肠埃希菌（enterohemorrhagic *E. coli*，EHEC）和大肠埃希菌非 O157 型，是溶血性尿毒症综合征（hemolytic-uremic syndrome，HUS）引起出血性结肠炎的原因。

所有 STEC 分离株均编码志贺毒素 1（Shiga toxin 1, Stx1）和（或）志贺毒素 2（Shiga toxin 2，Stx2）。导致出血性结肠炎或 HUS 的 STEC 菌株被进一步鉴定为肠出血性大肠埃希菌。Stx1 多与轻症相关，表达 Stx2 的菌株毒性更强，与严重血性腹泻和 HUS 发病率增加有关。STEC O157 占全球所有 STEC 感染的 30%~80%。非 O157 型 STEC 可引起轻度和重度胃肠炎，在一些国家是引起感染的主要原因，在美国占 STEC 感染的 20%~50%。因此，联合委员会引入了 QSA.04.06.01 标准。该标准要求实验室开展相关试验，专门检测所有社区获得性腹泻患者的志贺毒素或编码毒素的基因，以识别非 O157 型 STEC。CDC 推荐使用志贺毒素检测法（如酶免疫检测）或分子检测法。该指南旨在通过对血便等选择性标本进行检测，避免遗漏 STEC 感染。

从疑似胃肠道感染患者身上采集标本的时间取决于患者的病程。例如，粪便标本应在发病后 4 d 内采集，此时微生物数量最多。样本应在采集后 2 h 内处理，或在 4℃下储存，直至处理完毕。对粪便样本进行革兰氏染色多无意义，因为同为革兰氏阴性杆菌的致病菌无法与正常革兰氏阴性肠道微生物群区分开来。

大肠埃希菌菌落呈灰色，光滑，通常在血琼脂平板上呈 β - 溶血。从尿液样本中分离出的溶血菌落毒性更强。大多数菌株可迅速发酵乳糖。在 35 ℃条件下，12~18 h 内呈现有氧生长。MacConkey 琼脂平板上的菌落呈粉红色，在 HE（Hektoen enteric）培养基和木糖赖氨酸脱氧胆酸（xylose lysine deoxy-cholate，XLD）琼脂平板上菌落均呈黄色。含山梨醇的 MacConkey 琼脂（Sorbitol-containing MacConkey，SMAC）增强了对大肠埃希菌 O157 型的鉴定能力。大肠埃希菌 O157 型不能发酵山梨醇，此特征有助于将该菌株与肠道常见菌株区分开来。除 SMAC 外，还有其他培养基可用于鉴别培养，并已证明可提高 STEC O157 的培养敏感性。其中包括 CHROM agar O157 和含有头孢克肟和碲酸盐的 SMAC（CT-SMAC；BD Diagnostic systems Franklin Lakes，NJ）。目前尚没有针对 STEC 非 O157 型菌株的选择性培养基，因此，检测志贺毒素的存在非常重要。

大肠埃希菌的初步鉴定应基于革兰氏染色下的菌体形态、MacConkey 琼脂平板上的菌落形态、三糖铁（TSI）琼脂斜面上的生长以及 IMViC（吲哚、甲基红、VP、柠檬酸盐）反应（表 11-1）。此外，大肠埃希菌菌株可以与肠杆菌的大多数其他成员区分开来，因为它们是甲基伞形酰 -β-d- 葡萄糖醛酸（MUG）阳性的。大多数大肠埃希菌菌株都具有动力，除外非运动性 EIEC。大肠埃希菌可以是非乳糖发酵或延迟乳糖发酵，因此可能与志贺菌相混淆。此外，有 5% 的大肠埃希菌属菌株对许多常规用于鉴定大肠埃希菌的生化试验无反应、反应迟缓或阴性，因此也可能与志贺菌相混淆。

志贺菌属由 4 个菌种组成，这 4 个菌种也被认为是 4 个血清学亚群。其中包括痢疾志贺菌（A 亚群）、福氏志贺菌（B 亚群）、鲍氏志贺菌（C 亚群）和宋内志贺菌（D 亚群）。大肠埃希菌（尤其是 EIEC）和志贺菌相似，这两个属之间的区别在于志贺菌具有侵入肠上皮的能力。一些生物化学试验可将志贺菌与大肠埃希菌区分开来，志贺菌菌株是厌氧、不可移动和赖氨酸脱羧酶阴性的，并且不发酵乳糖，但宋内志贺菌除外，可以延迟发酵乳糖。

表 11-1　大肠埃希菌属和志贺菌属的特征试验[a]

特征试验	大肠埃希菌	非活性大肠埃希菌[b]	志贺菌
TSI	A/A G	Alk/A G	Alk/A
吲哚	+	V	V
甲基红	+	+	+
VP	0	0	0
柠檬酸盐	0	0	0
山梨醇	+	V	V
乳糖	+	0	0/+[c]
木糖	+	V	0
赖氨酸	+	V	0
运动性	+	0	0

[a] A. 酸性；Alk. 碱性；G. 产气；+. 阳性反应（≥90% 阳性）；V. 结果可变（11%~89% 阳性）；0. 阴性反应（≤10% 阳性）。

[b] 无运动性，厌氧生物。

[c] 宋内志贺菌乳糖阳性。

志贺菌引起的常见临床症状多具有自限性，最初表现为发热、腹部痉挛和水样腹泻。几天之内，粪便中可能出现血液和黏液，表明该致病菌已侵入肠黏膜。在粪便的显微镜检查中可以观察到大量的多形核白细胞。总体而言，与志贺菌相关的临床症状较轻，一些患者可无症状。痢疾志贺菌可引起痢疾，痢疾是志贺菌病最严重的临床表现，与志贺毒素的产生有关。溶血性尿毒症是志贺菌感染最严重的并发症之一。反应性关节炎或雷特慢性综合征与福氏志贺菌感染有关。人类是天然的带菌体，致病菌可通过人与人之间的接触或通过受污染的水或食物传播。在沙门菌和其他一些肠道病原体中，有 105 种可引起人类感染性疾病，与之相比，志贺菌只有 10 种能引起感染。志贺菌感染是实验室工作人员中最常见的感染。宋内志贺菌是发达国家中引起志贺菌感染的最常见的菌种，其次是福氏志贺菌。

推荐使用 MacConkey 琼脂平板和 HE 或 XLD 琼脂平板进行志贺菌的分离培养。显色琼脂也有助于鉴定志贺菌，尤其是与 XLD 琼脂平板联合使用。志贺菌菌株在所有 4 种培养基上都表现为无色菌落，因为它们不发酵培养基中所含的糖类：乳糖、水杨苷、蔗糖和木糖。志贺菌在 TSI 琼脂斜面产碱（Alk）和产酸（A），标记为 Alk/A，不产生气体。志贺菌的 IMViC 反应与大肠埃希菌类似，即吲哚阳性、甲基红阳性、VP 阴性和柠檬酸盐阴性，但宋内志贺菌为吲哚阴性，其他志贺菌属中有 25%~50% 为吲哚阳性（表 11-1）。志贺菌分离株的分组需要进行血清学检测，因为福氏志贺菌和鲍氏志贺菌通过生物化学等表型检测不能进行区分。此外，也可以通过基质辅助激光解吸电离飞行时间质谱进行鉴定，以区分这两种微生物。在诊断实验室中，血清学鉴定通常采用玻片凝集法和多价体抗原抗血清进行。痢疾志贺菌分离物应送往参比实验室，以确定痢疾志贺菌血清型。

沙门菌属由肠沙门菌（*Salmonella enterica*）和邦戈沙门菌（*Salmonella bongori*）两个菌种组成，这两个菌种中有2400多个抗原不同的成员。根据遗传相似性，肠沙门菌可分为6个亚种。每个亚种都由1个亚种名称或组号来识别：肠沙门菌肠道亚种（*Salmonella enterica* subspecies *enterica*，Ⅰ组），肠沙门菌萨拉姆亚种（*enterica* subsp. *salamae*，Ⅱ组），肠沙门菌亚利桑那亚种（*S. enterica* subsp. *arizonae*，Ⅲa组），肠沙门菌双向亚利桑那亚种（*S. enterica* subsp. *diarizonae*，Ⅲb组），肠沙门菌浩敦亚种（*S. enterica* subsp. *Houtenae*，Ⅳ组）和肠沙门菌因迪卡亚种（*S. enterica* subsp. *indica*，Ⅵ组）。肠沙门菌肠道亚种（Ⅰ组）通常从人类和温血动物中分离出来。在每个亚种内具有临床意义或流行病学重要性的血清型也可指定一个共同名称，例如肠沙门菌肠道亚种伤寒血清型和肠沙门菌肠道亚种肠炎血清型，可称为伤寒沙门菌和肠炎沙门菌（*S. Typhi* 和 *S. Enteritidis*）。

大多数沙门菌感染是由污染的食物或水引起的。携带沙门菌的人和动物是其传染源。沙门菌可侵入胃上皮细胞并在其内复制，且不能通过吞噬作用清除，因而引起宿主病变。与志贺菌感染类似，沙门菌的肠道感染在其健康宿主中具有自限性。沙门菌可引起腹泻，持续时间长达1周。沙门菌也是引起儿童镰状细胞病骨髓炎的原因之一。伤寒沙门菌感染会导致严重的败血症，即伤寒。症状包括发烧和头痛，通常没有腹泻。伤寒沙门菌感染在发展中国家更为常见，在美国发生时通常与国外旅行史有关。甲型、乙型和丙型副伤寒沙门菌的感染可引起类似症状。在美国，由肠炎沙门菌引起的感染暴发正在增加，通常与受污染的食品有关，包括生鸡蛋或未煮熟的鸡蛋。伤寒沙门菌和副伤寒沙门菌表达Vi荚膜抗原，这在沙门菌血清型中是独特的。约5%的伤寒和副伤寒感染者成为慢性无症状携带者，并在长达10年的时间内可持续排菌。致病菌多潜伏在胆囊，90%的携带者患有胆结石，在胆结石表面形成生物膜。令人担忧的是沙门菌对几种抗生素具有耐药性。尤其是伤寒沙门菌和甲型副伤寒沙门菌。

推荐使用MacConkey琼脂平板和HE或XLD琼脂平板分离沙门菌，也可以使用更高选择性的培养基，如木糖赖氨酸Tergitol 4（XLT4）和Rambach琼脂平板。亚硫酸铋琼脂平板和亮绿琼脂平板是分离伤寒沙门菌的首选培养基。从选择性培养基中分离的可疑菌落应在TSI或Kligler铁琼脂斜面上进行传代培养。通常，大多数沙门菌血清型在斜面上产生碱性反应，在斜面以下产生酸性反应（AlK/A）。它们还会在试管中产生气体以及大量H_2S。伤寒沙门菌也表现为AlK/A，但它产生非常少量的H_2S，称为胡须状，并且在TSI琼脂中没有可见气体。甲型副伤寒沙门菌的H_2S反应为阴性或弱阳性。可使用其他生化试验来确认鉴定（表11-2）。

沙门菌的分离菌株应进行血清学分型。沙门菌可具有菌体抗原（O）、鞭毛抗原（H）和荚膜抗原（Vi）。在诊断实验室，血清学鉴定可通过玻片凝集法进行，与志贺菌一样，使用多价体细胞抗原抗血清进行血清型分型。分型通常从O抗原抗血清开始，首先确定该微生物是沙门菌。如果怀疑伤寒沙门菌，还应使用H抗原和Vi抗原进行分型。Vi抗原主要存在于伤寒菌株中。如果只有Vi抗原呈阳性，应将分离物在沸水中加热15 min，因为荚膜抗原不耐热。用O抗血清重新检测时，D组试验应为阳性。由于Vi抗原也在一些柠檬酸杆菌属中表达，因此应首先排除柠檬酸杆菌。实验室可根据生化反应和血清分型提供沙门菌属的初步鉴定，然后应将分离菌株提交卫生部门确认。

表11-2　沙门菌属的特征反应[a]

特征反应	沙门菌属[b]	伤寒沙门菌
TSI	ALK/A G	ALK/A
TSI上产H_2S	+	轻微反应
吲哚	0	0
甲基红	+	+
VP试验	0	0
柠檬酸盐	+	0
鸟氨酸	+	0
阿拉伯糖	+	0
半乳糖醇	+	0
鼠李糖	+	0

[a] A. 酸；ALK. 碱；G. 产气；+. 阳性反应（≥90%阳性）；V. 反应可变（11%~89%阳性）；0. 阴性反应（≤10%阳性）。

[b] 大多数常见的沙门菌属分离株的反应结果。

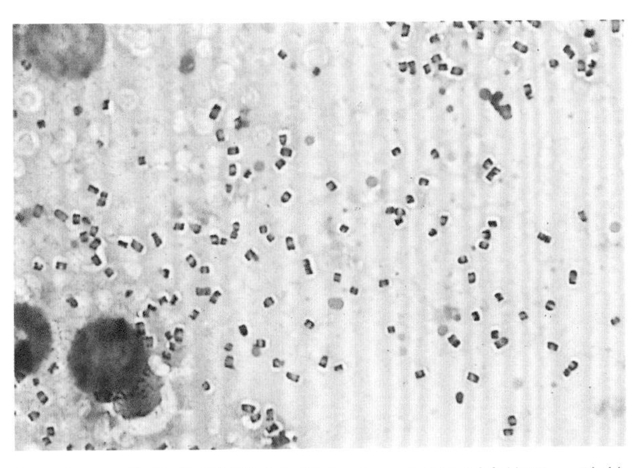

图 11-1　**大肠埃希菌革兰氏染色。**大肠埃希菌是一种革兰氏阴性杆菌，呈短而丰满的直杆状，双极染色，类似于安全别针。这种形态有助于区分大肠埃希菌和其他肠杆菌。虽然双极染色也可出现在其他肠杆菌中，但大肠埃希菌菌体较长

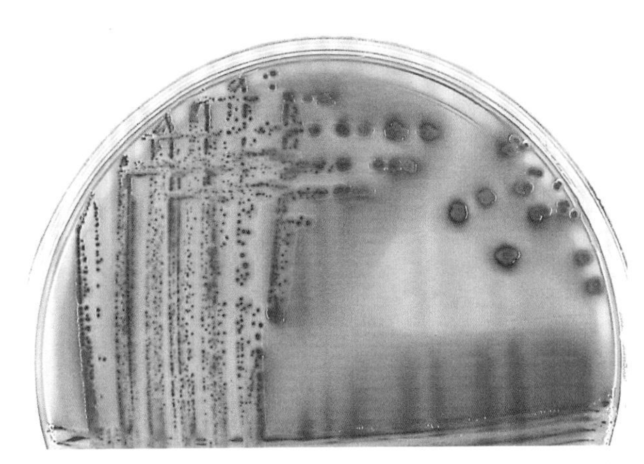

图 11-2　**MacConkey 琼脂平板上的大肠埃希菌菌落。**在 MacConkey 琼脂平板上，大肠埃希菌的菌落呈粉红色、干燥、甜甜圈状，周围是沉淀胆盐的深粉色区域。这是由于该菌快速发酵乳糖所致

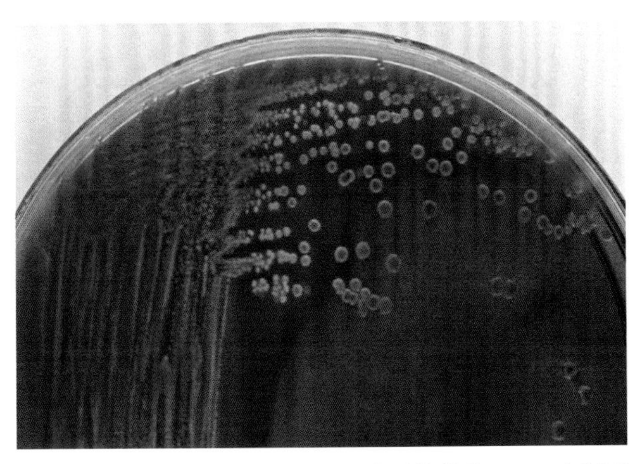

图 11-3　**HE 琼脂平板上的大肠埃希菌菌落。**HE 琼脂平板上的大肠埃希菌菌落呈黄橙色至鲑鱼红色。这是由于菌快速发酵乳糖所致

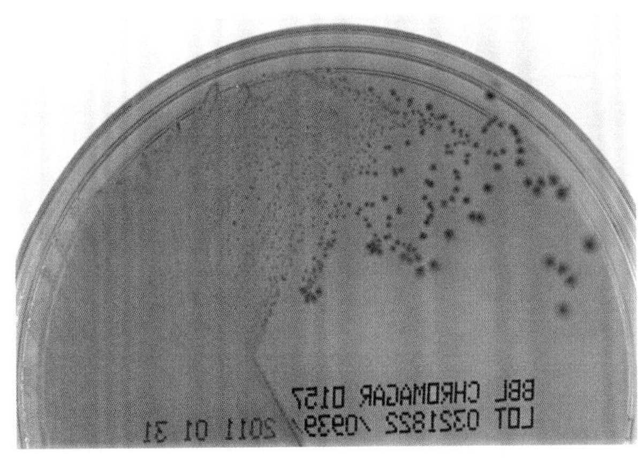

图 11-4　**CHROM 琼脂 O157 上的大肠埃希菌菌落。**BBL CHROM O157 培养基（BD Diagnostic systems，Franklin Lakes，NJ）是一种用于分离、分化和初步鉴定大肠埃希氏菌 O157 : H7 的选择性培养基，培养的敏感性高，从而可以对基础培养基上生长的菌落进行初步鉴定，与其他菌落进行区分。由于培养基中含有显色底物，大肠埃希菌 O157 : H7 菌落呈淡紫色，如图所示，而大肠埃希菌非 O157 : H7 和其他肠杆菌产生蓝色菌落。CHROM 琼脂 O157 含有头孢克肟、头孢磺啶和碲酸钾，可抑制其他细菌的生长

图 11-5　**TSI 琼脂斜面上的大肠埃希菌。**由于大肠埃希菌可以快速发酵葡萄糖和乳糖，使 TSI 琼脂斜面及底部均为酸性。该反应会产生大量气体，使琼脂分裂或从试管底部升起，如图所示。该试验的详细说明见图 10-20

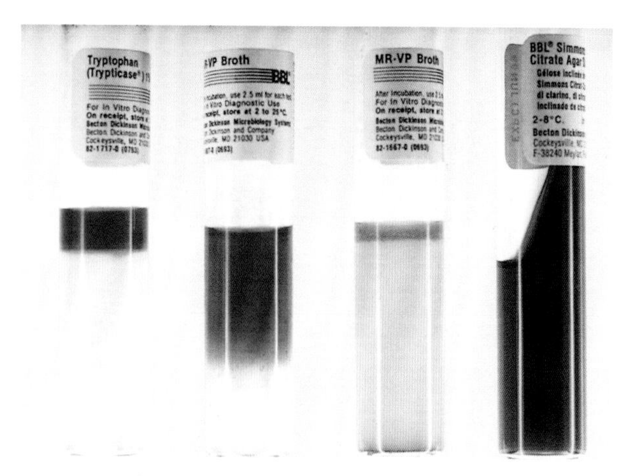

图 11-6 **大肠埃希菌的 IMViC 反应。**大肠埃希菌的 4 种典型 IMViC 反应为吲哚阳性、甲基红阳性、VP 试验阴性和柠檬酸盐阴性（从左到右）。这些试验的说明见第 41 章

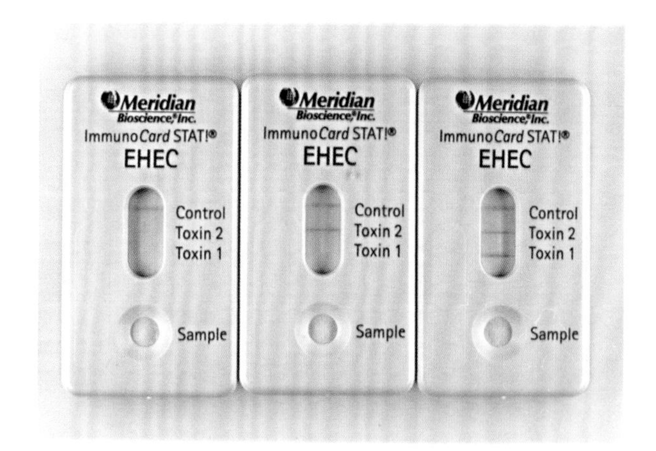

图 11-7 **大肠埃希菌产毒菌株产生的志贺毒素 1 和 2 的定性分析。**Meridian 生物科学免疫卡 STAT! EHEC（Fisher Scientific，Waltham，MA）基于免疫染色横向流动原理。试验包含用红色金颗粒标记的固定单克隆抗志贺毒素 1 和抗志贺毒素 2 抗体。每个测试都有一个内参。样本中的毒素与金标抗体形成复合物，金标抗体在平板上迁移，到达测试区的结合部位。由于金标记，形成一条明显的红线，如图所示。左边的测试志贺毒素 1 和 2 为阴性，中间测试仅毒素 2 为阳性，右边的测试毒素 1 和 2 均为阳性

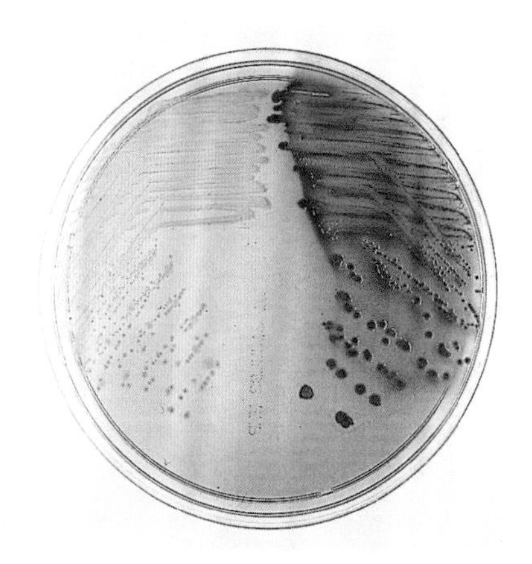

图 11-8 **MacConkey 琼脂平板上的志贺菌和大肠埃希菌菌落。**志贺菌是乳糖阴性菌，呈无色菌落（左），而大肠埃希菌是快速乳糖发酵菌，呈粉红色（右）

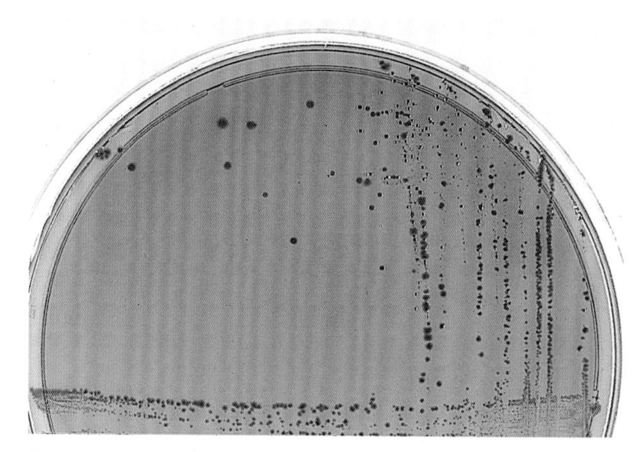

图 11-9 **HE 琼脂平板上的志贺菌属。**志贺菌不发酵乳糖、水杨苷或蔗糖，即琼脂中所含的糖类，因此，呈现无色的菌落，如图所示

图 11-10　**TSI 琼脂斜面上的志贺菌属。**志贺菌发酵 TSI 琼脂斜面中的葡萄糖，但不发酵乳糖或蔗糖；因此，它们的结果是 ALK/A。志贺菌也不会产生 H_2S 或气体。

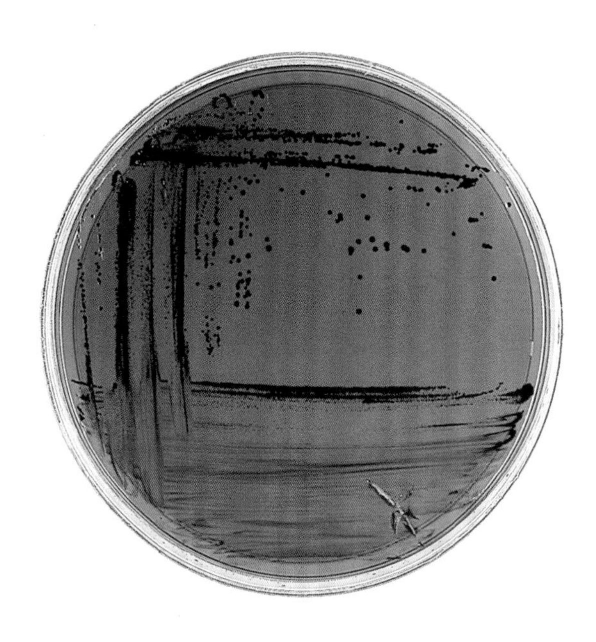

图 11-11　**HE 琼脂平板上的沙门菌属。**虽然沙门菌不会发酵琼脂中的糖类，但它们可产生 H_2S。HE 琼脂平板中柠檬酸铁铵的存在导致沙门菌菌落呈黑色

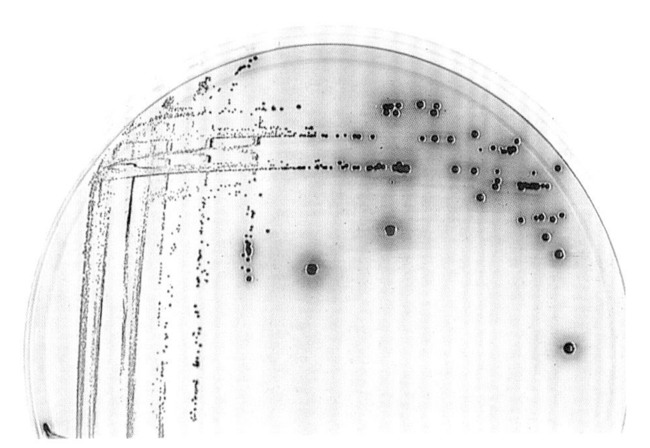

图 11-12　**亚硫酸铋琼脂平板上的伤寒沙门菌。**亚硫酸铋琼脂平板含有硫酸亚铁、亚硫酸铋指示剂和亮绿。分离良好的伤寒沙门菌菌落呈圆形，深黑色，边界清晰。黑色菌落的直径可能在 1~4 mm 之间，这取决于特定菌株、培养时间和菌落在琼脂上的位置。较大的菌落出现在琼脂平板上密度较小的区域。伤寒沙门菌菌落的典型离散表面为黑色，周围为绿色或棕黑色，其大小为菌落的几倍，如图所示。通过反射光，该区域呈现出明显的金属光泽

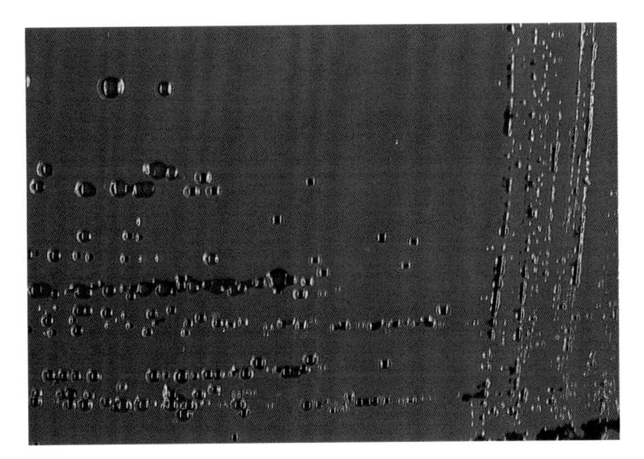

图 11-13　**XLT4 琼脂平板上的沙门菌。**XLT4 琼脂平板于 1990 年引入，其目的是抑制细菌过度生长，常用于从受肠道微生物污染的粪便样本筛选沙门菌属。该培养基类似于 XLD 琼脂平板，但脱氧胆酸钠被 27% 的特吉特醇 -4 溶液取代。这种补充剂可抑制非沙门菌的生长。典型的 H_2S 阳性沙门菌菌落（伤寒沙门菌除外）在培养 18~24 h 后呈黑色。H_2S 阴性沙门菌菌落呈粉黄色。其他肠道微生物可能呈现红色或黄色，但应明显受到抑制，如图所示

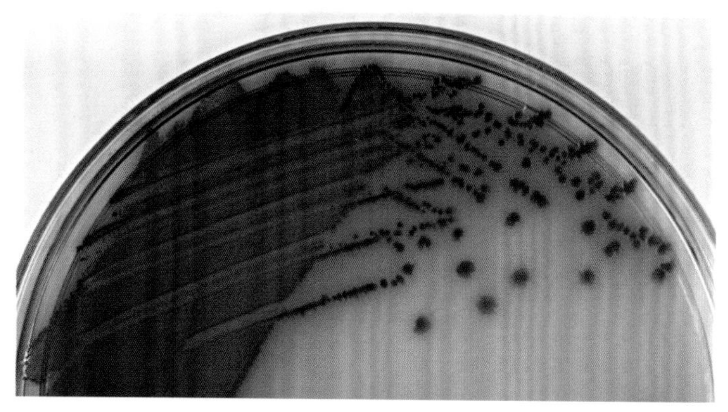

图 11-14 **CHROM 琼脂平板上的沙门菌。**沙门菌 BBL CHROM 琼脂平板（BD Diagnostic Systems）是一种选择性和鉴别培养基，可根据培养基中的显色底物分离和初步鉴定沙门菌属。如图所示，沙门菌呈淡紫色（玫瑰色至紫色）菌落，而其他肠道生物呈蓝色或无色

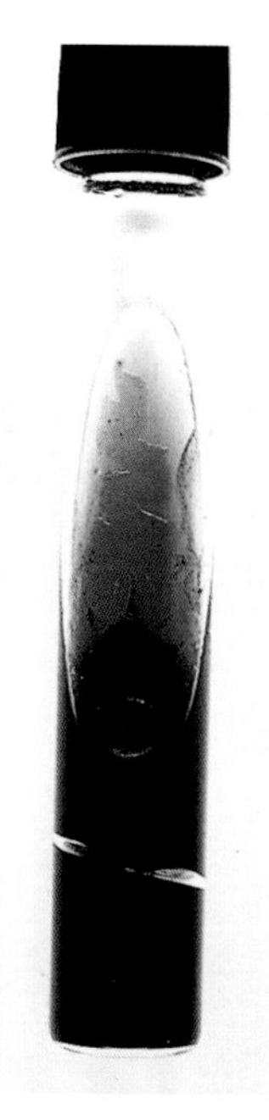

图 11-15 **TSI 琼脂斜面上的沙门菌。**大多数沙门菌发酵葡萄糖并产生气体和大量 H_2S。因此，它们在 TSI 琼脂斜面上引起 ALK/A G H_2S^+ 反应

图 11-16 **肠道沙门菌血清型伤寒 TSI 琼脂斜面。**尽管伤寒沙门菌像其他沙门菌一样发酵葡萄糖，但它不产生气体，只产生少量 H_2S，被称为胡须样 H_2S。TSI 琼脂斜面上产生的反应为 Alk/A，轻微 H_2S

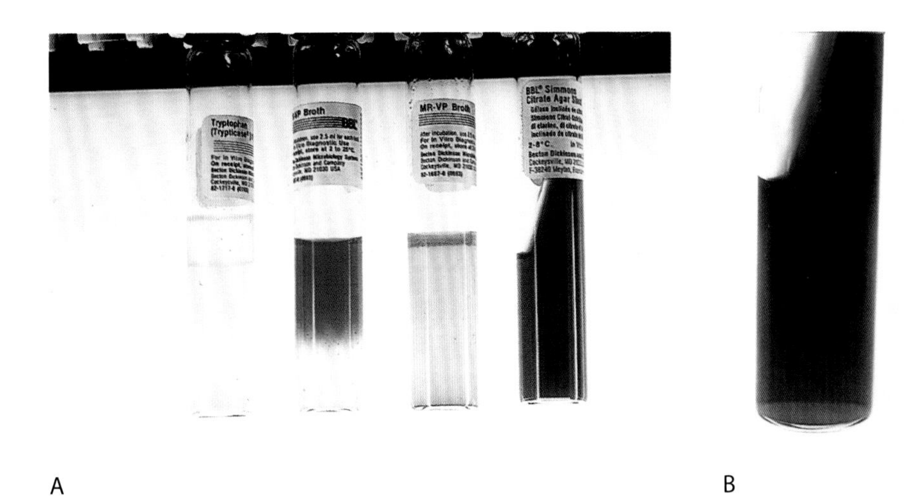

图 11-17　**伤寒沙门菌 IMViC 反应。**伤寒沙门菌的 IMViC 4 种特征反应分别为吲哚阴性、甲基红阳性、VP 试验阴性和柠檬酸盐阴性（A，从左到右）。这些试验的说明见第 41 章。相比之下，大多数其他常见的沙门菌对吲哚、甲基红和 VP 试验有类似的反应；然而，它们是柠檬酸盐阳性（B）

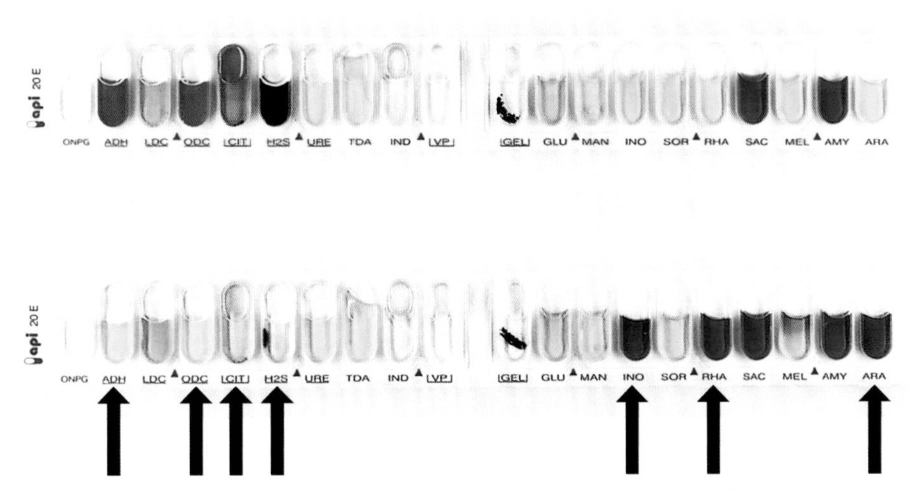

图 11-18　**API 20E 系统检测肠道沙门菌和伤寒沙门菌。**此处所示为肠道沙门菌和伤寒沙门菌在 API 20E（bioMérieux，Inc.，Durham，NC）上的反应。肠道沙门菌位于顶部。箭头所示的鉴别特征试验为精氨酸二氢酶（ADH）、鸟氨酸脱羧酶（ODC）、柠檬酸盐（CIT）和 H_2S。大多数沙门菌血清型对这些反应呈强阳性，而伤寒沙门菌对 ADH、ODC 和 CIT 呈阴性，对 H_2S 呈弱阳性。糖类反应差异如表 11-2 和此处所示

第 12 章 克雷伯菌属、肠杆菌属、柠檬酸杆菌属、克罗诺杆菌属、沙雷菌属、邻单胞菌属和其他肠杆菌科菌属

本章中讨论的革兰氏阴性杆菌之前被划分为肠杆菌目和肠杆菌科。肠杆菌目已经重新分类了肠杆菌科，过去单一的肠杆菌科已被分为 7 个科，其中 4 个科包含在本章中。克雷伯菌属（*Klebsiella*）、肠杆菌属（*Enterobacter*）、柠檬酸杆菌属（*Citrobacter*）、克罗诺杆菌属（*Cronobacter*）、小坂菌属（Kosakonia）、莱略特菌属（*Lelliottia*）、Pluralibacter 菌属和拉乌尔菌属（*Raoultella*）都是肠杆菌科的成员。爱德华菌属（*Edwardsiella*）和哈夫尼菌属（*Hafnia*）属于哈夫尼菌（Hafniaceae）科。摩根菌属（*Morganella*）、变形杆菌属（*Proteus*）和普罗维登斯菌属（*Providencia*）属于摩根菌科。泛菌属（*Pantoea*）属于肠杆菌科。沙雷菌属（*Serratia*）是耶尔森菌科的一员。邻单胞菌属（*Plesiomonas*）是肠杆菌目的一员，但由于其与其他肠杆菌的联系有限，尚未被归入 7 个科中。这些菌属都已从临床标本中分离出，从环境、植物和动物样本中也有分离。其中一些被认为是医疗保健相关的致病菌，但其他病原体的致病性尚未确定。

克雷伯菌属、肠杆菌属、柠檬酸杆菌属、克罗诺杆菌属、泛菌属、拉乌尔菌属和沙雷菌属可引起多种感染，最常见于住院患者。已知这些微生物可引起败血症、呼吸道和泌尿道感染、伤口感染和脑膜炎等。这些菌属是正常肠道微生物群的一部分，也是感染的来源。它们可通过人与人之间的传播、静脉输液和医疗器械传播。耐多药菌株可导致医院爆发感染，多发生在重症监护病房等有重病患者的地方。在过去 10 年中，产碳青霉烯酶的肺炎克雷伯菌菌株（Klebsiella pneumoniae isolates producing a carbapenemase，KPC）急剧增加。除了对碳青霉烯类抗生素耐药外，这些菌株对多种其他抗生素均耐药。其他机制也可造成 KPC 以外的肠杆菌科对碳青霉烯耐药。对碳青霉烯类耐药的肠杆菌被称为耐碳青霉烯类肠杆菌（carbapenem-resistant Enterobacterales，CRE）。研究表明，除对碳青霉烯类耐药外，一些肠杆菌还具有一种或多种 Amp C β - 内酰胺酶。这些菌包括但不限于产气克雷伯菌（肠杆菌）、柠檬酸杆菌属、肠杆菌属、摩根菌属、变形杆菌属、产酸克雷伯菌和黏质沙雷菌。

克雷伯菌属由 5 个种和 3 个亚种组成。5 个种分别为产气克雷伯菌（*Klebsiella aerogenes*）或产气肠杆菌、肉芽肿克雷伯菌（*Klebsiella granulomatis*）、产酸克雷伯菌（*Klebsiella oxytoca*）、肺炎克雷伯菌（*Klebsiella pneumoniae*）和变异克雷伯氏菌（*Klebsiella variicola*）。肺炎克雷伯菌有 3 个亚种，分别为肺炎克雷伯菌肺炎亚种（*K. pneumoniae* subsp. *pneumoniae*）、肺炎克雷伯菌臭鼻亚种（*K. pneumoniae* subsp. *ozaenae*）和肺炎克雷伯菌鼻硬结亚种（*K. pneumoniae subsp. rhinoscleromatis*）。肺炎克雷伯菌肺炎亚种是临床标本分离菌株中最常见的，可引起肺炎、尿路感染和各种其他感染，其中许多是与医疗相关的感染。有一种高黏液型肺炎克雷伯菌高致病株，在中国台湾和东南亚流行。如果发现这种表型，应进行串珠试验，如果试验结果呈阳性，则应将该菌株视为高致病性菌株。

另外 2 个肺炎克雷伯菌亚种——肺炎克雷伯菌臭鼻亚种和肺炎克雷伯菌鼻硬化亚种——在临床不常分离到，多与慢性感染有关。肺炎克雷伯菌臭鼻亚种引起萎缩性鼻炎，肺炎克雷伯菌鼻硬化亚种引起鼻硬化，这是上呼吸道的一种慢性感染过程。肉芽肿克雷伯菌是一种性传播病原体，可引起腹股沟肉芽肿（也称为杜诺凡病），表现为慢性生殖器溃疡。该菌的鉴定基于组织活检，或组织涂片中发

现杜诺凡体，涂片可采用 Giemsa 染色、Warthin-Starry 染色或 Wright 染色。由于不耐热细胞毒素的存在，产酸克雷伯菌可导致抗生素相关出血性结肠炎，表现为突然出现血性腹泻。与艰难梭菌不同的是，产酸克雷伯菌不会引起假膜性结肠炎，且其感染具有自限性，当停止使用抗生素时症状会消失。变异克雷伯菌与血液和尿液感染有关。由于产气克雷伯菌（肠杆菌）最近被转移到克雷伯菌属，为避免分类变化造成的混淆，已在第 10 章中与肠杆菌属进行讲解。

肠杆菌属有 8 个菌种，其中 7 种是从临床标本中发现的。两种最常见的临床分离菌是产气肠杆菌（现归类为克雷伯菌）和阴沟肠杆菌（*Enterobacter cloacae*）。最近被归入肠杆菌属的菌种有阿氏肠杆菌（*Enterobacter asburiae*）、霍氏肠杆菌（*Enterobacter hormaechei*）、神户肠杆菌（*Enterobacter kobei*）、路德维希肠杆菌（*Enterobacter ludwigii*）和尼米普勒肠杆菌（*Enterobacter nimipressuralis*）。这几种肠杆菌与阴沟肠杆菌密切相关，具有相似的生化反应，不容易用常用的鉴定方法进行区分。因此，建议将其报告为阴沟肠杆菌复合群。该属还包括生癌肠杆菌（*Enterobacter cancerogenus*），可引起人类多种感染，包括菌血症、骨髓炎、肺炎、尿路和伤口感染等。医疗保健相关的肠杆菌定植和感染通常与受污染的医疗器械和仪器有关。

柠檬酸杆菌属由 13 个菌种组成。3 种最常见的临床分离菌是弗氏柠檬酸杆菌（*Citrobacter freundii*）、布氏柠檬酸杆菌（*Citrobacter braakii*）和柯氏柠檬酸杆菌（*Citrobacter koseri*）。这些微生物是导致医疗相关感染的机会性致病菌，包括血液感染（可能是多菌性）、胃肠道感染、尿路感染和脑脓肿等。新生儿脑膜炎仅与柯氏柠檬酸杆菌有关。

目前已从临床标本中分离出 6 种克罗诺杆菌属的微生物，其中 5 种以前被归类为阪崎肠杆菌。最常见的分离菌种是阪崎克罗诺杆菌（Cronobacter sakazakii）。阪崎克罗诺杆菌与新生儿脑膜炎和坏死性小肠结肠炎有关。感染源可追踪到受污染的奶粉。阪崎克罗诺杆菌可产生一种黄色色素，当该菌在 25℃下孵化时，黄色色素会增强。

目前，已从临床标本中分离出 7 种沙雷菌，其中黏质沙雷菌（*Serratia marcescens*）是引起医疗卫生相关感染的一种菌。和其他机会性致病菌一样，该菌可引起呼吸道和泌尿道感染、败血症和外科伤口感染。其他菌种，包括液化沙雷菌（*Serratia liquefaciens*）和红色沙雷菌（*Serratia rubidaea*），已从临床感染标本中分离出来，但其致病性尚未得到证实。拉乌尔菌属包含 3 个菌种：解鸟氨酸拉乌尔菌（*Raoultella ornithinolytica*）、植生拉乌尔菌（*Raoultella planticola*）和土生拉乌尔菌（*Raoultella terrigena*），后两种细菌与肺炎克雷伯菌具有共同的致病性特征，因此难以通过生化反应进行区分。但是，肺炎克雷伯菌在 44 ℃下生长，在 10 ℃下不生长，而植生拉乌尔菌和土生拉乌尔菌在 10 ℃下生长，但在 44 ℃下不生长。

泛菌属由 20 多个菌种组成，已从临床标本中分离出的有 8 个菌种。最常见的分离菌是成团泛菌（*Pantoea agglomerans*），过去曾归为肠杆菌。由于静脉输液受到污染，该菌可引起广泛爆发的败血症。还可引起骨髓炎、软组织感染和其他由于使用受污染的液体而造成的感染。

克雷伯菌属、肠杆菌属、泛球菌属、拉乌尔菌属、柠檬酸杆菌属和沙雷菌属为革兰氏阴性杆菌，长度约为 3~6 μm，宽度可达 1 μm。一般来说，在 35 ℃有氧培养 18~24 h 后，这些属的微生物在血液琼脂平板和 MacConkey 琼脂平板上生长良好。已知有荚膜的克雷伯菌可产生黏液菌落，其他属的菌株也可具有相同的外观。一些沙雷菌属会产生色素，包括红色沙雷菌、普氏沙雷菌（*Serratia plymuthica*）和一些黏质沙雷菌菌株。它们产生一种称为灵菌红素（prodigiosin）的红色色素。另一个有助于鉴别的特征是芳香沙雷菌可产生土豆样气味。阪崎克罗诺杆菌和成团泛菌也能产生一种从亮黄色到淡黄色的色素。

大多数克雷伯菌属、肠杆菌属、柠檬酸杆菌属、克罗诺杆菌属、泛菌属、拉乌尔菌属和沙雷菌属均可使用商品化试剂盒以及三糖铁（TSI）琼脂斜面进行鉴定。如果某产品对菌属中的任何菌种的鉴定阳性率＜90%，则应使用常规方法进行确认。在没有色素产生的情况下，这些微生物可产生形态相似的菌落。在 TSI 琼脂斜面上也可能无法区分。表 12-1 至表 12-4 列出了有助于鉴定克雷伯菌属、肠杆菌属、柠檬酸杆菌属、克罗诺杆菌属、泛菌属、拉乌尔菌属、沙雷菌属和其他相关菌属的关键生化试验。克雷伯菌属的 IMViC（吲哚、甲基红、VP 试验和柠檬酸）反应和肠杆菌属相似：吲哚和

表 12-1　部分克雷伯菌属和拉乌尔菌属菌种和亚种的主要特征反应[a]

菌种	吲哚	鸟氨酸	VP 试验	丙二酸	ONPG	10℃生长	44℃生长
肺炎克雷伯菌肺炎亚种	0	0	+	+	+	0	+
肺炎克雷伯菌臭鼻亚种	0	0	0	0	V	NA	NA
肺炎克雷伯菌鼻硬化亚种	0	0	0	+	0	NA	NA
产酸克雷伯菌	+	0	+	+	+	0	+
解鸟氨酸拉乌尔菌	+	+	V	+	+	+	NA
植生拉乌尔菌	V	0	+	+	+	+	0
土生拉乌尔菌	0	0	+	+	+	+	0

ONPG. 邻硝基酚 - β 半乳糖苷；+. 阳性（≥ 90% 阳性）；V. 可变（11%~89% 阳性）；0. 阴性（≤ 10% 阳性）；NA. 不可用。

表 12-2　肠杆菌属、泛菌属和其他相关细菌的主要特征反应[a]

菌种	LDC	ADH	ODC	丙二酸	山梨醇	尿素水解[b]
阪崎克罗诺菌	0	+	+	0	0	0
产气肠杆菌（克雷伯菌）	+	0	+	+	+	0
阿氏肠杆菌	0	V	+	0	+	V
生癌肠杆菌	0	+	+	+	0	0
阴沟肠杆菌	0	+	+	V	+	V
霍氏肠杆菌	0	V	+	+	0	V
神户肠杆菌	0	+	+	+	+	0
蜂房哈夫尼菌	+	0	+	+/V	0	0
哈夫尼菌	+	0	V	0/V	0	0
牛肠杆菌	0	0	0	0	+	0
河生肠杆菌	0	V	+	+	+	0
成团泛菌	0	0	0	V	V	0
日勾维多细菌源菌	+	0	+	+	0	+

[a] LDC. 赖氨酸脱羧酶；ADH. 精氨酸二氢酶；ODC. 鸟氨酸脱羧酶；+. 阳性反应（≥ 90% 阳性）；V. 反应可变（11%~89% 阳性）；0. 阴性反应（≤ 10% 阳性）；+/V. 结果可变（多数为阳性）；0/V. 结果可变（多数为阴性）。

[b] 反应时间通常＞ 3 小时。

甲基红呈阴性，VP 试验和柠檬酸呈阳性。但是产酸克雷伯菌和解鸟氨酸拉乌尔菌呈吲哚阳性（表 12-1）。6 种柠檬酸杆菌，包括弗氏柠檬酸杆菌，可产生 H_2S；还有一些较常见的临床分离株为 H_2S 阴性（表 12-4）。延迟乳糖发酵、产生 H_2S 的柠檬酸杆菌在 TSI 琼脂斜面和 IMViC 反应中类似沙门菌。

变形杆菌属、普鲁威登菌属和摩根菌属多存在于人类胃肠道中，可引起尿路感染，目前也已从其他标本中分离出来。在从临床标本分离的变形族成员中，有 6 种变形杆菌，分别为奇异变形杆菌（*Proteus mirabilis*）、普通变形杆菌（*Proteus vulgaris*），彭氏变形杆菌（*Proteus penneri*）、豪氏变形杆菌（*Proteus hauseri*）、Terrae 变形杆菌（*Proteus terrae*）和卡氏变形杆菌（*Proteus cibarius*）；5 种普罗维斯登菌，分别为雷氏普罗维登斯菌（*Providencia rettgeri*）、斯氏普罗维登斯菌（Providencia stuartii）、产碱普罗维登斯菌（*Providencia alcalifaciens*）、拉氏普罗维登斯菌（*Providencia rustigianii*）和亨氏普罗维登斯菌（*Providencia heimbachae*）；1 种摩根菌，即摩氏摩根菌（*Morganella morganii*）。大多数变形杆菌感染是社区获得性，普罗维登斯菌属通常会引起与医疗保健相关的感染。奇异变形杆菌是泌尿道

表 12-3　临床标本分离的沙雷菌的鉴别特征[a]

菌株	吲哚	LDC	ODC	丙二酸	山梨醇	阿拉伯糖	红色素
嗜虫沙雷菌[b]	0	0	0	0	0	0	0
无花果沙雷菌	0	0	0	0	+	+	0
居泉沙雷菌	0	+	+	+	+	+	0
液化沙雷菌群	0	+	+	0	+	+	0
黏质沙雷菌	0	+	+	0	+	0	V
黏质沙雷菌 I 群	0	V	V	0	+	0	0
气味沙雷菌 I 群	V	+	+	0	+	+	0
气味沙雷菌 II 群	V	+	0	0	+	+	0
普城沙雷菌	0	0	0	0	V	+	+
红色沙雷菌	0	V	0	+	0	+	+

[a] LDC. 赖氨酸脱羧酶；ODC. 鸟氨酸脱羧酶；+. 阳性（≥ 90% 阳性）；V. 可变反应（11%~89% 阳性）；0. 阴性（≤ 10% 阳性）。
[b] 试验在 37℃下进行；最佳生长温度为 30℃。

表 12-4　柠檬酸杆菌属和迟缓爱德华菌的主要特征[a]

菌种	吲哚	柠檬酸	TSI 斜面产 H_2S	LDC	ODC	丙二酸
无丙二酸柠檬酸杆菌	+	+	0	0	+	0
布氏柠檬酸杆菌	V	V	V	0	+	0
法氏柠檬酸杆菌	+	0	0	0	+	0
弗氏柠檬酸杆菌	V	V	V	0	0	V
吉氏柠檬酸杆菌	0	V	V	0	0	+
克氏柠檬酸杆菌	+	+	0	0	+	+
穆氏柠檬酸杆菌	+	+	V	0	0	0
塞氏柠檬酸杆菌	V	V	0	0	+	+
魏氏柠檬酸杆菌	0	+	+	0	0	+
杨氏柠檬酸杆菌	V	V	V	0	0	0
迟缓爱德华菌	+	0	+	+	+	0

[a] LDC. 赖氨酸脱羧酶；ODC. 鸟氨酸脱羧酶；+. 阳性（≥90% 阳性）；V. 可变（11%~89% 阳性）；0. 阴性（≤10% 阳性）。

感染的常见原因，而普通变形杆菌更常从伤口分离，而不是从尿中分离。摩氏摩根菌感染通常与医疗保健相关。

变形杆菌属在常规实验培养基上生长良好。变形杆菌属的特征反应如表 12-5 所示。所有菌种均为乳糖阴性。奇异变形杆菌和普通变形杆菌在血液琼脂平板或巧克力琼脂培养基上成群生长，且有独特的气味，与巧克力蛋糕相似，因此很容易被识别。奇异变形杆菌和普通变形杆菌可通过吲哚斑点试验和氨苄西林敏感性进行区分。奇异变形杆菌为吲哚阴性，氨苄西林敏感；普通变形杆菌为吲哚阳性，氨苄西林耐药。所有的变形杆菌都可产生苯丙氨酸脱氨酶。变形杆菌、摩根菌和雷氏变形杆菌都可产生脲酶。商品化鉴定系统可准确鉴定变形杆菌，但普罗维登斯菌可能被误认为变形杆菌。此外，快速 2h 识别系统可能会错误判读摩氏摩根菌亚种。

爱德华菌属包括 3 个菌种，其中迟缓爱德华菌（*Edwardsiella tarda*）是唯一一种与人类疾病有关的。这种微生物是肠胃炎和感染的罕见原因，多与鱼类和海龟的接触有关。据报道，免疫力较强的个体在水生环境接触该菌会出现严重的伤口感染，

表 12-5 变形杆菌和单胞菌属的生化鉴定[a]

菌种	吲哚	H_2S	尿素	乌氨酸	麦芽糖	海藻糖	肌醇
变形杆菌							
豪氏变形杆菌	+	V	+	0	+	0	0
奇异变形杆菌	0	+	+	+	0	+	0
潘氏变形杆菌	0	V	+	0	0	V	0
普通变形杆菌	+	+	+	0	+	V	0
普鲁威登菌							
产碱普罗维登斯菌	+	0	0	0	+	0	0
海氏普罗维登斯菌	0	0	0	0	V	0	V
雷氏普罗维登斯菌	+	0	+	0	0	0	+
拉氏普罗维登斯菌	+	0	0	0	0	0	0
斯氏普罗维登斯菌	+	0	V	0	0	+	+
摩根菌							
摩氏摩根菌	+	0	+	+	0	0	0
邻单胞菌							
类志贺邻单胞菌	+	0	0	+	+	+	+

[a] LDC. 赖氨酸脱羧酶；ODC. 乌氨酸脱羧酶；+. 阳性（≥90% 阳性）；V. 可变（11%~89% 阳性）；0. 阴性（≤10% 阳性）。

肝病患者可能会出现严重的全身感染。在许多培养基上，迟缓爱德华菌的菌落形态与沙门菌相似，如 MacConkey 琼脂平板、木糖赖氨酸脱氧胆酸琼脂平板和 TSI 琼脂斜面，迟缓爱德华菌乳糖阴性并产生 H_2S，但迟缓爱德华菌吲哚阳性、柠檬酸阴性（表 12-4）。

哈夫尼菌属包含 2 个菌种，蜂房哈夫尼菌（*Hafnia alvei*）和哈夫尼肠杆菌（*Hafnia paralvei*），都已从临床标本中分离出。这两种细菌都存在于人类的肠道中，并可导致多种机会性感染，主要是引起免疫抑制患者的胃肠道、呼吸道和尿路感染。和肠杆菌的其他成员一样，它们在常规实验室培养基上生长良好。其生化特征与肠杆菌和其他相关属的生化特征相似（表 12-2）。

邻单胞菌属只有 1 个菌种，即类志贺邻单胞菌（*Plesiomonas shigelloides*）。它以前被归入弧菌科。但是，由于比起弧菌科，邻单胞菌更接近肠杆菌科，并且它与肠杆菌具有共同抗原，现已被列入肠杆菌科。邻单胞菌与肠杆菌科也有区别，即邻单胞菌氧化酶阳性，而肠杆菌科的所有其他成员都是氧化酶阴性。

邻单胞菌存在于地表水和土壤中。其最低生长温度为 8℃，无法在含盐环境中生长，该特性决定了其在淡水和河口水域的分布。邻单胞菌可感染冷血动物。人类因摄入受污染的食物（尤其是生鱼）和处理受感染的动物而受到感染。已知类志贺邻单胞菌可引起胃肠炎、败血症和脑膜炎，后两种感染很少见。感染发生多与在该菌流行地区（主要是热带和亚热带国家）的旅行史有关，也与在感染地区的居住有关，如泰国，约总人口的 25% 感染邻单胞菌。邻单胞菌感染多发生在温暖的月份。感染症状可以是短暂的水样腹泻，也可以是痢疾样腹泻，持续数天。

类志贺邻单胞菌是一种短直的革兰氏阴性杆菌，长约 3.0 μm，宽约 1.0 μm，通过一端的 2~5 根鞭毛的簇状物来运动，也有非运动菌株。类志贺邻单胞菌在 5% 的绵羊血琼脂平板和大多数肠道培养基上生长良好。菌落为非溶血性，灰色，有光泽，且表面光滑，在 30~35 ℃下过夜培养后。菌落直径约为 1.5 mm，在 30 ℃下生长最佳。如果怀疑类志贺邻胞菌感染，可使用选择性培养基肌醇胆盐亮绿琼脂，由于类志贺邻单胞菌感染发生率低，不建议常规使用。类志贺邻单胞菌氧化酶、吲哚和过氧化氢酶阳性，可将硝酸盐还原为亚硝酸盐，并将葡萄糖和其他糖类一起发酵。精氨酸、赖氨酸和乌氨酸呈阳性，DNA 酶呈阴性。表 12-5 列出了类志贺邻单胞菌的其他生化反应特征。

近来又重新分类了3个菌属，小坂菌属、莱略特菌属和*Pluralisbacter*，因为以前定义的肠杆菌属的几种菌与这3个新属更为一致。以前的河生肠杆菌生物群（*Enterobacter amnigenus* biogroups）Ⅰ群和Ⅱ群已重新分类为河生莱略特菌（*Lelliottia amnigena*）是一种从临床标本中分离出来的水生微生物，其感染可引起心脏移植和血液移植后的膀胱炎、骨髓炎和败血症等。过去的牛肠杆菌（*Enterobacter cowanii*）现在是牛小坂菌（*Kosakonia cowanii*），已从血液、呼吸道、泌尿道和伤口标本中分离出来，其生物化学特性类似于成团泛菌，都是赖氨酸、鸟氨酸和精氨酸阴性。牛小坂菌可以根据半乳糖醇和蔗糖试验与成团泛菌进行区分，牛小坂菌发酵半乳糖醇和蔗糖，而后者不发酵。日勾维肠杆菌过去是*Enterobacter gergoviae*，现在是日勾维多细菌源菌*Pluralibacter gergoviae*，已从血液、呼吸道和泌尿道标本中分离出。从生物化学反应角度来看，它类似于产气肠杆菌（克雷伯杆菌），但日勾维多细菌源菌可水解尿素，且不在KCN中生长，而产气肠杆菌（克雷伯杆菌）为尿素阴性和KCN阳性（表12-2）。

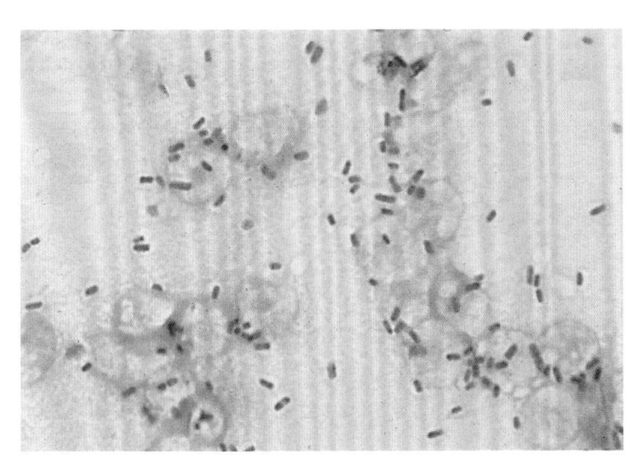

图 12-1　**痰标本中克雷伯菌属的革兰氏染色。**痰标本中的克雷伯菌属经革兰氏染色后为革兰氏阴性杆菌，双极染色，长约6 μm，宽达1 μm。这些杆菌比图11-1所示的典型大肠埃希菌的菌体更长

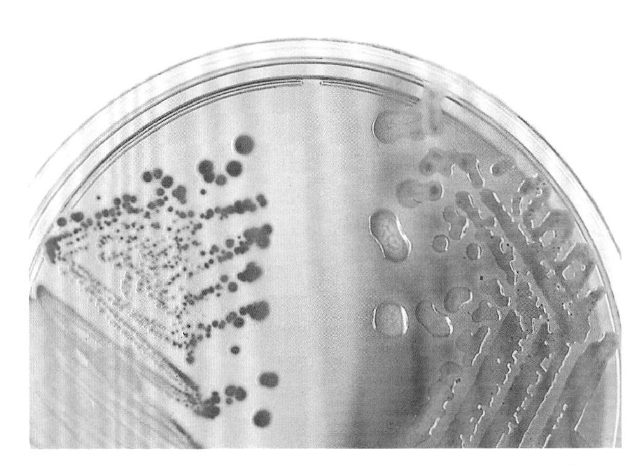

图 12-2　**MacConkey琼脂平板上的肠杆菌和克雷伯菌。**肠杆菌菌落在MacConkey琼脂平板的左侧，克雷伯菌菌落在右侧。肠杆菌菌落比克雷伯菌菌落小（直径约2~3 mm，克雷伯菌菌落直径约4~5 mm）。两个菌的显著特征是在培养基上可发酵乳糖，且菌落黏腻。肠杆菌属是延迟乳糖发酵菌，因此菌落可以呈现无色到浅粉色，如图所示，而克雷伯菌菌落呈现深粉色。克雷伯菌的荚膜菌株在外观上也是黏液样的，这是本属某些菌株的特征

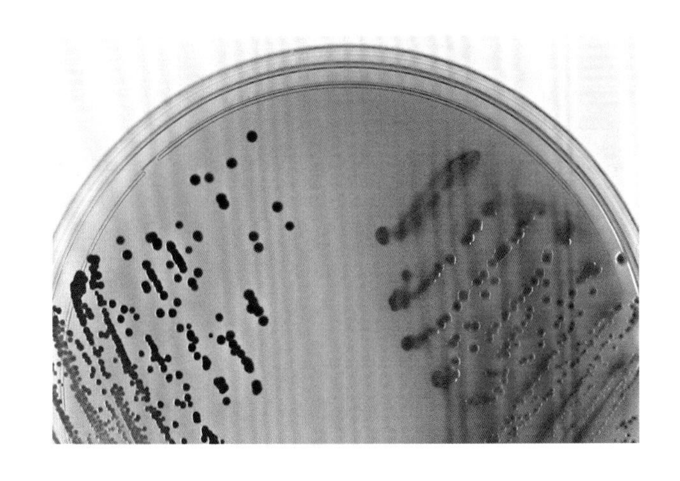

图 12-3　**MacConkey琼脂平板上的黏质沙雷菌和弗氏柠檬酸杆菌。**该MacConkey琼脂平板左侧是黏质沙雷菌菌落，右侧是弗氏柠檬酸杆菌菌落。沙雷菌菌落呈红色，而柠檬酸杆菌菌落呈深粉色。沙雷菌菌落的红色是由色素灵菌红素引起的。柠檬酸杆菌在菌落形态（大小和颜色）上与大肠埃希菌非常相似（见图11-2）

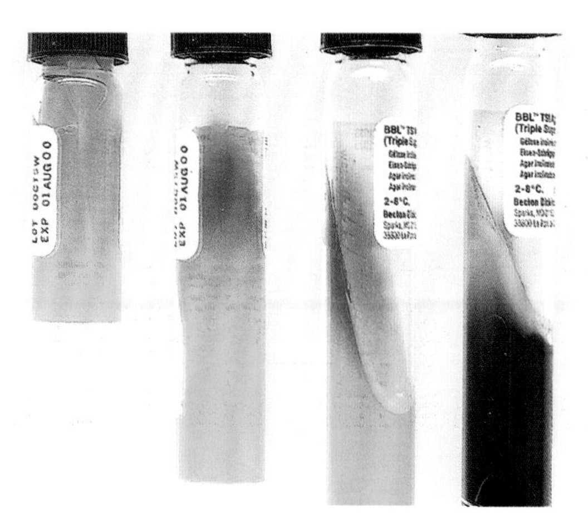

图 12-4　**TSI 琼脂斜面上的克雷伯菌、肠杆菌、沙雷菌和柠檬酸杆菌。**从左到右依次为克雷伯菌、肠杆菌、沙雷菌和柠檬酸杆菌的 TSI 反应。克雷伯菌和肠杆菌可产生大量气体，导致琼脂培养基从试管底部升起。沙雷菌可以缓慢发酵乳糖，在斜面上产生碱性反应，如图所示。某些柠檬酸杆菌可产生 H_2S，在 TSI 斜面中很容易检测到

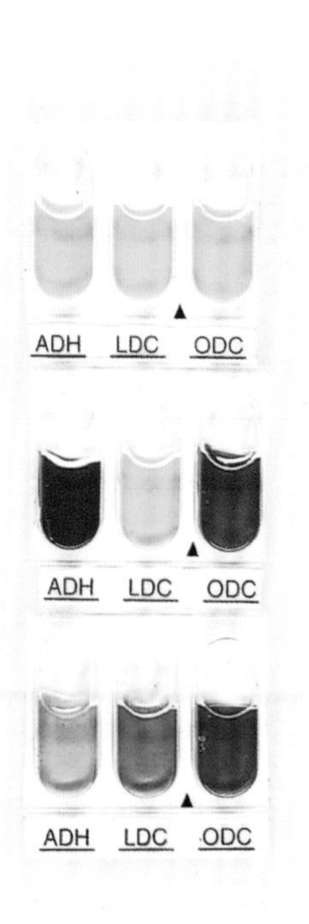

图 12-5　**肠杆菌及其相关菌属的精氨酸、赖氨酸和鸟氨酸脱羧酶反应。**图示为精氨酸二氢酶（ADH）、赖氨酸脱羧酶（LDC）和鸟氨酸脱羧酶（ODC）三组反应。首行 3 个反应均为阴性，提示为成团泛菌。中间行 ADH 和 ODC 均为阳性，LDC 为阴性，这是阴沟肠杆菌和阪崎克罗诺杆菌的特征性反应。下行中 LDC 和 ODC 均为阳性，表明为产气肠杆菌（克雷伯杆菌）或日勾维多细菌源菌

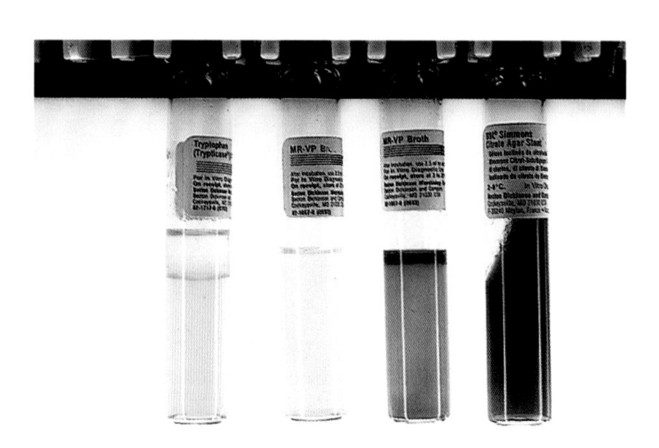

图 12-6　**克雷伯菌、肠杆菌和沙雷菌的 IMViC 反应。**克雷伯菌、肠杆菌和沙雷菌具有相似的 IMViC 反应；吲哚和甲基红反应（左边的两个试管）为阴性，VP 试验和柠檬酸（右边的两个试管）呈阳性

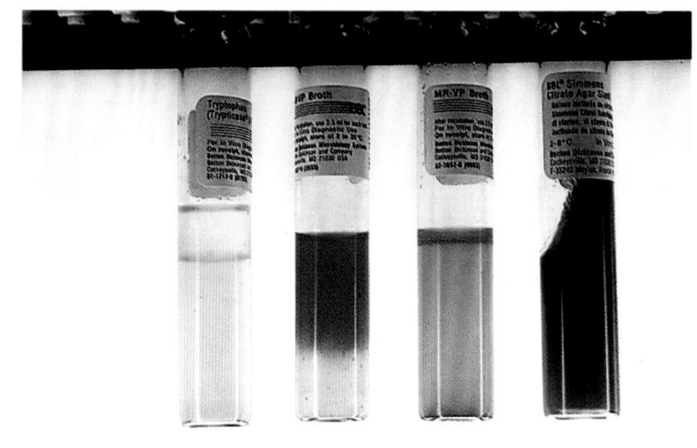

图 12-7　**柠檬酸杆菌的 IMViC 反应。**柠檬酸杆菌的 IMViC 反应不同于克雷伯菌、肠杆菌和沙雷菌（图 12-6）。如图所示，吲哚和 VP 试验反应（左数第 1 和 3 管）为阴性，甲基红和柠檬酸反应（左数第 2 和 4 管）为阳性，这是柠檬酸杆菌的特征性反应

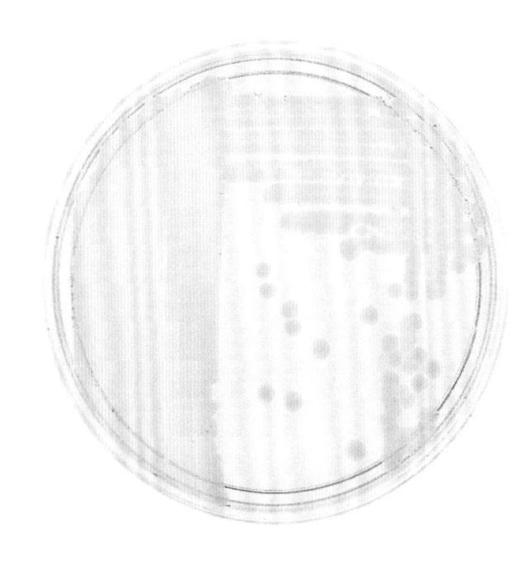

图 12-8　**营养琼脂上生长的阪崎克罗诺杆菌菌落。**阪崎克罗诺杆菌以其特有的亮黄色色素很容易与大多数肠杆菌区别开来

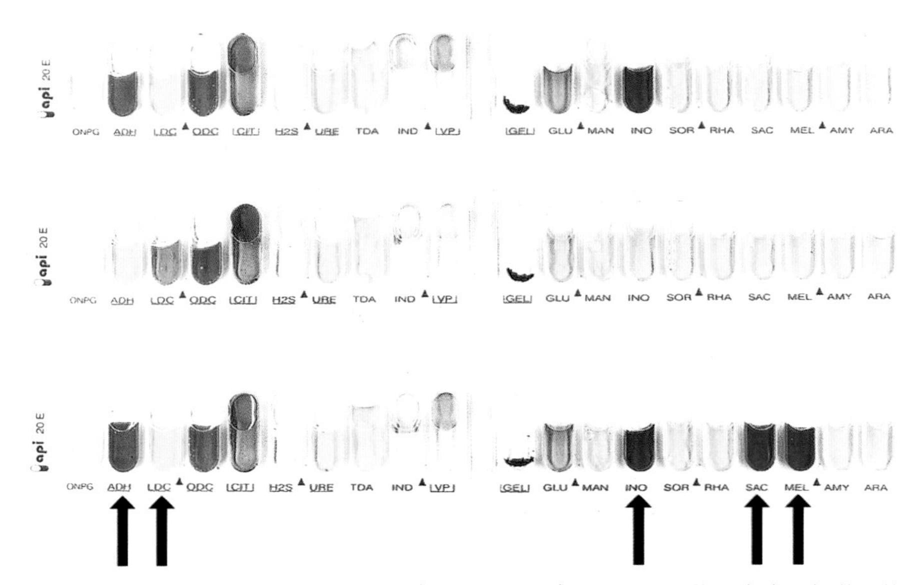

图 12-9　**API 20E 系统中的产气肠杆菌（克雷伯杆菌）、阴沟肠杆菌和生癌肠杆菌。**将阴沟肠杆菌（上）、产气肠杆菌（中）和生癌肠杆菌（下）接种到 API 20E 检测条中（bioMérieux，Inc.，Durham，NC）。产气肠杆菌和阴沟肠杆菌是实验室分离的最常见的肠杆菌属。这两种菌的生化反应相似，箭头所示的鉴别生化反应是精氨酸二氢酶（ADH）、赖氨酸脱羧酶（LDC）和肌醇（INO）。阴沟肠杆菌（上）为 ADH 阳性、LDC 阴性和 INO 阴性，而产气肠杆菌（中部）为 ADH 阴性、LDC 阳性和 INO 阳性。阴沟肠杆菌和生癌肠杆菌也非常相似，但蔗糖（SAC）和蜜二糖（MEL）反应不同，这两种反应阴沟肠杆菌均为阳性，生癌肠杆菌均为阴性

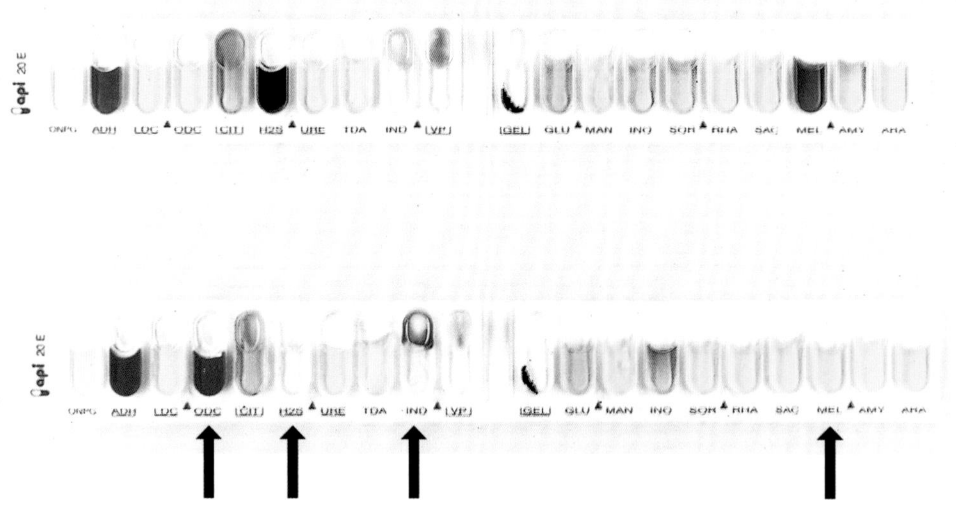

图 12-10　**API 20E 鉴定系统中的弗氏柠檬酸杆菌和无丙二酸柠檬酸杆菌。**在顶部条带中接种弗氏柠檬酸杆菌，在底部条带中接种无丙二酸柠檬酸杆菌。箭头所示的两菌株之间的差异是鸟氨酸脱羧酶（ODC）、H_2S、吲哚（IND）和蜜二糖（MEL）反应。弗氏柠檬酸杆菌产生 H_2S，其他 3 项反应阴性，而无丙二酸柠檬酸杆菌 H_2S 呈阴性，在其他 3 项反应呈阳性

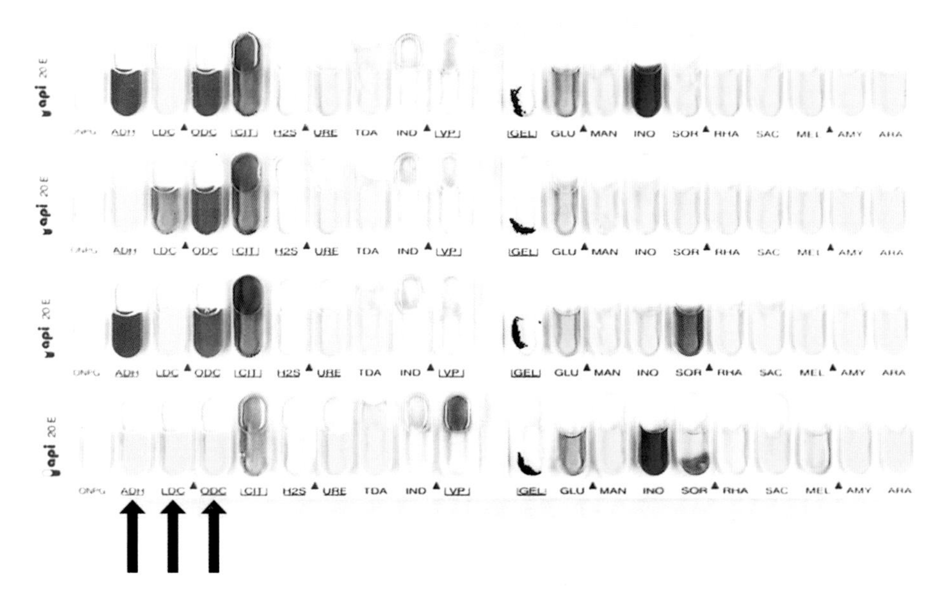

图 12-11　**API 20E 鉴定系统中的阴沟肠杆菌、产气肠杆菌（克雷伯菌）、阪崎克罗诺杆菌和成团泛菌。**从上到下，分别为阴沟肠杆菌、产气杆菌（克雷伯菌）、阪崎克罗诺杆菌和成团泛菌。箭头所示，这 4 种微生物之间的主要鉴别生化反应是精氨酸二氢酶（ADH）、赖氨酸脱羧酶（LDC）和鸟氨酸脱羧酶（ODC）。表 12-2 列出了这些反应结束

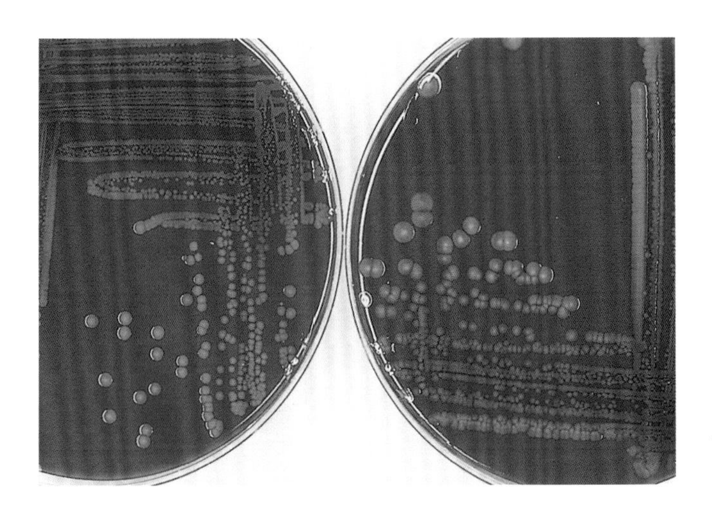

图 12-12　**阪崎克罗诺杆菌和阴沟肠杆菌在血液琼脂平板上的菌落。**左侧血液琼脂平板上为阪崎克罗诺杆菌的黄色菌落，而右侧为阴沟肠杆菌的灰色菌落

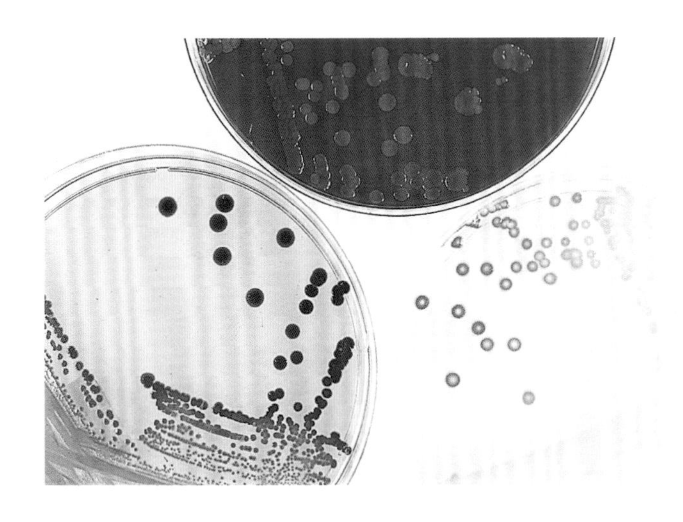

图 12-13　**红色沙雷菌在血液琼脂平板、MacConkey 平板和营养琼脂平板上的菌落。**当在营养琼脂培养基（左下）或 Mueller-Hinton 琼脂平板上生长时，红色沙雷菌产生的红色素很容易被检测到，与血液琼脂平板（顶部）和 MacConkey 琼脂平板（右下）上的生长形成对比

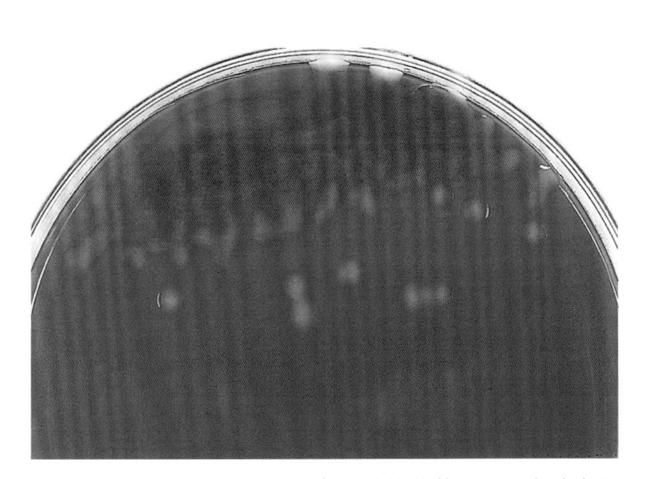

图 12-14　**肺炎克雷伯菌臭鼻亚种的菌落。**图示血琼脂平板上的肺炎克雷伯菌臭鼻亚种菌落。在 35 ℃下培养 24 h 后，菌落直径为 2~4 mm，呈灰色，黏液状。该菌含有大的多糖荚膜，可产生黏液菌落

图 12-15　**MacConkey 琼脂平板上的肺炎克雷伯菌臭鼻亚种菌落。**在 35 ℃下培养 48 h 后，肺炎克雷伯菌臭鼻亚种在 MacConkey 琼脂上菌落直径为 5~6 mm，呈粉红色，有白色黏液

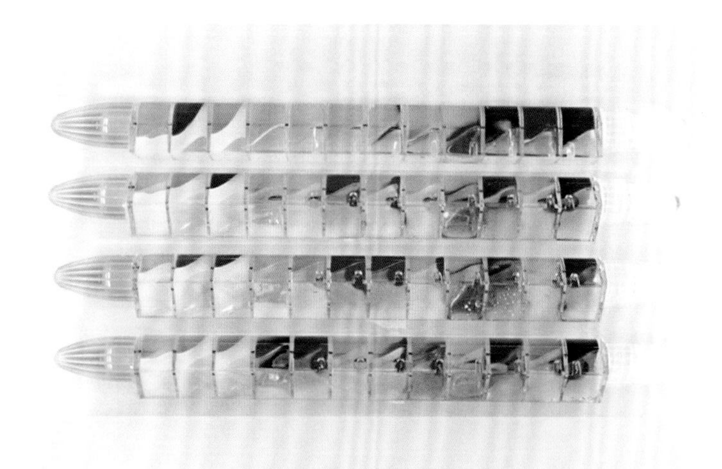

图 12-16　**Enterotube Ⅱ鉴定系统鉴定出的克雷伯菌、肠杆菌、沙雷菌和柠檬酸杆菌。**Enterotube Ⅱ 鉴定系统（BD Diagnostic systems，Franklin Lakes，NJ）在图 10-18 中有讲解。本图中的微生物自上而下分别是克雷伯菌、肠杆菌、沙雷菌和柠檬酸杆菌。赖氨酸脱羧酶（LDC）、鸟氨酸脱羧酶（ODC）、H_2S、福寿糖醇（ADON）、乳糖（LAC）、阿拉伯糖（ARAB）、VP 试验和脲酶（URE）有助于区分这 4 个属，而葡萄糖（GLU）、吲哚（IND）、山梨醇（SOR）、半乳糖醇（DUL）、苯丙氨酸脱氨酶（PAD）和柠檬酸盐（CIT）的反应是相同的，如下所示

菌株	GLU	Gas	LDC	ODC	H_2S	IND	ADON	LAC	ARAB	SOR	VP	DUL	PAD	URE	CIT
克雷伯菌	+	+	+	0	0	0	+	+	+	+	+	0	0	+	+
肠杆菌	+	+	0	+	0	0	0	0	+	+	+	0	0	0	+
沙雷菌	+	0	+	+	0	0	0	+	0	+	+	0	0	0	+
柠檬酸杆菌	+	+	0	0	+	0	0	+	+	+	0	0	0	0	+
			↑	↑	↑		↑	↑	↑		↑			↑	

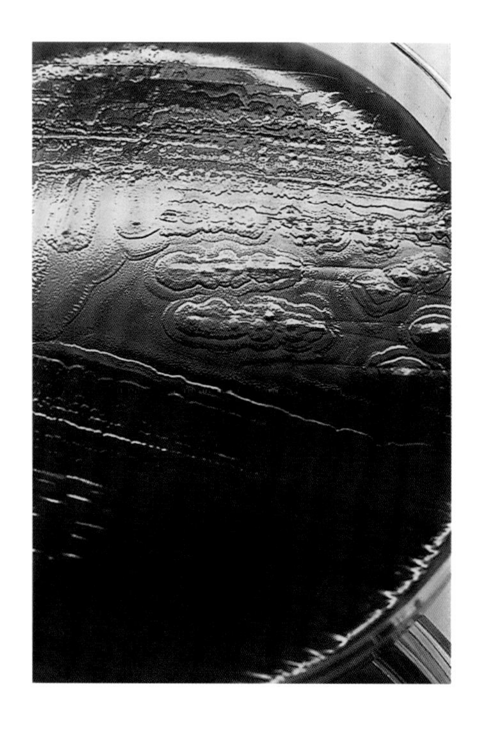

图 12-17　**血液琼脂平板上的奇异变形杆菌。**由于具有运动能力，变形杆菌在血液和巧克力琼脂平板上成群分布。群集导致在琼脂表面产生一层生长薄膜。该菌在血琼脂平板中心接种，可呈波浪状生长，扩散到整个平板上。菌落会产生巧克力蛋糕般的气味

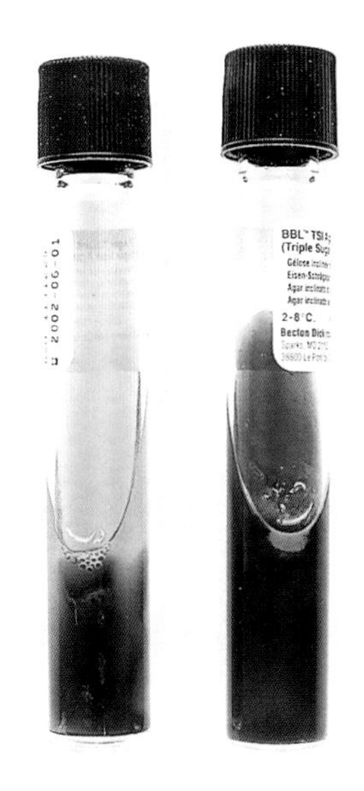

图 12-18　**TSI 琼脂斜面上的普通变形杆菌和奇异变形杆菌。**左侧 TSI 琼脂斜面，表现为 A/A 和 H_2S 阳性，是普通变形杆菌的预期反应结果，右侧为 HLK/A 和 H_2S 阳性的结果，是奇异变形杆菌的预期反应。普通变形杆菌发酵葡萄糖和蔗糖，导致酸性斜面和酸性底部，因为 TSI 琼脂同时含有这两种糖类。奇异变形杆菌发酵葡萄糖，但不发酵蔗糖，导致碱性斜面和酸性底部。TSI 不能单独用于鉴定这两种细菌或任何肠杆菌，因为这些细菌中的许多具有与图中相同的反应。例如，一些柠檬酸杆菌与普通变形杆菌具有相同的 TSI 反应。此外，奇异变形杆菌、沙门菌和迟缓爱德华菌的 TSI 反应是相同的。有关 TSI 琼脂斜面的完整说明，请参考图 10-20

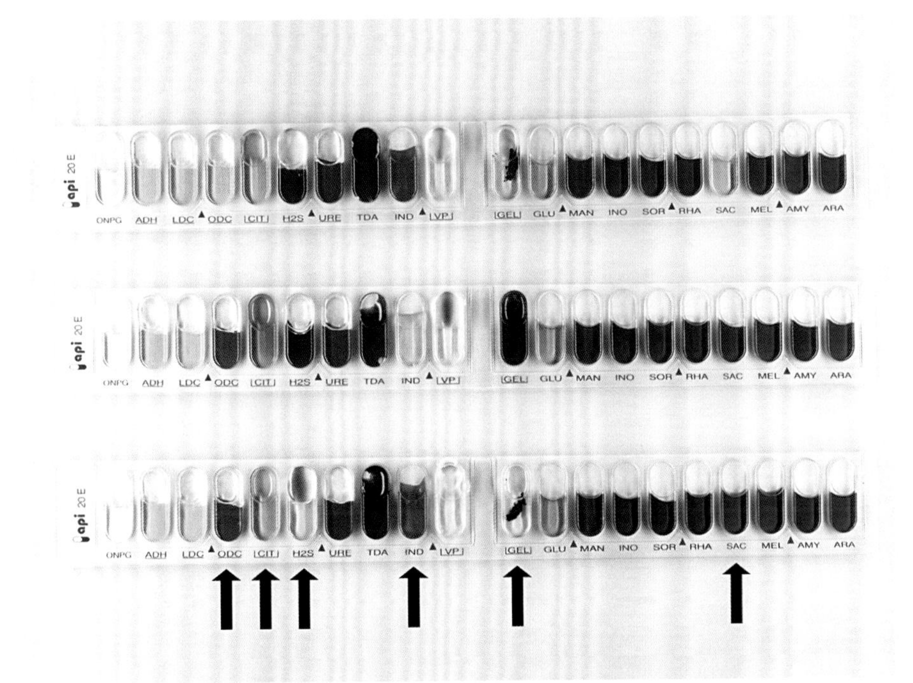

图 12-19　**API 20E 鉴定系统中的普通变形杆菌、奇异变形杆菌和摩氏摩根菌。**变形杆菌属和摩根菌属有着密切的关系，并且有许多相似的生化反应。图中显示了普通变形杆菌（上）、奇异变形杆菌（中）和摩氏摩根菌（下）的异同。这 3 个菌种都是尿素（URE）和色氨酸脱氨酶（TDA）阳性，这是这些微生物的特征性反应。摩氏摩根菌 H_2S 阴性，而变形杆菌属为阳性。奇异变形杆菌为柠檬酸盐（CIT）阳性，吲哚（IND）阴性，与其他两种有区别。鉴别反应如箭头所示。普通变形杆菌、奇异变形杆菌和摩氏摩根菌的生化反应结果如下

菌种	ONPG	ADC	LDC	ODC	CIT	H_2S	URE	TDA	IND	VP	GEL	GLU	MAN	INO	SOR	RHA	SAC	MEL	AMY	ARA
普通变形杆菌	0	0	0	0	0	+	+	+	+	0	+	+	0	0	0	0	+	0	0	0
奇异变形杆菌	0	0	0	+	+	+	+	+	0	0	0	+	0	0	0	0	0	0	0	0
摩氏摩根菌摩根亚种	0	0	0	+	0	0	+	+	+	0	0	+	0	0	0	0	0	0	0	0
				↑	↑	↑			↑		↑						↑			

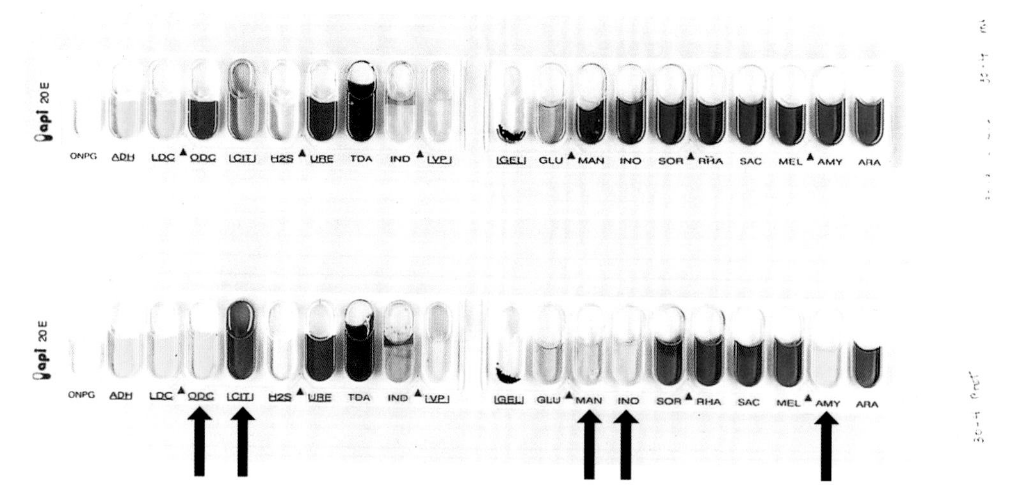

图 12-20　**API 20E 鉴定系统中的摩氏摩根菌和雷氏普鲁威登菌。**摩氏摩根菌（上）和雷氏普罗维登斯菌（下）尿素（URE）和色氨酸脱氨酶（TDA）阳性，H_2S 阴性。它们也有类似的 TSI 反应。通过观察，我们可以很容易地看到鸟氨酸（ODC）、柠檬酸盐（CIT）、甘露醇（MAN）、肌醇（INO）和杏仁苷（AMY）反应结果，如图中的箭头所示，很容易区分这两种菌。摩氏摩根菌和雷氏普罗维登斯菌的生化反应如下

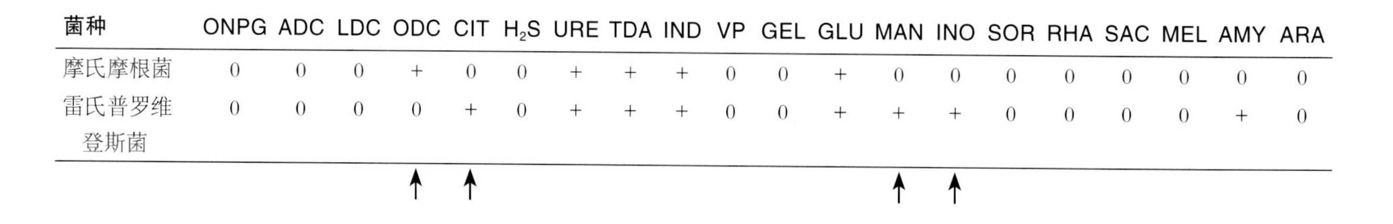

菌种	ONPG	ADC	LDC	ODC	CIT	H_2S	URE	TDA	IND	VP	GEL	GLU	MAN	INO	SOR	RHA	SAC	MEL	AMY	ARA
摩氏摩根菌	0	0	0	+	0	0	+	+	+	0	0	+	0	0	0	0	0	0	0	0
雷氏普罗维登斯菌	0	0	0	0	+	0	+	+	+	0	0	+	+	+	0	0	0	0	+	0
				↑	↑								↑	↑						

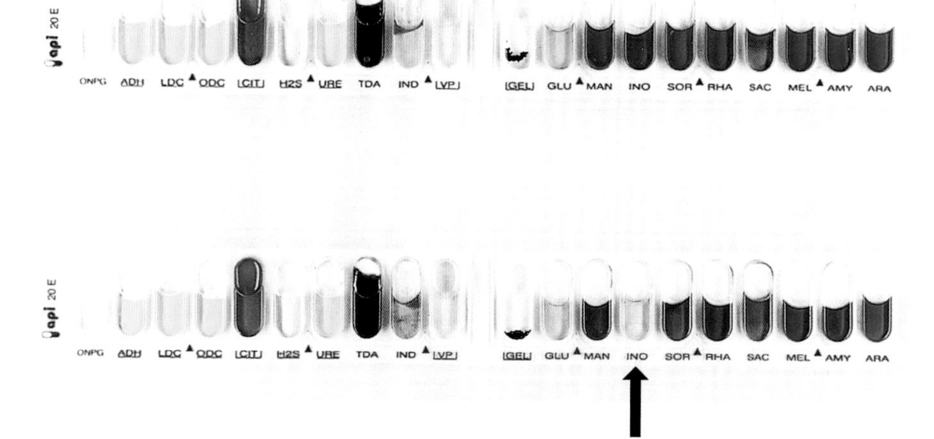

图 12-21　**API 20E 鉴定系统中的产碱普罗维登斯菌和期氏普罗维登斯菌。**此图显示了产碱普罗维登斯菌（上）和斯氏普罗维登斯菌（下）的 API 20E 反应。这两种菌之间的唯一区别是肌醇（INO）反应，箭头所示

图 12-22　**TSI 琼脂斜面上的迟缓爱德华菌。**迟缓爱德华菌在 TSI 琼脂上具有以下反应特征：ALK/A，H_2S 阳性。具有类似反应的肠杆菌的其他成员有奇异变形杆菌、沙门菌属和一些柠檬酸杆菌属。迟缓爱德华菌可以很容易地与这些其他生物区分，因为它柠檬酸盐反应为阴性，而其他菌柠檬酸盐阳性

图 12-23　**TSI 琼脂斜面上的蜂房哈夫尼菌。**蜂房哈夫尼菌在 TSI 琼脂培养基上发生以下反应：ALK/A。这种微生物以前被归类为肠杆菌属，其反应（包括 TSI）与该属内的微生物反应非常相似

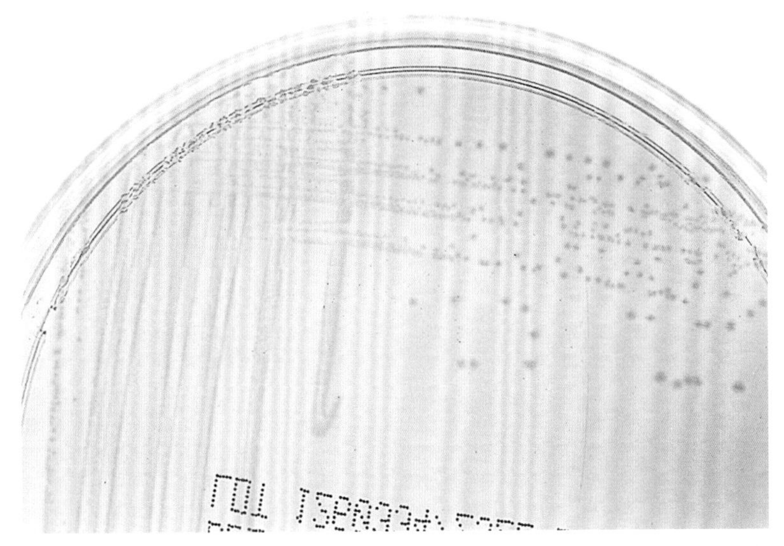

图 12-24　**MacConkey 琼脂平板上的蜂房哈夫尼菌。**蜂房哈夫尼菌菌落较小（直径 1~3 mm），在 MacConkey 琼脂平板上无色。这种微生物以前被归类为肠杆菌，但它是乳糖阴性的，而肠杆菌属都是乳糖发酵菌

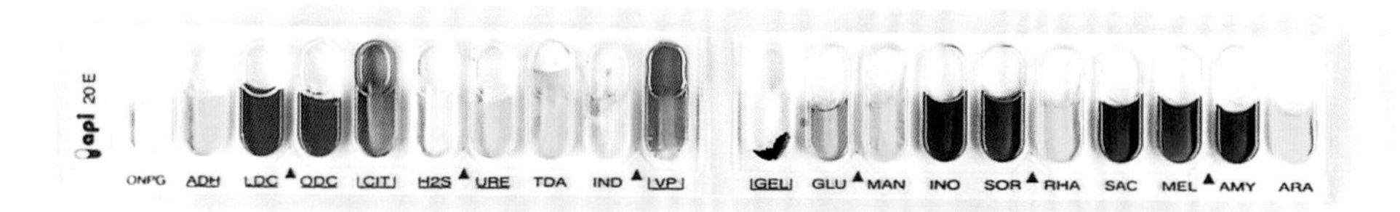

图 12-25　**API 20E 鉴定系统中的蜂房哈夫尼菌。**蜂房哈夫尼菌的邻硝基酚-β半乳糖苷（ONPG）和柠檬酸盐（CIT）试验呈阴性，而肠杆菌属对这两种反应均呈阳性。此外，许多肠杆菌属为蔗糖（SAC）阳性，但蜂房哈夫尼菌为 SAC 阴性

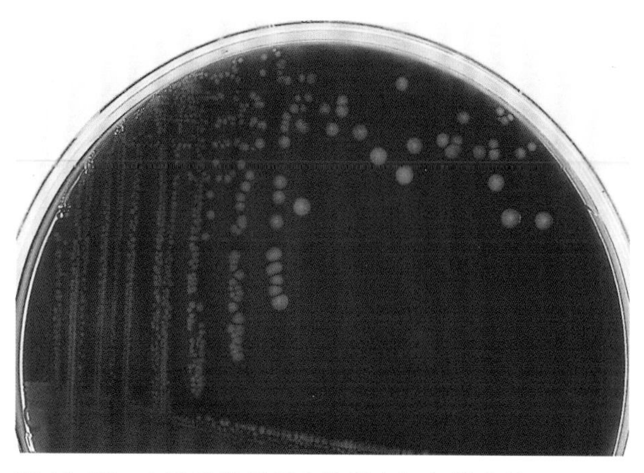

图 12-26　**血液琼脂平板上的类志贺邻单胞菌。**血琼脂平板上的类志贺邻单胞菌菌落直径约 2~3 mm，有光泽、不透明、光滑且不溶血

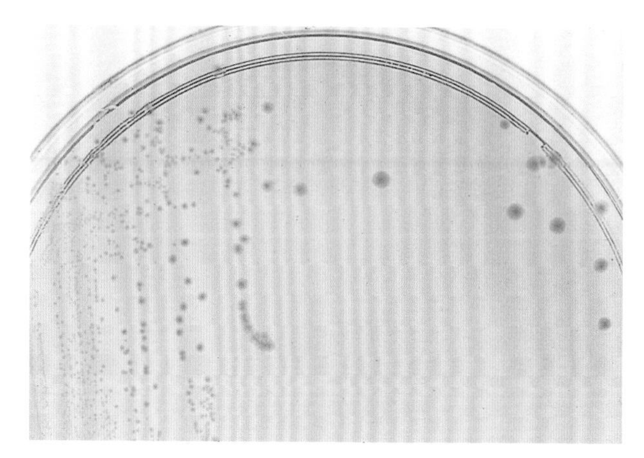

图 12-27　**MacConkey 琼脂平板上的类志贺邻单胞菌。**MacConkey 琼脂平板上的类志贺邻单胞菌菌落通常为无色或粉色，直径为 1~2 mm。菌落看起来与志贺菌非常相似

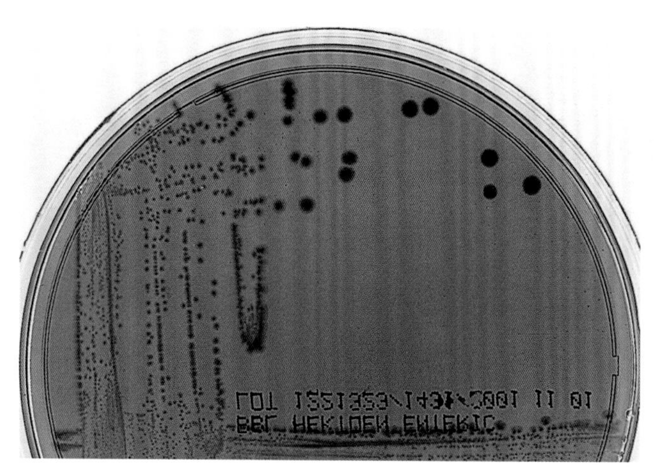

图 12-28　**Hektoen 琼脂平板上的类志贺邻单胞菌。**类志贺邻胞菌在 Hektoen 琼脂平板上的菌落是无色的，因为该微生物不发酵蔗糖。菌落看起来与志贺菌非常相似。氧化酶试验可以快速区分这两个菌。应在非选择性培养基上培养菌落，以避免结果不准确

第 13 章　耶尔森菌属

耶尔森菌属（*Yersinia*），是肠杆菌目耶尔森菌科的一员。包括 3 种致病菌：鼠疫耶尔森菌（*Yersinia pestis*）、小肠结肠炎耶尔森菌（*Yersinia enterocolitica*）和假结核耶尔森菌（*Yersinia pseudotuberculosis*），以及另外 15 种对人类无致病性的菌种。

鼠疫耶尔森菌也被称为鼠疫杆菌，是鼠疫的病原菌。鼠疫的 3 种形式分别是腺鼠疫、肺鼠疫和败血症型鼠疫。其中腺鼠疫最常见，肺鼠疫最严重，因为致病菌可以通过飞沫在人与人之间传播。如果不治疗，鼠疫的死亡率在 50%~100% 之间。鼠疫耶尔森菌的天然宿主是啮齿动物，通过受感染的跳蚤叮咬传播给人类。近年来，非洲、南美和印度都有疫情暴发。鼠疫耶尔森菌可以从血液、淋巴结穿刺液、呼吸道分泌物和脑脊液中分离出来。

小肠结肠炎耶尔森菌和假结核耶尔森菌分布于世界各地，它们可通过摄入受污染的食物或水引起感染。小肠结肠炎耶尔森菌可引起人类的小肠结肠炎，该疾病可能与急性阑尾炎有相似的临床表现，因为它可导致肠系膜淋巴结炎，而肠系膜淋巴结炎与严重腹痛有关。这种微生物存在于许多动物的胃肠道中，主要是狗、啮齿动物和猪。低温可促进其生长，因此多在温带和亚热带地区发现。小肠结肠炎耶尔森菌可分为 6 个生物群：1A、1B、2、3、4 和 5，可通过生物化学试验进行区分。生物型 1B 是最具致病性的。与人类感染相关的生物型有 1B/O：8、2/O：5、27、2/O：9、3/O：3 和 4/O：3。后者在美国和欧洲最为常见。小肠结肠炎耶尔森菌可产生脲酶，使其能够在胃中存活并在小肠中定植。小肠结肠炎耶尔森菌可在 4 ℃下繁殖，因此，来自无症状献血者的受污染血液可造成输血传播感染。

假结核耶尔森菌主要是啮齿动物、兔子和野鸟的致病菌，很少引起人类感染。虽然很罕见，但也可引起儿童和年轻人感染，在免疫抑制患者也可导致败血症。与小肠结肠炎耶尔森菌一样，假结核耶尔森菌感染会导致肠系膜淋巴结炎，引起严重腹痛，类似于急性阑尾炎。它也能引起末端回肠炎，类似克罗恩病和远东猩红热。目前，其他耶尔森菌也已从临床标本中分离出，但尚未确定其致病性。如果是从粪便标本中分离出来的，则应报告为非致病性耶尔森菌。致病性耶尔森菌的生化鉴定试验如表 13-1 所示。

耶尔森菌属是小型革兰氏阴性杆菌，长约 1~3 μm，宽约 0.5~0.8 μm。除鼠疫耶尔森菌外，所有菌种都能活动。它们在 4~40 ℃的温度范围内进行有氧和厌氧生长，在 25~28 ℃的温度范围内生长最佳；≥35 ℃及以上的温度生长不一致。培养温度高于 28 ℃时，生长可能延迟（＞24 h），或者可能出现不一致的生化反应。但是商品化的鉴定系统

表 13-1　耶尔森菌在 35 ℃下培养后的生化反应[a]

菌种	吲哚	25 ℃时的运动性	尿素	鸟氨酸	蔗糖	鼠李糖	蜜二糖
鼠疫耶尔森菌	0	0	0	0	0	0	V
小肠结肠炎耶尔森菌	V	+	+	+	+	0	0
假结核耶尔森菌	0	+	+	0	0	+	+

[a] +. 阳性反应（≥ 90% 阳性）；V. 反应可变（11%~89% 阳性）；0. 阴性反应（≤ 10% 阳性）。

都是基于在 35℃下获得的结果。耶尔森菌的首选培养基包括血液琼脂平板、MacConkey 琼脂平板和头孢磺定 - 三氯生 - 新生霉素（CIN）琼脂平板。如果粪便样本中怀疑有耶尔森菌，则推荐使用 CIN 琼脂培养基。许多假结核耶尔森菌菌株在 CIN 琼脂平板和 CHROMagar Yersinia 上的生长可能受到抑制，因此，MacConkey 琼脂平板是首选的分离培养基。在 CIN 琼脂平板上，小肠结肠炎耶尔森菌的菌落直径约为 2 mm，通常有一个红色中心，被半透明带包围，气单胞菌可以有类似的外观，但是氧化酶试验阳性。耶尔森菌能发酵葡萄糖，将硝酸盐还原为亚硝酸盐，并且过氧化氢酶呈阳性。除鼠疫耶尔森菌外，所有菌种在 25~28 ℃时也呈尿素阳性，但在 35℃时该反应可能为阴性。鸟氨酸可被大多数耶尔森菌脱羧基，除外鼠疫耶尔森菌和假结核耶尔森菌。商品化的鉴定系统中，API 20E 系统（bioMérieux，Inc.，Durham，NC）对小肠结肠炎耶尔森菌和假结核耶尔森菌的敏感性和特异性较高。

鼠疫耶尔森菌用 Giemsa 染色、Wright 染色、Wayson 染色或亚甲基蓝染色比革兰氏染色效果更好。该菌体很小［（1~2）μm × 0.5 μm］，为革兰氏阴性杆菌，当从临床标本中分离出来时，可表现为双极性，类似于安全别针。然而，这种双极形态在革兰氏染色或培养基上生长的菌落涂片中看不到。在固体培养基上，鼠疫耶尔森菌在 35 ℃下培养 24 h 后出现针尖样菌落，在血液琼脂平板上通常不溶血，在脑心灌注琼脂上常为黏液样，长时间培养后看起来像煎蛋。在肉汤培养基中，鼠疫耶尔森菌倾向于沿着管壁聚集，然后在培养 24 h 后落到底部。该菌的代谢活性最好在 13~25 ℃下进行鉴定。可能需要延长培养时间（2~5 d）以确定生化反应结果。

自动化鉴定系统可能会将鼠疫耶尔森菌误判为假结核耶尔森菌，也可能误判为沙门菌、志贺菌或不动杆菌。如果某微生物过氧化氢酶阳性，氧化酶、吲哚和脲酶阴性，则不能排除鼠疫耶尔森菌的可能。因此，应将分离物送至实验室反应网络（Laboratory Response Network，LRN）内的参比实验室，尤其是当鉴定结果与临床图片不一致时。美国疾病预防控制中心指南规定，任何疑似含有鼠疫耶尔森菌的标本均应在生物安全Ⅲ级（biosafety level 3，BSL3）条件下进行检测，或在 BSL Ⅱ条件下进行实验，并采取 BSL Ⅲ预防措施（https://www.cdc.gov/biosafety/publications/bmbl5/）。鼠疫耶尔森菌被归类为一级致病菌。因此，应遵循预警级临床实验室微生物学指南，这些指南可在美国微生物学会网站（https://www.asm.org/Articles/Policy/Laboratory-Response-Network-LRN-Sentinel-Level-C）上查阅。指南提供了标准化的、实用的方法，以帮助微生物实验人员做出鉴定，或将样本提交 LRN 参比实验室进行确认。

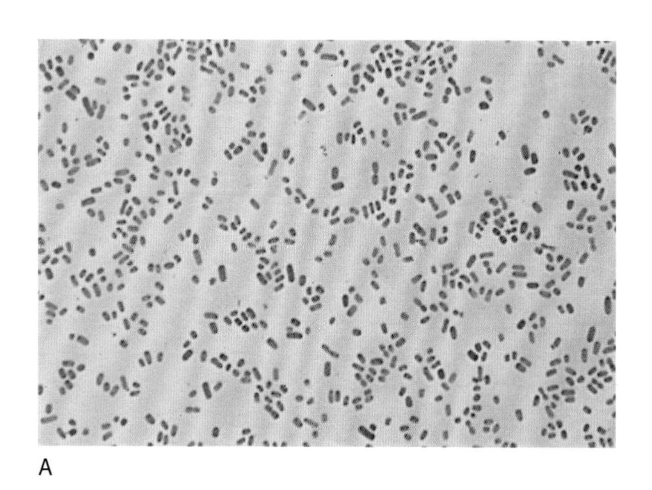
A

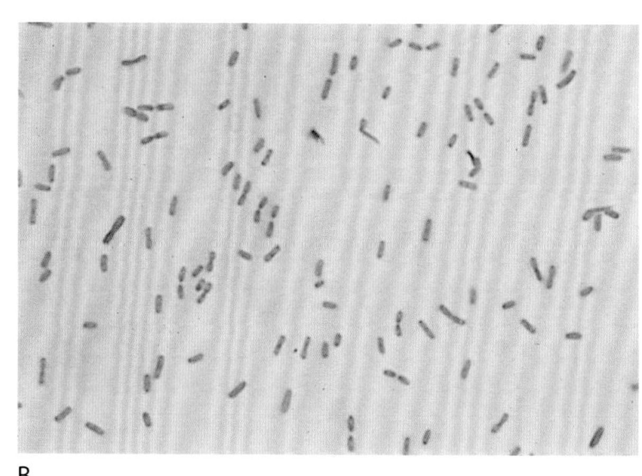
B

图 13-1　小肠结肠炎耶尔森菌和鼠疫耶尔森菌的革兰氏染色。耶尔森菌属是一种小型、丰满的革兰氏阴性杆菌，宽约 0.8 μm，长约 2 μm。这些细胞呈球形，双极染色。图 A 为小肠结肠炎耶尔森菌。图 B 为鼠疫耶尔森菌，菌体呈球形或棒状。革兰氏染色中耶尔森菌的外观与肠杆菌目其他成员相似

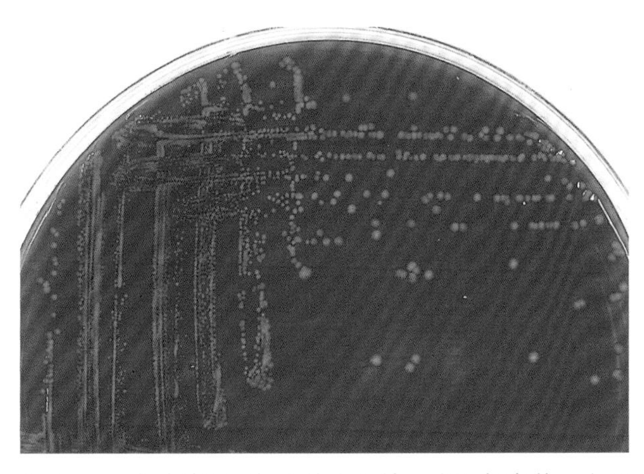

图 13-2　**血液琼脂平板上的小肠结肠炎耶尔森菌。**小肠结肠炎耶尔森菌菌落较小，呈灰色至灰白色，在 35 ℃、5% CO_2 条件下过夜培养后菌落直径为 1~2 mm

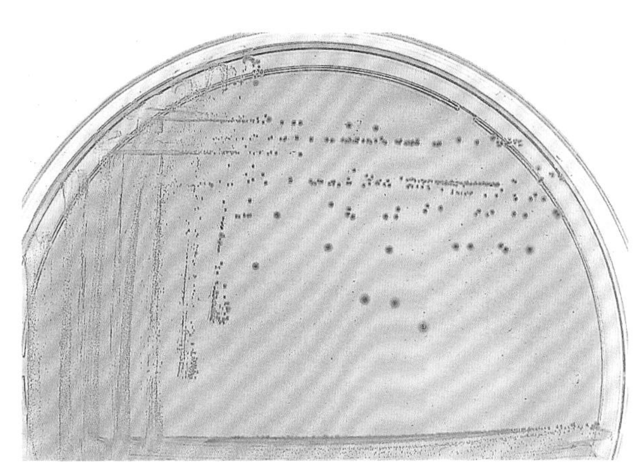

图 13-3　**MacConkey 琼脂平板上的小肠结肠炎耶尔森菌。**小肠结肠炎耶尔森菌是乳糖非发酵菌，因此，其菌落在 MacConkey 琼脂平板上呈现无色或透明。与肠杆菌的其他成员相比，菌落较小，在 35 ℃下过夜培养后，菌落大小为 1~3 mm。在 25 ℃下培养 48 h 可促进其生长

图 13-4　**甲基红和 VP 试验肉汤中的小肠结肠炎耶尔森菌。**甲基红反应为阳性，呈红色（左），而 VP 反应为阴性（右）。这些反应本身并不能将耶尔森菌和肠杆菌的其他成员区分开来。例如，小肠结肠炎耶尔森菌可能与志贺菌相混淆，因此，做进一步的生化测试非常重要，如图 13-5 和 13-6 所示

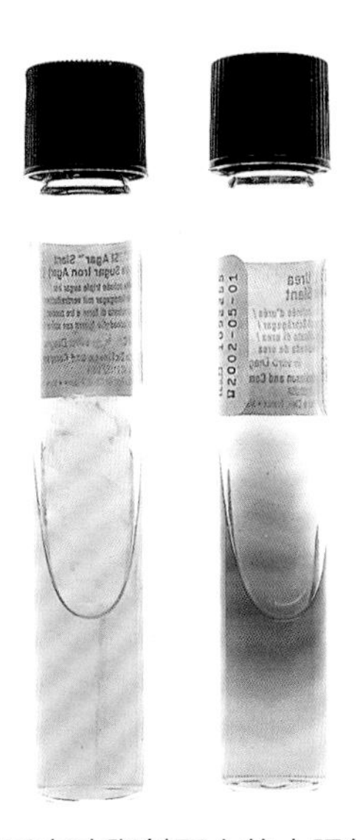

图 13-5　**TSI 和尿素琼脂斜面上的小肠结肠炎耶尔森菌。**小肠结肠炎耶尔森菌发酵葡萄糖和蔗糖，因此，TSI 的预期反应是酸性斜面和酸性底部，不产气（左）。尿素被小肠结肠炎耶尔森菌水解（右）。小肠结肠炎耶尔森菌的最佳反应发生在 25 ℃，而肠杆菌其他成员最佳反应温度在 35 ℃。因此，如果怀疑为耶尔森菌属，但生化反应有问题，则应在 25 ℃下培养 48 h，重复试验

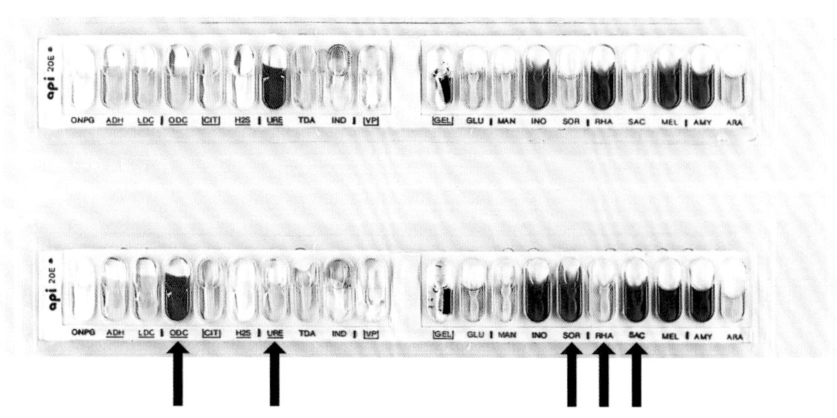

图 13-6 **API 20E 鉴定系统中的小肠结肠炎耶尔森菌和宋内志贺菌。**小肠结肠炎耶尔森菌有时与志贺菌相似，此处显示了两种微生物的 API 20E 反应。小肠结肠炎耶尔森菌在上部。图中箭头所示的前 10 个反应中二者的区别是鸟氨酸脱羧酶（ODC）和尿素（URE）。小肠结肠炎耶尔森菌为 ODC 阴性和 URE 阳性，宋内志贺菌为 ODC 阳性和 URE 阴性，但 A、B 和 C 群志贺菌均为 ODC 阴性。关于糖类反应，如箭头所示，小肠结肠炎耶尔森菌可代谢山梨醇（SOR）和蔗糖（SAC），但志贺菌不能，宋内志贺菌可代谢鼠李糖（RHA）。小肠结肠炎耶尔森菌和宋内志贺菌的生化反应见下表。应注意的是，商品化鉴定系统可能会产生不同于传统培养基的反应结果，因为商品化系统的数据库基于 4~24 h 的培养时间，并且可能无法检测到微生物的延迟反应。例如，在该例中，宋内志贺菌为 ONPG 阴性，但它可能具有延迟发酵乳糖作用，并且在使用常规方法检测时，ONPG 为阳性

菌种	ONPG	ADC	LDC	ODC	CIT	H2S	URE	TDA	IND	VP	GEL	GLU	MAN	INO	SOR	RHA	SAC	MEL	AMY	ARA
小肠结肠炎耶尔森菌	0	0	0	0	0	0	+	0	0	0	0	+	+	0	+	0	+	0	0	+
宋内志贺菌	0	0	0	+	0	0	0	0	0	0	0	+	+	0	0	+	0	0	0	+
				↑			↑								↑	↑	↑			

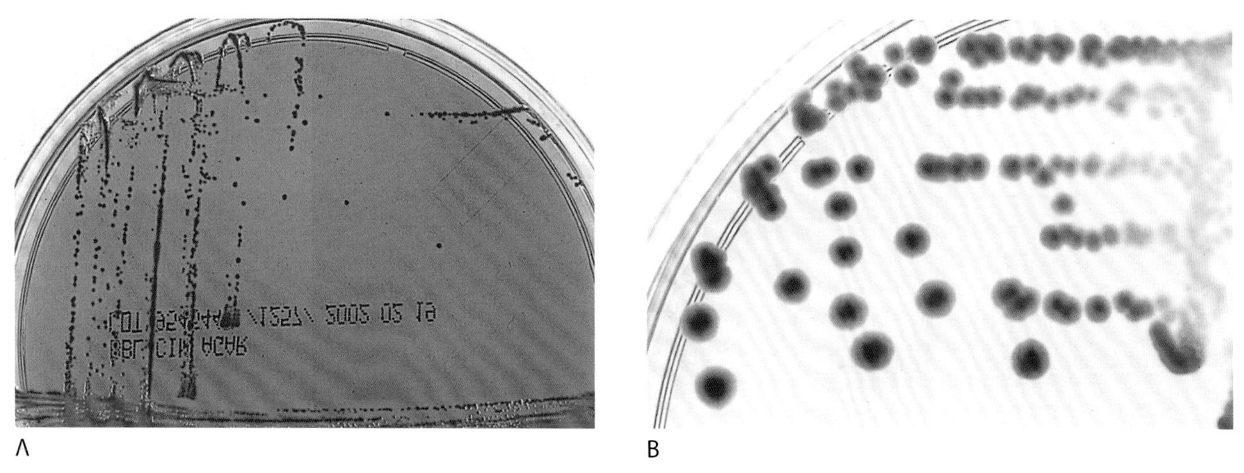

图 13-7 **小肠结肠炎耶尔森菌在 CIN 琼脂平板上，25 ℃下培养 24 h 和 48 h 的菌落。**CIN 琼脂平板是分离小肠结肠炎耶尔森菌的良好培养基，尤其是从粪便标本中分离。为了获得最佳菌落生长，应将待测样本接种到培养基上，并在 25 ℃下培养 48 h。小肠结肠炎耶尔森菌菌落呈亮粉色，红色中心，被半透明区域包围，呈现典型的牛眼外观。很少有其他微生物在这种培养基上生长，除外气单胞菌属。图 A 为小肠结肠炎耶尔森菌在 25 ℃下培养 24 h，菌落直径约为 1 mm。图 B 为在 25 ℃下培养 48 h，菌落直径约为 3~4 mm

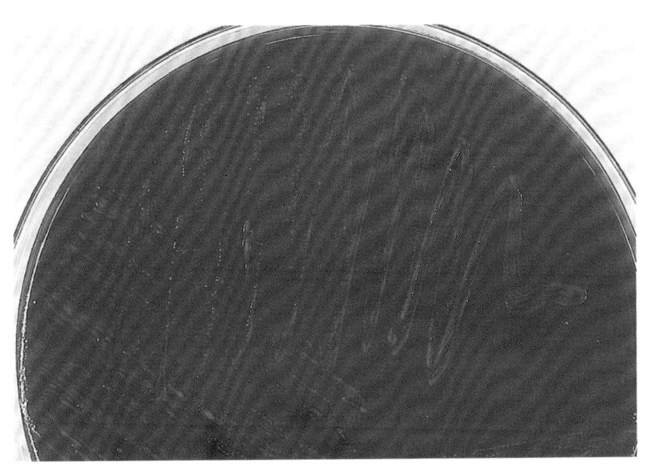

图 13-8　**血琼脂平板上的鼠疫耶尔森菌。**血琼脂平板上的鼠疫耶尔森菌在培养 24 h 后形成针尖样菌落，如图所示。长时间培养后，它们会呈现出粗糙的菜花状外观。在肉汤培养基中生长时，菌落形成细胞团，黏附在试管的一侧，类似钟乳石图案或锤击铜（hammered copper）

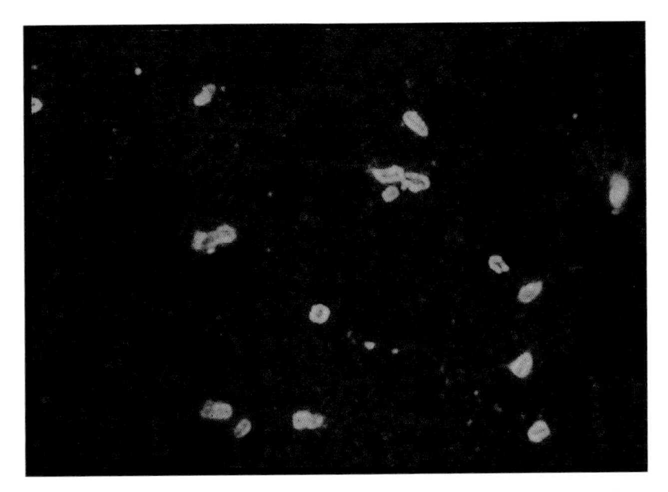

图 13-9　**鼠疫耶尔森菌直接荧光抗体染色。**如图所示，使用荧光抗体染色法对鼠疫耶尔森菌荚膜 F1 抗原进行直接显微镜检测。免疫荧光染色阳性可对鼠疫耶尔森菌感染做出初步鉴定

第 14 章　弧菌科

弧菌属（*Vibrio*）与其他 5 个菌属一起归入弧菌科，分别是另类弧菌属（*Alivibrio*）、肠弧菌属（*Enterovibrio*）、格里蒙特菌属（*Grimontia*）、发光杆菌属（*Photobacterium*）和盐弧菌属（*Salinivibrio*）。致病菌包括弧菌属（13 种）、格里蒙特菌属（1 种）和发光杆菌属（1 种）。其中霍乱弧菌（*Vibrio cholerae*）、副溶血弧菌（*Vibrio parahaemolyticus*）和创伤弧菌（*Vibrio vulnificus*）是最常见的临床分离菌，其次是溶藻弧菌（*Vibrio alginolyticus*）、拟态弧菌（*Vibrio mimicus*）和河流弧菌（*Vibrio fluvialis*）。剩下的弧菌属很少出现。本章讲解引起人类感染的最常见的弧菌。

霍乱弧菌分为 3 个主要亚群，即 O1 群霍乱弧菌、O139 群霍乱弧菌和非 O1 群霍乱弧菌以及 200 多个血清群。这一组中最重要的病原体是霍乱弧菌血清群 O1 和 O139，它们可引起地方性、流行性和大流行性霍乱。O1 群霍乱弧菌有两种生物型：经典型和 El Tor 型。经典生物型导致了 7 次历史性大流行中的 6 次，El Tor 生物型引起了 1961 年开始的第 7 次大流行。El Tor 生物型与经典生物型不同，它是 VP 试验阳性，可溶解红细胞，并能被多黏菌素 B 抑制，而经典生物型具有相反的反应特征。

2016 年，世界卫生组织（WHO）报告了全球超过 130 000 例霍乱病例。在过去的 20 年中，大多数病例发生在非洲，2010 年至 2012 年除外，当时海地发生流行。截至 2016 年，海地报告了近 800 000 例病例。在美国，霍乱病例通常发生在去过霍乱流行地区的人中。

1992 年，印度、孟加拉国和亚洲其他地方暴发了霍乱疫情。新的霍乱弧菌亚群被命名为 O139 群，以区别于 1998 年之前已知的其他霍乱弧菌群。O139 群和 O1 群菌株携带相似的毒力因子，包括 ctx 和 tcpA 基因。2002 年，O139 群在孟加拉国再次出现，造成 30 000 例病例。根据世卫组织的报告，亚洲的 O139 群霍乱弧菌感染大多来自中国。相比之下，泰国报告的霍乱病例中，0.5% 以下是由 O139 群引起的，非洲没有报告 O139 群感染病例。

O139 群的流行病学特征与 O1 群相似，O139 群的分离和鉴定特征也与 O1 群相同。因此，需要对 O139 血清群的抗血清进行最终鉴定。该群由于具有霍乱毒素，可引起严重症状。霍乱的临床表现可从无症状感染到严重感染，导致水样腹泻，称为米泔样便，造成人体失水量为 500~1000 mL/h。霍乱暴发型归因于 *ctx* 和 *tcpA* 基因。治疗需要补充液体和电解液。近年来，非洲和亚洲出现了 O1 群霍乱弧菌的新变种。这些变种被称为混合 El Tor 菌株，其毒力可能比大多数 El Tor 菌株更强。

非 O1 群霍乱弧菌（非 O1 群，非 O139 群）是一种非流行性霍乱相关微生物，是继副溶血弧菌、溶藻性弧菌和创伤弧菌之后，美国第四常见的临床分离弧菌。非 O1 型霍乱弧菌通常不产生霍乱毒素，可能产生其他毒素。非 O1 型霍乱弧菌可引起自限性胃肠炎、败血症和伤口感染。拟态弧菌在临床表现和菌体特征方面与非 O1 型霍乱弧菌非常相似。由于这些原因，它以前被归类为蔗糖阴性的霍乱弧菌。

溶藻弧菌是美国第二常见的弧菌，它与副溶血弧菌密切相关，可根据其在 10% NaCl 中生长和发酵蔗糖的能力进行区分。溶藻弧菌 VP 试验阳性，由于形成了均匀分布的周生鞭毛，它可以在血琼脂平板上聚集。患者接触海水后，可引起肠外感染（如耳和伤口感染）。虽然溶藻弧菌可从粪便标本中分离出来，但并不知道它是否会引起腹泻。

副溶血弧菌多与生食受污染的鱼类或贝类后引起的胃肠炎有关。在日本，大多数食源性腹泻是由副溶血弧菌引起的。在美国，副溶血弧菌是最常从临床标本中分离的弧菌。副溶血弧菌感染通常具有自限性，水样便，有时是血样便，持续 2~3 d。尿素酶阳性菌株比尿素酶阴性菌株毒性更强，这与产生热稳定的直接溶血素有关，这种溶血素可溶解人类红细胞。

创伤弧菌可引起严重感染，且死亡率高。创伤弧菌可在食用或处理生牡蛎后引起败血症和伤口感染。已知该疾病主要发生在肝病患者中。肝脏疾病导致的铁可用性增加，似乎使这些人感染的风险增加。

美人鱼发光杆菌（*photobacterium damselae*）和霍利斯弧菌（*Grimontia hollisae*），过去归类在弧菌属，现在被称为类弧菌生物（Vibrio-like organisms）。美人鱼发光杆菌感染可危及生命，死亡率很高。该微生物可引起菌血症、蜂窝织炎和坏死性筋膜炎。这是渔民的一种职业病。严重感染发生在接触致病菌后数小时内，需要立即就医。与大多数其他弧菌科微生物一样，该菌具有氧化酶活性，可在 6% 的 NaCl 中生长。VP 试验和精氨酸试验呈阳性，而大多数其他常规表型试验结果呈阴性。

霍利斯弧菌（*Grimontia hollisae*）可引起严重腹泻，由于大量血液或血浆流失，可导致菌血症或低血容量休克。和其他弧菌感染一样，霍利斯弧菌感染是由于食用生的或烹调不当的海鲜造成的，如牡蛎。霍利斯弧菌氧化酶和鸟氨酸试验阳性。鉴定弧菌科的其他表型试验为阴性。与其他弧菌科不同，霍利斯弧菌不在硫代硫酸盐 - 柠檬酸盐 - 胆盐 - 蔗糖（TCBS）琼脂平板上生长。其他弧菌科的致病菌不太常见。

弧菌属的微生物是弯曲或笔直的革兰氏阴性杆菌，宽约 0.5~0.8 μm，长约 1.5~2.5 μm。大多数菌种可通过极性鞭毛运动，在琼脂培养基上成群分布的菌种则具有周生鞭毛。所有弧菌都能发酵葡萄糖。除麦氏弧菌外，其他弧菌属均为氧化酶和过氧化氢酶阳性，并可将硝酸盐还原为亚硝酸盐。弧菌属在营养琼脂平板或含 NaCl 的肉汤中生长最好。除了非嗜盐性菌种霍乱弧菌和拟态弧菌外，其他弧菌均需要在至少含 0.5% 的 NaCl 的培养基上生长。大多数原代培养基至少含有 0.5% 的 NaCl，因此，弧菌可在血液琼脂平板和 MacConkey 琼脂平板上生长良好。当疑似疫情发生时，应使用选择性培养基（如 TCBS 琼脂平板），尤其是当样本来源为粪便时。在该培养基中加入蔗糖可将霍乱弧菌和溶藻弧菌与其他致病性弧菌区分开，因为它们通过蔗糖发酵产生黄色菌落，而大多数其他弧菌属为蔗糖阴性，菌落呈绿色。

串珠试验有助于区分弧菌属与气单胞菌属和邻单胞菌属等密切相关微生物。在该试验中，弧菌属在 0.5% 脱氧胆酸钠存在下裂解，串珠试验呈阳性，而气单胞菌和邻单胞菌呈阴性。有助于鉴定弧菌属的其他关键试验包括氧化酶试验、三糖铁（TSI）琼脂斜面反应、ONPG、赖氨酸脱羧酶、鸟氨酸脱羧酶和精氨酸二氢酶等。表 14-1 列出了弧菌属及其主要鉴定试验特征。商品化鉴定系统对弧菌属鉴定的准确性各不相同。据报道，对于常见的弧菌属临床分离株，基质辅助激光解吸电离飞行时间质谱法的鉴定结果与基因测序结果一致性最高，但并非所有版本的数据库都包含所有致病性弧菌。目前也有针对弧菌属的分子检测方法，但商品化产品不多。与培养方法相比，基于 PCR 的检测方法具有其优势，粪便样本可以进行冷冻保存，以便以后进行必要的检测。由于弧菌很少在非沿海地区或霍乱不流行的地方分离出来，因此临床实验室通常不会常规开展弧菌的分子诊断。

一旦分离出 O1 群和 O139 群霍乱弧菌菌株，应立即报告，并提交公共卫生实验室进行确认和毒素测试。为了便于监测，所有弧菌科分离菌种也应送往公共卫生实验室。

表 14-1 临床标本中分离的弧菌科鉴定试验[a]

菌种	氧化酶	运动性	ONPG	ADH	LDC	ODC	0% NaCl	6% NaCl	水杨酸	蔗糖
弧菌属										
溶藻弧菌	+	+	0	0	+	V	0	+	0	+
辛辛那提弧菌	+	V	V	0	V	0	0	+	+	+
霍乱弧菌	+	+	+	0	+	+	+	V	0	+
河流弧菌	+	V	V	+	0	0	0	+	0	+
弗氏弧菌	+	V	V	+	0	0	0	+	0	+
哈维弧菌	+	0	0	0	+	0	0	+	0	V
麦氏弧菌	0	V	V	V	V	0	0	V	0	+
拟态弧菌	+	+	+	0	+	+	+	V	0	0
副溶血弧菌	+	+	0	0	+	+	0	+	0	0
创伤弧菌	+	+	V	0	+	V	0	V	+	V
霍利斯弧菌	+	0	0	0	0	+	0	V	0	0
美人鱼发光杆菌	+	V	0	+	V	0	0	+	0	0

[a] ONPG. 邻硝基苯基 - β -d- 半乳糖苷；ADH. 精氨酸二氢酶；LDC. 赖氨酸脱羧酶；ODC. 鸟氨酸脱羧酶；+. 阳性反应（≥ 90% 阳性）；V. 可变反应（11%~89% 阳性）；0. 阴性反应（≤ 10% 阳性）。

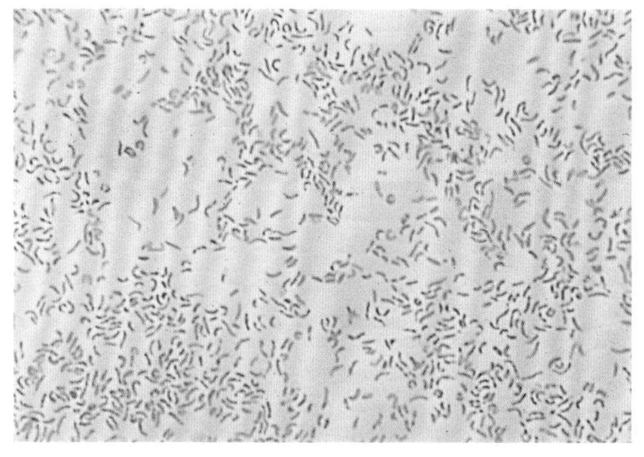

图 14-1 **弧菌属革兰氏染色。**弧菌属革兰氏染色为典型的弯曲和直线形革兰氏阴性杆菌，长 1.5~2.5 μm，宽 0.5~0.8 μm

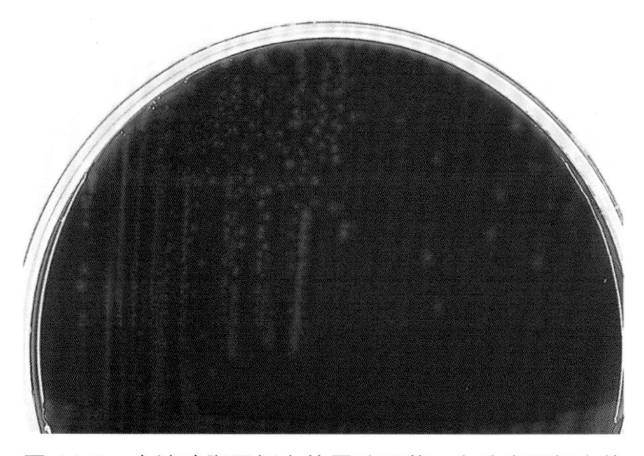

图 14-2 **血液琼脂平板上的霍乱弧菌。**血琼脂平板上的霍乱弧菌菌落大小适中，直径 1~3 mm，不溶血，光滑不透明，呈绿色

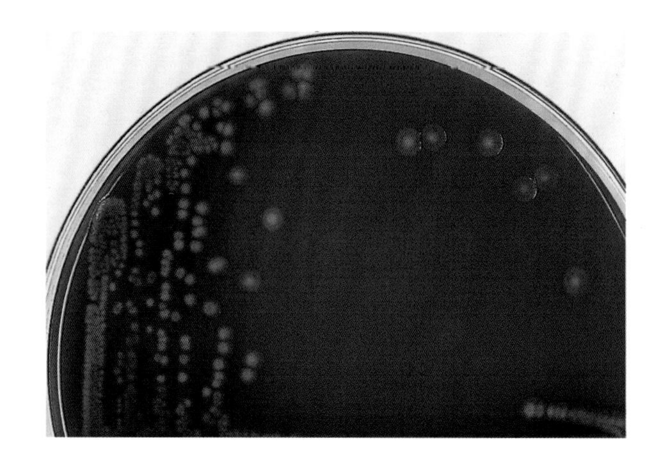

图 14-3 **血液琼脂平板上的溶藻弧菌。**溶藻弧菌在血液琼脂平板上的菌落大小中等，直径 3~5 mm，非溶血，平整，不透明，略带绿色。除河流弧菌和拟态弧菌外，大多数弧菌属均为非溶血性弧菌。溶藻弧菌可以在血琼脂平板上聚集，这是由于其周围有丰富的鞭毛形成。图中可见菌落周围的狭窄扩散区域，与变形杆菌不同，变形杆菌可以覆盖琼脂的整个表面

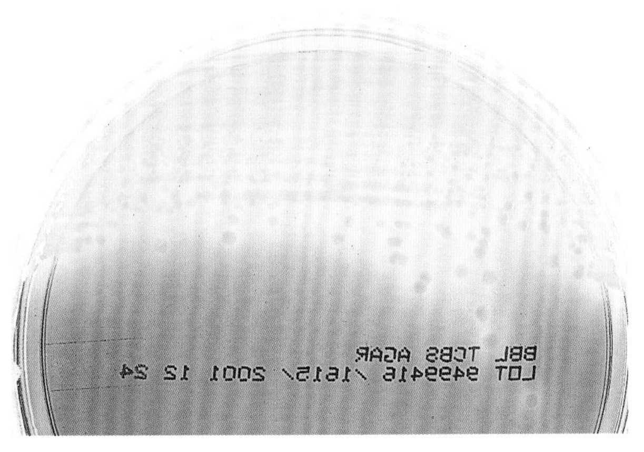

图 14-4　**TCBS 琼脂平板上的霍乱弧菌。**TCBS 琼脂平板是一种选择性培养基，用于从粪便样本中分离弧菌属，尤其是霍乱弧菌。一些弧菌在这种培养基上生长不良，而另一些弧菌生长良好，产生黄色或绿色菌落，这取决于它们是否发酵蔗糖。霍乱弧菌是一种蔗糖发酵菌，如图所示，菌落颜色为黄色。TCBS 琼脂平板应在 35℃的空气中培养，而不是在 5%~10% 的 CO_2 环境中培养

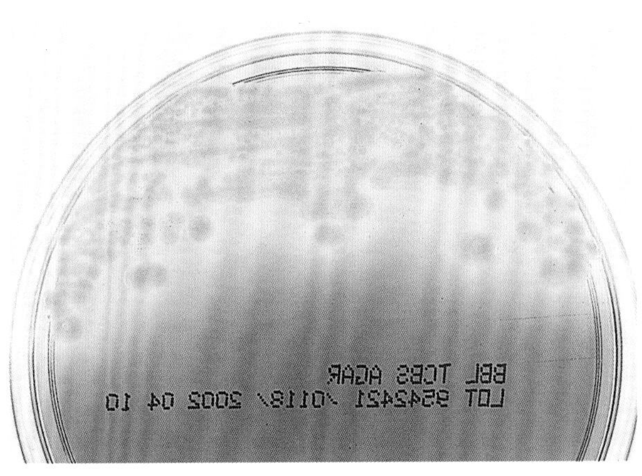

图 14-5　**TCBS 琼脂平板上的溶藻弧菌。**TCBS 琼脂平板不能单独用于鉴别培养霍乱弧菌，其他种类的弧菌也能发酵蔗糖，包括麦氏弧菌、河流弧菌、溶藻弧菌（如图所示）和一些创伤弧菌菌株。溶藻弧菌在 TCBS 琼脂平板上的菌落比霍乱弧菌的菌落大（图 14-4）

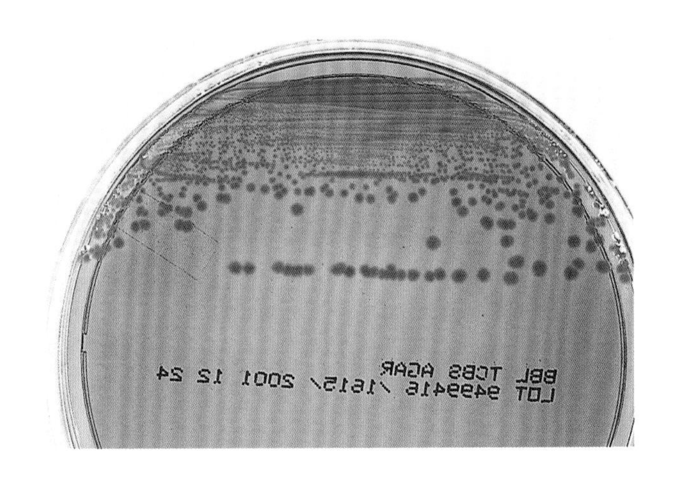

图 14-6　**TCBS 琼脂平板上的副溶血弧菌。**与图 14-4 和图 14-5 中的弧菌不同，副溶血弧菌不发酵蔗糖，因此，菌落在 TCBS 琼脂上呈绿色

图 14-7　**血液琼脂平板上的副溶血弧菌。**副溶血弧菌在血琼脂平板上的菌落与霍乱弧菌的菌落非常相似（图 14-2），但稍大，直径为 2~4 mm，呈深绿色

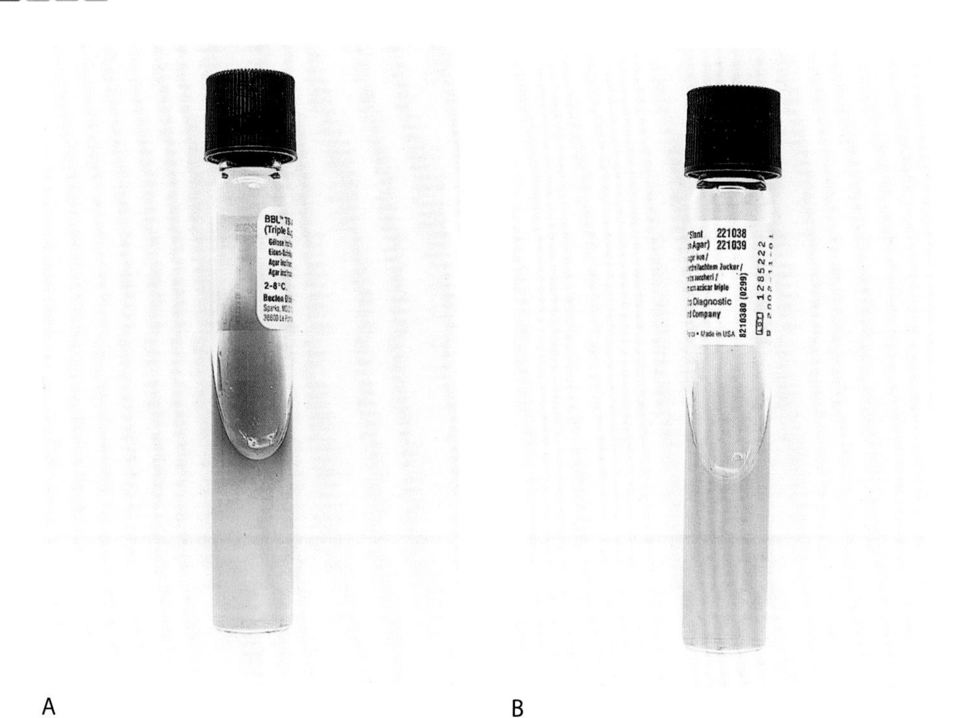

图 14-8 **TSI 琼脂斜面上的弧菌属。**弧菌属在 TSI 琼脂斜面上生长良好。由于它们可发酵葡萄糖，不产气，因此试管底部反应是酸性的（黄色）。斜面中的反应取决于该微生物是否发酵乳糖和（或）蔗糖。图 A，副溶血弧菌不发酵乳糖或蔗糖，因此，斜面呈碱性（粉红色）。图 B，溶藻弧菌发酵蔗糖，因此在 TSI 琼脂斜面中产生酸性（黄色）反应

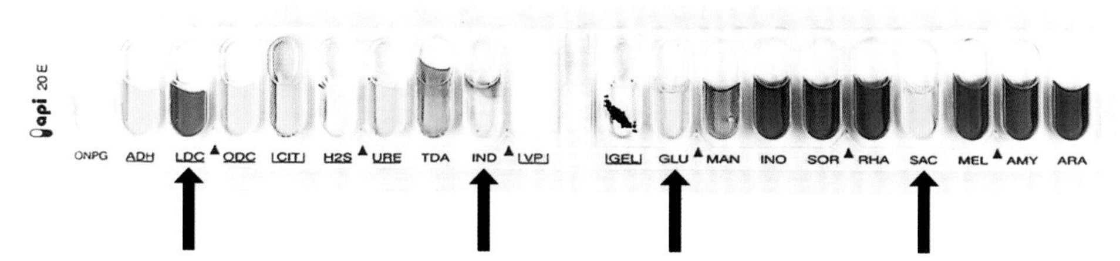

图 14-9 **API 20E 鉴定系统鉴定溶藻弧菌。**商品化鉴定系统对弧菌属的鉴定往往不太可靠。但是，数据库中包括常见的分离菌种，如溶藻弧菌。箭头上方所示的 API 20E 鉴定系统（bioMérieux，Inc.，Durham，NC）中的阳性反应是溶藻弧菌的特征，包括赖氨酸脱羧酶（LDC）、吲哚（IND）、葡萄糖（GLU）和蔗糖（SAC）。鉴定结果的得出基于这些反应的组合，以及氧化酶试验阳性

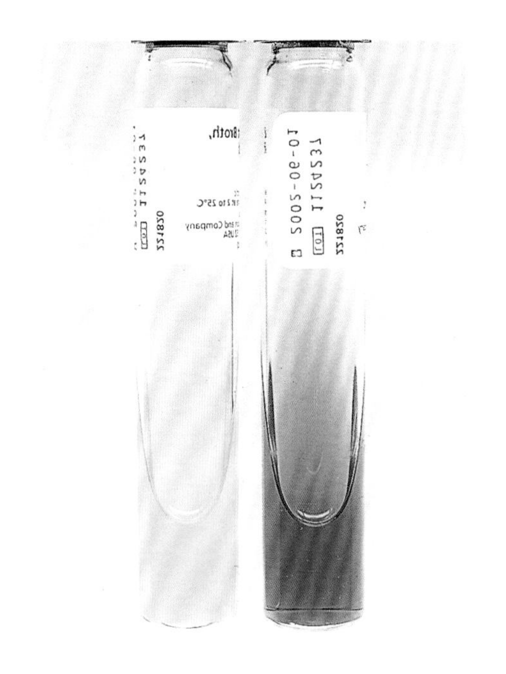

图 14-10　**溶藻弧菌和嗜水气单胞菌接种到 6.5% NaCl 肉汤中。**弧菌在原代培养基上的生长与气单胞菌和邻单胞菌非常相似，这 3 种菌株均为氧化酶阳性。弧菌属的 1 个显著特征是它们在高浓度 NaCl 存在下生长的能力。在该图中，溶藻弧菌在 6.5% NaCl 中生长（左），但嗜水气单胞菌没有生长（右）。6.5% NaCl 肉汤还含有葡萄糖和指示剂，由于葡萄糖发酵，培养基变酸（黄色）

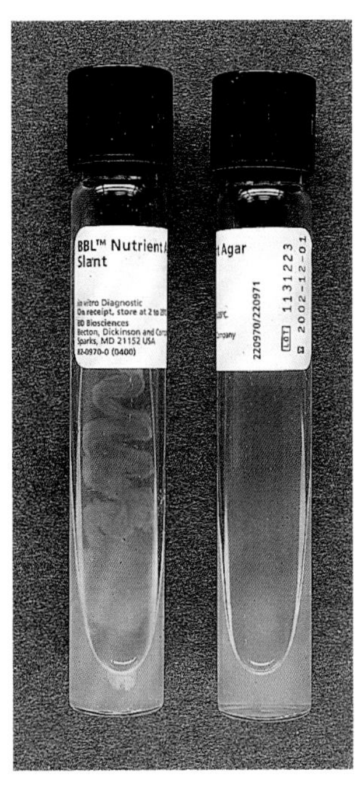

图 14-11　**营养琼脂上接种的溶藻弧菌和嗜水气单胞菌。**大多数弧菌都需要 NaCl 才能生长。如图所示，左侧营养琼脂斜面接种嗜水气单胞菌，右侧接种溶藻弧菌。由于营养琼脂不含足够的 NaCl，不足以支持溶藻弧菌的生长，因此仅接种嗜水气单胞菌的试管中有菌落生长

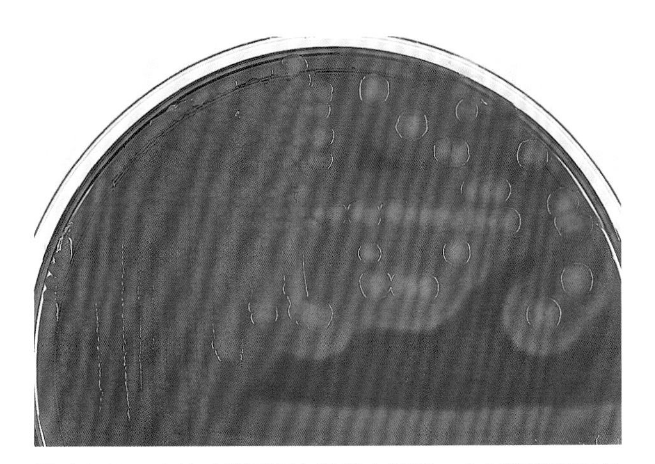

图 14-12　**血液琼脂平板上的拟态弧菌。**大多数弧菌属是非溶血性的，但有两种可能是 β-溶血性的：河流弧菌和拟态弧菌。在这张图像中，血液琼脂平板上的拟态弧菌菌落为中大型，直径为 4~5 mm，周围有广泛的 β-溶血区。美人鱼发光杆菌也是 β-溶血

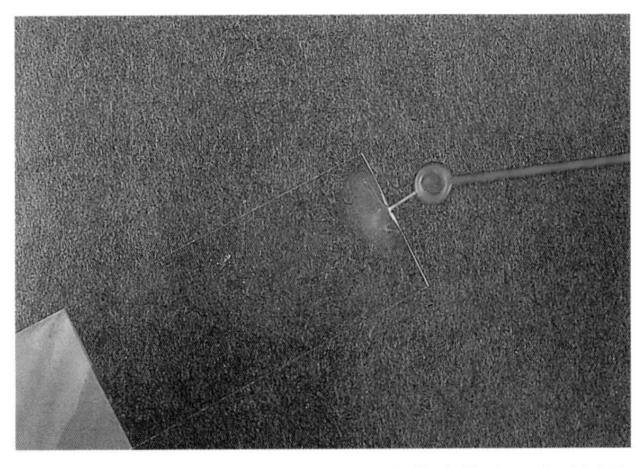

图 14-13　**通过串珠试验对弧菌属的推定鉴定。**串珠试验用于区分弧菌与其他相关生物，如气单胞菌和邻单胞菌。将待测菌落悬浮在 0.5% 脱氧胆酸钠的玻片上。弧菌与该试剂混合时会溶解，形成黏性悬浮液。如图所示，当用接种环将悬浮液从破片表面拉出时，会出现一串黏性物质

第 15 章　气单胞菌属

气单胞菌属（*Aeromonas*），与海洋单胞菌属和甲苯单胞菌属同属气单胞菌科，但是只有气单胞菌属能使人类致病。在气单胞菌属的 36 个种和亚种中，能够从临床标本中分离出来的只有 13 种。大多数人类致病菌属于嗜水气单胞菌复合群（*A. hydrophila* complex），其中包括嗜水气单胞菌嗜水亚种（*Aeromonas hydrophila* subsp. *hydrophila*）和达卡气单胞菌（*Aeromonas dhakensis*）；豚鼠气单胞菌复合群（*Aeromonas caviae* complex）包括豚鼠气单胞菌（*A. caviae*）、rivipollensis 气单胞菌（*Aeromonas rivipollensis*）；维罗纳气单胞菌复合群（*Aeromonas veronii* complex），包括维罗纳气单胞菌温和变种（*A. veronii biovar sobria*）、维罗纳气单胞菌维罗纳变种（*A. veronii biovar veronii*）、diversa 气单胞菌（*Aeromonas diversa*）、简氏气单胞菌（*Aeromonas jandaei*）、舒氏气单胞菌（*Aeromonas schubertii*）和尺骨气单胞菌（*Aeromonas trota*）。还有其他的气单胞菌，包括 popoffii 气单胞菌、sanarellii 气单胞菌和台湾气单胞菌（Aeromonas taiwanensis）。

通过进一步的分类研究发现，达卡气单胞菌是最常分离到的气单胞菌之一，且毒力最强。过去，达卡气单胞菌曾被误认为是嗜水气单胞菌。对人类致病的气单胞菌中，90% 以上是豚鼠气单胞菌、达卡气单胞菌、嗜水气单胞菌嗜水亚种和维罗纳气单胞菌。

气单胞菌属广泛分布于水生和海洋环境中。气单胞菌不仅对人类致病，还会引起鱼类和冷血动物感染。在气候温暖的月份，人类可能通过多种途径受到感染。水是最常见的感染源，可通过接触污染水源或戏水感染气单胞菌属；一些水产品、宠物和患病的牲畜也与气单胞菌的传播有关。气单胞菌引起多种肠道和肠外疾病，可为自限性的胃肠炎，也可能危及生命，如败血症和坏死性筋膜炎等。其他部位的感染也鲜有报道，包括泌尿生殖系统、眼部、呼吸道和外科感染等。过去，气单胞菌对人类健康的风险较低。然而，在 21 世纪早期的自然灾害之后，包括新奥尔良的洪水和泰国的海啸，气单胞菌成为重要的感染原因。临床上采用水蛭治疗后，气单胞菌感染的风险也会增加，因为水蛭的肠道中可能含有气单胞菌。与这些感染相关的最常见的气单胞菌包括豚鼠气单胞菌、达卡气单胞菌、嗜水气单胞菌和维罗纳气单胞菌温和亚种。

气单胞菌属是革兰氏阴性杆菌或球杆菌，体积较小，长 1.0~4.0 μm，宽 0.3~1.0 μm。大多数气单胞菌通过单极鞭毛运动，在＜8 h 龄的培养物中可以观察到富周侧鞭毛。气单胞菌在常规实验室培养基（包括血琼脂平板和 MacConkey 琼脂平板）上生长良好，约 90% 的分离株在血液琼脂平板上具有较好的溶血性，除外 popofii 气单胞菌。当从粪便中分离气单胞菌时，可使用含有 4 μg/mL 头孢磺啶的改良头孢磺啶 - 三氯生 - 新生霉素（CIN）琼脂平板。也可用其他培养基，如含有 20 μg/mL 氨苄西林的血琼脂平板，以提高粪便中气单胞菌的分离率。但是对氨苄西林敏感气单胞菌，如尺骨气单胞菌，生长会受到抑制。气单胞菌琼脂平板是分离气单胞菌的另一种选择性培养基。它是一种含有 d- 木糖的高选择性培养基，气单胞菌不发酵木糖醇。该反应可将气单胞菌与耶尔森菌属和柠檬酸杆菌属区分开来，这两个属的菌落形态与 CIN 琼脂平板上的气单胞菌菌落形态相似。该培养基的另一个优点是，培养出的气单胞菌菌落可以直接进行氧化酶试验，但 CIN 琼脂平板上的菌落不能直接进行氧化酶试验。

气单胞菌是氧化酶和过氧化氢酶阳性菌，可将硝酸盐还原为亚硝酸盐，发酵葡萄糖和其他碳水化合物。但并非所有气单胞菌都能分解葡萄糖产生气体。除了舒氏气单胞菌和少数豚鼠气单胞菌菌株外，大多数气单胞菌都是吲哚阳性。气单胞菌的生长温度范围很广（10~42 ℃）。建议使用基质辅助激光解吸电离飞行时间质谱（MALDI-TOF MS）或氧化酶和吲哚斑点试验筛选血琼脂上的 β - 溶血菌落。使用一些商品化的鉴定方法、16S rRNA 测序、MALDI-TOF MS 和常规生化方法等可以将气单胞菌鉴定到属级，当需要鉴定到种级时，鉴定方法不同，鉴定性能下降的程度也不同。因为现有数据库中通常包括大部分常见的临床分离株，但并非所有菌种的数据都包括，从而导致错误鉴定。如果使用常规试验鉴定气单胞菌属，可能被误判为类志贺杆菌或弧菌属。若 Moeller 培养基上精氨酸、赖氨酸和鸟氨酸实验呈阳性，并且发酵肌醇，则该微生物最有可能是邻单胞菌。气单胞菌属不易与弧菌属区分，特别是用商品化的检查方法时。串珠试验阳性可区分弧菌属和气单胞菌属。由于气单胞菌和假单胞菌两种杆菌均为氧化酶阳性，因此可根据葡萄糖发酵进行区分：气单胞菌属发酵葡萄糖，假单胞菌属不发酵。此外，气单胞菌属为吲哚阳性，而大多数假单胞菌属为吲哚阴性。

幸运的是，从粪便中分离的气单胞菌，无需确定是嗜水气单胞菌复合群或豚鼠气单胞菌复合群。另一方面，必须要将嗜水气单胞菌和维罗纳气单胞菌温和亚种与其他气单胞菌属相鉴别，因为前两种可以引起严重的侵袭性的肠外感染。l- 阿拉伯糖发酵实验和七叶皂苷水解实验是区分这两个菌种的最有效的试验（表 15-1）。

表 15-1　临床标本中气单胞菌属的鉴别

菌种	七叶皂苷水解酶	VP 试验	分解葡萄糖产气	LDC	ADH	ODC
豚鼠气单胞菌复合群						
豚鼠气单胞菌	+	0	0	0	+	0
rivipollensis 气单胞菌	+	0	0	0	+	0
嗜水气单胞菌复合群						
达卡气单胞菌	+	+	+	+	+	0
嗜水气单胞菌嗜水亚种	+	+	+	+	+	0
维罗纳气单胞菌复合群						
温和亚种	0	+	+	+	+	0
维罗纳亚种	+	+	+	+	0	+
简氏气单胞菌	0	+	+	+	+	0
舒氏气单胞菌	0	v	0	+	+	0
尺骨气单胞菌	0	0	v	+	+	0
其他气单胞菌属						
popoffii 气单胞菌	0	+	+	0	+	0
sanarellii 气单胞菌	0	0	0	0	+	0
台湾气单胞菌	+	0	0	0	+	0

LDC. 赖氨酸脱羧酶；ADH. 精氨酸二氢酶；ODC. 鸟氨酸脱羧酶；+. 阳性反应（＞85% 阳性）；V. 可变反应（15%~85% 阳性）；0. 阴性反应（＜15% 阳性）。

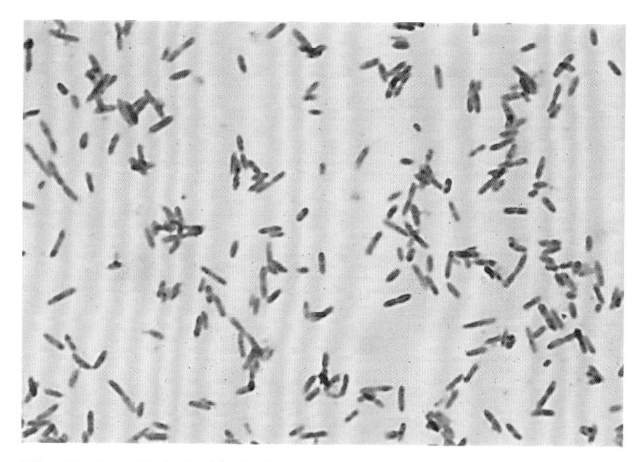

图 15-1　**嗜水气单胞菌的革兰氏染色。**嗜水气单胞菌为小而直的革兰氏阴性杆菌和球杆菌，长 1.0~4.0 μm，宽 0.3~1.0 μm

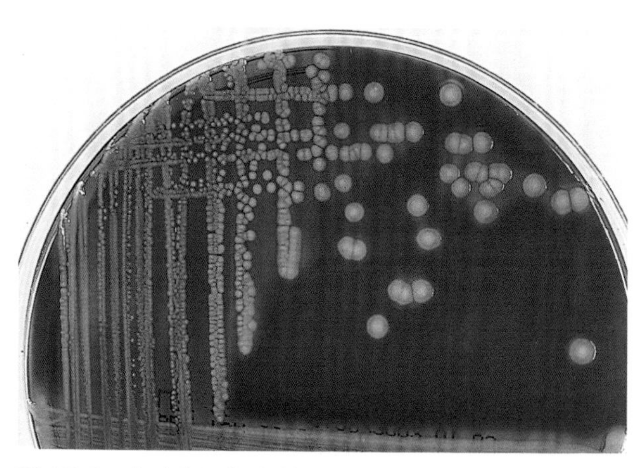

图 15-2　**血琼脂平板上的嗜水气单胞菌。**血琼脂平板上的嗜水气单胞菌菌落直径约 4 mm，圆形，凸起，不透明，具有 β-溶血性。这是大多数气单胞菌的特征，除外通常不溶血的豚鼠气单胞菌。气单胞菌菌落可与肠道革兰氏阴性杆菌混淆，但是气单胞菌菌落通常更不透明

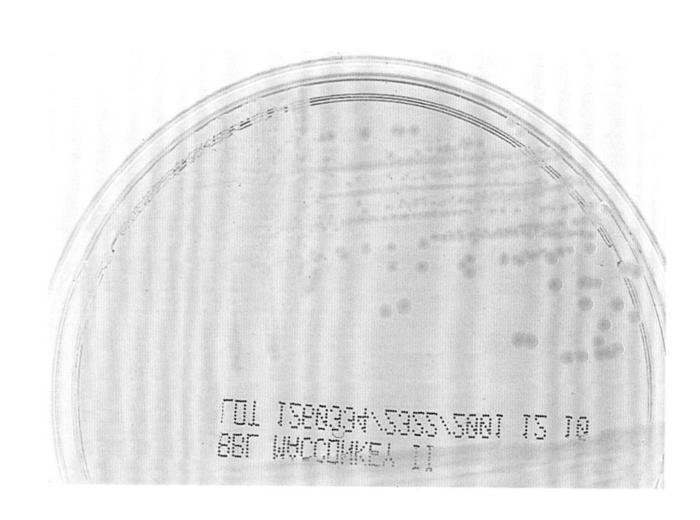

图 15-3　**MacConkey 琼脂平板上的嗜水气单胞菌。**MacConkey 琼脂平板上的嗜水气单胞菌菌落为乳糖非发酵菌落，呈无色或粉色。这是大多数嗜水气单胞菌的特征，除外豚鼠气单胞菌，豚鼠气单胞菌可发酵乳糖，在该培养基上形成粉红色菌落

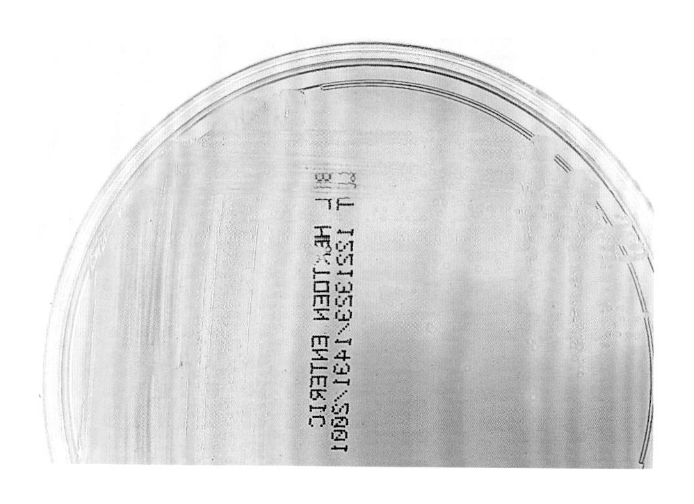

图 15-4　**Hektoen 琼脂平板上的嗜水气单胞菌。**嗜水气单胞菌在 Hektoen 琼脂平板上生长良好，因为可发酵蔗糖，产生黄色菌落。这些菌落在外观上类似于许多非致病性肠道微生物菌落，因此，很难将其与粪便样本中正常肠道微生物群的成员区分开来

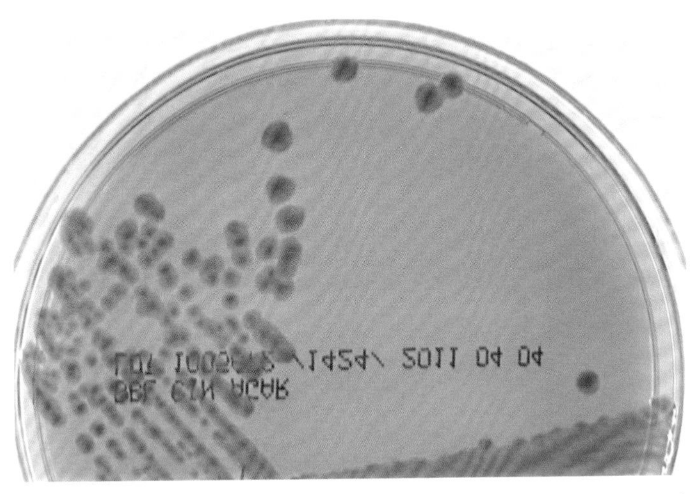

图 15-5　**CIN 琼脂平板上的豚鼠气单胞菌。**CIN 琼脂平板是一种优良的气单胞菌分离培养基。在这种培养基上，气单胞菌菌落有一个粉红色的中心，周围有不均匀、清晰的区域。小肠结肠炎耶尔森菌在该培养基上的外观相似

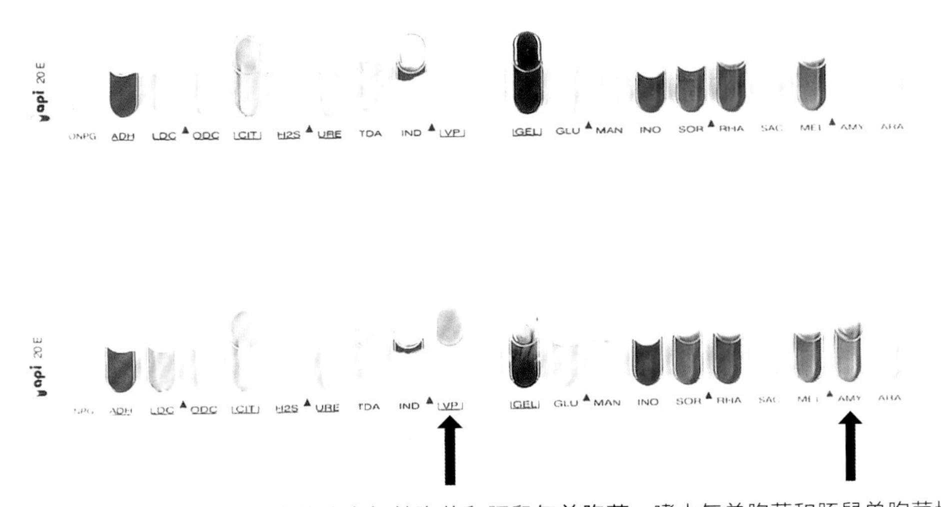

图 15-6　**API 20E 系统鉴定的嗜水气单胞菌和豚鼠气单胞菌。**嗜水气单胞菌和豚鼠单胞菌均包含在 API 20E（bioMérieux，Inc，Durham，NC）数据库中；因此，该系统可用于鉴别这两种气单胞菌属。在本例中，第一条带为豚鼠气单胞菌，第二条带为嗜水气单胞菌。箭头所示，VP 试验和杏仁苷（AMY）将二者区分开。嗜水气单胞菌 VP 实验阳性（红色），而豚鼠单胞菌为阴性（无颜色）。豚鼠气单胞菌 AMY 实验阳性（黄色），而嗜水气单胞菌为阴性（蓝色）。结合每个条带中的反应以及阳性氧化酶反应，可对两种菌进行鉴定

第 16 章　假单胞菌属

目前，已在临床标本中发现了 12 种假单胞菌属的微生物：铜绿假单胞菌（*Pseudomonas aeruginosa*）、产碱假单胞菌（*Pseudomonas alcaligenes*）、荧光假单胞菌（*Pseudomonas fluorescens*）、浅黄假单胞菌（*Pseudomonas luteola*）、门多萨假单胞菌（*Pseudomonas mendocina*）、蒙氏假单胞菌（*Pseudomonas monteilii*）、莫塞尔假单胞菌（*Pseudomonas mosselii*）、栖稻黄色假单胞菌（*Pseudomonas oryzihabitans*）、类产碱假单胞菌（*Pseudomonas pseudoalcaligenes*）、恶臭假单胞菌（*Pseudomonas putida*）、施氏假单胞菌（*Pseudomonas stutzeri*）和维罗纳假单胞菌（*Pseudomonas veronii*）。还有其他几种假单胞菌属，它们是腐生菌或植物致病菌。

假单胞菌属广泛分布于环境中，多在潮湿地区发现，可在物体表面形成生物膜。假单胞菌属给医院带来了很多问题，因为它们可从各种水溶液中分离出来，包括透析液和冲洗液，以及与之相关的仪器和设备。

铜绿假单胞菌是肠道正常菌群的一员。到目前为止，它是医疗相关感染最常见的原因，也是该属最重要的病原体。对于烧伤患者，进行水疗浴时用到的水常是这种病原体的来源。对于呼吸道感染患者，该菌的来源是呼吸治疗设备。铜绿假单胞菌引起的其他类型的感染包括游泳池和热水浴缸中获得性毛囊炎，与水上运动相关的游泳者耳、角膜创伤引起的眼部感染，足部穿刺伤引起的骨髓炎以及静脉吸毒者的心内膜炎等。铜绿假单胞菌的产黏液菌株引起囊性纤维化（cystic fibrosis，CF）患者慢性感染的比例很高。免疫功能正常的个体能抵抗严重的假单胞菌感染。但在免疫功能低下的宿主中，尤其是 CF 患者，偶尔也会出现铜绿假单胞菌以外的假单胞菌感染。

假单胞菌属是需氧菌，无孢子，革兰氏阴性杆菌，大小为（0.5~1）μm×（2~7）μm。假单胞菌属比肠杆菌更长、更薄，但外观与其他非发酵菌相似。显微镜下的产黏液菌株，多在 CF 患者中发现，菌落倾向于聚集，或产生“短”革兰氏阴性“杆菌”状的“细丝”，周围有深粉色物质（藻酸盐）包围。在多形核白细胞的细胞内观察到这些形态具有临床意义，应予以记录。

假单胞菌属在血液琼脂平板和 MacConkey 琼脂平板上生长良好，过氧化氢酶阳性，有一个或多个极性鞭毛（e），因而具有动力。假单胞菌属氧化酶阳性，除外浅黄假单胞菌和栖稻黄色假单胞菌，这二者氧化酶阴性。大多数菌种可氧化葡萄糖，并将硝酸盐还原为亚硝酸盐或氮气。铜绿假单胞菌、荧光假单胞菌、蒙氏假单胞菌、莫塞尔假单胞菌、恶臭假单胞菌和维罗纳假单胞菌这 6 种菌可产生一种水溶性黄绿或黄褐色色素，称为水溶性荧光素（pyoverdin）。由于这种色素的存在，这六个菌种被归类为荧光假单胞菌群的成员。此外，铜绿假单胞菌还产生一种蓝绿色色素——绿脓素（pyocyanin），它与水溶性荧光素结合，形成明亮的绿色。偶有铜绿假单胞菌菌株只产生水溶性荧光素，因此很难将这些菌株与其他五种荧光假单胞菌区分开来。铜绿假单胞菌也能产生其他可溶性色素，如黑脓素（pyomelanin，棕黑色）和红脓素（pyorubin，红色）。铜绿假单胞菌可在 42 ℃下生长，而其他荧光假单胞菌则不生长。浅黄假单胞菌、门多萨假单胞菌和类产碱假单胞菌也在 42 ℃下生长。施氏假单胞菌是一种常见的临床分离菌，但是并不经常引起感染，其在血液琼脂平板和巧克力琼脂平板上的特征性生长很容易被鉴别。施氏假单胞菌菌落干燥且起皱，可在琼脂平板上形成凹坑。临床标本中遇到的假单胞菌属的鉴别特征见表 16-1。许多商品化的鉴定系统可准确鉴定葡萄糖非发酵革兰氏阴性杆菌，包括假单胞菌属。

虽然假单胞菌能够在常规培养基上生长，但在某些情况下，应使用更快速的核酸检测方法，例如检测 CF 患者的痰标本和环境样本，因为商品化鉴定系统对某些假单胞菌的鉴定结果准确度不高，尤其是黏液型铜绿假单胞菌分离株。此外，来自慢性感染部位（如 CF 患者呼吸道）的分离物可能表现出多种形态，这使鉴定变得困难。PCR 扩增技术在铜绿假单胞菌以外的假单胞菌的鉴定以及生物化学非活性假单胞菌的鉴定中具有重要价值。肽核酸荧光原位杂交（Peptide nucleic acid fluorescent in situ hybridization，PNA FISH）是鉴定铜绿假单胞菌的敏感度高、特异性强的检测方法。此外，通过使用基质辅助激光解吸电离飞行时间质谱（MALDI-TOF MS）技术，假单胞菌属的鉴定也得到了改进。由于多种机制（*AmpC* 的表达、药物外排泵和外膜的低通透性）之间的相互作用，铜绿假单胞菌对多种抗生素天然耐药。此外，在治疗过程中，铜绿假单胞菌也能够迅速获得对多种抗生素的耐药性。获得性耐药机制包括但不限于主动外排泵、孔蛋白突变、β-内酰胺酶的产生（*AmpC* 的去表达、超广谱 β-内酰胺酶和碳青霉烯酶）、抗渗透性突变和靶酶修饰（DNA 旋转酶）等。

表 16-1　临床标本分离的假单胞菌属的鉴别特征[a]

菌种	氧化酶	42℃生长	硝酸盐		7d 明胶水解	ADH	葡萄糖	木糖	麦芽糖
			NO_2[b]	N_2[c]					
铜绿假单胞菌	+	+	+	+	V	+	+	+	0
产碱假单胞菌	+	V	V		0	V	0	0	0
荧光假单胞菌	+	0	V		+	+	+	+	0
浅黄假单胞菌	0	+	V		V	+	+	+	+
门多萨假单胞菌	+	+		+	0	+	+	V	0
蒙氏假单胞菌	+	0	0		0	0	+	0	0
莫塞尔假单胞菌	+	0	0		+	+	+	0	V
栖稻黄色假单胞菌	0	V	0		V	V	+	+	+
类产碱假单胞菌	+	+	+		0	V	0	V	+
恶臭假单胞菌	+	0	0		0	+	+	+	V
施氏假单胞菌	+	V		+	0	0	+	+	+
维罗纳假单胞菌	0	0		+	V	+	+	+	ND

[a] ADH. 精氨酸二氢酶；+. 阳性反应（≥90% 阳性）；V. 反应可变（11%~89% 阳性）；0. 阴性反应（≤10% 阳性）；ND. 没有数据。
[b] 把硝酸盐还原成亚硝酸盐。
[c] 将硝酸盐还原为氮气。

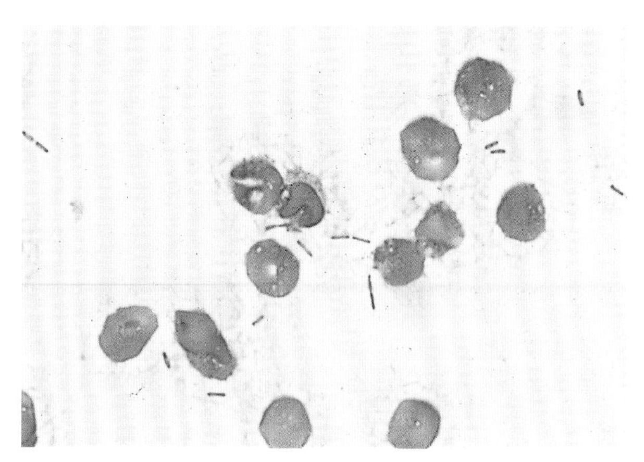

图 16-1　**血液培养基中生长的铜绿假单胞菌革兰氏染色。** 对血液培养进行革兰氏染色可见细长的革兰氏阴性杆菌，大小约为（1×5）μm~7 μm，末端呈圆形。铜绿假单胞菌是从血液培养中分离出来的

图 16-2　**血液琼脂平板上的铜绿假单胞菌。** 铜绿假单胞菌菌落直径约 4 mm，由于能够分泌绿脓菌素和水溶性荧光素产生蓝绿色。菌落呈 β - 溶血、扁平、扩散，边缘锯齿状，生长融合。由于氨基苯乙酮的存在，大多数分离物都有葡萄般的气味

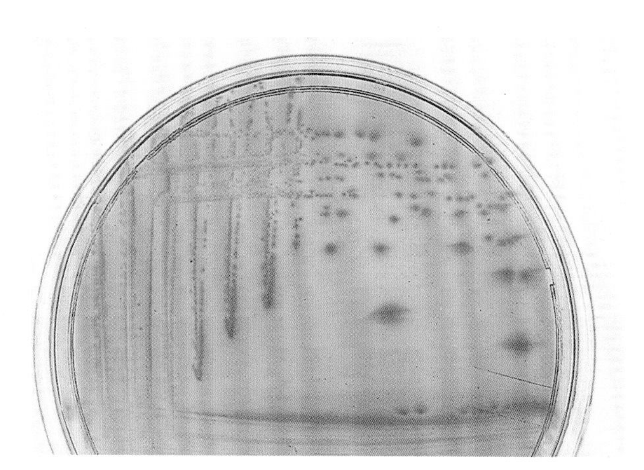

图 16-3　**MacConkey 琼脂平板上的铜绿假单胞菌。** MacConkey 琼脂平板上的铜绿假单胞菌菌落直径约为 2 mm，不发酵乳糖，呈棕绿色，羽毛状不规则边缘

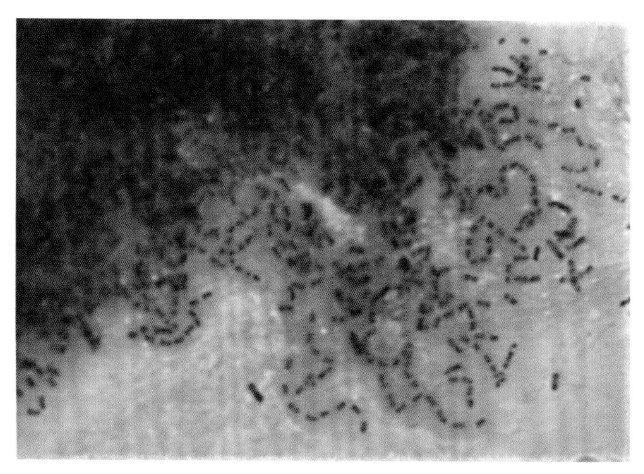

图 16-4　**黏液型铜绿假单胞菌的革兰氏染色。** 这张图片显示了一名 CF 患者痰标本中的铜绿假单胞菌革兰氏染色。革兰氏阴性杆菌被一种独特的橙色海藻酸盐物质包围，这是该菌的一个特征，因为黏液菌株可合成大量海藻酸盐胞外多糖。这种海藻酸物质使菌体可抵抗抗生素的吞噬和破坏（由加利福尼亚州长滩市长滩纪念馆 / 健康技术实验室提供）

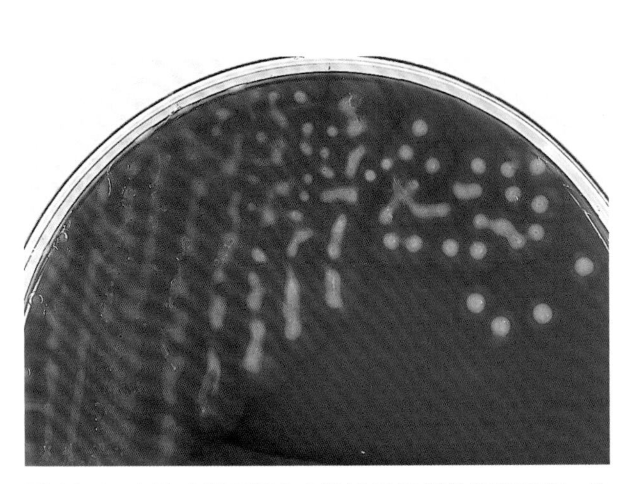

图 16-5　**血液琼脂平板上产黏液铜绿假单胞菌菌落。**这张图显示了一株高度黏液性、无色素的铜绿假单胞菌。这是从 CF 患者呼吸道分泌物中分离的菌株的典型外观。菌落直径约为 2~3 mm，通常小于图 16-2 所示的典型着色菌株

图 16-6　**三糖铁琼脂斜面上的铜绿假单胞菌。**在三糖铁琼脂斜面上，铜绿假单胞菌呈蓝绿色，有金属生长层，发出绿色荧光

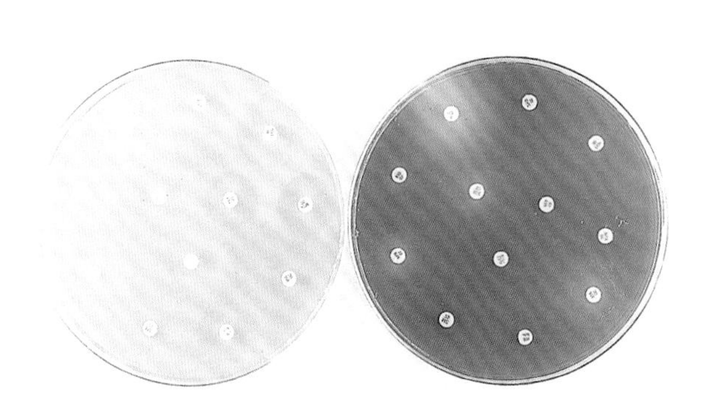

图 16-7　**Mueller-Hinton 琼脂平板上的铜绿假单胞菌。**当分离菌种在没有血液、染料或其他指示剂的培养基上生长时，可以清楚地看到铜绿假单胞菌菌落中非常独特的绿色色素。假单胞菌属的荧光基团产生一种水溶性黄绿色荧光素水溶性荧光素（pyoverdin）（左）。许多铜绿假单胞菌菌株也产生蓝绿色水溶性吩嗪色素绿脓菌素（右）

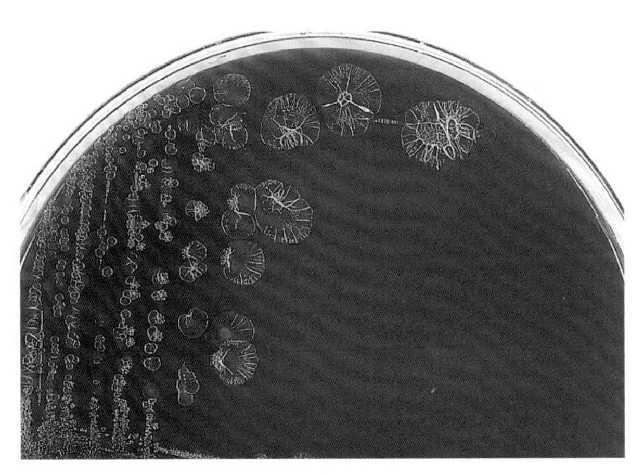

图 16-8　**血液琼脂平板上的施氏假单胞菌。**血液琼脂平板上的施氏假单胞菌菌落具有典型的干燥、起皱外观。它们的直径从 1~6 mm 不等。在平板上菌落较少的部位，菌落直径较大

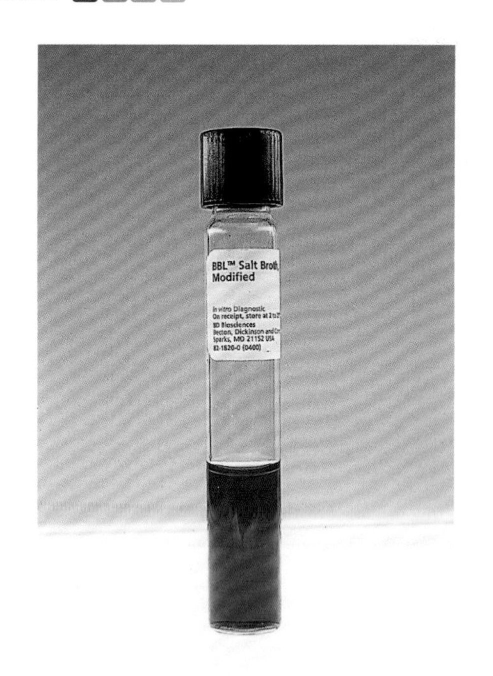

图 16-9　**6.5% NaCl 肉汤中的施氏假单胞菌。**施氏假单胞菌、门多萨假单胞菌和 CDC 组 Vb-3（施氏假单胞菌的生物变种）可在 6.5% NaCl 存在下生长。这一生化特征，加上将硝酸盐还原为氮气、氧化葡萄糖但不氧化乳糖的能力，以及其独特的干燥、皱褶菌落形态，可将施氏假单胞菌菌群与其他假单胞菌群区别开来

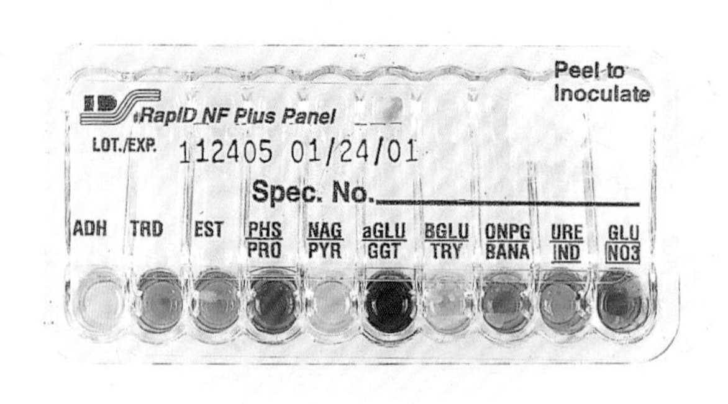

图 16-10　**RapID NF Plus 系统鉴定的施氏假单胞菌。**RapID NF Plus 系统（Thermo Scientific，Remel Products，Lenexa，KS）是一个 4 h 的测试系统，用于鉴定葡萄糖非发酵革兰氏阴性杆菌。它包含 10 个反应槽，连同氧化酶反应，提供 18 个测试分数。4 号反应槽至 10 号反应槽为双功能槽，在同一槽中进行两次单独测试。需在添加另外的试剂之前，对 10 个反应槽的结果进行判读，然后添加试剂，进行进一步测试。在本例中，阳性反应为脯氨酸 - β - 萘酰胺（PRO）、γ - 谷氨酰 - β - 萘酰胺（GGT）、N- 苯甲酰精氨酸 - β - 萘酰胺（BANA）和硝酸盐（NO_3）。氧化酶试验也呈阳性。这些测试反应的结合证实了施氏假单胞菌的鉴定

图 16-11　**荧光假单胞菌明胶条孵育试验。**荧光假单胞菌可以与大多数其他假单胞菌相区别，因为它能水解明胶。一些铜绿假单胞菌菌株也可以水解明胶，但与荧光假单胞菌不同的是，它们在 42 ℃下生长，并将硝酸盐还原为氮气

图 16-12　**PNA FISH 鉴定铜绿假单胞菌。**PNA FISH（Advadx，Woburn，MA）是一种快速、高敏感性和特异性的荧光检测方法，用于检测革兰氏阴性致病菌，包括铜绿假单胞菌。将样本放在载玻片上并固定，添加一滴探针溶液并杂交。清洗玻片，用荧光显微镜进行检测。红色表示与铜绿假单胞菌杂交（由 AdvanDx 提供）

第17章 伯克霍尔德菌属、寡养单胞菌属、罗尔斯顿菌属、贪铜菌属、潘多拉菌属、短波单胞菌属、丛毛单胞菌属、代尔夫特菌属和食酸菌属

通过DNA-rRNA杂交实验，先前属于假单胞菌属的几个菌种已被重新分类为几个新属。这些属包括伯克霍尔德菌属（*Burkholderia*）、寡养单胞菌属（*Stenotrophomonas*）、罗尔斯顿菌属（*Ralstonia*）、贪铜菌属（*Cupriavidus*）、潘多拉菌属（*Pandoraea*）、短波单胞菌属（*Brevundimonas*）、丛毛单胞菌属（*Comamonas*）、代尔夫特菌属（*Delftia*）和食酸菌属（*Acidovorax*）。

假单胞菌属，已在第16章中讨论，按rRNA同源性分类属于Ⅰ群。Ⅱ群包括4个属：伯克霍尔德菌属、罗尔斯顿菌属、贪铜菌属和潘多拉菌属。伯克霍尔德菌属包含超过100种菌，其中已知最常引起人类感染的菌种有洋葱伯克霍尔德菌复合群（*Burkholderia cepacia* complex，20种）、唐菖蒲伯克霍尔德菌（*Burkholderia gladioli*）、鼻疽伯克霍尔德菌（*Burkholderia mallei*）和类鼻疽伯克霍尔德菌（*Burkholderia pseudomallei*）。格氏伯克霍尔德菌（*Burkholderia glumae*）和泰国伯克霍尔德菌（*Burkholderia thailandensis*）是不常见的致病菌。罗尔斯顿菌属中的人类致病菌包括皮氏罗尔斯顿菌（*Ralstonia pickettii*）、解甘露醇罗尔斯顿菌（*Ralstonia mannitolilytica*）和狡诈罗尔斯顿菌（*Ralstonia insidiosa*）。贪铜菌属由4种已知可引起人类感染的菌种组成：少见贪铜菌（*Cupriavidus pauculus*）、吉拉尔迪贪铜菌（*Cupriavidus gilardii*）、respiraculi贪铜菌（*Cupriavidus respiraculi*）和台湾贪铜菌（*Cupriavidus taiwanensis*）。潘多拉菌属是为先前归入伯克霍尔德菌属和罗尔斯顿菌属的菌种而建立的，有5个不同的菌种以及数个未命名的菌种，大多数在临床标本中可分离得到。被命名的菌种包括apista潘多拉菌（*Pandoraea apista*）、pulmonicola潘多拉菌（*Pandoraea pulmonicola*）、pnomenusa潘多拉菌（*Pandoraea pnomenusa*）、唾液潘多拉菌（*Pandoraea sputorum*）和纽伦堡潘多拉菌（Pandoraea norimbergensis）。

之前归入假单胞菌rRNA同源组Ⅲ群的微生物已重新分类为丛单毛菌科（*Comamonadaceae*），包括丛单毛菌属、代尔夫特菌属和食酸菌属。人类临床分离菌属于丛毛单胞菌属土生丛毛单胞菌、水生丛单毛菌属和克氏丛单毛菌属。食酸丛单毛菌（*Comamonas acidovorans*）已被重新归类为代尔夫特食酸菌（*Delftia Acidovorax*）。食酸菌属包括德式食酸菌（*Acidovorax delafieldii*）、中等食酸菌（*Acidovorax temperans*）和沃氏食酸菌（*Acidovorax wautersii*），以及其他5种植物和环境菌种。

短波单胞菌属以前被归类为假单胞菌rRNA同源组Ⅳ群。有14种菌，其中大部分是环境微生物，除了缺陷短波单胞菌（*Brevundimonas diminuta*）、囊泡短波单胞菌（*Brevundimonas vascularis*）和vancanneytii短波单胞菌（*Brevundimonas vancanneytii*）。嗜麦芽假单胞菌（*Pseudomonas maltophilia*）最初属于假单胞菌rRNA同源组Ⅴ群，后被转移到黄单胞菌属（*Xanthomonas*），最后归为寡养单胞菌属。共有8种寡养单胞菌，除嗜麦芽寡养单胞菌外，其余均为环境微生物。

本章所讨论的9个菌属是主要从医疗机构患者中分离得到的机会致病菌。这些微生物中的许多会引起囊性纤维化（cystic fibrosis，CF）患者感染。例如，已从CF患者中分离出20种洋葱伯克霍尔德菌复合群。在美国，多噬伯克霍尔德菌（*Burkholderia multivorans*）和洋葱伯克霍尔德菌（*Burkholderia cepacia*）是引起感染的主要原因。伯克霍尔德菌感染的暴发通常可以追溯到受污染的设备或水溶液，因为这些微生物能够在这种环境中生

存，慢性肉芽肿性疾病患者和CF患者更易感染。目前，这些微生物已从各种来源分离出来，包括药物制剂、未经高温消毒的乳制品和瓶装水等。

导致马、骡和驴患上鼻疽的鼻疽伯克霍尔德菌也可以传染给人类，但是在临床标本中分离到这种菌是极为罕见的。鼻疽伯克霍尔德菌已被确定为潜在的生物恐怖微生物，因此，如果怀疑该菌感染，应按照生物安全Ⅱ级规程处理样本。

类鼻疽伯克霍尔德菌是类鼻疽病的病因，类鼻疽病在东南亚和澳大利亚北部流行，特别是在季风季节。近年来，类鼻疽病在欧洲和美国越来越常见，多是因为欧美国家的人去该菌的流行地区旅游，尤其是CF患者。该致病菌可通过吸入或与破损皮肤接触感染人类，若引起败血症，死亡率很高。该菌引起的慢性感染与结核分枝杆菌感染的临床表现相似，因为类鼻疽伯克霍尔德菌引起组织肉芽肿性病变。感染源通常是受污染的呼吸治疗设备和消毒剂。唐菖蒲伯克霍尔德菌以前被认为是一种植物致病菌，近来也从CF患者以及慢性肉芽肿患者的痰中分离得到。

嗜麦芽寡养单胞菌（*Stenotrophomonas maltophilia*）是一种医疗保健相关的病原体，可导致免疫功能低下患者发生多种严重的播散性感染，该微生物可定植于这些患者的呼吸道。嗜麦芽寡养单胞菌已成为重症监护病房中最常见的分离菌种之一，特别是从需要呼吸机的患者身上分离出来。嗜麦芽寡养单胞菌在CF患者中的发病率一直在增高。嗜麦芽寡养单胞菌也会导致使用农业设备相关的创伤伤口感染。目前还发现了几种其他类型的感染，包括菌血症、心内膜炎、脑膜炎、肺炎和尿路感染等。嗜麦芽寡养单胞菌是一种机会性致病菌，通常不会导致健康人感染。

皮氏罗尔斯顿菌已从多种临床标本中分离出，可引起菌血症、脑膜炎、心内膜炎和骨髓炎等。虽然它已从CF患者的呼吸道中分离出来，但似乎不会引起肺部疾病。由于受到污染的静脉药物、“无菌”溶液和静脉导管，在假性菌血症和与医疗保健相关的疾病暴发中也发现了皮氏罗尔斯顿菌。在CF患者中，解甘露醇罗尔斯顿菌占罗尔斯顿菌感染的大多数，是皮氏罗尔斯顿菌的两倍。狡诈罗尔斯顿菌和respiraculi贪铜菌也与人类感染有关，包括CF患者的感染。吉拉尔迪贪铜菌已从脑脊液中分离出来。据报道，少见贪铜菌可引起菌血症、腹膜炎和腱鞘炎。从CF患者的痰中也培养出了这两种菌。3种短波单胞菌，缺陷短波单胞菌、囊泡短波单胞菌和vancanneytii短波单胞菌，偶尔也从临床标本中分离出来，可引起各种潜在疾病患者发生菌血症，包括癌症患者。代尔夫特食酸菌和睾丸酮丛毛单胞菌与人类感染有关，并已从CF患者的痰中培养出。代尔夫特食酸菌可引起菌血症、心内膜炎以及眼耳感染。睾丸酮丛毛单胞菌已从腹膜腔分离出。从CF患者的痰液中还培养出了食酸菌属、代尔夫特食酸菌和睾丸酮丛毛单胞菌，但它们在CF患者肺部疾病中的作用有待确定。潘多拉菌也会导致CF患者和慢性阻塞性肺疾病患者感染。

这些菌属为直的或略微弯曲的革兰氏阴性杆菌，大小为（0.5~1.0）μm×（1.8~5）μm，但寡养单胞菌属是例外，该属为直的杆菌，可能比其他属稍小。采集感染洋葱伯克霍尔德菌的CF患者的标本进行革兰氏染色，可见革兰氏阴性杆菌被大的荚膜所包围。这些菌属多通过极性鞭毛运动，但鼻疽伯克霍尔德菌不具有动力。此外，类鼻疽伯克霍尔德菌可能表现为双极染色的小型革兰氏阴性杆菌。这些微生物大多可在常规实验室培养基上生长，是非发酵菌，能氧化葡萄糖，分解硝酸盐。除寡养单胞菌属和唐菖蒲伯克霍尔德菌外，其余菌种均为过氧化氢酶阳性，大多数为弱或强氧化酶阳性。

本章所述菌属在增菌的初级分离培养基上生长良好，包括血液琼脂平板和巧克力琼脂平板。除了囊泡短波单胞菌外，这些微生物也可在MacConkey琼脂平板上生长。大多数缺陷短波单胞菌菌株可在MacConkey琼脂平板上生长，但它们的生长也需要半胱氨酸。选择性培养基，如BC［洋葱伯克霍尔德菌（假单胞菌）琼脂］、OFPBL（oxidative-fermentative base polymyxin B-bacitracin-lactose，多黏菌素B-杆菌肽-乳糖氧化发酵基）琼脂（BD Diagnostics，Franklin Lakes，NJ）和BCSA（洋葱伯克霍尔德菌选择性琼脂，Hardy Diagnostics，Santa Maria，CA），可用于分离洋葱伯克霍尔德菌复合群和类鼻疽伯克霍尔德菌。这些培养基含有抑制铜绿假单胞菌生长的抗生素，对培养CF患者的痰样本会有所帮助。在3种培养基中，对分离培养洋葱伯克霍尔德菌，BCSA是最敏感的一种。Ashdown琼脂含有结晶紫和庆大霉素，是从临床标本中分离类鼻疽伯克霍尔德菌的选择性培养基。但是，与在Ashdown琼脂上直接接种临床标本相比，在 Ashdown 肉汤培养基中添加 50mg/L 多黏菌素，可将该菌的分离率提高 25%。在没有 Ashdown 培养基的情况下，BC 培养基是一个很好的替代品。含有万古霉素、亚胺培南和两性霉素 B 的选择性培养基可提高嗜麦芽寡养单胞菌的分离率。

菌落形态和色素的生成有助于区分这些菌种。例如，囊泡短波单胞菌在 35 ℃下培养 48 h 后，在血琼脂平板上产生深黄色至橙色菌落，而囊泡短波单胞菌菌落为白陶土色。某些洋葱伯克霍尔德菌复合群的菌株在 35 ℃下培养 4 d 后，在一些培养基上可产生黄色色素，在 MacConkey 琼脂平板上产生深粉色或红色菌落。这是由于长时间培养后乳糖氧化所致。唐菖蒲伯克霍尔德菌在 OFPBL 琼脂上产生亮黄色色素，因此可能与洋葱伯克霍尔德菌混淆。当从 CF 患者的痰样本中分离细菌时，洋葱伯克霍尔德菌生长缓慢，至少需要 3 d 的培养时间才能出现可视菌落，菌落湿软、黏液样。鼻疽伯克霍尔德菌菌落易与类鼻疽伯克霍尔德菌菌落混淆，它们的不同之处在于鼻疽伯克霍尔德菌不具有动力，对庆大霉素敏感，而类鼻疽伯克霍尔德菌是有动力的，对庆大霉素耐药。类鼻疽伯克霍尔德菌的菌落可以为光滑、黏液状或干燥、起皱，类似于施氏假单胞菌。由于类鼻疽伯克霍尔德菌具有重要的临床意义，所以要区分这两种微生物。食酸菌属也可产生黄色色素，而缺陷短波单胞菌、睾丸酮丛毛单胞菌和嗜麦芽寡养单胞菌可产生棕褐色至棕色色素。皮氏罗尔斯顿菌菌落生长缓慢，在 35 ℃下，血液琼脂平板上培养 24 h 后出现针尖样菌落。

几个关键的生化试验包括：氧化酶试验、硝酸还原试验、精氨酸二氢酶试验、明胶酶活性试验、DNA 酶试验和碳水化合物氧化试验，可用来区分这些微生物。目前已有商品化的常规生化试剂或鉴定试剂盒，但鉴定试剂盒应谨慎使用，因为它们对其中一些微生物，特别是从 CF 患者分离的微生物的鉴定准确度较低。表 17-1 列出了本章所述菌属的主要生化反应及特征。

由于类鼻疽伯克霍尔德菌感染的高死亡率，已经开发了快速直接检测类鼻疽伯克霍尔德菌的方法。这些方法包括通过乳胶凝集和酶免疫分析检测尿液抗原。酶免疫法比乳胶凝集法更灵敏，但是由于与其他泌尿系病变有交叉反应，因此应谨慎解释结果。血清学检测仅对去过类鼻疽伯克霍尔德菌流行地区的个体有用。本章所述菌属有几种分子检测方法，但敏感度不够，无法取代传统培养。

表 17-1　临床标本中分离出食酸菌属、短波单胞菌属、伯克霍尔德菌属、丛毛单胞菌属、贪铜菌属、代尔夫特菌属、潘多拉菌属、罗尔斯顿菌属和寡养单胞菌属的主要特征[a]

微生物	氧化酶	硝酸盐	LYS	42 ℃生长	葡萄糖	木糖	乳糖	蔗糖	麦芽糖	甘露醇
食酸菌	+	+	0	V	+	V	0	0	0	V
缺陷短波单胞菌	+	0	0	V	V	0	0	0	0	0
囊泡短波单胞菌	+	0	0	V	V	V	0	0	+	0
洋葱伯克霍尔德菌	+	0	+	V	+	+	+	V	V	+
唐菖蒲伯克霍尔德菌	0	V	0	0	+	+	0	0	0	+
鼻疽伯克霍尔德菌	V	+	0	0	+	V	V	0	0	0
类鼻疽伯克霍尔德菌	+	+，gas[b]	0	+	+	+	+	V	+	+
睾丸酮丛毛单胞菌	+	+[c]	0	V	0	0	0	0	0	0
贪铜菌属	+	0	0	V	0	0	0	0	ND	ND
代尔夫特食酸菌	+	+[c]	0	V	0	0	0	0	0	+
潘多拉菌属	V	V	0	V	弱，0	0	0	0	0	ND
皮氏罗尔斯顿菌	+	+，gas[b]	0	V	+	+	V	0	V	0
狡诈罗尔斯顿菌	+	+	0	ND	0	+	V	0	ND	ND
解甘露醇罗尔斯顿菌	+	0	0	+	+	+	+	0	+	+
嗜麦芽寡养单胞菌	V	V	+	V	V	V	V	V	+	0

[a] LYS. 赖氨酸脱羧酶；+. 阳性反应（≥ 90% 阳性）；v. 可变反应（11%~89% 阳性）；0. 阴性反应（≤ 10% 阳性）；ND. 没有数据。

[b] 微生物将硝酸盐还原成氮气。

[c] 微生物将硝酸盐还原为亚硝酸盐。

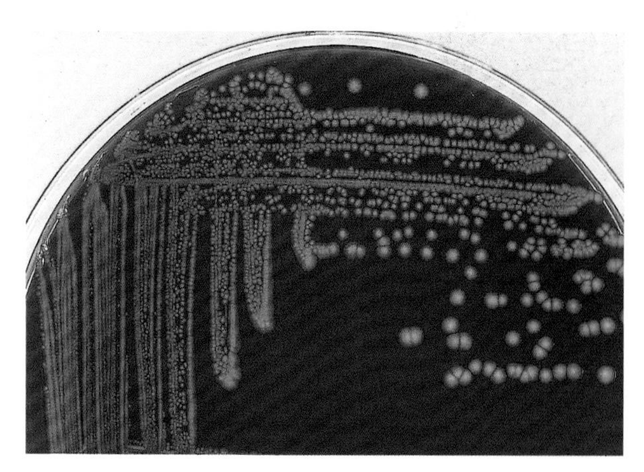

图 17-1　**血液琼脂平板上的洋葱伯克霍尔德菌。**血琼脂平板上的洋葱伯克霍尔德菌菌落光滑、圆形、不透明。呈棕褐色，直径为 2~3 mm。这种菌可产生从浅黄色到黄褐色的可扩散非荧光色素

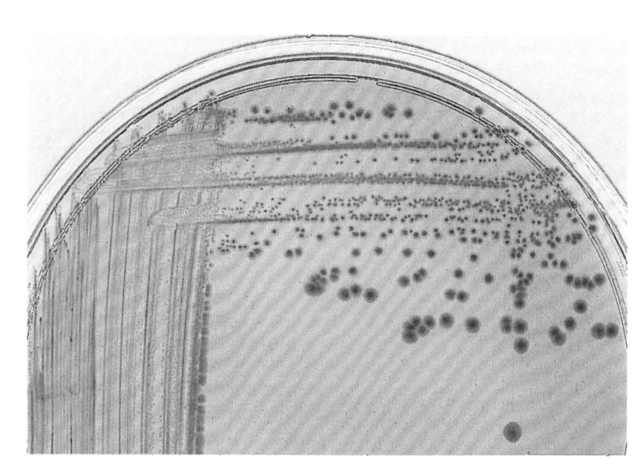

图 17-2　**在 MacConkey 琼脂平板上培养 4 d 的洋葱伯克霍尔德菌。**由于氧化乳糖，在 35 ℃下培养 4 d 后，MacConkey 琼脂平板上的洋葱伯克霍尔德菌菌落呈亮粉色

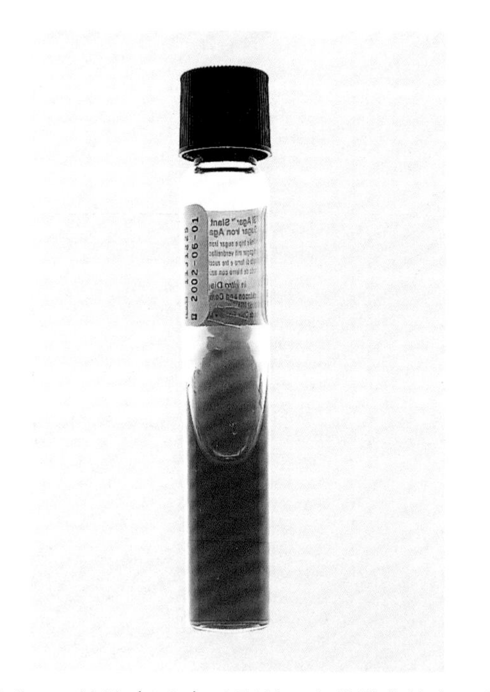

图 17-3　**三糖铁（TSI）琼脂斜面上的洋葱伯克霍尔德菌。**如图所示为洋葱伯克霍尔德菌在 TSI 琼脂斜面上的典型反应，培养过夜后，斜面为碱性，底部无变化。但是，如果将 TSI 斜面培养 4~7 d，底部和斜面都有轻微酸化，这是由于培养基中所含的葡萄糖、乳糖和蔗糖的氧化作用而产生

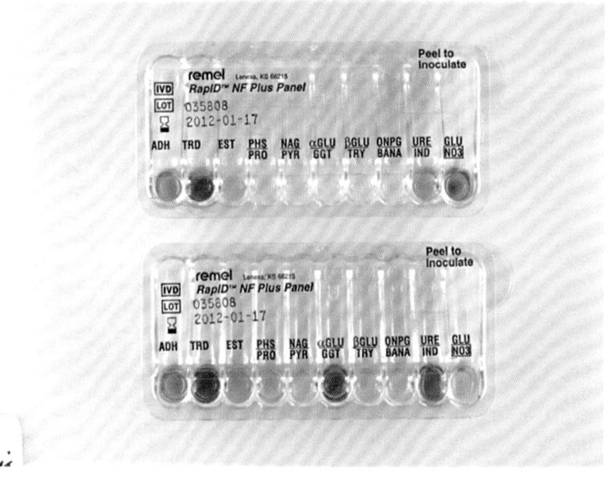

图 17-4　**RapID NF Plus 系统鉴定的洋葱伯克霍尔德菌。**RapID NF Plus 系 统（Thermo Scientific，Remel Products，Lenexa，KS）用于鉴定非肠杆菌属、葡萄糖非发酵和选择性葡萄糖发酵的革兰氏阴性细菌。待测微生物的悬浮液用作接种液，可使试剂水化并启动试验反应。将检测板孵育 4 h 后，检查每个反应孔，记录颜色改变。在这张图片中，上面的检测板显示的是添加试剂前洋葱伯克霍尔德菌的反应。阳性反应分别在第 3、4 和 5 孔中：甘油三酯（EST；黄色）、对硝基苯基磷酸酯（PHS；黄色）和对硝基苯基 -N- 乙酰基 -β-d- 氨基葡萄糖苷（NAG；黄色）。将试剂添加到 4~10 孔后，如下面检测板所示，阳性反应在 6 孔：γ- 谷氨酰 -β- 萘酰胺（GGT；深粉色）

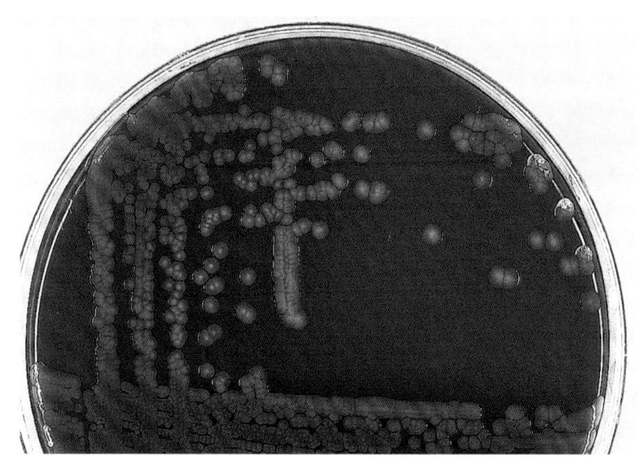

图 17-5　**血液琼脂平板上生长的嗜麦芽寡养单胞菌。**嗜麦芽寡养单胞菌菌落呈圆形，不透明、光滑、无溶血性，绿色，直径约为 3 mm。它们也会产生强烈的氨味

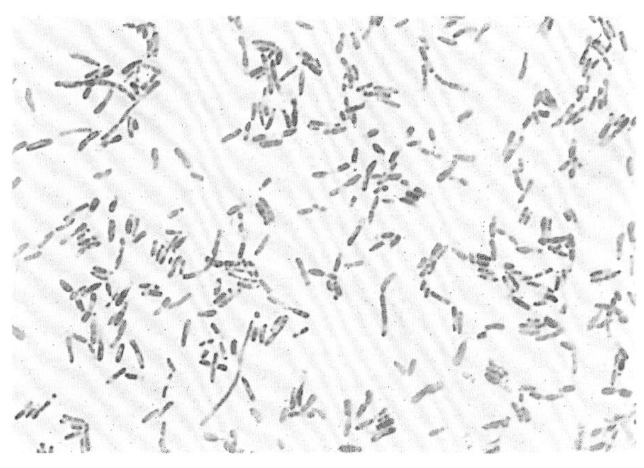

图 17-7　**丛毛单胞菌属的革兰氏染色。**丛毛单胞菌是直的或略微弯曲的革兰氏阴性杆菌，大小为（0.5~1.0）μm ×（1~4）μm，单独或成对出现。由于聚 β- 羟基丁酸酯的脂质内含物在细胞中积聚，使细胞呈现虫蚀外观

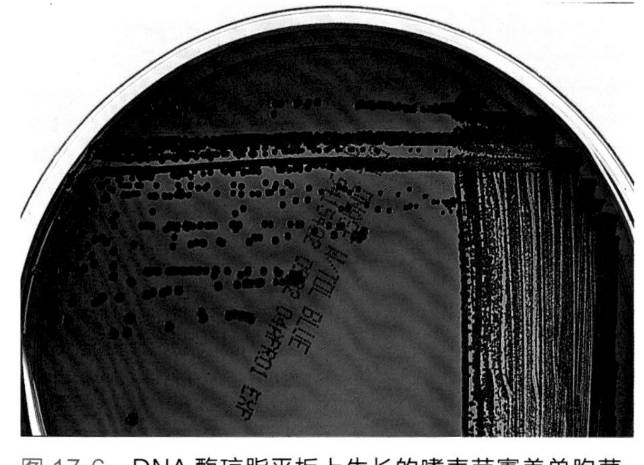

图 17-6　**DNA 酶琼脂平板上生长的嗜麦芽寡养单胞菌。**嗜麦芽寡养单胞菌菌落的 DNA 酶反应呈阳性。其胞外 DNA 酶活性的检测是将该菌与大多数葡萄糖发酵、革兰氏阴性杆菌区分开来的关键。如图所示，DNA 酶阳性的微生物在培养基上的菌落周围产生一个溶解区

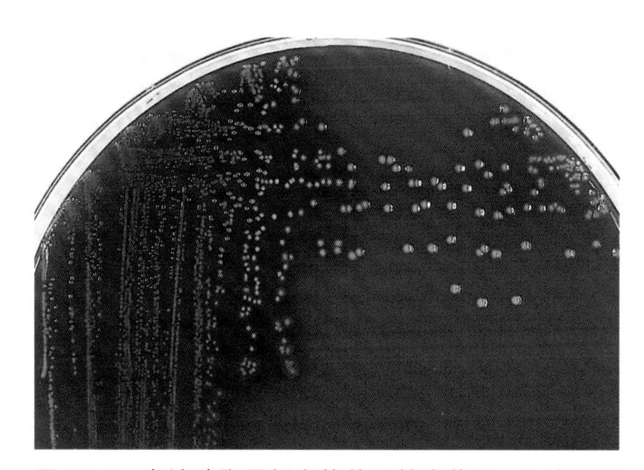

图 17-8　**血液琼脂平板上的丛毛单胞菌属。**血液琼脂平板上的丛毛单胞菌 . 菌落呈圆形，棕褐色，直径约为 2 mm

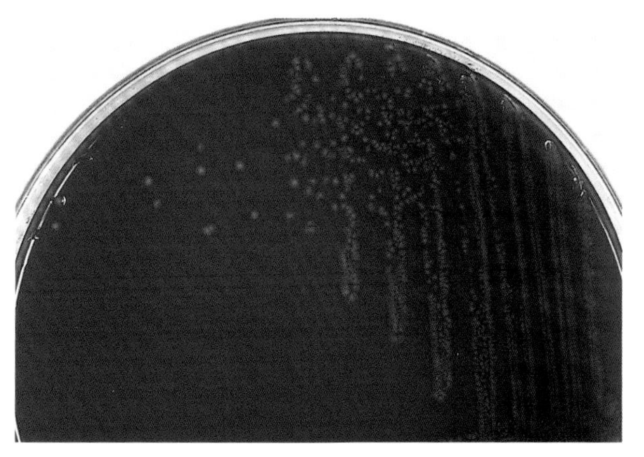

图 17-9　**血液琼脂平板上的皮氏罗尔斯顿菌。**在血液琼脂平板上，35 ℃下培养 48 h 后，皮氏罗尔斯顿菌菌落呈针尖样，直径约为 1 mm。这种微生物生长缓慢，可能需要 72h 才能长出可见的菌落

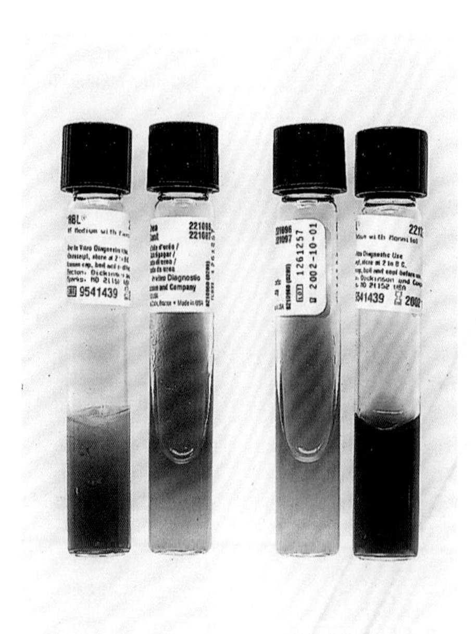

图 17-10　**洋葱伯克霍尔德菌和皮氏罗尔斯顿菌的尿素和甘露醇反应。**由于生化反应上的相似性，皮氏罗尔斯顿菌可能与洋葱伯克霍尔德菌相混淆。如图示例中，左边的两个试管甘露醇和尿素呈阳性，表明该微生物是洋葱伯克霍尔德菌。大约 60% 的洋葱伯克霍尔德菌分离物为尿素阳性，100% 为甘露醇阳性。相比之下，大多数皮氏罗尔斯顿菌菌株为尿素阳性和甘露醇阴性，如右图所示

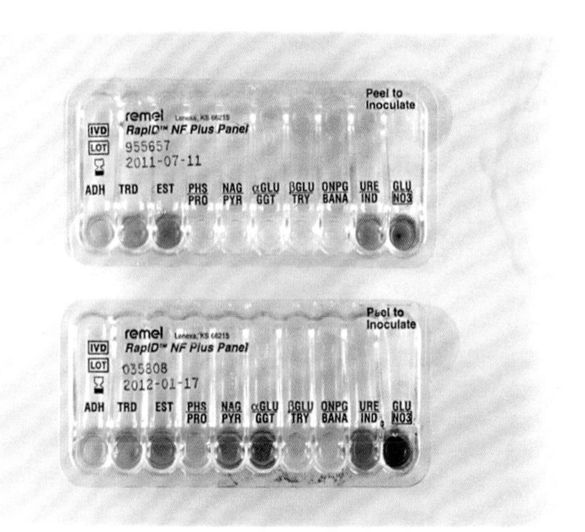

图 17-11　**RapIDNF-Plus 系统鉴定代尔夫特食酸菌。**如图所示，上层反应板甘油三酯（EST；黄色 - 橙色）、吡咯烷 - β - 萘酰胺（PYR；深粉色）和 γ - 谷氨酰 - β - 萘酰胺（GGT；深粉色），下层反应板硝酸钠（NO_3；红色）的阳性反应。这些反应证实了代尔夫特食酸菌的鉴定。虽然一般情况下吲哚（IND）反应呈红橙色可被判读为阳性，但该系统中的吲哚反应棕色或黑色表示阳性

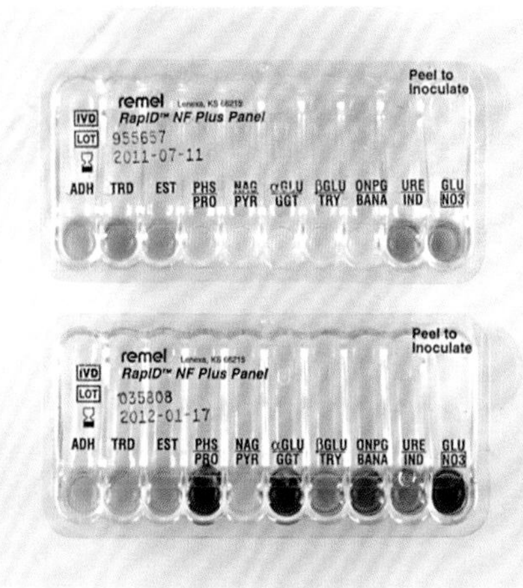

图 17-12　**通过 RapIDNF Plus 系统鉴定嗜麦芽寡养单胞菌。**如图所示，对硝基苯磷酸酯（PHS）和对硝基苯 - β -d- 葡萄糖苷（β -GLU）在上层反应板中呈阳性，脯氨酸 - β - 萘胺（PRO）、γ - 谷氨酰 - β - 萘胺（GGT）、N- 苯甲酰精氨酸 - β - 萘胺（BANA）和硝酸钠（NO_3）在下层反应板中呈阳性，确认嗜麦芽寡养单胞菌

第 18 章 不动杆菌属、金黄杆菌属、莫拉菌属、甲基杆菌属和其他非发酵革兰氏阴性杆菌

本章所述的微生物为非发酵、过氧化氢酶阳性、革兰氏阴性杆菌和球菌。根据氧化酶、吲哚和胰蛋白酶反应以及色素生成，可将其分为 5 类（表 18-1）。这些微生物大多数在 35 ℃的有氧环境中生长，有些菌种在＜ 30℃的温度下生长最佳，包括一些产粉色色素的菌种。这些菌种在 MacConkey 琼脂平板上的生长情况各不相同，多数菌落无色，但由于从培养基中吸收结晶紫，一些菌落可能为淡紫色或紫色。其中的 4 个属被认为是苛养菌，因为它们在血琼脂平板上生长缓慢而且不好，分别是亚细亚菌属（*Asaia* spp.）、*Granulibacter bethesdensis*、甲基杆菌属（*Methylobacterium* spp.）和大多数莫拉菌属（*Moraxella* spp.）。大多数非发酵菌存在于土壤、水（包括自来水）和环境中。临床上，除脑膜炎败血症伊丽莎白菌（*Elizabethkingia meningoseptica*）、按蚊伊丽莎白菌（*Elizabethkingia anophelis*）、腔隙莫拉菌（*Moraxella lacunata*）、卡他莫拉菌（*Moraxella catarrhalis*）和乙酸钙不动杆菌－鲍曼不动杆菌复合群（*Acinetobacter calcoaceticus-Acinetobacter baumannii* complex）外，其他菌被认为是条件致病菌。

Ⅰ群：不动杆菌属和 *Granulibacter*

Ⅰ群中的微生物为氧化酶阴性、革兰氏阴性、非发酵细菌（GNF）。

不动杆菌属（*Acinetobacter* spp.）由 51 个已命名菌种和 11 个未命名菌种组成。其中 26 种与人类感染有关。大多数不动杆菌属是非致病性的，但它们可以引起免疫功能低下患者的感染。不动杆菌感染会影响呼吸道、泌尿道、导管部位和伤口，有些菌种会导致住院患者败血症。感染的危险因素包括呼吸护理设备的使用、抗菌治疗、在重症监护病房的长期停留和手术。它们是继铜绿假单胞菌之后从临床标本中分离的第二常见非发酵菌。最常见的临床分离株是多重耐药鲍曼不动杆菌（multi-drug-resistant *A. baumannii*），它可在医院内引起流行，增加系统性感染患者的死亡率。

表 18-1 非发酵革兰氏阴性杆菌

氧化酶阴性	氧化酶阳性，吲哚阴性，胰蛋白酶阴性	氧化酶阳性，吲哚阴性，胰蛋白酶阳性	氧化酶阳性，吲哚阳性	粉红色素
不动杆菌属	血液杆菌属	*Alishewanella*	*Balneatrix*	亚细亚菌属
Granulibacter	莫拉菌属	*Inquilinus*	*Bergeyella*	固氮螺菌属
	寡源杆菌属	类香味菌属	金黄杆菌属	甲基杆菌属
	副球菌属	苍白杆菌属	伊丽莎白菌属	玫瑰单胞菌属
	嗜冷杆菌属	*Pannonibacter*	稳杆菌属	
	污蝇杆菌	假黄杆菌属	mizutaii 鞘氨醇杆菌属	
		根瘤菌属	*Wautersiella*	
		斯瓦尼菌属	*Weeksella*	
		鞘氨醇杆菌属		
		鞘氨醇单胞菌属		

还有两种细菌，即琼氏不动杆菌（*Acinetobacter junii*）和*Acinetobacter soli*与新生儿感染暴发有关。从住院患者的临床标本中也发现了皮特不动杆菌（*Acinetobacter pittii*）、医院内不动杆菌（*Acinetobacter nosocomialis*）和乌尔新不动杆菌（*Acinetobacter ursingii*）。

在革兰氏染色下，不动杆菌属为小革兰氏阴性球菌，大小为（1.0~1.5）μm×（1.5~2.5）μm，单独出现或成对出现。其形态与奈瑟菌属非常相似。不动杆菌属的菌落光滑、不透明，在血液琼脂平板上呈灰白色至黄色，在MacConkey琼脂平板上呈淡粉色。不动杆菌属氧化酶阴性，硝酸盐阴性，无动力。鲍曼不动杆菌菌株可氧化葡萄糖，无溶血性。商品化鉴定系统对大多数不动杆菌属的鉴定一直存在问题。随着基质辅助激光解吸电离飞行时间质谱（MALDI-TOF MS）的引入，可以直接对培养基上的菌落进行鉴定，结果快速、可靠。另外，不动杆菌属的准确鉴定也可通过分子方法实现，但这种方法不适用于常规诊断实验室。

*Granulibacter bethesdensis*是一种苛养菌，是另一种氧化酶阴性的GNF。革兰氏染色下为球杆菌或杆菌。菌落有黄色的色素。偶尔从慢性肉芽肿病患者中分离出来。

Ⅱ群：血液杆菌属、莫拉菌属、寡源杆菌属、副球菌属、嗜冷杆菌属和污蝇杆菌

Ⅱ群的微生物为氧化酶阳性、吲哚阴性、胰蛋白酶阴性GNF。

血液杆菌属（*Haematobacter* spp.）已从败血症患者标本中分离出。血液杆菌和苯丙酮酸嗜冷杆菌（*Psychrobacter phenylpyruvicus*）用表型法和16S rRNA测序方法很难区分。大多数血液杆菌是抗坏血酸、苯丙氨酸、精氨酸和尿素阳性。

莫拉菌属有20种菌，只有4种是人类呼吸道正常菌群的一部分，包括卡他莫拉菌（*M. catarrhalis*）、非液化莫拉菌（*Moraxella nonliquifaciens*）、奥斯陆莫拉菌（*Moraxella osloensis*）和林肯莫拉菌（*Moraxella lincolnii*）。莫拉菌属可引起多种感染，包括关节炎、结膜炎、心内膜炎、角膜炎、脑膜炎和败血症等。卡他莫拉菌是一种人类黏膜致病菌，在患有慢性阻塞性肺疾病和免疫缺陷患者的成人中，卡他莫拉菌与中耳炎、鼻窦炎和上下呼吸道感染有关。如果从鼻窦分泌物或儿童中耳中分离出卡他莫拉菌，则应进行鉴定和报告；如果是从咽喉培养物中分离出来的，则不需要报告，因为卡他莫拉菌是咽喉正常微生物群的一部分。腔隙莫拉菌（*M. lacunata*）与眼部感染和感染性心内膜炎有关。其他莫拉菌属很少引起侵袭性疾病。

在革兰氏染色下，莫拉菌为小而丰满的革兰氏阴性球菌，成对出现，或呈短链状，类似于奈瑟菌，对下呼吸道感染患者标本进行革兰氏染色，尤其是由卡他莫拉菌引起的慢性阻塞性肺疾病患者的标本，可见大量多形核白细胞和细胞内革兰氏阴性双球菌。进行培养时，多可得到纯菌或作为优势菌生长。血液琼脂平板上的菌落很小，培养24 h后直径约为0.5 mm，培养48 h后直径可达1.0 mm。卡他莫拉菌菌落比其他莫拉菌菌落稍大，可以很轻易地用接种环在平板周围移动（曲棍球征）。乙酰唑胺选择性培养基可用于分离莫拉菌属。莫拉菌属具有氧化酶强阳性、无动力、吲哚阴性和不发酵糖类。大多数莫拉菌属不能在MacConkey琼脂平板上生长。腔隙莫拉菌和非液化莫拉菌的菌落倾向于在琼脂上形成凹坑，非液化莫拉菌也可扩散。卡他莫拉菌和犬莫拉菌（*Moraxella canis*）过氧化氢酶呈强阳性，大多数菌株可将硝酸盐还原为亚硝酸盐。腔隙莫拉菌是唯一具有蛋白水解活性的菌种，可水解明胶。吐温80酯酶活性是一种快速区分腔隙莫拉菌与其他莫拉菌属的方法。

寡源菌属（*Oligella*）由2个菌种组成，一个是解脲寡源菌（*Oligella ureolytica*），过去的CDC IVe群，另一个是尿道寡源菌（*Oligella urethralis*），过去称为尿道莫拉菌和CDC M-4群。这两种菌都可引起尿脓毒症。解脲寡源菌在血琼脂平板上生长缓慢，24 h后形成针尖样的菌落，培养3 d后形成大菌落。解脲寡源菌的一个关键特征是，在接种到含尿素的培养基上后几分钟内，它会水解尿素。尿道寡源菌与奥斯陆莫拉菌（*M. osloensis*）在菌落形态和生物化学特征上都很相似，可以根据硝酸盐还原和苯丙氨酸脱氨酶试验进行区分。尿道寡源菌代谢硝酸盐，苯丙氨酸脱氨酶反应呈弱阳性，而奥斯陆莫拉菌两者均为阴性。

据报道，耶氏副球菌（*Paracoccus yeei*）可引起腹膜炎以及伤口和血液感染。在革兰氏染色时，耶氏副球菌为革兰氏阴性球菌，由于存在空泡状菌，或仅周围染色，可有甜甜圈状外观。耶氏副球

菌无动力，其菌落在血液琼脂平板上呈淡黄色，可在 MacConkey 琼脂平板上生长，可分解糖类，尿素阳性。

嗜冷杆菌属（*Psychrobacter*）包括 30 多个菌种，只有少数具有临床意义。大多数临床分离菌为苯丙酮酸嗜冷杆菌（*Psychrobacter. phenylpyruvicus*，以前称为苯丙酮酸莫拉菌）、粪嗜冷杆菌（*Psychrobacter faecalis*）和肺嗜冷杆菌（*Psychrobacter pulmonis*）。后两种细菌以前被归类为不动嗜冷杆菌（*Psychrobacter immobilis*），是不常见的感染原因。已从脑膜炎患者的血液和脑脊液中分离出苯丙酮酸嗜冷杆菌。苯丙酮酸嗜冷杆菌在显微镜下和培养基上的表现与莫拉菌属相似，只是尿素酶和苯丙氨酸脱氨酶呈阳性。苯丙酮酸嗜冷杆菌可在添加了 0.1% 吐温 80 的 12% NaCl 胰蛋白酶大豆肉汤中生长，菌落至少是在血琼脂平板上生长的菌落的两倍大，苯丙氨酸脱氨酶阳性。这两个特征使其区别于血嗜冷杆菌（*Psychrobacter sanguinis*）。

污蝇杆菌（*Wohlfahrtiimonas chitiniclastica*）先前被归类为 Gilardi rod Ⅰ群，已知其亲缘关系密切。它与人类蝇蛆病有关，蝇蛆病可导致败血症。污蝇杆菌是从苍蝇幼虫中分离出来的，革兰氏染色为阴性球菌，可在 MacConkey 琼脂平板上生长，呈扁平且略微扩散的菌落。污蝇杆菌苯丙氨酸脱氨酶阳性。

Ⅲ群：*Alishewanella*、*Inquilinus*、类香味菌属、苍白杆菌属、*Pannonibacter*、假黄杆菌属、根瘤菌属、斯瓦尼菌属、鞘氨醇杆菌属、鞘氨醇单胞菌属等吲哚阴性菌

第三群的微生物为氧化酶阳性、吲哚阴性、胰蛋白酶阳性的 GNF。具有临床意义的菌包括类香味菌属（*Myroides*）、苍白杆菌属（*Ochrobactrum*）、根瘤菌属（*Rhizobium*）、斯瓦尼菌属（*Shewanella*）、鞘氨醇单胞菌属（*Sphingomonas*）和鞘氨醇杆菌属（*Sphingobacterium*）。

类香味菌属包括 10 种菌，但从临床标本中分离出的只有 4 种：褐色类香味菌（*Myroides phaeus*）、*Myroides injenensis*、香味类香味菌（*Myroides odoratimimus*）和气味类香味菌（*Myroides odoratus*），已知只有后两种会引起感染。气味类香味菌可引起尿路感染，但从其他部位的感染中也能分离得到，并可引起败血症性休克、坏死性筋膜炎和蜂窝织炎。在一次与卫生保健有关的泌尿道感染暴发中以及在猪咬伤后的软组织中分离出了香味类香味菌，它可以引起丹毒和败血症。

类香味菌以前被归为黄杆菌属，是一种小型革兰氏阴性杆菌，大小为（0.5 × 1.0）μm~2.0 μm。血琼脂平板上的菌落有黄色色素，并倾向于在琼脂表面扩散，类似于芽孢杆菌。它们也产生水果味，类似于粪产碱杆菌。类香味菌属可在 MacConkey 琼脂平板上生长，氧化酶、脲酶和明胶酶阳性，吲哚阴性。硝酸盐为阴性，但能将亚硝酸盐还原为氮气。利用 MALDI-TOF MS 可鉴别出香味类香味菌和气味类香味菌。

苍白杆菌属共有 20 种菌，其中 2 种，即人苍白杆菌（*Ochrobactrum anthropi*）和中间苍白杆菌（*Ochrobactrum intermedium*），已从人类样本中分离出来。已知人苍白杆菌可引起导管相关菌血症。这两个菌种的区别在于人苍白杆菌在 41 ℃下不生长，对多黏菌素敏感，而中间苍白杆菌在 41 ℃下生长，对多黏菌素耐药。

根瘤菌属包括 2 个临床相关的菌种，放射根瘤菌（*Rhizobium radiobacter*）和 pusense 根瘤菌（*Rhizobium pusense*）。虽然不常见，但从血液中分离出来的概率相对较高，这些菌的来源通常是受污染的留置导管，植入的假体，囊性纤维化患者的腹水、腹膜透析液、尿液或气道分泌物。引起的感染包括心内膜炎和角膜炎。

在革兰氏染色时，根瘤菌属为小到中等大小的革兰氏阴性杆菌，大小为（0.6~1.0）μm ×（1.5~3.0）μm。有氧条件下，它们能在 35℃的常规实验室培养基上生长，但在 25~28 ℃的温度下生长最佳。培养 48 h 后，血琼脂平板上的菌落直径约为 2 mm，圆形，光滑，无色素或浅黄色色素沉着。菌落在 MacConkey 琼脂平板上可呈粉红色，在长时间培养后可能变成黏液样。根瘤菌属具有动力，对脲酶、苯丙氨酸脱氨酶和七叶皂苷的反应为阳性。根瘤菌属还可氧化葡萄糖、麦芽糖、蔗糖、甘露醇和木糖。这些反应使放射根瘤菌和 pusense 根瘤菌区别于其他密切相关的微生物。由于这两个菌种之间的表型相似性，放射根瘤菌的分离株可能被误认为是 pusense 根瘤菌，可以通过对 16S rRNA 测序和 atpD 基因测序来鉴别。

斯瓦尼菌属包括 2 个菌种，腐败斯瓦尼菌

（*Shewanella putrefaciens*），以前曾归为腐败假单胞菌、腐败交替单胞菌、腐败无色杆菌和 CDC Ib 群）和海藻斯瓦尼菌（*Shewanella algae*）。海藻斯瓦尼菌是最常见的人类分离菌种。这两个菌种可从各种临床标本中分离出来，与几种类型的感染有关。斯瓦尼菌属是氧化酶阳性、吲哚阴性、革兰氏阴性杆菌，通过单极鞭毛运动。在革兰氏染色时，它们长短不等，呈丝状。血琼脂平板上的菌落呈圆形、光滑，偶尔呈黏液状，直径约 2~3 mm，有棕色至棕褐色色素，培养基绿色变色。斯瓦尼菌属的硝酸盐、碱性磷酸酶、胰蛋白酶和鸟氨酸脱羧酶呈阳性。斯瓦尼菌属的一个显著的特征是在 Kligler 铁或三糖铁（TSI）琼脂斜面中产生 H_2S。海藻斯瓦尼菌与腐败斯瓦尼菌非常相似，区别在于海藻斯瓦尼菌嗜盐，生长需要 NaCl，不氧化麦芽糖或蔗糖。

少动鞘氨醇单胞菌（*Sphingomonas paucimobilis*）和副少动鞘氨醇单胞菌（*Sphingomonas parapaucimobilis*）是鞘氨醇单胞菌属中两个具有临床意义的菌种。鞘氨醇单胞菌属至少已经鉴定出 12 种，它们广泛分布于自然界中，包括医院环境，并已从各种临床标本中分离出来。在革兰氏染色时，鞘氨醇单胞菌属是细长的革兰氏阴性杆菌，类似于假单胞菌属。它们在 18~22 ℃时通过极性鞭毛运动，但在 37 ℃时不运动。血液琼脂平板上的鞘氨醇单胞菌属菌落直径约为 2 mm，在 30 ℃下培养时产生强烈的黄色色素。鞘氨醇单胞菌属是氧化酶、邻硝基苯 -β-d- 半乳糖苷（ONPG）和七叶皂苷阳性，可氧化葡萄糖、麦芽糖、蔗糖和木糖。由于这两个菌种通过生化试验难以区分，因此建议将其统一报告为鞘氨醇单胞菌属。

已从临床标本中分离出 6 个菌种的鞘氨醇杆菌属（*Sphingobacterium*）：蜂窝织炎鞘氨醇杆菌（*Sphingobacterium cellulitidis*）、和田鞘氨醇杆菌（*Sphingobacterium hotanense*）、水谷鞘氨醇杆菌（*Sphingobacterium mizutaii*）、多食鞘氨醇杆菌（*Sphingobacterium multivorum*）、食神鞘氨醇杆菌（*Sphingobacterium spiritivorum*）和嗜温鞘氨醇杆菌（*Sphingobacterium thalpophilum*）。多食鞘氨醇杆菌是感染人类的最常见菌种，已从多种临床标本中分离出来，包括血液和尿液，虽然罕见，但与坏死性筋膜炎、终末期肾病、腹膜炎和败血症有关。鞘氨醇杆菌属是无动力的革兰氏阴性杆菌，可产生黄色菌落。吲哚阴性，脲酶阳性，氧化葡萄糖和木糖，只有食神鞘氨醇杆菌氧化甘露醇。与其他鞘氨醇杆菌不同，嗜温鞘氨醇杆菌可分解硝酸盐并可在 41℃下生长。

Ⅳ群：*Balneatrix*、*Bergeyella*、金黄杆菌属、伊丽莎白菌属、稳杆菌属、水谷鞘氨醇杆菌属、*Weeksella*

Ⅳ群的微生物为氧化酶阳性、吲哚阳性 GNF。其中，临床标本中最常见的是金黄杆菌属（*Chryseobacterium*）和伊丽莎白菌属（*Elizabethkingia*）。

金黄杆菌有 100 多种，从临床标本中分离出且已命名的菌种只有 4 种：产吲哚金黄杆菌（*Chryseobacterium indologenes*）和粘金黄杆菌（*Chryseobacterium gleum*），过去都归为 CDC Ⅱb 群，Chryseobacterium anthropi（前 CDC Ⅱe 群）和 Chryseobacterium homis（前 CDC Ⅱc 群）。产吲哚金黄杆菌是最常见的临床分离菌种，可引起包括呼吸机相关肺炎、导管相关感染和新生儿脑膜炎等感染。从囊性纤维化患者中曾分离出一株多耐药菌株。*C. hominis* 通常从血液中分离出，而其他菌种从各种临床标本中均有发现，但它们的临床意义很小或尚未确定。显微镜下，金黄杆菌属是革兰氏阴性杆菌，中心比两端更细，也可以呈丝状。金黄杆菌属无动力，且过氧化氢酶、氧化酶和吲哚阳性。大多数产吲哚金黄杆菌和粘金黄杆菌菌株可产生 flexirubin（一种水溶性色素），且具有七叶皂苷和明胶水解能力。在 37 ℃下培养 3 d 后，产吲哚金黄杆菌菌落为 β- 溶血性菌落。产吲哚金黄杆菌不能在 MacConkey 琼脂平板上生长，也不能在 41 ℃生长，并且为阿拉伯糖阴性。相比之下，粘金黄杆菌为 α- 溶血性菌落，可在 41 ℃生长，一些菌株也可在 MacConkey 琼脂平板上生长，并且为阿拉伯糖阳性。*C. anthropi* 的菌落非常黏稠，通常没有色素，培养几天后可能会变成鲑鱼粉色。*C. homis* 的菌落多是黏液样的，一些菌株产生淡黄色色素。

脑膜败血症伊丽莎白菌（*E. meningoseptica*），过去称为脑膜败血症金黄杆菌，与新生儿脑膜炎、心内膜炎和其他多种感染有关，包括与透析相关的医疗相关感染。菌落较大，在孵化 2~3 d 后，无色素或产生淡黄色或鲑鱼粉色色素。脑膜败血症伊丽莎白菌为甘露醇、ONPG、明胶和七叶皂苷阳性。

按蚊伊丽莎白菌（*E. anophelis*）是伊丽莎白菌属的主要人类致病菌，可引起多种感染，包括成人和儿童败血症、新生儿脑膜炎以及免疫缺陷患者感染。曾报道过一例母婴传播病例，也有该微生物引起的疫情流行报告，其中两起发生在美国中西部地区。

按蚊伊丽莎白菌是一种略带黄色、无动力、不形成孢子的革兰氏阴性杆菌。该菌在 30~31 ℃和 37 ℃下生长良好，在 MacConkey 琼脂平板上不生长。氧化酶和过氧化氢酶阳性，七叶皂苷、吲哚和 ONPG 也是阳性。可根据 DNA 酶和明胶反应将其与脑膜败血症伊丽莎白菌区分开来，按蚊伊丽莎白菌两种检测均为阴性，而脑膜败血症伊丽莎白菌两种检测均为阳性。

Ⅴ群：亚细亚菌属、固氮螺菌属、甲基杆菌属和玫瑰单胞菌属

Ⅴ群中的四个属为产粉红色色素的 GNF。

亚细亚菌属（*Asaia*）有 8 种菌，其中 2 种已知可引起人类感染，即亚细亚羊蹄甲菌（*Asaia bogorensis*）和亚细亚蜘蛛兰菌（*Asaia lannensis*）。亚细亚羊蹄甲菌是从静脉药物滥用患者的血液中分离出来的，在腹膜透析期间可引起腹膜炎。亚细亚蜘蛛兰菌可导致免疫抑制儿童患者和等待心脏移植的特发性扩张型心肌病患者的菌血症。

亚细亚菌属是中小型革兰氏阴性杆菌，通过极性鞭毛或侧鞭毛运动。菌落在血琼脂平板上呈淡粉色，有光泽，光滑，菌落数量可很少。亚细亚菌属氧化酶、硝酸盐和尿素阴性。该菌种分解糖类的能力很强，可氧化葡萄糖、果糖、甘露醇和木糖。亚细亚菌属与甲基杆菌属的不同之处在于，当暴露在紫外线下时，菌落不会变黑。此外，甲基杆菌属的氧化酶和尿素呈阳性。

巴西固氮螺菌（*Azospirillum brasilense*，过去称为 *Roseomonas fauriae*）是从接受持续腹膜透析的患者中分离出来的。它是一种革兰氏阴性球菌，具有极性鞭毛。菌落呈粉红色和黏液状，类似玫瑰单胞菌属。巴西固氮螺菌氧化酶和尿素阳性菌，可用于与玫瑰单胞菌属区分的特征是，它不氧化果糖。

甲基杆菌属（*Methylobacterium* spp.）是粉红色的非发酵菌，其名字来源于它们利用甲醇作为唯一碳源的能力。嗜中温甲基杆菌（*Methylobacterium mesophilicum*）、扭脱甲基杆菌（*Methylobacterium extorquens*）和扎氏甲基杆菌（*Methylobacterium zatmanii*）是从临床标本中发现的菌种，主要来自医疗相关感染，包括败血症和腹膜透析相关腹膜炎。它们可以在自来水中传播，导致医疗相关感染，并形成生物膜，可以耐受高温和消毒剂，这使得它们能够在医院设备中繁殖。甲基杆菌属是一种大型、菌体有空泡、多形性、革兰氏阴性杆菌，染色不良，不易脱色。它们通过单极鞭毛运动。甲基杆菌属生长非常缓慢，需要 4~5 d 才能看到菌落。菌落干燥，在琼脂培养基上呈粉红色或珊瑚色，直径约 1.0 mm。菌落可吸收紫外线，因此暴露在紫外线下时呈黑色。甲基杆菌属不在 MacConkey 琼脂平板上生长。最佳生长温度在 25~30 ℃之间。这属微生物具有氧化酶活性，可水解尿素和淀粉。

玫瑰单胞菌属（*Roseomonas* spp.）是一种粉红色的非发酵菌，包括 28 个菌种。以下是从临床标本中分离出来的：吉氏玫瑰单胞菌吉氏亚种（*Roseomonas gilardii* subsp. *gilardii*），吉氏玫瑰单胞菌玫瑰亚种（*Roseomonas gilardii* subsp. *rosea*），粘液玫瑰单胞菌（*Roseomonas mucosa*），颈玫瑰单胞菌（*Roseomonas cervicalis*），4 型基因型玫瑰单胞菌（*Roseomonas* genomospecies 4），和 5 型基因型玫瑰单胞菌（*Roseomonas* genomospecies 5）。玫瑰单胞菌主要影响免疫功能低下的患者。血液感染占感染的大多数，这些微生物也可从伤口、脓肿和泌尿生殖部位分离出来。显微镜下，菌体饱满，无气泡，为革兰氏阴性杆菌，成对或短链出现。它们可在各种实验室培养基上生长，包括 MacConkey 琼脂平板，最佳培养基是 Sabouraud 琼脂平板。玫瑰单胞菌属菌落大，粉红色，黏液状，有流动性，直径可达 6 mm。颈玫瑰单胞菌（*R. cervicalis*）氧化酶强阳性，而其他菌种是氧化酶弱阳性或氧化酶阴性。玫瑰单胞菌属微生物都能水解淀粉和尿素。

表 18-2 列出了本章讨论的菌属的主要特征。

表 18-2 各种非发酵革兰氏阴性杆菌的鉴别特征[a]

菌属	氧化酶	硝酸盐	色素	动力	MacConkey 琼脂培养基上生长	吲哚
不动杆菌属	0	0	0	0	+	0
亚细亚菌属	0	0	粉 - 淡黄色	+	V	NA
固氮螺菌属	+	+	粉色	+	+	NA
金黄杆菌属	+	V	黄色	0	V	+
伊丽莎白菌属	+	+	V	0	+	+
甲基杆菌属[b]	弱，0	0	珊瑚粉	+[c]	0	0
莫拉菌属	+	V	0	0	少量，0	0
类香味菌属	+	+，气体	黄色	0	V	0
苍白杆菌属	+	+，气体	0	+	+	0
寡源菌属	+	+	0	V	V	0
副球菌	+	+	淡黄色	0	+	0
嗜冷杆菌	+	V	0	0	+	0
根瘤杆菌	+	V	V，淡黄色	+	+	0
玫瑰单胞菌[d]	弱，0	0	粉色	+[c]	+	NA
斯瓦尼菌属	+	+	棕褐色	+	+	0
鞘氨醇杆菌	+	0	淡黄色	0	V	0
鞘氨醇单胞菌	+	0	黄色	+[c]	0	0
污蝇杆菌	+	0	0	0	+	0

[a] +. 阳性反应（≥ 90% 阳性）；V. 可变反应（11%~89% 阳性）；0. 阴性反应（≤ 10% 阳性）；NA. 没有数据或数据不可用。

[b] 在 Sabouraud 琼脂平板上生长最好。

[c] 不明显。

[d] 4 型基因型玫瑰单胞菌为硝酸盐阳性。

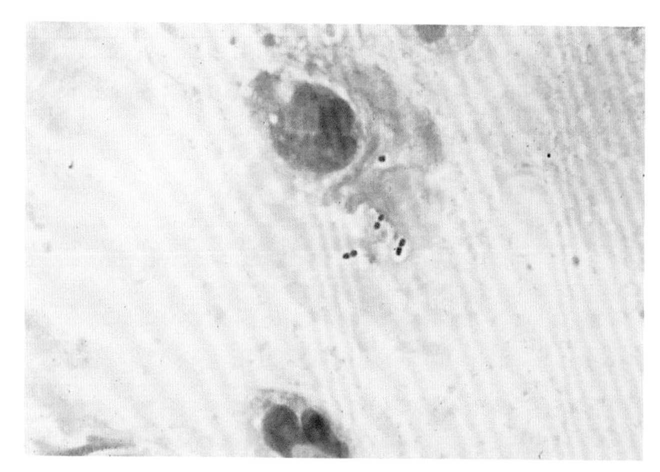

图 18-1 **不动杆菌属革兰氏染色。**图示为痰标本的革兰氏染色，可见细胞内小型革兰氏阴性球菌，大小为 1.0 μm × 1.5 μm，单独出现和成对出现，与奈瑟菌属相似。该菌被鉴定为鲍曼不动杆菌

图 18-2　**将非发酵菌接种在 TSI 琼脂斜面。**大多数非发酵菌生长在 TSI 琼脂斜面的表面上，导致碱性反应，如图所示。培养基底部没有颜色变化，因为这些微生物不发酵糖类。这是大多数非发酵菌在 TSI 琼脂斜面上的典型反应

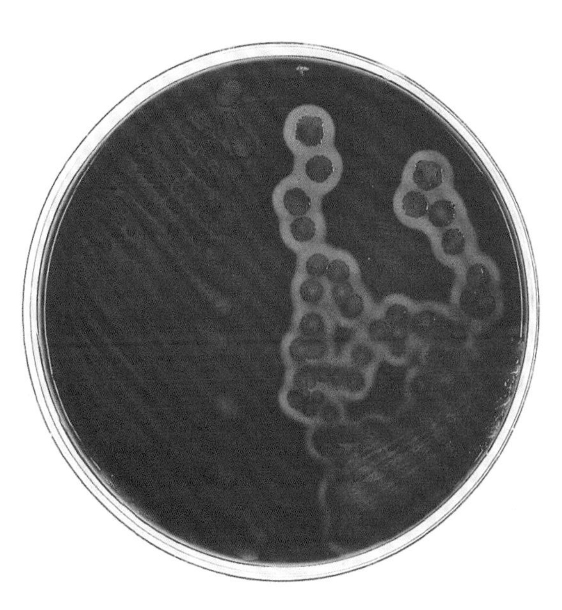

图 18-3　**血液琼脂平板上的鲍曼不动杆菌和溶血不动杆菌。**在血液琼脂平板上生长 48h 后，鲍曼不动杆菌菌落（左）直径约为 1.5 mm，呈半透明至不透明、凸起、完整、非溶血性，无色素。溶血性链球菌的菌落（右）与鲍曼不动杆菌的菌落非常相似，但是菌落周围有一个广泛的 β - 溶血区

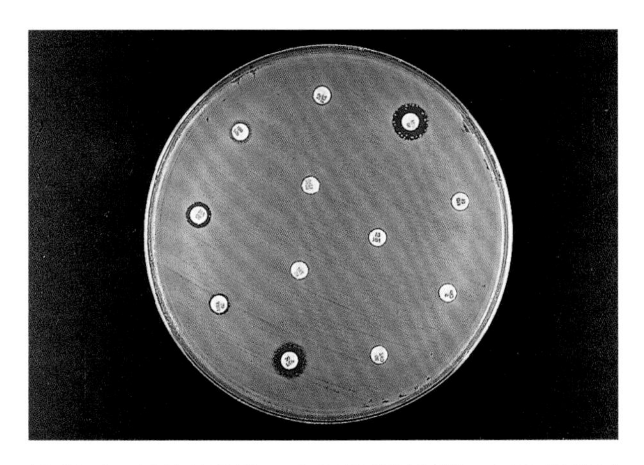

图 18-4　**纸片扩散法不动杆菌药敏试验。**不动杆菌属对多种抗菌药物耐药。在本例中，通过纸片扩散法在 Mueller-Hinton 琼脂平板上进行不动杆菌属的抗生素敏感性试验。如图所示，该不动杆菌分离株对所测试的多种抗菌药物具有耐药性

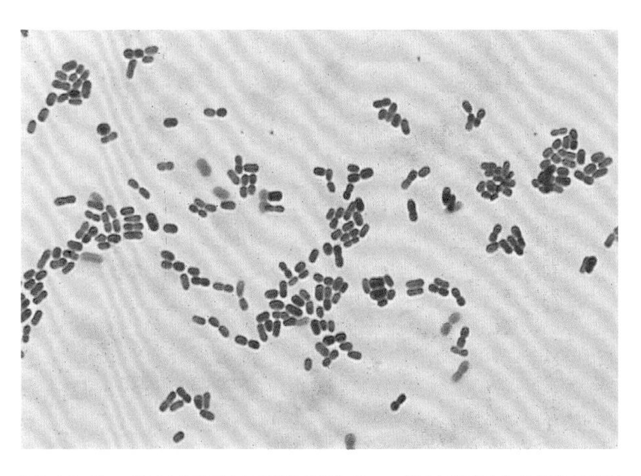

图 18-5　**莫拉菌属的革兰氏染色。**莫拉菌属为革兰氏阴性球菌，成对和成短链出现，大小为（1.0~1.5）μm×（1.5~2.5）μm。尽管图中的微生物明显为革兰氏阴性，但有些菌株抗脱色，并呈现革兰氏染色可变。当在缺氧条件下时，细胞可能被包裹且呈多形性

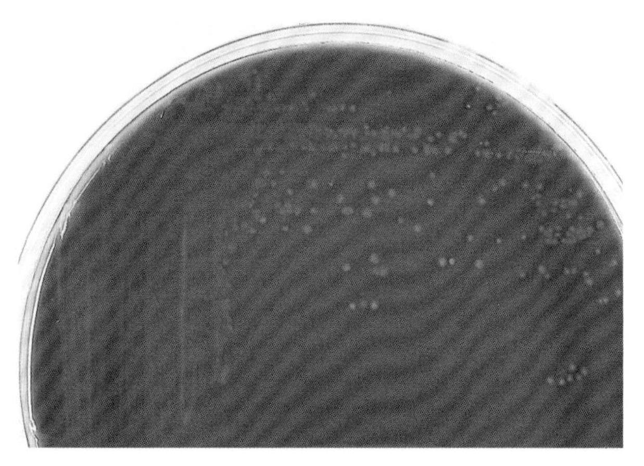

图 18-6 **在巧克力琼脂平板上培养 48 h 的腔隙莫拉菌。**巧克力琼脂平板上的腔隙莫拉菌菌落很小，直径为 0.5~1 mm，呈绿色。有时，这些菌落在长时间培养后会扩散，并在琼脂上形成凹坑

图 18-7 **血液琼脂平板上的苯丙酮酸嗜冷杆菌。**血琼脂平板上的苯丙酮酸嗜冷杆菌菌落小、针尖样、光滑、半透明、棕褐色，直径约为 0.5 mm

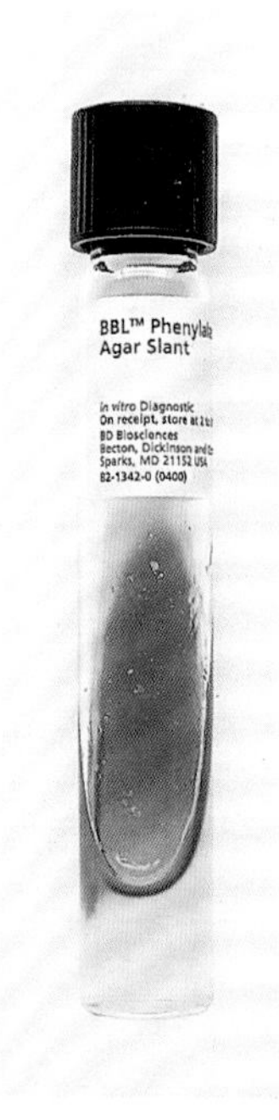

图 18-8 **苯丙氨酸琼脂斜面上的苯丙酮酸嗜冷杆菌。**苯丙氨酸脱氨酶试验用于确定微生物将苯丙氨酸氧化脱氨基为苯基丙酮酸的能力。加入几滴 10% 三氯化铁后，两种化合物之间发生反应，培养基变绿。苯丙酮酸嗜冷杆菌产生苯丙氨酸脱氨酶，导致试验阳性，如图所示。该反应可将苯丙酮酸嗜冷杆菌与大多数其他氧化酶阳性、吲哚阴性的非发酵球杆菌属区分开来

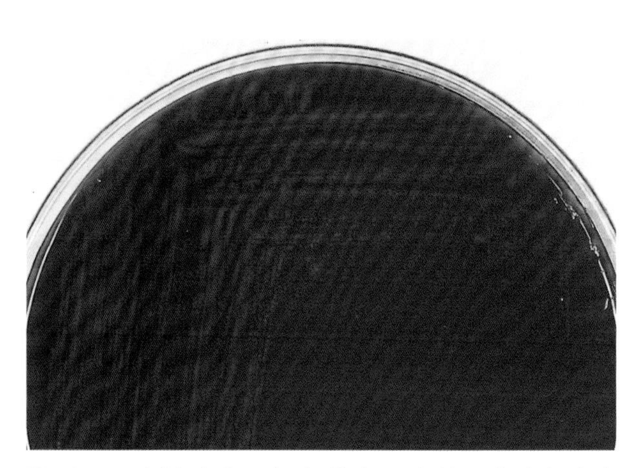

图 18-9 **血液琼脂平板上的类香味菌属（过去称为黄杆菌属）。**在血液琼脂平板上生长的类香味菌属菌落小、半透明、光滑、有光泽、凸起和圆形，直径为 0.5~1.0 mm。菌落有轻微的黄色色素，并易于扩散，如图所示，但也存在非色素菌株。菌落产生特有的水果味

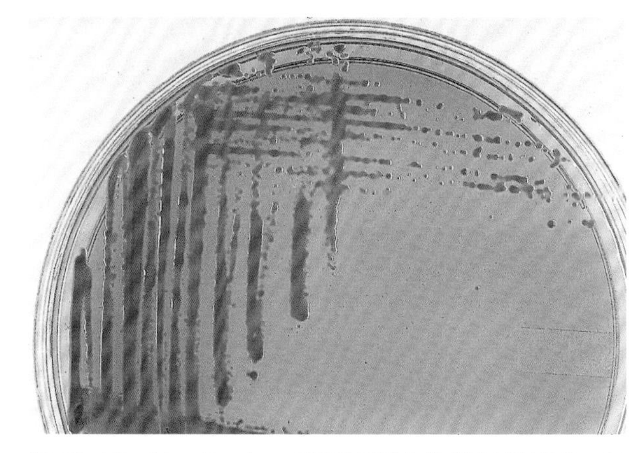

图 18-10 **MacConkey 琼脂平板上的放射根瘤菌。**在 35 ℃下培养 48 h 后，MacConkey 琼脂平板上的放射根瘤菌菌落较小（0.5~1.0 mm），呈凸起、圆形、光滑、粉红色、潮湿和黏液状

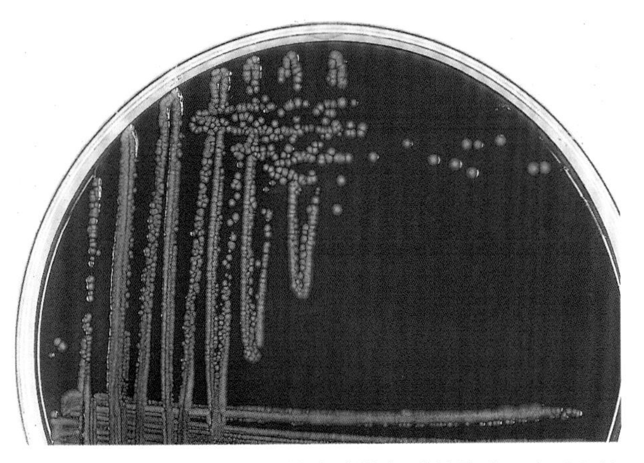

图 18-11　**血琼脂平板上的少动鞘氨醇单胞菌，**在 30 ℃下生长时，血琼脂上的少动鞘氨醇单胞菌菌落直径约为 2 mm，产生强烈的黄色、不溶性、无荧光的类胡萝卜素色素

图 18-12　**血液琼脂平板上的腐败斯瓦尼菌。**血液琼脂平板上的腐败斯瓦尼菌菌落圆滑，直径 2~3 mm，呈棕褐色，培养基绿色变色

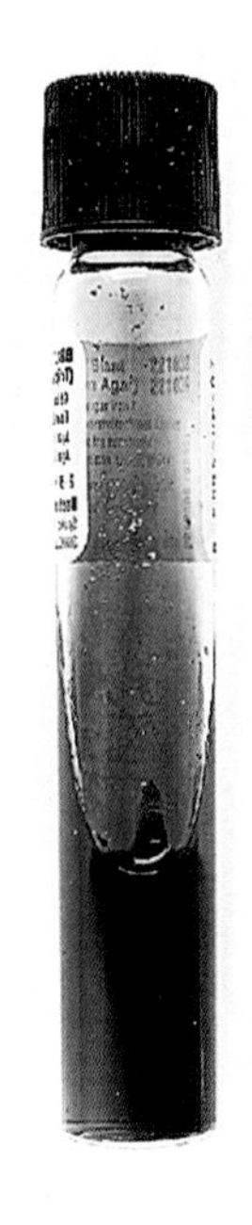

图 18-13　**TSI 琼脂斜面上的腐败斯瓦尼菌。**斯瓦尼菌属的一个显著特征是产生 H_2S。腐败斯瓦尼菌是唯一在 TSI 琼脂斜面（如图所示）或 Kligler 铁琼脂斜面上产生大量 H_2S 的非发酵菌

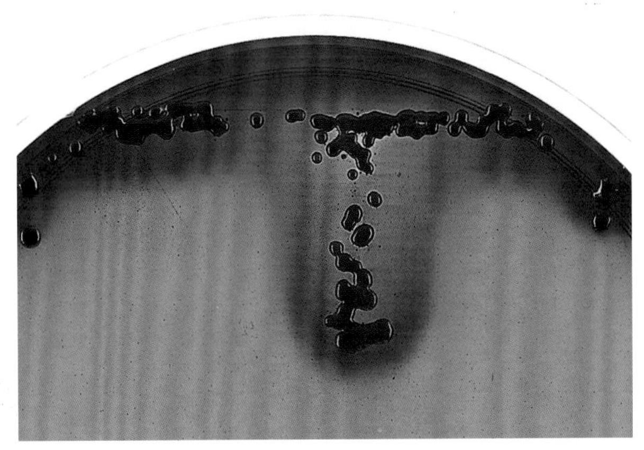

图 18-14　**DNA 酶琼脂平板上的腐败斯瓦尼菌。**腐败斯瓦尼菌产生 DNA 酶，水解 DNA。DNA 酶试验培养基含有甲苯胺蓝与 DNA 复合物。DNA 水解引起染料结构的变化，使菌落周围呈现粉红色

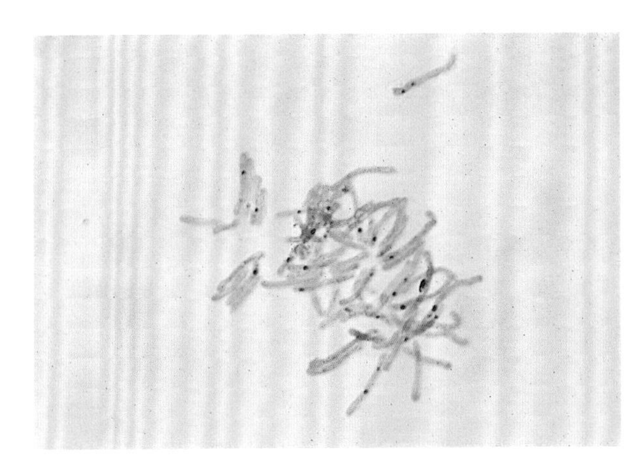

图 18-15　**甲基杆菌属的革兰氏染色。**在革兰氏染色时，甲基杆菌属表现为大型、空泡状、多形性、革兰氏阴性杆菌，大小为（0.5~1.0）μm×（7~10）μm，染色不良，不易脱色。如图所示，这些细胞含有嗜苏丹颗粒和异染颗粒

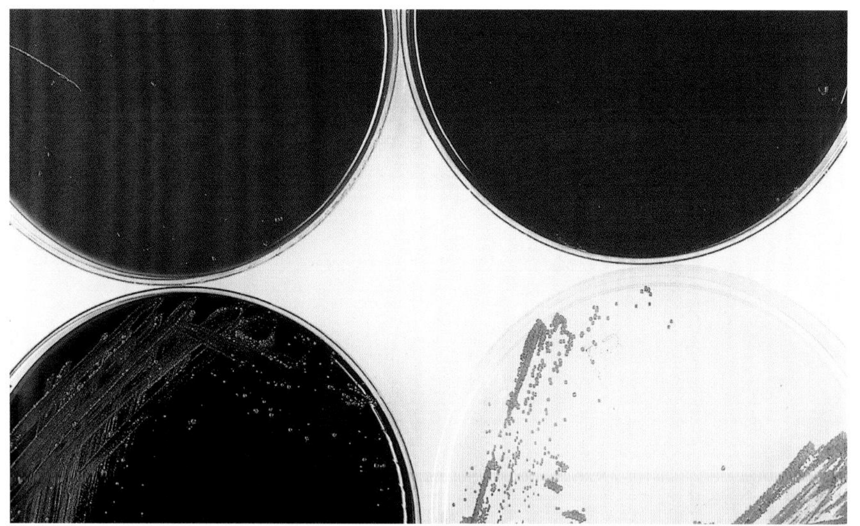

图 18-16 改良 Thayer-Martin 琼脂平板、血琼脂平板、Sabouraud 琼脂平板和缓冲木炭酵母提取物琼脂平板上的甲基杆菌属。甲基杆菌属在常规实验室培养基上缓慢生长，培养 4~5 d 后产生直径为 1 mm 的珊瑚或粉红色菌落。有些菌株不能在营养琼脂平板上生长。在此，将该微生物接种到改良 Thayer-Martin 琼脂平板（左上）、血液琼脂平板（右上）、Sabouraud 琼脂平板（右下）和缓冲木炭酵母提取物琼脂平板（左下）上。在 Sabouraud 琼脂上生长最好。甲基杆菌的最适生长温度为 25~30 ℃

图 18-17 尿素琼脂斜面和运动培养基中的甲基杆菌属。甲基杆菌属呈尿素酶阳性，导致尿素琼脂呈亮粉色（左管）。它们也通过单极鞭毛或侧鞭毛运动，但运动性很难证明。此处（右管），该菌似乎在运动介质中远离刺线生长，证实它具有动力

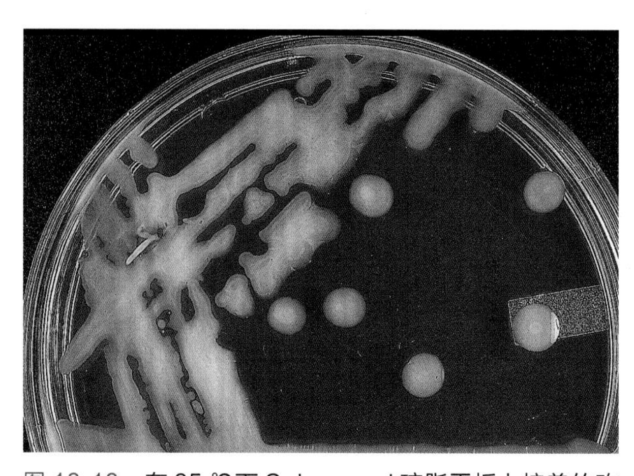

图 18-18 在 35 ℃下 Sabouraud 琼脂平板上培养的玫瑰单胞菌属。Sabouraud 琼脂平板上的玫瑰单胞菌属菌落较大，呈粉红色，黏液状，有流动性，直径约 6 mm。虽然它们和甲基杆菌属（图 18-16）同为粉红色的非发酵菌，但它们的菌落形态非常不同。玫瑰单胞菌可在多种实验室培养基上生长，包括 MacConkey 琼脂平板，而甲基杆菌不能在 MacConkey 琼脂平板上生长

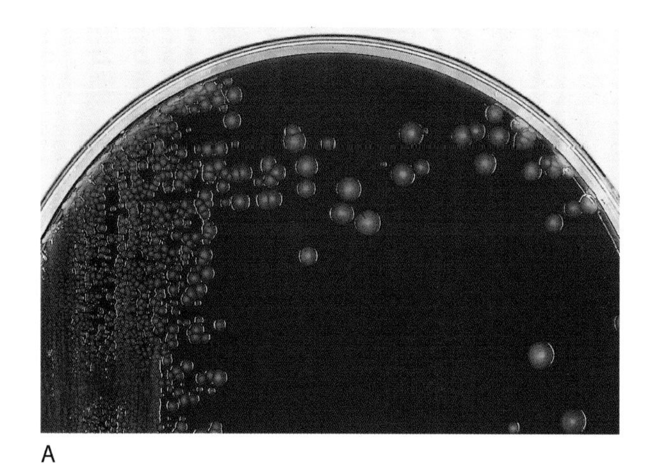

A

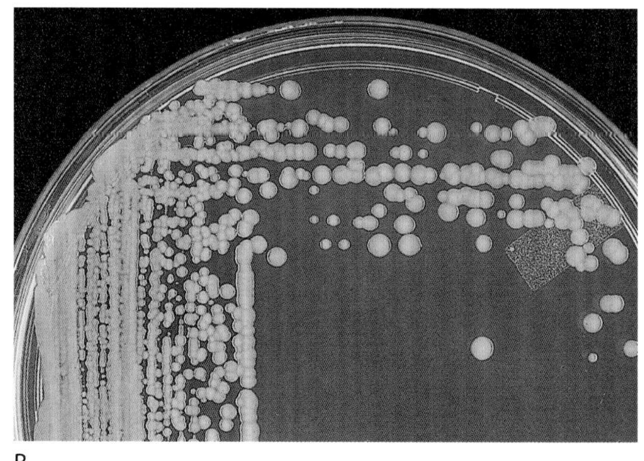

B

图 18-19 血液琼脂平板（A）和 Mueller-Hinton 琼脂平板（B）上的产吲哚金黄杆菌菌落。由于产生 flexirubin，产吲哚金黄杆菌的菌落呈深黄色

第 19 章 放线杆菌属、凝聚杆菌属、二氧化碳嗜纤维菌属、艾肯菌属、金氏菌属、巴斯德菌属和其他苛养菌或罕见的革兰氏阴性杆菌

本章涉及的微生物为苛养菌，因为它们大多在常规实验室培养基上生长不良，需要特殊的气体条件和长时间的孵化才能生长。它们包括放线杆菌属（*Actinobacillus*）、凝聚杆菌属（*Aggregatibacter*）、二氧化碳嗜纤维菌属（*Capnocytophaga*）、心杆菌属（*Cardiobacterium*）、色杆菌属（*Chromobacterium*）、*Dysgonomonas*、艾肯菌属（*Eikenella*）、金氏菌属（*Kingella*）、巴斯德菌属（*Pasteurella*）、链杆菌属（*Streptobacillus*）和萨顿菌属（*Suttonella*）。除了少数例外，这些微生物都是口腔正常微生物群的成员，与多种人类感染有关。值得注意的是该组中的 4 个属，凝聚杆菌属、心杆菌属、艾肯菌属和金氏菌属，可引起心内膜炎，尤其是在免疫功能低下的患者中。这 4 个菌属属于 HACEK 菌群。首字母缩略词 HACEK 中的“H”代表嗜沫嗜血杆菌（*Haemophilus aphrophilus*）和副嗜沫嗜血杆菌（*Haemophilus paraphrophilus*），它们现在已被转移到嗜沫凝聚杆菌属（*Aggregatibacter aphrophilus*）。

显微镜下，这些革兰氏阴性杆菌的大小和形状各不相同，从球形到长梭形，可以是直的或弯曲的。在琼脂培养基上，菌落形态从微小菌落到大菌落不等，这些菌落可使琼脂凹陷或散布在琼脂表面。在 35~37 ℃，5%~10% 的 CO_2 或微需氧环境（烛罐）且湿度增加的条件下，大多数 HACEK 细菌需要 2~4 d 的时间才能生长。

放线杆菌属属于巴斯德菌科（*Pasteurellaceae*）。有 2 种人类特有的致病菌，即人放线杆菌（*Actinobacillus hominis*）和尿放线杆菌（*Actinobacillus ureae*），这 2 种菌的自然源未知。人放线杆菌和尿放线杆菌通常在人类呼吸道内共生，尤其是在下呼吸道疾病患者中。有报道这两种菌曾引起过手术或创伤后脑膜炎，但非常罕见，也有报道过使用免疫抑制剂患者的其他类型感染。其他放线杆菌也会引起人类感染，通常与动物咬伤或与动物接触有关。李氏放线杆菌（*Actinobacillus lignieresii*）可引起放线杆菌病，是一种牛和羊的肉芽肿性疾病，类似于放线菌病，并可导致人类软组织感染。马放线杆菌（*Actinobacillus equuli*）和猪放线杆菌（*Actinobacillus suis*）可通过被马和猪咬伤或与这些动物接触而感染人类。这些微生物通常会在创伤或其他健康组织的局部损伤后引起疾病。最易受感染的宿主是免疫功能低下的老年人和最近有病毒感染的人。在革兰氏染色时，放线杆菌属为小而椭圆的球杆菌。大多数放线杆菌在巧克力琼脂平板和血琼脂平板上生长，形成针尖大小的小菌落，直径为 0.5~2 mm，呈灰白色，有黏附性，无溶血性，需要培养 48 h 才能获得可视菌落。在 35~37 ℃、5%~10% CO_2 的增菌培养基上生长旺盛。在 MacConkey 琼脂平板上，尿放线杆菌可能会有少量生长，而其他菌种不会在该培养基上生长。放线杆菌属具有氧化酶阳性和还原硝酸盐的能力，一些菌株可分解葡萄糖和麦芽糖产生酸并水解尿素。分解糖类产酸与其他特征试验一起用于鉴别该菌种。例如，在醋酸铅试纸条上，马放线杆菌会产生 H_2S，并且邻硝基酚 -β-d- 半乳糖苷（ONPG）试验呈阳性。猪放线杆菌水解七叶皂苷，并且 ONPG 阳性。

凝聚杆菌属属于巴斯德杆菌科。凝聚杆菌属包括 3 个菌种：伴放线凝聚杆菌（*Aggregatibacter actinomycetemcomitans*）、嗜沫凝聚杆菌（*Aggregatibacter aphrophilus*）和惰性凝聚杆菌（*Aggregatibacter segnis*）。凝聚杆菌属多定植于人类的口腔，包括牙菌斑内。伴放线凝聚杆菌是牙周病最常见的病因，也是牙齿操作后感染性心内膜炎的

易感因素。嗜沫凝聚杆菌可引起全身疾病以及骨骼和关节感染。惰性凝聚杆菌也可能引起心内膜炎。凝聚杆菌属是革兰氏阴性的球形或杆状杆菌，也可呈细丝状。嗜沫凝聚杆菌和惰性凝聚杆菌的生长需要 V 因子（烟酰胺），但不需要血红素（X 因子）。伴放线凝聚杆菌在 37 ℃、5%~10% CO_2 条件下，血液琼脂平板上培养 48~72 h 后产生小的菌落（直径 0.5~3 mm），进一步培养后，琼脂培养基形成星形结构和点蚀。在液体培养基中，菌落可形成颗粒，黏附在试管的侧面。嗜沫凝聚杆菌和惰性凝聚杆菌的菌落为颗粒状或光滑，可为灰色至黄色。检测 X 和 V 因子有助于将其与嗜血杆菌属区分。嗜沫凝聚杆菌和惰性凝聚杆菌的生长依赖于 V 因子，但不依赖于 X 因子，并且吲哚、鸟氨酸和尿素阴性。

有 7 种二氧化碳嗜纤维菌属的菌能引起人类感染，其中 5 种是人类正常口腔微生物群的成员：牙龈二氧化碳嗜纤维菌（*Capnocytophaga gingivalis*）、颗粒二氧化碳嗜纤维菌（*Capnocytophaga granulosa*）、溶血二氧化碳嗜纤维菌（*Capnocytophaga haemolytica*）、黄褐二氧化碳嗜纤维菌（*Capnocytophaga ochracea*）和生痰二氧化碳嗜纤维菌（*Capnocytophaga sputigena*）。这些菌种已经从口腔中分离出来，包括牙周袋、龈下菌斑、呼吸道分泌物、伤口和血液。在免疫功能正常和免疫抑制患者中，尤其是粒细胞减少症患者中，它们会引起心内膜炎、子宫内膜炎、眼部病变、骨髓炎、败血症和软组织感染等。犬咬二氧化碳嗜纤维菌（*Capnocytophaga canimorsus*）和 *Capnocytophaga cynodegmi* 这两种菌在被狗或猫咬伤后会引起感染。在酗酒者和脾切除术患者中，犬咬二氧化碳嗜纤维菌可引起败血症和严重并发症，也有报道感染后发生心内膜炎、角膜炎和脑膜炎。Capnocytophaga cynodegmi 感染罕见，可引起局部感染或全身感染。

二氧化碳嗜纤维菌属的细菌是细长的革兰氏阴性杆菌，两端较尖，类似梭杆菌属。它们具有一种称为滑动运动的特征性运动。在血平板和巧克力琼脂平板上，35~37 ℃，5%~10% CO_2 或厌氧条件下，二氧化碳嗜纤维菌属的细菌在 24 h 内产生小的针尖样、黄橙色菌落。在有氧环境中不能生长。菌落在琼脂上形成凹坑，由于滑动运动而扩散或群集。从人体分离的二氧化碳嗜纤维菌属为吲哚、氧化酶和过氧化氢酶阴性，除外犬咬二氧化碳嗜纤维菌和 *Capnocytophaga cynodegmi*，它们是氧化酶和过氧化氢酶阳性。牙龈二氧化碳嗜纤维菌 ONPG 阴性，而其他菌种为阳性。由于这些菌种在生化试验上的相似表现，很难用表型方法对其进行鉴定。目前，通过基质辅助激光解吸电离飞行时间质谱（MALDI-TOF MS）可以鉴别二氧化碳嗜纤维菌属。

心杆菌属有 2 个菌种：人心杆菌（*Cardiobacterium hominis*）和瓣膜心杆菌（*Cardiobacterium valvarum*）。这两种菌都是人类致病菌，可引起感染性心内膜炎。人心杆菌也已从身体其他部位分离出来，尽管很少见。心杆菌属是革兰氏阴性杆菌，大小为（1.0 × 2.0）μm~4.0 μm。革兰氏染色中，它们具有特征性的外观，即多形性杆菌，末端肿胀，排列成花环簇。在血液平板和巧克力琼脂平板上，37 ℃下 5%~10% CO_2 和潮湿环境中培养 2~4 d 后，可得到淡黄色到白色菌落，菌落大小为 1 mm。菌落可在琼脂上形成凹坑。与其他苛养的革兰氏阴性杆菌一样，它们不能在 MacConkey 琼脂平板上生长。由于这两个菌种之间的相似性，一些自动化系统可能会错误判读。但 MALDI-TOF MS 可以准确鉴别这两种菌。

色杆菌属包含 2 种对人类有致病性的菌种，紫色色杆菌（*Chromobacterium violaceum*）和溶血色杆菌（*Chromobacterium haemolyticum*）。紫色色杆菌污染土壤和水接触皮肤后，会引起病变。这种微生物也会引起败血症，随后可能会出现多器官脓肿。据报道，与中性粒细胞功能障碍相关的紫色色杆菌播散性感染的死亡率很高。溶血色杆菌可在创伤和接触污染水后引起败血症。

紫色色杆菌和溶血色杆菌的显微镜下形态不同。紫色色杆菌是一种球状或直的革兰氏阴性杆菌，单独、成对或成短链出现。溶血色杆菌为革兰氏阴性杆菌。这两个菌种均可在常规实验室培养基上生长，包括 MacConkey 琼脂平板，生长温度为 30~35 ℃。紫色色杆菌菌落光滑、圆形，直径约为 3 mm，带有一种称为紫色杆菌素的深紫色色素。这种色素可干扰氧化酶反应。溶血色杆菌菌落无色素，有 β - 溶血性。根据其特有的紫色杆菌素、吲哚和甘露醇试验，可将紫色色杆菌与溶血色杆菌区分开来。紫色色杆菌为吲哚阴性、甘露醇阴性，溶血色杆菌为吲哚阴性甘露醇阳性。

Dysgonomonas 属属于兼性厌氧、非运动、革

兰氏阴性球菌属。已从人类中分离出 4 个菌种：*Dysgonomonas capnocytophagoides*、*Dysgonomonas gadei*、*Dysgonomonas mossii* 和 *Dysgonomonas hofstadii*。这些菌种可从粪便、血液和其他体液、胆囊和伤口中分离出来，主要来自免疫功能低下的宿主。对青霉素平板上生长的菌落进行显微镜观察，可见小的革兰氏阴性杆菌、球菌或长杆菌。该属在 CO_2 条件下，在血琼脂平板上生长缓慢，菌落直径为 1~2 mm，一些菌株在培养 48~72 h 后产生甜味。该属过氧化氢酶、硝酸盐和氧化酶阴性，七叶皂苷和 ONPG 阳性。*D.capnocytophagoides*、*D.gadei* 和 *D.mossii* 可分解乳糖、蔗糖和木糖产酸。如果怀疑 *Dysgonomonas* 引起的腹泻，建议使用含有头孢哌酮、万古霉素和两性霉素 B 的血琼脂平板作为选择性培养基，在 35 ℃的温度下，5%~7% 的 CO_2 环境中，对粪便进行培养。

艾肯菌属属于奈瑟菌科，有 1 个菌种，侵蚀艾肯菌（*Eikenella corrodens*）。该属已从口腔中分离出来，包括牙周袋、龈下菌斑、呼吸道分泌物、伤口和血液。侵蚀艾肯菌通常与人类咬伤造成的创伤有关。侵蚀艾肯菌是一种细长的革兰氏阴性杆菌，大小为（0.5×2）μm~4 μm。在琼脂培养基上，35~37 ℃下、5% CO_2 环境里培养 2~4 d 后有菌落生长。侵蚀艾肯菌在商品化哥伦比亚琼脂上生长良好。该菌的生长需要血红素，因此不能在 MacConkey 琼脂平板上生长。侵蚀艾肯菌菌落直径在培养 24 h 为 0.2~0.5 mm，48 h 为 0.5~1.0 mm。幼龄菌落呈灰色，但经过长时间的培养后可能变成淡黄色。大多数菌株在琼脂表面形成斑点或凹陷，并产生类似漂白剂的气味。在肉汤培养基中，该菌黏附在试管的侧面并产生颗粒。侵蚀艾肯菌氧化酶和鸟氨酸脱羧酶阳性，并可代谢硝酸盐，过氧化氢酶阴性。

金氏菌属属于奈瑟菌科，有 5 个菌种，其中金氏金氏菌（*Kingella kingae*）、口腔金氏菌（*Kingella oralis*）、饮剂金氏菌（*Kingella potus*）和脱氮金氏菌（*Kingella Detronicanicans*）都是人类呼吸道正常微生物群的一部分。如前所述，金氏杆菌属是 HACEK 群的成员，其中的 2 个菌种，金氏金氏菌和脱氮金氏菌会引起感染性心内膜炎。由金氏金氏菌引起的感染，如骨髓炎、败血症性关节炎和败血症，最常见于婴幼儿。第 5 个菌种，*K.negevensis*，是最近发现的与金氏金杆菌密切相关的菌种。大多数菌株是从健康儿童的口腔中分离出来的，也可从阴道炎患者标本中分离出来。

金氏菌属是小型革兰氏阴性球菌，大小为（0.5~1.0）μm×（2~3）μm，成对出现，或短链状，类似奈瑟菌。金氏菌属在 35~37 ℃、5% CO_2 条件下培养 2~4 d 后，在血液平板和巧克力琼脂平板上生长。金氏金氏菌的菌落具有 β - 溶血性，而其他菌落则不是。将待检体液接种到血液培养基中可提高金氏金氏菌的培养分离率，因为直接将体液接种到培养基上可能会抑制该微生物的生长。金氏菌属氧化酶阳性，过氧化氢酶阴性。脱氮金氏菌可分解硝酸盐，其他金氏菌不能。在长时间培养后，金氏金氏菌可分解葡萄糖和麦芽糖产酸，而其他金氏菌仅分解葡萄糖产酸，饮剂金氏菌葡萄糖阴性。脱氮金氏菌可在 Thayer-Martin 培养基上生长，可能被误认为是淋病奈瑟菌。根据过氧化氢酶反应的不同可将二者区分：脱氮金氏菌为过氧化氢酶阴性，淋病奈瑟菌为过氧化氢酶阳性。

巴斯德菌属有几个菌种，其中多杀巴斯德菌（*Pasteurella multocida*）、犬巴斯德菌（*Pasteurella canis*）、达氏巴斯德菌（Pasteurella dagmatis）和口巴德菌（Pasteurella stomatis）可以从人类标本中分离出来。

多杀巴斯德菌是人类感染中最常见的菌种。目前有 3 个亚种：多杀巴斯德菌多杀亚种（*Pasteurella multocida* subsp. *multocida*），多杀巴斯德菌败血症亚种（*P. multocida* subsp. *septica*）和多杀巴斯德菌 gallicida 亚种（*P. multocida* subsp. *gallicida*）。多杀巴斯德菌是哺乳动物和家禽上呼吸道中的一种共生微生物，也存在于人类，尤其是患有慢性呼吸道感染的人。多杀巴斯德菌感染通常与动物咬伤有关，尤其是猫咬伤，导致蜂窝织炎和淋巴结炎。虽然不常见，但这些微生物可引起呼吸道感染、脑膜炎、透析相关性腹膜炎、心内膜炎、骨髓炎、尿路感染和血液感染等。多杀巴斯德菌多杀亚种是最常见的亚种，可引起呼吸道和血液感染，而多杀巴斯德菌败血症亚种通常与伤口和中枢神经系统感染有关。犬巴斯德杆菌是从狗咬伤伤口分离出来的最常见的巴斯德菌。达氏巴斯德菌可引起全身感染，包括心内膜炎、腹膜炎、肺炎和败血症等。

显微镜下，巴斯德菌属为革兰氏阴性、多形性球杆菌或杆菌，单独、成对或短链出现，常呈双极性。巴斯德菌在巧克力琼脂平板和血琼脂平板上生长，产生小的、灰色的、光滑、非溶血性菌落，如果产生荚膜，菌落可呈黏液样。包括多杀巴斯德菌在内的几种巴斯德菌不能在 MacConkey 琼脂平板上生长。巴斯德菌属的成员是兼性厌氧菌，无动力。大多数具有临床意义的菌株为过氧化氢酶、氧化酶、碱性磷酸酶和吲哚阳性。大多数菌种可分解果糖、半乳糖、葡萄糖、甘露糖和蔗糖产酸，并将硝酸盐还原为亚硝酸盐。

链杆菌属由 2 个菌种组成，即香港链杆菌（*Streptobacillus hongkongensis*，一种最近定义的菌种）和念珠状链杆菌（*Streptobacillus moniliformis*）。人类口咽部是香港链杆菌的定植部位，曾从感染性关节炎患者口咽部分离出该菌。念珠状链杆菌通常存在于大鼠的上呼吸道，是链杆菌性鼠咬热（streptobacillary rat bite fever）的病因。食用受污染的食物或接触受污染的水而感染念珠状链杆菌，由此产生的疾病称为哈夫希尔热（Haverhill fever）或流行性关节红斑。该病的并发症可导致更严重的感染，如心内膜炎、化脓性关节炎、肺炎、胰腺炎和前列腺炎等。这种微生物的一个有趣的特征是，可以在培养基中自发地失去细胞壁成为 L 型菌。已经从血液和各个部位（包括淋巴结）的分泌物中分离出该微生物。在市售血液培养基中，含有一定浓度的聚乙醇磺酸钠，可抑制念珠状链杆菌的生长。临床标本应与等体积的 2.5% 柠檬酸钠混合以防止凝固，再接种到不含聚乙醇磺酸钠的培养基中，并进行革兰氏染色或吉姆萨染色。念珠状链杆菌是多形性的革兰氏阴性杆菌，具有肿胀区域，多为（0.3~0.5）μm ×（1.0~5.0）μm，可以观察到非常长的细丝。念珠状链杆菌生长需要 15% 的绵羊、马或兔子血液、血清或腹水。该菌可在血液琼脂平板上，37 ℃温度下，在含 5%~10% CO_2 的潮湿环境中培养。在肉汤培养基中，该微生物向试管底部生长，并可能出现面包屑、棉球或泡芙球状外观。增菌琼脂培养基上的菌落直径为 1~2 mm，光滑、发亮，无色至灰色，边缘不规则，可能呈现出类似支原体菌落的煎蛋外观。念珠状链杆菌氧化酶、过氧化氢酶和吲哚阴性，不还原硝酸盐，它水解精氨酸并分解葡萄糖、麦芽糖和蔗糖产生弱酸。

萨顿菌属（*Suttonella*）是心杆菌科（*Cardiobacteriaceae*）的一员，产吲哚萨顿菌（*Suttonella indologenes*）是唯一的菌种。人类分离株并不常见，偶尔能从眼部和心内膜炎患者的血液培养中分离出来。它是一种丰满的革兰氏阴性杆菌，长度约为 3 μm，可以成对、链状和莲座状出现。该菌可能表现为革兰氏变异，因为它们倾向于抗脱色，类似于金氏菌属和心杆菌属。产吲哚萨顿菌是一种兼性厌氧菌，无动力。菌落在血琼脂平板上生长缓慢，可在琼脂上扩散或凹陷，类似于人心杆菌的菌落，但产吲哚萨顿菌的菌落为灰色半透明样。二氧化碳和高湿度能促进其生长。产吲哚萨顿菌可通过其碱性磷酸酶反应阳性与人心杆菌相鉴别，这两种菌都是氧化酶和吲哚阳性，能分解葡萄糖、麦芽糖和蔗糖产酸。

表 19-1 列出了本章中讨论的菌属的主要特征。

表 19-1　**放线杆菌属、凝聚杆菌属、二氧化碳嗜纤维菌属、心杆菌属、色杆菌属、Dysgonomonas、艾肯菌属、金氏菌属、巴斯德菌属、链杆菌属和萨顿菌属的鉴别特征**[a]

菌种	吲哚	氧化酶	过氧化氢酶	硝酸盐	MacConkey 琼脂平板上生长	尿素	七叶皂苷水解	葡萄糖	蔗糖
放线杆菌属									
李氏放线杆菌	0	+	V	+	V	+	0	+	+
马放线杆菌	0	+	V	+	+	+	0	+	+
猪放线杆菌	0	+	V	+	V	+	+	+	+
尿放线杆菌	0	+	+	+	0	+	0	+	+
人放线杆菌	0	+	+	+	0	+	V	+	+
凝聚杆菌属									
伴放线凝聚杆菌	0	V	+	+	0	0	0	+	0
嗜沫凝聚杆菌	0	V	0	+	V[b]	0	0	+	+
惰性凝聚杆菌	0	0	V	+	0	0	0	+[w]	+

表 19-1（续）

菌种	吲哚	氧化酶	过氧化氢酶	硝酸盐	MacConkey 琼脂平板上生长	尿素	七叶皂苷水解	葡萄糖	蔗糖
二氧化碳嗜纤维菌									
黄褐二氧化碳嗜纤维菌	0	0	0	V	0	0	V	+	+
生痰二氧化碳嗜纤维菌	0	0	0	V	0	0	+	V	+
牙龈二氧化碳嗜纤维菌	0	0	0	0	0	0	0	+	+
颗粒二氧化碳嗜纤维菌	0	0	0	0	0	0	0	+	+
溶血二氧化碳嗜纤维菌	0	0	0	+	0	0	+	+	+
犬咬二氧化碳嗜纤维菌	0	+	+	0	0	0	0	+	0
C. cynodegmi	0	+	+	V	0	0	V	+	+
心杆菌属									
人心杆菌	+[w]	+	0	0	0	0	0	+	+
瓣膜心杆菌	V	+	0	0	0	0	0	V	V
色杆菌属									
紫色色杆菌	V	V	+	+	+	NA	0	0[c]	0
溶血色杆菌	0	+	+[w]	+	+	NA	0	+[w]	NA
Dysgonomonas									
D. capnocytophagoides	V	0	0	0	0	0	+	+	+
D. gadei	V	0	+	0	0	0	+	+	+
D. mossii	+	0	0	0	0	0	+	+	+
D. hofstadii	+	0	0	0	0	0	+	+	NA
艾肯菌属									
侵蚀艾肯菌	0	+	0	+	0	0	0	0	0
金氏菌属									
金氏金氏菌	0	+	0	0	0	0	0	+	0
脱氮金氏菌	0	+	0	+	0	0	0	+	0
K.negevensis	0	+	0	0	0	0	0	+	0
口腔金氏菌	0	+	0	0	0	0	0	+[w]	0
饮剂金氏菌	0	+	0	0	0	0	0	0	0
巴斯德菌属									
多杀巴斯德菌	+	+	+	+	0	0	NA	+	+
犬巴斯德菌	+	+	+	+	0	0	NA	+	+
达氏巴斯德菌	+	+	+	+	0	+	NA	+	+
P. oralis	+	+	+	NA	0	0	NA	+	+
口巴斯德菌	+	+	+	+	0	0	NA	+	+
链杆菌属									
念珠状链杆菌	0	0	0	0	0	0	V	+	0
萨顿菌属									
产吲哚萨顿菌属	+	+	V	0	0	0	0	+	+

[a] +. 阳性反应（≥ 90% 阳性）; V. 可变反应（11%~89% 阳性）+[w]. 弱阳性反应; 0. 阴性反应（≤ 10% 阳性）; NA. 不可用。

[b] 嗜沫凝聚杆菌可能在 MacConkey 琼脂上生长，但菌落较弱。

[c] 在氧化发酵培养基中可观察到弱阳性反应。

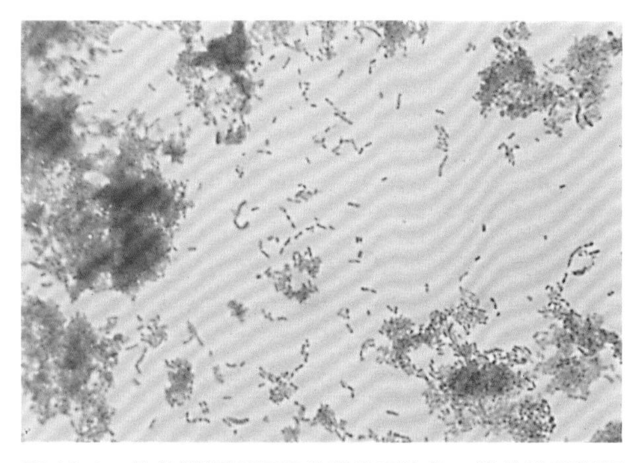

图 19-1　**伴放线凝聚杆菌的革兰氏染色。**伴放线凝聚杆菌为小型革兰氏阴性球菌，大小为 0.5 μm × 1.0 μm。在含有葡萄糖或麦芽糖的培养基上重复传代培养后，它们可以变长（最长达 6 μm）

图 19-2　**血液琼脂平板上的伴放线凝聚杆菌。**如图所示，伴放线凝聚杆菌在血液琼脂平板上培养 24 h 后，产生直径约为 0.5 mm 的针尖样小菌落。培养 48 h 后，菌落光滑或粗糙、黏稠、周围略带绿色。黏稠的菌落难以从琼脂表面刮下。伴放线凝聚杆菌生长在透明培养基（如脑心灌注琼脂）上时，在 4~5 d 后，菌落中心形成星形结构。这种形态可以通过低倍放大（× 100）观察到

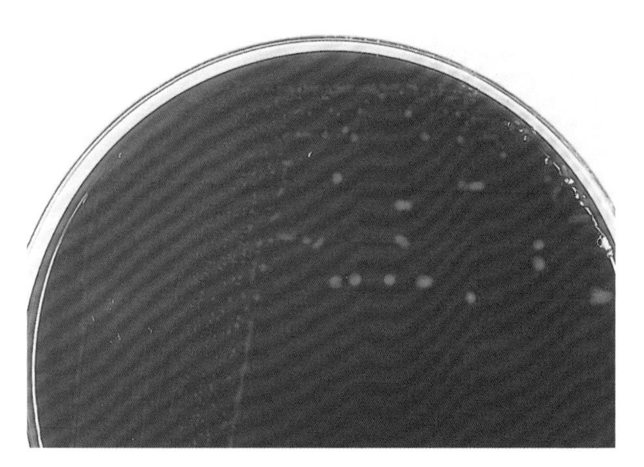

图 19-3　**血液琼脂平板上的尿放线杆菌。**血琼脂平板上的尿放线杆菌菌落较小、湿润、略呈黏液状，灰色，直径为 1~2 mm。琼脂培养基上的生长类似于巴斯德菌

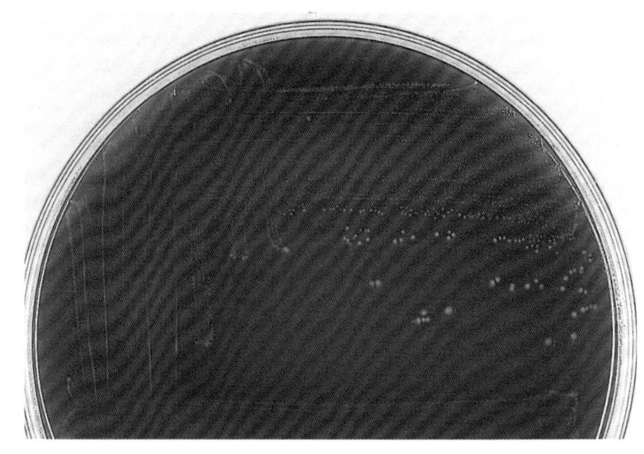

图 19-4　**血液琼脂平板上的人放线杆菌。**在微氧环境中培养 72 h 后，血琼脂平板上的人放线杆菌菌落较小，略呈 α- 溶血性，光滑、圆形、发亮且不透明，直径为 1 mm。随着菌落的成熟，它们倾向于在琼脂上形成凹坑

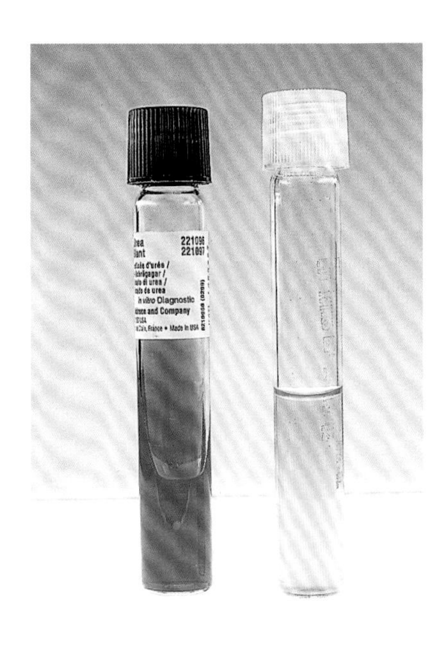

图 19-5　**放线杆菌在尿素琼脂和甘露醇肉汤中的反应。** 培养 48 h 后，尿素琼脂斜面呈阳性（左），甘露醇肉汤呈弱阳性（右）。所有放线杆菌均为尿素酶阳性，它们均可分解甘露醇产生酸。但是，只有尿放线杆菌具有延迟反应。此处所示的尿素酶阳性反应和延迟甘露醇分解反应提示为尿放线杆菌

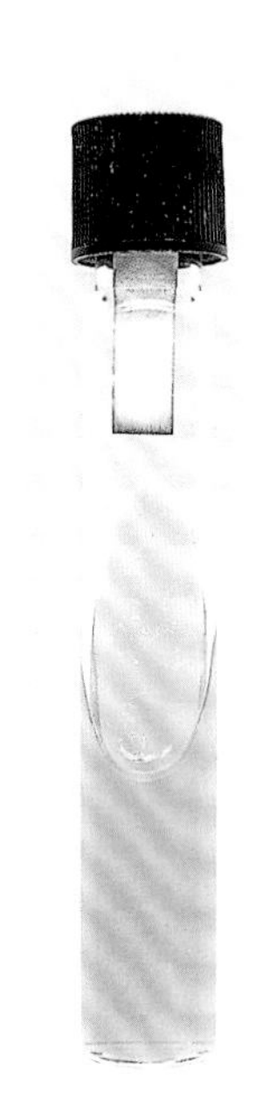

图 19-6　**三糖铁（TSI）琼脂斜面上的马放线杆菌。** 将马放线杆菌接种到 TSI 琼脂斜面上，在斜面上方放置醋酸铅试纸条（左），同时接种到含有 ONPG 片剂的试管中（右）。马放线杆菌可分解葡萄糖、乳糖和蔗糖（TSI 培养基中的三种碳水化合物）产生酸，导致琼脂斜面和底部发生酸性反应。它可产生少量 H_2S，但 TSI 培养基中的硫化亚铁无法检测到。因此，使用更灵敏的试剂醋酸铅来检测 H_2S 的产生。如图所示，试纸条底部出现黑色表示阳性反应。马放线杆菌也是放线杆菌属中的一种，在 2~4 h 内 ONPG 阳性，呈黄色

图 19-7　**二氧化碳嗜纤维菌属的革兰氏染色。** 二氧化碳嗜纤维菌属的细菌是细长的革兰氏阴性杆菌，两极较尖

图 19-8　**巧克力琼脂平板上的二氧化碳嗜纤维菌。** 二氧化碳嗜纤维菌在巧克力琼脂平板上培养 48 h 后，产生中小型菌落，直径为 1~3 mm，不溶血。在琼脂表面形成薄雾或群集，与变形杆菌属相似。这是由于微生物的滑动运动造成的，是二氧化碳嗜纤维菌属的特征

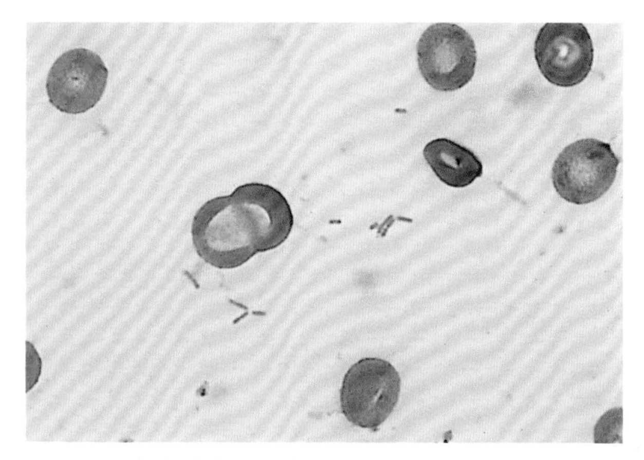

图 19-9　**从血液培养物中分离出的侵蚀艾肯菌革兰氏染色。**从血液培养分离的侵蚀艾肯菌革兰氏染色为细长的革兰氏阴性杆菌，大小为（0.5×1.5）μm~4 μm，末端呈圆形

图 19-10　**血液琼脂平板上的侵蚀艾肯菌。**图示是在血琼脂平板上生长并培养 48 h 的侵蚀艾肯菌落。菌落清晰，针尖大小，周围有平坦的蔓延生长。菌落的中心在琼脂表面形成凹痕，这是该生物的特征。菌落还会产生一种典型的漂白剂气味

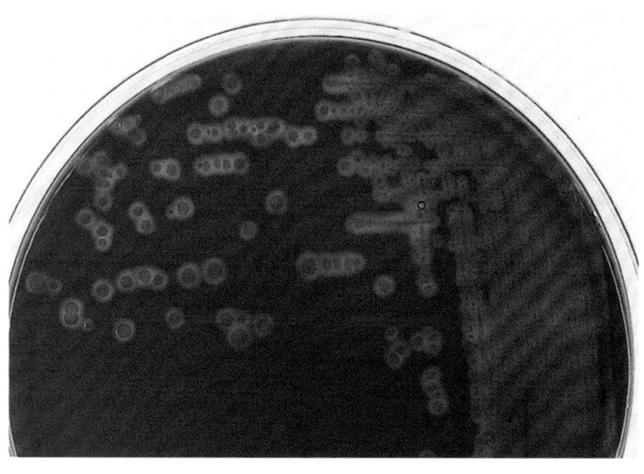

图 19-11　**血琼脂平板上的金氏金氏杆菌。**图示为培养 48 h 的金氏金氏杆菌菌落。菌落光滑、凸出、呈灰色，直径为 0.5~1 mm，周围有 β-溶血区。相比之下，脱氮金氏杆菌菌落较小，分布广泛，不溶血，经常在琼脂上留下凹坑

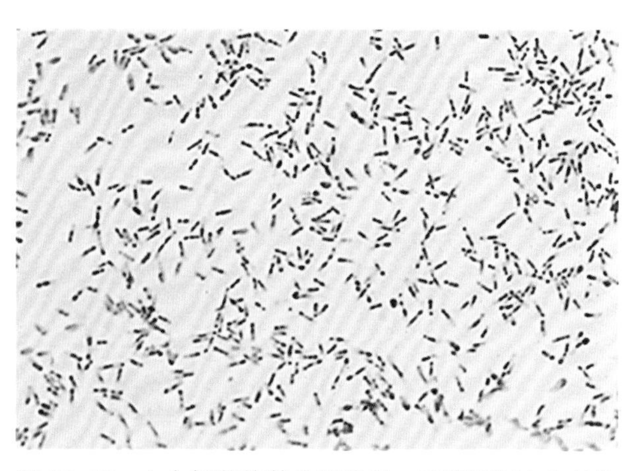

图 19-12　**人心杆菌的革兰氏染色。**琼脂平板上生长的人心杆菌涂片后进行革兰氏染色，可见多形性革兰氏阴性杆菌，呈栅栏样，两端较尖或肿胀，大小为（0.5~0.75）μm×（1.0~3.0）μm。有些菌株在细胞的膨胀端或中心部分保留结晶紫，也可呈花簇状

图 19-13　**血液琼脂平板上的人心杆菌。**培养 48 h 后，巧克力琼脂平板或血液琼脂平板上的人心杆菌菌落较小（直径 0.5~1.0 mm），有轻微的 α-溶血，菌落光滑、圆形、发亮且不透明。如果进行有氧培养，除非湿度增加或在微氧条件（蜡烛罐）下培养，否则生长很少。成熟的菌落倾向于在琼脂上形成凹坑

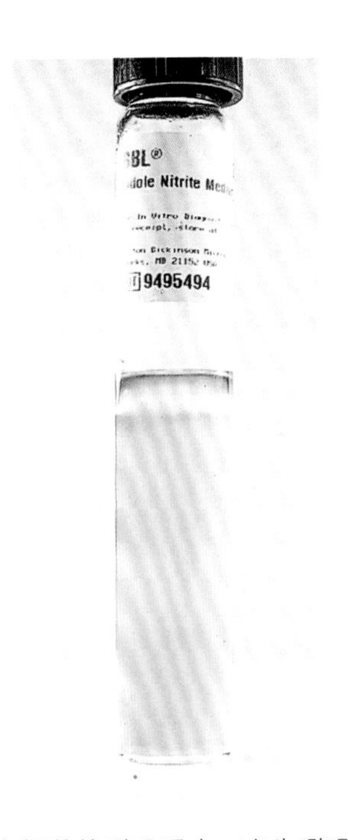

图 19-14　**人心杆菌的吲哚反应。**产生吲哚是人心杆菌的一个重要特征。吲哚的产量很少，必须用二甲苯提取后检测，如该管中二甲苯表面的红色所示

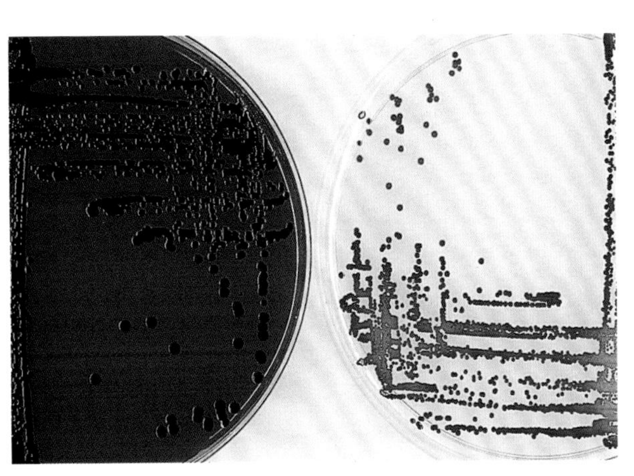

图 19-15　**血液琼脂平板和 Mueller-Hinton 琼脂平板上的紫色色杆菌。**紫色色杆菌菌落直径为 2~4 mm，圆形，光滑，凸起，带有深紫色（紫罗兰）色素。图示为在血琼脂平板（左）和 Mueller-Hinton 琼脂平板（右）上生长的紫色色杆菌菌落。由于培养基中存在红细胞，因此很难确定血琼脂上的色素颜色，而 Mueller-Hinton 琼脂上的颜色明显为紫色。这些菌落可产生氰化铵的气味

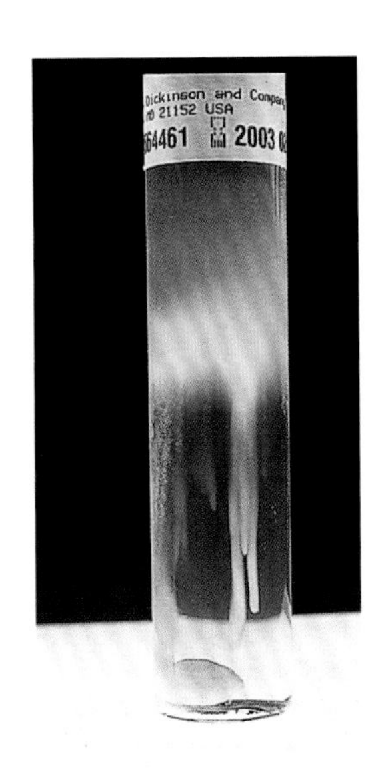

图 19-16　**肉汤培养基中的念珠状链杆菌。**念珠状链杆菌是一种苛养菌，需要补充血液或马血清才能生长。在琼脂培养基上生长可能需要 7 d 的孵育才能看到。如图所示，该菌向试管底部生长，试管左侧呈面包屑状，这是念珠状链杆菌的特征

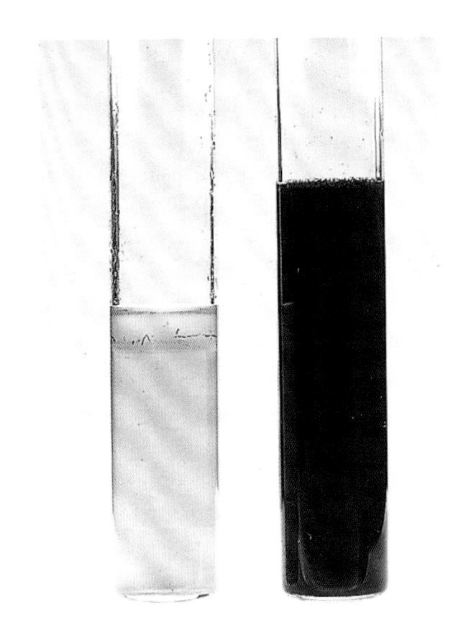

图 19-17　**紫色色杆菌的吲哚和硝酸盐反应。**左侧为吲哚试验，右侧为硝酸盐试验。与人心杆菌相比，紫色色杆菌的吲哚试验阴性（无色），硝酸盐测试呈阳性（红色），表明硝酸盐已被还原成亚硝酸盐

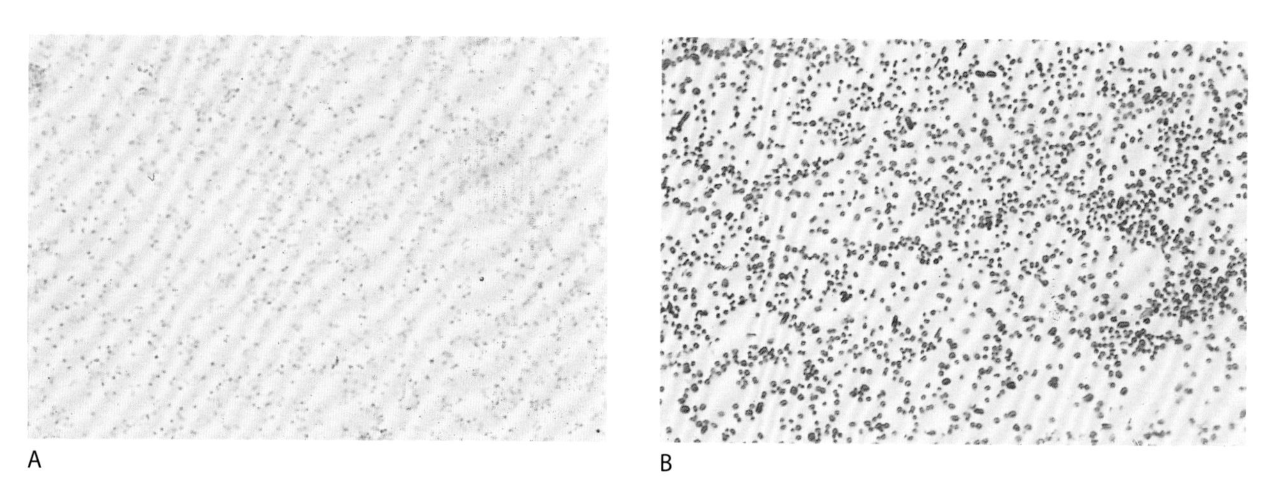

图 19-18 **多杀巴斯德菌革兰氏染色。**用藏红（A）和石炭酸品红（B）对该微生物进行复染。多杀巴斯德菌的多形性结构在两幅图中都很明显。这些多形性革兰氏阴性菌可能为球杆菌，呈卵形短杆，大小为 0.5~1.0 μm，或丝状；它们可双极染色，单独出现、成对出现或短链出现。在临床分离菌中经常观察到荚膜

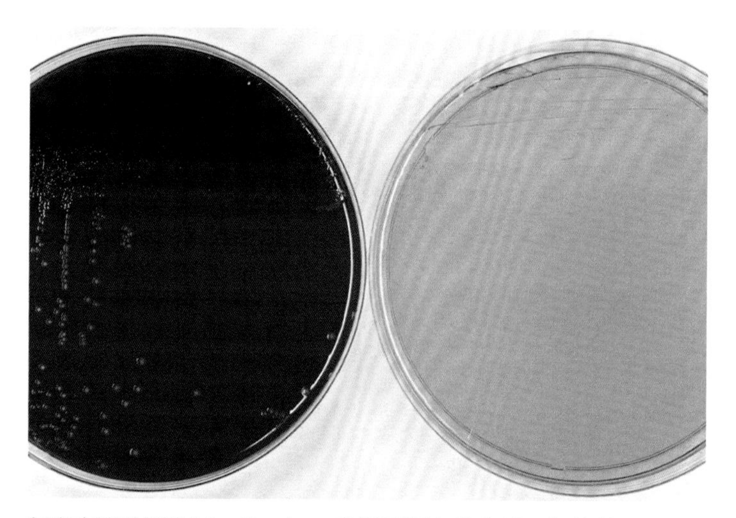

图 19-19 **血液琼脂平板和 MacConkey 琼脂平板上的多杀巴斯德菌。**多杀巴斯德菌在血琼脂平板（左）上产生小（直径 1~2 mm）灰色菌落，但在 MacConkey 琼脂平板（右）上不生长。由于可以产生吲哚，具有与大肠埃希菌相似的特征性气味

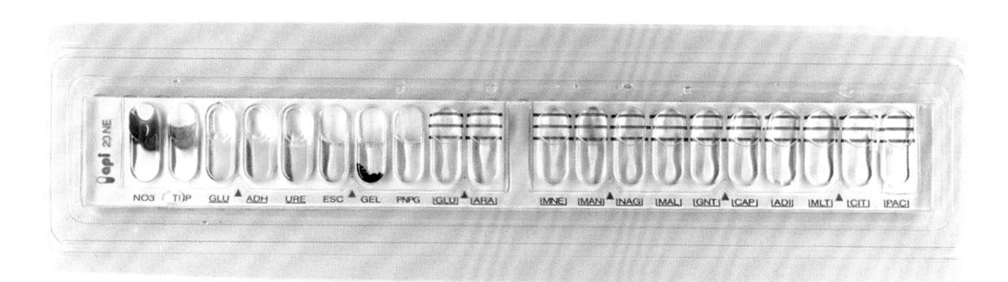

图 19-20 **多杀巴斯德菌的鉴定方法。**此处显示的是 API 20NE（bioMérieux，Inc.，Durham，NC），这是一种用于鉴定不属于肠杆菌的非苛养革兰氏阴性菌的试剂盒。本试验结合了 8 项常规试验和 12 项同化试验

第 20 章　军团菌属

军团菌属（*Legionella* spp.）是一种细长、染色模糊、无孢子、多形性的革兰氏阴性杆菌，多存在于环境中，尤其是水体以及生活中的死水或温水中，如冷却系统和热水浴缸。军团菌属能在低氯水平下生存，因此能在水源中繁殖。军团菌属目前有 59 种菌，是军团菌科中唯一的一个属。大多数人类感染由嗜肺军团菌（*Legionella pneumophila*）、米克戴德军团菌（*Legionella micdadei*）、长滩军团菌（*Legionella longbeachae*）和杜氏军团菌（*Legionella dumoffii*）引起。这些微生物通过雾化污染水源传染给人类，因此军团菌感染主要影响呼吸道，但也有播散感染和肺外受累（如心包炎、肾盂肾炎和腹膜炎）的病例报告。需要注意的是，目前认为长滩军团菌是通过受污染的土壤传播的，而不一定是通过水源传播。军团菌感染的两种主要形式是肺炎（退伍军人病）和庞蒂亚克热（Pontiac fever）。嗜肺军团菌有 50 多个血清型，其中Ⅰ型嗜肺军团菌感染占肺炎病例的 90% 以上。据报道，未经治疗的退伍军人病患者的死亡率高达 25%，尤其是那些免疫功能低下的患者。一旦吸入，军团菌会感染人类巨噬细胞，尤其是肺泡巨噬细胞。这些微生物拥有多种基因，包括属于Ⅳ型分泌系统的基因，这些基因使军团菌能够逃避宿主防御，在宿主细胞内繁殖和生存。与退伍军人病不同，庞蒂亚克热是一种急性、自限性流感样疾病，是由吸入毒素或过敏反应引起。

军团菌属常规革兰氏染色效果不好，可以用石炭酸品红代替藏红作为复染剂来染色，能更好地观察军团菌。直接涂片可见军团菌菌体较小（3~5 μm），呈球杆状。对培养基上的军团菌进行涂片染色，可见细长革兰氏阴性杆菌。目前有商品化的直接荧光抗体检测试剂，但仅限于检测嗜肺军团菌。一般来说，由于菌量较少，对标本直接进行染色的灵敏度较低。推荐采用培养的方法对其进行检测，可以检测所有菌种和血清型。所有部位的标本均可用于培养，下呼吸道标本，尤其是咳出的痰，是最常见的。呼吸道样本中通常缺乏多形核白细胞，因此，样本的细胞评估不应作为培养的排除标准。在肺炎病例中，气管抽吸物培养比痰或支气管镜标本培养的阳性率高。值得注意的是，一些来自临床标本的菌种具有抗酸性，例如米克戴德军团菌，如果遇到体积较小的抗酸菌，需考虑该菌的可能。

军团菌属有运动性，生长需要 L- 半胱氨酸，在 5% CO_2 环境下与铁一起培养能促进其生长，并且不酵解糖类，有一定惰性。在使用基础培养基培养的同时，还需使用增菌培养基，如含有 α- 酮戊二酸的活性炭酵母浸膏（buffered charcoal-yeast extract，BCYE）培养基，添加或不添加抗生素。未稀释和稀释的样本均应进行接种培养，以减少样本中的抑制物质，并可去除标本中正常菌群对军团菌生长的干扰。在 35 ℃条件下，5% CO_2 环境中培养 3~5 d 后，培养皿上可以检测到军团菌生长，观察时间应长达 2 周。显微镜下，菌落类似于切割玻璃，一些菌种可产生棕色色素或荧光。虽然生化试验对军团菌的鉴定没有特别的帮助，但马尿酸水解试验可用于区分马尿酸阳性的嗜肺军团菌与大多数其他军团菌。土拉热弗朗西斯菌（*Francisella tularensis*）也具有生长延迟和对半胱氨酸的依赖的性质，有可能被误认为军团菌。但是这两个属的菌落差别很大。单克隆或多克隆抗体可用于鉴别军团菌属，但对菌种水平和分型的最终确定需要更多深入的基因分析。基质辅助激光解吸电离飞行时间质谱也可用于鉴定培养物，但现有数据库中军团菌的数据很少，限制了该方法的应用。除了培养外，还可以进行分子检测，军团菌的核酸扩增试验也包含在商品化的呼吸道综合征检测系统中。由于缺乏标准化方法，没有对军团菌属常规进行抗生素敏感性试验。

嗜肺军团菌尿抗原检测是一种快速检测方法，特异性≥99%，但仅限于检测 I 型嗜肺军团菌。检测的敏感性取决于肺炎的严重程度和疾病的阶段，但至少有一项大型研究报告总体敏感性为 80%。

单次血清学检测，军团菌高滴度（>128）时，有助于确定诊断，特别是如果患者来自已知背景滴度相对较低的地理区域。两次血清学检测转阳或滴度上升 4 倍以上，提示活动性感染。

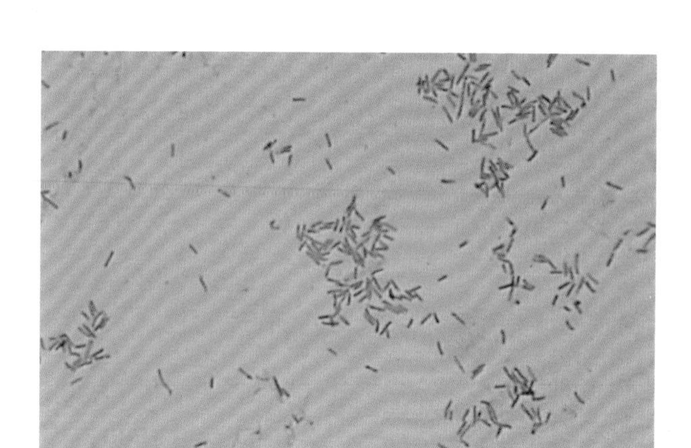

图 20-1 **军团菌革兰氏染色。**军团菌是一种细长的革兰氏阴性杆菌，用藏红复染剂着色不良。它们的大小为（1~2）μm × 0.5 μm，但可出现变异，细菌长度可达 20 μm

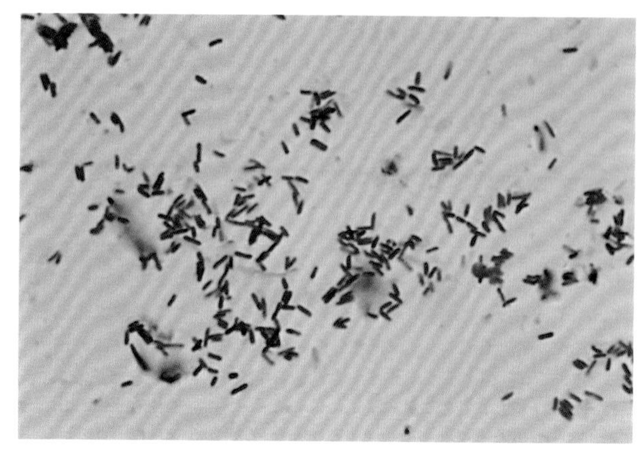

图 20-2 **以石炭酸品红作为复染剂的军团菌革兰氏染色。**图 20-1 中所示的军团菌分离培养物的革兰氏染色使用石炭酸品红作为复染剂。本图中这些菌看得更清晰，因为它们着色深

图 20-3 **嗜肺军团菌直接荧光抗体染色。**痰标本的直接荧光抗体染色嗜肺军团菌阳性。该菌被鉴定为 I 型嗜肺军团菌。荧光抗体染色法比革兰氏染色法对直接从痰中检测这种微生物更敏感，因为该菌在痰中的含量很少，且可能与口咽正常菌群相混合

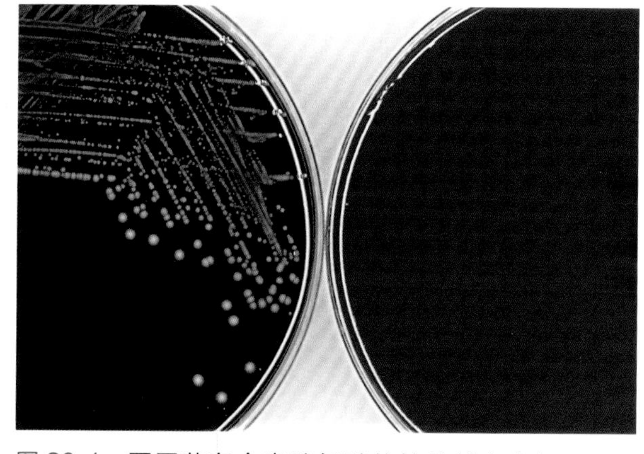

图 20-4 **军团菌在含半胱氨酸的培养基上生长。**军团菌需要含有半胱氨酸的培养基才能生长。图为在 BCYE 琼脂平板（左）和绵羊血琼脂平板（右）上分离的军团菌，BCYE 琼脂平板中添加了半胱氨酸。培养 5 d 后，BCYE 琼脂平板上有菌落生长，但血液琼脂平板上没有

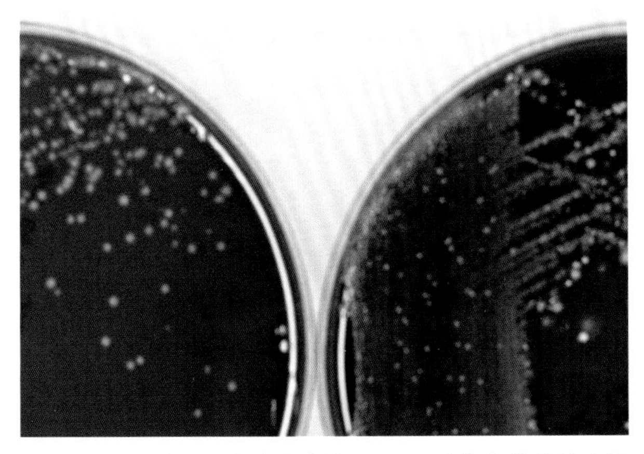

图 20-5　**在含或不含抗生素的 BCYE 琼脂上培养的痰标本。**图中是同一个痰标本，用含抗生素（左）和不含抗生素（右）的 BCYE 琼脂平板培养。由于呼吸道正常菌群可以在 BCYE 琼脂上生长，因此来自疑似军团菌感染患者的非无菌部位的标本应同时在含抗生素和不含抗生素的 BCYE 琼脂平板或其替代培养基上接种。为了提高军团菌从正常菌群中的检出率，可以在培养前对样本进行酸处理

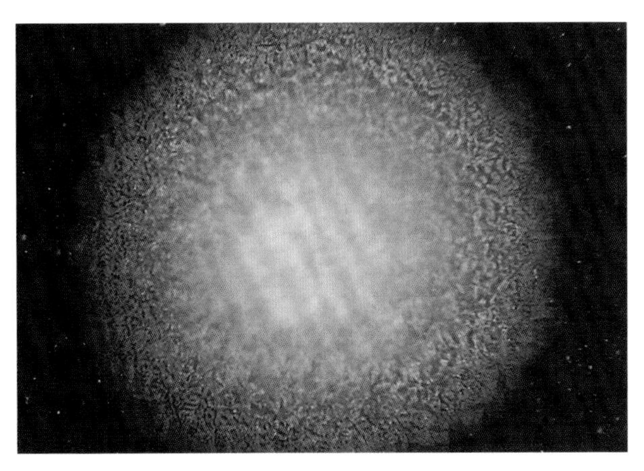

图 20-6　**BCYE 琼脂上的嗜肺军团菌。**在低倍放大镜下观察，嗜肺军团菌菌落呈切割玻璃状外观，图示为 BCYE 琼脂平板上生长的 5 日龄菌落

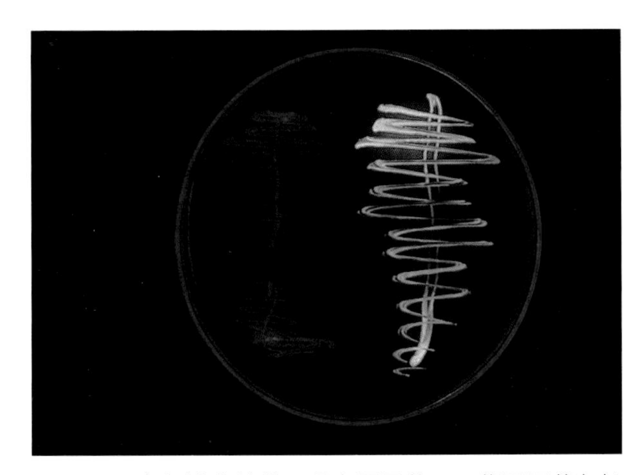

图 20-7　**在长波紫外线下观察军团菌。**一些军团菌在长波紫外线照射下会发出荧光。根据菌种的不同，自发荧光产生的颜色可以从图示的颜色变化为红色或黄绿色。此处显示的菌株在 BCYE 琼脂上生长。嗜肺军团菌（左）不发出荧光，而波兹曼军团菌（Legionella bozemanae）（右）发出蓝白色荧光

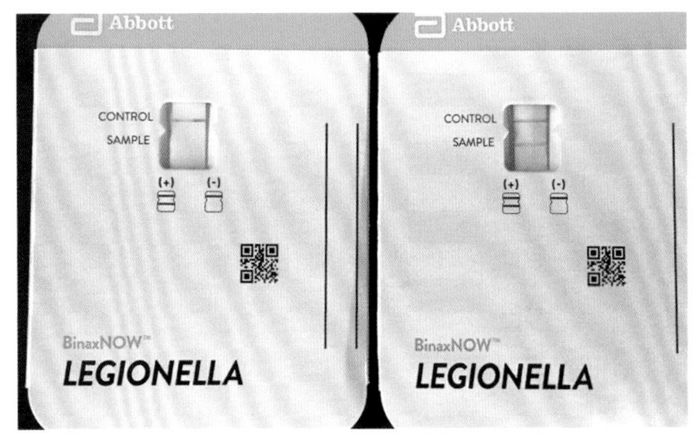

图 20-8　**尿中军团菌抗原快速检测。**检测尿液中是否存在军团菌抗原是一种快速、敏感的方法，有助于军团菌感染的诊断。此处显示了一种商品化的快速免疫层析分析方法，BinaxNOW 军团菌尿抗原检测（Abbott Diagnostics Scarborough，Inc.，Scarborough，ME）。该产品的优点是简单、快速。尿抗原试验的局限性是它只能检测 I 型嗜肺军团菌

第 21 章　奈瑟菌属

奈瑟菌属（*Neisseria* spp.）为革兰氏阴性双球菌，由于两个球菌扁平面相接触，呈蚕豆状。除淋病奈瑟菌外（*Neisseria gonorrhoeae*），奈瑟菌属是人类内源性微生物群的一部分，通常存在于口腔黏膜，偶尔也存在于生殖道。淋病奈瑟菌和脑膜炎奈瑟菌（*Neisseria meningitidis*）与人类疾病有关。大多数奈瑟菌属是共生生物，包括灰色奈瑟菌（*Neisseria cinerea*）、长奈瑟菌（*Neisseria elongata*）、浅黄奈瑟菌（*Neisseria flavescens*）、乳酰胺奈瑟菌（*Neisseria lactamica*）、黏液奈瑟菌（*Neisseria mucosa*）、干燥奈瑟菌（*Neisseria sicca*）和微黄奈瑟菌（*Neisseria subflava*.）。

淋病奈瑟菌感染仅限于人类，一旦发现则认为是致病菌。淋病奈瑟菌引起淋病，是一种需要报告的主要性传播疾病，常见于生殖器、直肠和咽喉标本中。男性最常见的表现是尿道炎，女性最常见的表现是宫颈炎。大多数情况下，尤其是在女性中，生殖器感染无症状。淋病奈瑟菌可沿生殖道上行，进行传播，可从血液和关节液中分离出来。淋病奈瑟菌可在出生时在母婴间传播，通常表现为新生儿眼部感染。

淋病奈瑟菌多数情况下需要从富含正常菌群的标本中进行分离培养，因此，必须使用选择性培养基。改良 Thayer-Martin 琼脂平板是最广泛使用的分离淋病奈瑟菌培养基之一。该培养基中含有多黏菌素（能抑制革兰氏阴性菌生长）、万古霉素（抑制革兰氏阳性菌生长）、制霉菌素（抑制真菌生长）和甲氧苄啶（抑制变形杆菌的生长）。淋病奈瑟菌是一种苛养菌，对寒冷敏感，需要含盐的环境才能生长。为了优化淋病奈瑟菌的分离培养，标本采集后，接种到培养基中，置于 CO_2 环境中，为该菌的生长提供适当的条件。在一些培养系统中，将培养基置于 CO_2 气流中，而另一些培养基在接种后可以通过化学反应生成 CO_2。蜡烛罐是为培养制备 CO_2 环境的传统方法。核酸扩增方法从尿液或生殖器标本中直接检测淋病奈瑟菌在很大程度上已经取代了传统的培养方法。核酸检测的优势在于敏感性高，易于从男性获得尿液标本，并且能够从同一标本中检测沙眼衣原体。

脑膜炎奈瑟菌有 12 个血清型，定植于约 10% 人群的口腔黏膜。脑膜炎奈瑟菌能够引起多种临床表现，最常见和最严重的是脑膜炎和败血症。这种微生物因其可能引起暴发性感染而闻名，其迅速发展导致相当高的发病率和死亡率。播散性感染患者可能有广泛的血管受累，表现为淤点或紫癜性皮疹，甚至播散性血管内凝血。虽然暴发性脑膜炎球菌血症的病例数量较少，但在世界上有一些地区的发病率较高，特别是撒哈拉以南非洲的“脑膜炎地带”。对于 A、C、W 和 Y 血清型，可以比较容易地得到基于特异性荚膜抗原的多价疫苗，用以预防脑膜炎球菌血症，最近，针对免疫原性差的 B 型脑膜炎奈瑟菌的非荚膜疫苗已经开发出来。

奈瑟菌属培养的营养需求不同。淋病奈瑟菌等菌种需要增菌培养基，如巧克力琼脂，另一些菌种，包括脑膜炎奈瑟菌，在血液琼脂上生长良好。如上所述，选择性培养基通常用于促进这些微生物从黏膜表面正常微生物群的其他成员中分离出来。适当的湿度和富含 CO_2 的环境能促进奈瑟菌的生长，在 35~37 ℃的温度下培养 24~48 h 后，得到可视菌落。根据菌种和菌株的不同，菌落的外观可有所不同，从黏液样到干燥和坚韧。当将菌落从培养基上挑起，或在液体中进行悬浮时，它们保持完整，被称为“曲棍球征”。脑膜炎奈瑟菌，由于荚膜的存在，菌落表现为黏液样，而其他菌种的菌落则更干燥。大多数奈瑟菌属产生灰褐色菌落，但有些菌落呈黄色（例如，淡黄奈瑟菌、微黄奈瑟菌和干燥奈瑟菌）。

致病性奈瑟菌除了其独特的显微镜下咖啡豆或芸豆形状外，还有一个关键特征，即它们通常是胞内菌，主要存在于多形核白细胞中。但是，奈瑟菌的独特微观形态也有例外，尤其是长奈瑟菌，它可以表现为短杆菌。当对临床标本直接涂片染色时，奈瑟菌常因脱色不良而出现革兰氏阳性，这一现象并不罕见。卡他莫拉菌是多种上呼吸道感染的原因之一，在显微镜下可与奈瑟菌相似，因为它也是一种革兰氏阴性双球菌，常见于多形核白细胞中。因此，用于奈瑟菌菌种鉴定的鉴定试剂盒通常在其鉴定方案中包括与卡他莫拉菌相鉴别。

奈瑟菌属氧化酶和过氧化氢酶呈阳性。通过超氧化物歧化酶试验可以将淋病奈瑟菌与其他奈瑟菌区分开来，该试验与过氧化氢酶试验相似，只是使用 30% 的过氧化氢而不是标准的 3% 过氧化氢。奈瑟菌以氧化方式利用糖类，因此产生少量的酸，通过糖利用试验，如胱氨酸胰蛋白酶琼脂（CTA）糖的试验难以鉴别。基于葡萄糖、麦芽糖、乳糖和蔗糖产酸的快速糖利用试验更常用。通过这些糖类的代谢方式，以及硝酸盐和三丁酸甘油水解等附加试验，可以对大多数分离菌种进行初步鉴定（表 21-1）。其他鉴定方法包括使用显色底物检测预制酶和基于单克隆抗体的试验，以及核酸杂交和扩增分析。一些鉴定试剂盒结合了糖类利用和酶底物测试。最近，基质辅助激光解吸电离飞行时间质谱法也被用于鉴定奈瑟菌属。

表 21-1 **常见奈瑟菌属和卡他莫拉菌属的鉴定生化反应**[a]

菌种	葡萄糖	麦芽糖	乳糖	蔗糖	DNA 酶	丁酸酯酶
淋病奈瑟菌	+	0	0	0	0	0
脑膜炎奈瑟菌	+	+	0	0	0	0
乳酰胺奈瑟菌	+	+	+	0	0	0
干燥奈瑟菌	+	+	0	+	0	0
浅黄奈瑟菌	0	0	0	0	0	0
卡他莫拉菌	0	0	0	0	+	+

[a] +. 阳性反应；0. 阴性反应。

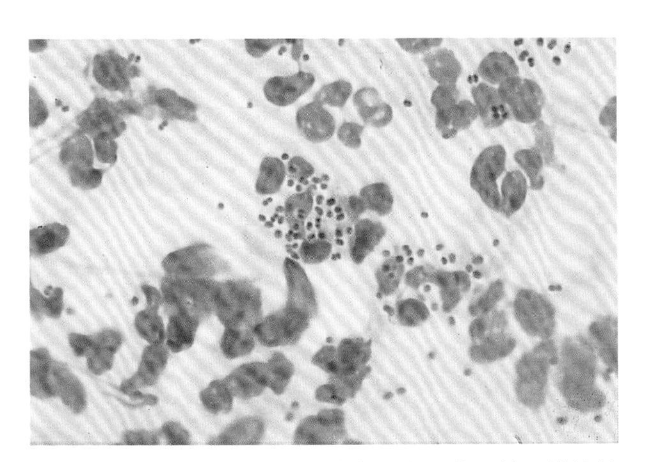

图 21-1 **淋病奈瑟菌革兰氏染色。**有症状男性尿道涂片的革兰氏染色显示细胞内革兰氏阴性双球菌，蚕豆样。从该标本中分离培养出淋病奈瑟菌

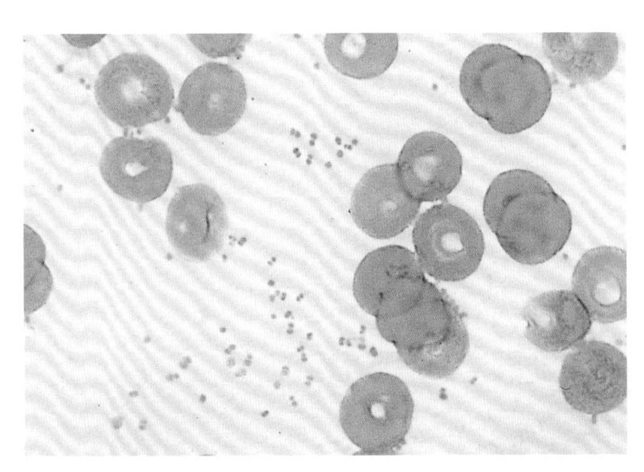

图 21-2 **脑膜炎奈瑟菌革兰氏染色。**血培养阳性瓶的革兰氏染色显示典型的蚕豆状革兰氏阴性双球菌，从中分离培养出脑膜炎奈瑟菌

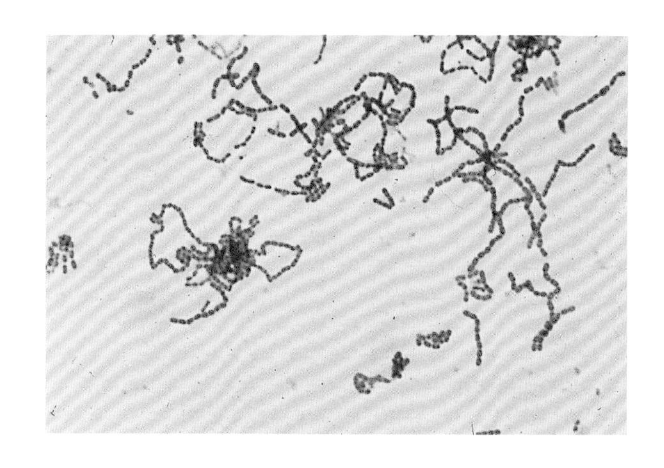

图 21-3　**长奈瑟菌的革兰氏染色。**长奈瑟菌与本属大多数其他成员的显微形态不同，它的形状更像芽孢杆菌

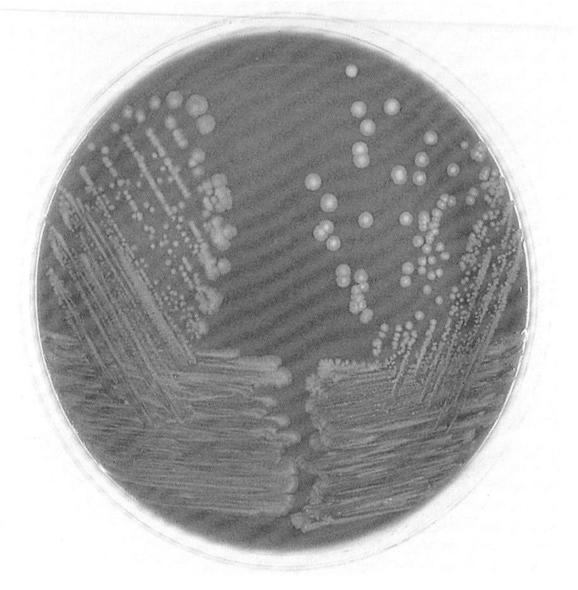

图 21-4　**脑膜炎奈瑟菌和淋病奈瑟菌菌落的比较。**当在巧克力琼脂平板上生长时，脑膜炎奈瑟菌和淋病奈瑟菌的菌落易于区分。脑膜炎奈瑟菌（左）呈灰色，并使菌落周围的琼脂呈绿色。淋病奈瑟菌（右）产生的菌落呈灰白色，琼脂没有变色

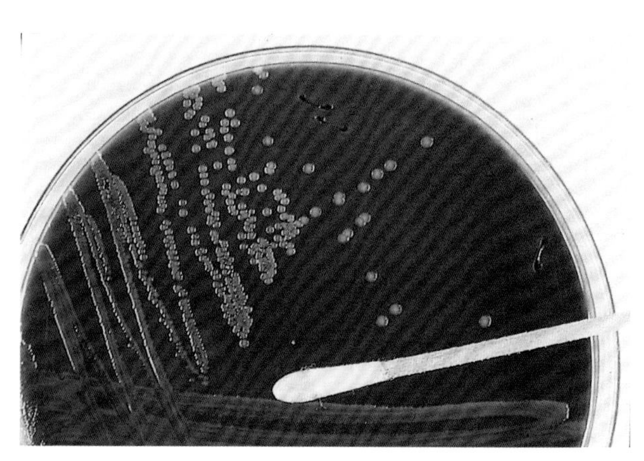

图 21-5　**巧克力琼脂平板上的浅黄奈瑟菌。**浅黄奈瑟菌被认为是口咽正常微生物群的一部分，其菌落光滑，边缘明确，多为黄色。当用棉签蘸取菌落时，这种色素很明显

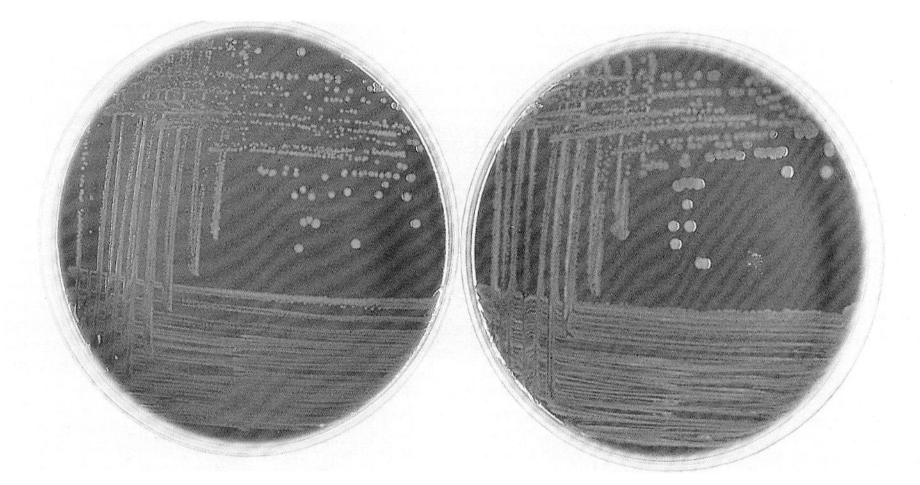

图 21-6　**巧克力琼脂平板上的乳酰胺奈瑟菌和脑膜炎奈瑟菌。**乳酰胺奈瑟菌（左）和脑膜炎奈瑟菌（右）在巧克力琼脂平板上的生长如图所示，这两个菌种的菌落很难区分。两者都产生灰色菌落，菌落下方和附近的琼脂呈绿色烟雾状

图 21-7　**蜡烛罐。**将接种了淋病奈瑟菌的琼脂板放在一个罐子里，点上蜡烛，然后密封罐子。氧气消耗后，蜡烛熄灭，留下 3% 的二氧化碳。将琼脂平板在 35~37 ℃的 CO_2 环境中培养。蜡烛罐是商品化淋病奈瑟菌运输和分离系统的替代品

图 21-8　**Transgrow 瓶接种。**Transgrow 瓶含有 Thayer-Martin 培养基和 CO_2（5%~30% CO_2）。接种前应将其置于室温。瓶子应保持竖直，以保存 CO_2。接种后，在室温下将其运输至实验室，在 35~37 ℃下培养 72 h

图 21-9　**JEMBEC 板。**图中的 JEMBEC 板含有一种选择性琼脂，即 GC-Lect 琼脂（Thermo Fisher Scientific，Waltham，MA），旨在提高淋病奈瑟菌的分离率。将待测样本接种到培养基上，将由柠檬酸和碳酸氢钠组成的 CO_2 生成片放入 JEMBEC 板中，如图所示。将板覆盖，密封在塑料袋中，然后运输至实验室

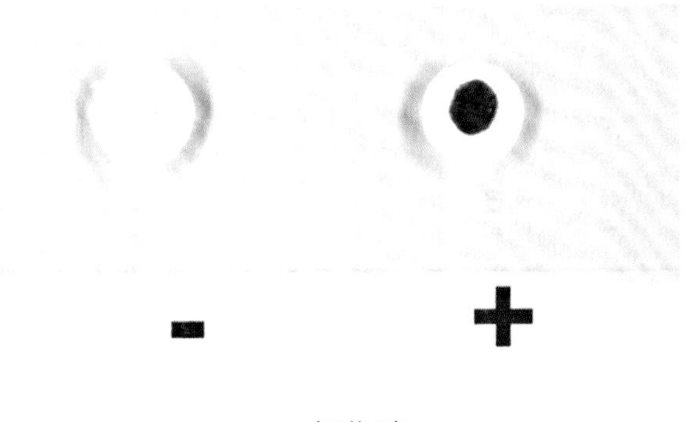

图 21-10　**氧化酶试验。**对于奈瑟菌的鉴定，氧化酶是一个关键的试验。该菌属的所有成员都是氧化酶阳性。在本试验中，滤纸用 N′，N′，N′，N′ - 四甲基对苯二胺二盐酸盐水溶液饱和，然后将菌落涂抹到滤纸上。如右图所示，2 min 内出现紫色表示检测呈阳性

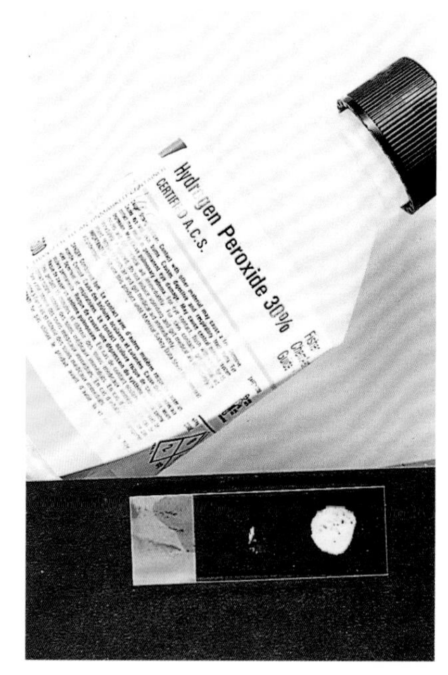

图 21-11　**超氧化物歧化酶试验。**超氧化物歧化酶试验的操作方法与过氧化氢酶试验相同，只是使用了 30% 的过氧化氢，而不是通常的 3% 的过氧化氢。该测试可用于区分相关奈瑟菌属（左）和淋病奈瑟菌（右）。如果没有或很少出现气泡（左），则测试为阴性。如果测试呈阳性，当与 H_2O_2 混合时，玻片上将出现气泡（右）。然而，尽管大多数淋病奈瑟菌之外的奈瑟菌属的反应较弱，但少数菌种的反应可能与淋病奈瑟菌一样强烈（右）

图 21-12　**用于鉴定奈瑟菌种类的 CTA 糖。**CTA 糖是用于鉴定和鉴别奈瑟菌属的常规方法。将待测菌接种到含有 1% 糖类的半固体培养管中，用酚红作为指示剂。用于鉴定奈瑟菌属的糖包括葡萄糖、麦芽糖、蔗糖和乳糖。此外，不添加糖类的基础培养基用作对照。在琼脂的顶部接种待测菌，旋紧含糖培养管的盖子，在 35 ℃的有氧培养箱中培养 24~72 h。一些奈瑟菌会产生少量的酸，很容易被忽略。一般来说，CTA 糖已被其他快速商品化鉴定系统所取代。如图所示为淋病奈瑟菌分离物，葡萄糖呈阳性，培养基变黄，其他 3 种糖呈阴性

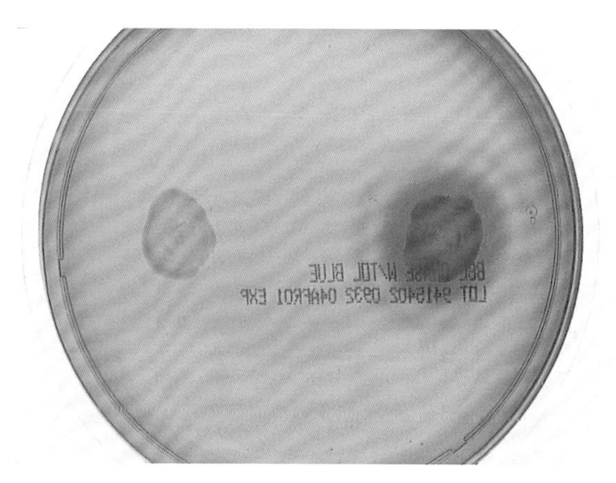

图 21-13　**卡他莫拉菌和奈瑟菌的 DNA 酶平板。**卡他莫拉菌在含有甲苯胺蓝的 DNA 酶琼脂平板上呈阳性反应，可与奈瑟菌区分。左边的是奈瑟菌，DNA 酶阴性，接种物周围的琼脂颜色没有变化。图右侧的卡他莫拉菌为 DNA 酶阳性，接种物周围的琼脂呈玫瑰色

图 21-14　**多黏菌素纸片鉴别试验。**一般来说，共生奈瑟菌菌株对多黏菌素敏感。如图所示，淋病奈瑟菌（左）对黏菌素具有耐药性，而干燥奈瑟菌（右）则敏感，多黏菌素纸片周围的生长抑制区很大。然而，并非所有共生菌株都对多黏菌素敏感，从选择性培养基（如含多黏菌素的 Thayer-Martin 培养基）中分离出的菌株证明了这一点

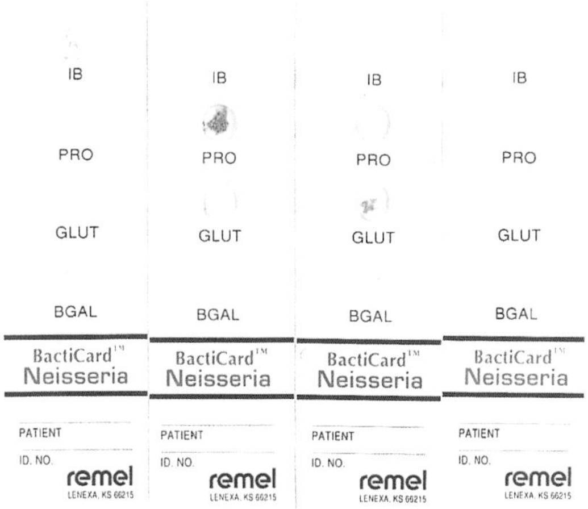

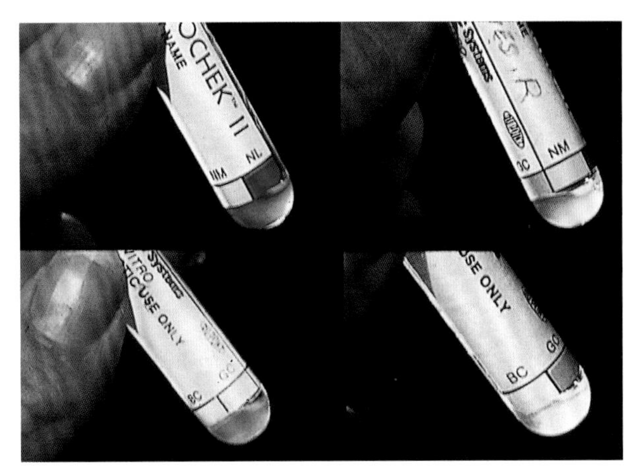

图 21-15　Remel BactiCard Neisseria。Remel BactiCard Neisseria 检　测（Thermo Scientific，Remel Products，Lenexa，KS）是一种商品化鉴定系统，由四种底物组成，用于快速初步鉴定从选择性培养基中分离的奈瑟菌属。检测到的酶和使用的底物（括号中）分别为 β - 半乳糖苷酶（BGAL；5- 溴 -4- 氯 -3- 吲哚基 -d- 半乳糖苷）、丁酸酯酶（IB；5- 溴 -4- 氯 -3- 吲哚基丁酸）、γ - 谷氨酰氨基肽酶（GLUT；γ - 谷氨酰萘酰胺）和脯氨酰氨基肽酶（PRO；l- 脯氨酸 - 萘胺）。当试验呈阳性时，IB 和 BGAL 呈蓝色 / 绿色，而 PRO 和 GLUT 呈红色 / 粉色。从左至右依次为卡他莫拉菌（IB 阳性）、淋病奈瑟菌（PRO 阳性）、脑膜炎奈瑟菌（GLUT 阳性）和乳酰胺奈瑟菌（BGAL 阳性）

图 21-16　Gonochek- Ⅱ 系统。Gonochek- Ⅱ 系统（EY Laboratories Inc.，San Mateo，CA）用于淋病奈瑟菌、脑膜炎奈瑟菌、乳酰胺奈瑟菌和卡他莫拉菌的初步鉴定。鉴定基于对 3 种预制酶——脯氨酰氨基肽酶、γ - 谷氨酰氨基肽酶和 β - 半乳糖苷酶——的检测。每种酶分解不同的底物，产生 3 种颜色中的 1 种。卡他莫拉菌全部 3 种酶试验均为阴性。如图所示，这些颜色改变代表以下菌种：乳酰胺奈瑟菌，蓝色（左上）；淋病奈瑟菌，红色 / 粉红色（左下）；脑膜炎奈瑟菌，黄色（右上）；卡他莫拉菌，白色 / 无颜色（右下）

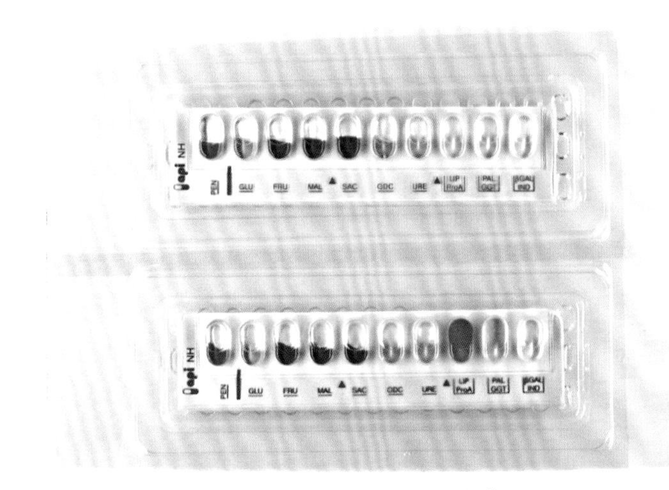

图 21-17　API NH 鉴定系统。API NH 鉴定系统（bioMérieux，Inc.，Durham，NC）由青霉素酶检测试验和 12 项鉴定试验组成，包括 4 项发酵试验（葡萄糖、果糖、麦芽糖和蔗糖）和 8 项酶反应（鸟氨酸脱羧酶、脲酶、脂肪酶、碱性磷酸酶、β - 半乳糖苷酶、脯氨酸芳酰胺酶、γ - 谷氨酰转移酶和吲哚生成）。该系统需要大量接种菌株，并在 35~37 ℃下培养 2 h 后读取结果。在读取最后 3 个孔的脂肪酶、碱性磷酸酶和 β - 半乳糖基转移酶反应结果后，再添加其他试剂以测定脯氨酸芳酰胺酶、γ - 谷氨酰转移酶和吲哚产生。该系统可用于鉴别奈瑟菌属、卡他莫拉菌和嗜血杆菌属。图示是接种淋病奈瑟菌的检测板，在将试剂添加到最后 3 个孔之前（上）和之后（下）读取反应结果

第 22 章　嗜血杆菌属

嗜血杆菌属（*Haemophilus* spp）是小型革兰氏阴性杆菌，可以是上呼吸道、胃肠道和生殖道正常微生物群的一部分。人类感染从简单的上呼吸道感染，包括结膜炎、鼻窦炎和中耳炎，到严重的危及生命的感染，如会厌炎、心内膜炎和脑膜炎。在这个属中，大多数感染是由流感嗜血杆菌（*Haemophilus influenzae*）引起的。随着 b 型流感嗜血杆菌疫苗的出现，儿童期感染这种细菌的人数已经大大减少。流感嗜血杆菌生物型Ⅲ是巴西紫癜热的病原体。埃及嗜血杆菌（*Haemophilus aegyptius*），也称为科赫 - 威克斯杆菌（*Koch-Weeks bacillus*），是急性化脓性结膜炎或红眼病的病因，最常见于幼儿。杜克雷嗜血杆菌（*Haemophilus ducreyi*）不同于该属的大多数成员，是一种性传播致病菌，引起痛性生殖器软下疳，可发展为腹股沟淋巴结病。副流感嗜血杆菌（*Haemophilus parainfluenzae*）、溶血性嗜血杆菌（*Haemophilus haemolyticus*）、副溶血性嗜血杆菌（*Haemophilus parahaemolyticus*）和副溶血嗜沫嗜血杆菌（*Haemophilus paraphrohaemolyticus*）虽不常见，也能引起人类疾病。副流感嗜血杆菌是该属中最常见的口腔定植的分离菌种。近来，新定义了几种嗜血杆菌，如痰嗜血杆菌（*Haemophilus sputorum*）和皮特马尼亚嗜血杆菌（*Haemophilus pittmaniae*）也可能在人类感染中起到作用，但是，它们作为疾病病原体的作用尚未确定。嗜沫嗜血杆菌（*Haemophilus aphrophilus*）和副嗜沫嗜血杆菌（*Haemophilus paraphrophilus*）最近被转移到一个新的菌属，凝聚杆菌属，并在第 19 章中讨论。凝聚杆菌属（*Aggregatibacter* spp.）因其与 HACEK 微生物群的关联而更为人所知。HACEK 微生物群为革兰氏阴性杆菌，与心内膜炎相关。副流感嗜血杆菌也是心内膜炎的病原体，在首字母缩略词 HACEK 中代表“H”。

从患者标本直接检测到的嗜血杆菌属体积小，染色模糊，因此很难在显微镜下观察到。该属的成员通常表现出多形性，除了革兰氏阴性球菌纤毛形态外，还可呈现丝状形态。杜克雷嗜血杆菌倾向于排列成所谓的“鱼群”或“铁路轨道”。当从软下疳标本制备的涂片中看到这种形态的菌时，可以初步推断为杜克雷嗜血杆菌。

流感嗜血杆菌可以产生荚膜，也可以不产生。根据荚膜抗原可将流感嗜血杆菌分为六组血清型，即 a 组至 f 组。无荚膜菌株被称为非分型流感嗜血杆菌（nontypeable H. influenzae，NTHi）。荚膜是该微生物的主要毒力因子，具有抗吞噬作用。NTHi 菌株也可引起人类疾病。事实上，由于目前的疫苗主要是针对 b 群流感嗜血杆菌的荚膜疫苗，NTHi 菌株是该属引起人类感染的主要原因。

嗜血杆菌属是兼性厌氧菌，在 35 ℃下，5%~7% CO_2 的大气条件中生长最快。大多数嗜血杆菌属的菌种接种后 24~48 h 内在固体培养基上长出可视菌落。但是，埃及嗜血杆菌和杜克雷嗜血杆菌的生长可能需要 5 d，而较低的温度（30~33 ℃）更有利于杜克雷嗜血杆菌的生长。该属菌种为苛养菌，大多数成员的生长都有特殊的营养需求。所有嗜血杆菌属成员的生长都需要 X 因子（由血红素提供）或 V 因子（NAD 或 NADP），或两者兼而有之。这两种因子都存在于巧克力琼脂平板中，因此，巧克力琼脂平板是分离嗜血杆菌属的可靠培养基。需要注意的是杜克雷嗜血杆菌，即使在巧克力琼脂平板上也很难生长。血液培养基中接种患者的溶血红细胞，含有可溶解的 X 因子和 V 因子，能够支持嗜血杆菌生长。如果将含有少量或不含红细胞的无菌液体接种到血液培养液中，则应添加含有 X 因子和 V 因子的营养补充剂，才能培养出流感嗜血杆菌。经常会发现，需要 X 因子和 V 因子才能生长的嗜血杆菌，会在 β - 溶血、产 NAD 的菌株（如金黄色葡萄球菌）附近生长，形成小菌落，这被称为卫星现象或卫星共栖，这是因为嗜血杆菌可以从溶解的红细胞处得到 X 因子，而葡萄球菌生长能产生 V 因子，促进嗜血杆菌的生长。鉴别嗜血杆菌属的关键试验包括对 X 因子和 V 因子的需求（表 22-1）。在不含 X 因子和 V 因子的 Mueller-Hinton 琼脂平板上接种待测菌株。然后将浸渍有 X 因子和 V 因子的条带单独或组合放置在新接种的平板上，并孵育过夜。若条带周围的菌落生长，提示该菌生长需要 X 因子和 V 因子。卟啉试验是确定 X 因子需求的另一种常用方法。如果某菌株的生长需要 X 因子，由于血红素生物合成途径中的酶缺陷，它应该不能分解底物 δ - 氨基乙酰丙酸。相反，如果某菌株能够分解这种底物，则会检测到副产物卟啉，在 360 nm 处发出红色荧光。

除了对 X 因子和 V 因子需求外，糖类发酵模式和马血溶血试验也可用于嗜血杆菌属的菌种鉴定。进行发酵反应时，通常采用添加 X 因子和 V 因子的酚红肉汤。流感嗜血杆菌和副流感嗜血杆菌的生物型也可以通过吲哚、尿素和鸟氨酸脱羧酶试验进行区分（表 22-2）。还可以使用商品化的试剂盒和基质辅助激光解吸电离飞行时间质谱仪完成鉴定和生物分型。

分子技术可直接用于临床标本的检测，特别是从脑脊液中鉴定流感嗜血杆菌，以及在软下疳疑似病例中鉴定杜克雷嗜血杆菌。从阳性血培养物中鉴定嗜血杆菌也可作为商品化多重分析的一部分。其他种类嗜血杆菌的分子鉴定不常见，主要是由于缺乏可用的商品化试剂盒、敏感性问题，以及无法区分致病性和共生性嗜血杆菌。

表 22-1　常见的嗜血杆菌属鉴定的关键反应 [a]

菌种	生长所需因子		溶解马血	发酵			
	V	X		葡萄糖	蔗糖	乳糖	甘露糖
流感嗜血杆菌	+	+	0	+	0	0	0
埃及嗜血杆菌	+	+	0	+	0	0	0
副流感嗜血杆菌	0	+	0	+	+	0	+
溶血嗜血杆菌	+	+	+	+	0	0	0
杜克雷嗜血杆菌	+	0	0	0	0	0	0
副溶血嗜血杆菌	0	+	+	+	+	0	0
副溶血嗜沫嗜血杆菌	0	+	+	+	+	0	0

[a] +. 阳性反应；0. 阴性反应。

表 22-2　测定流感嗜血杆菌生物型的生化反应 [a]

生物型	吲哚	尿素	鸟氨酸脱羧酶
Ⅰ	+	+	+
Ⅱ	+	+	0
Ⅲ	0	+	0
Ⅳ	0	+	+
Ⅴ	+	0	+
Ⅵ	0	0	+
Ⅶ	+	0	0
Ⅷ	0	0	0

[a] +. 阳性反应；0. 阴性反应。

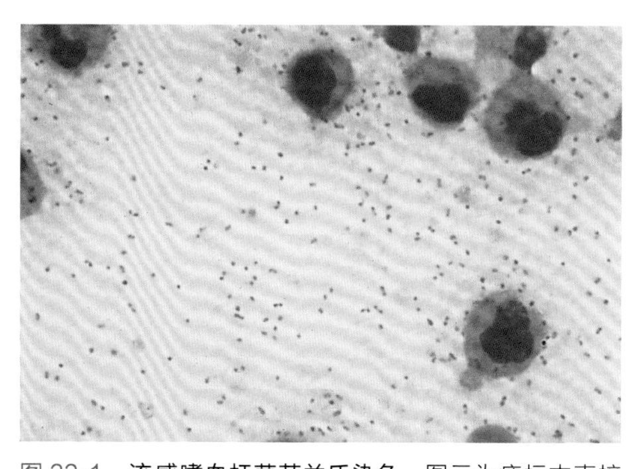

图 22-1　**流感嗜血杆菌革兰氏染色。**图示为痰标本直接涂片的革兰氏染色，该痰标本以 NTHi 为主。这类微生物是小型革兰氏阴性球菌，形态相当一致。但是，直接涂片中的这种微生物是多形性的，既有短杆菌，也有长丝状菌

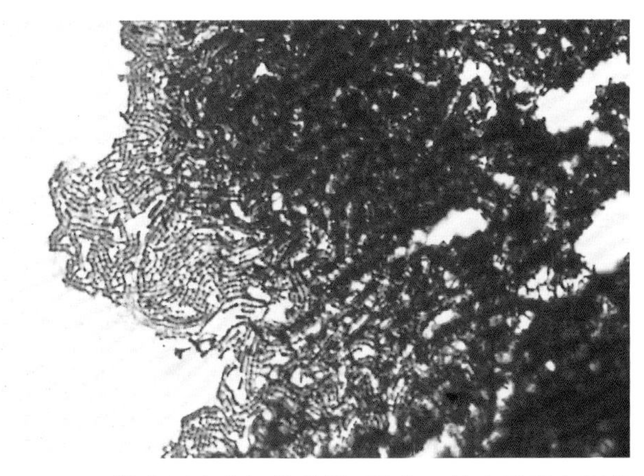

图 22-2　**杜克雷嗜血杆菌革兰氏染色。**杜克雷嗜血杆菌的一个特点是倾向鱼群样分布。图示为在巯基乙酸肉汤中生长的菌落进行的涂片染色。如果生殖器软下疳的直接革兰氏染色中可以看到这种形态的菌，应考虑为杜克雷嗜血杆菌。在图示的革兰氏染色中，用石炭酸品红用作复染，以增强小杆菌的可见度

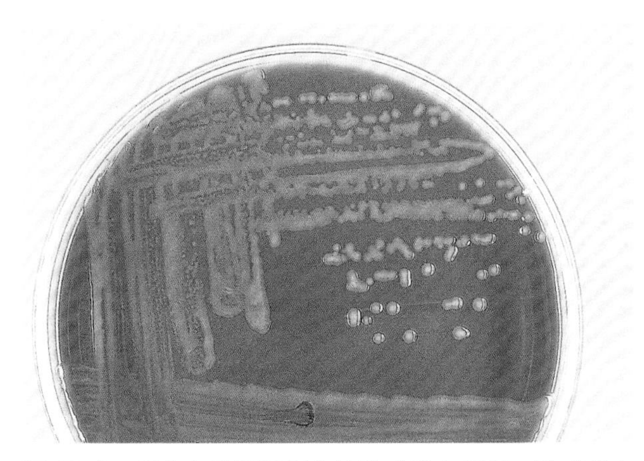

图 22-3　**巧克力琼脂平板上的流感嗜血杆菌。**流感嗜血杆菌在巧克力琼脂平板上生长良好，因为该培养基除了细菌生长的必要营养物质外，还提供了该菌种生长所需的 X 因子和 V 因子。此处所示的平板接种后在 35 ℃、5% CO_2 条件中培养 24 h。菌落呈灰色，黏液状，有光泽

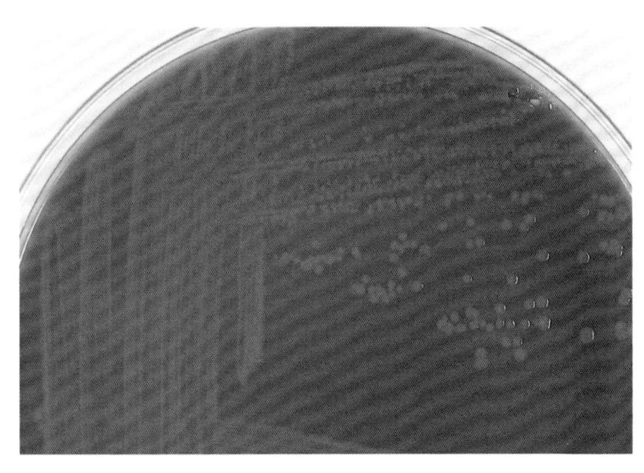

图 22-4　**巧克力琼脂平板上的埃及嗜血杆菌。**埃及嗜血杆菌，或科赫 - 威克斯杆菌，在 35 ℃、5% CO_2 条件下培养 48 h，可在巧克力琼脂平板上生长。菌落呈灰色，有光泽。与图 22-3 所示的流感嗜血杆菌菌株相比，它们不具有黏液性

图 22-5　**流感嗜血杆菌的卫星菌落。**在血琼脂平板上，可以看到流感嗜血杆菌在金黄色葡萄球菌的 β - 溶血菌落周围生长。这种现象被称为卫星生长。流感嗜血杆菌需要 X 因子和 V 因子，这两种因子由红细胞溶血（X 因子）和金黄色葡萄球菌（V 因子）提供。图中，将流感嗜血杆菌悬浮液接种到生长有金黄色葡萄球菌条带的血液琼脂表面。经培养后，可以看到流感嗜血杆菌的生长仅限于金黄色葡萄球菌附近的区域

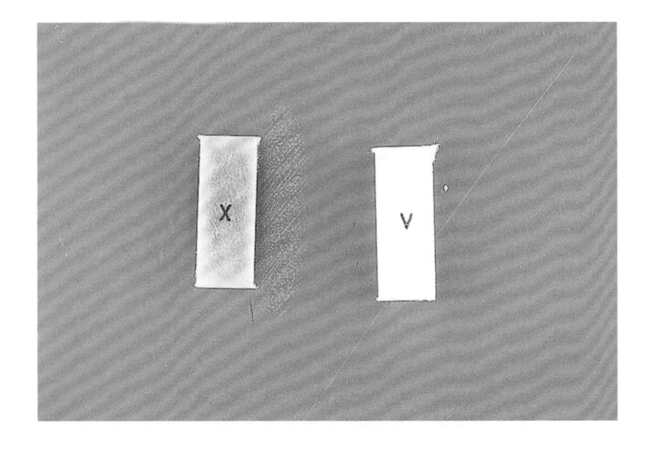

图 22-6　**流感嗜血杆菌生长对 X 和 V 因子的需求。**流感嗜血杆菌的生长需要 X 因子和 V 因子。当在不含 X 因子或 V 因子的 Mueller-Hinton 琼脂上生长时，流感嗜血杆菌仅在浸渍有 X 因子和 V 因子的板条之间生长。这些因子扩散到培养基中，流感嗜血杆菌的菌落仅在每个因子的适宜其生长的浓度区域可见

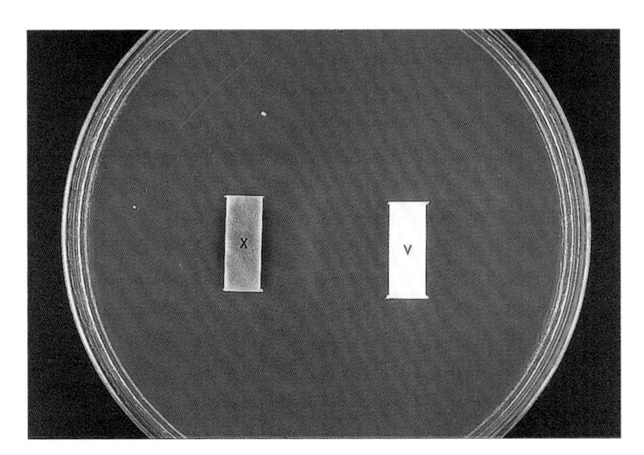

图 22-7　**副流感嗜血杆菌生长对 V 因子的需求。**副流感嗜血杆菌的生长只需要 V 因子。这表现在它能够在 Mueller-Hinton 琼脂上围绕整个 V 因子带生长，而不能在 X 因子条带附近生长

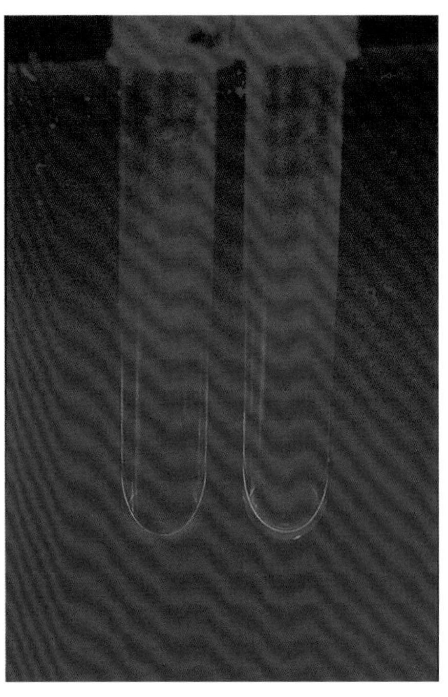

图 22-8　**卟啉生成试验。**卟啉生成试验是一种 X 因子条带的替代试验，用来确定微生物生长是否需要 X 因子。在本试验中，将待测微生物接种到 δ-氨基乙酰丙酸溶液中，并在 35 ℃下培养 4 h。如果该微生物能够在血红素生成途径中合成原卟啉化合物，则不需要 X 因子。由于原卟啉在暴露于紫外光光源（如伍德灯）时会发出荧光，因此可以很容易地检测到它们的存在，如左侧试管所示。图中，用于左侧试管的副流感嗜血杆菌生长不需要 X 因子。相比之下，用于右侧试管的流感嗜血杆菌不显示荧光，由于缺乏 X 因子，无法合成原卟啉

图 22-9　**巯基乙酸肉汤中的流感嗜血杆菌和杜克雷嗜血杆菌。**流感嗜血杆菌（左）和杜克雷嗜血杆菌（右）在巯基乙酸肉汤中培养 72 h。嗜血杆菌属是兼性厌氧菌，生长在肉汤表面以下。如图所示，流感嗜血杆菌形成了一个均质层，而相比之下，杜克雷伊嗜血杆菌则以紧密的小团块生长

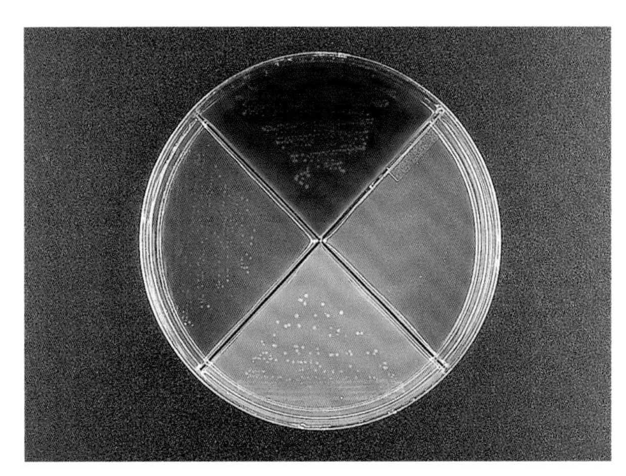

图 22-10　**使用 Hemo-ID 四分平板鉴定嗜血杆菌属。**如图所示，Hemo-ID 四分平板（BD 诊断系统，Diagnostic System，Frankin Lakes，NJ）由包含（从顶部顺时针）马血琼脂、X 因子、V 因子以及 X 因子和 V 因子的部分组成。这里使用的副溶血嗜血杆菌菌株对马血溶血，生长只需要 V 因子，其生长在仅添加 V 因子的象限上，以及在添加 X 和 V 因子的象限上，但不在单独添加 X 因子的象限上

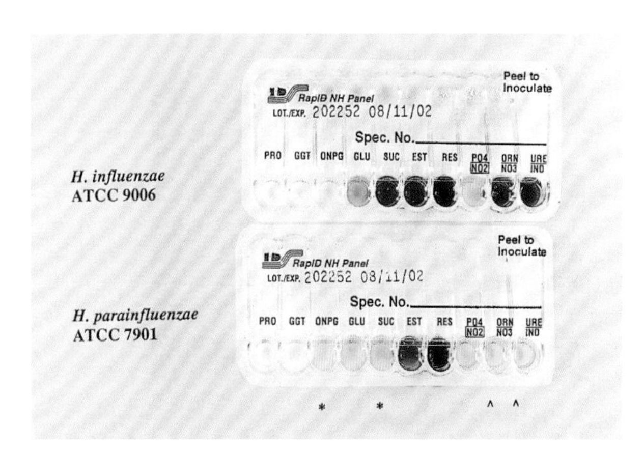

图 22-11 **使用 RapID NH 系统鉴定嗜血杆菌属。**商品化的鉴定系统，如 RapID NH 系统（Thermo Fisher Scientific，Remel Products，Lenexa、KS）可以确定嗜血杆菌属成员的种类和生物型。上方条带接种流感嗜血杆菌，下方条带接种副流感嗜血杆菌。这两个菌种鉴别的关键反应（*）是邻硝基苯基 - β -d- 半乳糖苷（ONPG）和蔗糖（SUC）。此外，用于区分流感嗜血杆菌和副流感嗜血杆菌生物型的关键生物化学物质（^）也包括在该快速鉴定系统中。图示示例中，尿素（URE）和吲哚（IND）反应都可以通过最后一孔来确定

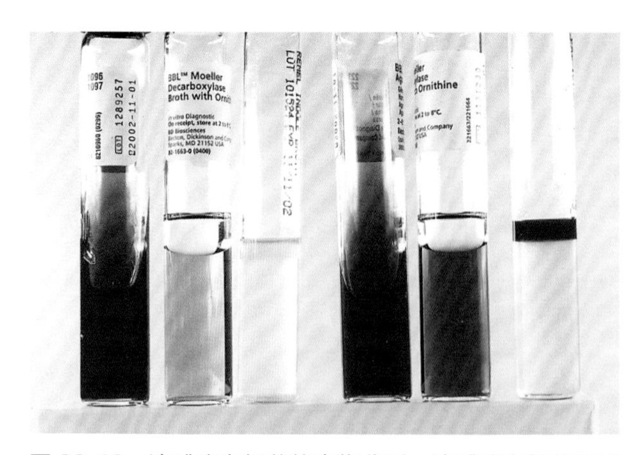

图 22-12 **流感嗜血杆菌的生物分型。**流感嗜血杆菌和副流感嗜血杆菌菌株可以使用尿素（左管）、鸟氨酸脱羧酶（中管）和吲哚（右管）进行生物分型。如图所示，Ⅲ型流感嗜血杆菌生物型（左），包括埃及嗜血杆菌，仅对尿素呈阳性反应，而Ⅰ型流感嗜血杆菌生物型（右）对所有 3 种生化反应均呈阳性反应

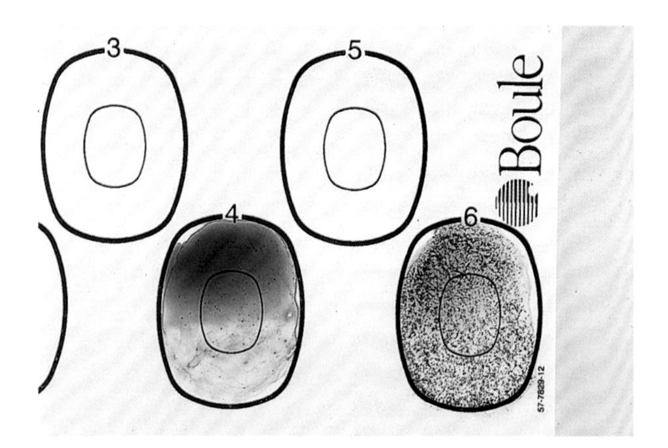

图 22-13 **流感嗜血杆菌血清分型。**流感嗜血杆菌菌株可通过乳胶凝集进行血清分型。在这里，抗 b 型流感嗜血杆菌（6 号）和 a 型和 c 型流感嗜血杆菌（4 号）的抗血清与乳胶颗粒偶联，当与相应的流感嗜血杆菌类型混合时，乳胶颗粒协同凝集。Phadebact 嗜血杆菌试验（Thermo Fisher Scientific，Remel Products，Lenexa，KS）表明该待测微生物为 b 型流感嗜血杆菌

图 22-14 **流感嗜血杆菌和溶血嗜血杆菌之间溶血作用的比较。**流感嗜血杆菌（左）在马血琼脂上不溶血，而溶血性嗜血杆菌（右），表现出 β 溶血。这一特征用于区分这两种微生物

第 23 章　鲍特菌属及其相关菌属

鲍特菌属（*Bordettella*）、无色杆菌属（*Achromobacter*）和产碱菌属（*Alcaligenes*）是产碱菌科中临床上最重要的菌属。*Kerstersia*、*Advenella* 和 *Paenacaligenes* 也包括在这个家族中，曾有报道在人类标本中分离出过这些菌属，但很少见。

鲍特菌属包括 15 个菌种，其中百日咳鲍特菌（*Bordetella pertussis*）和副百日咳鲍特菌（*Bordetella parapertussis*）是人类感染中最常见的。一般来说，鲍特菌属通过丝状血凝素附着于纤毛上皮细胞，从而定植于人类和动物的呼吸道。其致病性是由于能够分泌多种毒素作为毒力因子，最常见的是百日咳毒素和腺苷酸环化酶毒素，由百日咳鲍特菌（百日咳的病原体）分泌。鲍特菌感染是一种儿童疾病，儿童时期接种疫苗可提供短暂的保护性免疫。因此，成年人仍可以成为该菌重要的传染源，但成人可能不会有典型的百日咳症状。副百日咳鲍特菌可以引起百日咳相似的临床表现，但一般来说，感染过程较为温和。据估计，只有一小部分有百日咳样表现的儿童感染了副百日咳杆菌。支气管败血鲍特菌（*Bordetella bronchiseptica*）主要是一种动物病原体，已知可引起狗的犬窝咳（kennel cough）。该菌也可以感染免疫功能低下的人，产生类似于抽搐的症状。霍氏鲍特菌（*Bordettella holmesii*）过去是 CDC 非氧化 2 群（nonoxidizer group 2，NO-2）的成员，近来发现其与类似百日咳的呼吸道感染有关。创口鲍特菌（*Bordetella trematum*）偶尔从耳朵和伤口中分离出。其他鲍特菌很少从临床感染中分离到。

鲍特菌属是小型、非发酵的革兰氏阴性球杆菌。一般来说，当使用藏红作为复染剂时，它们在革兰氏染色时淡染，但当使用石炭酸品红代替时，染色更清晰，更容易看到。直接荧光抗体（DFA）检测试剂盒可在市面上买到，与培养相比其优势是速度快，但是 DFA 检测存在敏感性和特异性问题，因此，应谨慎使用。针对该菌属的直接核酸扩增法是检测和鉴定的首选方法，比其他直接检测和基于培养的方法更快，且灵敏度更高。

鲍特菌属是苛养菌，需要特殊的培养基和较长时间的培养才能看到菌落。及时运输和接种标本对于百日咳鲍特菌的培养至关重要。鼻咽标本，尤其是来自幼儿的分泌物，是首选标本。理想情况下，应直接接种到固体培养基上。如果必须将其转移到实验室进行培养，则应使用已知能保持该生物体活力的运输拭子，例如在氨基酸肉汤中的运输拭子或含有木炭的培养皿，以吸收拭子上的一些有毒化合物。分离培养百日咳鲍特菌的经典培养基是 Bordet-Genguo 琼脂（BGA），其中含有马铃薯浸液。含有马血和煤焦并添加抗生素头孢氨苄的培养基，如 Regan-Lowe 琼脂，不仅支持大多数百日咳鲍特菌菌株的生长，而且在所需的长时间培养期间可以抑制正常微生物群的生长，从而提高鲍特菌的分离率。BGA 上的百日咳鲍特菌菌落具有水银滴状外观。此外，随着 BGA 培养时间的延长，菌落周围可能会形成 β-溶血区。

对于不同的鲍特菌，出现可视菌落的时间不尽相同。一般来说，百日咳鲍特菌生长最慢，在 35 ℃、5%~7% CO_2 条件下最长需要 4 d 才能出现可视菌落。副百日咳杆菌菌落可在 2~3 d 内出现，而支气管败血鲍特菌菌落可在 24 h 内出现。氧化酶试验可用于鉴别副百日咳鲍特菌（阴性）与百日咳鲍特菌（阳性）、支气管败血鲍特菌（阳性）。抗血清、基质辅助激光解吸电离飞行时间质谱（MALDI-TOF MS）和核酸扩增技术可用于鉴定百日咳鲍特菌和支气管败血鲍特菌。此外，副百日咳鲍特菌和支气管败血鲍特菌能够在血琼脂平板上生长，而百日咳鲍特菌则不能。有助于区分支气管败血鲍特菌和其他两种菌的一个关键特征是其快速水解尿素的能力。该反应可在 4 h 内呈阳性。副百日咳鲍特菌也呈尿素酶阳性，但反应时间需要 24 h。在富含酪氨酸的心浸液培养基上，副百日咳鲍特菌和霍氏鲍特菌产生可溶性棕色色素。表 23-1 列出了有助于鉴别鲍特菌的主要特征。

无色杆菌属包含 6 个菌种，其中木糖氧化无色杆菌（*Achromobacter xylosoxidans*）是其代表菌种，与其他成员相比，从临床标本中的分离率更高，其他菌种还有反硝化无色杆菌（*Achromobacter denitrificans*）和 piechaudii 无色杆菌（*Achromobacter piechaudii*）等。这些微生物与受污染溶液引起的医疗保健相关感染有关，或可从免疫功能低下的患者和囊性纤维化患者中分离到。其他 3 个菌种要么尚未分离到，要么在临床感染中很少遇到。

无色杆菌属有动力，需氧，不发酵糖类，过氧化氢酶和氧化酶阳性、革兰氏染色为阴性杆菌。它们在标准实验室培养基上生长良好，如 MacConkey 琼脂平板、羊血琼脂平板和巧克力琼脂平板。菌落的颜色从白色到棕褐色不等。无色杆菌可以通过几种商品化鉴定系统进行鉴定，但其准确度波动很大。

产碱菌属，以粪产碱杆菌（*Alcaligenes faecalis*）为代表，已从多种临床标本中分离得到，包括囊性纤维化患者的呼吸道标本。与无色杆菌属类似，产碱菌属可在标准实验室培养基上生长，具有运动性、需氧性、非发酵性、过氧化氢酶和氧化酶阳性，革兰氏染色为阴性杆菌。粪产碱杆菌的特点是可代谢分解亚硝酸盐，而不是硝酸盐，一些菌株有类似苹果的水果味，菌落在血液琼脂平板上呈绿色。

Kerstersia 包括 2 个菌种，*Kerstersia gyiorum* 和 *Kerstersia similis*。与这个家族的其他成员一样，它们是非发酵菌，小球状或杆状的革兰氏阴性菌。它们的生长温度范围很宽（28~42 ℃），可在 NaCl 浓度高达 4.5% 的环境生长，氧化酶阳性，在固体培养基上生长时菌落从白色到浅棕色到浅薰衣草色不等。作为一种罕见的临床分离物，*Kerstersia gyiorum* 已从慢性化脓性中耳炎患者以及腿部伤口中分离到，因此命名为 gyiorum（“来自四肢”的意思）。随着 MALDI-TOF MS 方法在菌种鉴定的应用越来越多，这种微生物在人类疾病中的报告可能会增加。

表 23-1　从人体分离的鲍特菌的主要特征[a]

菌种	生长培养基		氧化酶	尿素	棕色色素
	血琼脂平板	MacConkey 琼脂平板			
百日咳鲍特菌	0	0	+	0	0
副百日咳鲍特菌	+	V（延迟）	0	+（24 h）	+
支气管败血鲍特菌	+	+	+	+（4 h）	0
创口鲍特菌	+	+	0	0	0
霍氏鲍特菌	+	+（延迟）	0	0	+

[a] +. 阳性反应；V. 可变反应；0. 阴性反应。
[b] 在富含酪氨酸的心浸液培养基上。

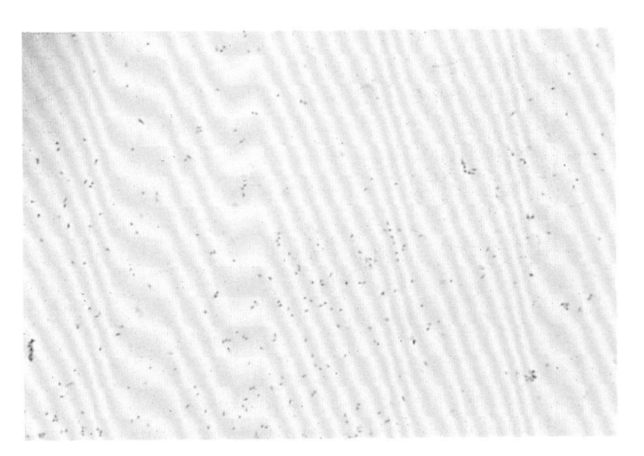

图 23-1　**百日咳鲍特菌革兰氏染色。**常规革兰氏染色使用藏红作为复染剂。如图所示，百日咳鲍特菌是一种短、细、轻微染色的革兰氏阴性杆菌

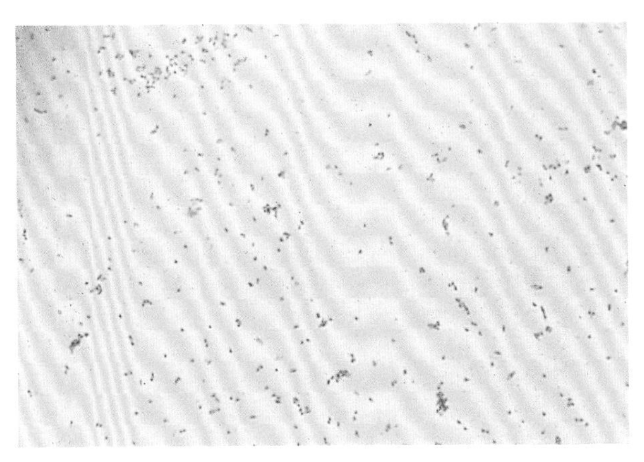

图 23-2　**以石炭酸品红作为复染剂的百日咳鲍特菌革兰氏染色。**与图 23-1 所示的革兰氏染色相比，由于使用了石炭酸复红作为副染色剂，百日咳鲍特菌在该图像中更清晰可见

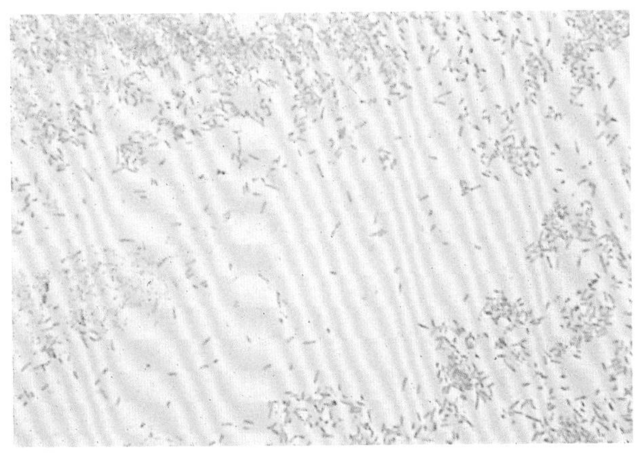

图 23-3　**石炭酸品红为复染剂的副百日咳鲍特菌革兰氏染色。**副百日咳鲍特菌比百日咳鲍特菌更大、更长，可产生孢子。图示革兰氏染色中，用石炭酸品红菌体更清晰可见

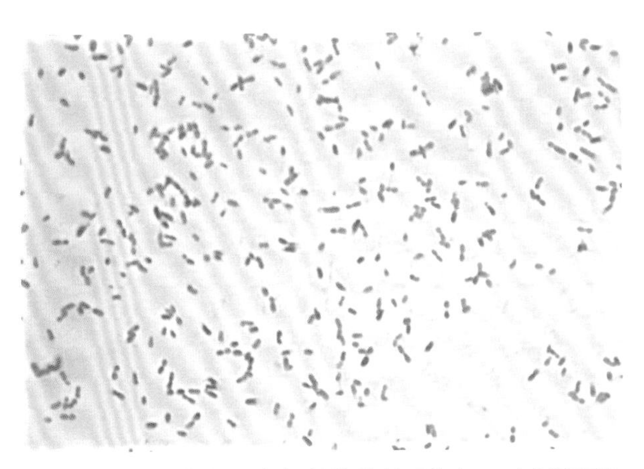

图 23-4　**木糖氧化无色杆菌的革兰氏染色。**对木糖氧化无色杆菌进行革兰氏染色，该菌为革兰氏阴性，大小不等，球形杆菌或小杆菌

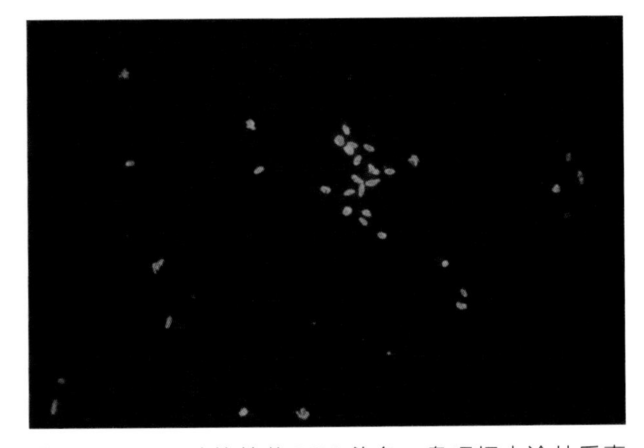

图 23-5　**百日咳鲍特菌 DFA 染色。**鼻咽标本涂片后直接进行异硫氰酸荧光素标记的百日咳鲍特菌抗体染色。该涂片提示百日咳鲍特菌阳性。图中所示的小球菌呈甜甜圈状，周围染色比中心深。目前，由于灵敏度和特异性较低，DFA 分析已被更灵敏的 DNA 扩增方法所取代

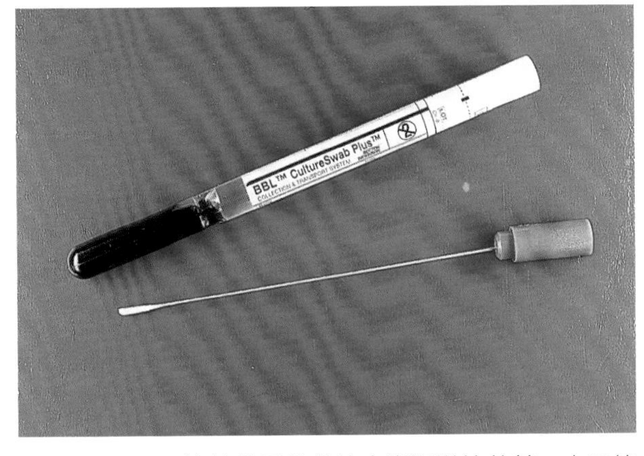

图 23-6　**用于鲍特菌属培养的含炭运送培养基。**由于鲍特菌是苛养菌，如果标本不能直接接种，建议使用如图所示的运送培养基。这种运送培养基含有木炭，用于吸收拭子或样本中可能存在的毒素，这些毒素会对鲍特菌属的培养产生干扰，尤其是百日咳鲍特菌的生长

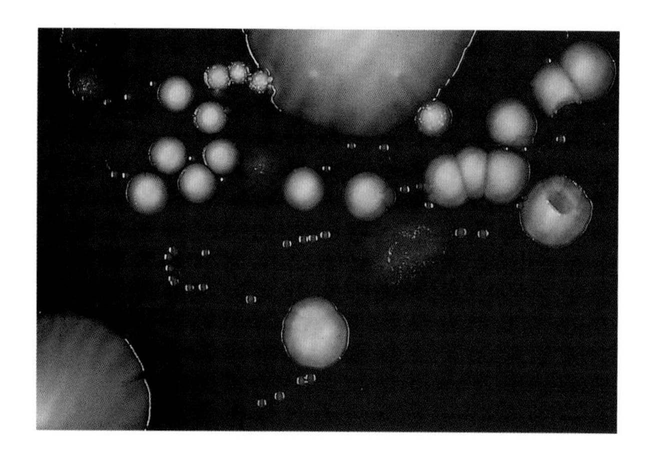

图 23-7　**Bordet Gengou 琼脂（BGA）上的百日咳鲍特菌。**将鼻咽拭子接种在 BGA 上，在 35 ℃、5%CO_2 潮湿环境中培养 5 d。图中显示，在正常菌群的菌落中，百日咳鲍特菌菌落体积小，且呈圆顶状，具有典型的水银滴状外观

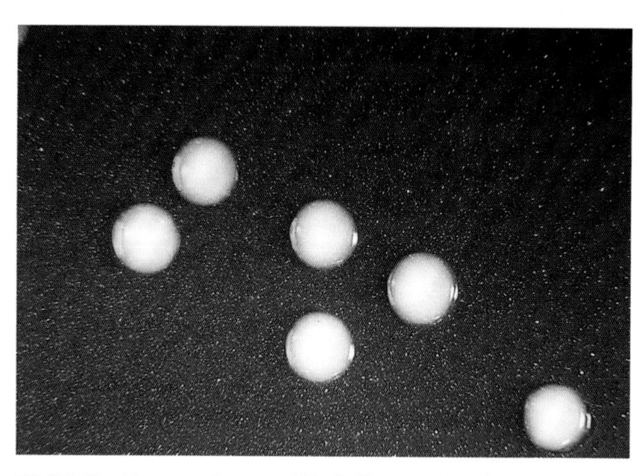

图 23-8　**Regan-Lowe 琼脂上的百日咳鲍特菌。**Regan-Lowe 培养基含有马血和木炭，可吸收和中和琼脂中可能存在的有毒物质。在这个琼脂平板上，百日咳鲍特菌菌落有珍珠般的乳白色光泽。商品化的 Regan-Lowe 培养基可含头孢氨苄或不含头孢氨苄，头孢氨苄可抑制正常鼻咽部微生物群

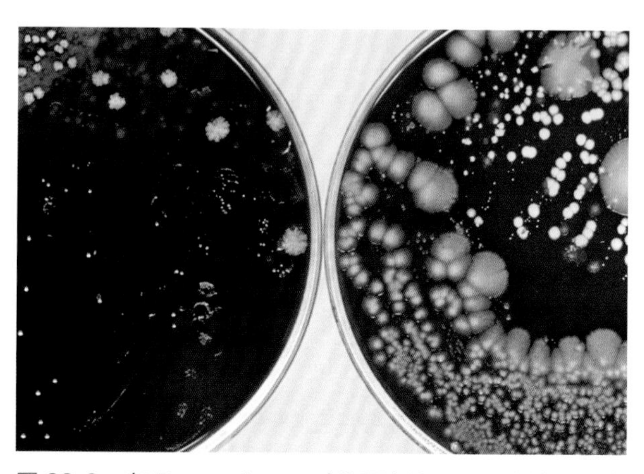

图 23-9　**在 Regan-Lowe 琼脂平板和 BGA 上培养的鼻咽标本。**培养板在 35 ℃、5% CO_2 环境下培养 5 d。在含有抗菌剂头孢氨苄的 Regan-Lowe 培养基上（左），正常呼吸道菌群受到抑制，可以清晰看到百日咳鲍特菌的小菌落。相比之下，呼吸道正常菌群能在 BGA（右）上生长，很难分离出百日咳鲍特菌

A

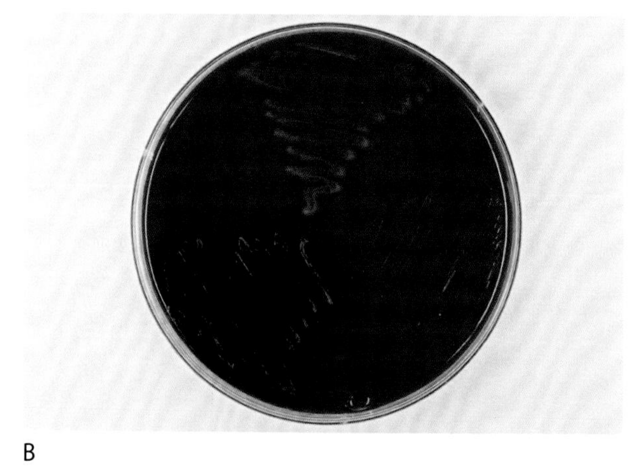

B

图 23-10　**BGA 上的 3 种鲍特菌。**几种常见的鲍特菌生长速率不同。此处所示为接种支气管败血鲍特菌、百日咳鲍特菌和副百日咳鲍特菌的 BGA 平板（从顶部顺时针方向）。该培养皿在 35 ℃、5% CO_2 条件下培养，并在培养 24 h（图 A）和 72 h（图 B）拍摄照片。培养 24 h，支气管败血鲍特菌菌落可见，而副百日咳鲍特菌的生长需要 2~3 d，百日咳鲍特菌需要 4 d 才能呈现良好生长

图 23-11　**血液琼脂平板和 MacConkey 琼脂平板上的支气管败血鲍特菌。**与百日咳鲍特菌不同，支气管败血鲍特菌在血液琼脂平板和 MacConkey 琼脂平板上均可生长。在 MacConkey 琼脂上，乳糖阴性

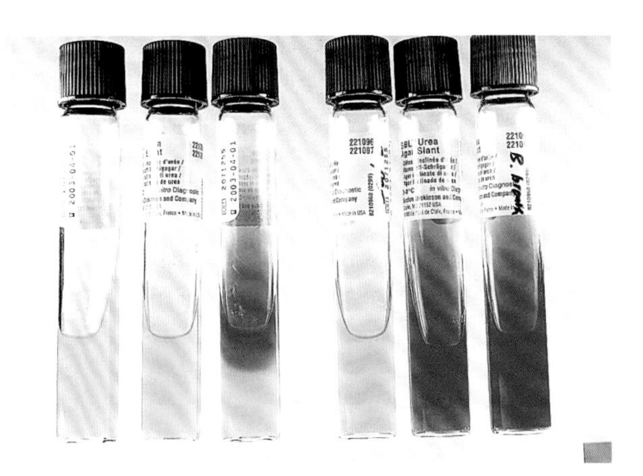

图 23-12　**尿素琼脂斜面上 3 种鲍特菌的比较。**支气管败血鲍特菌的一个关键特征是其快速水解尿素的能力，接种后 4 h 内可检测到阳性反应。副百日咳鲍特菌尿素酶也呈阳性，但反应需要 24 h 才能呈阳性。百日咳鲍特菌尿素酶阴性。图示为在尿素斜面上从左至右依次接种百日咳鲍特菌、副百日咳鲍特菌和支气管败血鲍特菌，并分别培养 4 h（左）和 24 h（右）

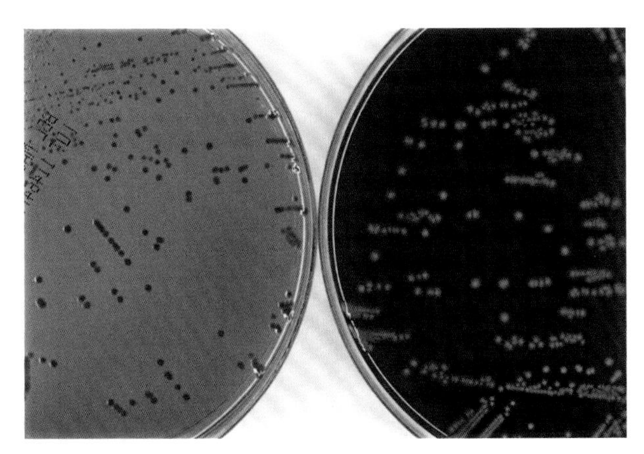

图 23-13　**MacConkey 琼脂平板和绵羊血琼脂平板上的木糖氧化无色杆菌。**无色杆菌属在 MacConkey 琼脂平板和羊血琼脂平板上生长良好。图中所示为在 35 ℃下过夜培养后的木糖氧化无色杆菌

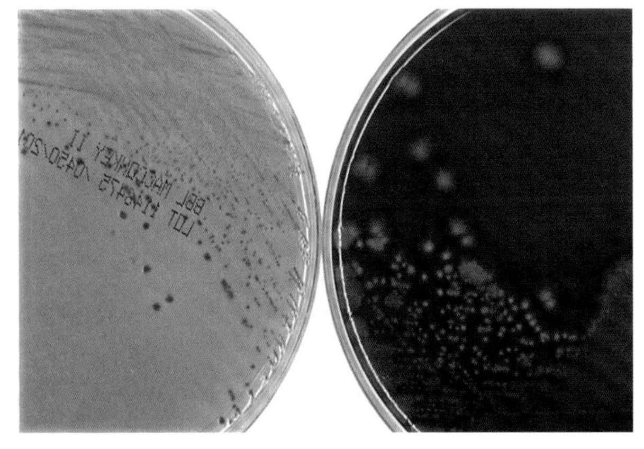

图 23-14　**MacConkey 琼脂平板和羊血琼脂平板上的粪产碱杆菌。**粪产碱杆菌在 MacConkey 琼脂平板和羊血琼脂平板上生长良好。该菌的一个特征是在绵羊血琼脂平板上，菌落周围绿色变色。图示为培养物在 35 ℃下培养过夜

第 24 章 布鲁菌属

布鲁菌属中的 4 种为人类致病菌，分别是马耳他布鲁菌（*Brucella melitensis*，山羊和绵羊种）、流产布鲁菌（*Brucella abortus*，牛种）、犬种布鲁菌（*Brucella canis*，犬种）和猪种布鲁菌（*Brucella suis*，猪种）。而沙林鼠布鲁菌（*Brucella neotomae*）、*Brucella microti*、*Brucella papionis* 和绵羊附睾种布鲁菌（*Brucella ovis*）不感染人类。海洋菌种鳍种（*Brucella pinnipedialis*）和鲸种（*Brucella ceti*）也能引起人类疾病。

布鲁菌属的宿主范围包括哺乳动物，如牛、马、山羊、绵羊、猪、狗、土狼、狐狸和啮齿动物，海洋菌种是从海豹、鲸鱼和海豚中分离出来的。在昆虫和蜱中也发现了布鲁菌。布鲁菌病是人类因摄入、皮肤或黏膜接触或吸入受感染物质而获得的人畜共患病。可能发生人与人之间的传播。布鲁菌的地方性流行区域包括地中海和阿拉伯海湾国家、墨西哥、中美洲和南美洲、中亚和印度。在美国每年报告的约 100 例布鲁菌病病例中，大多数是由于食用未经高温消毒的乳制品所致。怀疑有布鲁菌属的标本需要在严格的安全预防措施下进行处理，因为该菌的感染剂量＜10^2 个。布鲁菌属感染为Ⅲ类生物危害，只能在配备适当设备的实验室处理。流产布鲁菌、马耳他布鲁菌和猪种布鲁菌是该属的代表。

布鲁菌病的临床表现包括间歇性发热、寒战、虚弱、不适、疼痛、出汗和体重减轻。弛张热，也称为回归热，即规律的间歇发热，在治疗不充分的患者中可能持续数年。该病可发生在几个器官，包括肝脏、脾脏、骨骼、关节、泌尿生殖道、中枢神经系统、肺、心脏和皮肤在内的器官系统都可受到影响。最常累及网状内皮系统的器官。布鲁菌被单核细胞和巨噬细胞吞噬并携带到淋巴结、脾脏、骨髓和肝脏，在那里它们可能形成非干酪样肉芽肿，难以与结节病区分。布鲁菌感染很容易与其他疾病混淆，包括伤寒、结核病、疟疾、传染性单核细胞增多症、组织胞浆菌病和风湿热等。马耳他布鲁菌可引起严重感染。猪种布鲁菌具有高度侵袭性，可导致化脓和坏死。流产布鲁菌和犬种布鲁菌可引起轻度局限性感染，并且并发症很少。

布鲁菌属的成员是需氧、无孢子形成、无荚膜、无动力的细胞内革兰氏阴性球菌，其大小为（0.5~0.7）μm×（0.6~1.5）μm。可用于实验室进行诊断的标本包括血液、骨髓和肝活检标本等。商品化血培养系统对于检测布鲁菌属准确度高，双相血培养瓶（如 Castaneda 培养基）是非自动血培养系统的首选。培养物应在 35 ℃，5%~10% CO_2 环境下至少孵育 21 d，并建议盲端继代培养（blind terminal subcultures）。布鲁菌过氧化氢酶、氧化酶、脲酶和硝酸盐阳性。一些菌种的生长需要复杂的培养基和 CO_2（表 24-1）。可用于区分四种临床常见的布鲁菌的试验包括尿素水解试验、H_2S 生成试验和染料敏感性试验。目前尚无商品化鉴定系统来区分布鲁氏菌。

对所有疑似布鲁菌感染病例均建议进行血清学检测，因为单独培养并不可靠。感染布鲁菌后，抗体滴度可以持续数年。因此，需以抗体滴度的增高来作为该病的血清学证据。一般来说，至少间隔一周采集的两份血清样本之间的抗体滴度增加 4 倍，提示当前感染。首先出现的是免疫球蛋白 M（IgM）抗体，在 2~4 周后出现 IgG。持续存在抗体滴度表明对治疗反应差、疾病复发或慢性感染。在 20%~30% 的正在治疗和治愈患者中持续存在 IgG 抗体。布鲁菌抗原试验（Vircell，Granada，Spain）是一种快速、简便的血清学试验。分子诊断技术正逐渐成为检测和鉴定布鲁菌的有效手段。

表 24-1　**布鲁菌属的鉴别** [a]

菌种	染料敏感性		尿素水解	H_2S 产生	生长需要 CO_2
	碱性复红	硫堇			
马耳他布鲁菌	R	R	＞90 min	不产生	0
流产布鲁菌	R	S	＞90 min	2~5 d	+/0
猪种布鲁菌	S	R	＜90 min	1~6 d	0
犬种布鲁菌	S	R	＜90 min	不产生	0

[a] R. 不敏感；S. 敏感；+. 阳性反应；0. 阴性反应；+/0. 都可能。

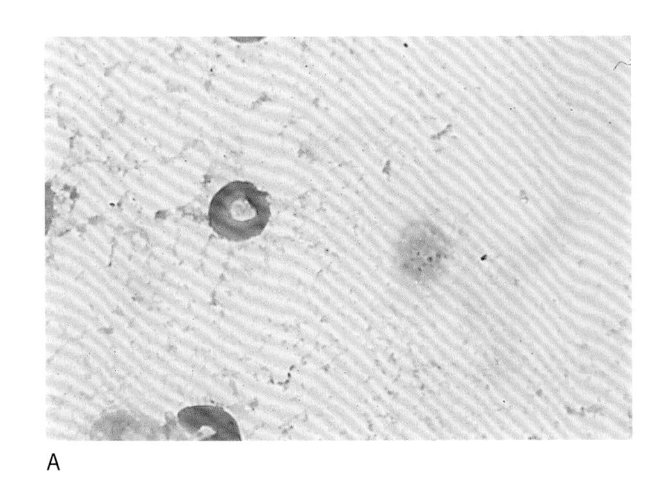

A

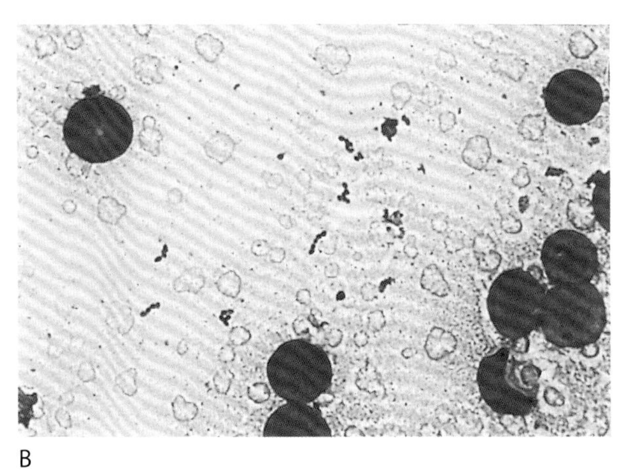

B

图 24-1　**布鲁菌属的革兰氏染色。**（图 A）布鲁菌属是小型革兰氏阴性球菌，具有“细砂”外观，藏红染色不易着色。（图 B）改良革兰氏染色法，以石炭酸品红作为复染剂，有助于更好地观察这些微生物。布鲁菌多单独分布，但也可以成对、短链和小群分布

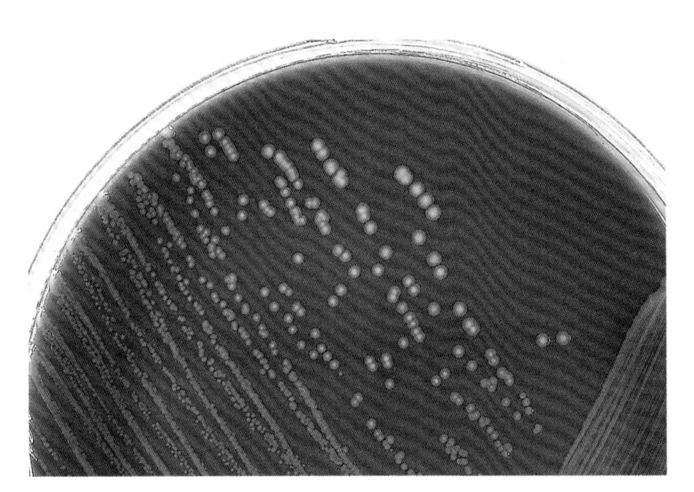

图 24-2　**巧克力琼脂平板上的流产布鲁菌。**大多数布鲁菌都能在巧克力琼脂平板上生长，形成小而圆、凸起的菌落，白色到奶油色，有光泽。进行布鲁菌培养，应在 35 ℃、5%~10% 的 CO_2 环境中至少孵育 7 d

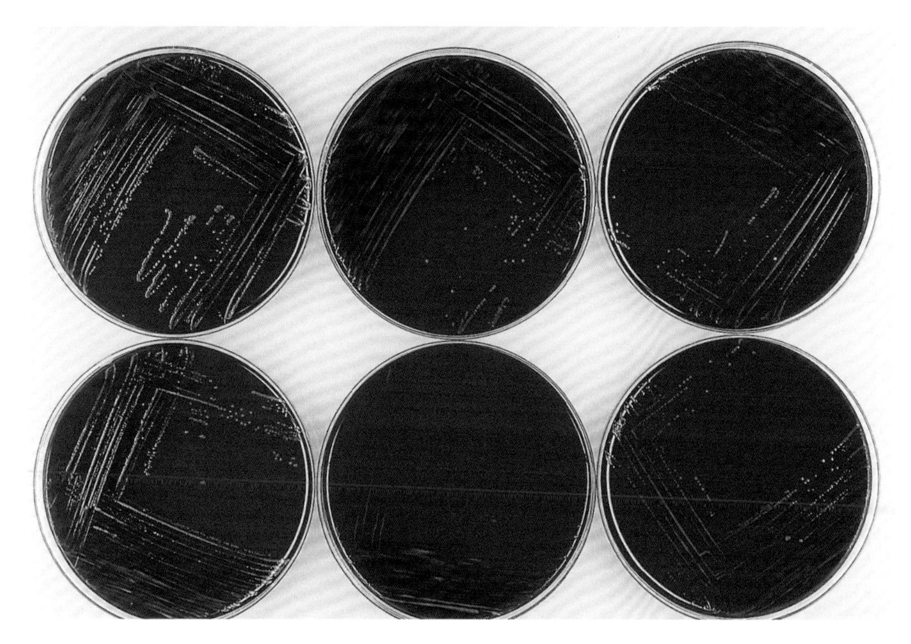

图 24-3　**CO_2 促进流产布鲁菌生长。**流产布鲁菌在 CO_2 存在下生长更好，而其他布鲁菌则不是。上面一行的血琼脂培养板在 35 ℃，5%~10% CO_2 环境下培养，下面一行的血琼脂培养板在环境空气中培养。从左到右，依次为马耳他布鲁菌、流产布鲁菌和猪种布鲁菌

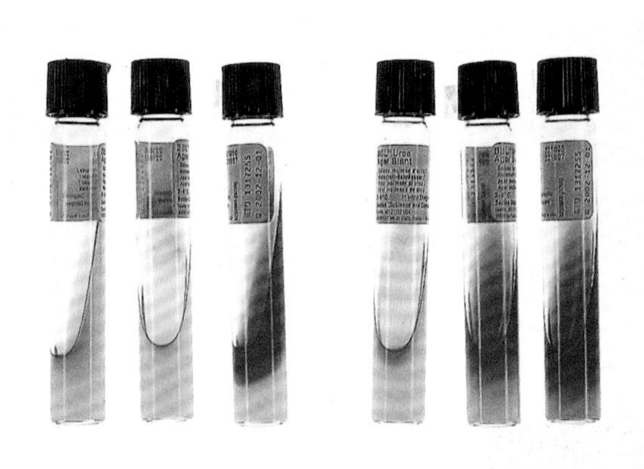

图 24-4　猪种布鲁菌和犬种布鲁菌能快速水解尿素（不到 1 h），而马耳他布鲁菌和流产布鲁菌则需要更长的时间或可能为阴性。左侧的 3 根试管在 35 ℃下孵育 1 h，右侧的试管孵育 24 h。从左到右，每组中的微生物分别为马耳他布鲁菌、流产布鲁菌和猪种布鲁菌

图 24-5　**布鲁菌属可产生 H_2S。**为了测试 H_2S 的产生，在接种布鲁菌斜面试管中，置入醋酸铅纸条，使其下垂但不接触琼脂斜面。然后将斜面在 35 ℃，5%~10% 的 CO_2 条件下孵育 6 d，并每天检查醋酸铅是否发黑。每天更换纸带。在观察的 6 天内，猪种布鲁菌每天产生大量 H_2S，流产布鲁菌在第 2~5 d 产生适量 H_2S，而马耳他布鲁菌几乎不产生 H_2S。从左到右为孵育 3 d 后的马耳他布鲁菌、流产布鲁菌和猪种布鲁菌的培养物

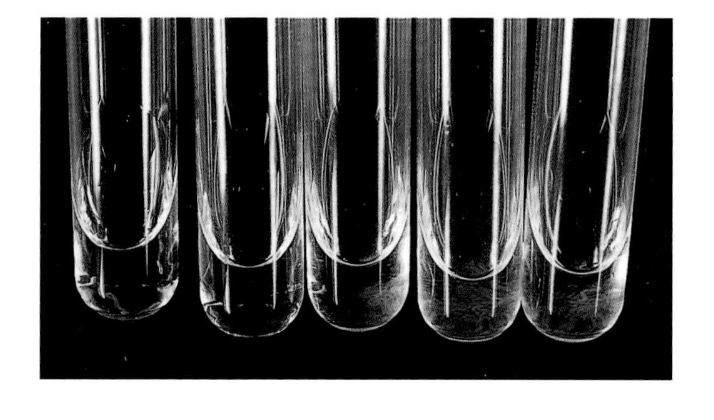

图 24-6　**布鲁菌培养的血清学试验敏对布鲁菌进行培养的敏感性较低。**因此，建议使用患者血清进行试管凝集试验，该试验可检测到马耳他布鲁菌、流产布鲁菌和猪种布鲁菌的抗体，但不能检测犬种布鲁菌抗体。单一滴度 ≥160，或间隔 2~4 周采集的两个样本之间的抗体滴度增加大于 4 倍被认为有意义。图示连续稀释血清和抗原一起孵育，并在两个试管（第 3 个和第 4 个试管）中观察到凝集反应。左边的试管是阴性对照，右边的试管是阳性对照。本试验中使用的是流产布鲁菌抗原

第 25 章　巴尔通体属

以下巴尔通体属的菌种和亚种与人类感染有关：杆菌样巴尔通体（*Bartonella bacilliformis*）、五日热巴尔通体（*Bartonella quintana*）、汉赛巴尔通体（*Bartonella henselae*）、克氏巴尔通体（*Bartonella clarridgeiae*）、文氏巴尔通体阿鲁潘亚种（*Bartonella vinsonii* subsp. *arupensis*）、文氏巴尔通体博格霍夫亚种（*Bartonella vinsonii* subsp. *berkhoffii*）、格拉汉姆巴尔通体（*Bartonella grahamii*）、伊丽莎白巴尔通体（*Bartonella elizabethae*）、安卡申巴尔通体（*Bartonella ancashensis*）、罗氏巴尔通体（*Bartonella rochalimae*）、阿尔萨蒂卡巴尔通体（*Bartonella alsatica*）、多斯氏巴尔通体（*Bartonella doshiae*）、科勒巴尔通体（*Bartonella koehlerae*）、schoenbuchensis 巴尔通体、tamiae 巴尔通体、tribocorum 巴尔通体、“Candidatus B. washoensis”和“Candidatus B. mayotimonensis.”巴尔通体

巴尔通体属的一些菌种在全球分布，但其中一些分布有明显的地域性。杆菌样巴尔通体仅出现在安第斯山脉，是由于那里是其传播虫媒疣肿罗蛉沙蝇的栖息地。杆菌样巴尔通体可穿透红细胞，使红细胞变得脆弱，并被网状内皮系统清除，导致严重贫血，引起奥罗亚热（Oroya fever），是卡里翁病（Carrion's disease）的急性形式。一些患者在急性感染数周或数月会出现秘鲁疣（verruga peruana），是一种慢性结节。五日热巴尔通体由人虱传播，在世界范围内广泛分布，特别是在卫生条件差的地区。这种微生物引起所谓的战壕热（trench fever）或五日热（five-day fever），其特征是周期性的急性发热、寒战、头痛、胫骨疼痛和厌食，间隔 5 d 发作，这就是该病名称的由来。五日热巴尔通体和汉赛巴尔通体也可引起细菌性血管瘤病，最常见于 HIV-1 感染患者，包括皮肤、皮下组织、肝、脾、脑、肺和骨骼的血管增生，可与卡波西肉瘤混淆。

由于家猫的感染，汉赛巴尔通体可在全世界范围内流行。猫虱是猫与猫之间传播的主要媒介。猫抓热主要由汉赛巴尔通体引起，还有一些猫抓热病例是由格拉汉姆巴尔通体引起。美国每年报告约 25 000 例猫抓热。通常，在被猫咬伤或抓伤后，接触部位会出现脓疱或丘疹，并伴有局部淋巴结病和发热。汉赛巴尔通体引起的杆菌性紫癜（Bacillary peliosis）常见于 HIV-1 感染和免疫功能低下的患者，其特征是在肝脏和脾脏形成由内皮细胞排列的囊性结构。对这些组织进行 Warthin-Starry 银染色可见成群的杆菌。汉赛巴尔通体和五日热巴尔通体可引起“血培养阴性”的亚急性心内膜炎，尤其是老年人、流浪者和心脏瓣膜置换术患者。伊丽莎白巴尔通体和文氏巴尔通体也可从心内膜炎患者中分离出来。

在临床实验室中，从人体标本中分离培养巴尔通体是非常困难的，分离率极低，因此建议采用血清学、组织学和核酸扩增技术。自动血液培养系统很少用于检测巴尔通体。血液和组织是分离和检测巴尔通体最常用的样本。巴尔通体较小［（0.2~0.6）μm×（0.5~2.0）μm］，弯曲，需氧，为革兰氏阴性杆菌，仅在含有血液的增菌培养基上生长。在引起人类感染的巴尔通体中，杆菌样巴尔通体在 25~30 ℃下生长更好，而汉赛巴尔通体、五日热巴尔通体和伊丽莎白巴尔通体更适应在 35~37 ℃生长。巧克力琼脂平板和哥伦比亚琼脂平板添加 5% 的绵羊或兔血是巴尔通体分离培养的首选培养基。使用液体昆虫细胞生长培养基作为预富集步骤提高了临床样本中巴尔通体的分离率。培养应在 35~37 ℃，5% CO_2 条件下至少持续 2 周。汉赛巴尔通体可产生两种类型的菌落。一种是不规则、凸

起、白色、干燥、粗糙的"花椰菜状"菌落，似乎嵌入琼脂中；另一种是较小的菌落，呈棕褐色、圆形、潮湿，易于凹陷并黏附在琼脂上。组织培养系统，包括小瓶培养（shell vials），使用单层内皮细胞，是可靠和快速的培养方法。目前分子诊断技术对巴尔通体属检测的敏感性有限，但可用于分离物的鉴定。目前 FDA 批准的基质辅助激光解吸电离飞行时间质谱系统不能用于检测巴尔通体。

巴尔通体属氧化酶和脲酶阴性，它们不能代谢糖类产生酸。杆菌样巴尔通体和克氏巴尔通体具有单一鞭毛，可运动。虽然汉赛巴尔通体和五日热巴尔通体没有鞭毛，但在观察菌悬液时，可以看到由于菌毛引起的抽搐运动。

巴尔通体属可通过对其脂肪酸的气液色谱检测进行鉴定。MicroScan Rapid Anaerobe Panel（Siemons Healthcare Diagnostic，Deerfield，IL）为每种巴尔通体提供了独特的生物类型。由于巴尔通体培养很困难，多采用一些血清学试验诊断人类巴尔通体感染，但尚未得到 FDA 批准。免疫荧光抗体检测、酶联免疫吸附检测和 western blots 已用于巴尔通体感染的诊断。但是，这些检测的结果并不容易解释，因为巴尔通体试验菌株之间存在抗原变异性，并且交叉反应不仅可能发生在巴尔通体的不同菌种之间，也可能发生在其他病原体之间，如肺炎衣原体、贝氏柯克斯体和立克次体，血清学检测的敏感性和特异性差别很大。

A

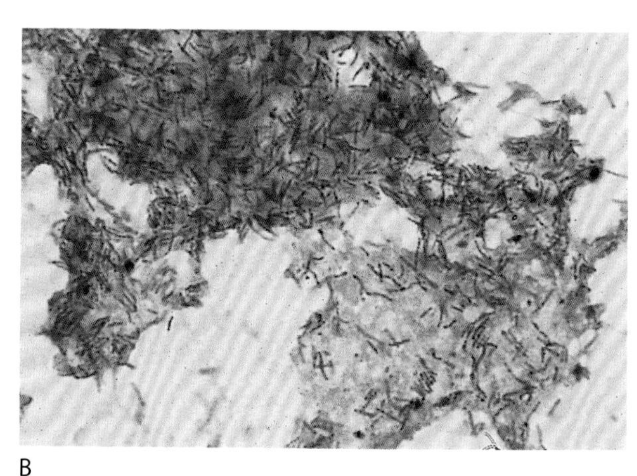
B

图 25-1 **汉赛巴尔通体革兰氏染色。**（图 A）在藏红复染的革兰氏染色时，巴尔通体为细小、染色模糊、略微弯曲的革兰氏阴性杆菌。（图 B）用石炭酸品红复染形态更明显

A

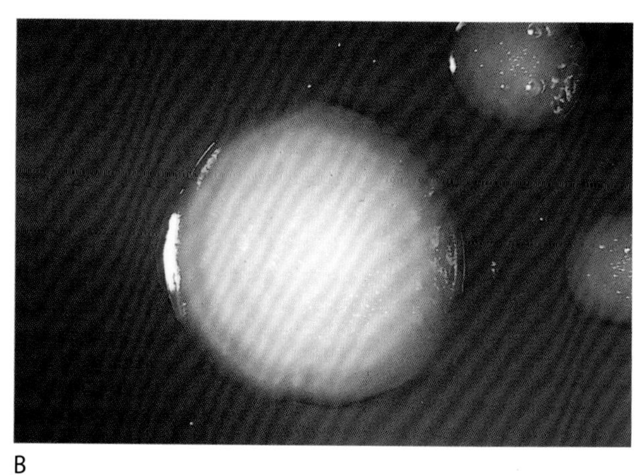
B

图 25-2 **汉赛巴尔通体菌落。**培养 5~7 d 后，可观察到白色、不规则的大型菌落，似花椰菜样，与小、棕褐色、潮湿菌落混合，菌落在琼脂上形成凹坑

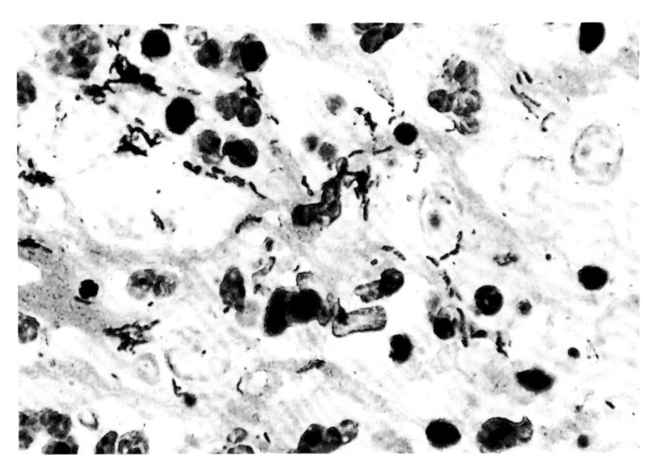

图 25-3　**猫抓热患者淋巴结的 Warthin-Starry 银染色。**在该组织切片中可见汉赛巴尔通体，主要围绕血管。汉赛巴尔通体呈深棕色，短杆菌，多数呈团块状分布

第 26 章　弗朗西斯菌属

弗朗西斯菌属有几个菌种，包括土拉热弗朗西斯菌（*Francisella tularensis*）、蜃楼弗朗西斯菌（*Francisella philomiragia*）、新凶手弗朗西斯菌（*Francisella novicida*）、船城弗朗西斯菌（*Francisella noatunensis*）、西班牙弗朗西斯菌（*Francisella hispaniensis*）、halioticida 弗朗西斯菌和波斯弗朗西斯菌（*Francisella persica*）。土拉热弗朗西斯菌种包括 3 个亚种：土拉热弗朗西斯菌土拉热亚种（*F. rancisella. tularensis* subsp. tularensis，A 型），土拉热弗朗西斯菌霍拉契卡亚种（*F. tularensis* subsp. *Holarctica*，B 型）和土拉热弗朗西斯菌地中海亚种（*F. tularensis* subsp. *mediasiatica*）。土拉热弗朗西斯菌土拉热亚种（A 型）只在北美发现，土拉热弗朗西斯菌霍拉契卡亚种（B 型）在旧大陆和新大陆都有发现，土拉热弗朗西斯菌地中海亚种只在中亚被分离出。还有一种条件致病菌，称为条件致病弗朗西斯菌（*Francisella opportunistica*），已从免疫功能低下的患者中分离出来。

100 多种脊椎动物和无脊椎动物是弗朗西斯菌属的天然宿主。最常引起人类感染的土拉热弗朗西斯菌的传染源是野兔、蜱、鹿和蚊子。美国每年报告的病例数从 100 例到 200 例不等，每年死亡 1~4 例，欧洲每年发现约 700 例土拉热弗朗西斯菌感染。这种细菌传染性极强，只需皮下注射 10 个或通过呼吸途径吸入 25 个微生物即可引起感染。但若要引起胃肠道感染，必须摄入至少 10^8 个细菌。虽然土拉热弗朗西斯菌能够穿透正常皮肤，但多需要皮肤表面有微观的破损才能造成感染。大多数土拉热弗朗西斯菌病病例发生在夏季，原因是蜱虫或鹿咬伤。其他潜在的感染源包括园林绿化活动中产生的传染性气溶胶，如割草时割到病死的兔子。

临床标本应在生物安全Ⅱ级（BSL2）条件下处理，一旦怀疑土拉热弗朗西斯菌感染应立即转移到 BSL3 条件下，或在 BSL2 条件下采取 BSL3 防护措施。土拉热弗朗西斯菌是美国政府列为一级戒备的 6 种细菌之一。在美国，要接收或保存土拉热弗朗西斯菌分离物，实验室需要向 Federal Select Agent Program 登记注册。未经注册的实验室可以进行各种形式的检测，但需要在生物鉴定后 7 d 内销毁或转移所有微生物。

弗朗西斯菌感染临床表现多急性起病，伴有发热、寒战、头痛和全身疼痛。有几种不同的临床形式，包括溃疡性（皮肤溃疡伴淋巴结病）、腺性（仅淋巴结病）、眼腺性（结膜炎伴耳前淋巴结病）、口咽性（上呼吸道和颈部淋巴结病）、肺炎和伤寒，以及没有局部症状或体征。在美国最常见的临床表现是溃疡性扁桃体炎，由蜱虫叮咬和与受感染动物接触引起。潜伏期 3~10 d 过后，感染部位形成丘疹，最终形成溃疡，并伴有局部淋巴结病。蜃楼弗朗西斯菌是一种条件致病菌，主要感染免疫功能低下的患者，尤其是慢性肉芽肿性疾病患者，以及在暴露于盐水的个体中引起感染，如在接近溺水的病例中。在大多数濒死病例中，可从无菌的体液中分离出蜃楼弗朗西斯菌，包括血液和脑脊液。有报道的新凶手弗朗西斯菌感染只有不到 10 例。西班牙弗朗西斯菌感染首次在澳大利亚报告，随后在西班牙又发现了两例。

弗朗西斯菌属是小的多形性革兰氏阴性杆菌，大小为 0.2 μm ×（0.2~1.0）μm，专性需氧。对组织进行直接革兰氏染色多不会发现弗朗西斯菌，因为该菌太小，通常无法与背景材料区分。用藏红做复染剂效果不好。在一些公共卫生实验室和疾病预防控制中心可进行直接荧光抗体（DFA）检测。单克隆抗体的免疫组化染色可用于检测组织中的弗朗西斯菌。要进行 PCR 扩增的标本应保存在含有异硫氰酸胍的缓冲液中，可保存数周。核酸扩增试验的局限性是土拉热弗朗西斯和新凶手弗朗西斯菌具有高度的遗传相关性。基质辅助激光解吸电离飞行时间质谱法仅用于基础研究。

溃疡刮片和淋巴结活检标本可用于培养。但是培养的敏感性不高。由于弗朗西斯菌生长缓慢，有特殊的营养需求，所以很难分离。一些参比实验室选择的培养基是补充有 9% 巧克力羊血的胱氨酸心脏琼脂。或者，可以使用添加有异维他乐（IsoVitaleX）的巧克力平板或缓冲木炭酵母提取物琼脂平板。为了防止溃疡和痰等标本中的污染菌过度生长，还可使用 Thayer-Martin 培养基和改良 Martin-Lewis 培养基。目前，几种商品化的血液培养系统可从血液中分离出弗朗西斯菌。

弗朗西斯菌属在 35 ℃，5% CO_2 条件下生长时，需要 2~5 d 才能出现可视菌落。怀疑弗朗西斯菌感染的，应在 35~37 ℃下进行有氧培养，每天观察，连续 14 d。在半胱氨酸 - 葡萄糖血琼脂平板上，弗朗西斯菌的菌落小，蓝色、光滑、呈黏液状，在巧克力琼脂平板上菌落呈白色至绿色，光滑。在含有血液的培养基上，菌落周围可出现一个小的 α - 溶血区。弗朗西斯菌为氧化酶阴性，过氧化氢酶弱阳性，生化试验效果不佳，在 MacConkey 琼脂平板上即使能够生长，生长情况欠佳。为了确定弗朗西斯菌，可对标准菌悬液用市售抗血清进行玻片凝集试验或 DFA 试验。诊断弗朗西斯菌感染最常用的方法是血清学方法。大多数患者在感染后 2 周内产生抗体，并可持续阳性 10 年以上。免疫球蛋白 M 抗体可以持续阳性多年，并不意味着早期或近期感染。酶联免疫吸附试验、试管凝集和微凝集方法可用于检测弗朗西斯菌抗体。没有接种疫苗史的患者的单次抗体滴度阳性可初步诊断兔热病（弗朗西斯菌感染），若数周后另外采集的样本抗体滴度增加了 4 倍，可确诊。

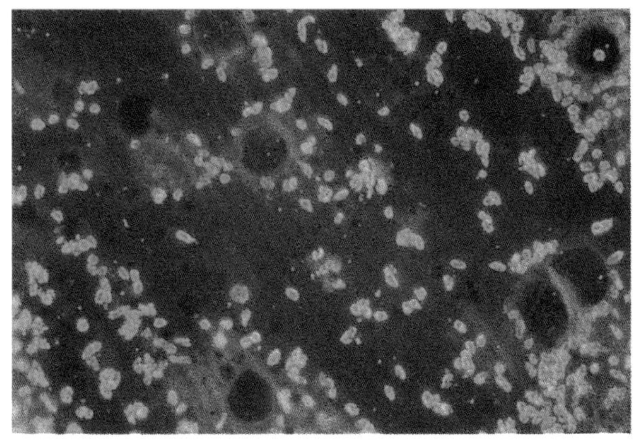

图 26-1　**土拉热弗朗西斯菌革兰氏染色。**土拉热弗朗西斯菌是一种微小的多形性革兰氏阴性球菌，可表现出双极染色

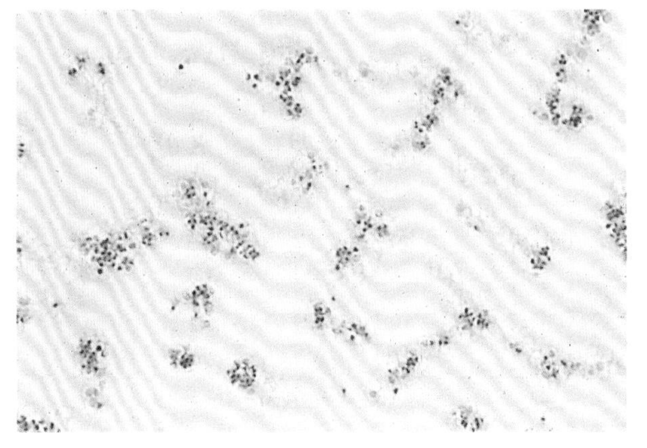

图 26-2　**土拉热弗朗西斯菌 DFA 染色。**一种多克隆兔抗体可用于检测土拉热弗朗西斯菌。图中可见该菌的多形性

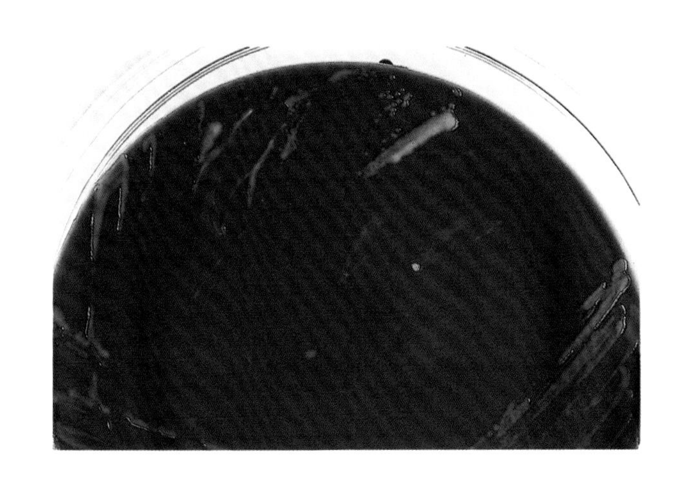

图 26-3　**改良 Thayer-Martin 琼脂平板上的土拉热弗朗西斯菌。**土拉热弗朗西斯菌生长缓慢，可能需要 2~5 d 才能看到菌落。使用改良 Thayer-Martin 培养基的优点之一是，它可以最大限度地减少污染菌的过度生长。如图所示，菌落较小，呈白灰色，光滑湿润

第 27 章　厌氧菌简介

厌氧菌无处不在：它们常见于环境、土壤和水中，也是动物本身正常菌群的主要组成部分。在人类体内，厌氧菌的数量可以超过需氧生物，二者的比例可达到 1000 : 1。厌氧菌常见于胃肠道、泌尿生殖道和上呼吸道的黏膜表面。它们也是皮肤正常菌群的一部分。在正常情况下，这些微生物不会引起疾病。然而，大量定植有厌氧菌的皮肤表面是其进入组织和血液的入口。当厌氧细菌进入正常无菌的身体部位时，可成为条件致病菌，并导致严重的、有时甚至危及生命的感染。

如果观察到标本有臭味、产生气体，或者含血渗出物发黑，应考虑可能为厌氧菌感染。若临床标本直接革兰氏染色发现大量细菌，且形态独特，也应考虑可能是厌氧菌感染。由于大多数厌氧菌感染发生在黏膜表面附近，了解这些部位的正常菌群，可以更快更准确地判定致病菌。这一点很重要，因为大多数厌氧感染是混合感染，由各种需氧菌、兼性厌氧菌和厌氧菌共同引起。混合细菌的存在，以及厌氧菌的缓慢生长，使得重要致病菌的分离和鉴定成为一个难题，且耗时过长。

标本采集和运输

标本采集和运输是实验室成功分离厌氧病原体的关键因素。一般来说，无菌抽吸是从疑似厌氧菌感染部位收集标本的最佳方法，以避免正常菌群的干扰。必要时也可用厌氧拭子采集标本，但是，应尽可能避免使用拭子。

在采集到进行厌氧培养的样本后，必须立即对其进行保护，防止在运输过程中接触到氧气。有几个方法可选择。出于安全考虑，不应将抽吸物保留在注射器中，而应将其注射到无氧运输瓶或运输管中，如使用 R.E. Hungate 开发的预还原厌氧灭菌（prereduced anaerobically sterilized，PRAS）培养基。类似的产品，以及各种厌氧拭子和厌氧转运系统也可以在市面上买到。琼脂凝胶转运拭子（Copan Diagnostics，Murrieta，CA）和 BD BBL Vacutainer 厌氧样本收集器（Becton，Dickinson and Company，Franklin Lakes，NJ）可用于样本采集和运送。无论采用何种采集方法或运输方法，厌氧培养的样本应尽快送往实验室进行处理，并应在 24 h 内进行培养。

直接检查

由于大多数厌氧菌感染是混合感染，并且大多数厌氧菌的生长速度比需氧菌和兼性厌氧菌慢，因此厌氧菌的鉴定是一个困难的过程，培养结果常常延迟。在这种情况下，直接检查，如评估标本的大体外观（化脓、坏死或硫颗粒）、气味（恶臭或腐败）和长波（366 nm）紫外线下的荧光和革兰氏染色（独特的厌氧形态），可以为厌氧菌的存在提供有价值的线索。

临床标本的直接革兰氏染色是检测厌氧菌最重要的诊断方法之一，可以对样本中微生物的相对数量和类型提供的快速、半定量信息。在直接革兰氏染色上观察到的多种不同形态的细菌是混合厌氧感染的有力证据。在某些情况下，可以根据革兰氏染色的细菌外观对厌氧菌进行初步推断。厌氧菌在进行传统的革兰氏染色时多为淡染、形态不规则的革兰氏阴性杆菌，在显微镜下阅片时很容易被忽略。为了增强革兰氏阴性厌氧菌的可视性，建议使用改良的革兰氏染色法，用石炭酸品红代替藏红。由于许多具有临床意义的厌氧菌具有不同的显微形态，当样本来源与革兰氏染色结果相一致时，可以为成功的经验性治疗提供支持。例如，如果在腹部伤口标本的直接革兰氏染色中发现大的、车厢形的、末端钝圆的革兰氏阳性杆菌，则怀疑产气荚膜梭菌的存在，并且可以选择合适的抗生素进行治疗。从临床标本中分离的常见厌氧菌的特征革兰氏染色形态见表 27-1。

表 27-1 厌氧菌革兰氏染色的形态特征

菌种	革兰氏染色与形态
放线菌属	分枝，革兰氏阳性
产气荚膜梭菌	大的革兰氏阳性杆菌，末端钝圆（车厢状），可形成椭圆形孢子，使细胞膨胀，但比较少见
破伤风梭菌	革兰氏阳性杆菌，有圆形或椭圆形终端孢子（鼓槌或网球拍样）
丙酸杆菌属	小而细长的多形性革兰氏阳性杆菌
拟杆菌属、卟啉单胞菌属、普氏菌属	淡染色，革兰氏阴性球菌
具核梭杆菌	细长的革兰氏阴性杆菌，末端呈锥形
坏死梭杆菌或死亡梭杆菌	形态各异、细长、革兰氏阴性杆菌
韦荣球菌属	非常小的革兰氏阴性球菌，有聚集成团的倾向

样本处理

理想情况下，用于培养厌氧菌的培养基不应暴露于氧气中，以避免因分子氧的还原而产生有毒物质。PRAS 培养基（Anaerobe System，Morgan Hiu，CA）在不暴露于氧气的情况下制作，从而提高厌氧菌的分离培养率。作为替代方案，可使用初级厌氧板，使用前在厌氧罐或厌氧室中预培养至少 24 h。为了实现最佳分离，培养基应尽可能新鲜。若培养基不新鲜，厌氧菌生长延迟，需要更长的培养时间。

大多数厌氧菌感染的标本都含有兼性需氧菌和厌氧菌，因此，基础培养基应包括增菌培养基、选择性培养基和鉴别培养基的组合，以优化厌氧菌的生长、分离和初步鉴定。建议使用以下培养基：含维生素 K_1 和血红素的布氏血琼脂平板或 CDC 厌氧菌血琼脂平板、类杆菌胆汁七叶皂苷琼脂平板、卡那霉素 - 万古霉素 - 裂解血琼脂平板和苯乙醇琼脂平板。由于巯基乙酸发酵液支持需氧和厌氧细菌的生长，因此其价值有限，主要用作备用培养基。对于特殊情况，基础培养基中还可以加入其他物质，如蛋黄琼脂或环丝氨酸 - 头孢西丁 - 果糖琼脂。表 27-2 列出了一些推荐的培养基及其在临床标本厌氧菌分离培养中的用途。

表 27-2 厌氧培养的推荐培养基

培养基	目的
初级分离培养	
布氏血琼脂平板（BRU）（可选择的替代品：CDC 厌氧菌血琼脂平板、Schaedler 血琼脂平板和强化脑心灌注血琼脂平板）	富含维生素 K_1 和血红素；非选择性；可用于分离培养专性和兼性厌氧菌
类杆菌胆汁七叶皂苷琼脂平板	选择性和鉴别培养基：庆大霉素可抑制大多数需氧菌生长，20% 的胆汁抑制大多数厌氧菌，而七叶皂苷的水解使培养基变成中等棕色；可用于脆弱拟杆菌群成员的快速分离和初步鉴定
卡那霉素 - 万古霉素 - 裂解血琼脂（Kanamycin-vancomycin-laked-blood agar，KVLB）（可选择的替代品：卡那霉素 - 万古霉素血琼脂平板或帕罗霉素 - 万古霉素血琼脂平板）	选择性培养：卡那霉素抑制大多数兼性需氧革兰氏阴性杆菌；万古霉素抑制大多数革兰氏阳性菌以及卟啉单胞菌属；通过裂解红细胞可以在 48 h 内早期发现色素沉着的普氏菌属
苯乙醇琼脂（Phenylethyl alcohol agar，PEA）	允许革兰氏阳性和革兰氏阴性厌氧菌生长，同时抑制大多数肠杆菌科，包括成群的变形杆菌
巯基乙酸肉汤（Thioglycolate，THIO））	仅作为备选
其他培养基	
环丝氨酸 - 头孢西丁 - 果糖琼脂平板（Cycloserine-cefoxitin-fructose agar，CCFA）	选择性和鉴别培养：用于难辨梭状芽孢杆菌（以前称为梭状芽孢杆菌）的分离培养和初步鉴定
蛋黄琼脂（Egg yolk agar，EYA）	鉴别培养基：当怀疑梭菌属时使用（卵磷脂酶和脂肪酶反应）

厌氧培养的标本应尽快送到实验室，选择适当的培养基接种，并立即将接种的平板置于 35 ℃无氧环境中。可使用厌氧罐、厌氧袋或厌氧包，以及厌氧室。罐、袋和包由不透气容器、气体发生器和指示器组成。当发电机打开时，会产生二氧化碳和氢气。然后氢与氧结合形成水，从而创造出富含二氧化碳的环境。使用亚甲基蓝（氧化时为蓝色，还原时为白色）等指示剂可验证是否达到并保持了适当的厌氧水平。由于成本高、空间有限以及样本量不足，大多数临床实验室不使用厌氧室。然而，如果能够恰当地收集、运输和处理标本，所有方法都可以分离培养出有临床价值的厌氧菌。厌氧菌在其生长的对数期最易受到氧暴露的影响。因此，在接种厌氧菌之前，厌氧平板应先培养 48 h。阴性培养应至少保存 7 d。

厌氧菌的鉴定

厌氧菌的鉴定是一个非常耗时的过程，可以通过一些方法对厌氧菌进行初步分组，如革兰氏染色，观察菌落形态，以及对特殊抗菌纸片的敏感性。常用的 3 种药敏纸片为万古霉素（5 μg）、卡那霉素（1 mg）和多黏菌素（10 μg）。抑菌环直径大于 10 mm 的，表明该菌对药物敏感，可用于该菌的鉴别。参考表 27-3，根据特殊抗菌纸片抑菌作用的结果，可对厌氧菌进行初步鉴定。对于革兰氏染色易过度脱色的厌氧微生物，可以用万古霉素和多黏菌素纸片作为辅助判断。一般来说，革兰氏阳性菌对万古霉素敏感，对多黏菌素耐药，而革兰氏阴性菌对万古霉素耐药。其他特征试验包括溶血、色素生成、荧光和一些简单生化反应，如吲哚、硝酸盐和过氧化氢酶反应，通过这些试验可以对几种临床常见厌氧菌进行初步鉴定。为了最终鉴定菌种，可使用多种产品，从快速微型系统到常规 PRAS 生化管。在某些情况下，还需要对代谢终产物或细胞脂肪酸进行分析。基质辅助激光解吸电离飞行时间质谱和核酸检测技术可作为鉴定厌氧菌的替代方法。基因测序，特别是 16S rRNA 测序，是准确性很高的厌氧菌鉴定方法。

表 27-3 抗生素纸片对厌氧菌初步鉴定

微生物	抗生素纸片结果[a]		
	卡那霉素（1 mg）	万古霉素（5 μg）	多黏菌素（10 μg）
脆弱拟杆菌群	R	R	R
解脲拟杆菌（Campylobacter ureolyticus）	S	R	S
梭杆菌属	S	R	S
卟啉单胞菌属	R	S	R
韦荣球菌属（Veillonella spp.）	S	R	S
厌氧消化链球菌（Peptostreptococcus anaerobius）	R^s	S	R
其他厌氧菌，革兰氏阴性球菌	S	S	R
厌氧菌，革兰氏阳性杆菌	V	S[b]	R

[a] R. 耐药；S. 敏感；R^s. 耐药，少数敏感；V. 结果可变。
[b] 少数乳酸杆菌属和梭菌属可能对万古霉素耐药。

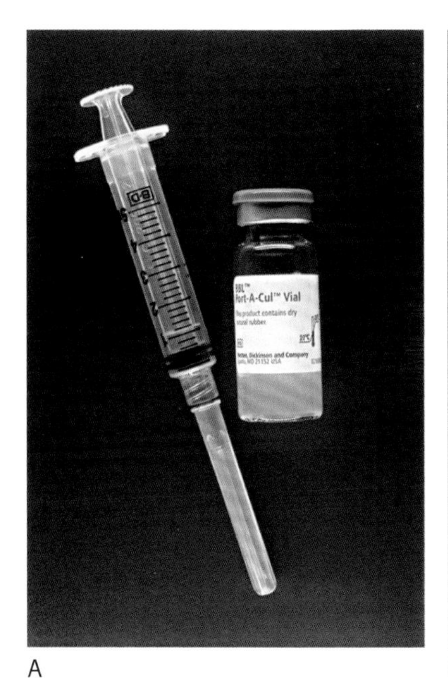

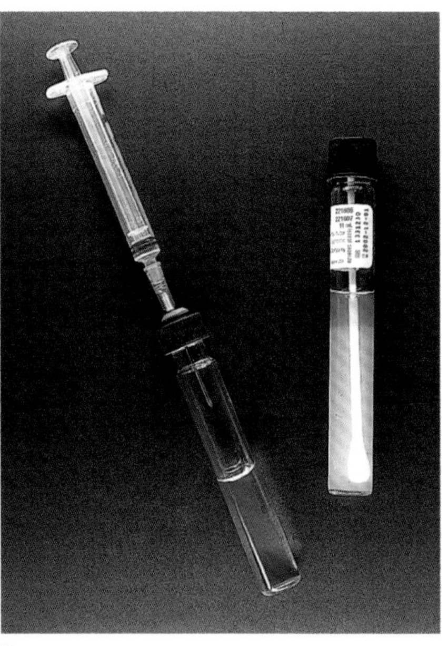

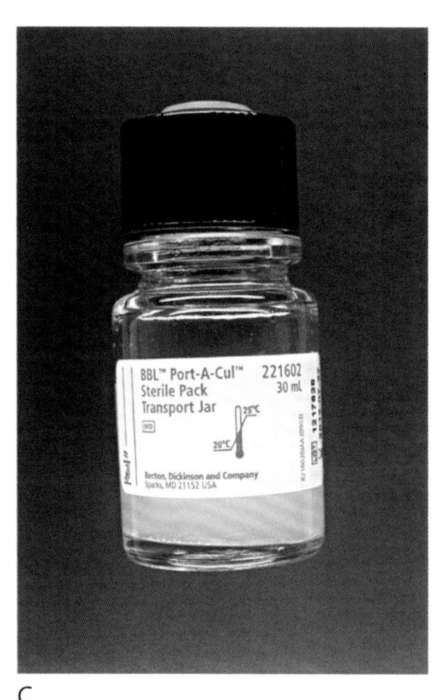

A　　B　　C

图 27-1　**厌氧标本采集和运输。**一般情况下，获得厌氧培养标本的首选方法是使用针头和注射器进行抽吸。另一种采集方法是使用拭子。收集标本后，可使用多种产品运输标本并保持厌氧生物的生存能力。(图 A）Port-A-Cul 瓶（BD BBL，Franklin Lakes，NJ）用于液体标本，注射器穿过隔膜将标本注入固体琼脂表面。(图 B）两种类似的产品，可用于运输液体标本、组织标本或用拭子采集的标本。如右图所示，可以将拭子标本直接插入 Port-A-Cul 管中。注意，当移除螺帽并插入拭子时，由于介质氧化，预还原琼脂顶部的刃天青指示剂颜色发生变化。左图显示的是含有 PRAS 厌氧输送培养基（Anaerobe System，Morgan Hill，CA）的小瓶，有一个装有橡胶隔膜的螺帽。可直接用注射器刺穿隔膜，从而避免氧化。在运输小组织标本和拭子采集的标本时，也可以打开盖子并将标本插入半固体琼脂中。(图 C）Port-A-Cul 运输罐（BD BBL）有一个带螺帽的宽口，可以将较大的组织或活检标本直接插入保存介质中

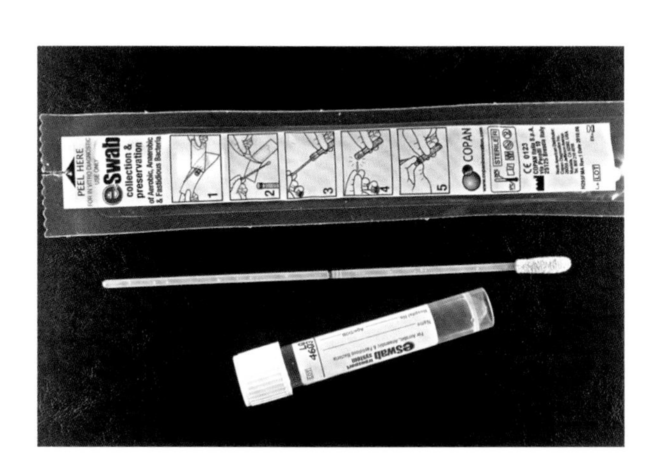

图 27-2　**ESwab 标本采集和运输系统。**ESwab(Copan Diagnostics Inc.，Murrieta，CA）是独立包装的液体标本收集和运输系统，由尼龙植绒棉签和 1mL 改良液体 Amies 培养基组成。样本收集后，将拭子放置在管内，折断拭子柄，拧紧盖子。样本立即洗脱到液体介质中，可进行自动处理。保存在室温下，或存放在冰箱内，需氧菌、厌氧菌及苛养菌在 ESwab 中可保存 48 h

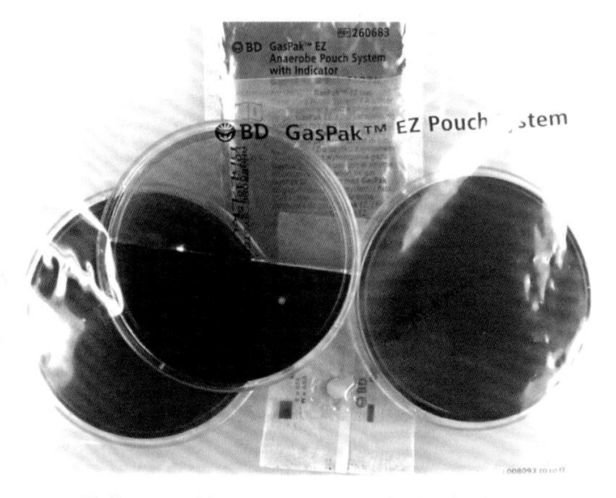

图 27-3　**带指示器的 GasPak EZ 气体生成袋可制造厌氧环境。**GasPak EZ 气体生成袋（BD Diagnostic Systems，Franklin Lakes，NJ）包括一个可反复使用的密封袋和一个可产生气体的密封试剂袋，打开外包装后即可活化。这个系统便于对厌氧微生物进行初步培养，或仅接种几个培养基。接种平板后，将其放入袋中，打开激活袋，将袋口密封。气体生成装置产生二氧化碳和氢，为厌氧菌生长提供环境。为确保厌氧条件，袋内应设置指示剂，并在整个培养过程中，保证指示剂为白色

图 27-4　**厌氧罐。**市面上有许多类型的厌氧罐。标准圆罐（EM Science，Gibbstown，NJ）最多可容纳 12 块平板，该产品在许多实验室中普遍使用。接种板与产气外壳和指示条一起放置在罐中。容器是密封的，二氧化碳和氢气从外壳中释放出来，产生厌氧条件

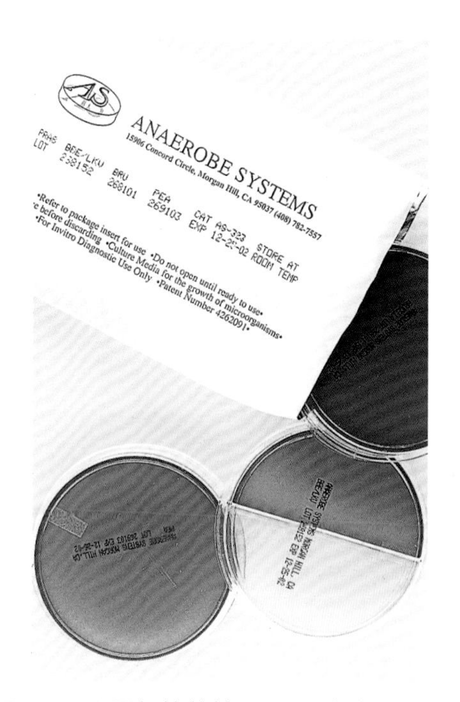

图 27-5　**PRAS 平板培养基。**PRAS 培养基在厌氧条件下制造、包装、运输和储存。图中所示的基础厌氧培养基（厌氧菌系统）包括增菌培养基、选择性培养基和鉴别培养基，如布氏血琼脂平板、苯乙醇琼脂平板和含有拟杆菌胆汁七叶皂苷琼脂和卡那霉素 – 万古霉素 – 裂解血琼脂的双平板。平板储存在不透气的箔袋中，在样本接种时打开

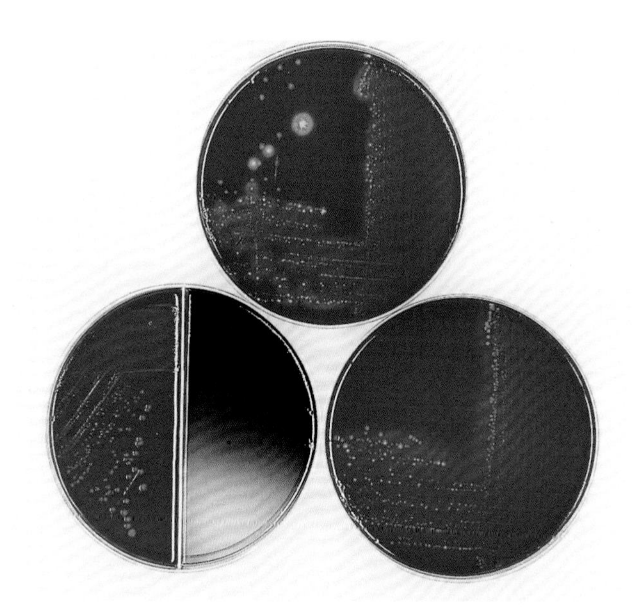

图 27-6　**基础培养基上需氧菌和厌氧菌混合生长。**厌氧菌常存在于混合培养中。基础培养基包含增菌培养基、选择性培养基和鉴别培养基，有助于发现培养物中是否存在厌氧菌，也可对厌氧菌进行初步鉴定。如图所示培养物来自需氧菌和厌氧菌的混合感染。布氏血琼脂平板（上）是增菌培养基，支持兼性厌氧菌和厌氧菌的生长，而苯乙醇琼脂平板（右下）是选择性培养基，可抑制大多数肠杆菌的生长。根据卡那霉素 – 万古霉素 – 裂解血琼脂和类杆菌胆汁七叶皂苷琼脂的生长情况以及七叶皂苷的水解情况（左下的双板），可以对脆弱拟杆菌群进行初步鉴定。脆弱拟杆菌群水解七叶皂苷产生七叶皂苷原和葡萄糖。七叶皂苷原与培养基中的柠檬酸铁铵反应，生成深棕色至黑色的络合物。注意观察拟杆菌在胆汁七叶皂苷琼脂平板生长，菌落周围培养基变为棕褐色

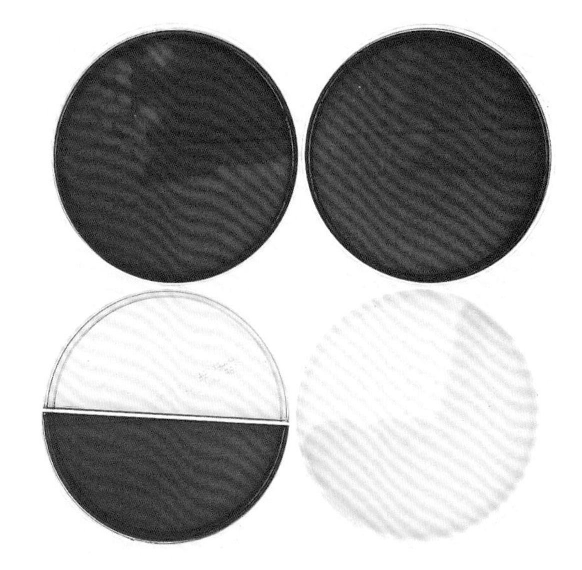

图 27-7 **蛋黄琼脂平板。**当标本的革兰氏染色显示存在白细胞和大型革兰氏阳性杆菌，提示可能存在梭状芽孢杆菌感染，应选择厌氧基础培养基应，包括蛋黄琼脂（EYA）平板。通过菌落形态、革兰氏染色、卵磷脂酶和（或）脂肪酶阳性反应可以对一些常见梭状芽孢杆菌进行快速初步鉴定。在图示培养物中，注意布氏血琼脂平板（左上）上的 β-双溶血区和 EYA（右下）上的卵磷脂酶阳性反应（不透明）。右上为酒精琼脂平板；左下为卡那霉素－万古霉素－裂解血琼脂和拟杆菌胆汁七叶皂苷琼脂双板。根据特征性溶血和 EYA 反应，以及革兰氏染色和显微镜下的形态，可以对产气荚膜梭菌进行初步鉴定

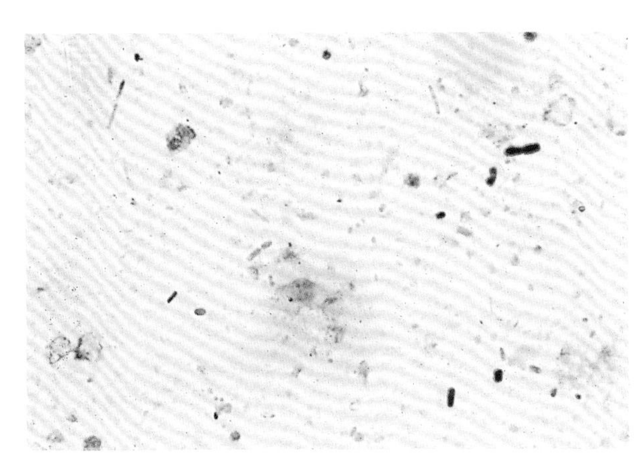

图 27-8 **疑似厌氧菌混合感染的革兰氏染色。**大多数厌氧感染是混合感染，包括需氧和厌氧微生物。在足部脓肿标本的革兰氏染色中，存在多种不同形态类型的微生物。从这一革兰氏染色的结果看，可以肯定该标本中存在厌氧菌。需要注意的是大型革兰氏阳性杆菌和染色模糊的革兰氏阴性杆菌。该标本经培养后，有大肠埃希菌、肠杆菌属、厌氧革兰氏阴性杆菌和梭菌属生长

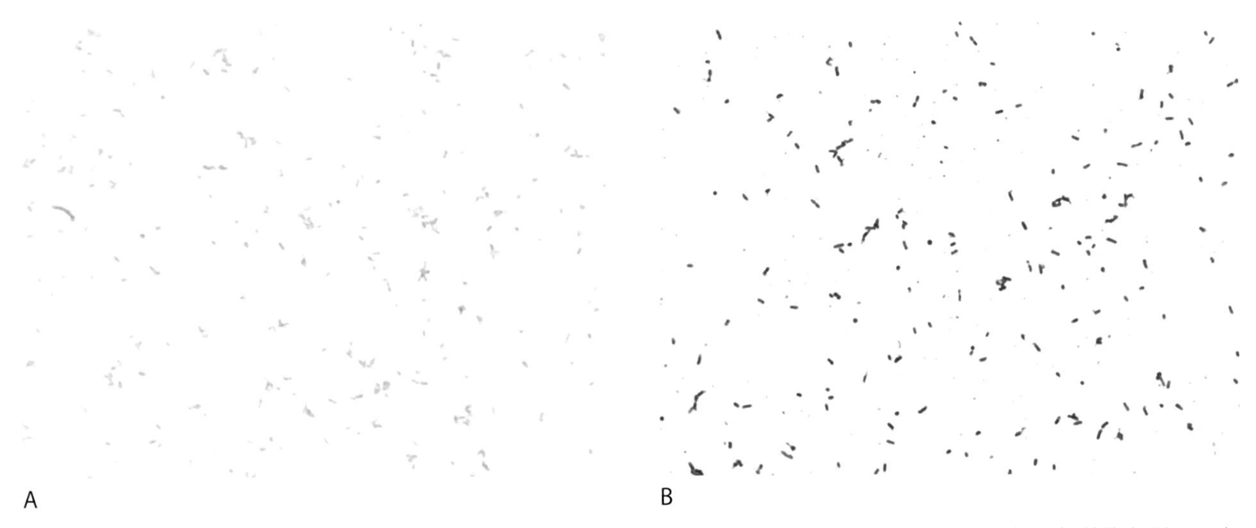

图 27-9 **脆弱拟杆菌革兰氏染色。**在以藏红为复染剂的革兰氏染色中，脆弱拟杆菌这种革兰氏阴性厌氧菌染色微弱，在临床标本直接涂片或血液培养中可能被忽略。（图 A）血液培养的革兰氏染色，藏红作复染剂，革兰氏阴性杆菌很难被发现。（图 B）石炭酸品红作复染剂，该菌染色更加突出。从这种血液培养中分离出脆弱拟杆菌

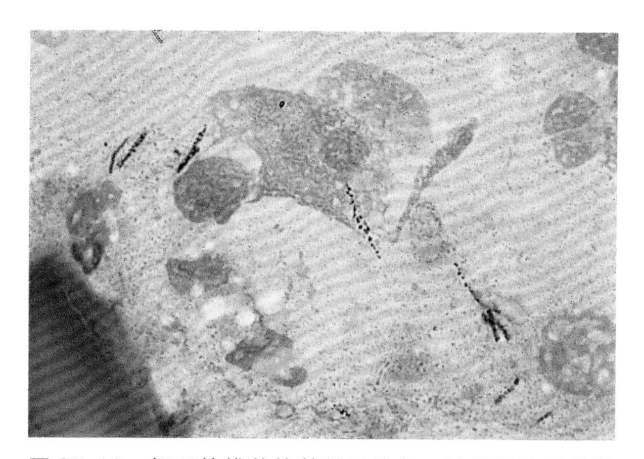

图 27-10　**伊氏放线菌的革兰氏染色。**丝状杆菌是放线菌属的典型特征。放线菌属革兰氏染色阳性，但染色不规则，可能导致珠状或带状外观。在该培养物中分离出伊氏放线菌

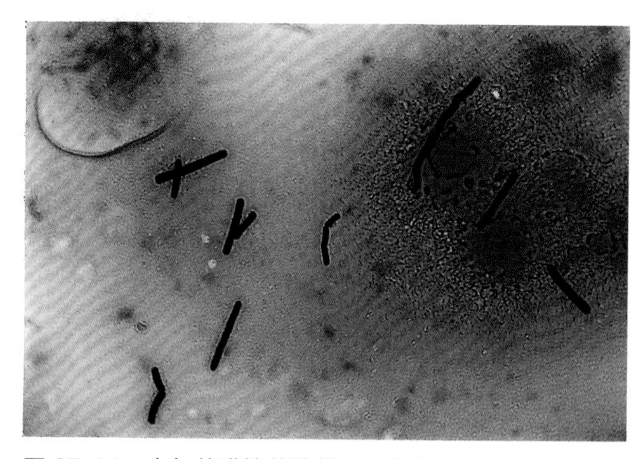

图 27-11　**产气荚膜梭菌的革兰氏染色。**血培养阳性物的革兰氏染色，可见无孢子的大型、盒状革兰氏阳性杆菌，这是产气荚膜梭菌的典型特征。极少数情况下，产气荚膜梭菌可有椭圆形孢子，使细胞膨胀。产气荚膜梭菌可以单独出现或成对出现，大小为（0.6~2.4）μm×（1.3~19.0）μm

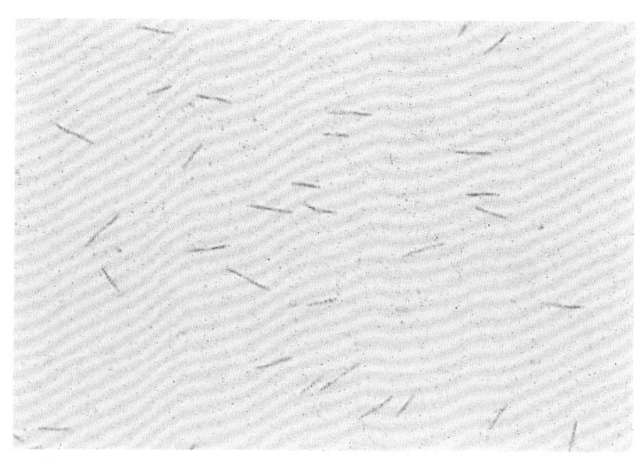

图 27-12　**具核梭杆菌的革兰氏染色。**如图所示，具核梭杆菌是一种细长的革兰氏阴性杆菌，大小为（0.4~0.7）μm×（3~10）μm，末端呈锥形或尖形

图 27-13　**脆弱拟杆菌群的纸片药敏试验。**一些特殊的抗生素纸片可用于辅助厌氧菌的初步分组，也可用于验证革兰氏反应。一般来说，革兰氏阴性菌对万古霉素耐药，而革兰氏阳性菌对万古霉素敏感，对多黏菌素耐药。如图所示，脆弱拟杆菌属对所有三种抗生素都耐药：卡那霉素（1 mg）、万古霉素（5 μg）和多黏菌素（10 μg）

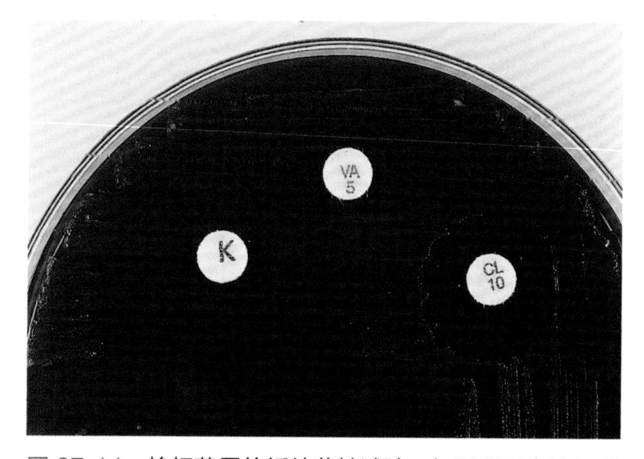

图 27-14　**梭杆菌属的纸片药敏试验。**如图所示为梭杆菌属的纸片药敏结果，卡那霉素和多黏菌素敏感，万古霉素耐药

图 27-15　**卟啉单胞菌属的纸片药敏试验。**与其他革兰氏阴性菌不同，卟啉单胞菌对万古霉素敏感。此处显示的微生物对卡那霉素和多黏菌素具有耐药性，抑菌环直径<10 mm，但对万古霉素敏感，这是卟啉单胞菌属的特征

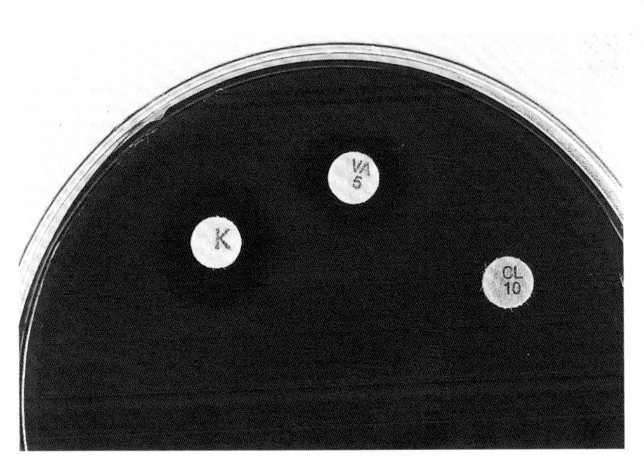

图 27-16　**梭状芽孢杆菌属的纸片药敏结果。**尽管有部分梭状芽孢杆菌呈革兰氏阴性，图中纸片药敏结果与革兰氏阳性菌对应，可确定该分离菌株的革兰氏阳性染色是正确的。梭状芽孢杆菌对万古霉素和卡那霉素敏感，对多黏菌素耐药

图 27-17　**韦荣球菌属的纸片药敏结果。**虽然韦荣球菌属为革兰氏阴性球菌，但它们可以保留一些结晶紫染色，并呈现革兰氏变异。如图所示，该菌的纸片药敏结果与革兰氏阴性菌的结果一致。它们对万古霉素耐药，对卡那霉素和多黏菌素敏感

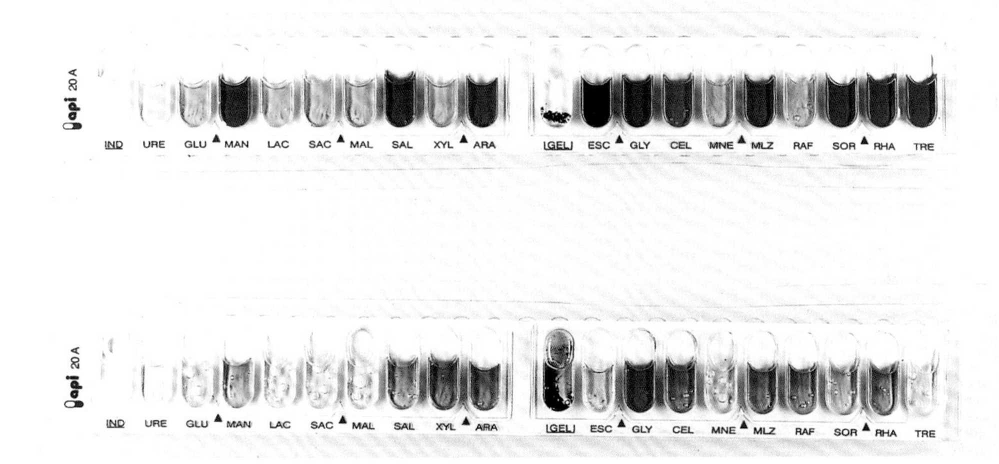

图 27-18　**基于生化试验的厌氧生物鉴别微型系统。**有几种商品化的产品可用于鉴别厌氧菌。API 20A（bioMérieux，Inc.，Durham，NC）是常规试管培养基的首批替代品之一，使用了许多与常规方法相同的测试。首先制备 3 麦氏浓度的菌悬液，接种到由 20 个微管组成的条带上。然后，根据厌氧微生物的生长速率，在 35 ℃厌氧条件下培养 24~48 h。与其他 API 产品类似，根据 20A 结果，过氧化氢酶反应和 3 种形态特征（孢子存在、革兰氏染色和形态）创建用于鉴别微生物的数据库。如图所示微生物为产气荚膜梭菌（上）和脆弱拟杆菌（下）

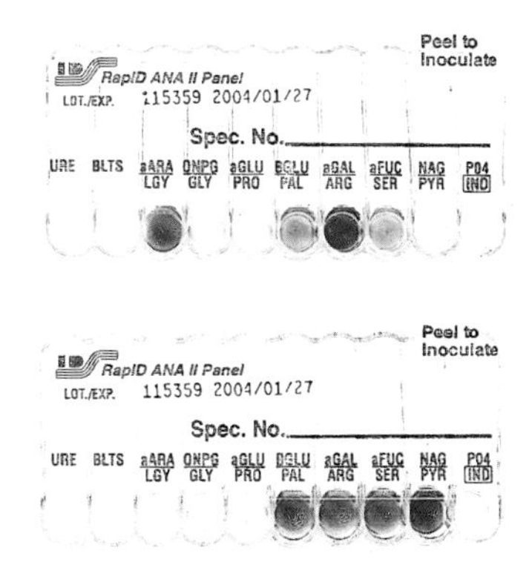

图 27-19　**预包被酶的厌氧菌鉴别微系统。**RapID ANA Ⅱ（Thermo Scientific，Waltham，MA）是一个小型系统，采用常规方法和显色底物来鉴别临床上重要的厌氧菌。该测试基于预包被的酶，不需要培养。制备 3 麦氏浓度的菌悬液并接种于测试板，然后在 35 ℃下有氧培养 4 h。该测试板包含 10 个反应槽，其中 8 个是双功能的（在同一个槽中包含 2 个单独的试验），从而总共有 18 个试验。为了记录所有测试结果，在添加试剂之前和之后都要对双功能反应槽的结果进行判读。如图所示微生物为产气荚膜梭菌（上）和脆弱拟杆菌（下）

第 28 章　梭菌属和梭状芽孢杆菌属

梭菌属（*Clostridium*）包括 240 种革兰氏阳性专性厌氧杆菌，具有形成内孢子的能力。梭菌属（*Clostridium* spp）在自然界中普遍存在，广泛分布于土壤中，经常在肠道中出现，但与人类感染相关的菌种数量有限。从人体标本中分离出的一些最常见的梭状芽孢杆菌属的细菌包括产气荚膜梭菌（*Clostridium perfringens*）、肉毒梭菌（*Clostridium botulinum*）、梭形梭菌[*Clostridium clostridioforme*，现在分为3个菌种：鲍氏梭菌（*Clostridium bolteae*）、梭形梭菌（*Clostridium clostridioforme*）和哈氏梭菌（*Clostridium hathewayi*）]、无害梭菌（*Clostridium innocuum*）、多枝梭菌（*Clostridium ramosum*）、丁酸梭菌（*Clostridium butyricum*）以及尸毒梭菌（*Clostridium cadaveris*）。新的梭状芽孢杆菌属包括 2 个种，艰难梭状芽孢杆菌（*Clostridioides difficile*），过去称为艰难梭菌（*Clostridium difficile* 和 *Clostridioides mangenotii*）。表 28-1 概述了以上菌种和其他梭菌属和梭状芽孢杆菌属细菌的特征。

产气荚膜梭菌是最常见的临床标本分离菌，可引起多种感染，包括大多数梭菌菌血症（79%）。与其他梭菌（如诺维梭菌、败毒梭菌和溶组织梭菌）一样，这种微生物产生 α- 毒素，可导致危及生命的肌肉坏死（气性坏疽）。A 型产气荚膜梭菌与食源性胃肠炎有关，多由食用不当烹调的肉类或肉制品引起。摄入受污染的食物后 7~15 h 出现腹泻和腹部绞痛，这是由该菌产生的肠毒素（产气荚膜梭菌肠毒素，*C. perfringens* enterotoxin，CPE）引起。C 型产气荚膜菌可能是正常菌群的一部分。产生 α- 毒素和 β- 毒素的 C 型产气荚膜梭菌菌株可引起坏死性肠炎，这是一种多发生在儿童身上的严重小肠疾病。坏死性小肠结肠炎是一种非常严重的疾病，主要影响早产儿、低出生体重儿。细菌侵入肠壁，导致严重炎症，破坏肠道。几种产气微生物与坏死性小肠结肠炎有关，包括产气荚膜梭菌、新生儿梭菌和丁酸梭菌，但到目前为止病因尚不清楚。索氏梭菌和产气荚膜梭菌与中毒性休克综合征和流产有关。

艰难梭菌是抗生素相关性腹泻和假膜性结肠炎的原因。在 30% 新生儿中，这种微生物是正常菌群的一部分。健康成年人的携带率从 3%~5% 不等，而不能活动患者的携带率则增加到 20%~30%。在医院环境中可以发现无毒株和有毒株。只有携带致病性位点（PaLoc）的菌株含有编码肠毒素 TcdA（毒素 A）和细胞毒素 TcdB（毒素 B）的基因。一些菌株只产生毒素 B。这两种毒素在发病机制中起重要作用，并可在细胞培养中诱导细胞病变。两种蛋白，TcdR 和 TcdC，其基因位于 PaLoc 毒力基因岛中，调节毒素的表达。在地方性高致病性核糖型 027/NAP1（北美 Pulsotype1）分离株中，TcdC 基因缩短。这些菌株可过度产生毒素，导致更严重的艰难梭菌感染（*C. difficile* infection，CDI）。第 3 种毒素，二元毒素（binary toxin，CDT），位于 PaLoc 毒力基因岛之外，也与 CDI 的严重程度有关。

肉毒梭菌可产生 7 种不同类型的神经毒素。A 型、B 型、E 型和 F 型是人类肉毒梭菌中毒的主要原因。目前公认的临床肉毒中毒有 4 类：①食源性肉毒中毒，由摄入预先存在的毒素引起；②伤口肉毒中毒，由生长在伤口中的肉毒梭菌产生的毒素引起；③婴儿肉毒中毒，毒素是由定植于肠道的肉毒梭菌产生的（在婴儿肉毒中毒中，母乳喂养和摄入蜂蜜是肉毒梭菌孢子的潜在来源）；④年长儿和成人肠道定植肉毒梭菌引起的肉毒中毒。其他形式的肉毒中毒还包括因在美容过程中注射肉毒毒素

表 28-1　梭菌属和梭状芽孢杆菌属的特征

微生物名称	菌落形态	革兰氏染色和芽孢	其他特征
1 群：分解糖类，水解蛋白			
双发酵梭菌	菌落灰白色，有扇形边缘。在蛋黄琼脂上菌落呈白陶土色	革兰氏阳性杆菌，多呈链状；近端芽孢，以及许多游离孢子	吲哚阳性，卵磷脂酶阳性，尿素酶阴性
肉毒梭菌	菌落灰白色，形态不规则，多有 β 溶血	革兰氏阳性杆菌，单独或成对出现；有椭圆形近端孢子，引起细胞肿胀	
尸毒梭菌	菌落白灰色，边缘完整或稍不规则且突起	革兰氏阳性杆菌；有椭圆形终端孢子	斑点吲哚阳性，DNA 酶阳性
产气荚膜梭菌	菌落灰黄色，圆形，完整，有光泽。有半透明带双 β-溶血区	革兰氏阳性，车厢样杆菌，单个或成对出现；中心到近端的椭圆形孢子，使细胞肿胀，但比较罕见	卵磷脂酶阳性，反向 CAMP 试验阳性
败毒梭菌	菌落灰色，半透明，呈美杜莎头状，β-溶血	多形性革兰氏阳性杆菌；菌龄长的菌可能产生长丝，变为革兰氏阴性；比较罕见椭圆形近端孢子，使细胞肿胀	蔗糖阴性，DNA 酶阳性
索氏梭菌（C. sordellii）	菌落大，灰白色，有扇形边缘	大型革兰氏阳性杆菌；近端孢子或游离孢子，多呈链状	吲哚阳性，卵磷脂酶阳性，尿素酶阳性
生孢梭菌	美杜莎头型，成簇出现	革兰氏阳性杆菌；大量的椭圆形近端孢子和许多游离孢子	脂肪酶阳性，七叶皂苷水解试验阳性
艰难梭状芽孢杆菌	菌落乳黄色-灰白色，边缘不整齐，内部结构粗糙或呈马赛克状。环丝氨酸-头孢西丁-果糖琼脂、艰难梭菌选择性琼脂和 CDC 琼脂上生长的菌落，在紫外光下，发出黄绿色荧光	直的革兰氏阳性杆菌，多为短链状；罕见椭圆形近端孢子和游离孢子	甘露醇呈弱阳性，七叶皂苷水解试验阳性，马粪气味
2 群：分解糖类，不水解蛋白			
巴氏梭菌	双溶血区	车厢状杆菌；罕见孢子	卵磷脂酶阳性
丁酸梭菌	菌落大，边缘不规则，内部结构有杂色，呈马赛克样	革兰氏阳性杆菌；近端孢子	可发酵许多糖类
梭形梭菌	菌落小，凸起，边缘完整，不规则，菌落周围的琼脂变绿	细长的革兰氏阴性杆菌；两端锥形；罕见孢子	乳糖阳性，β-N 乙酰氨基葡萄糖苷酶阴性
乙二醇梭菌（C. glycolicum）	菌落灰白色，边缘完整或扇形，凸起	革兰氏阳性杆菌；近端孢子和游离孢子	DNA 酶阳性
无害梭菌	灰白色至亮绿色菌落，内部结构呈马赛克样	革兰氏阳性杆菌；罕见末端孢子，可能很难发现	甘露醇阳性，乳糖阴性、麦芽糖阴性，无动力
多枝梭菌	菌落形态类似脆弱拟杆菌，但多有不规则边缘	革兰氏染色结果不定、栅栏状、细长杆菌；孢子比较罕见，圆形或椭圆形，终端孢子	甘露醇阳性，无动力
第三梭菌（C. tertium）	菌落灰白色，边缘不规则	革兰氏染色结果不定，厌氧培养时具有终端孢子	耐氧
3 群：不分解糖类			
破伤风梭菌（C. tetani）	菌落灰色，半透明。边缘不规则，似根状。可在整个琼脂表面形成薄膜。有窄 β-溶血区	早期培养物为革兰氏阳性，培养 24 h 后变为革兰氏阴性；单独或成对出现；椭圆形末端孢子，网球拍或鼓槌外观	

引起的医源性肉毒中毒，以及传播途径未知的肉毒中毒。

破伤风痉挛素由破伤风梭菌分泌，是引起临床症状的主要原因。这种毒素通过伤口进入人体，并与神经胞吐器的组成部分结合，阻断对运动神经元冲动的抑制。因此，破伤风梭菌引起痉挛性麻痹，而肉毒梭菌则引起松弛性麻痹。据估计，2015 年发生了 100 万例破伤风病例，导致约 35 000 名新生儿死亡。破伤风可以用接种疫苗预防。

败毒梭菌（*Clostridium septicum*）引起的菌血症多与肿瘤有关，尤其是结肠癌、乳腺癌、白血病和淋巴瘤。感染败毒梭菌的患者也经常会出现中性粒细胞减少。由于败毒梭菌感染死亡率极高，因此迅速诊断并采取适当的治疗非常重要。肠道回盲部是该菌进入血液的入口。第三梭菌（*Clostridium tertium*）也可引起恶性肿瘤患者、急性胰腺炎和中性粒细胞减少性小肠结肠炎患者的菌血症。如果怀疑是败毒梭菌引起的小肠结肠炎伴肌坏死，应采集血液、粪便标本进行培养，并行组织活检来确定诊断。类腐败梭菌（*Clostridium paraputrificum*）已从患有艾滋病、糖尿病、恶性肿瘤和镰状细胞贫血等潜在疾病的患者的血液中分离出来。

当怀疑有梭菌属细菌感染时，应使用厌氧方法收集、运输和储存标本。建议从多个部位采集组织标本进行培养，革兰氏染色直接检查对快速推定临床诊断非常重要。对于产气荚膜梭菌感染引起的食源性疾病，应将样本提交公共卫生实验室。如果怀疑肉毒梭菌感染，应立即通知当地或州卫生部门或疾病预防控制中心，并提交适当的样本进行培养和毒素测定。

建议使用非成形粪便标本诊断 CDI。仅需对腹泻患者的粪便标本进行检测，因为 5%~10% 的正常人是产毒菌株的无症状携带者。在携带产毒素艰难梭菌菌株的无症状个体中，可以检测到毒素基因，但蛋白质不表达。诊断试验有三大类：检测毒素 A 和毒素 B 的方法，包括酶免疫试验（enzyme immunoassay，EIA）和细胞培养细胞毒性中和试验；培养和（或）谷氨酸脱氢酶（dehydrogenase，GDH）测定，检测艰难梭菌产生的酶；核酸扩增试验（nucleic acid amplification tests，NAAT），检测毒素编码基因。组织培养是检测毒素 B 的金标准，但操作复杂，需要几天才能完成。EIA 可检测毒素 A 和毒素 B，由于其快速简便而被广泛应用，但不如组织培养敏感性和特异性高。一些 EIA 试剂盒可同时检测艰难梭菌 GDH 抗原和毒素 A 和毒素 B。GDH 测定具有较高的灵敏度，但特异性较低，因为它无法区分产毒菌株和非产毒菌株。因此，最终解释需要统筹考虑 GDH 和毒素 A 和毒素 B 的 EIA 结果。NAAT 对毒素 A 和毒素 B 基因的检测具有高度的敏感性和特异性，且检测快速。CDI 的最佳检测方法仍然存在争议。最为大众所接受的是两步检测法，包括 NAAT 或 GDH 测定作为初始检测，然后是敏感毒素检测。作为两步检测法的替代方案，美国传染病学会和美国卫生保健流行病学学会建议，如果对服用泻药或无腹泻的患者则仅使用 NAAT。

气性坏疽是一种临床急症，需要立即治疗。伤口分泌物的革兰氏染色对诊断梭菌属感染病例极有帮助。梭菌多与腹部菌群中的多种微生物相关，某些菌种的特征形态和孢子的存在有助于初步诊断，并可通过培养确认。伤口分泌物多可检测到带或不带孢子的革兰氏阳性杆菌。若产生孢子，可以是圆形或卵圆形，可位于菌体的末端、近端或中央，可能会引起细胞肿胀，也可能不会引起。大多数梭菌是直的或弯曲的革兰氏阳性杆菌，但在形态和染色特征上有很大的差异。菌体的宽度在 0.5~2.4 μm 之间，长度在 1.3~35 μm 之间，因此可以呈现球形到丝状，末端呈圆形、锥形或钝形。单独或成对出现，也可以是长短不一的链状。表 28-1 总结了临床标本中最常见的梭菌属革兰氏染色特征。

大多数梭菌在临床实验室常规使用的厌氧培养基上生长良好。标本应接种在 CDC 厌氧菌血琼脂平板或其他合适的增菌、非选择性厌氧血琼脂培养基以及厌氧苯乙醇血琼脂平板上。环丝氨酸 – 头孢西丁 – 果糖琼脂平板（Anaerobe Systems，Morgan Hill，CA）是分离和初步鉴定艰难梭菌的选择性和鉴别培养基。在 30℃的切碎肉汤中培养标本，可促进孢子的形成，但产气荚膜梭菌除外，产气荚膜梭菌在 37 ℃下孢子的形成更好。对于伤口和脓肿标本，在常规基础培养基中添加蛋黄琼脂有助于早期鉴别梭菌种类。为了明确鉴定，需要对代谢产物或细胞脂肪酸进行分析。基质辅助激光解吸电离飞行时间质谱（MALDI-TOF MS）目前已用于梭菌种类的鉴定。根据革兰氏染色、菌落形态、耐氧性、一些生化反应和不同培养基上的生长特征，可以对临床标本分离的大多数梭菌进行初步鉴定。

图 28-1　**双发酵梭菌的革兰氏染色。**双发酵梭菌是一种革兰氏阳性杆菌，大小为（0.6~1.9）μm×（1.6~11）μm，可单独或呈短链状出现。孢子呈椭圆形，不会使细胞肿胀，可以是中央或近端孢子

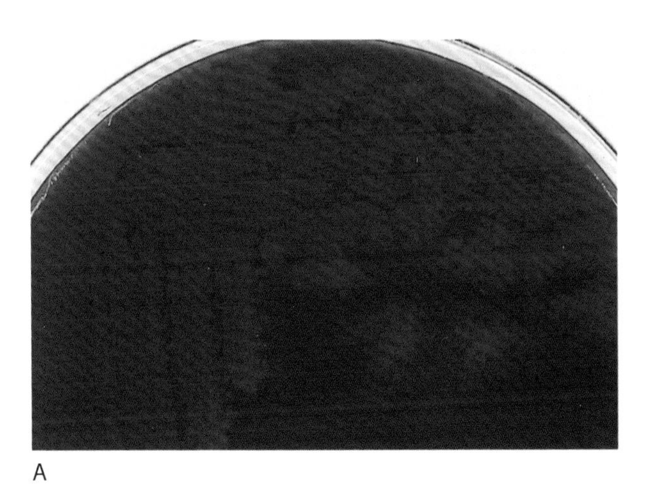

A

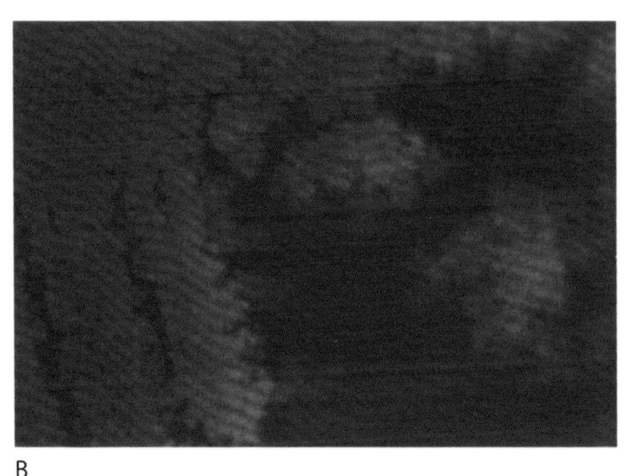

B

图 28-2　**CDC 琼脂平板上培养的双发酵梭菌。**在 CDC 琼脂平板上，双发酵梭菌形成不规则扇形边缘的白灰色或半透明扁平菌落。（图 A）低倍放大；（图 B）高倍放大

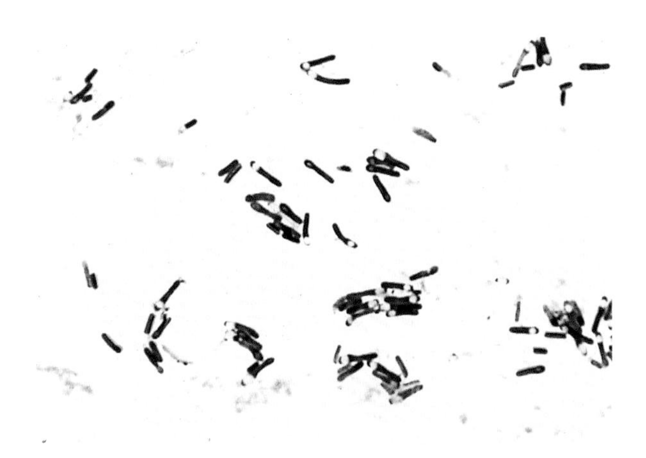

图 28-3　**肉毒梭菌的革兰氏染色。**肉毒梭菌多为单独出现的直或弯曲的革兰氏阳性杆菌。该菌在大多数培养基上很容易形成孢子，并有椭圆形的近端孢子，导致细胞肿胀

图 28-4　**CDC 琼脂平板上生长的肉毒梭菌。**肉毒梭菌菌落呈灰白色或半透明，扁平或凸起，圆形或不规则形，有一个小的 β-溶血区。在表型上，它们不能与生孢梭菌相区分，可用小鼠毒素中和试验、凝胶电泳或其他试验进行最终鉴定

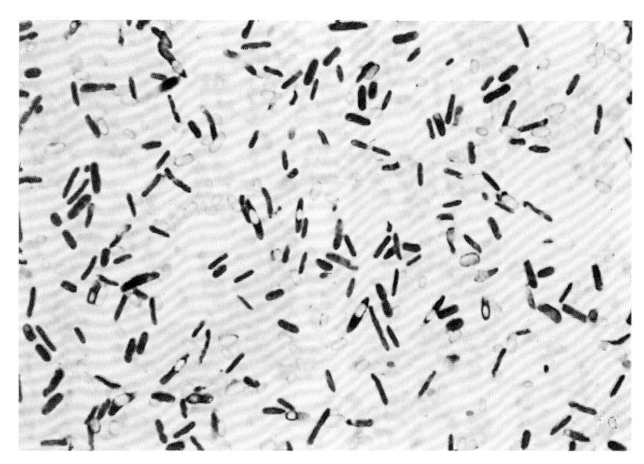

图 28-5 **梭型梭菌的革兰氏染色。**梭形梭菌是一种革兰氏阳性杆菌，两端尖，中心或近端生成孢子，可使细胞肿胀

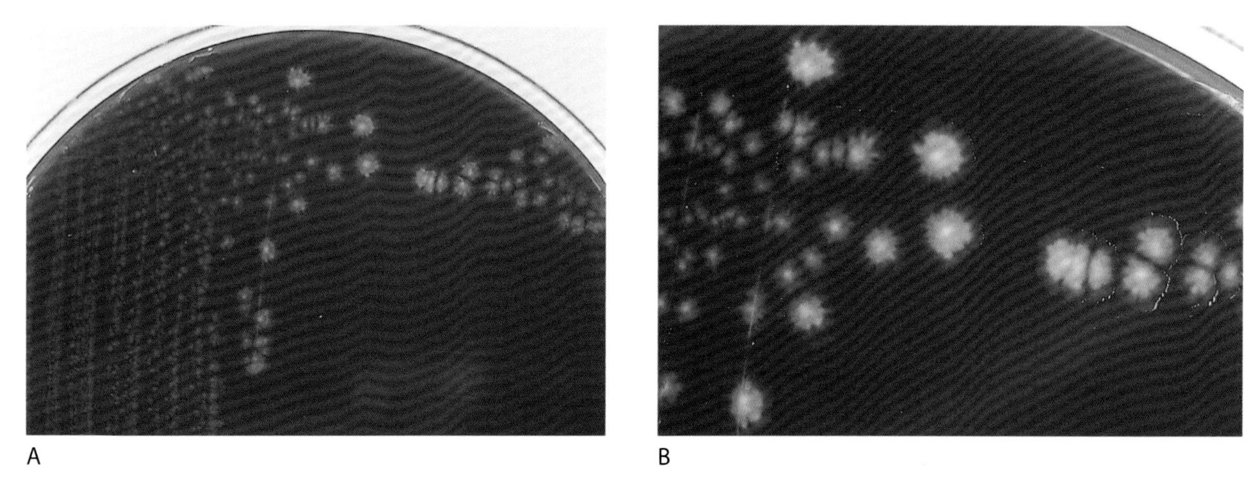

图 28-6 **CDC 琼脂平板上生长的梭形梭菌。**该菌可形成非溶血性菌落，呈白灰色，中心不透明，边缘半透明、斑驳、不规则。（图 A）低倍放大；（图 B）高倍放大

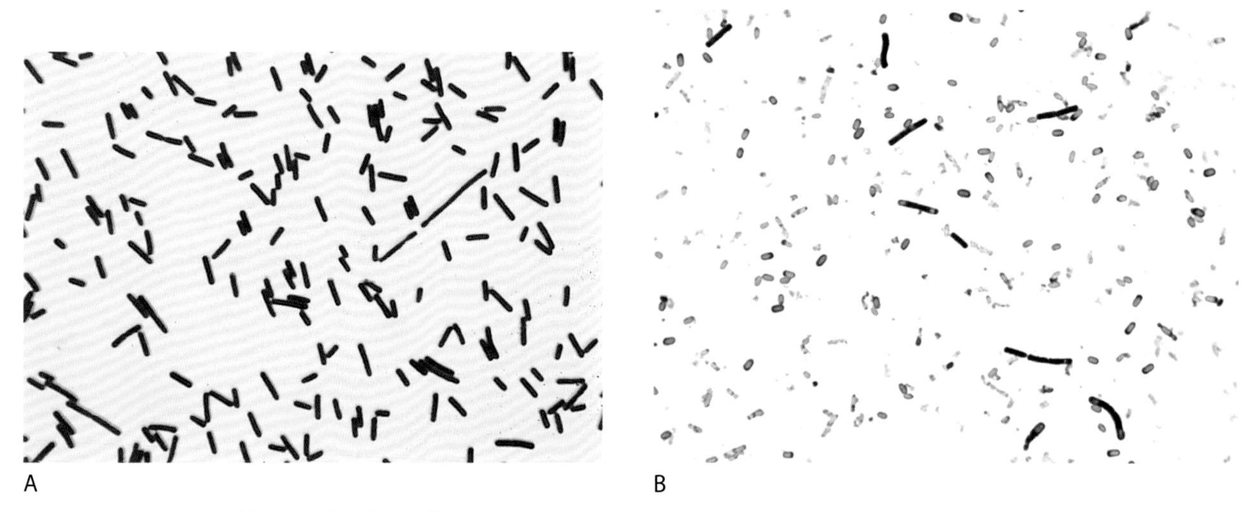

图 28-7 **艰难梭菌的革兰氏染色。**（图 A）艰难梭菌是一种直的革兰氏阳性杆菌，其大小为（0.5~2.0）μm×（3~15）μm，通常形成端端排列的短链。（图 B）艰难梭菌能产生椭圆形近端孢子，引起细胞肿胀

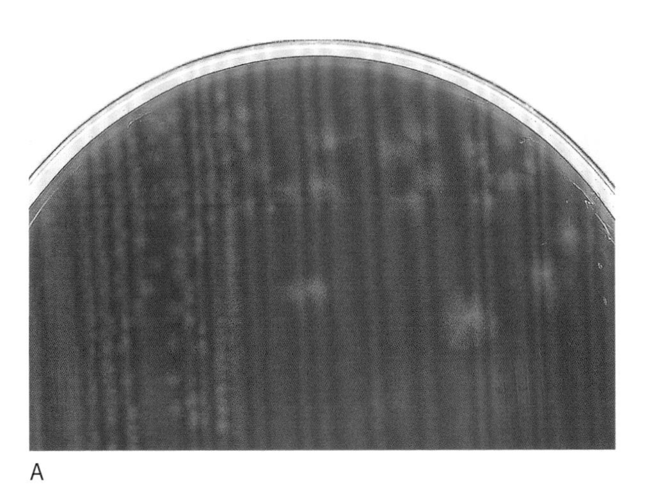

A

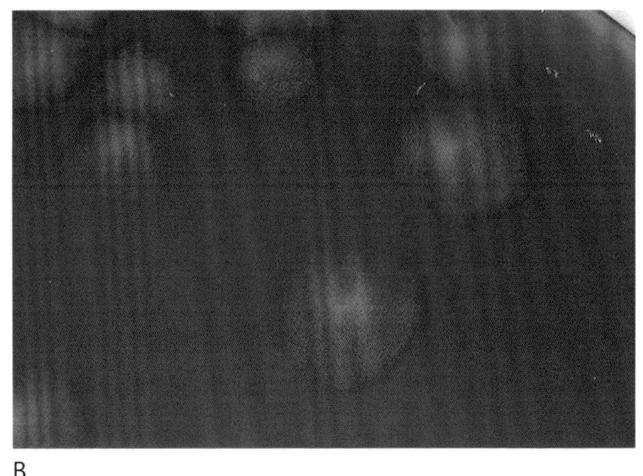

B

图 28-8　**CDC 琼脂平板上生长的艰难梭菌。**艰难梭菌菌落为灰色或白色，不透明，无光泽或有光泽，扁平，圆形，偶有类根，且不溶血。它们有一种独特的气味，称为“马粪”味（图 A）低倍放大；（图 B）高倍放大

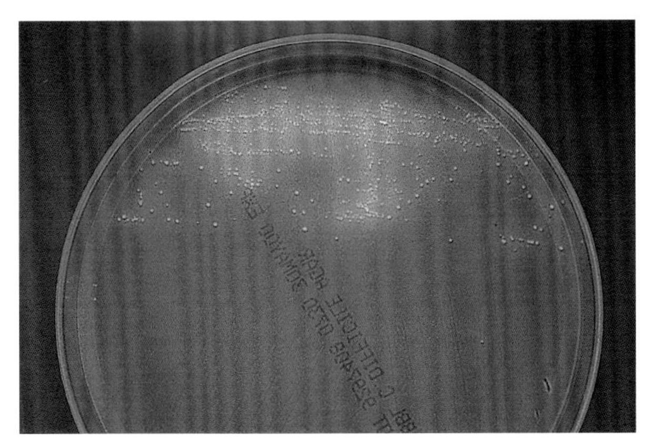

图 28-9　**在紫外线下观察 CDC 琼脂平板上生长的艰难梭菌。**如图所示，艰难梭菌菌落在紫外光下发出黄绿色荧光

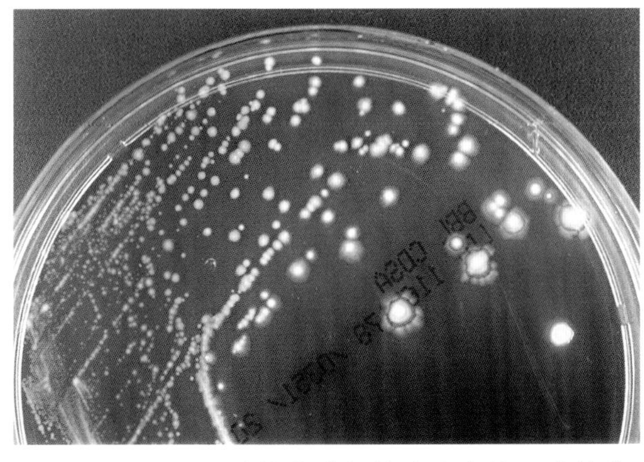

图 28-10　**BBL 艰难梭菌选择性琼脂上的艰难梭菌。**BBL 艰难梭菌选择性琼脂（BD Diagnostic Systems，Franklin Lakes，NJ）是一种用于分离艰难梭菌的选择性和鉴别培养基。如图所示为艰难梭菌典型的黄色大型菌落。当艰难梭菌生长时，培养基的 pH 值升高，导致中性红指示剂变黄。由于艰难梭菌是肠道定植菌，诊断艰难梭菌引起的腹泻，需在实验室验证毒素的产生。将该琼脂中的菌落传代培养到肉汤中，过滤后的液体可用于进行细胞毒素测定

A

B

图 28-11　**艰难梭菌与 MRC-5 细胞的细胞毒素中和试验。**细胞毒素中和试验可用于检测艰难梭菌毒素 B 的存在，因为该菌经常从无症状个体中分离出，而产毒素菌株是唯一的致病株。在该试验中，将粪便标本稀释，离心过滤后取上清液，与中和毒素 B 的抗血清进行孵育，置于单层细胞中。将另一份粪便标本直接置于单层细胞中。若为阳性标本，在直接接种的单层细胞产生细胞病变效应（图 A），而在对照单层细胞未检测到细胞病变效应（图 B），因为其中添加了毒素 B 的中和抗血清

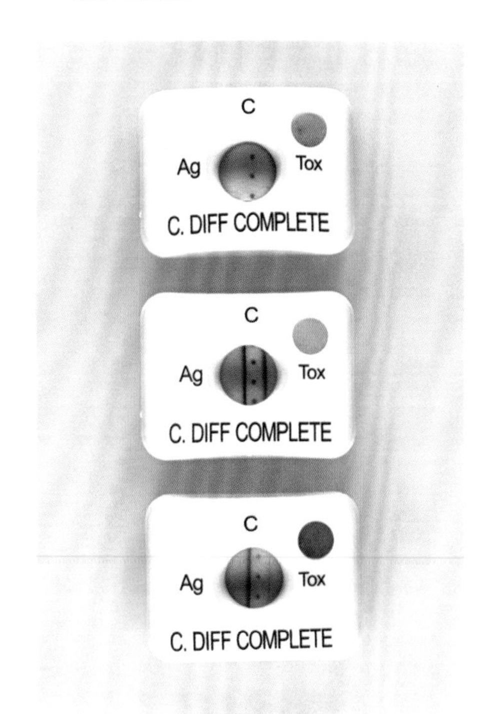

图 28-12　**用 EIA 方法检测艰难梭菌 GDH 和毒素 A 和毒素 B。**C.Diff-Quik-Chek 完全分析（TechLab，Inc.，Blacksburg，VA）通过使用特异性抗体，可同时检测是否存在艰难梭菌特有的抗原 GDH 以及毒素 A 和毒素 B。GDH 试验高度敏感，但缺乏特异性，因为存在不产毒素的艰难梭菌菌株。毒素 A 和毒素 B 的检测具有高度的特异性，但不太敏感。反应窗中间的蓝点代表内部质控，为了保证试验结果的准确，这些点必须是阳性的。"Ag"和"Tox"侧的蓝线分别表示抗原和毒素［A 和（或）B］呈阳性。在该图中，最上面测试结果为抗原和毒素均为阴性，中间结果为抗原和毒素均为阳性，底部结果为抗原阳性，对毒素阴性

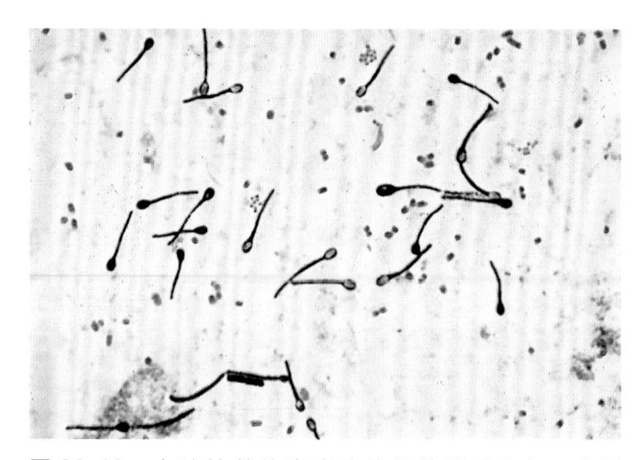

图 28-13　**血液培养的类腐败梭菌革兰氏染色。**本图中，该菌细长，直或稍弯曲，是革兰氏阳性杆菌，（0.5~1.5）μm×（2.0~20）μm，具有椭圆形的末端孢子，使细胞肿胀。在背景中，可以观察到双极染色的小型革兰氏阴性杆菌

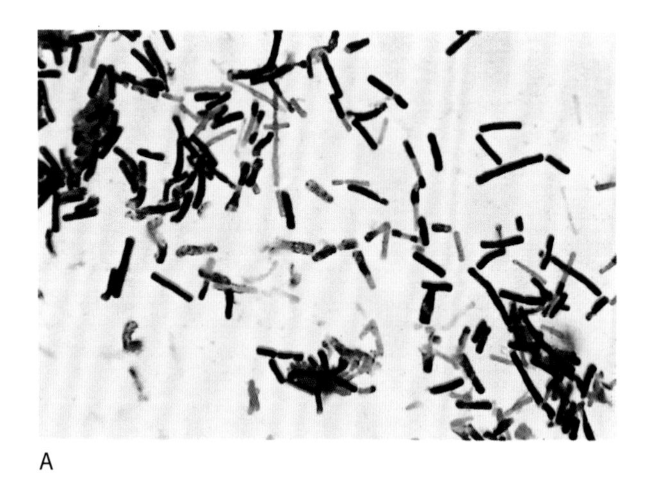

A

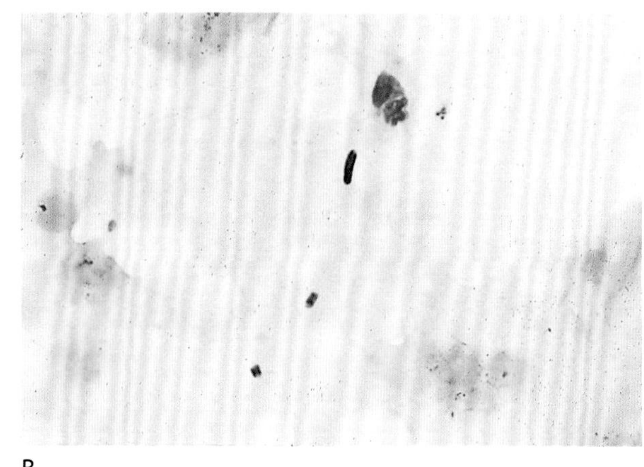

B

图 28-14　**产气荚膜梭菌培养物和坏死性筋膜炎患者分离出的产气荚膜梭菌的革兰氏染色。**（图 A）培养物中的产气荚膜梭菌为革兰氏阳性杆菌，末端钝圆，呈车厢状，长 2~4 μm，直径 0.8~1.5 μm。该涂片中的一些细菌为革兰氏阴性，无孢子。在体内标本或体外标本中很少见到孢子；若发现孢子，多比较大，椭圆形，位于菌体中央或近端，并导致细胞肿胀。菌龄短的培养物多为短球形，而菌龄较老的培养物则呈长丝状。（图 B）气性坏疽患者标本的直接革兰氏染色。如图所示，缺乏炎性细胞，存在车厢状、革兰氏可变杆菌

图 28-15　**布氏琼脂平板（左）和苯乙醇琼脂平板（右）上的产气荚膜梭菌。**菌落周围可见双溶血区。较小的完全溶血区由 θ-毒素产生，θ-毒素是一种不耐热、需氧毒素，而部分溶血的外部区域由磷脂酶 C 产生，磷脂酶 C 是一种 α-毒素，也可引起图 28-16 所示的卵磷脂水解

图 28-16　**蛋黄琼脂平板上的产气荚膜梭菌。**在蛋黄琼脂平板上，产气荚膜梭菌卵磷脂酶阳性，如图所示，菌落周围形成不透明区。这是由磷脂酶 C 产生。磷脂酶 C 也称为 α-毒素，可水解卵磷脂。这种不透明外观并不只存在于培养基表面，而是因为培养基内部复杂脂肪的沉淀引起的

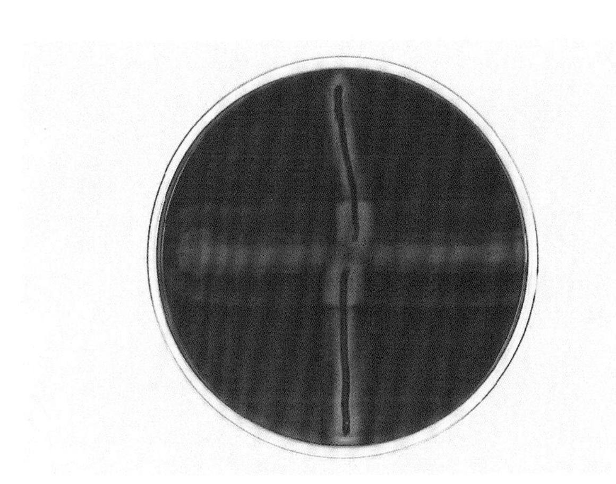

图 28-17　**反向 CAMP 试验用于鉴定产气荚膜梭菌。**95% 以上的产气荚膜梭菌菌株反向 CAMP 试验阳性。为了进行该试验，在 CDC 厌氧菌血液琼脂平板的中心向下接种一条无乳链球菌（B 组链球菌），该链球菌产生一种可扩散的细胞外蛋白（CAMP 因子），该蛋白可与产气荚膜梭菌 α-毒素协同作用以溶解红细胞。将产气荚膜梭菌疑似分离物垂直接种到链球菌条带上，但不接触链球菌条带，并将平板厌氧培养 24~48 h。如图所示，出现箭头样溶血，尖端从链球菌菌株指向梭状芽孢杆菌，表明试验呈阳性

图 28-18　**多枝梭菌的革兰氏染色。**多枝梭菌是革兰氏可变的直或曲杆菌，常呈短链、V 形分布，并产生长丝。它们比大多数梭菌更细，直径 0.5~0.9 μm，长度 2.0~13 μm。很少产生孢子；若产生孢子，则小而圆，通常位于末端，导致细胞肿胀。多枝梭菌是儿童和成人的临床标本中分离率较高的梭菌之一，尤其是在腹部创伤后

图 28-18　**CDC 琼脂平板上的多枝梭菌。**灰白色或透明，光滑，不规则，边缘呈扇形，无溶血性

图 28-20 **多枝梭菌的药敏试验。**如图所示，多枝梭菌是少数对利福平（RA）耐药的厌氧菌之一

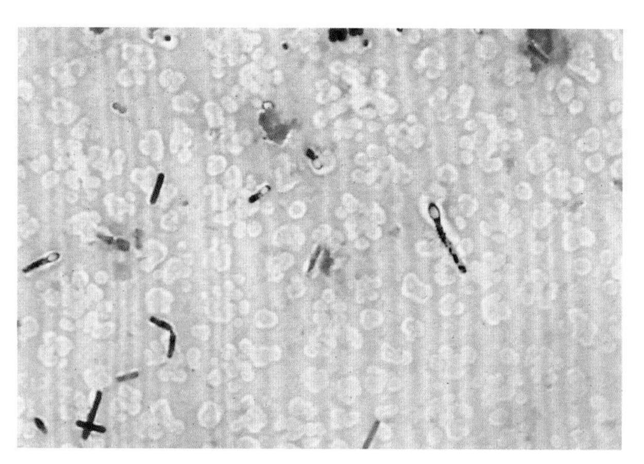

图 28-21 **血液培养的败毒梭菌革兰氏染色。**在菌龄短的培养物中，该菌呈革兰氏阳性；然而，随着菌龄的增长，会变成革兰氏阴性，而且通常染色不均匀。菌体直或弯曲，可以单独或成对出现。如图所示，孢子使细胞肿胀，呈椭圆形，位于近端

图 28-22 **CDC 琼脂平板上的败毒梭菌。**典型的败毒梭菌菌落呈灰色，有光泽，半透明，具有 β- 溶血性，有类似水母头部的根状边缘。如图所示，菌落可以在不到 24h 内聚集，在琼脂表面形成一层看不见的薄膜

图 28-23 **索氏梭菌的革兰氏染色。**在厌氧条件下长时间培养时，索氏梭菌可产生椭圆形中央或近端孢子，引起细胞轻微肿胀。在某些制剂中也观察到游离孢子

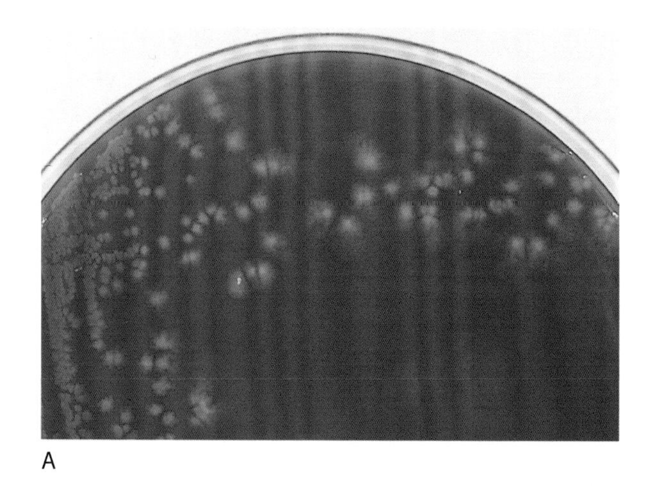

A

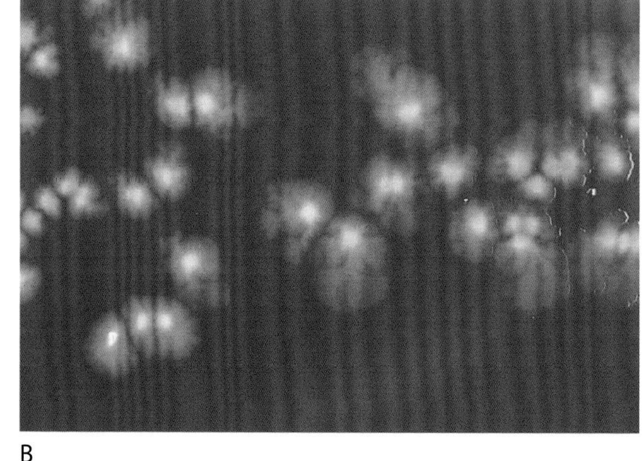

B

图 28-24 **CDC 琼脂平板上的索氏梭菌。**在 CDC 琼脂平板上，索氏梭菌菌落呈白色或灰色，白陶土样，不透明或半透明，边缘呈叶状。（图 A）低倍放大；（图 B）高倍放大

A

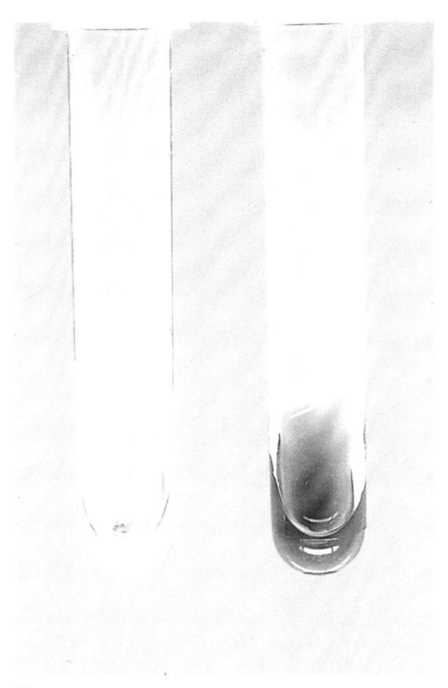

B

图 28-25　**索氏梭菌的尿素和吲哚反应。**索氏梭菌是少数吲哚阳性（图 A）和尿素阳性（图 B）的梭菌之一。在这两张图片中，左边为阴性，右边为阳性

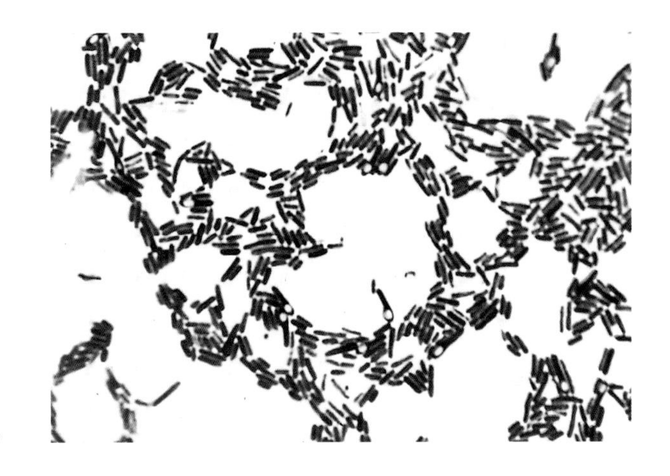

图 28-26　**生孢梭菌的革兰氏染色。**生孢梭菌是该属中体型较小的种类之一，菌体大小为（0.3~1.4）μm×（1.3~16）μm。该菌单独出现，易产生卵圆形的近端孢子，使细菌肿胀

A

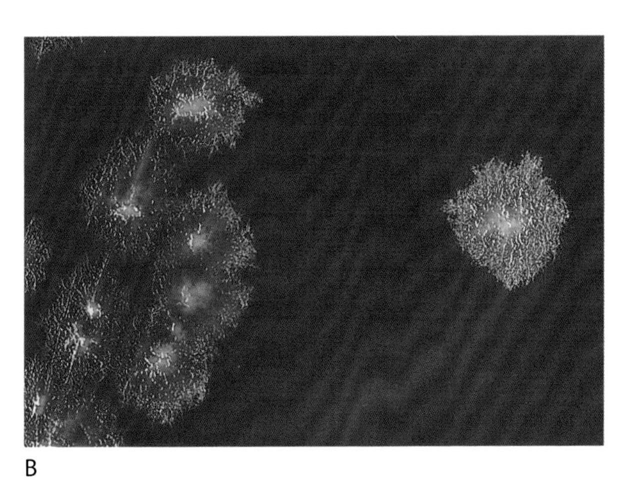

B

图 28-27　**CDC 琼脂平板上的生孢梭菌。**生孢梭菌菌落中心潮湿，白色，不透明，有根状边缘，培养 4~6 h 呈美杜莎头样，牢固附着在琼脂上。培养 24~48 h 后，菌落可能会聚集，形成覆盖在平板上的厚生长膜。（图 A）低倍放大；（图 B）高倍放大

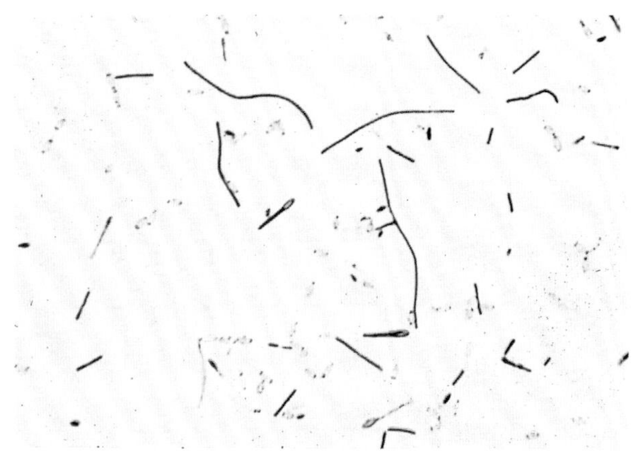

图 28-28 **血培养的第三梭菌革兰氏染色。**该菌细长，革兰氏可变，有大的椭圆形末端孢子，导致细胞明显肿胀

图 28-29 **厌氧（左）和需氧（右）条件下 CDC 琼脂平板上的第三梭菌。**图中的第三梭菌是临床标本中发现的少数厌氧梭菌之一。第三梭菌很容易与无孢子革兰氏阴性杆菌或孢子杆菌相混淆。根据产生孢子的条件，第三梭菌可与孢子杆菌相区分，第三梭菌仅在厌氧条件下产孢，孢子杆菌仅在有氧条件下产孢

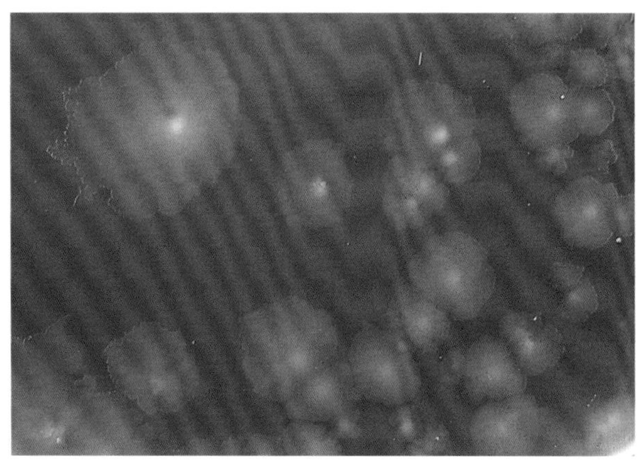

图 28-30 **CDC 琼脂平板上的第三梭菌。**第三梭菌菌落直径为 2~4 mm，呈白色或灰色，不透明或半透明，圆形，边缘不规则。第三梭菌的溶血性不定，有 α-溶血、β-溶血和非溶血菌株

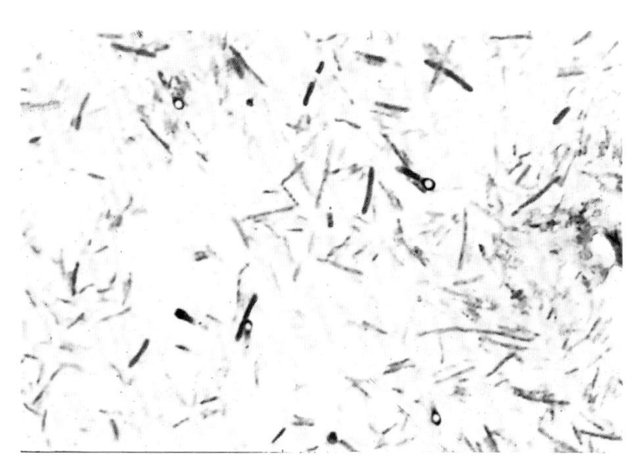

图 28-31 **破伤风梭菌革兰氏染色。**该图显示革兰氏可变杆菌，单独或成对出现，带有位于末端的圆形孢子，呈现出网球拍或鼓槌状外观。最初，这些细胞呈革兰氏阳性，但在培养 24 h 后，它们很容易变成革兰氏阴性

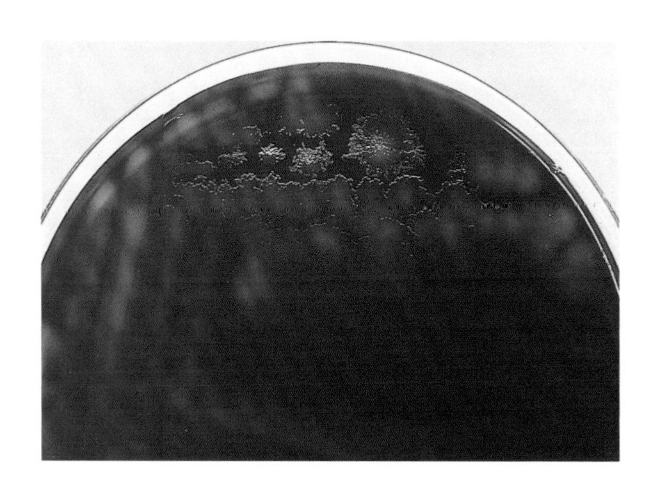

图 28-32 **在 CDC 琼脂平板上培养的破伤风梭菌。**破伤风梭菌菌落直径为 4~6 mm，灰色，透明，扁平，边缘不规则，可在琼脂表面聚集。在菌落周围可观察到小的 β-溶血区。破伤风梭菌常与伤口中的其他微生物混合，生长要求苛刻，难以生长

第 29 章　消化链球菌属、芬戈尔德菌属、厌氧球菌属、嗜胨菌属、*Cutibacterium*、乳杆菌属、放线菌属和其他革兰氏阳性厌氧无芽孢菌

革兰氏阳性厌氧球菌

革兰氏阳性专性厌氧球菌包括不产生孢子的球菌，有时菌体可细长。由于分类学的重大变化，许多厌氧球菌被重新分类，并提出几个新的菌属。本章讨论临床标本中分离出来的革兰氏阳性厌氧球菌，可引起人类感染。其中包括厌氧球菌属（*Anaerococcus*）、芬戈尔德菌属（*Finegoldia*）、微单胞菌属（*Parvimonas*）、消化球菌属（*Peptococcus*）、嗜胨菌属（*Peptoniphilus*）和消化链球菌属（*Peptostreptococcus*）。消化球菌属中仅存的菌种为黑色消化球菌（*Peptococcus niger*），仅有的 2 种消化链球菌属细菌为厌氧消化链球菌（*Peptostreptococcus anaerobius*）和口炎消化链球菌（*Peptostreptococcus stomatis*）。解糖消化链球菌（*Peptostreptococcus saccharolyticus*）已重新归类为解糖葡萄球菌（*Staphylococcus saccharolyticus*）。在临床标本中最常见的 2 个菌种是大芬戈尔德菌（*Finegoldia magna*）和不解糖嗜胨菌（*Peptoniphilus asaccharolyticus*），过去不解糖嗜胨菌的分离株曾被鉴定为哈雷嗜胨菌（*Peptoniphilus harei*）。黑色消化球菌很少从临床标本中分离出来。

革兰氏阳性厌氧球菌是皮肤、口咽、上呼吸道、胃肠道和泌尿生殖道正常菌群的成员。在大多数情况下，它们是条件致病菌。这些菌可从多种临床标本中分离得到，主要是皮肤和软组织、骨骼、女性生殖道、关节、肺、口腔和上呼吸道的脓肿和感染。这些菌与头颈部感染、口腔和牙齿感染有关，可引起慢性中耳炎和鼻窦炎、牙周炎、坏死性和吸入性肺炎、脓胸和脑脓肿等。革兰氏阳性厌氧球菌多年来也被认为是生殖道感染的原因，包括产后子宫内膜炎、输卵管卵巢脓肿、盆腔炎、败血症流产和绒毛膜羊膜炎。菌血症是妇科或产科感染后常见的并发症。革兰氏阳性厌氧球菌引起的菌血症严重程度不如拟杆菌属，后者引起的菌血症通常是致命的。在肠穿孔、阑尾炎、穿透性创伤（包括手术）或癌症患者中，常见革兰氏阳性厌氧球菌与其他厌氧菌、肠杆菌和肠球菌属混合感染，可导致腹腔内脓肿。许多革兰氏阳性厌氧球菌是从混合感染中分离出来的。由于多种微生物的存在，革兰氏阳性厌氧球菌可能被忽略，认为无临床意义。

在纯的培养物中分离到的革兰氏阳性厌氧球菌包括大芬戈尔德菌、厌氧消化链球菌、微小微单胞菌（*Parvimonas micra*）、不解糖嗜胨菌、吲哚嗜胨菌（*Peptoniphilus indolicus*）、*Anaerococcus prevotii*、阴道厌氧球菌（*Anaerococcus vaginalis*）。大芬戈尔德菌是从临床标本中分离出的致病性最强、最常见的革兰氏阳性厌氧球菌之一，它与中毒性休克综合征有关，并具有形成生物膜的能力。厌氧消化链球菌是引起腹腔和女性泌尿生殖道感染最常见的革兰氏阳性厌氧球菌之一。微小微单胞菌是一种口腔病原体，也可以引起身体其他部位的感染。嗜胨菌属与压力性溃疡、糖尿病溃疡以及鼻窦炎有关。

临床标本的革兰氏染色可用于检测是否存在混合感染，也可为某些厌氧菌提供鉴定依据，但在区分革兰氏阳性厌氧球菌和革兰氏阳性需氧及兼性厌氧球菌方面价值不大。革兰氏阳性厌氧球菌的大小在 0.3~1.6 μm 之间，生长的培养基不同以及菌龄的改变会造成这些菌染色特征和形态的变化，难以通过革兰氏染色进行初步推断。当观察到革兰氏阴性或革兰氏可变染色时，通过万古霉素（5 μg 纸片）、卡那霉素（1000 μg 纸片）和多黏菌素（10 μg 纸片）的药敏试验有助于区分革兰氏阳性和

革兰氏阴性厌氧菌。菌龄较老的细菌可呈球形或杆状。特别注意要将革兰氏阳性厌氧球菌和微需氧菌（如微需氧链球菌）区分开。

推荐使用厌氧培养基，包括布氏琼脂培养基、哥伦比亚琼脂培养基和补充有维生素 K1 和血红素的 Schaedler 琼脂培养基，可以支持革兰氏阳性厌氧球菌的生长。在临床标本中鉴别微需氧链球菌也很困难，这种菌只能在基础厌氧培养基上生长，但在重复传代培养后，可在 5%~10% 的 CO_2 环境中生长。甲硝唑（5 μg）纸片试验可作为一种便宜又有效的检验方法，用于区分微需氧菌和革兰氏阳性厌氧球菌。甲硝唑对微需氧菌的生长没有抑制作用，而革兰氏阳性厌氧球菌在甲硝唑纸片周围至少有 15 mm 的抑菌区。

大芬戈尔德菌直径为 0.7~1.2 μm，成对、成簇或紧密排列，比大多数消化链球菌大，类似葡萄球菌。菌落直径约 0.5 mm，呈圆形，无光泽，光滑，无溶血性。微小微单胞菌菌落较小，直径在 1 mm 左右，凸起，呈暗灰色，周围有一个乳白色晕环。该菌在外观上类似于大镰刀菌，但菌体较小（直径 0.3~0.7 μm），多形成短链。由于不同的生长条件会导致应变变异，仅根据细胞形态对这两个菌种进行区分是很主观的。

厌氧消化链球菌的菌落通常较大，直径在 0.5~2 mm 之间。菌落灰白色，无溶血性，可能有轻微的甜味。该菌的菌体直径为 0.5~0.6 μm，菌龄短菌可呈椭圆形或细长的链状球菌。聚茴香磺酸钠（sodium polyanethol sulfonate，SPS）敏感性试验可对该菌进行初步鉴定。厌氧消化链球菌在 5% SPS 纸片周围形成一个直径大于 12 mm 的抑菌环，认为是对 SPS 敏感。艾氏嗜胨菌（*Peptoniphilus Ivori*）也可在 5% SPS 纸片周围形成大于 12 mm 的抑菌区，其显微镜下形态不同于厌氧消化链球菌，可形成团块状的大球菌，厌氧消化链球菌的菌体呈椭圆形链状。此外，这两种微生物的菌落形态也不同，艾氏嗜胨菌的菌落略带黄色，凸起，并且没有甜味。微小微单胞菌也可出现一个 SPS 抑制区，但直径小于 12 mm，这种情况被判读为耐药。

不解糖嗜胨菌产生的菌落体积较小，白色到黄色，半透明，并有霉味。菌落可极小，或直径 2 mm 不等。在革兰氏染色中，它们可以成对出现，也可成四分体或成簇排列。菌龄老的细菌可为革兰氏阴性。如果从人类临床标本中分离出革兰氏阳性厌氧球菌，且 SPS 耐药和吲哚阳性，则可初步鉴定为不解糖嗜胨菌鉴定。吲哚嗜胨菌也表现为吲哚阳性，但很少从临床标本中分离出来。

快速关键试验（包括吲哚、尿素酶和 SPS 抑制生长）有助于鉴定某些革兰氏阳性厌氧球菌（表 29-1）。商品化的快速检测系统对革兰氏阳性厌氧球菌的鉴别准确度不同，对普氏厌氧球菌（A. prevotii）的准确度为 15%，微小微单胞菌、大芬戈尔德菌、不解糖嗜胨菌和厌氧消化链球菌的准确度为 90%~100%。

虽然生化试验有助于菌种的鉴别，但仅凭生化试验不能准确鉴定革兰氏阳性厌氧球菌。16S rRNA 基因测序技术和基质辅助激光解吸电离飞行时间质谱（MALDI-TOF MS）的应用，大大改进了厌氧菌的鉴定方法。当使用 MALDI-TOF MS 进行鉴定时，菌落应培养 48 h，且暴露于氧气中的时间控制在 24 h 内。对于革兰氏阳性厌氧菌，可用 70% 的甲酸提取。

革兰氏阳性厌氧无芽孢杆菌

革兰氏阳性厌氧无芽孢杆菌是一个多样化的群体，可以是专性厌氧菌或兼性厌氧菌，近年来在分类上发生了重大改变。例如，痤疮丙酸杆菌（*Propionibacterium acnes*）和其他丙酸杆菌属已被重新分类为一个新属，即 Cutibacterium。引起放线菌病的丙酸丙酸杆菌（*Propionibacterium*

表 29-1　常见的革兰氏阳性厌氧球菌分离株的特征[a]

菌种	SPS	吲哚试验	尿素酶试验	菌体＞0.6 μm	革兰氏染色形态特征
大芬戈尔德菌	R	0	0	+	大球形，成对、四分体或成簇分布
微小微单胞菌	R	0	0	0	小球形，成对、链状或成簇分布
不解糖嗜胨菌	R	+	0	0	菌体着色较差，不规则球形
厌氧消化链球菌	S	0	0	0	多形性球体，链状分布

[a] +. 阳性反应；0. 阴性反应；S. 敏感；R. 耐药。

propionicum）已被重新归类为丙酸假丙酸杆菌（*Pseudopropionibacterium propionicum*）。从临床标本中分离出的另外两种丙酸杆菌，嗜淋巴丙酸杆菌（*Propionibacterium lymphophilum*）和无害丙酸杆菌（*Propionibacterium innocua*），已重新归类为 *Propionimicrobium lymphophilum* 和 *Propioniferax innocua*。

可引起人类感染的革兰氏阳性厌氧无芽孢杆菌分为两个门，放线菌门（Actinobacteria）和厚壁菌门（Firmicutes）。放线菌门中的菌属包括放线杆菌属（*Actinobaculum*）、放线菌属（*Actinomyces*）、放线棒菌属（*Actinotignum*)、阿德勒克罗伊茨菌属（*Adlercreutzia*）、异斯卡多维亚菌属（*Alloscardovia*）、奇异菌属（*Atopobium*）、双歧杆菌属（*Bifidobacterium*）、柯林斯菌属（*Collinsella*）、神秘杆菌属（*Cryptobacterium*）、*Cutibacterium*、埃格特菌属（*Eggerthella*）、肠哈布斯菌属（*Enterorhabdus*）、戈登杆菌属（*Gordonibacter*）、活动弯曲杆菌属（*Mobiluncus*）、奥尔森菌属（*Olsenella*）、副埃格特菌属（*Paraeggerthella*）、帕拉斯卡拉多菌属（*Parascardovia*）、丙酸产生菌属（*Propioniferax*）、*Propionimicrobium*、假丙酸杆菌属（*Pseudopropionibacterium*）、斯卡多维亚菌属（Scardovia）、斯莱克菌属（*Slackia*）和 *Varibaculum*。厚壁菌门中的属包括 *Anaerofustis*、*Anaerostipes*、厌氧棍状菌属（*Anaerotruncus*）、布劳特菌属（*Blautia*）、布雷德菌属（*Bulleidia*）、*Catabacter*、链型杆菌属（*Catenibacterium*）、卡氏菌属（*Catonella*）、Coprobacillus、多利亚菌属（*Dorea*）、*Eggerthia*、艾森伯格氏菌属（*Eisenbergiella*）、真细菌属（*Eubacterium*）、普拉梭菌属（*Faecalibacteriun*）、产线菌属（*Filifactor*）、*Flavonifractor*、霍尔德曼氏菌属（*Holdemania*）、毛绒厌氧杆菌属（*Lachnoanaerobaculum*）、毛螺旋菌属（*Lachnospira*）、乳杆菌属（*Lactobacillus*)、*Marvinbryantia*、艰难杆菌属（*Mogibacterium*）、Moryella、*Oribacterium*、假枝杆菌属（*Pseudoramibacter*）、罗宾氏菌属（*Robinsoniella*）、罗斯氏菌属（*Roseburia*）、*Shuttleworthia*、*Solobacterium*、*Stomatobaculum*、*Subdoligranulum* 和苏黎世杆菌属（*Turicibacter*）。

人类和动物是这些微生物的天然宿主。放线菌属和奇异菌属存在于口腔和上呼吸道。双歧杆菌属和真细菌属通常存在于口腔中，在肠道中的菌量很大。乳杆菌属广泛分布于全身，包括口腔、肠道和生殖道。活动弯曲杆菌属通常定植于生殖道，*Cutibacterium* spp. 可从皮肤、结膜、口腔和大肠中分离得到。阿德勒克罗伊茨菌属、*Anaerofustis*、*Anaerostipes*、*Anaerotruncus*、布劳特氏菌属、链型杆菌属、卡氏菌属、柯林斯氏菌属、粪芽孢菌属（*Coprobacillus*）、多利亚菌属、肠杆菌属（*Enterorhabdus*）、普拉梭菌属、戈登杆菌属、霍尔德曼氏菌属、毛绒厌氧杆菌属、毛螺旋菌属、*Marvinbryantia*、*Moryella*、丙酸产生菌属、罗斯氏菌属、*Stomatobaculum*、*Subdoligranulum* 和苏黎世杆菌属都已从粪便和口腔中分离得到。此外，*Anaerostipes*、*Anaerotruncus* 和苏黎世杆菌属可引起菌血症，但比较少见。

革兰氏阳性厌氧无芽孢杆菌是条件致病菌，很少单独引起感染，常见于全身混合感染，前提是存在适宜该类细菌定植和渗透的条件。放线菌病是一种慢性肉芽肿性感染，可导致脓肿形成并伴有引流窦。脓性分泌物多含有硫黄样颗粒，是多糖－蛋白质复合物和磷酸钙包裹大量细菌形成的，颜色从白色到黄棕色不等。可根据硫黄样颗粒的存在进行初步诊断。如果颗粒足够大，可通过湿涂片技术对其进行粉碎，并在 100 倍物镜下进行显微镜观察。在硫黄样颗粒中，可以发现从颗粒辐射出大量特征性棒状细丝，这些细丝革兰氏染色阳性，可分枝，也可不分枝。当存在硫黄样颗粒时，应将其用无菌肉汤冲洗、压碎，并接种于厌氧培养基。Brown-Brenn 染色有助于检测组织学标本中的硫黄样颗粒。对组织标本进行苏木精和伊红染色显示，颗粒周围有嗜酸性棒状小体。除了放线菌外，其他微生物，如诺卡菌、链霉菌和葡萄球菌等，也能产生带有棒状小体的颗粒。放线菌病可发生在大脑、下呼吸道和生殖道，尤其是与宫内节育器有关的感染，最常见的感染发生在男性的颈面部。以色列放线菌（*Actinomyces israelii*）是最常从人类放线菌病患者中分离出来的菌种，其他放线菌以及丙酸假丙酸杆菌也可能是致病菌。

放线菌属的细菌已从多个部位分离得到，包括皮肤、中枢神经系统、牙齿和口腔、肌肉骨骼和心包部位，以及各种其他侵入性标本。溶齿放线菌（*Actinomyces odontolyticus*）是大多数放线菌血液感染的致病菌。以色列放线菌和 *Actinomyces meyeri* 与中枢神经系统感染有关。放线菌也与肉芽肿性乳腺炎有关。但是，从某部位分离到放线菌属并不能确认患者已感染，因此，需要确认该菌与感染的临床相关性。

斯氏放线棒菌（*Actinotignum schaalii*），过去称为斯氏放线杆菌（*Actinobaculum schaalii*），是放线杆菌属和放线棒菌属菌种中最常引起疾病的微生物。该菌引起的感染包括脓肿、菌血症、蜂窝织炎和坏疽等，最常见的是老年人的尿路感染。在革兰氏染色时，放线杆菌属和放线棒菌属为直的或稍弯曲的革兰氏阳性杆菌，偶有分枝。这些微生物的菌落很小（直径约 1 mm），灰色或白色，多不具溶血性，但尿放线棒菌（*Actinotignum urinale*）可能具有弱的 β-溶血性。为分离培养到该微生物，必须在 CO_2 或厌氧条件下培养 48 h。

Cutibacterium，是最近被定义的一个菌属，以前被归类为皮肤丙酸杆菌。最重要的菌种是 *C. acnes*，以前被归类为痤疮丙酸杆菌。*C. acnes* 是皮肤正常菌群的一部分，在寻常痤疮中起着重要作用。*Cutibacterium* 可引起皮肤、结膜、骨骼、关节和中枢神经系统感染，多与外科手术或异物有关，如人工瓣膜和脑室-动脉分流装置。目前，已经从各种临床标本中分离出 Cutibacterium，包括痰液、胃肠道和泌尿生殖道标本。值得注意的是，该菌可在移植物上形成生物膜。过去，C. acnes 被认为是一种污染菌，直到有报道称它是人工关节，特别是肩部人工关节感染的病原体。该属的其他菌种，包括 *Cutibacterium avidum*、*Cutibacterium granulosum* 和“*Cutibacterium humerusii*”，也与移植物相关的感染有关，包括脓肿、心内膜炎、眼内炎和骨髓炎等，但这些菌种的感染远比 C. acnes 引起的感染要少得多。

该属中的其他厌氧菌多是非致病菌。真细菌属和双歧杆菌属在临床标本中很少出现，但已从伤口和脓肿以及口腔感染的混合培养物中分离出真细菌属。齿双歧杆菌（*Bifidobacterium dentium*）是该属中少数具有致病潜力的菌种之一，已从龋齿和其他临床标本中分离得到。乳杆菌属很少涉及人类感染，但已从菌血症、心内膜炎和腹腔脓肿中分离出来，尤其是在免疫功能低下患者中。活动弯曲杆菌属的致病性尚未明确，一般认为它在细菌性阴道病中起作用。

放线菌属可以是直的或略微弯曲的杆菌（0.2~1.0 μm），也可以具有真正分枝的细长丝。该属的菌体可肿胀，呈棍状，或具有棍棒状的端部，可单独出现或成对出现，呈类白喉样排列，也可以是多形性的。该菌属革兰氏染色阳性，但其不规则染色可导致串珠状或带状外观。改良抗酸染色法可用于区分放线菌属和诺卡菌属，诺卡菌属具有部分抗酸，而放线菌属无抗酸性。以色列放线菌以其革兰氏染色下的分枝丝和菌落形态而闻名。除麦氏放线菌（*A.meyeri*）外，所有放线菌属均为微需氧菌，麦氏放线菌为专性厌氧菌。它们生长缓慢，需要至少 48 h 才能在基础培养基上长出菌落。培养时间短的菌落多从中心点放射出分枝细丝，呈现出“蜘蛛样菌落”。随着菌落的成熟，逐渐变得粗糙，呈伞形，边缘波浪状，形成“臼齿”外观。其他放线菌可以产生光滑、圆形或颗粒状、“树莓状”的菌落，大多数菌落灰白色且不透明。过氧化氢酶、脲酶和色素生成试验有助于菌种鉴定。除黏性放线菌（*Actinomyces viscosus*）外，大多数放线菌均为过氧化氢酶阴性。溶齿放线菌可产生一种红色色素，内氏放线菌（*Actinomyces naeslundii*）和黏性放线菌尿素试验阳性。几个较新菌种仅有单一菌株的生化反应结果，因此，在一些鉴别放线菌属的生化反应表中可能出现差异性结果。

双歧杆菌属形态可类似于白喉棒状杆菌，或呈丝状，末端尖、棒状或轻微分叉，也可呈分枝状。双歧杆菌属的细菌通常比放线菌属和 Cutibacterium 属的细菌菌体大。可以单独出现、呈链状或栅栏状排列。对固体培养基中生长的双歧杆菌属细菌进行革兰氏染色，可见球形或末端肿胀、长或弯曲的杆菌。齿双歧杆菌（*Bifidobacterium dentium*）可以是双分枝的。菌落完整，凸出，呈白色至奶油色。双歧杆菌属过氧化氢酶、吲哚和硝酸盐试验阴性，七叶皂苷水解试验阳性。大多数双歧杆菌属和乳杆菌属在酸性的培养基上生长良好，乳杆菌属在常规血琼脂或血培养基上也可生长良好。

Cutibacterium spp. 可呈现多形性、类白喉样或棒状，末端为圆形或锥形，球形或分枝状。菌体大小为（0.5~0.8）μm × 1.5 μm。*C. acnes* 的形态可能有很大的不同。*C. acnes* 是一种生长缓慢的耐氧菌，过氧化氢酶试验阳性。*C. acnes* 的菌落较小，白色，有光泽，不透明，凸起，边缘完整。*C. acnes* 是该属细菌中唯一的吲哚和硝酸盐阳性的菌种。*C. avidum* 七叶皂苷水解试验阳性，而 *C. acnes* 和 *C. granulosum* 七叶皂苷水解试验阴性。如果发现革兰

氏阳性厌氧杆菌具有多形性、类白喉形态且为吲哚阳性和过氧化氢酶阳性，则可以初步鉴定为 C. acnes。

真细菌属可以形态规则均匀，也可呈多形性。真细菌属的细菌可以是球形的、类白喉形态的或丝状的，并且可以很薄，也可以丰满。它们多成对出现，也可呈短链样排列，或聚集成簇。菌落小，可为针尖样，或菌落直径为 2 mm 左右。菌落圆形，完整，半透明或略微不透明。该属细菌的生物化学反应不活跃。因此，无法通过表型方法进行可靠的鉴定。

迟缓艾格特拉菌（*Eggerthella lenta*），过去称为迟缓真细菌（*Eubacterium lentum*），是一种小型多形性革兰氏阳性杆菌，无分枝。该菌的菌落小、圆形、完整且半透明。菌落可能出现斑点并呈荧光红色。

乳杆菌属（*Lactobacillus* spp.）是革兰氏阳性杆菌，可以细长、边缘平直，也可略微弯曲，或为棒状球菌。菌体的长度和弯曲度取决于培养的时间、培养基和氧张力。从临床标本中分离的大多数乳杆菌属是微需氧菌，但有些是专性厌氧菌。培养 72 h 后，厌氧乳杆菌产生直径为 2~5 mm 的菌落，这些菌落呈凸面、完整、光滑、不透明且无色素。该属细菌多可通过革兰氏染色形态、过氧化氢酶阴性反应和葡萄糖代谢产生乳酸来鉴别。

活动弯曲杆菌属是严格的厌氧菌。活动弯曲杆菌菌体弯曲，末端呈锥形，革兰氏染色阴性或可变，但是它们的细胞壁缺乏脂多糖，并且在结构上与革兰氏阳性菌相似。活动弯曲杆菌属具有旋转运动能力，区别于其他革兰氏阳性厌氧无芽孢杆菌。目前已确认该属有两个菌种。柯氏活动弯曲杆菌（*Mobiluncus curtisii*）是一种弯曲的革兰氏可变芽孢杆菌，端部尖细，长度为 1.7 μm；羞怯活动弯曲杆菌（*Mobiluncus mulieris*）革兰氏染色阴性，且较长，约为 2.9 μm。两者均为氧化酶、过氧化氢酶和吲哚阴性。

耐氧性、革兰氏染色、菌落形态、长波紫外光下的荧光、色素产生和生化反应（如硝酸盐、过氧化氢酶、吲哚和七叶皂苷）可用于该组中常见的分离株或临床重要厌氧菌的初步鉴定（表 29-2）。例如，过氧化氢酶阳性的微生物可能是

表 29-2 革兰氏阳性厌氧无芽孢杆菌的特征[a]

微生物	耐氧性	过氧化氢酶	吲哚	硝酸盐	七叶皂苷	动力	尿素	色素产生
放线菌属								
以色列放线菌	(+)	0	0	+	+	0	0	0
麦氏放线菌	0	0	0	V	0	0	0	0
内氏放线菌	+	0	0	+	V	0	+	0
溶齿放线菌	+	0	0	+	V	0	0	+
黏性放线菌	+	+	0	+	V	0	V	0
Cutibacterium spp.								
C. acnes	+	+	+	+	0	0	0	0
C. avidum	+	+	0	0	+	0	0	0
C. granulosum	+	+	0	0	0	0	0	0
假丙酸杆菌属								
丙酸假丙酸杆菌	0	0	0	+	0	0	0	0
双歧杆菌属	V	0^+	0	0	$+^0$	0	0	0
艾格特拉菌属								
迟缓艾格特拉菌	0	+	0	+	0	0	NA	+
真细菌属	0	0^+	0^+	0	V	0	0	0
乳杆菌属	V	0	0	0^+	V	0	0	0
活动弯曲杆菌属	0	0	0	V	0	+	0	0

[a] +. 阳性反应；$+^0$. 多数菌株为阳性，部分菌株为阴性；(+). 在厌氧条件下生长更好；0. 阴性反应；0^+. 大部分菌株为阴性，部分菌株为弱阳性；V. 可变反应；NA. 没有数据。

Cutibacterium 或黏性放线菌；吲哚阳性的细菌可能是 *Cutibacterium*；硝酸盐试验呈阳性时，多可以排除双歧杆菌属和乳杆菌属。大多数放线菌属和 Cutibacterium 为兼性厌氧或微需氧菌，只有少数真细菌属能耐受氧气。尽管菌落形态、细胞形态和快速生化试验有助于将革兰氏阳性厌氧无芽孢杆菌鉴定到属，但这些特征可能是可变的，最终的菌种鉴定还需要代谢终产物的分析和分子学方法。

历史上，革兰氏阳性厌氧无芽孢杆菌的菌种鉴定是基于糖发酵和酶反应，但是这种方法准确性不高。与 16S rRNA 测序技术鉴定放线菌属和乳杆菌属菌株的结果相比，使用表型法鉴定出的结果往往不准确。在临床实验室中，气相色谱检测法操作繁琐，因此并没有得到广泛应用。当前，商品化的厌氧菌鉴定系统的开发，是对过去鉴定方法的改进，大量的鉴定系统在临床实验室广泛应用。一些常用的鉴定系统包括 API ID 32A 和 VITEK2 ANC ID 卡（均来自 bioMérieux）、BBL Crystal 厌氧菌鉴定系统（Becton Dickinson Diagnostic Systems）和 RapID Ana II（Thermo fisher Scientific）。这些产品的优势在于操作简便，能很快得到结果。其缺点包括试验要求接种的菌量大，相当于 3~4 个标准麦氏浓度，再就是数据库中包含的革兰氏阳性厌氧无芽孢杆菌数量有限。因此，建议使用能够正确鉴定别 90% 以上测试菌株的鉴定系统。MALDI-TOF MS 用于鉴定细菌（包括厌氧菌）是一个重大改进，并且比其他商品化鉴定系统准确性更高。MALDI-TOF MS 的优势是能够准确鉴定革兰氏阳性厌氧无芽孢杆菌，而之前只能通过 16S rRNA 测序来识别。在未来，全基因组测序也将成为微生物鉴定的重要方法。

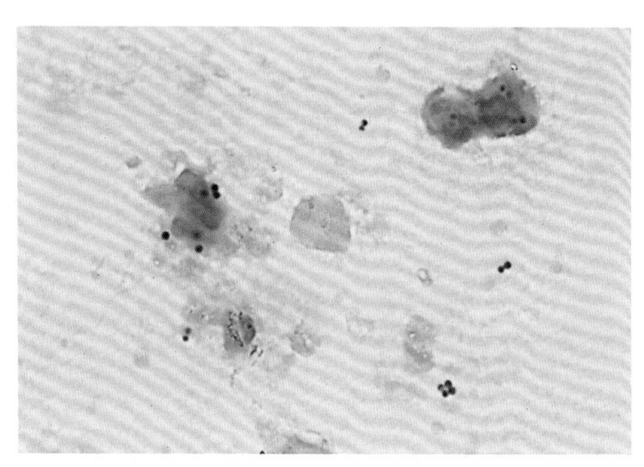

图 29-1　**需氧和厌氧革兰氏阳性球菌感染的股骨标本，经革兰氏染色后的图片。**尽管革兰氏染色法在提示厌氧菌的存在以及某些厌氧微生物的初步鉴定方面用处非常大，但它不能区分需氧球菌和厌氧球菌。在这张股骨病变标本的革兰氏染色图片中，所有球菌看起来都很相似。该标本经培养后，有金黄色葡萄球菌和厌氧革兰氏阳性球菌生长

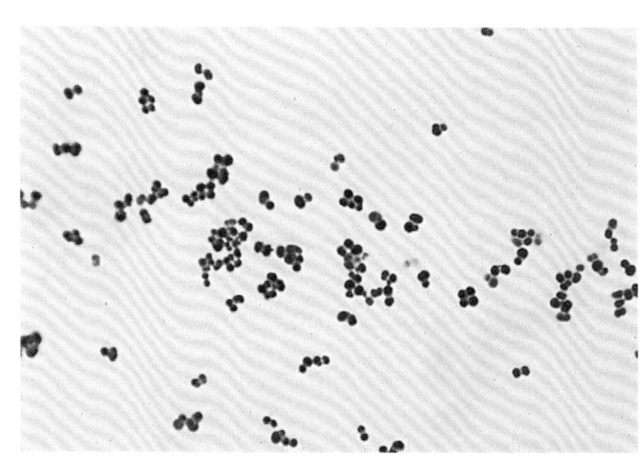

图 29-2　**大芬戈尔德菌的革兰氏染色。**大芬戈尔德菌是成对或成簇分布的革兰氏阳性球菌，直径为 0.7~1.2 μm

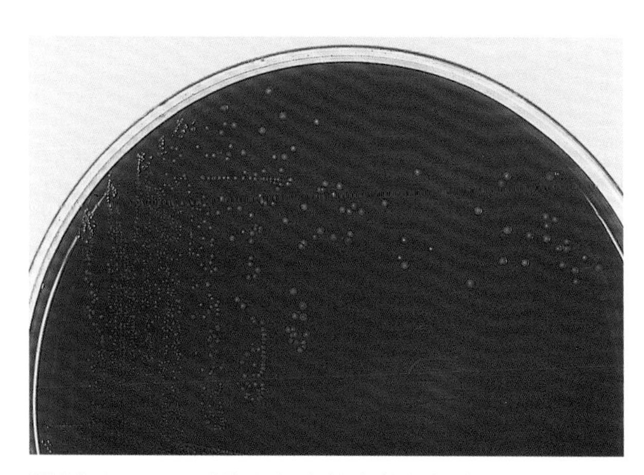

图 29-3　**CDC 琼脂平板上的大芬戈尔德菌。**培养 48h 后，大芬戈尔德菌菌落直径为 0.5 mm，圆形，无光泽，表面光滑，无溶血性

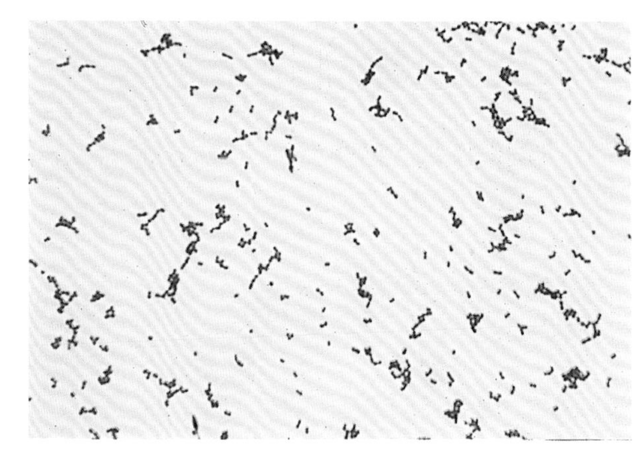

图 29-4　**微小微单胞菌的革兰氏染色。**微小微单胞菌是革兰氏阳性厌氧球菌中最小的一种。菌体直径为 0.3~0.7 μm，多成对出现或呈短链样

图 29-5　**CDC 琼脂平板上的微小微单胞菌。**微小微单胞菌的菌落呈圆形、凸起、白色至半透明灰色，不透明。培养 48 h 后，菌落直径约为 1 mm

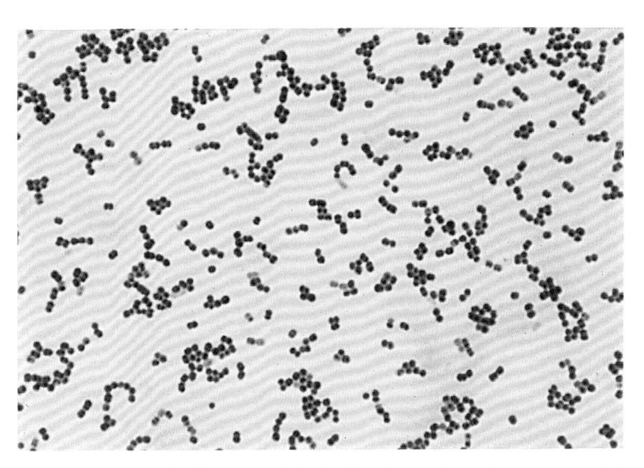

图 29-6　**厌氧消化链球菌的革兰氏染色。**厌氧消化链球菌的菌体相当大，为革兰氏阳性球菌，直径 0.5~0.6 μm。如图所示，菌体通常会拉长，成对或呈链状出现

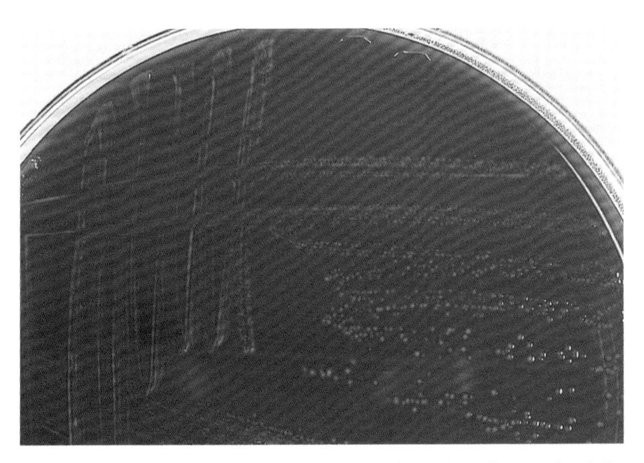

图 29-7　**CDC 琼脂平板上的厌氧消化链球菌。**厌氧消化链球菌的菌落呈圆形、边缘完整、灰色至白色、不透明。培养 48 h 后，菌落直径 0.5~2 mm。厌氧消化链球菌的菌落比大多数其他革兰氏阳性厌氧球菌的菌落大。另一个特点是该微生物的菌落具有甜臭味

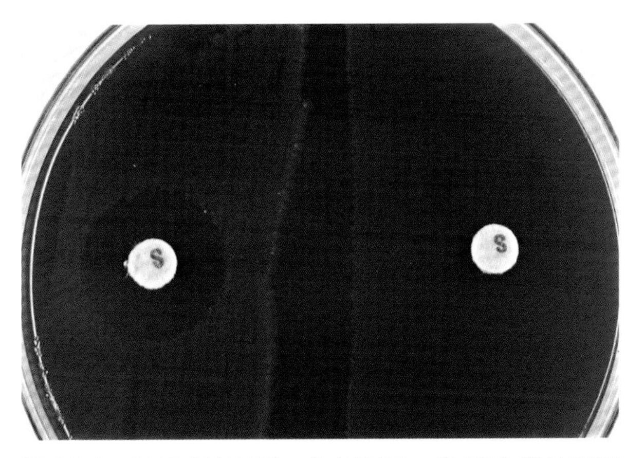

图 29-8　**SPS 纸片试验。**如图所示，将 SPS 纸片添加到大量接种某微生物的传代培养皿中，并厌氧培养 48 h。如果该微生物对 SPS 敏感，则在纸片周围会有一个抑制区（直径≥12 mm）。左边的微生物对 SPS 敏感，右边的微生物耐药。纸片试验对厌氧消化链球菌的初步鉴定尤其有价值，厌氧消化链球菌对 SPS 敏感

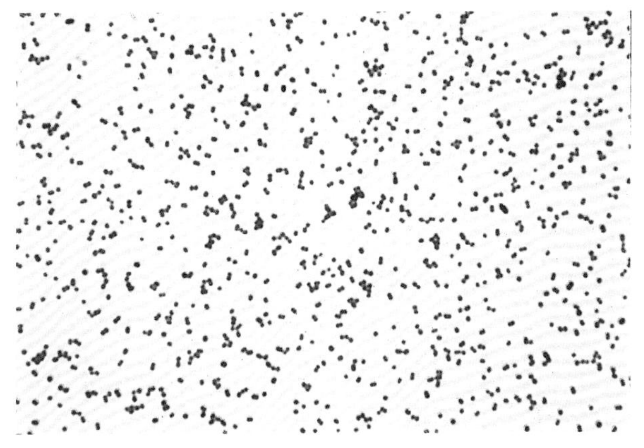

图 29-9　**不解糖嗜胨菌的革兰氏染色。**不解糖嗜胨菌为革兰氏阳性球菌，大小为 0.5~1.6 μm，可成对、四分体或不规则团块状出现。不解糖嗜胨菌也可能呈革兰氏阴性

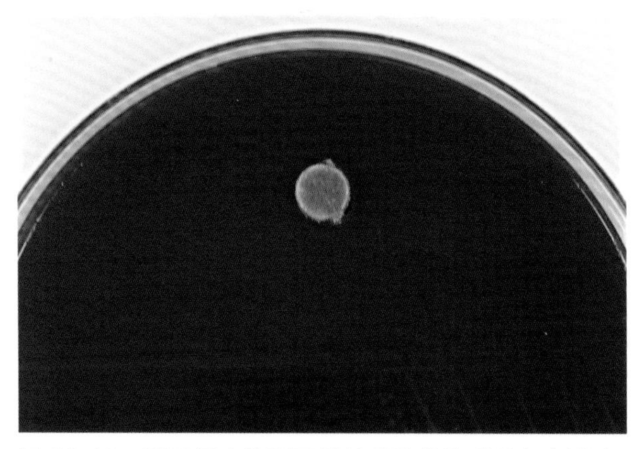

图 29-10　**用于初步鉴别不解糖嗜胨菌的吲哚斑点试验。** 进行吲哚斑点试验时，在传代培养板上的菌落大量生长区域放置空白纸片，厌氧条件下培养 48 h 后，向纸片中添加 1 滴 1% 对二甲氨基肉桂醛。如图所示，如果该微生物能产生吲哚，则该纸片变为蓝色到绿色，若纸片粉红色到橙色则为阴性。从人类临床标本中分离的革兰氏阳性厌氧球菌如果 SPS 耐药且吲哚阳性，则可以初步鉴定为不解糖嗜胨菌。吲哚嗜胨菌是另一种吲哚阳性的革兰氏阳性厌氧球菌，但很少能从临床标本中分离出来

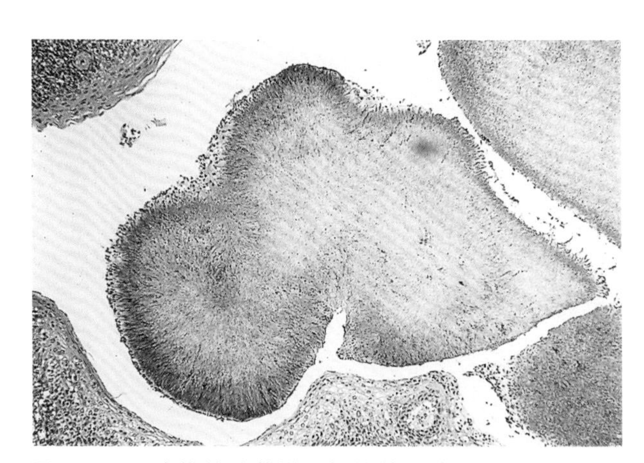

图 29-11　**扁桃体硫黄样颗粒的苏木精和伊红染色。** 硫黄样颗粒是微生物的集合，仅在体内形成，通常为黄色，也可以为白色、灰色或棕色。硫黄样颗粒的直径多小于 0.1 mm，也可为 3~5 mm。该颗粒由细小的分枝和珠状细丝组成，嵌在一种非晶体物质中，易碎，容易开裂，其成分基本上与体外培养的微生物相同。在高倍镜下观察，颗粒的外围可以看到终止于棒状端或肿大的放射状细丝。因此，过去使用了“射线真菌”的名称。在改良 Brown-Brenn 革兰氏染色下，这些细丝呈革兰氏阳性。硫黄样颗粒多被急性和慢性炎症细胞包围

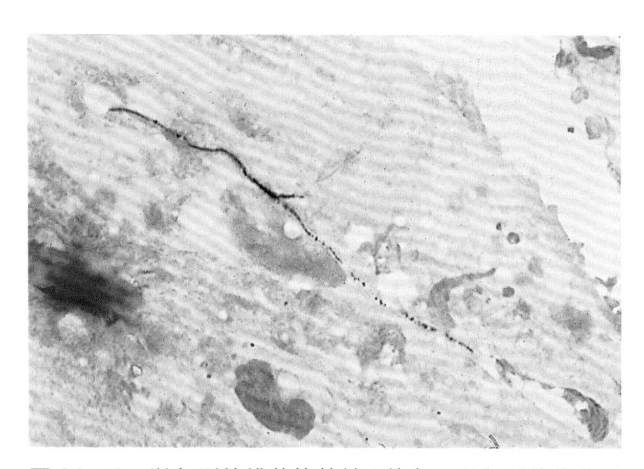

图 29-12　**以色列放线菌的革兰氏染色。** 以色列放线菌是革兰氏阳性杆菌，可呈棒状、类白喉样或细丝状，具有不同程度的真分枝。短丝的长度为 1.5~5 μm，长丝的长度可达到 10~50 μm 或更长。虽然以色列放线菌革兰氏阳性，但不规则染色很常见，并导致珠状外观

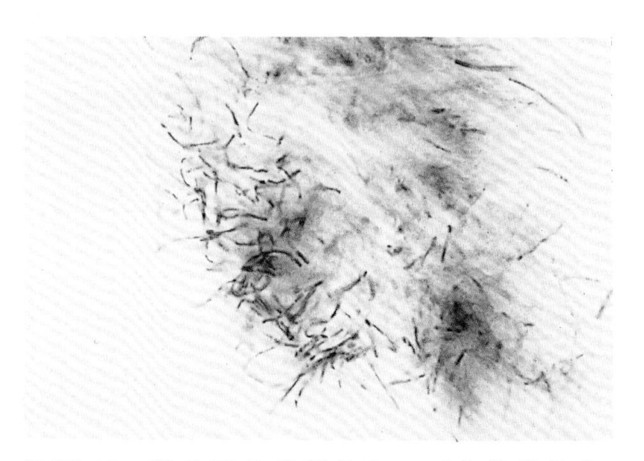

图 29-13　**以色列放线菌的 Gomori 六胺银染色。** Gomori 六胺银染色可以很好地观察到以色列放线菌的细丝，如图所示，细丝细长，直径小于 1 μm。不同角度的切片可能导致出现不规则染色

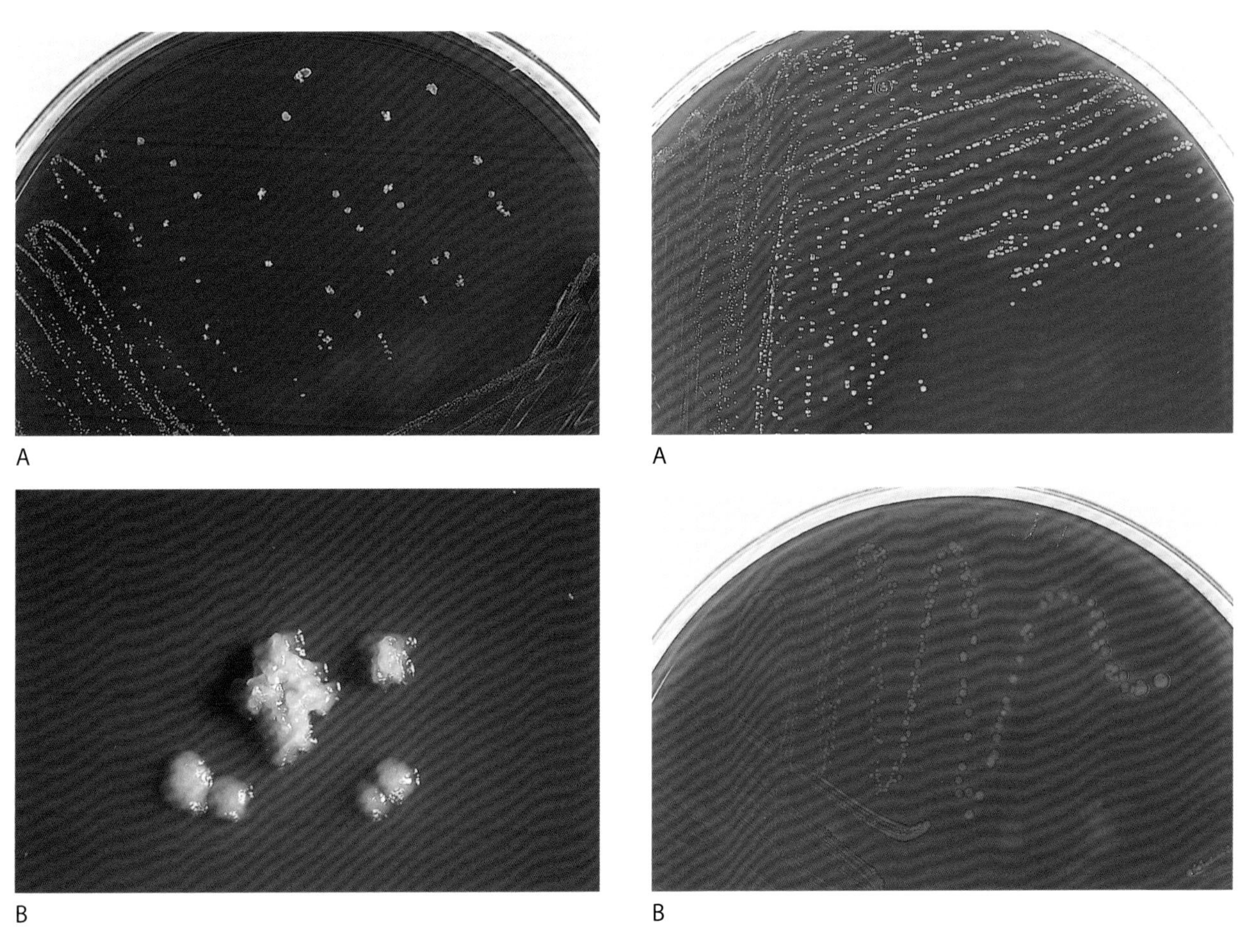

图 29-14　**CDC 琼脂平板上的以色列放线菌，（图 A）为年轻菌落，（图 B）为成熟菌落。**以色列放线菌微需氧，且生长缓慢，通常需要超过 48 h 才能在基础培养基上生长。图 A 为在 CDC 琼脂上生长 72 h 的以色列放线菌，菌落年轻，为蜘蛛样的小菌落。图 B 是培养 7 d 后，菌落不透明，呈乳白色或灰白色，具有典型的以色列放线菌的臼齿形态

图 29-16　**CDC 琼脂平板上的溶齿放线菌。**图 A，培养 48 h 后，溶齿放线菌形成小而不透明的白色菌落。图 B，当培养时间从 4 d 延长到 10 d 时，菌落可能产生粉红色色素

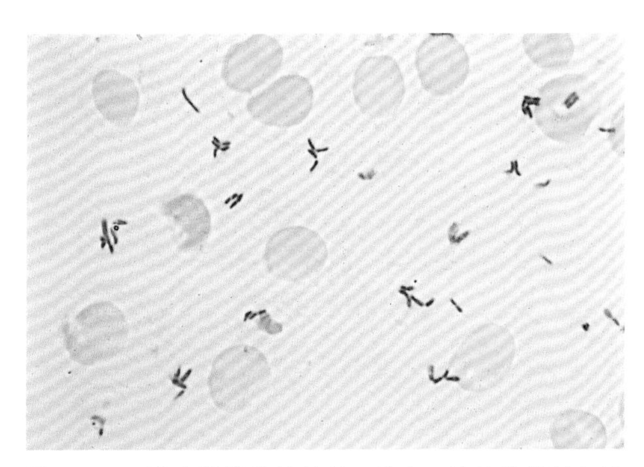

图 29-15　**溶齿放线菌的革兰氏染色。**溶齿放线菌在形态上是可变的。这种革兰氏阳性杆菌可以是小的、棒状的或有分叉的末端。也可以表现为细丝状。图为血液培养样本的革兰氏染色，可见溶齿放线菌菌体多形性，可为小杆菌，或伴有细丝

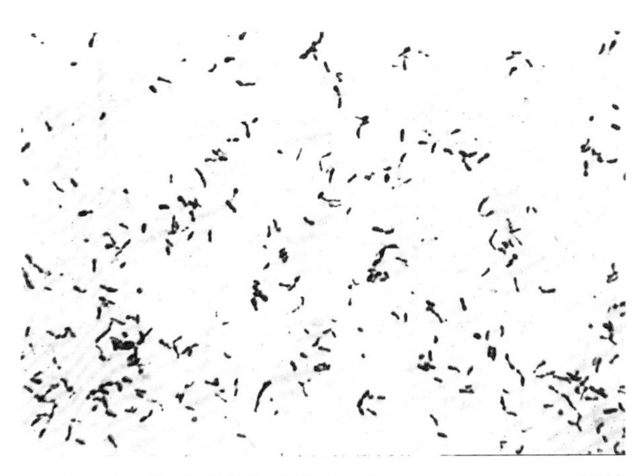

图 29-17　**血液培养阳性的 *Cutibacterium acnes* 的革兰氏染色。***C. acnes* 的形态可能有很大差异。菌体的大小为（0.5~0.8）μm × 1.5 μm。*C. acnes* 可以是双针状或棒状，末端为圆形或锥形，也可以是球状或分枝状

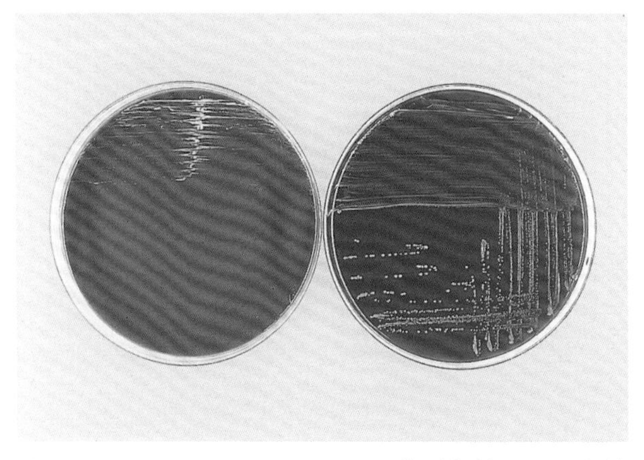

图 29-18　*Cutibacterium acnes* **的耐氧性。**和许多放线菌一样，*C. acnes* 也具有微嗜氧性。如图所示中，左侧为 *C. acnes* 在 35 ℃，5%~10% 的 CO_2 条件下的巧克力琼脂上培养 48 h，右侧为在 CDC 琼脂平板上厌氧培养 48 h。尽管该微生物在这两种条件下都能生长，但当它在厌氧条件下生长时，生长会增强

图 29-19　**初步鉴定** ***Cutibacterium acnes*** **的吲哚和过氧化氢酶试验。**如果革兰氏阳性厌氧杆菌具有多形性、类白喉形态且为吲哚阳性（如图左侧蓝色纸片所示），并且过氧化氢酶阳性（如图右侧，微生物添加到过氧化氢液中时产生气泡），则可以初步鉴定为 *C. acnes*

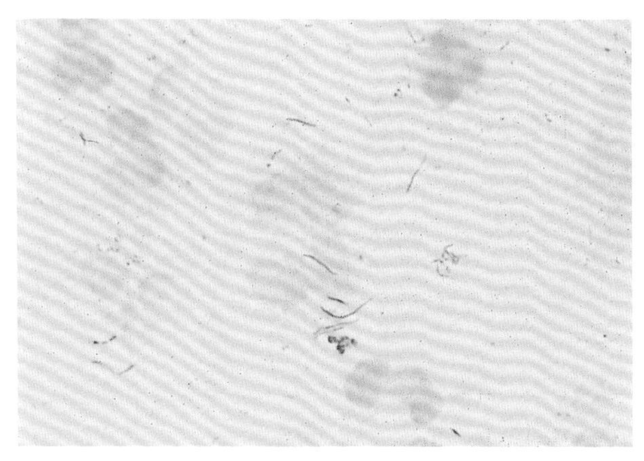

图 29-20　**齿双歧杆菌的革兰氏染色。**齿双歧杆菌的细胞形态是多形性的，可以是短、薄、染色模糊的尖端杆菌，可以较长，有轻微弯曲和突起，末端呈棒状或分枝，有或没有分叉端，也可以是球状的。它们可以单个出现，也可呈链状或栅栏状排列

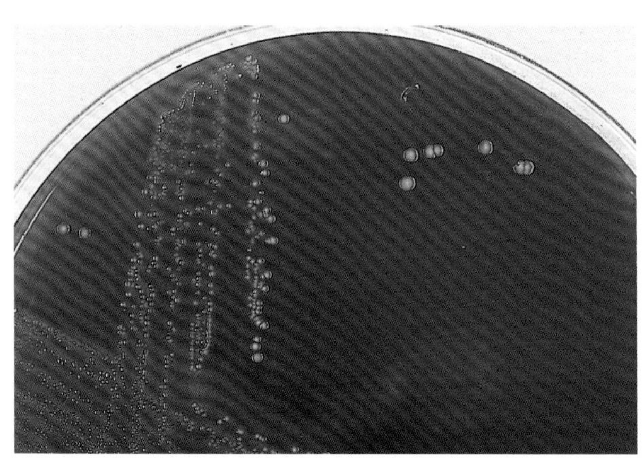

图 29-21　**CDC 琼脂平板上的齿双歧杆菌。**齿双歧杆菌在 CDC 琼脂上培养 48 h 后出现可视菌落。菌落完整，呈乳白色，光滑、有光泽、柔软

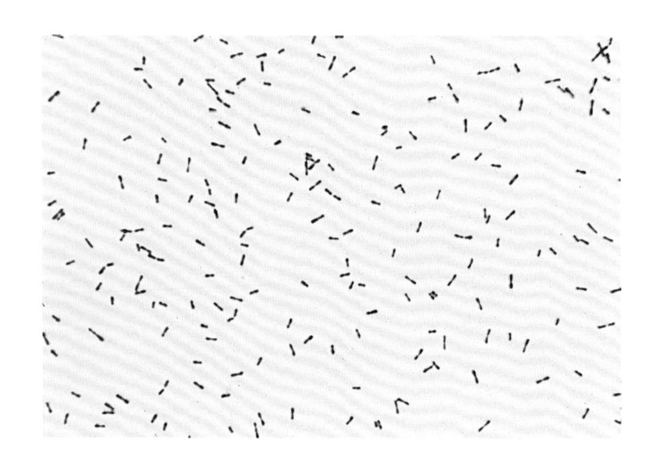

图 29-22　**迟缓艾格特拉菌的革兰氏染色。**迟缓艾格特拉菌是一种小型多形性杆菌，其大小为（0.2~0.4）μm×（0.2~2.0）μm。如图所示，它们可能是类白喉样的，并以单个、成对或短链形式出现

图 29-23 **CDC 琼脂平板上的迟缓艾格特拉菌。**如图所示，迟缓艾格特拉菌在 CDC 琼脂平板上厌氧生长 3 d。菌落小，圆形，完整，半透明，肉眼很难观察到

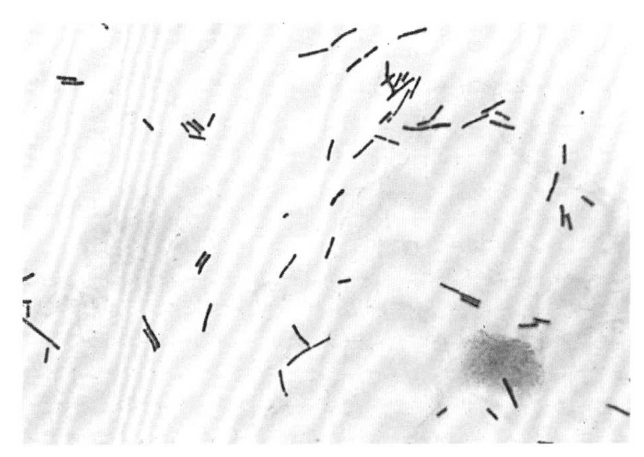

图 29-24 **乳杆菌属的革兰氏染色。**图为阴道标本的革兰氏染色。注意细长的革兰氏阳性杆菌，具有平行的侧面和钝端，这是乳杆菌属的典型特征

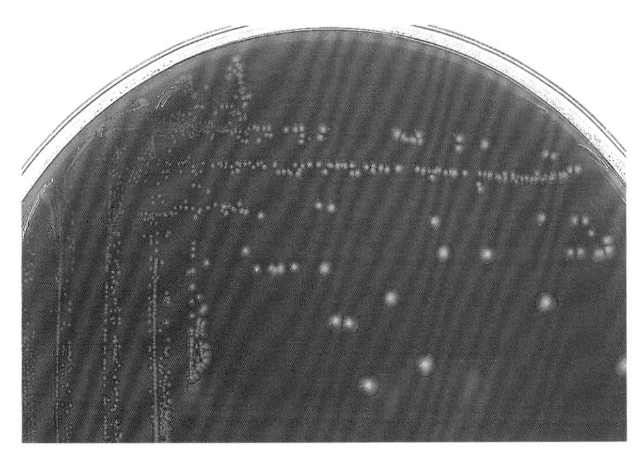

图 29-25 **CDC 琼脂平板上的乳杆菌属。**培养 72 h 后，厌氧的乳杆菌属可产生直径 2~5 mm 的菌落，这些菌落呈凸面、完整、光滑、不透明且无色素

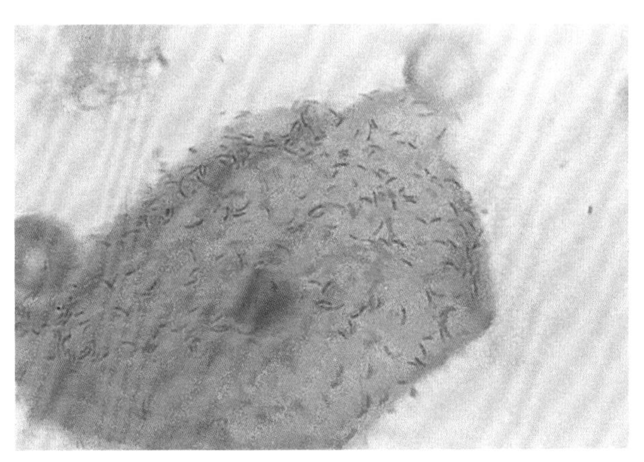

图 29-26 **活动弯曲杆菌属的革兰氏染色。**由于用于分离活动弯曲杆菌属的常规阴道培养法成本高、耗时长，且没有临床意义，因此可使用直接革兰氏染色法进行初步鉴定。如图所示，活动弯曲杆菌属表现为弯曲的杆菌，革兰氏染色持续阴性或革兰氏可变。由于其细胞壁中缺乏脂多糖，且其结构与革兰氏阳性菌相似，因此仍将它们归于这一类。它们具有旋转运动性，区别于其他革兰氏阳性厌氧无孢子的杆菌

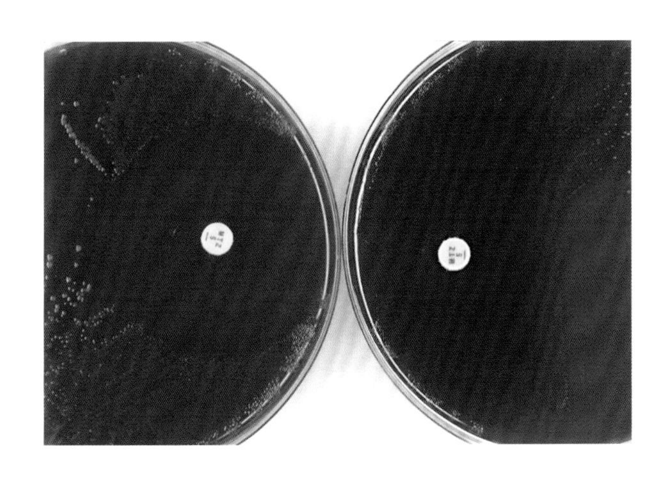

图 29-27 **甲硝唑纸片试验。**通过甲硝唑纸片试验可将革兰氏阳性厌氧球菌与微需氧菌进行准确地区分。将 5 μg 甲硝唑纸片置于接种板上并培养 48 h，甲硝唑对微需氧菌没有表现出抑制作用，而对厌氧菌则表现出抑制，抑菌环直径 ≥ 15 mm。左边的微生物是厌氧消化链球菌，一种专性厌氧球菌，周围有大的抑菌环，右边的微生物是血液链球菌（*Streptococcus sanguinis*），它是微需氧菌，对 5 μg 甲硝唑纸片具有耐药性

第30章 拟杆菌属、卟啉单胞菌属、普里沃菌属、梭杆菌属和其他革兰氏阴性厌氧菌

由于核酸分析技术的广泛应用，革兰氏阴性厌氧菌的分类不断发展，包括菌种名称的变更以及新菌种的增加。拟杆菌属（*Bacteroides*）、卟啉单胞菌属（*Porphyromonas*）、普里沃菌属（*Prevotella*）和梭杆菌属（*Fusobacterium*）是临床上最重要的革兰氏阴性杆菌。革兰氏阴性厌氧球菌包括氨基酸球菌属（*Acidaminococcus*）、厌氧球菌属（*Anaeroglobus*）、巨球菌属（*Megasphaera*）和韦荣球菌属（*Veillonella*）。其中，韦荣球菌属是从临床标本中分离出来的最常见的一个属。革兰氏阴性厌氧菌是人类和动物口腔、上呼吸道、胃肠道和泌尿生殖道正常菌群的一部分。在宿主遭受疾病或创伤时，这些菌可以从其内源性部位迁移到无菌的部位。

尽管一些菌种的分类仍不确定，但目前公认的是拟杆菌属包括脆弱拟杆菌（*Bacteroides fragilis*）和一些密切相关的菌种，它们能够水解七叶皂苷，在20%的胆汁中生长，无动力。目前，脆弱拟杆菌群中有50多种菌，临床标本中最常见的是脆弱拟杆菌、多形拟杆菌（*Bacteroides thetaiotaomicron*）和卵形拟杆菌（*Bacteroides ovatus*）。脆弱拟杆菌群具有重要的临床意义，因为其成员是很多感染的致病菌，并且对抗菌药物耐药。脆弱拟杆菌是最常见的引起菌血症的厌氧菌，也可从心内膜炎、心包炎和腹膜炎患者中分离得到。这些微生物还可引起脓肿，主要是腹腔内、会阴和直肠周围脓肿，以及其他软组织感染，如足部感染和褥疮。咬伤或创伤后，由于脆弱拟杆菌感染，可导致危及生命的疾病。一些并发症，尤其是结直肠癌，是厌氧菌血症的危险因素。

临床标本中最常见的产色素的普里沃菌属包括人体普里沃菌（*Prevotella corporis*）、齿普里沃菌（*Prevotella denticola*）、中间普里沃菌（*Prevotella intermedia*）、洛氏普里沃菌（*Prevotella loescheii*）和产黑普里沃菌（*Prevotella melaninogenica*）。双路普里沃菌（*Prevotella bivia*）和解胨普里沃菌（*Prevotella disiens*）虽然最常见于口腔，但也与泌尿生殖道感染有关；中间拟杆菌（过去称为*Bacteroides intermedius*）已从身体不同的部位分离出来。随着更高敏感性的检测和鉴定方法的发展，越来越多的厌氧菌以及传统上与囊性纤维化（CF）患者相关的铜绿假单胞菌（*Pseudomonas aeruginosa*）等微生物在囊性纤维化（CF）患者的标本中被检出。尤其是在肺部标本中，经常发现产黑普里沃菌、齿普里沃菌、口腔普里沃菌（*Prevotella oris*）和普里沃菌。

在卟啉单胞菌属中，不解糖卟啉单胞菌（*Porphyromonas asac charolytica*）、本氏卟啉单胞菌（*Porphyromonas bennonis*）、卡托尼亚卟啉单胞菌（*Porphyromonas catoniae*）、牙髓卟啉单胞菌（*Porphyromonas endodontalis*）、牙龈卟啉单胞菌（*Porphyromonas gingivalis*）、索氏卟啉单胞菌（*Porphyromonas somerae*）和Porphyromonas uenonis是最常从临床标本中分离出来的。除卡托尼亚卟啉单胞菌外，该属的其他菌均有色素沉着、不解糖，多为致病菌。该属最常见的感染涉及口腔，但其他部位，包括阴道、羊水、皮肤（褥疮）、血液和脑组织也可能受到影响。

具核梭杆菌（*Fusobacterium nucleatum*）是最常从临床标本中分离的梭杆菌，常见部位包括口腔、上呼吸道、生殖道和胃肠道以及中枢神经系统。感染具核梭杆菌的患者多有并发症。坏死梭杆菌（F. necrophorum）funduliforme亚种（生物型B）与人类急性咽炎综合征（Lemierre syndrome，

坏死杆菌病）有关，可引起严重的扁桃体周围脓肿，有时可导致颈部感染、颈静脉血栓性静脉炎和菌血症，而死亡梭杆菌（*Fusobacterium mortiferum*）和可变梭杆菌（*Fusobacterium varium*）与腹腔内感染有关。

大多数涉及鼻窦、耳和牙周区域的慢性感染是混合菌感染，主要是厌氧菌引起。这些部位分离出的微生物大多是普里沃菌属、卟啉单胞菌属、梭杆菌属和拟杆菌属，除外脆弱拟杆菌。这些微生物也会导致脑脓肿，多是有慢性鼻窦炎或中耳炎病史的患者。女性生殖道感染，包括子宫内膜炎和盆腔炎，通常涉及厌氧菌的混合感染，包括双路普里沃菌和解胨普里沃菌。

在从人类临床标本分离的厌氧细菌中，革兰氏阴性厌氧球菌仅占一小部分。韦荣球菌属是最常见的分离菌属，其中小韦荣球菌（*Veillonella parvula*）最常培养得到。尽管在混合培养物中经常发现韦荣球菌属，但它们不是引起严重感染的唯一致病菌。非典型韦荣球菌（*Veillonella atypica*）、殊异韦荣球菌（*Veillonella dispar*）和小韦荣球菌主要见于口腔。韦荣球菌属感染的危险因素包括牙周病、早产、静脉注射药物和免疫缺陷等。

为了分离和鉴定革兰氏阴性厌氧菌，必须在厌氧环境中采集标本并进行运输，以实现最佳分离培养。对临床标本进行直接检查，在初步诊断厌氧菌感染中也很重要。在进行直接涂片革兰氏染色时，使用石炭酸品红作为复染剂将加强革兰氏阴性厌氧菌的染色。在初代分离培养时，可使用选择性培养基和鉴别培养基。一般情况下，建议使用非选择性培养基，如含维生素 K_1 和血红素的布氏血平板或 CDC 厌氧菌血液琼脂平板、卡那霉素－万古霉素－裂解血（KVLB）琼脂平板和拟杆菌胆汁七叶皂苷（BBE）琼脂。这种培养基组合将有助于脆弱拟杆菌群和嗜胆菌属（*Bilophila*）的分离和初步鉴定。

大多数具有临床意义的革兰氏阴性厌氧杆菌可分为多个组，其中一些可通过使用含有万古霉素（5μg）、卡那霉素（1mg）和多黏菌素（10μg）的特效抗生素纸片，以及一些简单的生化试验（如在胆汁和吲哚存在的条件下生长、过氧化氢酶、硝酸盐、尿素和色素产生等）进行初步鉴定。表 30-1 列出了最常见临床菌种的生化试验特征，表 30-2 列出了脆弱拟杆菌群中最常见菌种的特征。美国疾病控制预防中心（CDC）开发的 3 个 Prempto 四分板中，应用了很多生化反应，用以鉴别厌氧细菌。革兰氏阴性厌氧菌 ID Quad（Thermo Scientific Remel Products，Lenexa，KS）与 CDC 的 1 型 Presumpto 板最接近，含有卡那霉素、七叶皂

表 30-1 从临床标本中常见革兰氏阴性厌氧杆菌的特征[a]

微生物	菌体形态	万古霉素（5μg）	卡那霉素（1mg）	多黏菌素（10μg）	能够在 20% 胆汁中生长	过氧化氢酶	吲哚	硝酸盐	尿素	色素产生
拟杆菌属										
脆弱拟杆菌群	短	R	R	R	+	V	V	0	0	0
其他拟杆菌属	可变	R	R	V	V	V	V	0	0	0
梭杆菌属										
死亡梭杆菌	多形性，大而圆	R	S	S	+	0	0	0	0	0
坏死梭杆菌	多形性	R	S	S	V	0	+	0	0	0
具核梭杆菌	细长	R	S	S	0	0	+	0	0	0
可变梭杆菌	大，端部钝圆	R	S	S	+	0	V	0	0	0
产色素菌属										
普里沃菌属	球杆菌样	R	R^S	V	0	0	V	0	0	+
卟啉单胞菌属	可变	S	R	R	0	V	V	0	0	+[b]
韦荣球菌属	小球菌	R	S	S	0	V	0	+	0	0

[a] S. 敏感；R. 耐药；R^S. 耐药，少部分敏感；+. 阳性反应；V. 可变反应；0. 阴性反应。

[b] 卡托尼亚卟啉单胞菌是唯一的无色素卟啉单胞菌属。

苷、胆汁和色氨酸，有助于鉴定拟杆菌属和梭杆菌属。大多数革兰氏阴性厌氧杆菌的最终鉴定需要其他的生化测试、代谢终产物分析或细胞壁脂肪酸的检测。一些新的检测方法，包括基质辅助激光解吸电离飞行时间质谱（MALDI-TOF MS）和核酸扩增技术，正逐渐被用于这些菌属的菌种鉴定。

表 30-2　**常见脆弱拟杆菌群的特征**[a]

菌种	水解七叶皂苷	过氧化氢酶	吲哚	阿拉伯糖	水杨苷
脆弱拟杆菌	+	+	0	0	0
卵形拟杆菌	+	+	+	+	+
多形拟杆菌	+	+	+	+	0
普通拟杆菌	0	0	0	+	0

[a] +. 阳性；0. 阴性。

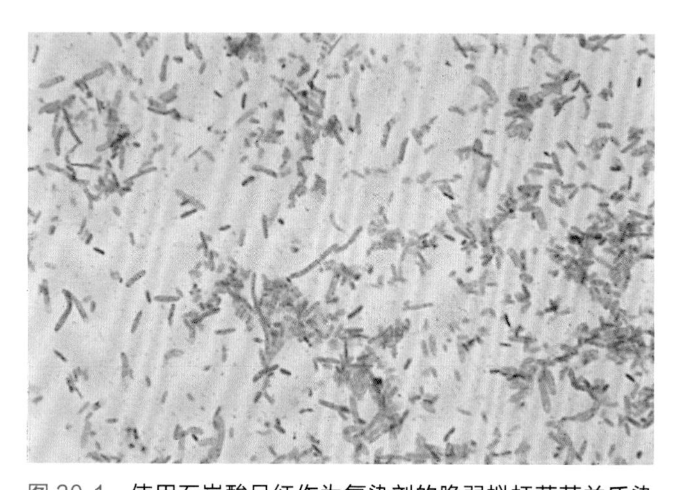

图 30-1　**使用石炭酸品红作为复染剂的脆弱拟杆菌革兰氏染色。**脆弱拟杆菌群的成员是不规则染色的多形性革兰氏阴性杆菌，其长度不同。它们可以很长或呈球形，单独出现或成对出现。当在革兰氏染色中使用石炭酸品红作为复染剂时，染色增强

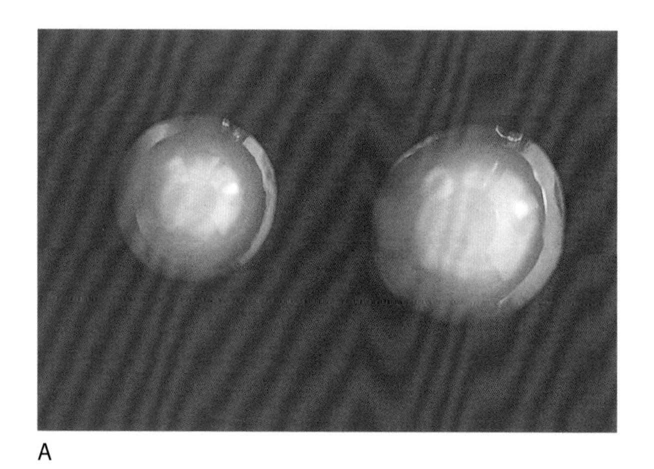

A

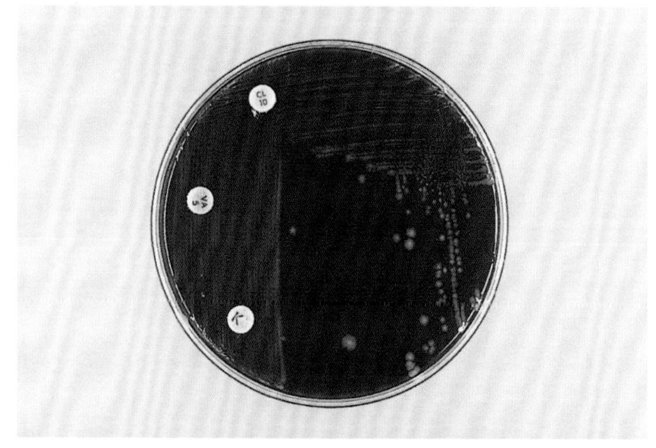

B

图 30-2　**脆弱拟杆菌在 CDC 琼脂平板上生长（图 A）和通过使用抗生素纸片对脆弱类杆菌群进行初步鉴定（图 B）。**培养 48 h 后，脆弱拟杆菌在 CDC 琼脂平板上的菌落直径为 1~3 mm，圆形，菌落完整、凸出，呈灰色至白色。溶血性可能有所不同，有些菌株表现出 β - 溶血。如图 A 所示，当用斜透射光观察脆弱拟杆菌菌落时，可以看到同心环或螺纹。在图 B 中，脆弱拟杆菌群对所有三种抗生素纸片卡那霉素（1 mg）、万古霉素（5 μg）和多黏菌素（10 μg）都有耐药性（抑菌环直径≤ 10 mm）

图 30-3　**KVLB 琼脂平板和 BBE 琼脂平板上的脆弱拟杆菌。**脆弱拟杆菌不受卡那霉素或万古霉素的抑制，因此在 KVLB 琼脂上生长良好（左）。另一个特点是它能在 20% 的胆汁中生长并水解七叶皂苷，导致 BBE 琼脂褐变（右）

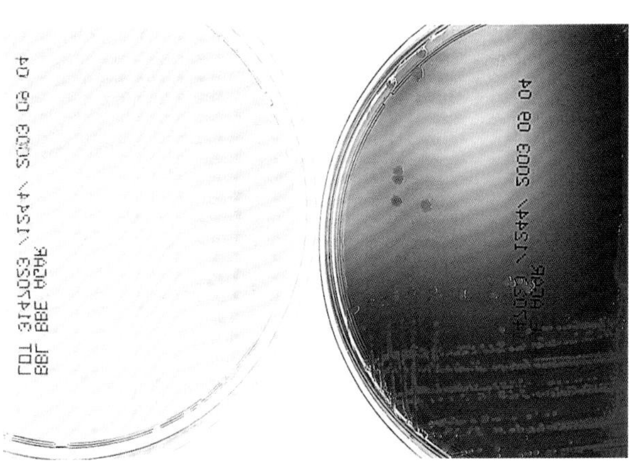

图 30-4　**BBE 琼脂平板上的脆弱拟杆菌和普通拟杆菌（*Bacteroides vulgatus*）。**脆弱拟杆菌组成员的一个共同特征是它们能够在 20% 的胆汁中生长并水解七叶皂苷。但普通拟杆菌是例外。虽然它可以在胆汁中生长，但不能水解七叶皂苷。注意脆弱拟杆菌的黑色菌落和 BBE 琼脂的变黑（右），与普通拟杆菌（左）的生长形成对比，后者不能水解七叶皂苷

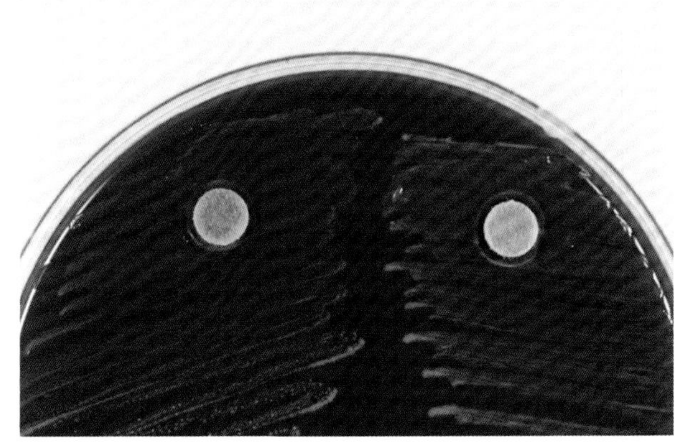

图 30-5　**吲哚斑点试验。**在生长旺盛的培养皿上放置无菌空白纸片，可直接在纯培养物上进行吲哚斑点试验。几分钟后，向纸片中滴入 1 滴 1% 对二甲基氨基苯甲醛。如果该微生物可产生吲哚，则纸片将由蓝色变为绿色。如图所示，多形拟杆菌呈阳性反应（左），而脆弱拟杆菌呈阴性反应（右）。吲哚斑点试验可作为一种用于鉴定脆弱拟杆菌群的菌种快速有效的试验

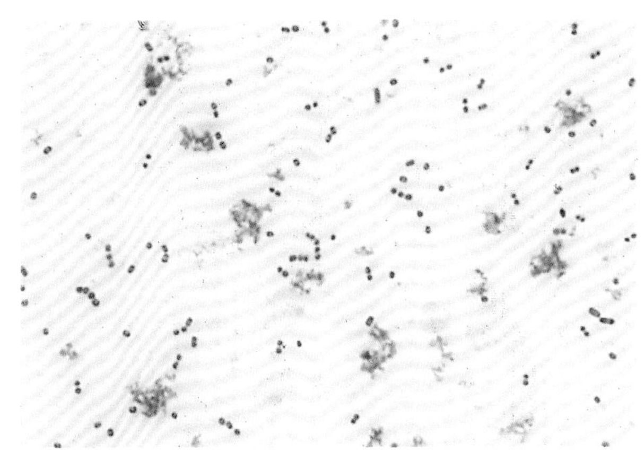

图 30-6　**以石炭酸品红作为复染剂的产黑普里沃菌革兰氏染色。**普里沃菌属的革兰氏染色形态与拟杆菌属的革兰氏染色形态相似。普里沃菌属的细菌是小型革兰氏阴性杆菌或球菌，其大小为（0.5~0.8）μm×（0.9~2.0）μm。需要注意的是，普里沃菌属的菌体几乎呈球形，成对或短链排列。此处所示为血液培养的产黑普里沃菌

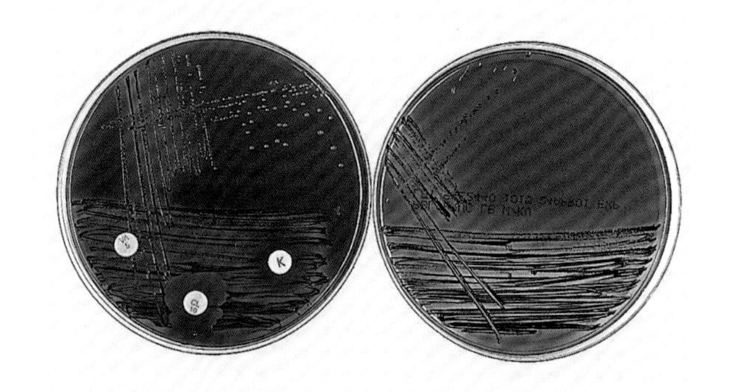

图 30-7　**CDC 琼脂平板和 KVLB 琼脂平板上的人体普里沃菌。**在 CDC 琼脂平板（左）和 KVLB 琼脂平板（右）上生长 72 h 后，人体普里沃菌长出可视菌落。与脆弱拟杆菌群不同，普里沃菌属对卡那霉素和万古霉素耐药，但可能对多黏菌素耐药或敏感。注意 KVLB 琼脂上的色素生成增强

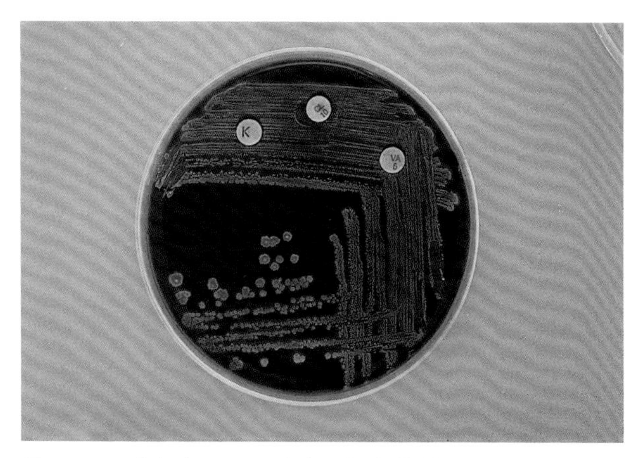

图 30-8 **生长在 CDC 琼脂平板上的普里沃菌属的荧光。**许多普里沃菌属的菌株需要长达 3 周的时间才能产生色素。然而，将菌落暴露在长波紫外线下，可在 48~72 h 内检测到荧光。注意这种普里沃菌产生的色素具有典型砖红色荧光

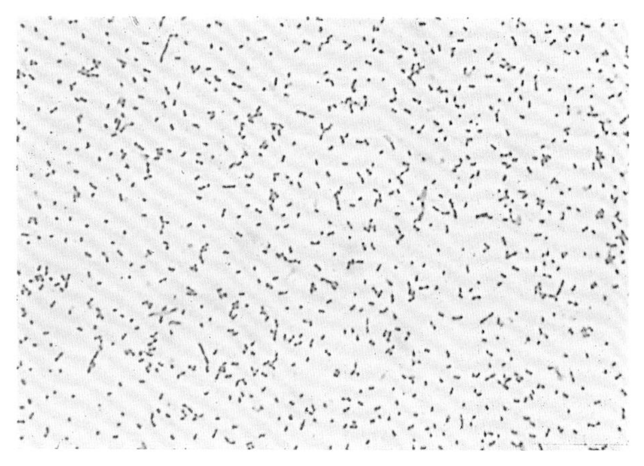

图 30-10 **用石炭酸品红复染法对 CDC 琼脂平板中的卟啉单胞菌进行革兰氏染色。**卟啉单胞菌属是一种革兰氏阴性杆菌，其大小为（0.4~0.6）μm×（1~2）μm。当该属在固体培养基上生长时，有时菌体会较长，有时菌体又较短，几乎呈球形，如本图所示，为卟啉单胞菌生长 48 h 后的革兰氏染色

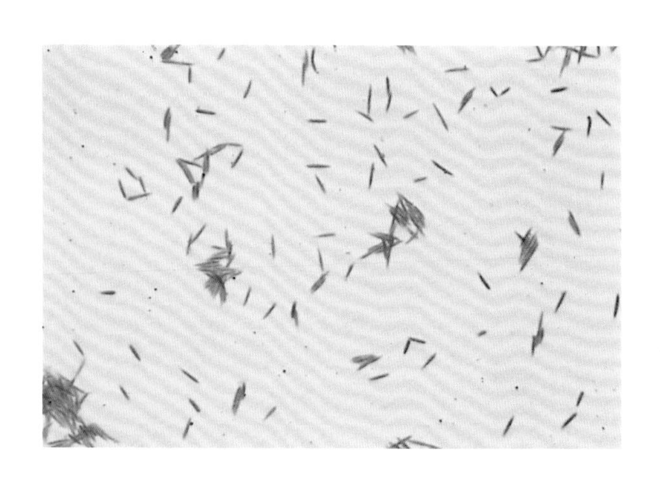

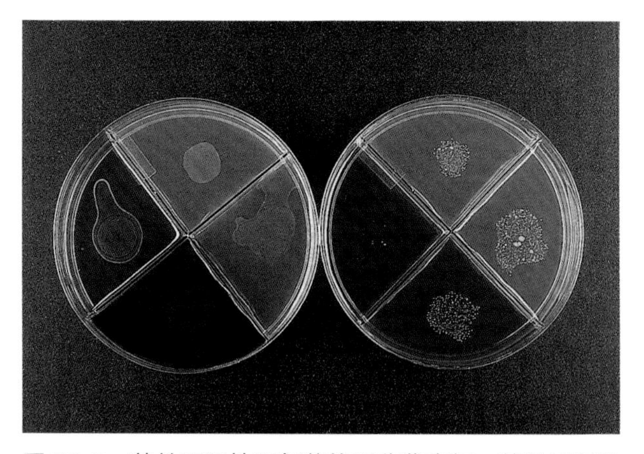

图 30-9 **革兰氏阴性厌氧菌的四分鉴定板。**革兰氏阴性厌氧菌的四分鉴定板对应于 1 型 CDC Prempto 平板，包含以下培养基：象限 I，卡那霉素琼脂（顶部）；象限 II，用于检测吲哚的 Lombard-Dowell 琼脂（右）；象限 III，七叶皂苷琼脂，用于检测七叶皂苷水解和过氧化氢酶活性（底部）；象限 IV，胆汁琼脂（左）。图中所示四分板分别接种脆弱拟杆菌和产黑普里沃菌。脆弱拟杆菌（左板）在卡那霉素琼脂上生长（顶部），水解七叶皂苷（底部），可在胆汁琼脂上生长（左侧），而产黑普里沃菌（右板）可在卡那霉素琼脂上生长，不水解七叶皂苷，不能在胆汁中生长。脆弱拟杆菌过氧化氢酶阳性，产黑普里沃菌过氧化氢酶阴性，两种生物均为吲哚阴性

图 30-11 **CDC 琼脂平板上的卟啉单胞菌属。**与普里沃菌属不同，如图所示，卟啉单胞菌对万古霉素敏感，对卡那霉素和多黏菌素耐药

图 30-12 **用石炭酸品红复染法对具核梭杆菌进行革兰氏染色。**具核梭杆菌为细长的革兰氏阴性杆菌，末端呈锥形。这是唯一一种始终为梭形的杆菌

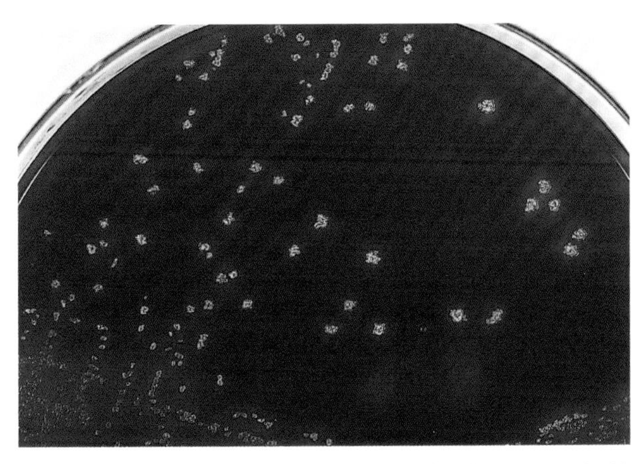

图 30-13　**CDC 琼脂平板上的具核梭杆菌。**具核梭杆菌在 CDC 琼脂平板上产生形状不规则的小菌落（类似面包屑样）

图 30-14　**梭杆菌属的荧光。**当暴露在长波紫外线下时，梭杆菌发出黄绿色荧光

图 30-15　**石炭酸品红做复染的坏死梭杆菌革兰氏染色。**坏死梭杆菌是一种多形性的革兰氏阴性长杆菌，大小为（0.5~0.7）μm × 10 μm，末端呈圆形或锥形。根据培养基和菌龄的不同，它们可以从球形到长丝状。丝状菌在肉汤培养中更为常见，而杆状菌在菌龄较老的培养物中或在琼脂上生长时更为常见，如图所示

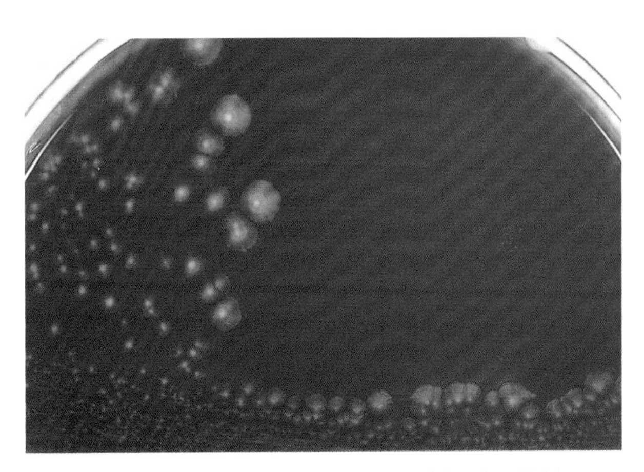

图 30-16　**CDC 琼脂平板上的坏死梭杆菌。**培养 48 h 后，坏死梭杆菌在 CDC 琼脂平板上的菌落呈伞形、圆形、有光泽、白色至棕褐色

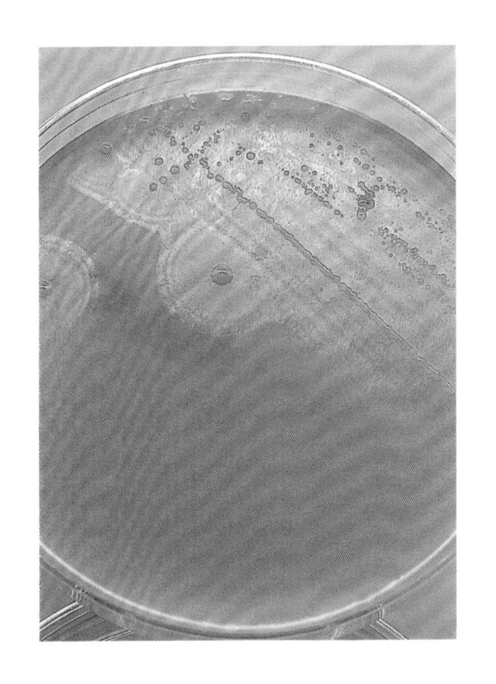

图 30-17　**蛋黄琼脂平板上的坏死梭杆菌。**如图所示，坏死梭杆菌脂肪酶阳性。注意蛋黄琼脂表面的贝母光泽

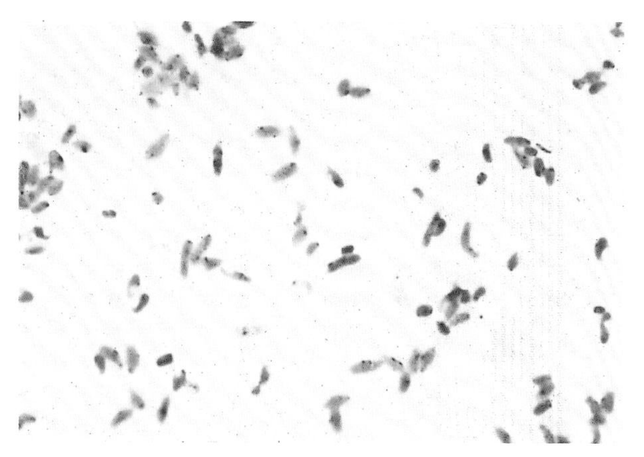

图 30-18　**用石炭酸品红做复染剂对死亡梭杆菌进行革兰氏染色。**死亡梭杆菌的菌体大小为（0.8~1.0）μm×（1.5~10）μm，革兰氏阴性杆菌。注意极端多形性和不规则染色

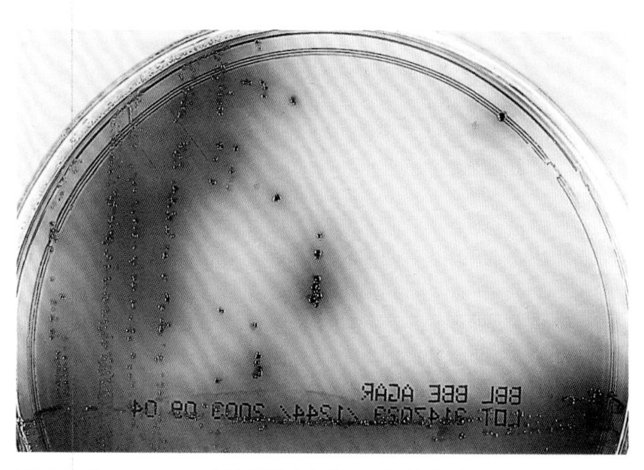

图 30-19　**BBE 琼脂平板上的死亡梭杆菌。**因为死亡梭杆菌能耐受胆汁并能水解七叶皂苷，所以它可能被误认为脆弱拟杆菌群的一员。注意黑色菌落的生长和 BBE 琼脂的变黑

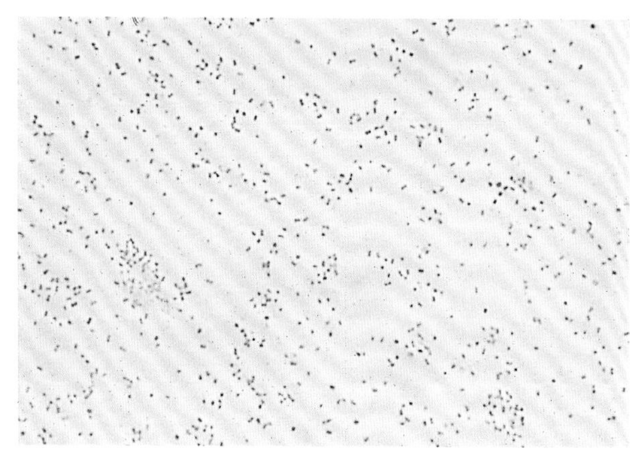

图 30-20　**韦荣球菌属的革兰氏染色。**韦荣球菌属是微小的革兰氏阴性球菌，直径为 0.3~0.5 μm。它们可能以双枕状或短链或丛状出现

图 30-21　**CDC 琼脂平板上的小韦荣球菌。**培养 48 h 后，小韦荣球菌的菌落较小（直径 1~3 mm）、完整、不透明且不溶血

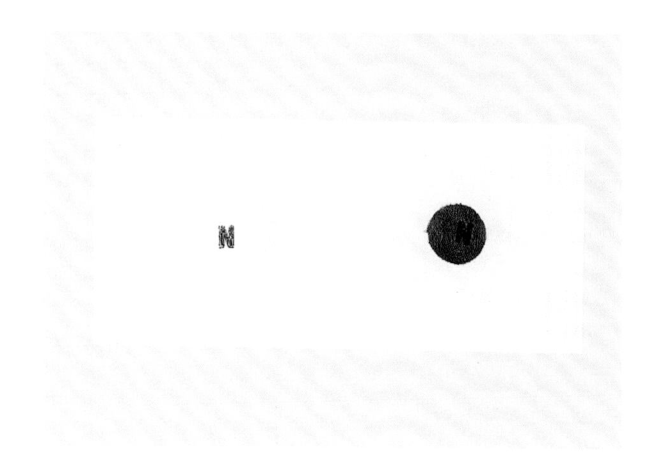

图 30-22　**硝酸盐纸片试验。**硝酸盐纸片试验是用于鉴定需氧细菌的传统试管硝酸盐还原试验的微缩版。将纸片放置在培养皿中接种菌量较大的第一象限，在厌氧条件下培养 24~48 h。向纸片中各滴 1 滴硝酸盐试剂 a（N，N-二甲基萘胺）和试剂 B（磺胺酸）。如果测试结果为阴性，则不会出现颜色（左）；呈红色（右）表示阳性反应，表明硝酸盐还原为亚硝酸盐。与常规试验一样，如果初始结果为阴性，则可添加锌粉，以确定硝酸盐的还原程度是否超过亚硝酸盐。硝酸盐试验可用于初步鉴定革兰氏阴性厌氧杆菌（如解脲拟杆菌）和小型的革兰氏阴性厌氧球菌（如韦荣球菌属）

第 31 章　弯曲菌属和弓形杆菌属

弯曲菌科有 2 个属，弯曲菌属（*Campylobacter*）和弓形杆菌属（*Arcobacter*）。弯曲菌属包括 40 种细菌，弓形杆菌属包括 29 种。弯曲菌感染是人畜共患病，影响家禽、牛、羊、猪等家畜。

空肠弯曲菌空肠亚种（*Campylobacter jejuni* subsp. *Jejuni*，简写为 *C.jejuni*）是世界上最常见的肠道致病菌，美国每年约有 100 万至 200 万例感染。由于摄入处理不当的食物（主要是家禽产品）、生牛奶和水，这种微生物会在夏季和初秋期间引起散发性感染。两个年龄段最易受到影响：幼儿和 20~40 岁的成年人。空肠弯曲菌感染的临床表现可无症状，也可症状严重，伴有发热、腹部痉挛和腹泻，腹泻可能是血性腹泻，可持续数天或数周。5%~10% 的病例会出现复发。免疫功能低下患者和老年人多症状严重。某些情况下会出现肠外受累和慢性后遗症，包括菌血症、反应性关节炎（雷特综合征）、滑囊炎、脑膜炎、心内膜炎和流产等。空肠弯曲菌感染可有类似于急性阑尾炎的临床表现，误诊可导致不必要的手术。空肠弯曲菌是与格林 – 巴利综合征相关的最常见的传染源。

结肠弯曲菌（*Campylobacter coli*）可引起与空肠弯曲菌相同的临床表现，占弯曲菌腹泻病例的 5%~10%。在欠发达国家，结肠弯曲菌感染可能比空肠弯曲菌感染更常见。胎儿弯曲菌胎儿亚种（*Campylobacter fetus* subsp. *fetus*）可引起菌血症和肠外感染，特别是在有潜在疾病的患者、怀孕或免疫功能低下的患者中。近来，从腹泻和菌血症患者中分离出了红嘴鸥弯曲菌（*Campylobacter lari*）和乌普萨拉弯曲菌（*Campylobacter upsaliensis*）。溶脲弯曲菌（*Campylobacter ureolyticus*）在人类中的致病作用仍在研究中，它可能与感染有关，如胃肠道感染。在 29 种弓形杆菌中，有 2 种已经从腹泻患者和菌血症患者中分离出来，分别是布氏弓形杆菌（*Arcobacter butzleri*）和嗜低温弓形杆菌（*Arcobacter cryaerophilus*）。

对于住院患者，建议在入院后 72 h 之内收集粪便标本进行常规细菌培养。对怀疑携带弯曲菌属的粪便标本进行直接检查时，建议使用石炭酸品红或碱性品红作为革兰氏染色的复染剂。弯曲菌属的微生物为革兰氏阴性无芽孢杆菌，菌体弯曲，呈“海鸥翼”形，有动力，长 0.5~5.0 μm，宽 0.2~0.9 μm。在相差显微镜下观察时，多能观察到典型的飞镖式运动，由单极鞭毛产生。此外，在直接涂片中还可以看到多形核白细胞。

目前，有几种商品化的抗原检测产品可用于检测粪便标本中的弯曲菌。与培养法相比，这些检测方法的敏感性为 80%~96%，特异性多大于 97%，但由于这种感染的发生率相对较低，它们的阳性预测值较差。核酸检测技术和基质辅助激光解吸电离飞行时间质谱法目前已用于弯曲菌的检测和鉴定。弯曲菌属是微需氧菌，虽然有一部分菌株既可在有氧的条件下生长，也可厌氧生长。某些种类的弯曲菌，如唾液弯曲菌（*Campylobacter sputorum*）、简明弯曲菌（*Campylobacter concisus*）和黏膜弯曲菌（*Campylobacter mucosalis*），需要含有 2% 以上氢气的混合气体才能生长和分离。这些微生物中的大多数可以在 42 ℃生长。

弓形杆菌属的成员又被称为耐氧弯曲菌，因为它们可以在大气中的氧气浓度下生长。这些微生物在 15~37 ℃的温度范围内生长，但在 42 ℃不生长。弓形杆菌属可以水解吲哚乙酸酯，不能水解马尿酸，这些特征有助于将其与弯曲菌属区分开来。空肠弯曲菌和结肠弯曲菌水解吲哚乙酸酯试验阳性，而胎儿弯曲菌胎儿亚种该试验为阴性。可以用于从临床标本中分离培养弯曲菌属的培养基有几种类型。弯曲菌血琼脂（Campy BAP）是布鲁菌琼脂培养基、绵羊血和以下抗生素的组合：万古霉素、甲氧苄啶、多黏菌素 B、两性霉素 B 和头孢噻吩。Campy CVA（头孢哌酮、万古霉素和两性霉素）培养基，活性炭头孢哌酮脱氧胆酸琼脂，以及活性炭化基选择性培养基（charcoal-based selective medium，CSM）也可用于分离这些微生物。为了更好地分离培养这些微生物，接种的平板应在含有 5%~7% O_2、5%~10% CO_2 和 80%~90% N_2 的微需氧环境中培养。这些条件可以通过使用商品化微需氧气体发生器（microaerobic gas generator packs）来实现。需要注意的是，蜡烛罐不能提供以上所需条件。在怀疑有空肠弯曲菌感染的情况下，培养皿应在 42 ℃下培养，以利于可疑微生物的生长，并能抑制肠道正常菌群的生长。另一方面，如果怀疑有胎儿弯曲菌胎儿亚种感染，则应在 37 ℃和 25 ℃的温度下分别培养。乌普萨拉弯曲菌对用于分离弯曲菌的抗生素敏感，因此，在这些培养基上无法生长。从临床标本中分离弓形杆菌的培养条件尚未确定。

除了典型的革兰氏染色下的菌体形态外，不同温度和不同大气条件下的生长特征、飞镖式运动、过氧化氢酶和氧化酶的产生、马尿酸水解、乙酸吲哚酯水解、H_2S 的产生，对抗生素的敏感性等是鉴定弯曲菌最有用的试验。

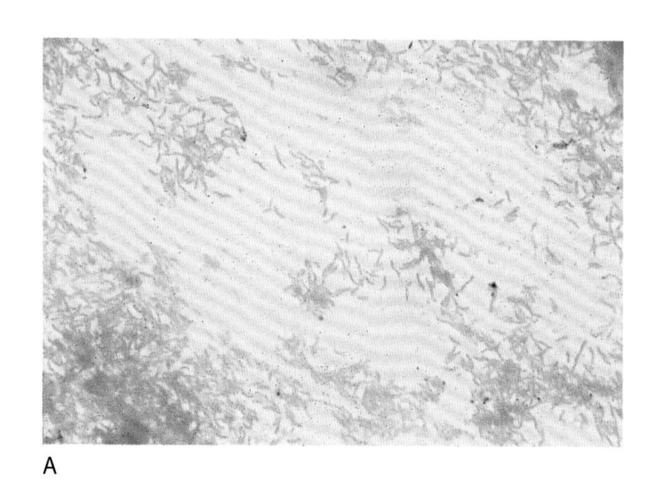
A

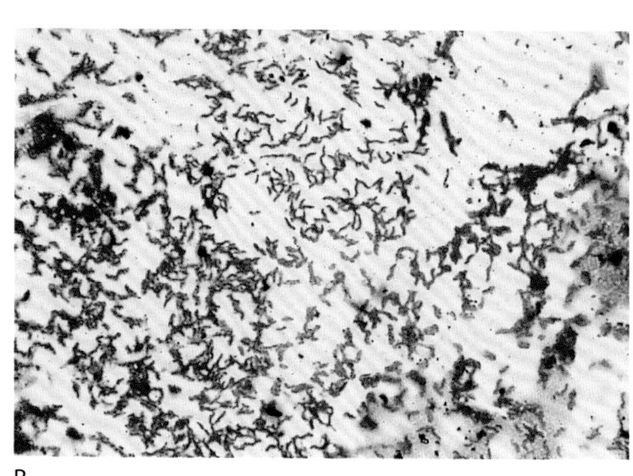
B

图 31-1 用藏红（图 A）和石炭酸品红（图 B）做复染剂的空肠弯曲菌革兰氏染色。弯曲菌是细长、弯曲、多形的革兰氏阴性杆菌。如图所示，短链的微生物具有典型的“海鸥翼”外观。在常规革兰氏染色中使用的藏红会导致这些微生物染色非常微弱，在用石炭酸品红代替藏红做复染剂后，革兰氏染色更清晰

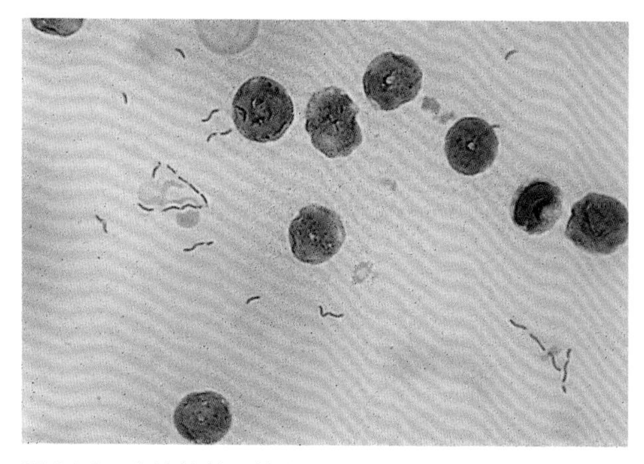

图 31-2 血液培养阳性的胎儿弯曲菌革兰氏染色。胎儿弯曲菌可引起免疫功能低下患者的菌血症和肠外感染

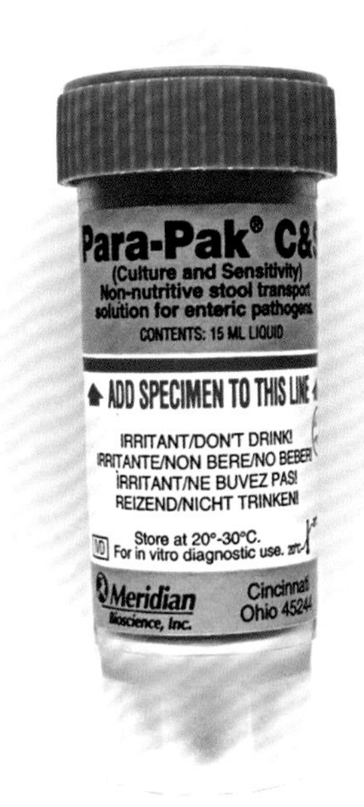

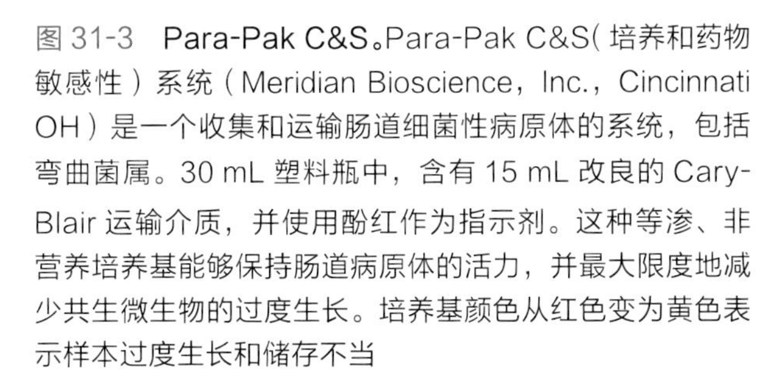

图 31-3　**Para-Pak C&S。**Para-Pak C&S（培养和药物敏感性）系统（Meridian Bioscience，Inc.，Cincinnati OH）是一个收集和运输肠道细菌性病原体的系统，包括弯曲菌属。30 mL 塑料瓶中，含有 15 mL 改良的 Cary-Blair 运输介质，并使用酚红作为指示剂。这种等渗、非营养培养基能够保持肠道病原体的活力，并最大限度地减少共生微生物的过度生长。培养基颜色从红色变为黄色表示样本过度生长和储存不当

图 31-4　**GasPak EZ 气体发生袋。**图示的 GasPak EZ 气体发生袋系统（BD Diagnostic Systems，Franklin Lakes NJ）可以提供适合弯曲菌的生长环境。GasPak 气体发生袋包含产生特定大气条件所需的所有成分，以优化弯曲菌的分离培养。可将两个培养皿插入袋中进行培养

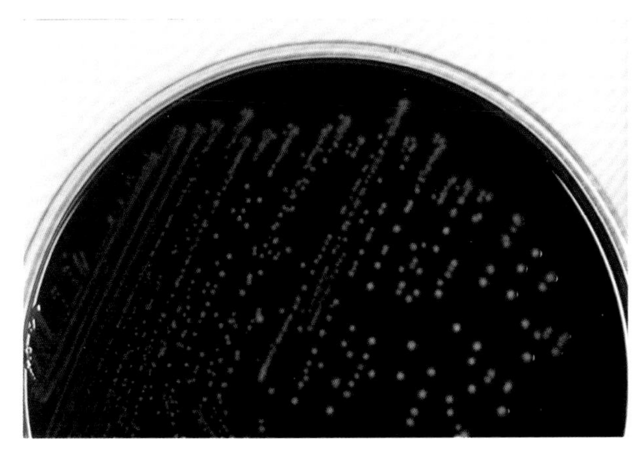

图 31-5　**在 Campy CSM 培养基上的空肠弯曲菌。**活性炭基选择性培养基 Campy CSM 琼脂（Quebact Laboratories Inc.，Montreal，Canada）是一种用于分离空肠弯曲菌的无血培养基。该培养基含有头孢哌酮、万古霉素和环乙酰亚胺，以抑制其他粪便微生物的生长。如图所示，空肠弯曲菌在 CSM 琼脂上产生灰白色有光泽的圆形菌落

图 31-6　**在 Campy BAP 培养基上的空肠弯曲菌。**在 Campy BAP 琼脂平板上，空肠弯曲菌菌落可为灰色，扁平，有些菌落有凸起，形态不规则，干燥或潮湿，有流动性，并沿着接种线扩散

图 31-7　**血液琼脂平板（左）和巧克力琼脂平板（右）上的胎儿弯曲菌。**胎儿弯曲菌不耐热，培养基应在 37℃微需氧条件下培养。如图所示，胎儿弯曲菌在巧克力琼脂平板上比在血液琼脂平板上生长更好，培养 48 h 后形成灰色扁平的菌落，直径为 1~2 mm

图 31-8　**带有醋酸铅纸条的三糖铁（TSI）斜面上的空肠弯曲菌。**空肠弯曲菌在醋酸铅纸条上的 H_2S 反应呈阳性，但在 TSI 琼脂斜面上无 H_2S 生成反应。胎儿弯曲菌胎儿亚种和胎儿弯曲菌性病亚种也会有相同的反应。相比之下，唾液弯曲菌和黏膜弯曲菌在 TSI 琼脂斜面上 H_2S 反应呈阳性

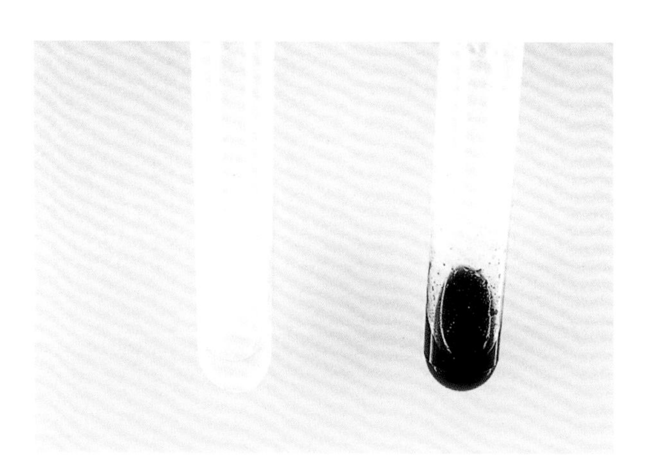

图 31-9　**空肠弯曲菌的马尿酸水解试验。**空肠弯曲菌是唯一能水解马尿酸的弯曲菌。结肠弯曲菌（左）呈阴性反应，空肠弯曲菌（右）呈阳性反应

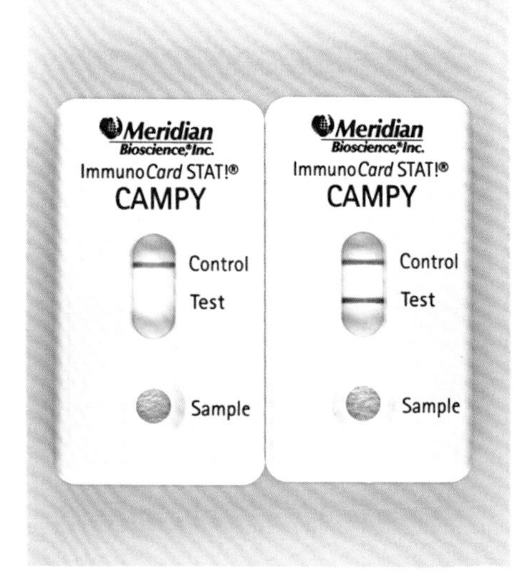

图 31-10　ImmunoCard STAT! Campy。ImmunoCard STAT! Campy（Meridian Bioscience Inc.）是一种快速检测粪便中弯曲菌属抗原的方法。该免疫层析试验使用的是空肠弯曲菌和结肠弯曲菌中抗原的单克隆抗体。将粪便样本添加到稀释缓冲液中，滴在加样孔中。当样本渗透至卡片时，弯曲菌抗原与单克隆抗体 - 胶体金结合。在该产品的反应窗口中，有一种单克隆抗体，能与前述抗原 - 弯曲菌抗体 - 胶体金结合物相结合，形成 1 条粉红色的线。该检测中的质控条带显色，提示样品已通过渗透至卡片，且测试试剂正常。左边的测试结果为阴性，右边的测试结果为阳性

图 31-11 **CDC 琼脂平板上的溶脲弯曲菌。**溶脲弯曲菌生长缓慢。它的菌落很小，半透明至透明，直径为 1 mm。如图所示，菌落形态是可变的。在平板上可以看到光滑、圆形和有凸起的菌落，有些可以扩散。在培养基某些部位，还可以观察到琼脂的点蚀

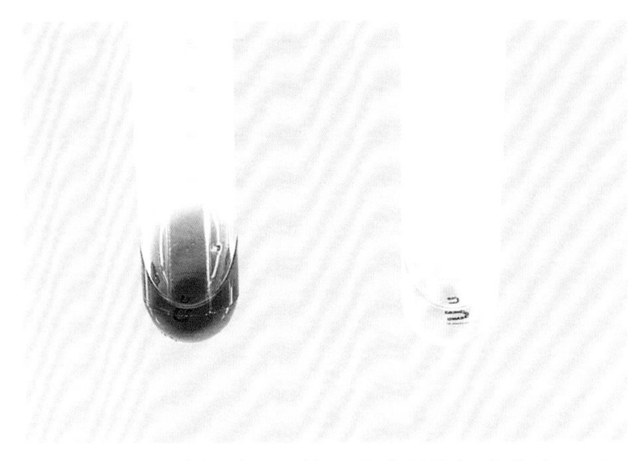

图 31-12 **尿素试验用于溶脲弯曲菌的初步鉴定。**BBL Taxo 尿素鉴定纸片（BD Diagnostic Systems，Franklin Lakes，NJ）可用于快速检测尿素水解。在 0.5 mL 无菌水中制备微生物悬液。在其中添加尿素纸片后，菌悬液在有氧条件下培养 4 h。颜色变为粉红色表示阳性反应。尿素酶阳性是区分溶脲弯曲菌（左）和其他革兰氏阴性厌氧小杆菌（如纤细弯曲菌 Campylobacter gracilis，右）的一项重要检测

第 32 章 螺杆菌属

螺杆菌属的菌种大约有 40 种，其中有几种是人类致病菌，如幽门螺杆菌（*Helicobacter pylori*）、芬纳尔螺杆菌（*Helicobacter fennelliae*）和同性恋螺杆菌（*Helicobacter cinaedi*）。胃部的螺杆菌主要是影响胃的幽门螺杆菌，而肠肝部的螺杆菌，如芬纳尔螺杆菌，存在于肠内，但很少引起人类感染。一种大型螺旋形胃部细菌，过去称为“人胃螺旋菌”，现在被命名为 Helicobacter heilmannii-like，也可引起人类疾病。

在发达国家中，30%~60% 的成年人感染幽门螺杆菌，而在发展中国家，感染率为 70%~90%。大多数感染是在儿童时口 - 口感染或通过粪口途径获得。除了人类，幽门螺杆菌还可以感染动物，包括猴子、猫、狗、牛、猪、马、啮齿动物、鸡、海豚和鲸鱼等。幽门螺杆菌可引起一系列的临床表现。它与慢性胃炎、消化性溃疡、胃腺癌和黏膜相关淋巴组织（mucosa-associated lymphoid tissue，MALT）B 细胞淋巴瘤有关，后者是唯一可以用抗生素治愈的癌症。

有趣的是，幽门螺杆菌的定植可能对胃食管反流和食管下段和贲门癌提供一定的保护。已从艾滋病患者的粪便中分离出芬纳尔螺杆菌和同性恋螺杆菌，它们可引起直肠炎、小肠炎和菌血症。海尔曼螺杆菌（H.heilmannii）在人类中的感染很少见（0.3%~6%），但在宠物（包括狗和猫）中时常发现。这些动物也可能感染其他引起人畜共患病的螺杆菌，主要是所罗门螺杆菌（*Helicobacter salomonis*）、猫螺杆菌（*Helicobacter felis*）和猪螺杆菌（*Helicobacter suis*）。海尔曼螺杆菌比幽门螺杆菌引起的胃炎症状更轻，在儿童中更常见。海尔曼螺杆菌也与胃癌和 MALT 淋巴瘤有关，可能与幽门螺杆菌同时感染。

幽门螺杆菌是一种革兰氏阴性微需氧杆菌，螺旋、弯曲或是直的，有 1~6 根单极鞭毛，长 2.5~5.0 μm，宽 0.5~1.0 μm。螺旋形是胃活检标本中常见的幽门螺杆菌形态。固体培养基上培养的幽门螺杆菌可能为棒状，长时间培养后可呈球形。

海尔曼螺杆菌是一种大型革兰氏阴性杆菌，长 3.0~7.5 μm，宽 0.6~0.9 μm，螺旋状，紧密卷曲，最多有九个螺旋，类似螺旋体。它具有动力，有 4~12 根有鞘的双极鞭毛，尿素酶强阳性。海尔曼螺杆菌在体外培养生长不好，因此，其鉴定依赖于显微镜分析。

幽门螺杆菌的生长需要复杂的培养基。巧克力琼脂平板、脑心浸液培养基和布氏琼脂平板（补充马血或兔血）是良好的非选择性培养基，Thayer-Martin 琼脂平板、幽门螺杆菌琼脂平板和 Dent's 琼脂平板可用作选择性培养基。基础培养基上，在 37 ℃、氧气含量低（5%~10%）和二氧化碳含量高（5%~12%）的潮湿环境中，经过 2~5 d 的培养后，出现可视菌落，菌落较小（直径 1~2 mm）、半透明且不溶血。培养物应至少培养 10 d 无菌落生长，才能报阴性结果。

幽门螺杆菌的初步鉴定应基于革兰氏染色特征和过氧化氢酶、氧化酶和快速尿素酶反应阳性（表 32-1）。同性恋螺杆菌和芬纳尔螺杆菌氧化酶和过氧化氢酶阳性，但尿素酶阴性。对萘啶酸的敏感性和还原硝酸盐的能力也可用于鉴别螺杆菌属。

对胃活检标本可以进行培养，如上所述，也可以用快速尿素酶法进行检测。例如，弯曲菌样微生物（Campylobacter-like organism，CLO）检测，将样本置于含有尿素的凝胶中，幽门螺杆菌产生的尿素酶会水解尿素，产生氨，使指示剂变色。苏木精和曙红、特殊染色剂（如改良 Giemsa 染色剂）或

Warthin-Starry 银染色剂进行组织学检查也可用于胃活检标本中幽门螺杆菌的鉴定。使用单克隆和多克隆抗体，可以进行免疫组织染色，以提高检测的敏感性和特异性，但是与海尔曼螺杆菌会有交叉反应。目前，组织学检查是诊断幽门螺杆菌感染的金标准。

有几种不需要内窥镜检查的诊断幽门螺杆菌感染的方法，包括血清学检测、尿素呼气试验（urea breath test，UBT）和粪便抗原检测。免疫球蛋白G 抗体在幽门螺杆菌被清除后可持续数月。因此，血清学检测不能用于确定当前感染，对于未经治疗的有症状患者，该检测的特异性非常高。对于治疗成功的患者，抗体滴度应在 6~12 个月内显著下降。但是，不建议在治疗后随访时使用该试验。在进行 UBT 时，让患者饮用碳 -13 或碳 -14 标记的尿素，尿素被幽门螺杆菌尿素酶水解，通过对患者呼出的标记 CO_2 的量进行定量检测判断有无幽门螺杆菌感染。核酸扩增技术、酶联免疫吸附试验或类似检测方法可直接检测粪便标本中的幽门螺杆菌。抗原检测可用于辅助诊断幽门螺杆菌感染；在不能进行 UBT 时，也可用于确认治疗后是否根除。

核酸检测方法，包括 PCR 和新一代测序技术，可用于幽门螺杆菌的科学研究。目前 FDA 批准的基质辅助激光解吸电离飞行时间质谱数据库不包括幽门螺杆菌。

表 32-1　螺杆菌属的生化反应特征[a]

微生物	氧化酶	过氧化氢酶	脲酶	硝酸盐还原	萘啶酸
幽门螺杆菌	+	+	+	0	R
同性恋螺杆菌	+	+	0	+	S
芬纳尔螺杆菌	+	+	0	0	S
海尔曼螺杆菌	+	+	+	+	R

[a] R. 耐药；S. 敏感；+. 阳性反应；0. 阴性反应。

图 32-1　在 Thayer-Martin 培养基上生长的幽门螺杆菌革兰氏染色。如图所示，幽门螺杆菌是一种革兰氏阴性杆菌，具有 S 形“海鸥翼”外观

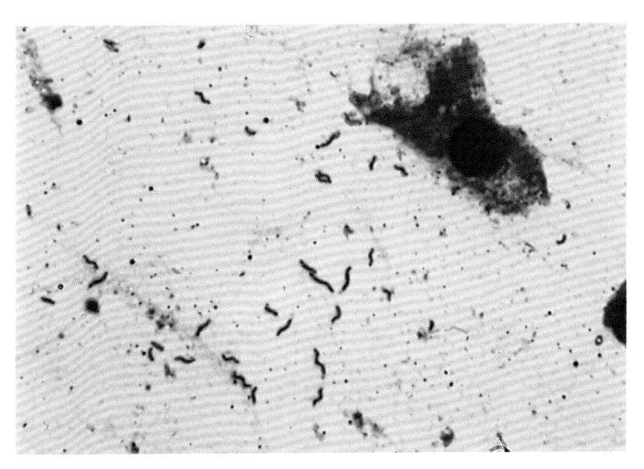

图 32-2　胃活检标本组织印片的革兰染色，提示幽门螺杆菌阳性。胃活检材料的组织印片不需要固定，因此可以快速诊断幽门螺杆菌感染。制作组织印片时只需将新鲜活检组织压在玻片上即可完成。为了加强致病菌的染色，本图中的标本用石炭酸品红复染

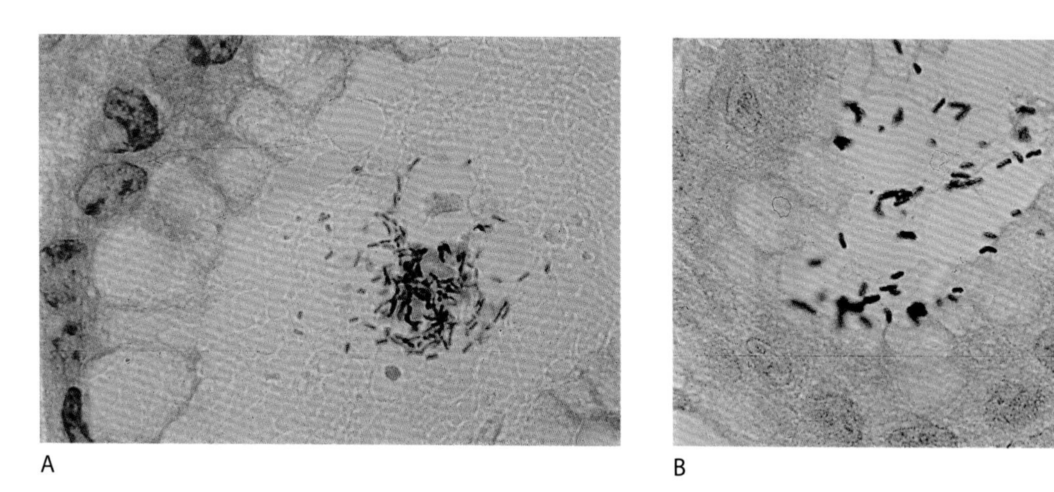

A　　　　B

图 32-3　**胃活检标本在 Giemsa 染色（图 A）和 Warthin-Starry 银染色（图 B）下的幽门螺杆菌。**为了便于观察细菌，胃活检标本用 Giemsa 染色或 Warthin-Starry 银染色。在这些胃活检标本中，幽门螺杆菌多为细长弯曲的杆菌

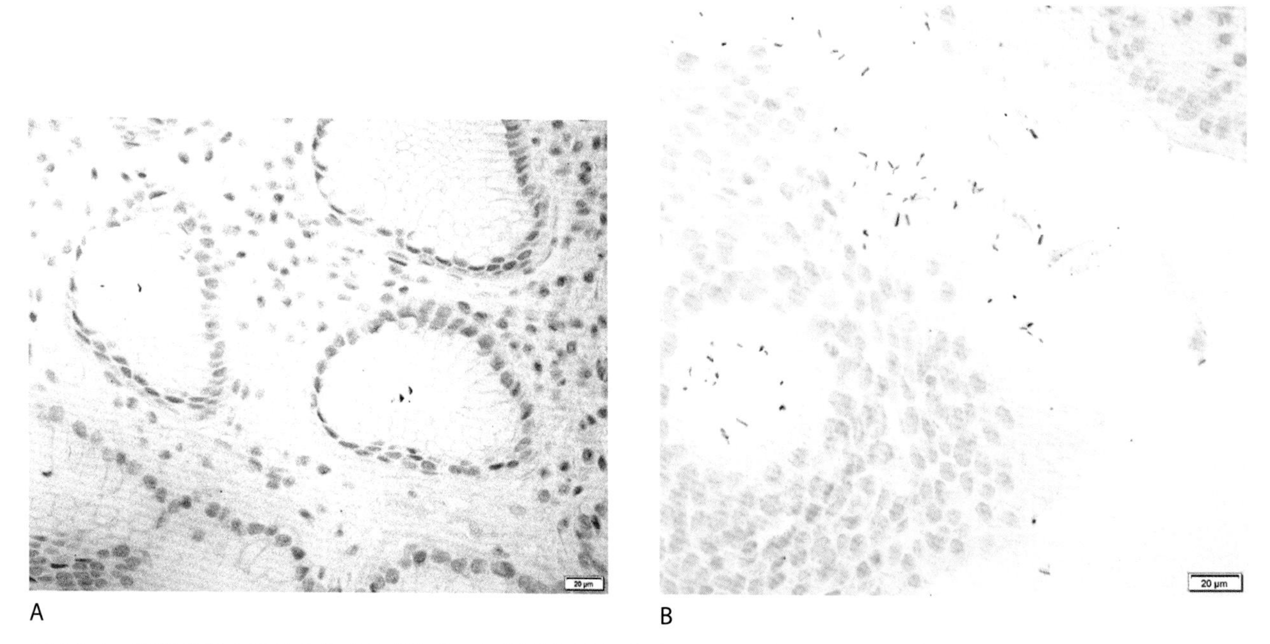

A　　　　B

图 32-4　**胃活检样本的免疫组织化学染色，可见幽门螺杆菌（图 A）和海尔曼螺杆菌（图 B）。**人胃活检标本用抗幽门螺杆菌单克隆抗体染色后，如这两张图片所示，幽门螺杆菌和**海尔曼螺杆菌**之间存在交叉反应。海尔曼螺杆菌比幽门螺杆菌更长，且螺旋数更多。海尔曼螺杆菌有 6~8 个螺旋，而幽门螺杆菌的螺旋数为 0~3 个

A

B

图 32-5　**Thayer-Martin 培养基上的幽门螺杆菌。**幽门螺杆菌需要 4~7 d 的培养才能长出可视菌落。如图所示，菌落小、圆、半透明。图 A 为实际大小，图 B 为特写镜头

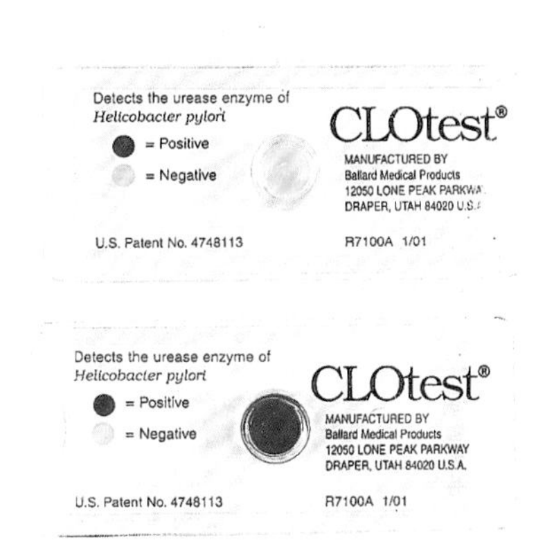

图 32-6　**胃活检组织的 CLO 检测。**幽门螺杆菌能够产生大量的尿素酶，可通过将组织活检标本置于含有尿素的基质上进行快速检测。如果存在尿素酶（如下部反应所示），包被在 CLOtest（Kimberly-Clark Ballard Medical Products，Draper，UT）测试孔中的 pH 指示剂使基质变为品红，而对照保持黄色（如上）

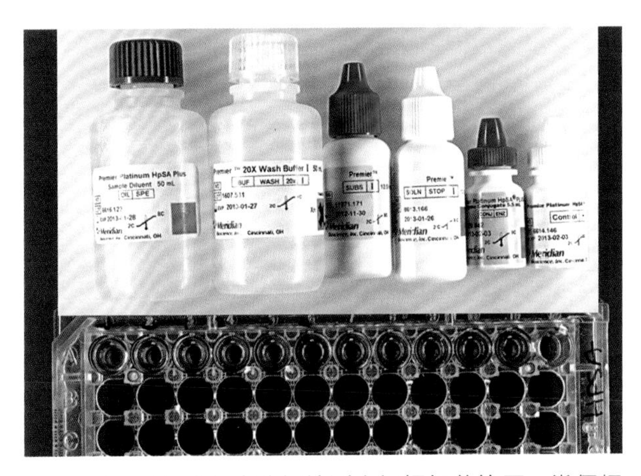

图 32-7　**通过酶免疫分析检测幽门螺杆菌抗原。**粪便标本可通过酶免疫分析检测是否存在幽门螺杆菌抗原，如 Premier Platinum HpSA Plus（Meridian Bioscience，Inc.，Cincinnati，OH）。在本试验中，使用单克隆抗体对人类粪便中幽门螺杆菌抗原进行定性检测。该检测方法具有高度的特异性和敏感性，其优点是无需侵入性操作即可获得标本。该方法可用于诊断，也可用于监测对抗菌治疗的反应。目前，其他公司还推出了一种快速抗原检测产品 ImmunoCard STAT! HpSA test

第 33 章　衣原体

衣原体属的成员是专性细胞内细菌。其中有三种是人类致病菌：沙眼衣原体（*Chlamydia trachomatis*）、肺炎衣原体（*Chlamydia pneumoniae*）和鹦鹉热衣原体（*Chlamydia psittaci*）。

所有衣原体均以两种主要形式存在，即原体（elementary body，EB）和网状体（reticulate body，RB）。EB 大小为约 0.3 μm，是衣原体的细胞外形式，以孢子状存在，具有感染性。一旦 EB 进入易感宿主细胞，就位于细胞质包涵体中，经过结构和代谢转化，成为 RB，其大小约为 EB 的三倍。RB 具有代谢活性，并以二分裂方式增殖。在其成熟的某个阶段，RB 浓缩，最终重组为 EB。由于衣原体的种类和培养条件不同，在体外，该循环可能需要 36~72 h。一旦循环完成，受感染的宿主细胞释放 EB，引发新一轮感染。

常见的 3 种衣原体的流行病学和疾病谱有所不同。沙眼衣原体根据主要外膜蛋白（major outer membrane protein，MOMP）的抗原差异可分为不同的血清型——A-K、Ba、L1、L2 和 L3。这些不同的血清型可引起特定的临床表现。世界范围内，沙眼衣原体是引起可预防性失明的主要原因。沙眼衣原体致盲通常发生在不发达国家。宿主反复暴露并感染沙眼衣原体，产生的免疫和机械损伤，导致眼睑和结膜疤痕以及角膜翳，最终导致失明。在地方性沙眼流行环境中，从眼睛中最常分离到的沙眼衣原体血清型为 A、B、Ba 和 C。在发达国家，沙眼衣原体是性传播细菌性疾病的主要病因，影响尿道和宫颈。感染沙眼衣原体的母亲所生的婴儿在出生时接触到这些病原体，可能导致眼部和呼吸道感染。此外，女性在沙眼衣原体生殖道感染后可能会发展为盆腔炎，并伴有不孕和异位妊娠等后遗症。接触受感染者的分泌物，也可能患上结膜炎和咽炎。从生殖器感染中分离出的最常见的沙眼衣原体血清型为 D 型至 K 型。性病淋巴肉芽肿是一种更具系统性和侵袭性的性传播感染，多由沙眼衣原体血清型 L1、L2 和 L3 引起。这种感染在美国并不常见，但在非洲却很普遍。

肺炎衣原体通过呼吸道分泌物在人与人之间传播。这种微生物是社区获得性肺炎的常见原因，在寄宿学校和军营等地方常会暴发。肺炎衣原体也被认为是慢性疾病的促发因素，如哮喘、动脉粥样硬化、中风、阿尔茨海默病和多发性硬化症等。对于肺炎衣原体在这些慢性疾病中所起的作用尚有争议，其因果关系尚未得到证实。

鹦鹉热衣原体最初是一种动物致病菌，人类感染后会发生人畜共患病。家禽是人类感染鹦鹉热衣原体的主要宿主。鹦鹉热衣原体在人体内感染的主要表现是引起肺炎，可进一步发展成致命的全身感染。鹦鹉热衣原体属于 B 类生物恐怖微生物，是生物安全Ⅲ级致病菌。

几种实验室方法有助于诊断衣原体感染。在核酸扩增试验（nucleic acid amplification tests，NAAT）应用之前，衣原体实验室诊断的金标准是细胞培养，但是如今 NAAT 是首选的方法。为了进行培养，先用拭子采集标本，以优化受感染上皮细胞的收集。需将待检样本置于 2- 蔗糖磷酸盐（2-SP）等保存介质中运输。用于分离沙眼衣原体和鹦鹉热衣原体的常用宿主细胞有 HeLa 细胞和 McCoy 细胞，这两种细胞系也支持肺炎衣原体的生长，但一些研究人员倾向于使用 HEp-2 细胞或 HL 细胞来分离肺炎衣原体。目前还没有标准的分离操作方法，但大多数方法都依赖于在 shell vial 瓶或微量滴定板中培养的感染细胞。离心、DEAE 预处理单层细胞、添加真核细胞蛋白质合成抑制剂（如环乙酰亚胺）和盲传或重复离心是提高衣原体分离率的常用方法。一般来说，培养物需培养 48~72 h，如果使用盲传，则需培养 7 d。荧光标记的单克隆抗体是用于检测受感染细胞单层中包涵体的最敏感的着色剂，有针对性地检测所有三种衣原体的脂多糖，或检测沙眼衣原体的 MOMP。在阳性培养物中，可见胞质内包涵体。由于衣原体的苛养性，培养的检测敏感性低于 NAAT。然而，在医疗法律案件中，培养仍然是首选方法，因为与扩增方法相比，培养具有高度的特异性。

如上所述，NAAT 是用于沙眼衣原体感染实验室诊断的最常用方法。商品化的试剂盒及检测方法具有相对较高的灵敏度和特异性，并且能够检测尿液和自行采集的阴道样本，因此，标本采集对于男性和女性来说都更方便。此外，NAAT 更易于自动化，因此有助于高通量检测，同一标本可同时检测淋病奈瑟菌。

其他快速诊断沙眼衣原体感染的检测方法还有直接荧光抗体染色法（direct fluorescent-antibody stain，DFA）和酶免疫分析法（enzyme immunoassays，EIA）。与培养和 NAAT 相比，这两种检测方法的灵敏度都较低。有研究显示，以培养法为标准，这些分析方法的灵敏度在 50%~90% 之间，这取决于多种影响因素，包括所检查的群体和作为标准的培养技术。一般来说，不推荐将 EIA 法用于诊断，但 DFA 在新生儿结膜炎的诊断中很有用，因为新生儿结膜炎的菌负荷很高。对于肺炎衣原体和鹦鹉热衣原体的诊断，目前还没有替代培养的方法，但 NAAT 已用于这两种微生物的研究。一些商品化 NAAT 多重呼吸综合征检测试剂盒也可用于检测肺炎衣原体。

血清学检查是进行衣原体感染流行病学调查的工具。微量免疫荧光试验（microim-munofluorescence，MIF）是衣原体血清学检查的金标准。在本试验中，用福尔马林固定的 EB 作为抗原，出现荧光标记的 EB 被判读为试验阳性。由于试剂和读取结果具有主观性，该试验的重复性较差。目前还有 EIA 和包涵体免疫荧光分析，但其应用受到限制。衣原体血清学检查的另一个局限性是无法定义急性感染与既往感染或慢性感染。

图 33-1　**沙眼衣原体细胞培养阳性。**宫颈标本保存在 2-SP 培养基中，在 4 ℃下运输，与 HeLa 229 细胞一起接种到 shell vial 中增殖培养。shell vial 在 1000 × g、35~37 ℃条件下离心 1 h。离心后，向培养物中添加环乙酰亚胺（1 μg/mL），然后在 35~37 ℃条件下培养 48 h。单层细胞用乙醇固定，并用抗沙眼衣原体 MOMP 的单克隆抗体染色。在伊文思蓝衬染的红色背景下，可以看到一个大的、发出苹果绿荧光胞质内包涵体，占据了宿主受感染细胞的大部分细胞质

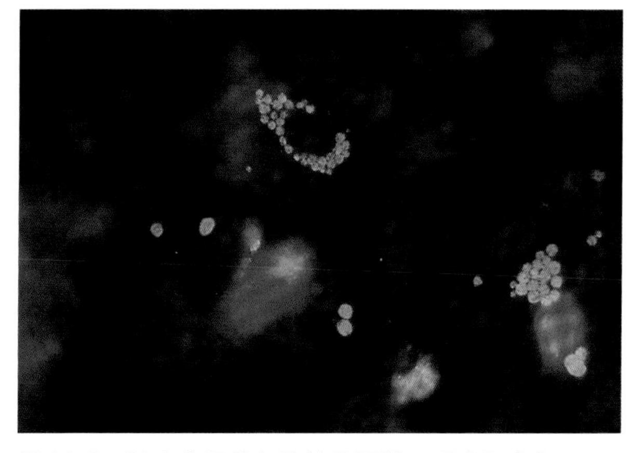

图 33-2　**肺炎衣原体细胞培养阳性。**咽喉标本在 2-SP 培养基中运输保存，与 HEp-2 单层接种在 shell vial 中。接种前，用 DEAE- 葡聚糖（30 μg/mL）处理细胞。将培养物在 35~37 ℃下以 1000 × g 离心 1 h。离心后，将环乙酰亚胺（1 μg/mL）添加到培养物中，在 35~37 ℃下培养 72 h。单层细胞用乙醇固定，并用标记有异硫氰酸荧光素的属特异性脂多糖单克隆抗体染色。肺炎衣原体比沙眼衣原体需要更长的时间来完成其细胞内的发育周期，并倾向于在单个细胞内形成多个不同的包涵体。包涵体在伊文思蓝衬染的红色背景下呈现明亮的苹果绿荧光。如图所示，显微镜下可见多个细胞包涵体

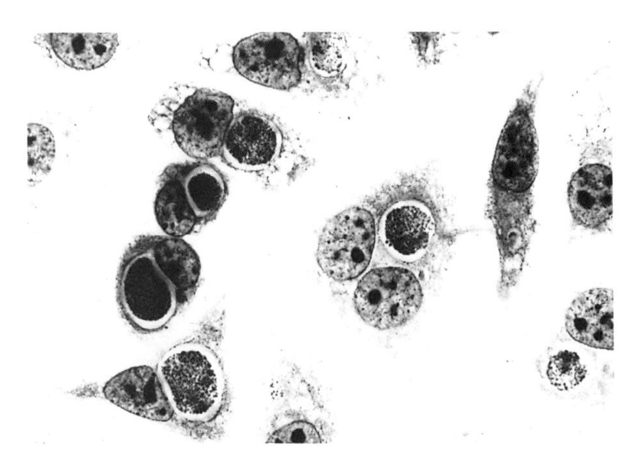

图 33-3　**培养阳性的沙眼衣原体 Giemsa 染色。**如图 33-1 图例所示，用一名 3 d 大婴儿的结膜刮片感染 McCoy 细胞。48 h 后，用甲醇固定培养物并进行 Giemsa 染色。感染的细胞有明显的胞质内包涵体，呈深紫色并有晕环。这些包涵体可将细胞核推向细胞的边缘。Giemsa 染色法也被成功地用于结膜刮片直接涂片染色，尤其是对婴幼儿，以检测沙眼衣原体感染的细胞

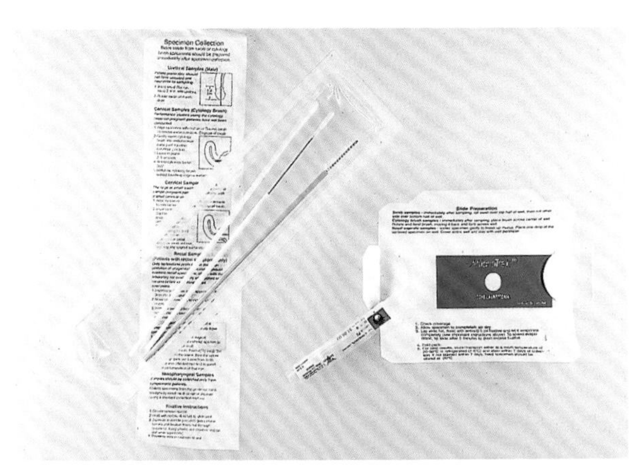

图 33-4　**沙眼衣原体 DFA 涂片采集试剂盒。**DFA 分析试剂盒可在市面上买到。如图所示，试剂盒中的工具包括一个细胞刷，一个常规涤纶拭子和一个用于收集尿道标本的微型尖端拭子，一个玻璃载玻片，一个载玻片架和固定剂

图 33-5　**沙眼衣原体 DFA 阳性试验。**DFA 试验是第一个商品化的试验，用于帮助实验室诊断沙眼衣原体引起的感染。为了进行 DFA 测试，需取得感染部位的细胞刮片，以优化上皮细胞的收集。制备并固定涂片后，用针对沙眼衣原体的脂多糖的单克隆抗体（Meridian Bioscience，Cincinnati，OH）　或 MOMP（Trinity Biotech Plc，爱尔兰威克洛）进行染色。随后在显微镜下检查涂片中是否有发出苹果绿荧光的 EB 或 RB。如图所示，可以看到较大的 RB 和较小的 EB。宿主上皮细胞因伊文思蓝染料而呈现红色。虽然可以检测到单个 EB 和 RB，但在本试验中很少看到完整的细胞含有包涵体。该检测可在 1 h 内完成，是最快速的衣原体检测方法之一

图 33-6　**用于衣原体培养的 shell vial。**用于衣原体培养的宿主细胞可在标准微量滴定板上生长，也可在无菌圆形盖玻片上生长，盖玻片适合 1-dram shell vial，如图所示。滴定板或小瓶可以离心，这是优化衣原体培养的关键步骤。离心应在 35~37 ℃下进行，以最大限度地使衣原体附着和感染宿主细胞。经过 48~72 h 的孵育后，对平板或 shell vial 的玻璃盖玻片进行染色，寻找受感染的细胞。培养法是医疗法律案件中诊断衣原体感染的推荐方法

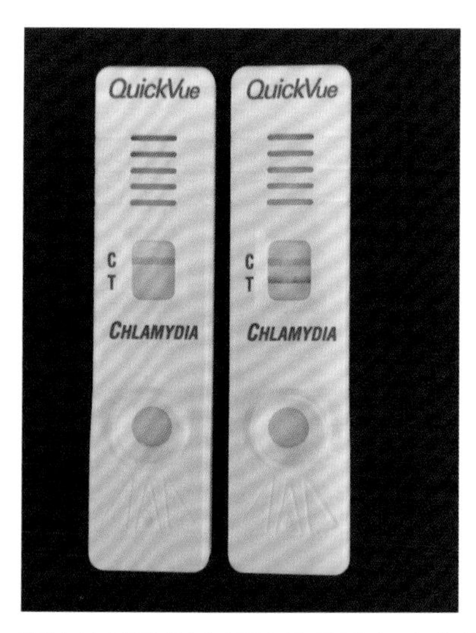

图 33-7　**直接检测沙眼衣原体的快速免疫分析。**目前，有几种商品化的基于抗原的检测方法，可用于直接检测生殖器标本中的沙眼衣原体。这些检测方法的敏感度和特异度都不如 NAAT 高。抗原分析的主要特点是快速且对操作技术要求低。在 QuickVue 衣原体测试（Quidel，San Diego，CA）中，利用了侧向流动免疫分析法，将从宫颈内拭子提取的样本放置在反应板底部的过滤器上，该过滤器包含彩色乳胶珠标记的小鼠衣原体抗体。如果标本中存在衣原体抗原，抗原 - 抗体复合物会向上迁移至过滤器。若反应区固定好的抗体能捕捉到该复合物，装置上靠近“T”的条带变红。提示结果为阳性。质控条带“C”包含兔多克隆抗体，该抗体能够结合蓝色质控标记。蓝色质控标记也会从底部孔向上迁移至反应区，从而验证样本向上迁移。此图中左侧为沙眼衣原体阴性，右侧为阳性

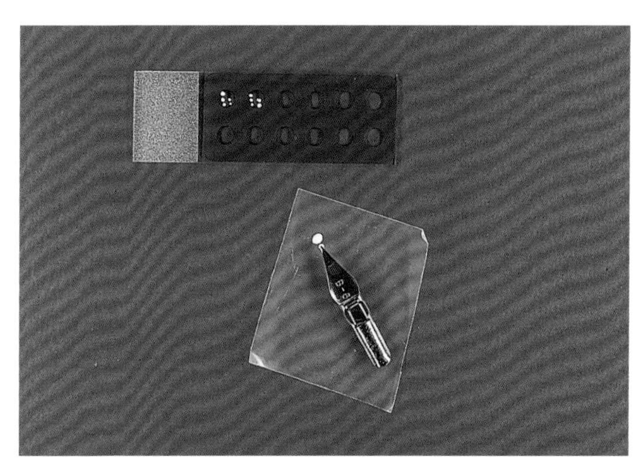

图 33-8　**MIF 分析玻片的制备。**在 MIF 分析中，EB 的纯化制剂作为抗原，在显微镜下观察载玻片。使用包含沙眼衣原体、肺炎衣原体和鹦鹉热衣原体主要血清型的 EB 作为抗原。宿主细胞的制备可用于提高衣原体抗原浓度，用作背景或非特异性对照。福尔马林处理过的抗原与卵黄囊混合，用于标记载玻片。如图所示，在多孔显微镜载玻片的每个孔中，有许多含抗原的点

图 33-9　**肺炎衣原体 MIF 阳性检测。**如图所示，EB 发出荧光清晰可见，提示肺炎衣原体单点抗原（图 33-8）呈阳性。在本试验中，将患者血清进行梯度稀释，滴入反应孔中，孵育并洗涤。加入标记有异硫氰酸荧光素的人免疫球蛋白二级抗体，培养并洗涤样品。然后在 400 放大倍数下检查载玻片是否存在荧光 EB。给定抗原的血清效价是能见到清晰荧光 EB 的血清最高稀释度的倒数。尽管该方法是衣原体血清学检测的金标准，但由于抗原制备的内在变异性和结果解释的主观性，其重复性较差

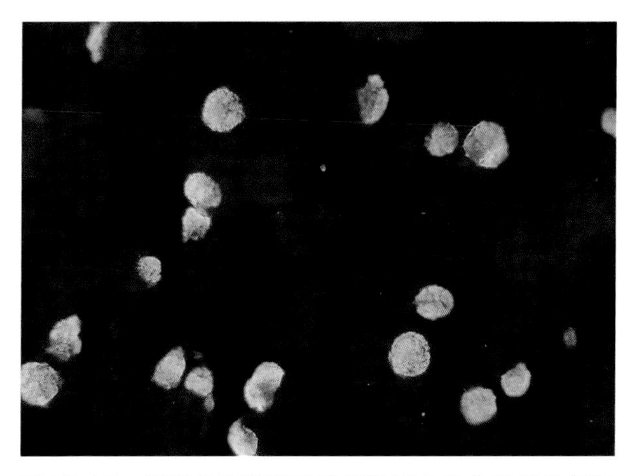

图 33-10　**间接免疫荧光法检测沙眼衣原体的阳性包涵体。**包涵体间接免疫荧光法是衣原体抗体血清学检测的一种替代方法。在该试验中，受感染的宿主细胞在多孔玻片上生长、固定并用于检测血清。如 MIF 所述（图 33-8 和 33-9），对人类血清进行梯度稀释并检测，在显微镜下读取分析结果。与 MIF 不同的是，在本实验中，检查者搜索单个荧光 EB，发现宿主细胞中的荧光细胞内包涵体则认为结果为阳性。在本示例中，血清标本的沙眼衣原体抗体呈阳性

第 34 章　支原体和脲原体

支原体（*Mycoplasma*）和脲原体（*Ureaplasma*）属于柔膜菌纲，有16种以上是人类致病菌，其中最常见的是肺炎支原体（*Mycoplasma pneumoniae*）、人型支原体（*Mycoplasma hominis*）、生殖支原体（*Mycoplasma genitalium*）、解脲脲原体（*Ureaplasma urealyticum*）和微小脲原体（*Ureaplasma parvum*）。支原体和脲原体常见于呼吸道和泌尿生殖道黏膜，可在血液中传播，尤其是在免疫功能低下患者中。生殖支原体和穿透支原体（*Mycoplasma penetrans*）经常从HIV-1感染患者的生殖道中分离出来。

肺炎支原体引起非典型肺炎，也称为行走性肺炎（walking pneumonia），占报告肺炎病例的10%~20%。肺炎支原体感染常见于年轻人（5~15岁）、老年人和封闭群体，如军人。肺炎支原体通过气溶胶飞沫传播，多数病例发生在秋季和冬季。大多数肺炎支原体感染无症状，在21%的无症状儿童的上呼吸道中发现了该病原体，在5%~10%有症状的个体中发现了该病原体。肺炎支原体感染的潜伏期为2~3周，之后出现发烧、头痛、不适和厌食，通常需要与肺炎衣原体感染进行鉴别诊断。在肺炎支原体中检测到一种ADP-核糖基化毒素，其DNA序列与百日咳毒素S1亚单位同源，称为社区获得性呼吸窘迫综合征毒素。在极少数情况下，肺炎支原体感染可出现肺外表现，包括脑膜脑炎、上行性麻痹、心包炎、关节炎和冷凝集素引起的自身免疫性溶血性贫血等。检查过程中分离到肺炎支原体具有临床意义，因为它不是正常菌群的一部分。

人型支原体和解脲脲原体与泌尿生殖道感染有关，但是这两种微生物都可以从大多数无症状、性活跃的个体中分离出来，因此它们在疾病中的作用仍有很大争议。解脲脲原体和微小脲原体最初被鉴定为解脲脲原体生物变型1和2，现在被划分为两个不同的菌种。目前尚未发现微小脲原体与人类的特定疾病有关。解脲脲原体可能在非淋菌性尿道炎和女性不孕症中起着重要作用。在盆腔炎和产后发热的患者中发现了人型支原体。这两种微生物都能引起新生儿感染，包括败血症、肺炎和脑膜炎等。它们的传播可能是经胎盘传播，也可能发生在分娩时。生殖支原体与大量尿道炎、宫颈炎、子宫内膜炎和盆腔炎相关。有研究表明，在引起生殖器官感染的微生物中，生殖支原体比解脲脲原体更常见，占男性持续性尿道炎的30%。已有研究报道生殖支原体与早产、自然流产和HIV-1感染有关。

发酵支原体（Mycoplasma fermentans）已从患有呼吸道感染的儿童和成人中分离出来。Mycoplasma amphoriforme已从抗体缺乏和慢性肺部疾病患者中分离出。这两种微生物在这些疾病中的作用尚不明确。

支原体是目前已知最小的自由生命体，其基因组长度小于600 kb。它们没有细胞壁，周围有三层细胞膜包裹。因此，它们形态多变，可能呈球形，直径为0.2~0.3 mm，也可能具有长达2 mm的杆状结构。由于缺乏细胞壁，革兰氏染色无法检测到支原体，且对β-内酰胺类抗生素的不敏感。

由于支原体没有细胞壁，它们对环境条件非常敏感。因此，体液、组织标本和拭子最好在床边接种。如果不能立刻进行接种，则应在采集标本后立即将其放置在2-SP（含蔗糖、胎牛血清和磷酸盐缓冲液）等培养基中运送至实验室。对于支原体、脲原体、衣原体和病毒，可使用含有抑制细菌和真菌生长的抑制剂的通用运输介质，该方法可以在大多数实验室中应用。标本采集后24 h内无法培养的，应在−70 ℃下冷冻。

支原体和脲原体可以在人工培养基中生长，但需要添加核酸前体和血清以提供生长繁殖所需的其他成分。SP4 葡萄糖肉汤和琼脂是培养肺炎支原体和人型支原体的最佳培养基，若需分离人型支原体，还必须添加精氨酸。添加 A8 作为固体培养基后，Shepard 10B 尿素肉汤（pH 6.0）可用于分离人型支原体和解脲脲原体。使用肉汤和琼脂组合的双相培养基也可在市面上买到。肉汤应在 37 ℃的大气条件下培养，琼脂平板应在 5%~10% 的 CO_2 条件下培养。由于解脲脲原体的脆弱性，应在培养的第一周内每天观察两次肉汤培养物，以检测尿素水解引起的颜色变化。

人型支原体菌落直径为 50~300 μm，由于菌落中心的生长渗透到琼脂培养基中，因此呈现“煎蛋”外观。肺炎支原体菌落呈球形。人型支原体生长迅速，可在 1~2 d 内形成菌落，肺炎支原体多生长缓慢，需要 2~3 周才能检测到菌落。豚鼠红细胞可黏附于肺炎支原体菌落，但不黏附于人型支原体菌落，这一特点可用于区分这两种微生物。总体来说，肺炎支原体的培养阳性率很低，因此，建议采用分子生物学方法对临床标本进行检测。解脲脲原体菌落较小，直径为 15~30 μm，这就是解脲脲原体被称为 T（微小）株支原体的原因。解脲脲原体培养 24~48 h 呈阳性，特征性菌落形态和尿素酶的产生可作为鉴定的依据。在含有尿素和氯化锰的琼脂上生长的菌落呈深金棕色。用于检测、鉴定、定量和进行抗生素敏感性测试的商品化试剂盒现已上市。此外，用于检测支原体和脲原体以及菌种鉴定的分子技术也得到了 FDA 的批准。

几种血清学检测方法可用于肺炎支原体感染的诊断。长期以来，冷凝集素试验都被用于肺炎支原体诊断，但该试验敏感性和特异性都较低。补体固定法总体来说是一种相对较好的方法，但在技术上要求很高。酶免疫分析法、间接免疫荧光分析法和间接血凝法也可用于检测肺炎支原体抗体，需要同时对急性期和非急性期血清标本进行 IgM 和 IgG 检测以确认血清转化，因此限制了这些检测的实用性。血清学方法在检测生殖道支原体感染方面的作用尚未被证实。

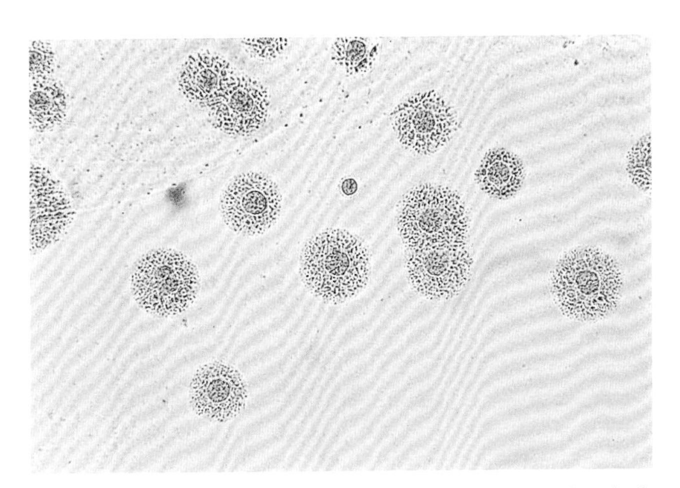

图 34-1　**A7 琼脂上的人型支原体。**人型支原体菌落具有典型的“煎蛋”外观，这是由于微生物的中心长入琼脂中，而菌落边缘生长比较表浅。菌落在培养 1~5 d 内出现，直径为 50~300 μm。人型支原体的典型菌落形态和精氨酸阳性的特征可作为鉴定的依据。特异性抗血清能抑制该微生物生长，可作为最终鉴定的依据

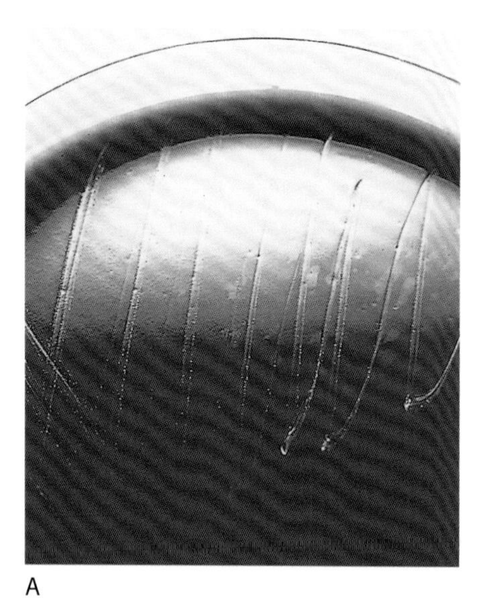

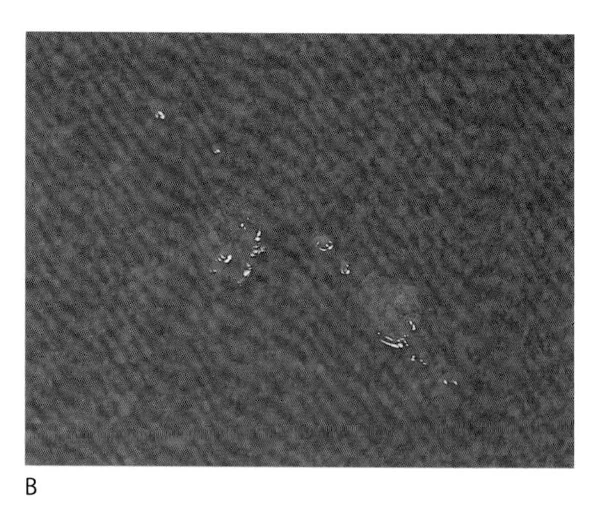

图 34-2 **巧克力琼脂平板上的人型支原体。**人型支原体是唯一能在细菌培养基（如巧克力平板和血琼脂平板）上生长的致病性支原体。在培养 3~4 d 后，可以观察到微小的半透明菌落（如图 A）。在高倍镜下，可以更好地观察菌落的露珠样外观（如图 B）。这些菌落经常被忽视，或者在它们肉眼可见之前就被丢弃

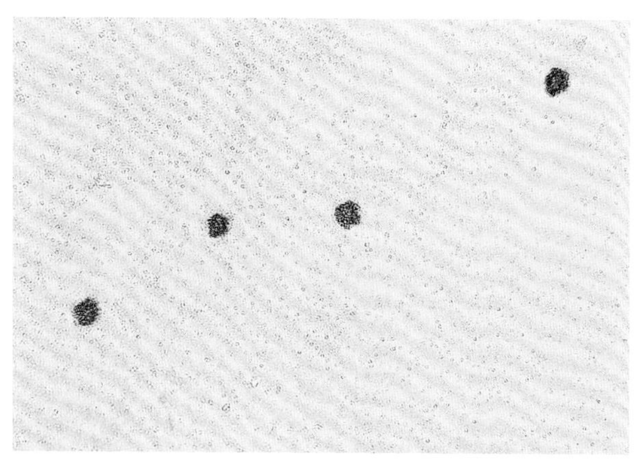

图 34-3 **A7 琼脂上的解脲脲原体。**解脲脲原体最初称为 T（意为微小）株支原体，可形成直径为 15~30 μm 的非常小的菌落。在 A7 琼脂上，由于解脲脲原体含有氯化钙和尿素，在菌落处形成黑色氯化铵钙沉淀。由于菌落非常小，它们可能被误认为是几种人为造成的物质，包括气泡、细胞碎片和培养基的其他成分。因此，需要通过尿素测试对其进行确定

图 34-4 **用于鉴别解脲脲原体的尿素试验。**解脲脲原体可快速水解尿素，引起培养基 pH 值的变化。由于培养基中存在酚红作为指示剂，使培养基颜色从黄色（左管）变为红紫色（右管）

图 34-5 **Mycotrim GU 三相培养系统。**商用 Mycotrim GU 三相培养系统（Fujifilm Irvine Scientific，Santa，CA）用于检测泌尿生殖系统标本中的人型支原体和解脲脲原体，由含有琼脂和肉汤的双相培养基组成，以酚红为指示剂。为了最大限度地减少其他微生物的生长，在接种样本之前，添加含有制霉菌素和头孢哌酮的纸片。烧瓶在 34~37 ℃下培养，24 h 后，用肉汤冲洗琼脂进行接种。应每 24 h 检查一次颜色变化。人型支原体的生长导致培养基从黄色（左烧瓶）变为橙红色（中间烧瓶），而解脲脲原体的生长导致红色（右烧瓶）。当颜色改变时，可以在显微镜下观察琼脂上的菌落。可使用含有二烯烃的染色剂，以便于检测菌落。只有当烧瓶不需要继续培养时，才能使用这种染色剂，因为培养出的微生物会被杀死

第 35 章 钩端螺旋体属、疏螺旋体属、密螺旋体属和短螺旋体属

钩端螺旋体属

基于 16S rRNA 序列分析，螺旋体由 5 个属组成：密螺旋体属（*Treponema*）、螺旋体属（*Spirochaeta*）、疏螺旋体属（*Borrelia*）、钩端螺旋体属（*Leptospira*）和短螺旋体属（*Brachyspira*，以前称为干腐菌 *Serpula*）。过去，使用血清学方法，将所有致病性钩端螺旋体血清型归于问号钩端螺旋体（*Leptospira interrogans*），而非致病性分离株被归类为双曲钩端螺旋体（*Leptospira biflexa*）。该命名法现已被基于 16S rRNA 测序的基因型分类方法所取代，其中 23 个基因物种包括钩端螺旋体的所有血清型。以下 10 种钩端螺旋体对人类具有致病性：亚历山大钩端螺旋体（*Leptospira alexanderi*）、阿尔斯通钩端螺旋体（*Leptospira alstonii*）、博氏钩端螺旋体（*Leptospira borgpetersenii*）、问号钩端螺旋体、克氏钩端螺旋体（*Leptospira kirschneri*）、*Leptospira kmetyi*、*Leptospira mayottensis*、*Leptospira noguchii*、*Leptospira santarosai* 和 *Leptospira weilii*。

钩端螺旋体属感染是世界范围内传播最广的人畜共患疾病，每年约有 100 多万病例，其中包括美国报告的 100 例，特别是在夏威夷。钩端螺旋体属可以在自然界独立生存，也可以在动物体内繁殖，特别是狗、老鼠和其他啮齿动物。人类是钩端螺旋体属传播链中的最终宿主，通过直接或间接接触动物尿液而感染。职业因素是人类感染钩端螺旋体的一个重要风险因素。最常见的污染源是受污染的水，因此，种植水稻的农民、挤奶工、下水道工人和游泳者是最易被感染的群体。钩端螺旋体属可通过皮肤、黏膜和结膜的小破口进入人体，从而感染人类。

大多数问号钩端螺旋体感染是无症状的，但在某些患者中，它们会导致两个时期的病程。感染后第一周内，钩端螺旋体通过血液传播。在 2~4 d 的短暂静止期后，免疫阶段开始。在败血症阶段，患者通常无症状或出现发热、寒战、头痛、腹痛、肌痛和结膜充血。在免疫期，可能出现黄疸、心律失常、肺部症状、无菌性脑膜炎、畏光、腺病和肝脾肿大等。5%~10% 的患者因肝肾衰竭而危及生命（威尔氏病）。

钩端螺旋体属的成员是专性需氧的，细长、螺旋盘绕细致，一端或两端呈钩状。菌体横截面直径约为 0.1 μm，长度为 6~12 μm。问号钩端螺旋体这个名字来源于该生物体的形状，它酷似带有一个钩的问号，而双曲钩端螺旋体的名字意味着它有“两个弯曲”，因为这些生物体的两端各有一个钩。钩端螺旋体属是右手螺旋，与密螺旋体属和螺旋体属的螺旋相比，螺旋非常紧密，每个生物体有 18 圈以上螺旋。两个近末端的周质鞭毛使这些生物体能够运动。通过光学显微镜观察，钩端螺旋体属是一种染色模糊的革兰氏阴性微生物，用石炭酸品红复染法能更好地显色。

在疾病的早期阶段，血液和脑脊液（CSF）是首选的标本，随着病程的进展，尿液是首选标本。应采集急性期和恢复期血清样本，以确定是否存在特异性抗体。尿液或脑脊液直接湿涂片可通过暗视野显微镜、相差显微镜发现钩端螺旋体，或直接荧光抗体染色呈阳性，但灵敏度较低。应注意伪影的存在，尤其是尿液中的伪影，可能会导致结果假阳性。

包括血液、脑脊液和尿液在内的样本可使用含血清的半固体培养基进行培养，如 Fletcher 培养基、Stuart 培养基、Ellinghausen 培养基或 PLM-5

培养基。向培养基中添加新霉素或 5- 氟尿嘧啶有助于抑制正常菌群的污染。一旦在宏观或暗视野显微镜下检测到钩端螺旋体生长，可将培养物转移到非选择性培养基中。最初，在数只含有 5 mL 培养基的试管中接种 1~2 滴血液或 0.5 mL 脑脊液。尿液样本在接种前需要稀释，以尽量减少尿液中其他微生物的过度生长。组织标本应切碎，将组织碎片覆盖在培养基上。培养物在 28~30 ℃下孵育 4 个月。在最初的 5 周内，每周取 1 滴培养液，在显微镜下检查，随后每隔一周检查一次。钩端螺旋体属的最终鉴定可使用血清学方法和核酸扩增试验进行。核酸检测的灵敏度与培养法相近甚至更高，其优点是可以在疾病的急性期确诊。单克隆抗体可从位于 Academisch Medisch Centrum（荷兰阿姆斯特丹）的 WHO/OIE 钩端螺旋体病参比实验室获得。大多数钩端螺旋体病病例是通过显微镜凝集试验进行血清学诊断的。在显微镜凝集试验中，急性期和恢复期血清与钩端螺旋体血清型悬液平行检测。钩端螺旋体的分类需要鉴定分离物的种类和血清型，并可通过 DNA 测序或基质辅助激光解吸电离飞行时间质谱（MALDI-TOF MS）完成。

疏螺旋体属

所有的疏螺旋体属都由节肢动物携带，除了回归热疏螺旋体（*Borrelia recurrentis*）和杜通氏疏螺旋体（*Borrelia duttonii*）只感染人类外，其他疏螺旋体都是从野生动物到以它们为食的蜱，再到其他野生动物，循环往复。钝缘蜱属的软壳蜱是回归热的虫媒，而硬蜱属的硬壳蜱是莱姆病的常见媒介。回归热疏螺旋体可通过人体体虱传播。

螺旋体属可分为 2 群，其遗传和表型特征有显著重叠：即回归热热疏螺旋体和莱姆病螺旋体。莱姆病是美国和欧洲最常见的虫媒传播疾病，由数种基因相关物种引起，称为伯氏疏螺旋体。伯氏疏螺旋体复合群包括 20 多个基因型，回归热疏螺旋体也有 20 个基因型。

回归热有两种形式，一种是由体虱携带回归热疏螺旋体引起的流行性回归热，另一种是蜱传播的地方性回归热，可由多种疏螺旋体引起，包括赫姆斯疏螺旋体（*Borrelia hermsii*）、Borrelia turicatae 和 Borrelia parkeri。最常见体虱传播的回归热，多发生在卫生条件差、居住拥挤和生活贫困的地区，回归热疏螺旋体通过体虱在人与人之间传播。蜱传播的回归热在蜱叮咬时通过唾液传播。临床上，在 2 种类型的回归热中，2~15 d 潜伏期过后，患者血中可检出大量疏螺旋体，伴有高热、肌肉疼痛、头痛和虚弱等。这一时期持续 3~7 d 后，症状突然消失，此时随着患者免疫反应增强，螺旋体血症消失。几天甚至几周后，该疾病往往会复发，临床表现较轻。回归热的复发是由疏螺旋体表面抗原的变化引起的，导致免疫系统暂时回避。

莱姆病的病原伯氏疏螺旋体（*Borreia burgdorferi* sensu lato）可分为不同的种类，其中一些对人类有致病性。该组包括严格意义上的伯氏疏螺旋体（*B. burgdorferi* sensu stricto）、*Borrelia bissettiae*、*Borrelia mayonii*、伽氏疏螺旋体（*Borrelia garinii*）、阿氏疏螺旋体（*Borrelia afzelii*）、瓦氏疏螺旋体（*Borrelia valaisiana*）、*Borrelia spielmanii* 和 *Borrelia bavariensis*。在亚洲，伽氏疏螺旋体和阿氏疏螺旋体是引起莱姆病的最常见病因；而在北美，仅从人类中分离出 *B. burgdorferi* sensu stricto、*Borrelia bissettiae* 和 *Borrelia mayonii*。与梅毒一样，莱姆病有 3 个临床阶段：早期局限病变期、早期播散性病变期和晚期。临床表现多为发烧、头痛、不适、疲劳和体重减轻等。约 60% 的患者出现慢性游走性红斑，这是硬蜱叮咬部位的一种皮肤损伤。皮损最初为黄斑，逐渐扩散形成环状红斑，中央部分颜色变淡。感染病原体后数天至数周，出现血行性播散，至其他器官和组织，患者出现发热、疲劳、头痛、肌痛和关节痛等。在疾病的晚期可能出现心脏、关节和中枢神经系统的受累。关节炎主要累及膝盖，是莱姆病最常见的慢性表现。

疏螺旋体属的成员是微需氧的革兰氏阴性螺旋形微生物，其大小为（0.2~0.5）μm ×（5~30）μm，有 3~10 个螺旋，末端有 7~20 个内鞭毛，使其具有活动能力。

用 Giemsa 染色法或 Wright 染色法对血液标本进行直接染色，可以检测疏螺旋体。在回归热患者的血液中能检测到螺旋体，但在莱姆病患者的血液中检测不到。Warthin-Starry 银染色或单克隆抗体可用于组织染色。核酸扩增技术在一些特殊样本（包括脑脊液、皮肤活检和关节滑膜液）的检测中具有较高的灵敏度。

人类血液标本中可培养出引起回归热的疏螺旋体，但从莱姆病患者的血液标本中培养出致病菌的阳性率很低，因此，建议从皮肤红斑周围采集皮肤活检标本。对关节炎患者建议进行关节液培养。在对引起回归热的疏螺旋体进行培养时，可选择 Barbour-Stoenner-Kelly 肉汤作为培养基，培养物应在 30~33 ℃的微需氧环境中培养 4~6 周。培养过程中，可使用暗视野显微镜进行定期监测，最终鉴定可使用特异性单克隆抗体或核酸扩增技术。在进行莱姆病疏螺旋体菌群培养时，可在 30~34℃的 Barbour-Stoenner-Kelly 肉汤或改良 Kelly-Pettenkofer 液体培养基中培养 2~3 周。最常用到的标本包括全血、血清、血浆和皮肤活检样本等。可以通过核酸检测和暗视野显微镜定期监测培养物。

由于直接检测、培养技术和分子学方法的敏感性较低，因此建议使用血清学试验来诊断莱姆病。对检测阳性和可疑阳性的血清学筛查结果应通过免疫印迹分析法进行确认。CDC 建议采用两步法检测方案。血清标本应首先用酶免疫分析法（EIA）、化学发光免疫分析法或间接荧光抗体试验进行检测，然后进行免疫印迹法。在疾病的早期阶段，应使用免疫印迹法检测 IgM，而在疾病的任何阶段均可进行 IgG 检测。该方法在疾病的早期灵敏度较低，仅为 30%~40%，在疾病晚期灵敏度可达 100%，特异性可达 98% 以上。在欧洲，莱姆病的血清学诊断更为复杂，因为在不同的地理区域引起疾病的伯氏疏螺旋体基因型不同。检测脑脊液中鞘内抗体的方法仍在研究中。梅毒螺旋体感染可导致莱姆病检查结果假阳性。因此，还应进行快速血浆反应素（rapid plasma reagin，RPR）试验。伯氏疏螺旋体的 IgM 抗体可在感染后 2 周检测到，其水平通常在感染第 2 个月达到峰值。在最初的 3~6 个月内可能无法检测到 IgG。IgM 和 IgG 抗体在感染后可持续阳性长达 20 年。抗原变异性和疾病的分期也可能影响血清学结果。

密螺旋体属和短螺旋体属

对人类致病的密螺旋体属包括 4 个种 / 亚种：引起性病梅毒的苍白密螺旋体苍白亚种（*Treponema pallidum* subsp. *pallidum*），引起地方性梅毒或称非性病性梅毒的苍白密螺旋体地方亚种（*Treponema pallidum* subsp. *endemicum*），引起雅司病的苍白密螺旋体细弱亚种（*Treponema pallidum* subsp. *pertenue*）和引起品他病的品他密螺旋体（*Treponema carateum*）。致病性密螺旋体只感染人类，目前还没有已知的动物宿主。此外，至少还有 6 种非致病性密螺旋体，目前认为是正常微生物群的一部分。齿垢密螺旋体（*Treponema denticola*）是口腔密螺旋体的原型，其存在与牙周疾病有关。*Brachyspira aalborgi*、*Brachyspira pilosicoli* 和人型短螺旋体（*Brachyspira hominis*）与人类肠道螺旋体病有关。

梅毒是由密螺旋体引起的最常见的疾病，多通过与一期或二期梅毒患者发生性接触传播。此外，先天性梅毒是经胎盘传播引起。据估计，全世界梅毒的流行率约为 1%。

梅毒的自然病程有三个阶段。第一阶段原发性病变，发生在接触后的前 3 个月内，在感染部位发生炎症反应。病变初始为丘疹，继而演变为溃疡或硬下疳，皮损坚固、单发或多发、无痛、不柔软，表面清洁，边缘凸起，直径可达 1~2 cm，并伴有局部淋巴结病。硬下疳通常会自愈。苍白密螺旋体通过血流迅速传播，在感染后 6 周至 6 个月进入病程的第二阶段。第二阶段可出现黏膜和皮肤上的皮疹，包括手掌和脚底；该阶段患者多有发烧、咽喉疼痛、头痛和全身淋巴结病，有时还会累及中枢神经系统。这一阶段也可无症状的或症状轻微。该阶段可持续数周，患者仍然具有高度传染性。在大约 30% 的病例中，疾病不再进展，在另外 30% 的病例中，发展为潜伏感染，不产生临床症状，但在其余 30%~50% 的病例中，2~20 年后发展为第三阶段。CDC 建议将术语“早期潜伏梅毒”和“晚期潜伏梅毒”分别改为“早期非原发性非继发性梅毒”（early nonprimary nonsecondary syphilis）和“持续时间未知或晚期梅毒”（unknown duration or late syphilis）。在第三阶段，心脏和中枢神经系统可能受累。可出现肉芽肿性病变，称为梅毒肉芽肿，涉及皮肤、骨骼和肝脏等其他器官。一般来说，患者在这一阶段没有传染性。

当苍白密螺旋体穿过胎盘并感染胎儿时，会导致先天性梅毒。母亲在怀孕期间感染苍白密螺旋体，会导致胎儿急性感染甚至死产。患有先天性梅毒的婴儿可能有多种畸形，包括间质性角膜炎、耳聋、神经梅毒以及骨骼和牙齿畸形。

由人类密螺旋体属感染引起的其他 3 种疾病，即非性病性梅毒（Bejel）、雅司病和品他病，都是非性病感染。非性病性梅毒，或称地方性梅毒，好发于炎热和干旱的地区。很难发现原发灶。在病程的第二阶段，可出现丘疹，继而发展为累及皮肤、骨骼和口咽的梅毒肉芽肿。雅司病在世界上热带潮湿地区都有发现，与梅毒相似。但其原发性病变表现为隆起的肉芽肿性病变，皮肤、骨骼和淋巴结出现晚期破坏性病变。品他病发现于中美洲和南美洲的热带地区，表现为皮肤的损伤，主要是丘疹，可导致疤痕，并伴有局部淋巴结病。

苍白密螺旋体直径 0.1~0.2 μm，长 6~20 μm，呈螺旋状，有 6~14 个螺旋。生物体的末端尖细，没有非致病性密螺旋体的钩状末端。两端有鞭毛，使其具有典型的螺旋状运动能力。

密螺旋体属不易培养，因此需用其他方法诊断梅毒。诊断的金标准是兔感染试验，但是这种方法仅用于实验室研究。在原发性和继发性梅毒，以及早期先天性梅毒中，可采集硬下疳底部或皮肤黏膜病变处的标本，通过暗视野显微镜观察运动性螺旋体，或直接荧光苍白密螺旋体抗体检测来进行诊断。当使用暗视野显微镜观察时，尤其是对口腔病变进行检测时，切记非致病性密螺旋体也是正常微生物群的一部分，这一点很重要。建议使用带有特异性抗体的免疫组织化学方法对组织中的生物体进行染色。

进行梅毒筛查，可检测血清中的非特异性梅毒抗体。如果试验结果为阳性，则需进行密螺旋体试验进行确认。硬下疳形成后 1~4 周内，血清学检查可能为阴性，但在梅毒的第二阶段，血清学检查的敏感性接近 100%。在疾病的晚期，非特异性梅毒抗体试验的敏感性较低。

非特异性梅毒抗体试验检测从密螺旋体和宿主细胞释放的脂质成分的抗体。用于该试验的抗原是一种含有心磷脂、胆固醇和卵磷脂的酒精溶液。快速血浆反应素（rapid plasma reagin，RPR）试验和性病研究实验室（Venereal Diseasc Research Laboratory，VDRL）试验是两种应用最广泛的非特异性梅毒抗体检测，可作为很好的梅毒筛查方法，但必须通过密螺旋体试验来确认，因为它们检测的是非特异性抗体。

在密螺旋体血清学试验中，使用在兔睾丸中生长的密螺旋体作为抗原来检测抗体。可作为非特异性梅毒抗体试验阳性者的确诊试验，也有助于在疾病后期检测抗体。此外，在非特异性梅毒抗体试验转阴后，接受治疗的患者中，血清学试验仍可为阳性。为了进行这些试验，首先用 Treponema phagedenis biotype Reiter 吸附患者血清，以去除非致病性螺旋体抗体。荧光螺旋体抗体吸附双重染色（fluorescent treponemal antibody adsorption double-staining，FTA-ABS-DS）试验和梅毒螺旋体颗粒凝集（T. pallidum particle agglutination，TP-PA）试验是两种最常用的螺旋体试验。FTA-ABS-DS 试验是一种间接荧光抗体试验，使用固定在载玻片上的梅毒螺旋体作为抗原。与人血清孵育后，添加四甲基罗丹明异硫氰酸盐标记的抗人免疫球蛋白抗体，并在荧光显微镜下观察样本。然后添加荧光素异硫氰酸酯标记的抗梅毒螺旋体结合物，以检测载玻片上的梅毒螺旋体。TP-PA 试验是一种被动凝集试验，使用经梅毒螺旋体致敏的明胶颗粒。特异性抗体与致敏颗粒反应，形成肉眼可见的颗粒。EIA 也可用于梅毒的血清学诊断。

在反向梅毒筛查中，首先使用螺旋体酶联免疫吸附试验（ELISA）检测血清样本。该方法使用重组抗原（特别是 15、17、44.5 和 47kDa 蛋白），这些抗原可诱导长期抗体反应，并对致病性密螺旋体具有特异性。除非怀疑有早期原发感染，否则 ELISA 检测结果为阴性的患者，应认为未感染梅毒螺旋体。对于疑似早期原发感染且 ELISA 阴性的患者，应在 2~4 周内再次采集标本进行检测。对 ELISA 阳性患者的标本应使用 RPR 试验进行复检。对于 RPR 试验阳性的标本，应进行滴度检测，以确定抗心磷脂抗体水平，该结果随后可用于评估治疗效果。对于上述患者，除非之前接受过治疗，否则需要进行抗梅毒治疗。

梅毒螺旋体检测中，ELISA 阳性而 RPR 阴性者，应使用另一种方法再进行验证。如果密螺旋体试验为阴性，最可能的解释是 ELISA 法密螺旋体筛查结果为假阳性。可在 2~4 周内采集新标本进行测试，以确认结果。如果第二次密螺旋体试验也呈阳性，患者很可能在过去接受过梅毒治疗。对于所有既往无梅毒病史的患者，都需要治疗。当患者的临床评估与实验室结果不匹配时，应在 2~4 周内采集新标本进行检测。目前还没有快速定性的非特异性或特异性密螺旋体抗体检测。

短螺旋体属（*Brachyspira* spp.）是厌氧菌，可在人类、狗、猪和鸟类中发现。短螺旋体属可从肠螺旋体病患者中分离出来的，呈逗号形或螺旋形，长 2~6 μm，宽约 0.2 μm，锥形末端含有鞭毛，可产生典型的螺旋运动。

短螺旋体属的革兰氏染色效果差，Warthin-Starry 银染色能清晰地显示短螺旋体属。由于短螺旋体属需要在厌氧条件下培养数周才能在培养基中生长，所以可通过核酸扩增技术、MALDI-TOF MS 或结肠活检标本的荧光原位杂交对短螺旋体进行快速鉴定。短螺旋体感染 / 定植在结肠中引起非炎症性病变，在成人通常无症状，而在儿童、男男性行为者和感染 HIV-1 的患者中可能出现疼痛和腹泻。螺旋体末端附着在上皮上，形成致密的栅栏状嗜碱性结构，用苏木精、高碘酸希夫或银染色观察，可以看到假刷状边界。含有短螺旋体的标本应在 37~42 ℃下、含有脑 – 心浸液琼脂或胰蛋白酶 – 大豆琼脂培养基中进行厌氧培养，培养基中添加 5%~10% 脱蛋白绵羊血或含抗生素（大观霉素、多黏菌素和万古霉素）的牛血，培养 1~2 周。菌落直径为 1~1.5 mm，浅灰色，弱 β - 溶血。在发生螺旋体血症（通常发生在免疫功能严重受损的患者中）的情况下，短螺旋体可以在一些血液培养系统中生长，生长时间为 10~15 d。

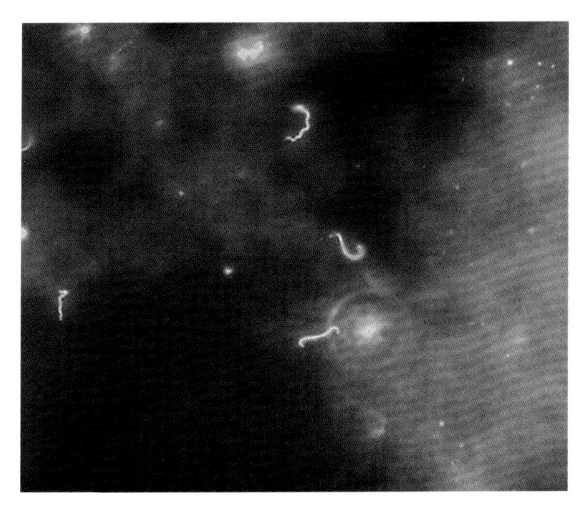

图 35-1　**暗视野显微镜下的问号钩端螺旋体。**钩端螺旋体属的成员有紧密的螺旋和钩状的末端。随着生物体的死亡，它们失去了这些螺旋和钩状末端（由美国加利福尼亚州圣安娜市奥兰治县卫生局提供）

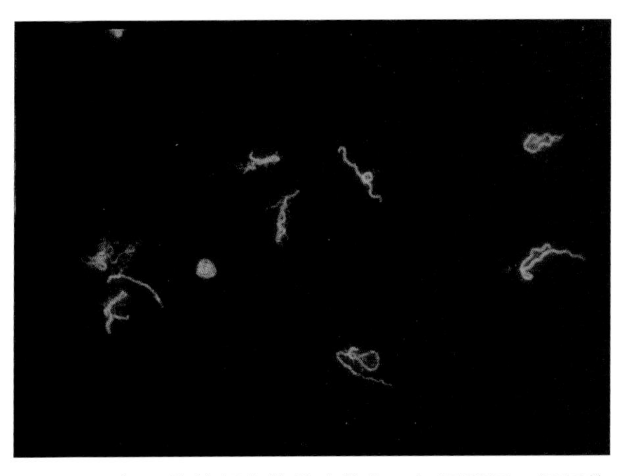

图 35-2　**问号钩端螺旋体荧光染色。**如图所示，问号钩端螺旋体螺旋紧密。其中的一株钩端螺旋体可以观察到钩状末端

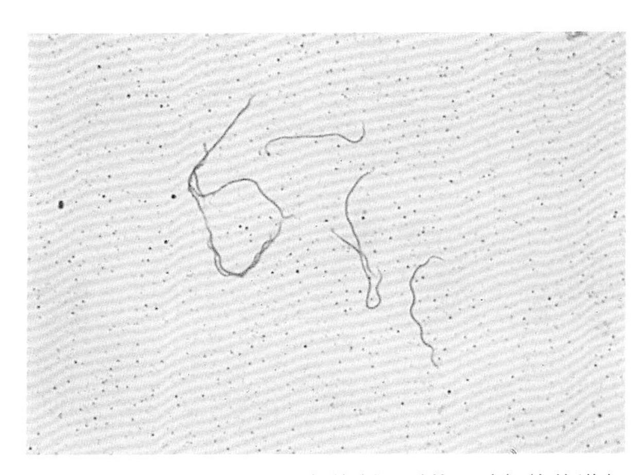

图 35-3　**用石炭酸品红做复染剂，对伯氏疏螺旋体进行革兰氏染色。**伯氏疏螺旋体是一种螺旋形的革兰氏阴性杆菌，大小为（0.2~0.5）μm×（5~30）μm。

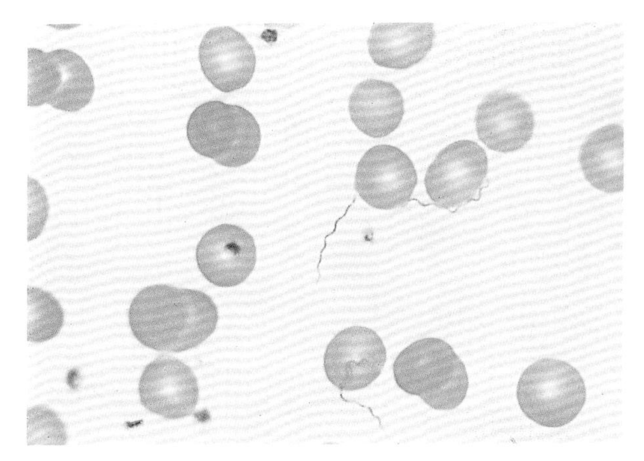

图 35-4　**外周血涂片 Wright 染色，可见赫姆斯疏螺旋体。**此处所示是将赫姆斯疏螺旋体纯培养物和收集在试管中的含肝素的外周血混合后涂片染色。请注意这些微生物的细长结构和松散的螺旋

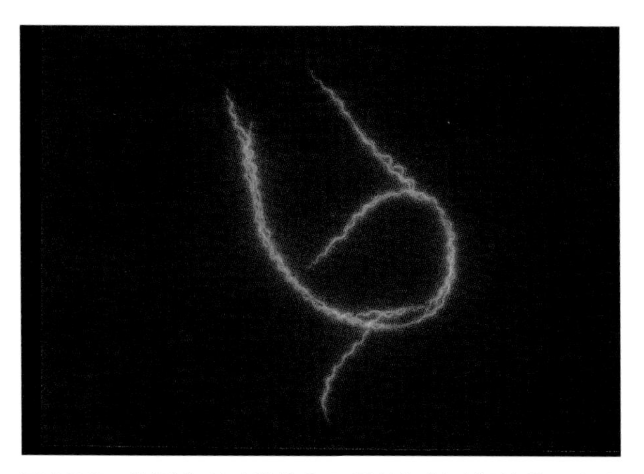

图 35-5 **外周血吖啶橙染色可见赫姆斯疏螺旋体。**血液样本的吖啶橙染色可大大提高螺旋体的检出率。此处所示是对赫姆斯疏螺旋体纯培养物与肝素化外周血混合后涂片染色

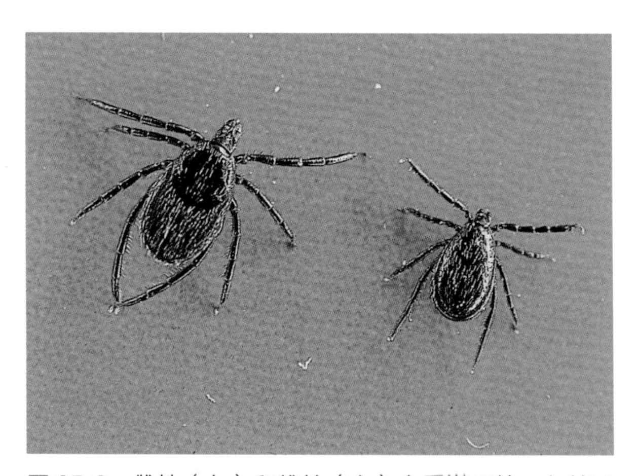

图 35-6 **雌性（左）和雄性（右）太平洋硬蜱。**在美国西部，太平洋硬蜱是伯氏疏螺旋体的节肢动物媒介。这些硬蜱在叮咬受感染的啮齿动物后将伯氏疏螺旋体传染给人类。如图所示，硬蜱与软蜱的区别在于背部表面前端有一块甲壳质板，即盾片（由美国加州大学尔湾分校艾伦 · G. 巴伯提供）

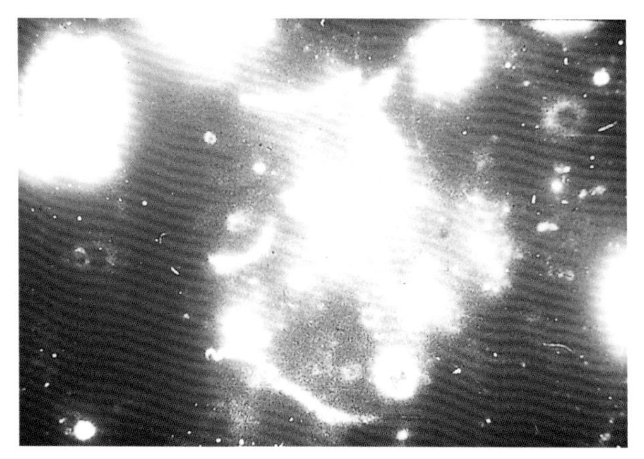

图 35-7 **暗视野显微镜下的苍白密螺旋体苍白亚种。**对从硬下疳采集的标本进行暗视野显微镜检查，发现苍白密螺旋体，看起来像一个细长的螺旋状软木螺钉。对新鲜标本进行观察可发现苍白密螺旋体的运动性，其运动性导致图像模糊（由美国加州大学 J. 米勒提供）

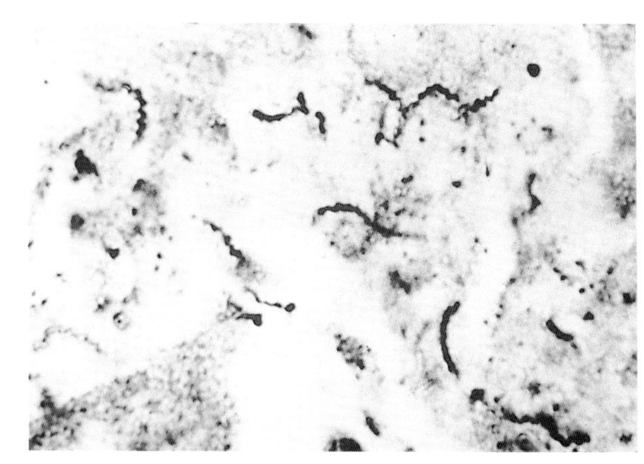

图 35-8 **先天性梅毒患者肝脏标本的银染色。**先天性梅毒患者肝脏标本的 Warthin-Starry 银染色可见梅毒螺旋体呈典型的紧密螺旋（由美国加州大学 J. 米勒提供）

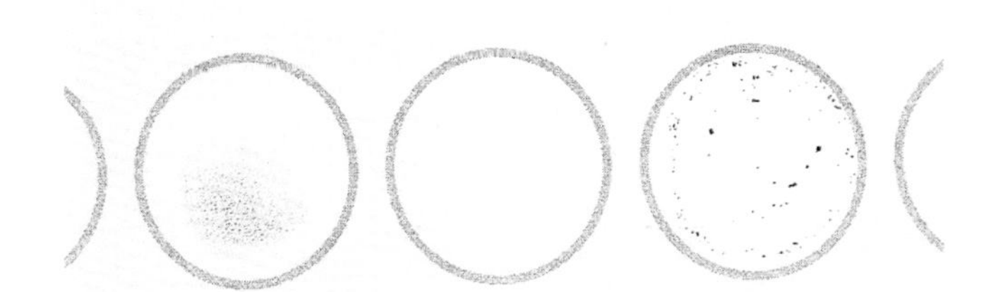

图 35-9 **RPR 环卡试验。**RPR 环卡试验是一种非特异性梅毒抗体试验，利用类脂颗粒的凝集作用来指示反应。碳颗粒与心磷脂结合，使反应肉眼可见。如图所示，左边的反应环为阴性，右边的为阳性。RPR 环卡试验可进行定性和定量检测

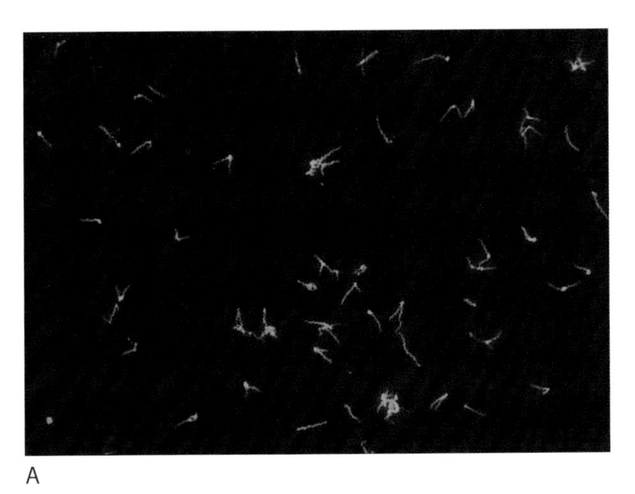

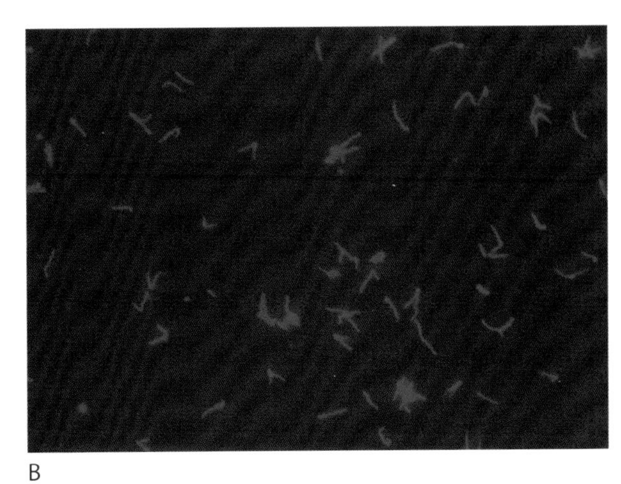

图 35-10 **FTA-ABS DS 试验。**苍白密螺旋体苍白亚种的 Nichols 株用作 FTA-ABS DS 试验的抗原。患者血清被非致病性 Treponema phagedenis Reiter treponeme 吸附后，将标本与抗原一起孵育。图 A，当标本中没有抗体时，使用异硫氰酸荧光素标记的抗苍白密螺旋体结合物复染来定位密螺旋体。图 B 为加入罗丹明标记的抗人免疫球蛋白，在具有特异性抗体的标本中，通过荧光显微镜观察，螺旋体呈橙色

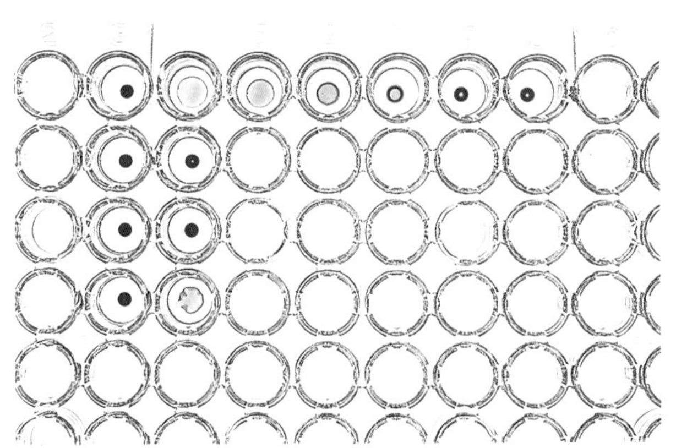

图 35-11 **苍白密螺旋体颗粒凝集试验。**吸附在明胶颗粒上的苍白密螺旋体作为血清型 TP-PA 试验的抗原（Fujirebio Diagnostics，Inc.，Malvern，PA）。顶行为质控物的滴度，患者标本加入其他检测孔中。未致敏的明胶颗粒作为非特异性反应性对照，在板子的最左列。如果反应孔内颗粒形成一个大环，其外缘粗糙，形状多样，周围有一个小圆圈，则该孔的得分为 1+。明胶颗粒凝结成片，覆盖反应孔底部，则得分为 4+。与 FTA-ABS DS 测试相比，该方法易于执行和判读，且不需要昂贵的设备。总的来说，该实验的敏感度比 FTA-ABS DS 稍低，但特异性更强

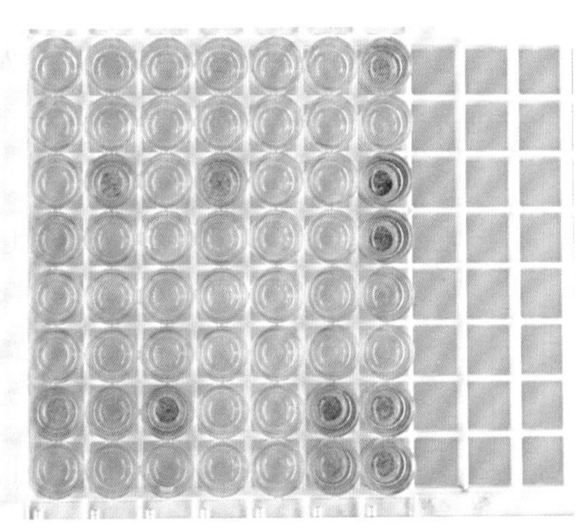

图 35-12 **Trep-Sure EIA。**Trep-Sure 梅毒总抗体 EIA（Trinity Biotech，Bray，Ireland）使用固定在微孔板上的特异性重组螺旋体抗原，是一种定性多价夹心分析法。向反应孔中添加患者样本和对照并清洗，抗原 - 抗体复合物随后与辣根过氧化物酶结合的密螺旋体抗原反应。第二次洗涤后，添加 3，3，5，5′ - 四甲基联苯胺作为过氧化物酶的底物。添加终止液，并用分光光度法（450 nm）检测所得黄色至黄棕色溶液。颜色强度与患者样本中存在的抗体量成正比

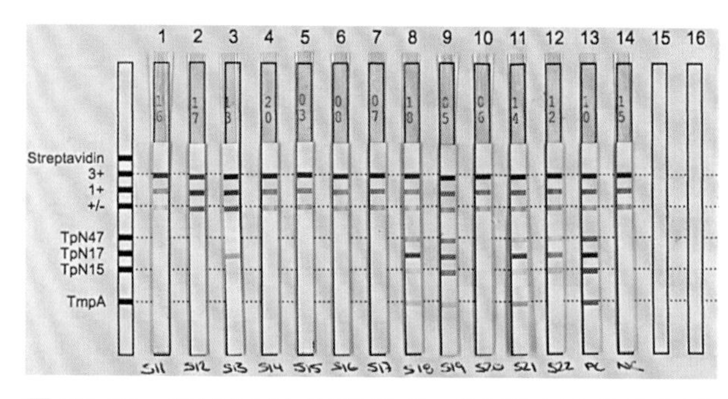

图 35-13　**INNO-LIA 梅毒评分。**INNO-LIA 梅毒评分（Fujirebio）分析是一种线性免疫分析法，使用 3 种重组抗原（TpN47、TpN17 和 TpN15）和 1 种来自梅毒螺旋体（Nichols 株）的合成肽（TmpA）检测患者血清中的抗密螺旋体 IgG 抗体。除梅毒抗原外，还包括四条对照线，用于对结果进行半定量评估，并验证试剂和样品的添加是否正确。这项检测被评估为梅毒血清学诊断的确认试验

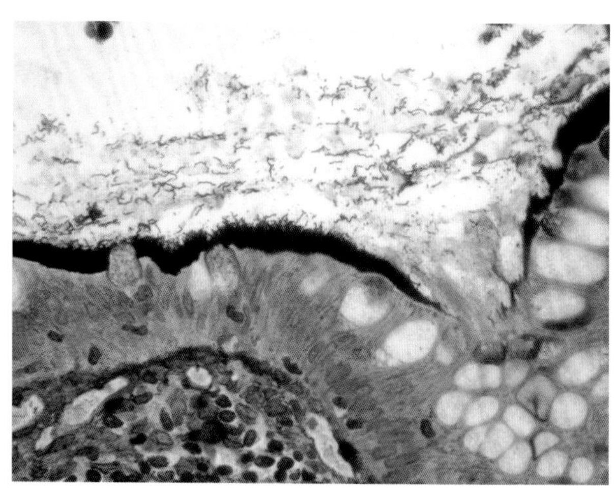

图 35-14　**短螺旋体的 Warthin-Starry 银染色。**短螺旋体末端附着在大肠上皮上，形成栅栏样结构。如图所示短螺旋体在大肠上皮边缘形成棕黑色刷子样结构。结肠腔中也观察到短螺旋体（由美国德克萨斯大学西南医学中心多米尼克 · 卡沃蒂提供）

第 36 章　立克次体属、东方体属、埃立克体属和柯克斯体属

立克次体属和东方体属

立克次体科包括立克次体属（*Rickettsia*）和东方体属（*Orientia*）2 个属。目前已命名了 20 多种立克次体，东方体属只有恙虫病东方体（*Orientia tsutsugamushi*）和中东东方体（*Orientia chuto*）两种。这些微生物都很小，大小约为（0.3~0.5）μm×（1~2）μm，生长在真核细胞的细胞质中。正因为如此，它们最初被认为是病毒。动物是这些微生物的天然宿主，人类只是通过节肢动物媒介传播的偶然宿主。

有几种立克次体可引起人类感染。表 36-1 列出了引起人类感染的立克次体的一些重要的流行病学特征。立克次体感染人类后主要引起两种疾病：斑点热和斑疹伤寒。在美国，最常见的是立氏立克次体（*Rickettsia rickettsii*），引起落基山斑点热（Rocky Mountain spotted fever，RMSF），每年约 500 例病例。安氏革蜱（ticks Dermacentor andersoni）和变异革蜱（ticks Dermacentor variabilis）是该病最常见的宿主和媒介。在美国，立氏立克次体感染大多发生在 4 月至 10 月间。经过大约 1 周的潜伏期后，被携带立克次体的蜱虫叮咬的患者会出现发热、寒战、头痛、腹痛、呕吐、肌痛和皮疹等。皮疹通常始于四肢，累及手掌和脚底，并蔓延至躯干。立克次体感染内皮细胞，增加血管通透性，并可导致局部出血。在某些情况下，会出现严重的并发症，包括呼吸衰竭和肾衰竭、胃肠道症状和脑炎等。

普氏立克次体（*Rickettsia prowazekii*）引起流行性斑疹伤寒（又称虱传斑疹伤寒），并通过体虱（Pediculus humanus humanus）在全世界范围内传播。普氏立克次体感染多发生在生活环境拥挤、卫生条件差的情况下，例如在饥荒和战争期间。在美国，这种感染更常见于东部各州，那里的松鼠多会受到感染。流行性斑疹伤寒的最初症状与 RMSF 相似，但仅在 30%~40% 的患者中会出现皮疹。心肌炎或中枢神经系统受累患者的死亡率高达 60%~70%。复发性流行性斑疹伤寒，被称为 Brill-Zinsser 病，可在初次感染后数年发生，通常临床症状轻微。

斑疹伤寒立克次体（*Rickettsia typhi*）是地方性斑疹伤寒或鼠斑疹伤寒的病原体，在世界范围内均有发现。美国每年报告的病例不到 50 例，但该病在温带和亚热带地区流行很广。主要媒介是鼠蚤、印鼠客蚤（Xenopsylla cheopis），啮齿动物是主要的宿主。感染斑疹伤寒立克次体 1~2 周后，出现与立氏立克次体感染相似的临床表现，但大多数患者皮疹仅局限于胸部和腹部。即使是未经治疗的患者，皮疹也会在 3~4 周内消退。

帕克立克次体（*Rickettsia parkeri*）感染引起的疾病临床表现较轻，在蜱虫叮咬部位可出现结痂，伴有肌痛、发烧、头痛、皮疹和罕见的局部淋巴结炎。猫立克次体（*Rickettsia felis*）感染与猫蚤的地理分布相一致，其临床表现尚不明确。

丛林斑疹伤寒是由恙虫病东方体（过去归为立克次体）引起的。螨虫是这种感染的宿主和媒介。这种疾病是“恙虫病三角区”的地方病，从日本延伸到巴基斯坦、阿富汗和澳大利亚，每年造成 100 万例感染。美国的感染通常是输入性的。经过 1~2 周的潜伏期后，感染者出现发热、头痛和肌痛，约 50% 的患者出现皮疹，皮疹从躯干开始，并蔓延至四肢。网状内皮系统可受累，并伴有心血管和中枢神经系统并发症。如果疾病得不到治疗，30% 的感染者可能会死亡。目前为止，仅有 1 例人类中东东

表 36-1 常见立克次体和东方体感染的流行病学

微生物	疾病	媒介	宿主	分布
立氏立克次体	落基山斑点热	蜱	蜱，啮齿动物	西半球
非洲立克次体	非洲蜱叮咬热	蜱	蜱	非洲，加勒比
澳大利亚立克次体	昆士兰蜱传斑疹伤寒	蜱	蜱	澳大利亚
小蛛立克次体	立克次体痘	螨	螨，啮齿动物	美国，俄国，韩国，墨西哥，土耳其
康氏立克次体	地中海斑点热（纽扣热）	蜱	蜱	地中海国家，亚洲，非洲
猫立克次体	蚤传斑点热	不确定	猫	美洲，非洲，欧洲
黑龙江立克次体	远东蜱传斑点热	蜱	蜱	俄罗斯
本氏立克次体	弗林德斯岛斑点热	蜱	蜱	澳大利亚，泰国
日本立克次体	日本斑点热	蜱	蜱	日本，韩国
帕克立克次体	美国蜱咬热	蜱	蜱	北美和南美
普氏立克次体	流行性斑疹伤寒	虱	人类，啮齿动物	世界范围
西伯利亚立克次体	北亚蜱传斑疹伤寒，淋巴管炎相关立克次体病	蜱	蜱	非洲，亚洲，欧洲
斯洛代克立克次体	蜱传淋巴结病	蜱	不确定	欧亚大陆
斑疹伤寒立克次体	地方性斑疹伤寒	蚤	啮齿动物	世界范围
恙虫病东方体	丛林斑疹伤寒	螨	螨，啮齿动物	亚洲，澳大利亚

方体感染病例报道。

为了诊断立克次体感染，应在感染过程的早期采集肝素化血液进行分离培养和血清学检测。需要进行培养的标本应尽快送至实验室或在 −70 ℃储存。普氏立克次体、立氏立克次体、斑疹伤寒立克次体和康氏立克次体具有生物安全威胁，低剂量的气溶胶暴露即可引起感染，因此立克次体的分离需要在生物安全Ⅲ级实验室进行。对皮肤损伤的穿刺活检标本也可用于免疫组织化学、培养或分子分析。核酸扩增试验（NAAT）是敏感性最高的检测方法，尤其是对结痂处采集的标本。立克次体也可以进行组织培养或鸡胚胎培养。进行组织培养时，可以用到 shell vials 中生长的细胞系，如 Vero、L-929 或 MRC5，将标本处理离心后进行接种。在 34 ℃，5% CO_2 环境中培养 48~72 h，然后对细胞单层进行染色。该属微生物用革兰氏染色法不易着色，可用 Giemsa 染色法、Gimenez 染色法或荧光抗体染色，可以更好地观察到生物体。单克隆抗体或 NAAT 现在用于临床分离株的鉴定。

外 – 斐试验（Weil-Felix，test）应用变形杆菌抗原，多年来一直被用作立克次体疾病初步诊断的血清学试验。间接免疫荧光法是目前血清学检测的金标准。商品化的抗原可用于区分斑点热和斑疹伤寒。乳胶凝集试验、酶免疫分析和 westernblot 分析也可用于血清学诊断。最理想的情况下，应检测急性期和恢复期的标本。抗体滴度或血清转化率增加 4 倍具有诊断意义。

埃立克体属、无形体属、新立克次体属和沃尔巴克体属

在立克次体目（Rickettsiales）无形体科（Anaplasmataceae）中，有 5 个属：埃立克体属（*Ehrlichia*），包括尤因埃立克体（*Ehrlichia ewingii*）和查菲埃立克体（*Ehrlichia chaffeensis*）；无形体属（*Anaplasma*），包括嗜吞噬细胞无形体（*Anaplasma phagocytophilum*），以前称为嗜吞噬细胞埃立克体；新埃立克体属（*Candidatus Neoehrlichia*）；新立克次体属（*Neorickettsia*），包括腺热新立克次体（*Neorickettsia sennetsu*）和沃尔巴克体属（*Wolbachia*），详见表 36-2。前 3 种是通过蜱传播的，腺热新立克次体是通过食用受感染的鱼而获得感染。沃尔巴克体属不是人类的病原体。这些微生物是革兰氏阴性的专性细胞内生物，在宿主膜源性细胞质液泡内复制，形成桑葚胚。宿主细胞最终破裂，释放致病微生物，使其他细胞受到感染。最常受到感染的是起源于造

表 36-2　已知引起人类感染的无形体属、埃里希体属和新立克次体属

微生物	疾病	媒介	宿主	分布
嗜吞噬细胞无形体	人粒细胞无形体病	全沟硬蜱群	鹿、羊、白脚鼠	美洲、欧洲、亚洲
查菲埃立克体	人单核细胞埃立克体病	美洲花蜱，变异草蜱	白尾鹿，狗	世界范围
尤因埃立克体	尤因埃立克体病，犬埃立克体病	美洲花蜱，变异草蜱	犬科动物，白尾鹿	世界范围
腺热新立克次体	腺热病	不明确，可能通过吞食感染	吸虫感染的鱼类	亚洲

血系统的宿主细胞。埃立克体属、无形体属和新立克次体属具有两种形态。一种是小而致密型，大小为 0.2~0.4 μm，一种是较大的网状体（无形体和埃立克体），或是轻型（新立克次体），大小为 0.8~1.5 μm。

埃立克体可引起人畜共患病，在蜱虫叮咬后传播给人类。最常见的致病微生物是引起人类单核细胞埃立克体病的查菲埃立克体，引起人类尤因埃立克体病的尤因埃立克体，以及蜱传埃立克体亚体（*Ehrlichia muris* subsp. *eauclairensis*），引起小鼠单核细胞埃立克体病。导致人类感染的其他物种还包括 Panola Mountain Ehrlichia species 和犬埃立克体。查菲埃立克体主要分布在美国南部地区，与孤星蜱（Ambleyomma americanum）的位置分布一致，该生物体可以栖息在多种宿主身上，主要是白尾鹿和家养狗。该蜱也传播尤因埃立克体，而蜱传埃立克体亚种由吸食白脚鼠血液的肩突硬蜱（Ixodes scapularis）传播。每年向美国疾病预防控制中心报告的查菲埃立克体感染约有 1000 例，尤因埃立克体和蜱传埃立克体亚种感染有 10 例。这些感染大多发生在夏季。蜱传埃立克体亚种感染仅在明尼苏达州和威斯康星州有报道。这些感染很少通过器官移植或输血传播。这些微生物感染的诊断很困难，因为存在明显的血清学交叉反应，但核酸检测可以作为明确诊断依据。

腺热新立克次体（引起腺热）在日本和亚洲其他地区有报道，多是通过食用含有这种微生物的吸虫感染的生鱼而引起。每年报告的病例约 100 例。腺热患者的临床表现与传染性单核细胞增多症相似，包括发热、寒战、头痛、虚弱无力、喉咙痛、厌食和全身淋巴结病等。外周血中可观察到非典型淋巴细胞。

新埃立克体病是一种新出现的蜱传人类传染病，好发于亚洲和欧洲，主要影响免疫功能低下的患者，由“Candidatus Neoehrlichia mikurensis，”引起，以全沟硬蜱（Ixodes persulcatus）和其他蜱为媒介。

嗜吞噬细胞无形体是人类粒细胞无形体病（human granulocytic anaplasmosis，HGA）的病原体，以前称为人类粒细胞埃立克体病（human granulocytic ehrlichiosis），大部分在美国发现，欧洲和加拿大也有病例报告。全沟硬蜱复合群，包括美国的肩突硬蜱（黑腿蜱）、欧洲的太平洋硬蜱（西部黑腿蜱）和蓖麻硬蜱（蓖麻豆蜱）是该病的媒介。在亚洲，全沟硬蜱（泰加蜱）是其媒介。这些蜱虫也是莱姆病病原体伯氏疏螺旋体的媒介，因此，患者可能同时感染这两种病原体。白脚鼠、花栗鼠、田鼠和其他野生啮齿动物是主要的宿主。HGA 是继斑点热立克次体病之后，美国最常见的立克次体病，每年报告病例约 2000 例。大多数有症状的 HGA 病例发生在春季和夏季，即若虫寻求宿主行为的高峰期。在 10 月份会出现一个小高峰，即成虫寻求宿主的时候。偶尔有通过血液制品和胎盘传播的病例报告。在人类中发现的其他无形体属微生物还有山羊无形体（*Anaplasma capra*）和绵羊无形体（*Anaplasma ovis*）。

查菲埃立克体感染的临床表现可无症状，也可能危及生命。经过 1~2 周的潜伏期后，患者出现发热、不适、头痛、肌痛和恶心。皮肤瘀点、黄斑和黄斑丘疹在儿童中很常见，但在成人中不太常见。也可能出现胃肠道、骨关节和中枢神经症状。检查患者血液多会发现肝转氨酶水平升高、血小板减少、白细胞减少伴淋巴细胞减少和（或）中性粒细胞减少。HIV-1 感染、使用皮质类固醇、使用免疫抑制剂或糖尿病患者的免疫功能低下，易发生严重并发症。尤因埃立克体和蜱传埃立克体亚种感染的

临床表现与查菲埃立克体感染相似。

HGA 的临床表现与 RMSF 患者的临床表现相似，但只有不到 10% 的患者会出现皮疹，而白细胞减少和血小板减少很常见。

为了诊断以上微生物的感染，可以收集含有 EDTA 的患者血液标本或脑脊液，进行培养、组织学分析、NAAT 或特异性抗体的血清学检测。用 Giemsa 染色或 Wright 染色检测粒细胞内是否存在细胞内桑葚胚，对 HGA 有诊断价值，但对诊断查菲埃立克体感染的敏感性较低。在 50%~80% 的 HGA 病例中可观察到桑葚胚。对这些微生物的直接检测，可用 NAAT 检查全血或汇集白膜层中受感染的白细胞。一些组织培养细胞系，包括 DH82、THP-1、HEL-22、HL-60 和 Vero 细胞，可用于这些物种的分离。培养时间从几天到一个月不等，再通过 NAAT 确认是否存在这种微生物。血清学检测可采用间接荧光抗体分析法，在玻片固定埃立克体 / 无形体感染的细胞，或采用免疫印迹分析。急性期和恢复期血清检测可显示 IgG 滴度或血清转化率上升 4 倍，是最终诊断的依据，但是这些微生物之间存在大量的交叉反应。所有试验均应在生物安全Ⅱ级条件下进行。

柯克斯体属

20 世纪 30 年代首次分离了贝氏柯克斯体（*Coxiella burnetii*），因为其细胞内复制、体积小、染色特征和从蜱中分离出，最初被归类为立克次体科。随着研究的深入，逐渐发现这种微生物具有特征，并且在遗传学上与立克次体是不同的。贝氏柯克斯体感染可导致 Q 热，这是一种空气传播的人类传染病，蜱偶尔作为媒介。贝氏柯克斯体感染巨噬细胞并在吞噬体内发育。贝氏柯克斯体有小细胞变异株和大细胞变异株。小细胞变异株大小为 0.2 μm × 0.5 μm，不分裂，但具有传染性，像孢子一样；大细胞变异株，大小为（0.4~1.5）μm ×（0.2~0.5）μm，分裂方式为二分裂。贝氏柯克斯体在自然界中分布广泛，在恶劣的环境条件下可以存活多年。农场动物，包括牛、羊和山羊，以及狗、猫和兔子，是其主要的宿主。人类感染贝氏柯克斯体，多是受感染动物分娩期间气溶胶传播的结果，或者是饮用生牛奶或羊奶。人类感染所需的剂量仅为 1~10 个活的贝氏柯克斯体，因此，接触动物的人很容易感染。在美国，普通人群的血清阳性率为 3%，而兽医的血清阳性率为 22%。在加拿大和荷兰，饲养家畜的工人血清阳性率为 60%~70%。

大多数人类感染贝氏柯克斯体后都无症状，少数情况下，会出现急性和慢性症状。急性感染症状常在 3 周的潜伏期后出现，如发热、寒战、头痛和肌痛。有些患者可发展为非典型肺炎，一些病人有肝脾肿大。这些患者的肝活检可见典型的甜甜圈状（或环状）纤维蛋白肉芽肿。亚急性心内膜炎是慢性 Q 热最常见的表现，多发生于有潜在心脏损害的患者。慢性感染主要发生在免疫缺陷患者中。此外，有些患者会出现感染后慢性疲劳综合征。在怀孕的女性中，贝氏柯克斯体可感染胎盘和胎儿，导致流产。

在柯克斯体感染的急性期，可用感染的单层细胞作为抗原，检测急性期和恢复期血清样本，从血清学上对 Q 热进行实验室诊断。间接免疫荧光抗体试验是确定感染的首选试验，但酶联免疫吸附试验也具有良好的特异性和敏感性。贝氏柯克斯体有抗原相位变化，因此，可以检测到针对Ⅰ期和Ⅱ期抗原的抗体。Ⅰ期病原体具有完整的脂多糖抗原，而Ⅱ期病原体没有完整的脂多糖抗原。在急性反应期间，抗体主要针对Ⅱ期抗原，而在慢性感染期间，抗体反应针对Ⅰ期和Ⅱ期抗原。血清转化或特异性 IgM 的存在可诊断急性原发性 Q 热。当Ⅰ期抗原的滴度为 1∶800 或更高时，可诊断为慢性感染。对受感染动物的处理以及该生物体的培养必须在生物安全Ⅲ级实验室中进行，因为该病原体的感染剂量较低，且有可能产生气溶胶。培养柯克斯体属可以使用组织培养，感染单层细胞（如 Vero 和 HEL 细胞），在 shell vials 中进行。也可在胚胎卵黄囊中进行，或接种实验动物，如小鼠和豚鼠。直接免疫荧光法可用于直接检测心内膜炎患者组织标本中的贝氏柯克斯体。目前，NAAT 也可用于贝氏柯克斯体的检测和鉴定。在感染后的最初两周，患者血液和血清的 NAAT 检测呈阳性。而在疾病的慢性阶段，组织（如心脏瓣膜）标本阳性。一些推荐用于诊断慢性期的检查包括超声心动图和 18F- 氟脱氧葡萄糖正电子断层扫描 – 计算机扫描（PET-CT，18F-fluorodeoxy-glucose positron emission tomography-computed tomography）。

图 36-1　**立克次体抗体的微量免疫荧光试验。**为了进行微量免疫荧光分析，将待测立克次体抗原的悬浮液固定在多孔玻片上。将血清样品加入载玻片上并孵育，然后添加荧光标记的抗人免疫球蛋白抗体。有荧光绿色微生物是为阳性反应，提示患者感染该微生物。本图中检测到的是立氏立克次体抗原

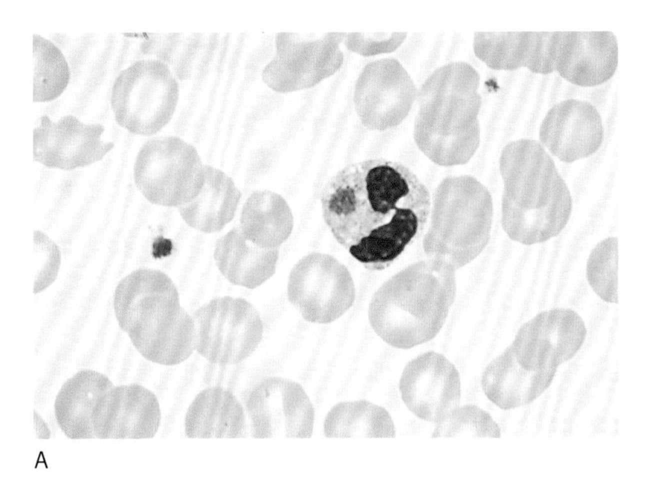

A

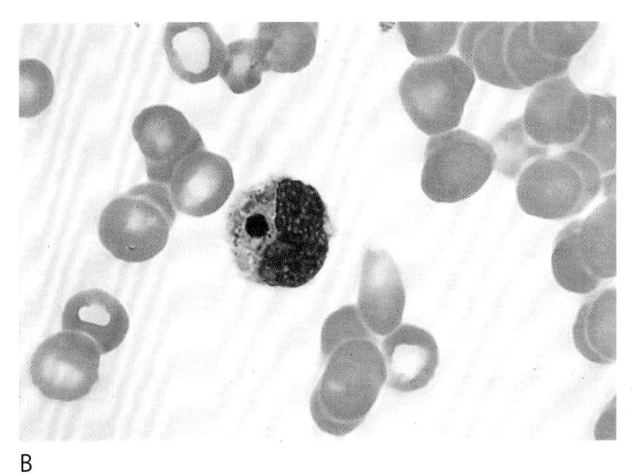

B

图 36-2　**Wright 染色，图 A 为外周血涂片，显示尤因埃立克体的桑葚胚，图 B 为汇集白膜层，显示查菲埃立克体的桑葚胚。**在埃立克体病患者的外周血中，偶尔可以检测到粒细胞中尤因埃立克体产生的桑葚胚，或单核细胞中尤因埃立克体产生的桑葚胚。如图所示，桑葚胚较小（最大直径 2~3 mm），嗜碱性，是一种胞质内包涵体。这些包涵体代表在感染细胞的细胞质中复制的埃立克体的膜结合簇（由美国佐治亚州亚特兰大市疾病控制预防中心克里斯托弗 · 帕多克提供）

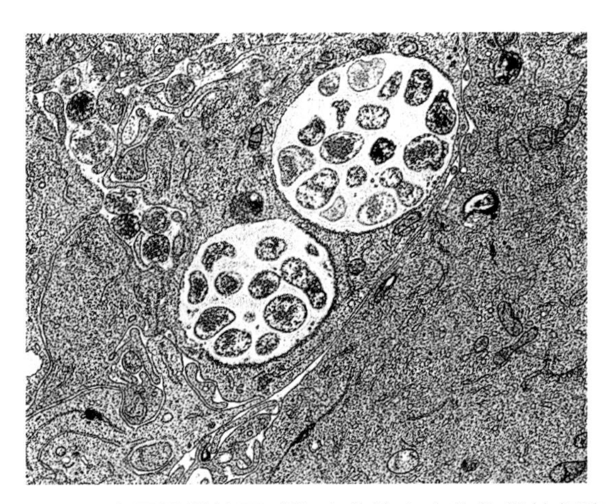

图 36-3　**电子显微镜下感染查菲埃立克体的单核细胞。**这张电子显微照片显示了查菲埃立克体产生的两个胞质内包涵体。桑葚胚最终可以从单核细胞中释放出来（由美国蒙大拿州汉密尔顿国家过敏和传染病研究所洛基的实验室泰德 · 哈克斯塔特提供）

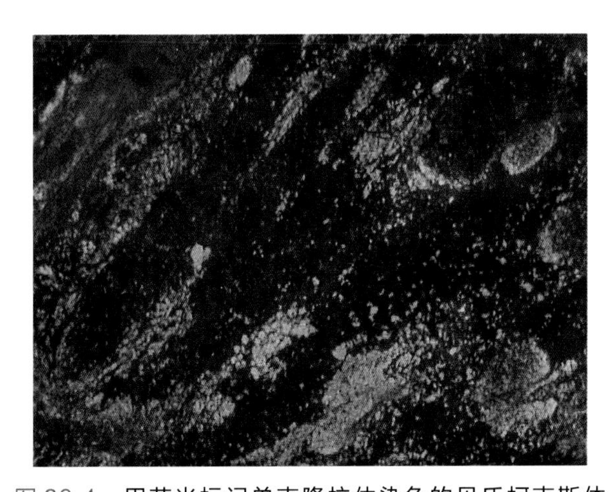

图 36-4　**用荧光标记单克隆抗体染色的贝氏柯克斯体 Shell vial 培养物。**用阳性样本感染 HEL 细胞单层，7 d 后用特异性荧光标记单克隆抗体染色。染色显示吞噬体内生长的微生物（由法国马赛法国国家铁路局厄普雷萨 Rickettsies 分队菲利普 · 布罗吉提供）

图 36-5 **贝氏柯克斯体致心内膜炎患者的心脏切片。**图中显示了一例贝氏柯克斯体感染的心内膜炎患者心脏瓣膜标本碱性磷酸酶免疫组化染色。这些生物体在单核细胞内呈粉红色（由美国马里兰州巴尔的摩约翰·霍普金斯医疗机构 J. 斯蒂芬·杜姆勒提供）

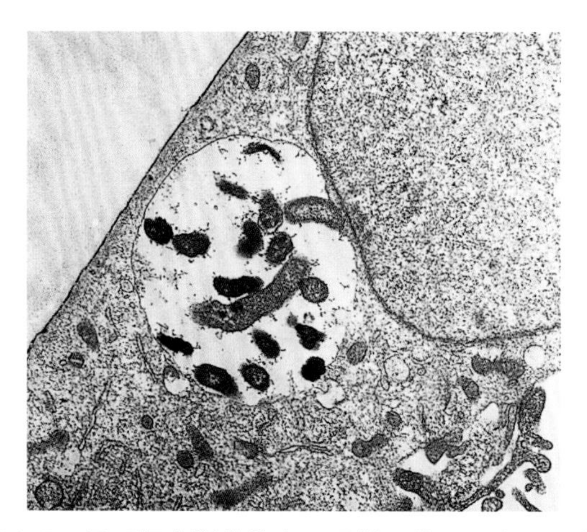

图 36-6 **贝氏柯克斯体的电子显微照片。**图中所示为培养的感染贝氏柯克斯体的细胞。在胞质液泡内可以观察到大量微生物（由美国蒙大拿州汉密尔顿国家过敏和传染病研究所洛基的实验室泰德·哈克斯塔特提供）

图 36-7 **美洲钝眼蜱属的雌性孤星蜱。**美洲钝眼蜱是一种硬壳蜱，传播立氏立克次体（导致 RMSF）和查菲埃立克体，同时也是一种伯氏疏螺旋体的媒介。虽然它最常见于得克萨斯州和路易斯安那州，但它在整个美国都有分布。如图所示，这种蜱虫可以通过背部的白点（孤星）来识别（由美国加州大学尔湾分校艾伦 G. 巴伯提供）

第 37 章　惠普尔养障体

惠普尔养障体（*Tropheryma whipplei*）属于放线菌门（Actinobacteria），与鸟分枝杆菌 - 胞内分枝杆菌（*Mycobacterium avium-Mycobacterium intracellulare*）和副结核分枝杆菌（*Mycobacterium paratuberculosis*）有远亲关系，这可以解释为什么这些微生物感染的临床表现具有一些相似性。

惠普尔养障体是一种革兰氏阳性杆菌，革兰氏染色不良，抗酸染色阴性。惠普尔氏病最初被定义为肠道脂肪营养不良。其特征性临床表现有腹泻、体重减轻、腹痛、淋巴结病、发热、关节痛和皮肤色素沉着等。惠普尔养障体在身体的其他几个部位也有发现，包括心脏、大脑、眼、大关节、皮肤和肺。几乎 80% 的患者都是中年男性白种人。如果不使用抗生素治疗，患者可能会出现吸收不良，这可能是致命的。抗生素治疗可导致约 10% 的患者出现免疫重建炎症综合征（immune recon-stitution inflammatory syndrome，IRIS）。感染者多为农民，提示感染源于动物和土壤。也有报道该病原体通过口 - 口和粪 - 口途径进行的人 - 人传播。在健康人身上也可发现惠普尔养障体，根据个人的免疫情况不同，患者可保持无症状，或进展发病。

组织学上，惠普尔养障体感染的典型表现包括泡沫状巨噬细胞浸润小肠固有层，高碘酸希夫（PAS）染色呈阳性。也可存在胞外感染。使用兔抗惠普尔养障体抗体的免疫组织化学分析比 PAS 染色有更高的敏感性和特异性。由于 PAS 染色可能出现假阳性和假阴性，应对标本同时进行核酸扩增试验（NAAT）检测。在没有组织病理学发现且没有临床症状的情况下，对惠普尔养障体 NAAT 阳性结果应谨慎。粪便、唾液、脑脊液、滑液、玻璃体液、皮肤、心脏和肺的标本可以在研究实验室通过 NAAT 进行检测。惠普尔养障体已经在一些组织培养系统和人工培养基中培养出来，但这种方法灵敏度低，需要 4~6 周的时间来检测其生长情况。尚无血清学试验用于检测惠普尔养障体。

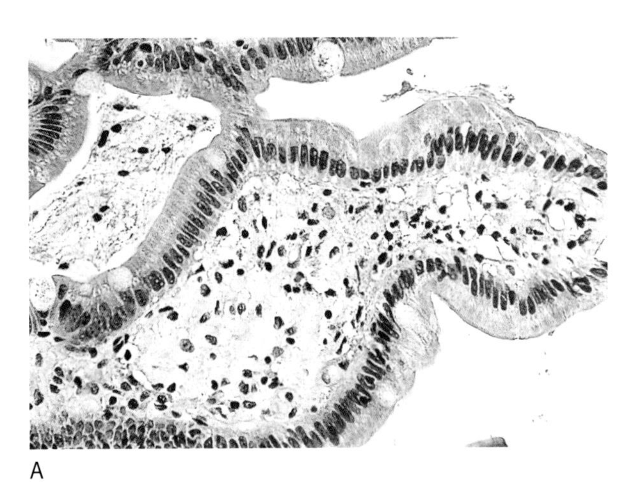

A

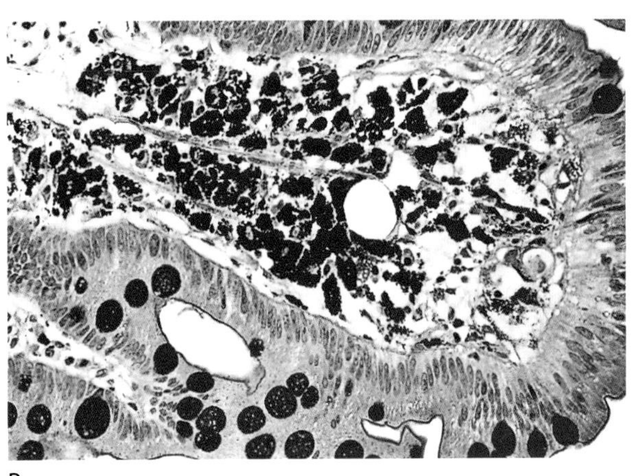

B

图 37-1　**惠普尔氏病患者的小肠活检标本。**惠普尔养障体引起惠普尔氏病，其特征是肠黏膜固有层中存在大量组织细胞，其中有大量惠普尔养障体。图 A，在上皮细胞的基膜下也发现了胞外菌，并且越靠近黏膜下层，致病菌数量越少。标本用苏木精 - 伊红染色。图 B，在 250 倍放大后，可见含有惠普尔养障体的巨噬细胞内有一种粗糙的颗粒物质，可被 PAS 加强染色

第 38 章　抗生素敏感性试验

抗生素敏感性试验（Antimicrobial susceptibility testing，AST）是临床微生物学实验室最重要的检验项目之一，可为临床医生提供诊疗信息，指导选择合适的抗生素。AST 有几种不同的方法，但多基于相同的原则。无论是使用全手工或全自动系统进行的 AST，还是两者相结合，试验方法必须具有可重复性，并遵循已发布指南中的基本原则，这些指南可以是由美国食品和药物管理局临床和实验室标准研究所，或欧洲抗生素敏感性测试委员会制定。随着分子生物学技术的进步，可通过核酸扩增试验（NAAT）、杂交、免疫或酶法检测选定的耐药基因或其产物，作为快速鉴定耐药菌株的方法。

为了确定抗菌药物的最低抑菌浓度（minimal inhibitory comcentration，MIC）进行了大量的 AST。许多药物对微生物的 MIC 已经确定。测定 MIC，可用常量肉汤稀释法或微量肉汤稀释法，或在琼脂培养基上进行。在这些试验中，需将抗生素在肉汤或琼脂中稀释，并接种标准浓度的微生物。能使微生物生长受到肉眼可见抑制的最低抗生素浓度被定义为 MIC。纸片扩散法（也称为 Kirby-Bauer 法，是以提出该方法的科学家的名字命名），其操作需要事先制备含有一定浓度抗生素的纸片。将抗生素纸片置于固体培养基（如 Mueller-Hinton 琼脂平板）上，该培养基已接种标准化浓度的细菌。培养一段时间后，抗生素以环状形式扩散到培养基中。如果某抗生素能抑制该微生物的生长，则会在纸片周围形成一个抑菌环，在规定的培养时间后进行测量，以毫米为单位。E 试验（以前称为 Epsilometer test）也在固体培养基上进行。该试验中，需准备一条塑料条，内含浓度由高至低呈指数梯度分布的抗生素，将其放在标准化菌株培养皿上。如果细菌被抗生素抑制，则在条带周围形成一个类似椭圆形的抑制区。椭圆抑制区与条带的交界点浓度即为 MIC。此外，一些厂商已经生产了全自动或部分自动的 AST 产品。

通过大量试验，为每种抗生素设置折点，如 MIC（单位为微克 / 毫升）或抑菌环直径（单位为毫米），提示该抗生素在体内是否有效。MIC 或抑菌环直径的解读如下：敏感，意味着治疗成功的可能性很高；敏感 - 剂量依赖性，表明可能需要更高的剂量或更频繁地使用才能有效；中介，是指介于敏感和耐药之间，如果药物在某些条件中用于治疗，是可以杀灭致病菌的，但必须谨慎提防治疗失败；耐药，意味着抗菌药物临床治疗失败的概率很高；不敏感，指由于缺乏对耐药菌株的研究，仅知道该抗生素的敏感浓度。MIC 或抑菌环直径的解读基于几个因素，包括已知菌株的 MIC 分布、临床疗效、药效学、药代动力学和体外试验数据。AST 不能排除许多体内因素的影响，如药物如何转运到感染部位、宿主免疫反应（或缺乏免疫反应）和多种微生物相互作用。

MIC 和纸片扩散法无法检测新出现的耐药微生物，或存在潜在诱导耐药基因的微生物。表型耐药试验经过不断地调整其耐药检测操作，可用于预测某微生物是否能够在给定的抗生素或某一类抗生素的存在下生长。例如用 D 试验检测克林霉素的诱导耐药，在红霉素存在的情况下，可能会诱导微生物表达克林霉素耐药性基因，而单用克林霉素无法检测到这些基因。表型耐药试验也用于检测产生超广谱 β - 内酰胺酶（extended-spectrum β-lactamase，ESBL）或碳青霉烯酶的微生物。酶分析法也可用于检测或预测对 β - 内酰胺类抗生素（包括碳青霉烯类抗生素）的耐药性。对于葡萄球菌，可使用 *mecA* 基因产物青霉素结合蛋白 2a（PBP2a）的抗体，检测耐甲氧西林菌株。抗体的检测方法也可用来检测不同类别和类型的碳青霉烯酶。

筛查试验用于确定患者感染的微生物是否对特定种类抗生素具有耐药性。可使用选择性和鉴别性培养基，或用 NAAT 进行筛查。例如，鼻拭子筛查耐甲氧西林金黄色葡萄球菌，直肠拭子筛查耐万古霉素肠球菌属或耐氟喹诺酮或碳青霉烯类肠杆菌成员。

编码某些抗生素耐药性的基因非常复杂，对分子检测有很大的限制。成簇突变使人们可以关注某些基因，这些基因的某些区域负责特定微生物表达的对某种或一类抗生素的选择性耐药机制。检测的常见耐药基因包括耐甲氧西林金黄色葡萄球菌中的 *mecA* 基因、肠球菌中的 *vanA* 和 *vanB* 基因、肠杆菌成员中的 *ESBL* 基因、革兰氏阴性菌中的碳青霉烯酶基因以及耐利福平结核分枝杆菌中的 *rpoB* 基因。这些基因大多数已被制作成 NAAT 试剂盒，可用于直接检测临床标本和血培养阳性产物，以快速检测微生物的耐药性。

临床中还会用到一些不太常见的检测，如测定最低杀菌浓度（minimum bactericidal concentration，MBC）。与测定 MIC 的试验步骤相似，将细菌添加到已知浓度的抗生素中，在过夜培养后，将肉汤培养物传代培养到不含抗菌剂的琼脂培养基中，以确定该抗生素的 MBC，即在该浓度下，抗生素能够杀死 99.9% 的微生物。

两种抗菌剂之间的协同作用试验可使用常量稀释法或微孔板法完成，其中每种抗生素的不同浓度联合和单独使用，作用于标准浓度的细菌悬液。若抑菌效果大于每种药物单独使用总和，则该药物组合被视为具有协同作用。当使用某药物治疗心内膜炎时，可进行协同试验，检测肠球菌是否对单剂量高浓度（500 μg/mL 或更高）氨基糖苷耐药。若肠球菌对单剂量高浓度氨基糖苷是敏感的，则认为应用具有细胞壁活性的抗生素，且浓度达到治疗水平（如低水平），治疗有效的概率很高。

在进行血清杀菌试验（serum bactericidal test）或 Schlichter 试验时，需分两次抽取患者血液，即当患者摄入的抗生素处于最低浓度（谷值）时，以及当抗生素处于最高浓度（峰值）时。患者的谷值和峰值血清样本在营养肉汤中稀释，其中添加从患者血液中分离的或其他适当培养物的标准化细菌溶液。将肉汤培养过夜，然后读取浊度。滴度被确定为抑制微生物生长的峰谷血清的最高稀释度。但是，目前支持在复杂细菌感染治疗中使用杀菌试验的数据有限。

由于分枝杆菌的生长速度较慢，需要进行专门的药敏试验，其中大多数是针对结核分枝杆菌的。除了琼脂比例法（目前仍作为结核分枝杆菌药敏的金标准）之外，还有一些基于液体培养的检测系统，例如 BACTEC 分枝杆菌生长指示管（mycobacterial growth indicator tube，MGIT）960（BD Diagnostic Systems，Franklin Lakes，NJ）和 MB/BacT Alert 3D（bioMérieux，Inc.，Durham，NC），都有标准化的操作系统，以检测治疗结核分枝杆菌的一线药物的敏感性。如前面所述，分子学方法可检测靶向 *rpoB* 基因利福平耐药决定区和已知有助于诊断异烟肼耐药的基因靶点，用于快速鉴定对这些一线抗结核药物耐药的菌株。疾病预防控制中心建议，除了传统的涂片和培养外，所有怀疑患有结核病的人员首次痰标本都要进行分子检测。许多分子学方法包含利福平和异烟肼耐药基因检测。此外，DNA 测序已被用于预测对一线抗结核药物的敏感性，检测效率更快。

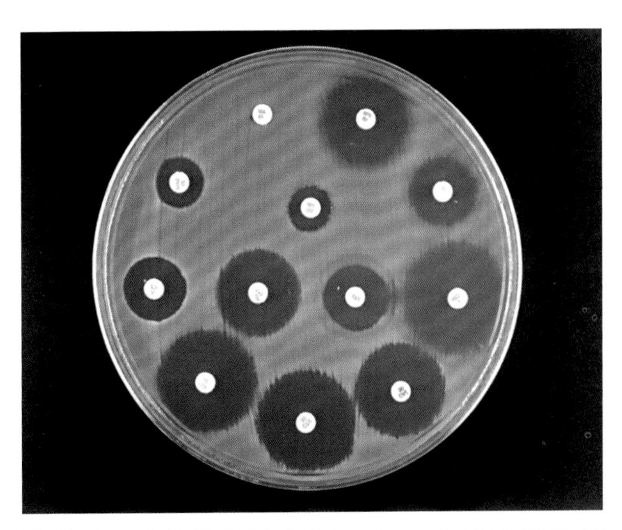

图 38-1 **纸片扩散法（Kirby-Bauer）抗菌药物敏感性试验。**在纸片扩散法中，将细菌接种到 150 mm Mueller-Hinton 琼脂平板上，并将浸渍有抗生素的纸片铺在细菌层上。平板在 35 ℃下培养 16~24 h，具体时间取决于所测试的细菌的生长特性；然后对琼脂平板进行检查，测量细菌生长抑菌环。如图所示，大肠埃希菌对氨苄西林具有耐药性，在纸片周围生长，没有抑菌环。抗生素纸片直径为 6 mm。对于其他的抗生素，抑菌环直径以毫米为单位进行测量，并通过将抑菌环与特定抗生素－微生物组合的既定折点进行比较，对敏感、中介或耐药进行判定

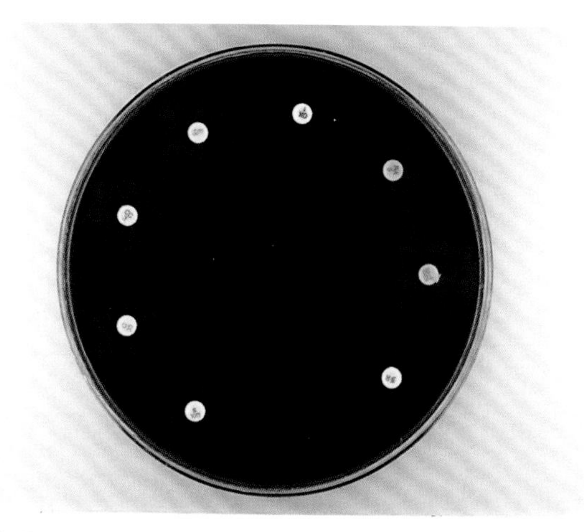

图 38-2　**Mueller-Hinton- 血液琼脂平板上的纸片扩散（Kirby Bauer）抗菌药物敏感性试验。**快速生长的微生物通常在未添加添加剂的 Mueller-Hinton 琼脂上进行测试，如图 38-1 所示。然而，对于比较苛养的微生物，特别是链球菌属的成员，为了促进其生长，在 Mueller-Hinton 琼脂上添加了 5% 的绵羊血，如本图所示。这种微生物对苯唑西林具有耐药性，细菌能够在含药纸片边缘生长。对于其他 7 种抗菌剂，要测量抑菌环直径并与该抗菌剂 – 微生物组合的折点进行比较，以确定该微生物是否对给定抗菌剂敏感、中介或耐药

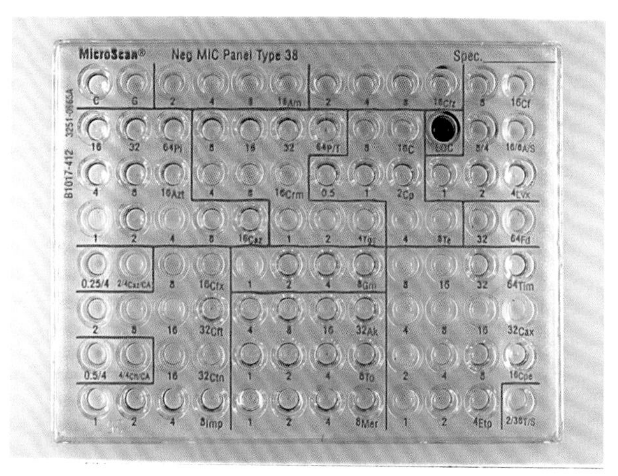

图 38-3　**微量稀释 MIC 测试。**图中所示为微孔板中进行的铜绿假单胞菌的抗菌药物敏感性试验。在微孔板中对各种抗菌剂进行梯度稀释。然后将标准化的细菌悬液接种到每个孔中，并在 35 ℃下培养 16~24 h，检查各个孔的生长情况。特定抗生素的 MIC 是指能抑制细菌可见生长的最低浓度。与纸片扩散法一样，将 MIC 与既定折点进行比较，以确定微生物是否对抗生素敏感、中介或耐药。黑色孔有助于确定培养板的方向，以便于将培养孔与正确的抗生素和浓度相匹配

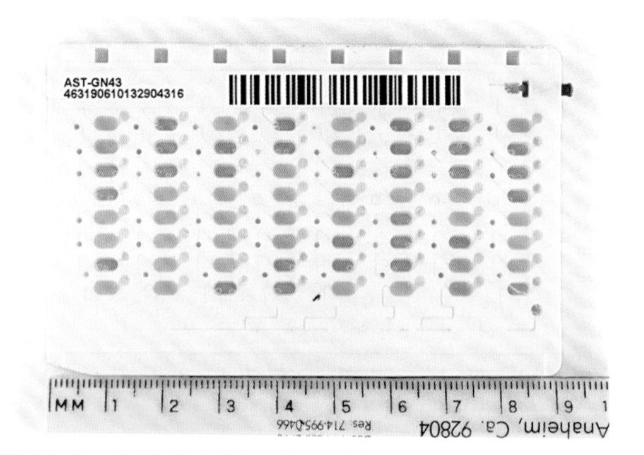

图 38-4　**自动化 AST。**有几个检测系统可用于自动化 AST。此处所示为 Vitek 系统（bioMérieux Inc., Durham，NC）中使用的抗菌药物敏感检测卡。将标准化的细菌悬液接种到一张小卡片上，该卡片含有多种不同浓度的抗生素。然后在 Vitek 读卡器 / 培养箱中培养，并通过仪器监测细菌生长。仪器读取读数，将其转换为 MIC 值，并提供耐药性判读（敏感、中介或耐药）

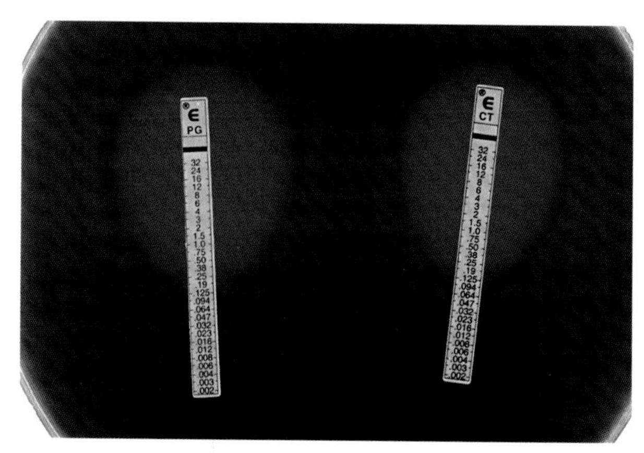

图 38-5　**E 试验。**通过 E 试验进行的 AST 可在固体培养基上进行，如 Mueller-Hinton 琼脂平板或添加 5% 绵羊血的 Mueller-Hinton 琼脂平板（如图所示）。将标准化的细菌溶液接种在琼脂平板上，形成菌落平面。然后将含有特定抗生素梯度浓度的条带铺在细菌上。在 35 ℃下培养 16~24 h 后，出现椭圆形抑菌区，与抗生素条相交处的抗生素浓度即为 MIC。将 MIC 与标准图表进行比较以进行判读（敏感、中介或耐药）。图中的微生物青霉素 MIC（左）和头孢噻肟 MIC（右）为 0.126 μg/mL

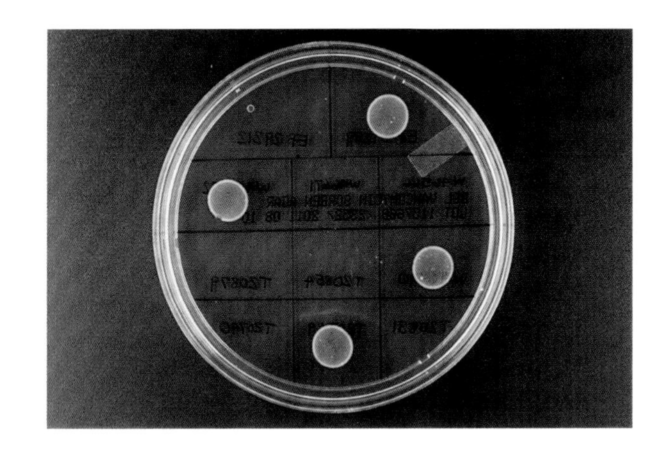

图 38-6　**用于检查耐万古霉素肠球菌属的平板。**此处所示的平板中含有 6 μg/mL 万古霉素，用于筛选对万古霉素耐药的肠球菌属分离菌种（MIC>6 μg/mL）。在平板上接种菌株的标准悬液，可以在同一个平板上对多个分离株进行检测。在如图所示的平板上，有 4 株耐万古霉素的肠球菌分离株，在平板上能够生长，其他菌株为万古霉素敏感菌株

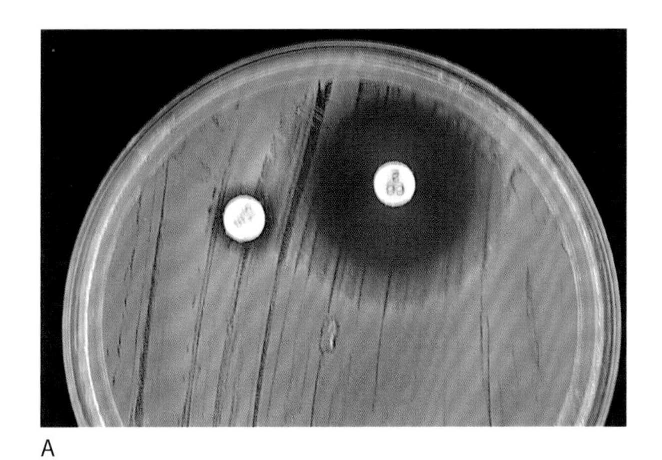

A

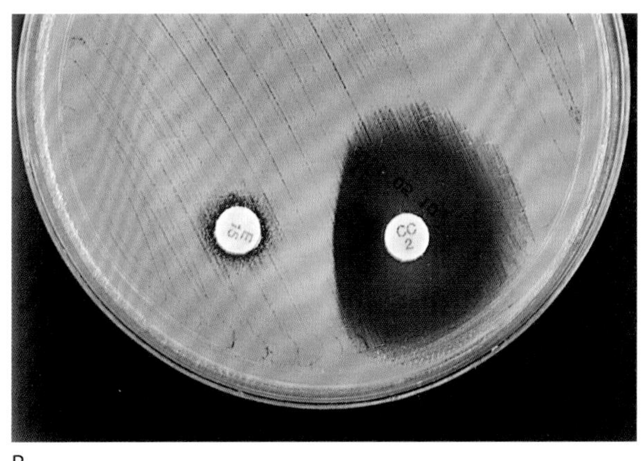

B

图 38-7　**D 试验，一种用于评估克林霉素诱导耐药的表型试验。**表型试验通常用于鉴定在体内有潜力表达耐药性的微生物，尤其是在抗生素压力下。虽然最终需要用 DNA 测序法确定编码耐药机制的基因或突变，但目前该方法还不够实用。标准化的 MIC 或纸片扩散试验可能无法检测到这些分离株。如图所示的 D 试验中，用红霉素检测分离株是否具有表达 *erm* 基因的能力，从而使其对克林霉素耐药。（图 A）该分离株对红霉素耐药，但对克林霉素敏感，表明红霉素不能诱导 *erm* 基因表达。因此，该分离株对红霉素产生耐药性可能是由于 *msr*A 基因编码的外排机制引起的。（图 B）该分离株也对红霉素耐药，但此处表达了 *erm* 基因，该基因改变核糖体功能，使分离株对红霉素和克林霉素均耐药。这表现为克林霉素周围的抑菌环在靠近红霉素纸片附近变平，使克林霉素周围的抑菌环呈现字母 D 的形式，表明红霉素诱导克林霉素耐药表达

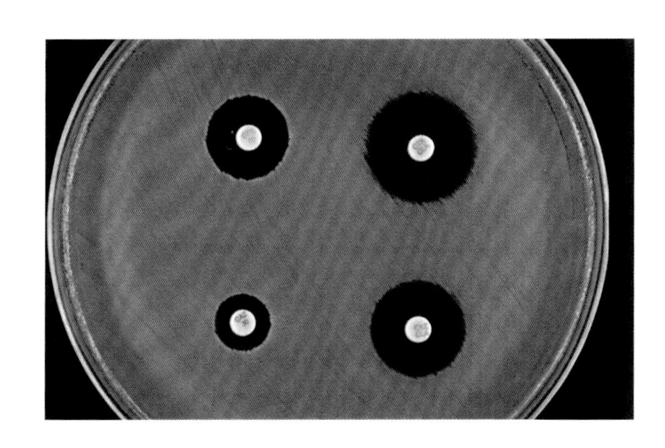

图 38-8　**ESBL 的表型试验。**传统的 AST 可能忽略微生物具有表达 ESBL 的能力。可使用浸渍有头孢他啶和头孢噻肟的纸片和同时含有头孢菌素类 / 克拉维酸的纸片对微生物产生 ESBL 进行表型试验，克拉维酸可结合 ESBL 酶并使其失活。如果含头孢菌素类 / 克拉维酸的纸片抑菌环直径与不含克拉维酸的头孢菌素类纸片相比增加 5 mm 以上，则推测该微生物能表达 ESBL。如图所示为肺炎克雷伯菌分离株，可产生 ESBL，因为含有头孢噻肟 / 克拉维酸（右上）和头孢他啶 / 克拉维酸（右下）的纸片的抑菌环直径与单用头孢噻肟（左上）和头孢他啶（左下）的纸片抑菌环直径相比，均增加 > 5 mm

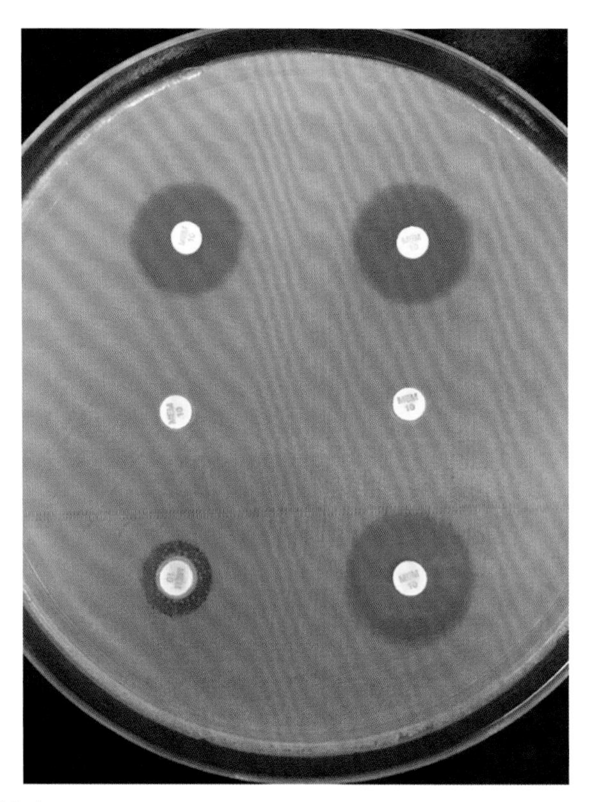

图 38-9 **改良碳青霉烯酶灭活法（Modified carbapenem inactivation method，mCIM）。**如图所示为对疑似含有碳青霉烯酶的分离株进行表型鉴定。mCIM 试验中，将待测微生物在 35 ℃温度下，2 mL 肉汤培养基（例如胰蛋白酶大豆肉汤）中培养 4 h，培养基中加入 10 μg 美罗培南纸片。在重复的试管试验中，还可以添加 0.02 mL 的 0.5M EDTA，以评估分离株是否含有金属碳青霉烯酶（金属 β-内酰胺酶）。添加 EDTA 和美罗培南药片的试验可称为 eCIM。为了判读结果，如果进行 eCIM，则需平行进行 mCIM。培养 4 h 后，从肉汤中取出美罗培南纸片。随后，在 15 min 之内，将纸片置于 Mueller-Hinton 琼脂平板上，平板上接种碳青霉烯类敏感的大肠埃希菌 ATCC 25922。将平板在 35 ℃下，空气中培养 18~24 h。左侧的纸片均与未添加 EDTA 的分离株一起培养，而右侧的纸片与添加 EDTA 的分离株共同培养。对三株肺炎克雷伯菌进行了检测：一株碳青霉烯敏感菌株（顶部）、一株产碳青霉烯酶肺炎克雷伯菌（K. pneumoniae carbapenemase，KPC）（中部）和一株具有新德里金属 β-内酰胺酶 1（New Delhi metallo-β-lactamase 1，NDM-1）的菌株（底部）。顶部的分离株对所有碳青霉烯类敏感，并作为 mCIM 和 eCIM 分析的阴性对照（无碳青霉烯酶酶）。中间分离株可产生碳青霉烯酶，因为美罗培南在肉汤培养期间失活，导致作为指示的大肠埃希菌菌株没有抑菌环产生。添加 EDTA 不会抑制该菌株的碳青霉烯酶，因为与左侧没有 EDTA 的对应纸片相比，抑菌环大小没有差异。底部的分离株具有金属碳青霉烯酶，该酶需要锌的活化，由于添加 EDTA（右侧）抑制了金属碳青霉烯酶活性，导致右侧的抑菌环比左侧更大。mCIM 目前可用于肠杆菌和铜绿假单胞菌的检测，eMIC 仅用于肠杆菌

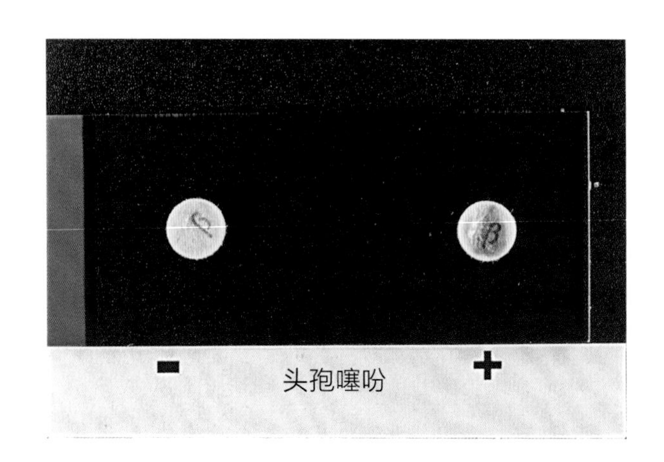

图 38-10 **β-内酰胺酶产生的表型试验。**β-内酰胺酶的检测可使用包被有头孢噻吩（一种具有显色特性的头孢菌素）的纸片进行。如果待测微生物含有 β-内酰胺酶，能够水解青霉素酶不稳定青霉素的 β-内酰胺环，则该底物释放显色部分，使圆盘从黄色变为红色，如图所示

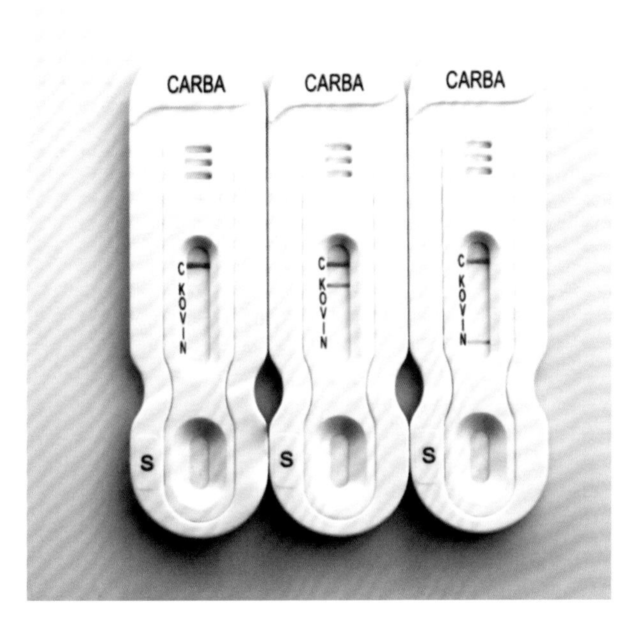

图 38-11　**NG-Test CARBA 5 表型试验检测碳青霉烯酶。**NG-Test CARBA 5 是一种多重免疫色谱分析法，用于检测和区分 5 种碳青霉烯酶（KPC［K］，OXA-48［O］、VIM［V］、IMP［I］和 NDM［N］）。如图所示，将生长在绵羊血琼脂平板上的 3 个分离株的菌落在提取缓冲液中混悬，涡旋振荡后，添加到试验检测板中。15 min 后，读取结果。左侧的分离株所有 5 种碳青霉烯酶测试均为阴性，因为只有质控条带“C”为阳性。中间的反应板中质控条带和“K”条带均为阳性，提示检测到含 KPC 型碳青霉烯酶的分离株。右侧的分离株携带新德里金属 β - 内酰胺酶 1（金属碳青霉烯酶），因为质控条带和“N”条带均为阳性（由加利福尼亚州圣玛丽亚市哈迪诊断公司提供）

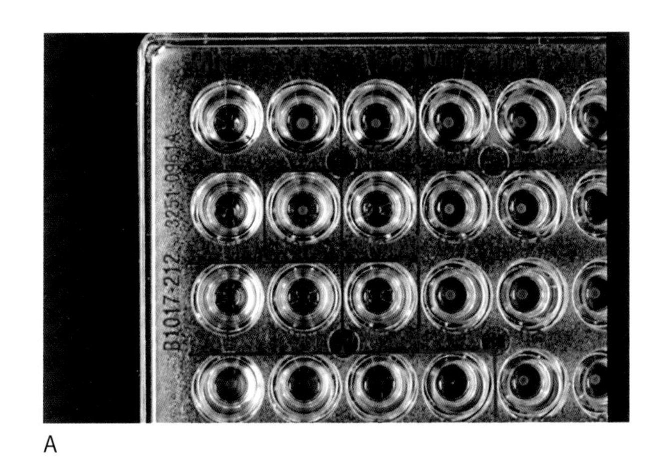
A

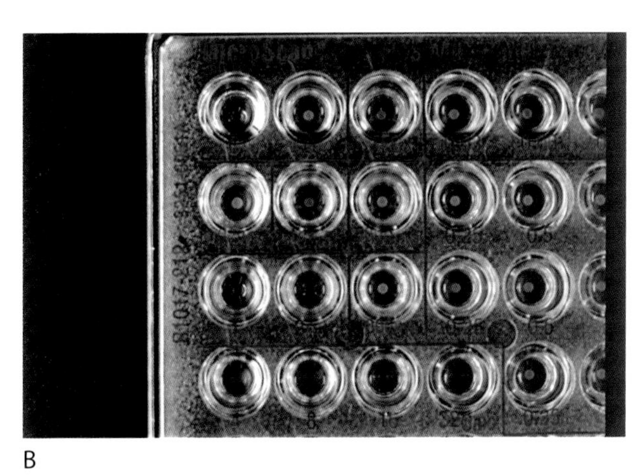
B

图 38-12　**使用高水平氨基糖苷类抗生素对肠球菌属进行协同试验。**严重的肠球菌感染患者可能需要用氨基糖苷抗生素和细胞壁活性抗生素治疗。为了预测氨基糖苷类抗生素是否与细胞壁活性抗生素具有协同作用，可以进行体外协同试验。在本试验中，在微孔板的各个孔中加入单一高浓度庆大霉素（GmS；500μg/mL）或链霉素（StS；1000μg/mL），如图 38-3 所示。将肠球菌分离株的标准菌悬液接种到微孔板的所有孔中。过夜培养后，读取各孔中可见的生长情况。板 A 中，GmS 和 StS 孔（第 2 行，第 3 孔；第 3 行，第 3 孔）中无分离株生长，提示氨基糖苷类抗生素与细胞壁活性剂产生协同效应。相比之下，对于 B 板中的分离株，两个含氨基糖苷类抗生素的孔（第 2 行，第 3 孔；第 3 行，第 3 孔）底部均有菌落生长，提示氨基糖苷类抗生素与细胞壁活性抗生素缺乏协同作用

第39章　细菌感染的分子诊断

临床微生物学实验室及时检测和鉴别细菌病原体的能力在很大程度上受到了微生物数量少的限制。例如，败血症患者每毫升血液中通常存在少于5个CFU的细菌。此外，一些病原体由于其独特的代谢需求而生长缓慢，这导致其鉴别延迟。例如分枝杆菌，需要长达8周的时间才能在培养基发现可视菌落。

时至今日，尿液的培养和检测方法仍与20世纪50年代的方法相似。然而，从那以来，新技术的发展已经彻底改变诊断细菌学。造成这种改变的不是科学的某一个分支或某种独特的技术，而是其中几个分支的融合与整合。这些技术的进步促成了重大转变，改变我们从事诊断医学微生物学的方式。诊断细菌学正从一门相当主观的检验形式演变为一门客观的、以化学为基础的学科。

这种变化背后的驱动力，一部分是基于我们对微生物生物化学特性的理解，快速核酸扩增技术的发展，以及识别每种病原体独特分子特征的能力。19世纪末，瑞士医生弗里德里希·米谢尔（Friedrich Miescher）和德国生物化学家阿尔布雷希特·科塞尔（Albrecht Kossel）首次分离和鉴定了核酸，他们发现核酸是由糖（RNA中的核糖和DNA中的脱氧核糖）、磷酸和含氮碱基（腺嘌呤、胞嘧啶和鸟嘌呤，加上DNA中的胸腺嘧啶或RNA中的尿嘧啶）组成。1944年，奥斯瓦尔德·埃弗里（Oswald Avery）、科林·麦克劳德（Colin MacLeod）和麦克林·麦卡蒂（Maclyn McCarty）发现DNA是导致细菌转化的成分。他们将高温杀死的强毒力肺炎链球菌Ⅲ-S型菌株与活的无毒型肺炎链球菌Ⅱ型菌株一起接种到试验动物中，会引起试验动物发生Ⅲ型菌株的感染而死亡。埃弗里等人提取了毒力DNA，并证明正是它的存在引起了感染。在此之前，科学家们一直认为蛋白质是细菌的遗传物质。

在这一发现之后不到10年间，詹姆斯·沃森（James Watson）和弗朗西斯·克里克（Francis Crick）提出了DNA结构模型。根据罗莎琳德·富兰克林（Rosalind Franklin）提供的X射线衍射数据（表明DNA具有螺旋结构，外层为磷酸盐），以及埃德温·查加夫（Edwin Chargaff）关于碱基对的发现，沃森和克里克提出了一个具有两条核苷酸链的模型，每条链呈螺旋形，且方向相反，并且互相匹配的碱基在双螺旋中连锁。此外，沃森和克里克证明，每条DNA链都是另一条的复制品。他们提出，在细胞分裂过程中，DNA会解链，每一条链都可作为一条新链的模板，通过这种方式，DNA可以复制并保持其结构。不久之后，亚瑟·科恩伯格（Arthur Kornberg）发现了DNA聚合酶，一种能够催化模板定向合成DNA的酶。朱利叶斯·马尔默（Julius Marmur）、保罗·多蒂（Paul Doty）和其他研究人员发现了DNA在一定条件下可以复性，从而通过DNA-DNA和DNA-RNA杂交研究了生物体之间的核酸同源性。

从那时起，人们区别和使用核酸的能力越来越强。20世纪70年代初，丹尼尔·内森（Daniel Nathans）、沃纳·阿伯（Werner Arber）和汉密尔顿·史密斯（Hamilton Smith）发现了限制性内切酶。限制性内切酶存在于细菌中，能在特异性识别核苷酸序列上切割外源DNA，这些核苷酸序列可作为抵御病毒入侵的防御机制。限制性内切酶的应用使斯坦利·N. 科恩（Stanley N. Cohen）和赫伯特·W. 博伊尔（Herbert W. Boyer）得以开发重组DNA技术，将一种生物的DNA片段“切割和粘贴”到其他生物的DNA中。1970年，霍华德特明（Howard Temin）和大卫·巴尔的摩（David Baltimore）分别报道了一种新酶——逆转录酶。这种酶可将单链 RNA（ssRNA）转录成单链 DNA（ssDNA）。由于其具有核糖核酸酶活性，它也可降解原始 RNA。随后，合成并反转录与单链 DNA 互补的第 2 条 DNA 链。逆转录酶的发现与当时公认的遗传信息单向传递相矛盾，即 DNA 转录成 RNA，随后翻译成蛋白质。

20 世纪 70 年代，科学家发明了更多的方法来进一步检测 RNA 和 DNA 的特性。新的测序方法和研究包括沃瓦尔特·费尔斯（Walter Fiers）的 RNA 测序法；艾伦·马克萨姆（Allan Maxam）和沃尔特·吉尔伯特（Walter Gilbert）基于 DNA 的化学修饰，在特定碱基上进行切割的技术；以及弗雷德里克桑格（Frederick Sanger）链终止法。马克萨姆·吉尔伯特法被随后的桑格法取代，用双脱氧核苷酸三磷酸盐（ddNTPs）作为 DNA 链终止子。乐华·伍德（Leroy Hood）实验室开发了荧光标记的 ddNTPs 和引物，极大地促进了使用桑格法实现自动化高通量 DNA 测序。

新一代测序（next-generation sequencing，NGS）、深度测序和大规模平行测序具有相关性，这些技术的发展是基因组研究革命的新进展。目前，有几种平台可用于同时对数百万个 DNA 小片段进行测序（例如 Illumina、Roche 454 焦磷酸测序仪和 Ion Torrent：Proton/PGM 测序仪）。然后通过生物信息学分析将这些序列组合在一起。在测序过程中，基因组的同一碱基对会经过多次测序，因此数据非常准确。NGS 的应用对细菌分类学和其他领域产生了重大影响。

1983 年出现了一个新的转折点，卡里·穆利斯（Kary Mullis）提出了一种新的想法，利用一对引物，将感兴趣的 DNA 序列插入其中，然后用 DNA 聚合酶进行扩增。该方法初始的限制是，在高温分离两条 DNA 链时，DNA 聚合酶被灭活，而高温又是进行聚合酶链反应（polymerase chain reaction，PCR）的必要步骤。1986 年，穆利斯再次提出了使用水生栖热菌的 DNA 聚合酶的想法，这种聚合酶具有耐热性，因此能够承受双链 DNA（dsDNA）变性所需的高温。从那时起，已经开发了几种替代原始 PCR 技术的方法，包括实时 PCR、多重 PCR、巢式 PCR 和数字 PCR，这些方法促进了核酸扩增方法在临床实验室中的应用。

从那以后的几十年里，科学家们发明了新的方法来扩增和鉴定核酸。这些新方法简化了操作程序，使其可以在临床实验室中应用。这些努力背后的一个重要驱动力是 HIV-1 流行病的出现。在世界范围内，公共和个人努力的重点是确定该疾病的病因，然后诊断和治疗感染。在这一过程中，分子技术的应用发挥了关键作用。

近期，一项通过对古细菌和细菌研究而得到的发现，对生物学，包括诊断微生物学，具有重大意义，那就是聚集规则间隔短回文重复序列（clustered regularly interspaced palindromic repeats，CRISPR），最先由弗朗斯科·莫伊卡（Francisco Mojica）在 1993 年报道。在研究耐盐性很强的古细菌 Haloferax mediterranei 时，这位研究人员发现了 30 个碱基的 DNA 重复序列的多个拷贝，大致为回文，由大约 36 个碱基的间隔区隔开。在检测了 20 多种细菌（包括鼠疫耶尔森菌、结核分枝杆菌和艰难梭菌）中的这些结构后，莫伊卡发现在一种特殊的大肠埃希菌菌株中，间隔序列与感染大肠埃希菌的 P1 噬菌体的间隔序列相匹配。有趣的是，已知这种特殊的大肠埃希菌菌株对 P1 感染具有抵抗力。在对多个间隔区域进行研究后发现，间隔区域与细菌相关的噬菌体、转座子和质粒的 DNA 序列相匹配。基于这些发现，莫伊卡提出 CRISPR 可能代表了一种可保护细菌免受特定感染的适应性免疫系统。随后，科学家发现，在 CRISPR RNA（crRNA）和反式激活 RNA 的引导下，Cas 核酸酶在 DNA 中引起双链断裂。因此，从入侵微生物的遗传信息中获得的间隔序列，可用于指导合成 Cas 蛋白，消除外来入侵者。VirginijusŠikšnys 确定嗜热链球菌的 CRISPR 系统可以在大肠埃希菌中重组，确定 CRISPR-Cas9 系统的关键成分是 Cas9 核酸酶、crRNA 和反式激活 RNA。詹妮弗·杜德纳（Jennifer Doudna）和艾曼纽·夏彭蒂埃（Emmanuelle Charpentier）通过融合两种 RNA 来修饰 Cas9 核酸内切酶。此外，通过改变 RNA 的核苷酸序列，他们确定 Cas9 核酸内切酶可以被编码，对任何 DNA 序列进行切割。2013 年，张锋（Fen Zhang）和乔治·丘奇（George Church）分别使用 CRISPR，率先修改了人类培养细胞的基因组，使人类基因的编辑成为可能。

CRISPR 技术在诊断学的应用发展非常迅速，正在各种条件下进行测试。例如，CRISPR 技术已被用于鉴定细菌抗生素耐药基因，包括 β-内酰胺酶、碳青霉烯酶和MRSA的*mecA*基因。对于病原体的检测，有几种方法正在研究中，包括特异性高灵敏度酶解报告基因解锁（specific high-sensitivity enzymatic reporter unlocking，SHERLOCK）试验。在该方法中，Cas13用crRNA编码，与目标ssRNA结合，反应中添加能发出猝灭荧光的报告ssRNA。crRNA-Cas13复合物结合并切割目标核酸。当crRNA-Cas13复合物与靶基因结合时，猝灭荧光报告RNA也被Cas13切割，并发出荧光信号。通过预先使用逆转录酶-重组聚合酶扩增（recombinase polymerase amplification，RPA）技术来扩增RNA，可以提高该分析的灵敏度。利用RPA与T7转录结合，可以进行DNA扩增和RNA转化。升级版的SHERLOCK系统不使用荧光，可以检测层析滤纸底线中的报告RNA来确定反应结果。SHERLOCKv2技术使用不同的Cas蛋白，可以获得定量结果。在DNA内切酶靶向CRISPR反式报告（DNA endonuclease-targeted CRISPR trans reporter，DETECTR）方法中，Cas12a通过crRNA靶向切割特定的DNA序列。crRNA-Cas12a复合物与目标DNA的杂交，导致反式ssDNA的随机切割，包括荧光猝灭剂报告ssDNA也被降解，可对荧光进行量化检测。为了提高灵敏度，靶标DNA需要通过RPA进行等温扩增。

另一种从研究实验室转移到临床微生物学实验室的分子检测方法是质谱法。在19世纪，对物质的物理和化学特征的研究为质谱学的应用奠定了基础。1918年，阿瑟·J.邓普斯特（Arthur J. Dempster）建立了质谱仪的基本理论和设计方案，弗朗西斯·W.阿斯顿（Francis W. Aston）于1919年制造了第一台功能质谱仪。通过对溴、氯和氪的同位素的研究，阿斯顿证明这些天然存在的元素是由各种同位素组成。从那时起，这方面的研究迅速发展，包括欧内斯特·劳伦斯（Ernest Lawrence）发明了回旋加速器，威廉·斯蒂芬斯（William Stephens）提出了飞行时间质谱仪的概念，约翰·B.芬（John B. Fenn）和马尔科姆·多尔（Malcolm Dole）开发了电喷雾电离技术，以及田中光一（Koichi Tanaka）开发的ultra-fine metal plus liquid matrix method，用于电离完整蛋白质。随着所有这些进步，质谱技术，曾经主要用于研究实验室，现在正逐步成为临床实验室标准鉴定方法。

除了仪器的初始成本外，基质辅助激光解吸电离飞行时间质谱（MALDI-TOF MS）与标准自动识别方法相比具有显著优势。鉴定速度快是MALDI-TOF MS最显著的优势，与标准方法相比，细菌鉴定平均可缩短一天半。MALDI-TOF MS的另一个优点是，单个菌落可以直接用于鉴定，因此，大多数情况下，可以利用来自原代培养皿的分离株直接鉴定。与标准方法相比，MALDI-TOF MS的每种分离株鉴定成本也显著降低。几项研究表明，MALDI-TOF MS可将98%需氧细菌鉴定到属，对96%的需氧细菌进行菌种鉴定。对于厌氧细菌，鉴定的百分比略低，分别为90%和85%。随着更多的分离株信息被添加到数据库中，这些百分比将继续增加。

分枝杆菌和诺卡菌的鉴定更具挑战性。目前，大约90%的分枝杆菌和诺卡菌可以被鉴定。为了安全起见，进行分枝杆菌鉴定前需要先灭活。为了进行分析，聚集的细菌必须被打散，破坏外壳。在目前的数据库中，结核分枝杆菌复合群只能在复合群水平上进行鉴定，有些菌种很难相互区分。利用目前的数据库，大约可以鉴定出12种诺卡菌。

使用MALDI-TOF MS快速检测抗生素耐药性尚处于开发的早期阶段。目前正在研究三种主要方法。首先是检测细菌酶活性引起的抗生素修饰。目前该方法取得了重大进展，例如，通过测量抗生素质量变化来反映 β-内酰胺酶活性。另一种方法是通过分析敏感细菌和耐药细菌的质量峰分布来检测耐药性。质量峰值曲线的变化表明，与耐药表型相关的特异性蛋白质的表达，有助于区分敏感菌株和耐药菌株。用这种方法检测到含有*cfi*A基因的脆弱拟杆菌分离株中存在碳青霉烯酶。第三种方法，检测蛋白质合成可以用来确定耐药性。这种方法的缺点是，在进行MALDI-TOF MS测试之前，必须在有抗生素和无抗生素的情况下培养分离株约3 h，用该方法可区分对甲氧西林敏感的金黄色葡萄球菌和对甲氧西林耐药的金黄色葡萄球菌。

如果没有其他领域的进步，尤其是计算机和机械工程科学的发展，所有这些新的分子方法的实施是不可能的。由于计算机分析的发展和应用，使得大量测序数据的处理成为可能。数学家和机械工程师查尔斯·巴贝奇（Charles Babbage）是19世纪可编程计算机概念的先驱。20世纪初，艾伦·图灵（Alan Turing）为计算机科学和人工智能奠定了基础，图灵机被认为是电子数字计算机的蓝图。1941 年，康拉德·祖斯（Konrad Zuse）建造了第一台可工作、可编程、全自动的计算机。在过去 40 年中，方便使用且成本相对较低的软件和硬件的发展使得计算机的使用不仅为科学界，而且为广大公众所接受。同样，机械工程的进步促进了仪器的小型化和机器人技术的应用，使得临床标本能够进行快速复杂的检测，而且效率很高，成本合理。

虽然这些新方法彻底应用还可能需要几年、甚至几十年，但是它们能够显著改善传染病患者的治疗管理。新方法的实施，使得医生对患者的诊断和治疗做出重新评估。从特异性的角度来看，DNA 测序等技术可以尽可能多地提供诊疗所需要的信息。然而，这些方法的敏感性还需要进一步地提高，至少在某些细菌感染方面。例如，大多数败血症病例中存在的微生物数量非常少，这对我们目前的分子学方法仍然是一个挑战。可收集和处理的样本量以及抑制物的存在也可能影响检测方法的灵敏度。

对其中一些检测方法结果的解释也将是一个挑战。分子学方法灵敏度的提高不一定能直接用于评估其临床敏感性。例如，一些病原体作为正常菌群的一部分，数量较少。定量分子技术有助于解决这个问题，但仍需要进一步的研究。此外，这些方法是用于核酸检测，而不一定检测活的微生物，在判读结果时，要考虑到这种情况。例如，当采用分子学方法检测沙眼衣原体和淋病奈瑟菌时，这个问题引起了广泛的争论。这一问题在患者治疗中也要考虑到。例如，不建议使用核酸扩增技术检测是否治愈，以及作为评价抗生素治疗效果标准。在不久的将来，同时检测宿主对感染应答而产生的分子标记物，有助于解决这些新诊断技术的局限性。

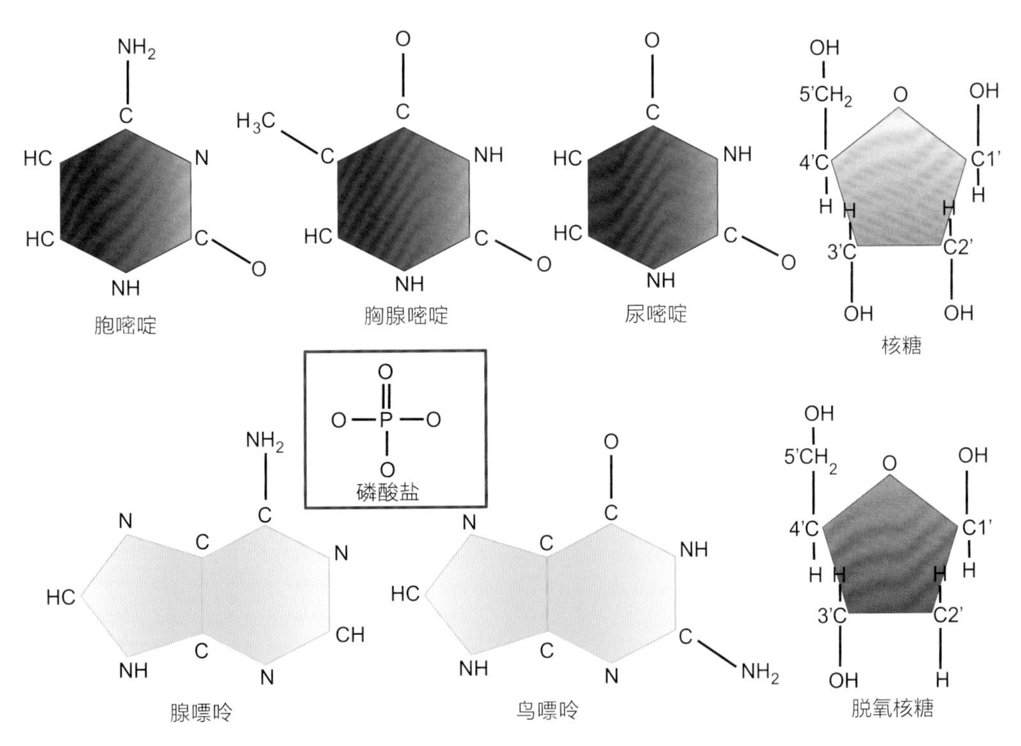

图 39-1　**DNA 和 RNA 的构建模块。**DNA 和 RNA 的组成部分包括糖、磷酸盐和碱基。两种主要类型的核酸（DNA 和 RNA）在糖的类型上有所不同：DNA 中的五碳糖是脱氧核糖，而 RNA 中的五碳糖是核糖。DNA 中的 4 种含氮碱基分别是腺嘌呤（A）、鸟嘌呤（G）、胞嘧啶（C）和胸腺嘧啶（T），而 RNA 中的胸腺嘧啶被尿嘧啶（U）取代。胞嘧啶、胸腺嘧啶和尿嘧啶是嘧啶类，而腺嘌呤和鸟嘌呤是嘌呤类。糖上每个碳后面跟一个数字符号（例如，C3′）

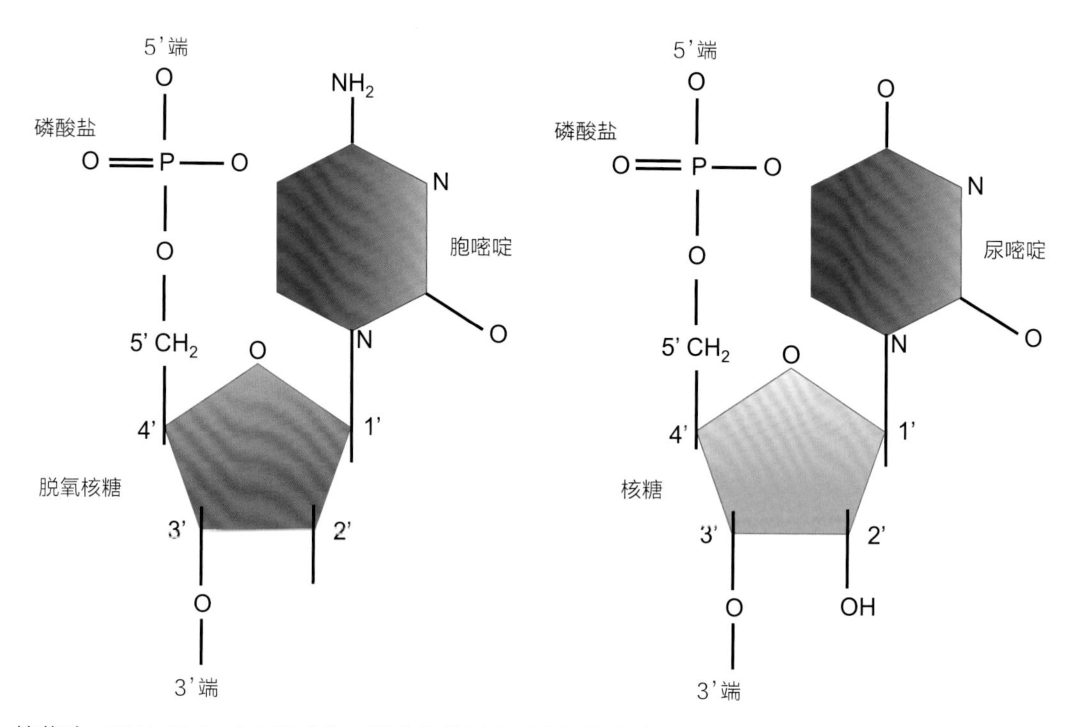

图 39-2　**核苷酸。**DNA 和 RNA 是聚合物。聚合物的基本单位是核苷酸，它由一个碱基、一个糖和一个或多个磷酸基团组成。核苷酸仅含有一个碱基加一个糖。核苷酸通过糖的碳原子之间的磷酸二酯键相互连接，称为 5′ 和 3′ 原子。因此，多核苷酸链的 5′ 端有一个自由磷酸基，而 3′ 端有一个自由羟基。磷酸盐与核糖的 C-5 羟基或脱氧核糖相连，而碱基通过 N- 糖苷键与糖的 C-1 相连。DNA 的核苷酸由于含有脱氧核糖而被称为脱氧核糖核苷酸，而 RNA 的核苷酸由于含有核糖而被称为核糖核苷酸

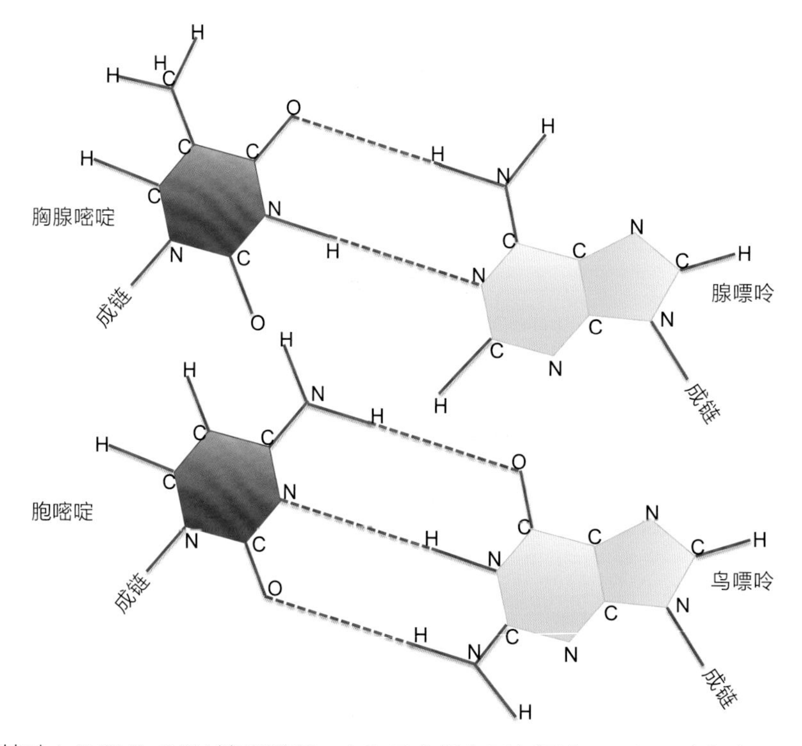

图 39-3　**氢键。**碱基对 A-T 和 G-C 通过氢键连接。A 和 T 之间有两个氢键，G 和 C 之间有三个氢键。因此，G-C 键比 A-T 键更难断裂（断裂需要更多能量）。在这种类型的键中，氢位于两个吸电子原子之间，如氮和氧。当双链 DNA 变性时，例如通过加热或在 pH 碱性环境中，碱基之间的氢键断裂。相互形成氢键的分子可以与水分子形成氢键

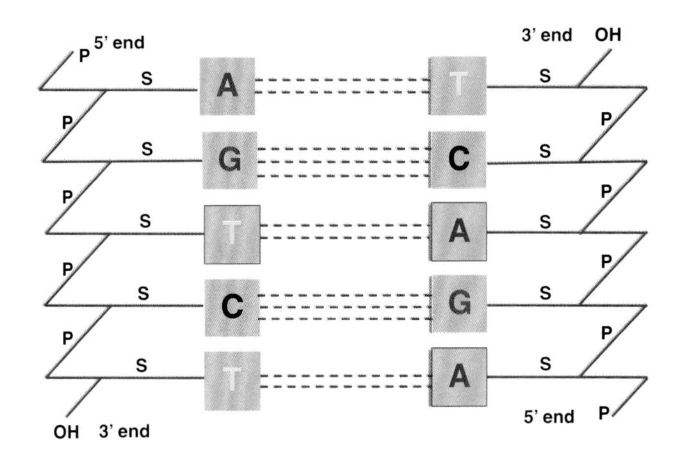

图 39-4　**双链 DNA。**双链 DNA 由两条互补的多核苷酸长链组成，也就是说，它们的碱基序列匹配（A 与 T，G 与 C）。双链 DNA 分子的结构类似于梯子。糖（S）和磷酸盐（P），被称为分子的主链，形成梯子的轨道，而碱基对应于梯级。这两条链具有不同的极性，并且彼此反向平行。因此，双链 DNA 分子在 3′ 端有一个脱氧核糖，在 5′ 端有一个磷酸盐。多核苷酸链中的线性序列总是从 5′ 端开始读取

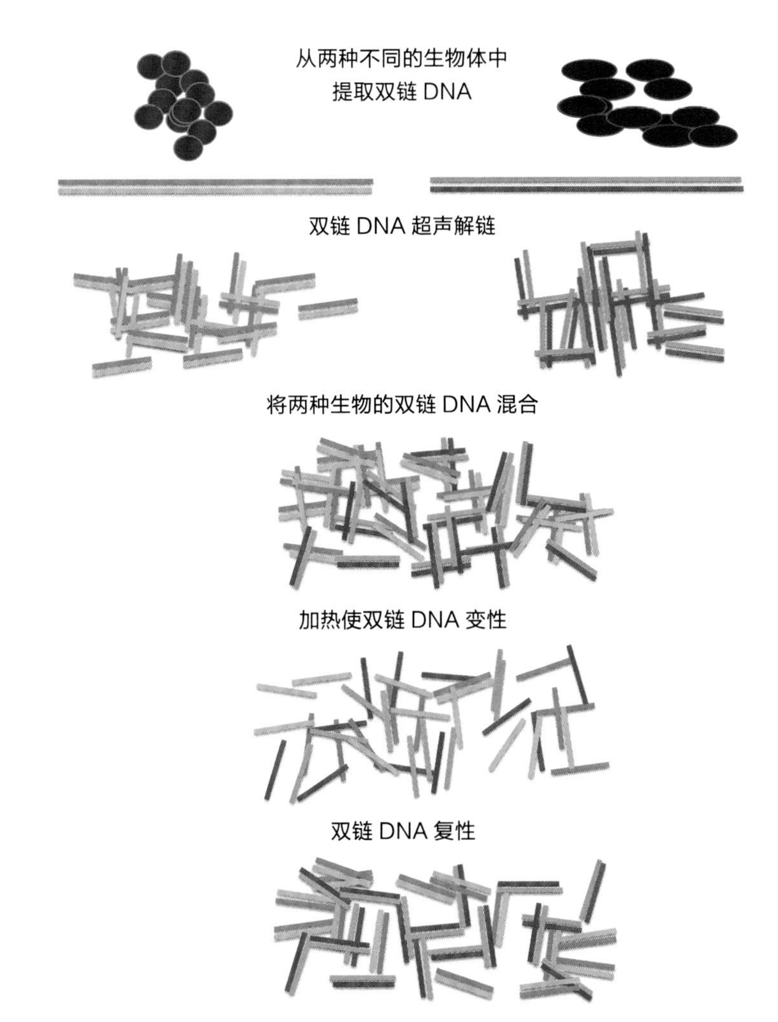

图 39-5　**DNA-DNA 和 DNA-RNA 杂交。**当双链 DNA 分子受热变性时，两条单链 DNA 分子不一定产生不可逆分离的。如果让加热的 DNA 溶液缓慢冷却，单链 DNA 会与其互补链重新结合，并重组成原始的双链 DNA。类似地，如果添加互补 RNA 序列，将形成杂交 DNA-RNA 分子。在影响再结合反应特异性程度的各个因素中，温度、盐浓度和 pH 值非常重要。这些参数可以限制杂交反应的严格程度，因此，可以控制沿着链的碱基错配程度。在图中所示的过程中，从两个不相关的生物体中提取双链 DNA，通过超声波切割形成长度为 500~1000 bp 的碎片，然后加热。使双链 DNA 片段解链所需的热量主要取决于每个双链 DNA 片段中包含的 G-C 碱基对的数量。G-C 对的数量越多，所需温度越高。双链 DNA 的熔解温度可用于确定其碱基组成，并经常用于验证核酸扩增反应扩增产物的特异性。在本例中，假设两个生物体的 DNA 之间没有序列同源性，因此在重新结合后，两个基因组独立地重新结合

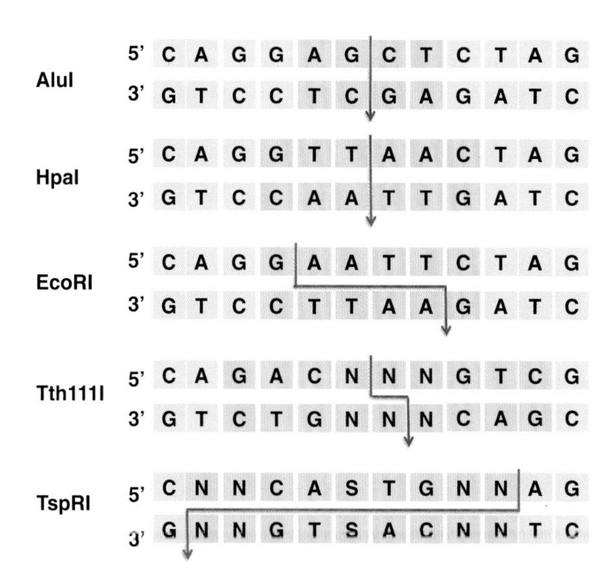

图 39-6　**限制性内切酶。**限制性内切酶是在限制性位点的特定序列上切割 DNA 磷酸二酯键的细菌酶。这些位点的长度通常为 4~8bp，并且多具有回文结构，这意味着当以相同的方向读取时，一条链上的序列与互补链上的序列相同（例如，5′ 到 3′ ）。假设有一个随机 DNA 序列，被酶切割的 DNA 序列的长度与切割频率之间存在反比关系。限制性内切酶通常以分离出的细菌种类命名。例如，如图所示，EcoRI 是从大肠埃希菌中分离出来的，而 HpaI 分离自副流感嗜血杆菌。限制性酶在识别序列内切割 DNA，有一些酶在附近的位置切割。切割相同 DNA 序列的酶称为同裂酶。其中一些酶虽然识别相同的序列，但受到甲基化的影响，其作用会有不同。通过比较甲基化和非甲基化同裂酶切割后的 DNA 片段，可以确定 DNA 片段是否甲基化。缩写：S=C 或 G；N=A 或 T 或 C 或 G

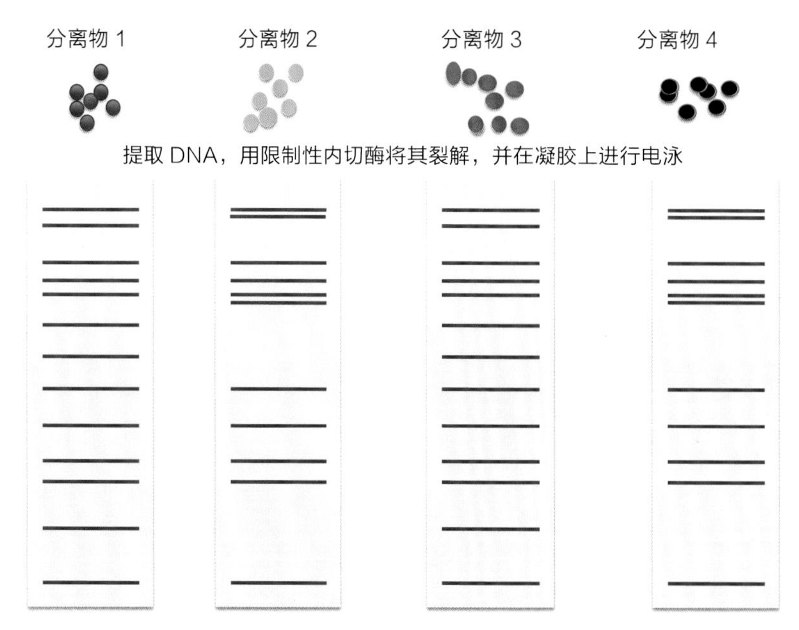

图 39-7　**限制性片段长度多态性分析。**在限制性片段长度多态性（restriction fragment length polymorphism，RFLP）分析中，DNA 被限制性内切酶消化，裂解产物通过凝胶电泳分离。当 DNA 被限制性内切酶切割时，会产生几个片段。片段的数量和大小与 DNA 中限制性位点之间的距离有关。距离较近的限制性位点产生较短的 DNA 片段，而距离较远的限制性位点产生的 DNA 片段较长。假设特定 DNA 片段中的碱基是随机分布的，识别 4-bp 序列的限制性内切酶将产生比识别 8-bp 序列的限制性内切酶更多的片段。限制性内切酶产生的 DNA 片段可以通过琼脂糖或聚丙烯酰胺凝胶电泳分离。由于弱碱性 pH 值下携带离子化磷酸基团，DNA 带负电，并向阳极移动。小的 DNA 片段的迁移速度比大片段快。电泳后，DNA 可以用荧光染料在凝胶中显现。DNA 条带可以用溴化乙锭染色，并且可以比较不同细菌分离株的裂解模式。RFLP 分析是最早广泛用于致病菌遗传指纹分析的技术之一。根据图中显示的结果，我们可以说分离物 1 与分离物 3 密切相关，分离物 2 与分离物 4 密切相关

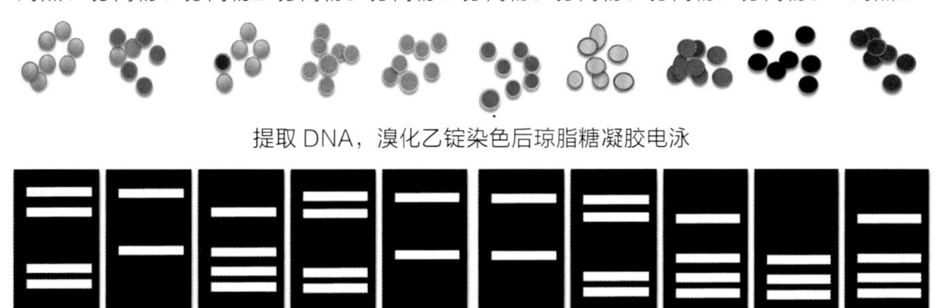

图 39-8　**脉冲场凝胶电泳。**脉冲场凝胶电泳（Pulsed-field gel electrophoresis，PFGE）用于原核生物的基因分型，在 DNA 测序变得方便应用之前，它一直是流行病学研究的金标准。利用脉冲电场通过凝胶电泳分离 20 kb 到 1 Mb 以上的大 DNA 片段。这些大片段通常是通过用较少酶切位点的限制性内切酶（通常是识别 8 个或更多核苷酸碱基的酶）消化 DNA 产生的。使用这种技术是因为大于 30~50 kb 的 DNA 片段在标准凝胶电泳中以相同的速率移动。在标准凝胶电泳方法中，电压始终在一个方向上运行，对于 PFGE，电压在三个方向之间周期性地切换。一个方向是凝胶的中心轴，另两个方向在两侧呈 60° 角。磁场方向的周期性变化允许不同长度的 DNA 以不同的速率移动。当磁场方向改变时，较大的 DNA 片段将比较小的片段重新排列得更慢。分离的片段可以通过肉眼观察，例如，可以使用溴化乙锭染色。如图所示，对照 1 与分离株 3 和分离株 6 相关，而对照 2 与分离株 2 和分离株 7 相关

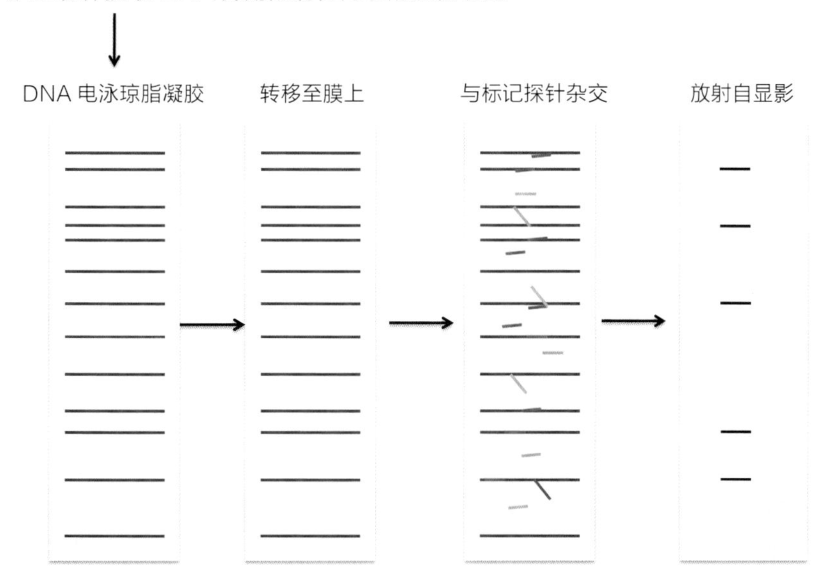

图 39-9　**Southern 印迹法杂交。**在 Southern 印迹杂交中，由于凝胶具有脆性，在用限制性内切酶消化 DNA 片段经电泳分离后，DNA 片段被转移（印迹）到带正电的膜（多为硝化纤维素或尼龙）上，DNA 片段在膜上与特定探针结合。为了进行转移，需对 DNA 片段进行碱处理，从而形成单链 DNA。为了识别膜上的特定 DNA 片段，Southern 杂交使用了目标区域特有的标记单链 DNA 探针。探针与膜上印迹的互补序列杂交。影响 DNA 片段与探针结合特异性的因素包括缓冲液的盐浓度和温度。该技术可用于检测突变、缺失和特定基因序列的存在等

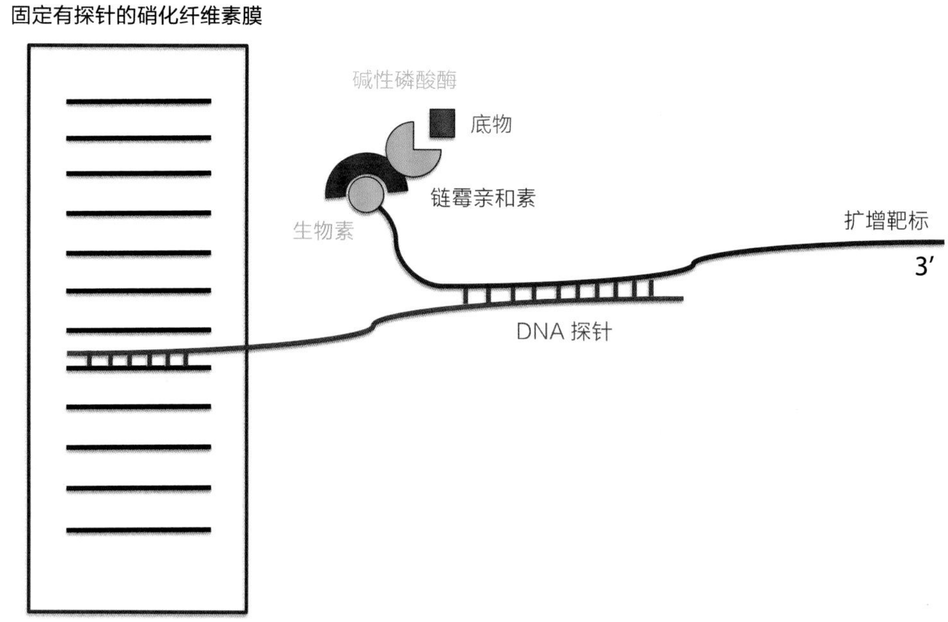

固定有探针的硝化纤维素膜
碱性磷酸酶
底物
链霉亲和素
生物素
扩增靶标
3′
DNA 探针

图 39-10 **线性探针分析。**线性探针分析（immunogenetics，Ghent，Belgium）中，将目标特异性的寡核苷酸固定到硝化纤维素条上。待鉴定的生物素标记的靶核酸扩增产物与硝化纤维素膜上的固定化探针杂交。杂交后，添加带有碱性磷酸酶的链霉亲和素标记探针并孵育，以与杂交体结合。添加显色剂会产生色素沉淀。与 rRNA 杂交的 DNA 探针多用于检测细菌。每个细菌细胞的 rRNA 拷贝数至少为 10 000，是很好的检测目标。该检测方法已用于结核分枝杆菌的鉴定、结核分枝杆菌和幽门螺杆菌的耐药性分析，以及几种病毒的基因分型

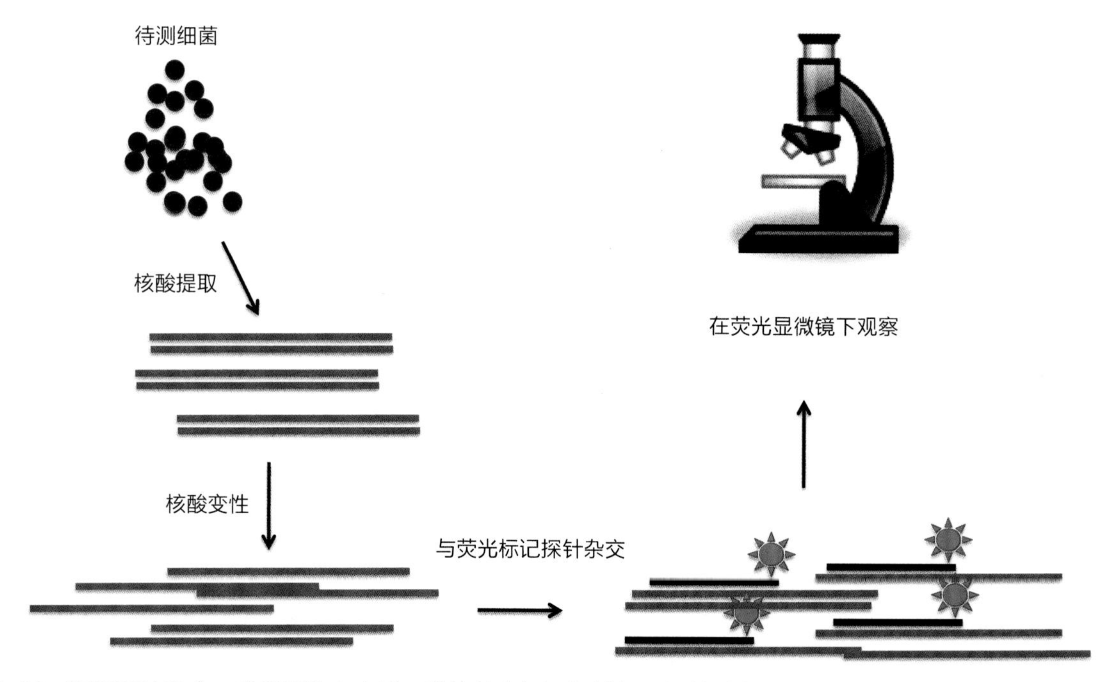

图 39-11 **荧光原位杂交。**荧光原位杂交是一种将荧光标记探针与目标核酸杂交的方法。探针可以直接标记（直接技术），也可以与半抗原（如生物素或地高辛）结合，通过荧光标记的结合物检测（间接技术）。图中展示了直接技术。该检测方法用于血液感染病例，以鉴定金黄色葡萄球菌和凝固酶阴性葡萄球菌，并将白色念珠菌与其他念珠菌区分开来

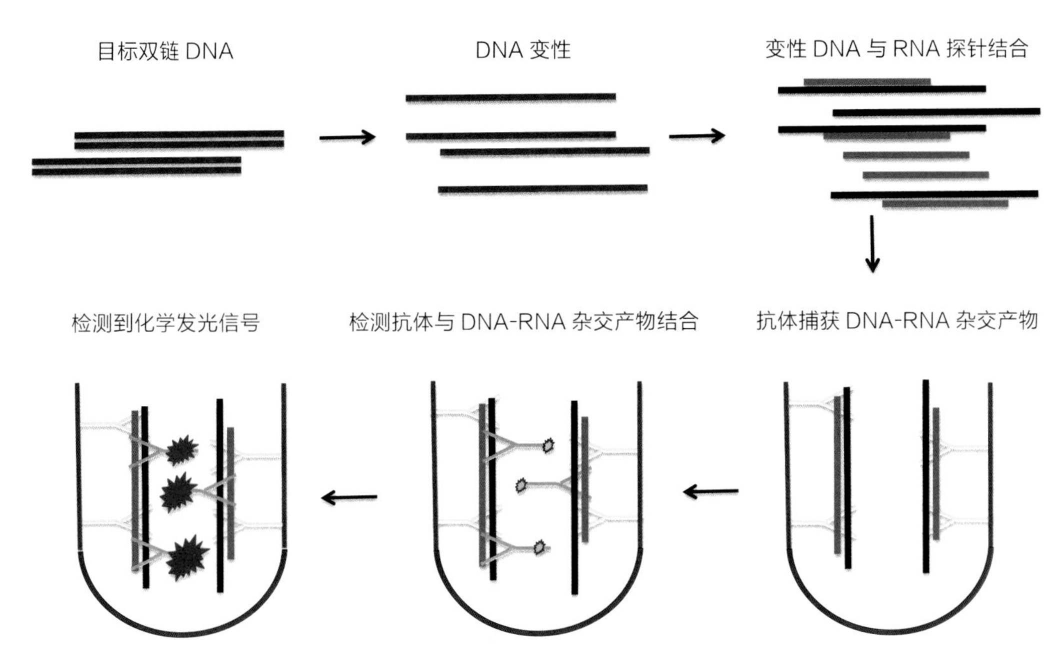

图 39-12　**杂交捕获分析。**在杂交捕获分析中（Qiagen，Germantown，MD），首先使目标 DNA 变性，然后与 cRNA 探针杂交。固定在固相基质上的抗体可以与 DNA-RNA 杂交复合物特异性结合。随后加入碱性磷酸酶结合的抗 RNA-DNA 杂交抗体。使用化学发光底物检测抗体结合物，并在光度计中测量。杂交捕获分析可用于检测淋病奈瑟菌、沙眼衣原体和几种病毒

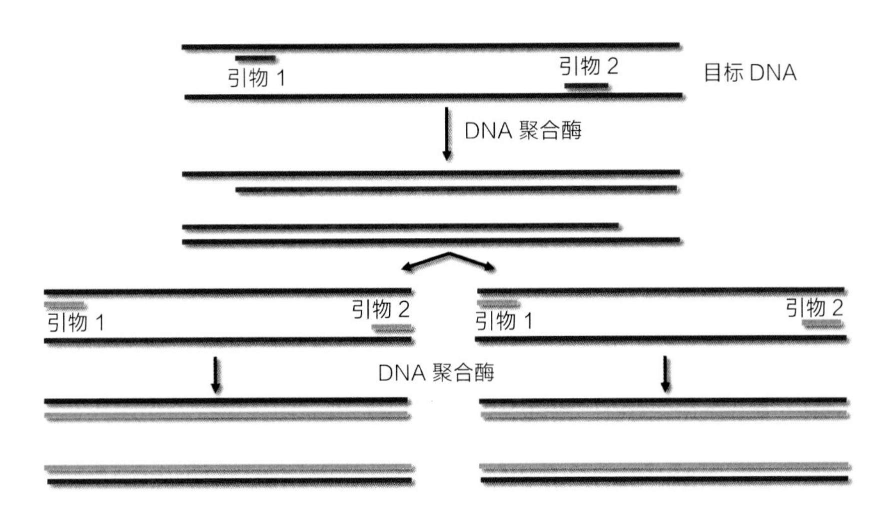

图 39-13　**PCR 技术。**在 PCR 扩增反应中，除了目标双链 DNA 外，还需将两个寡核苷酸（引物）、一个热稳定 DNA 聚合酶和四个 DNTP 添加到缓冲液中。这两个引物与目标 DNA 的两条相反链互补，多间隔 100~500 bp。反应开始时，将温度升高至约 95 ℃，使目标双链 DNA 变性。然后冷却至 60~65 ℃，使引物退火到目标 DNA。然后 DNA 聚合酶启动引物的延伸，产生新的双链 DNA 拷贝。在理想条件下，每个周期的目标序列数量会翻倍。在一个 100% 有效的反应中，20 个循环后发生 10^6 倍的扩增，30 个循环后获得 10^9 倍的扩增。扩增的 DNA 可通过多种方法检测，包括凝胶电泳后荧光染色，如溴化乙锭，或使用与扩增靶标互补的标记寡核苷酸。反应混合物中可以包括内部参照物，以确保血红蛋白等抑制物质不会干扰扩增。许多商品化试剂盒可用于使用 PCR 检测病原体

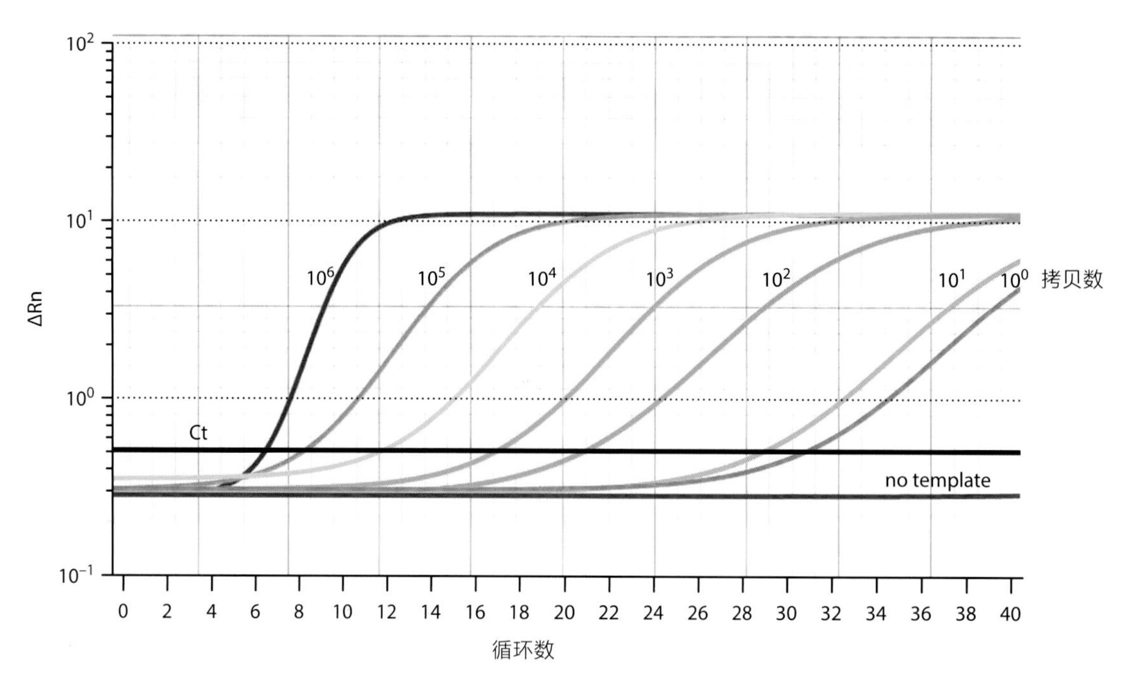

图 39-14 **实时 PCR 技术。**在实时 PCR 中，目标基因的扩增和扩增产物的检测同时进行。可使用不同的染料，激发出的荧光量与扩增产物的量成正比。本图显示了荧光报告基团的均一化荧光信号，与初始加入的目标序列的量有关。循环阈值（cycle threshold，CT）是荧光达到固定阈值的循环数。确定 CT 值和核酸拷贝的起始数量，根据标准曲线计算样本中的核酸拷贝数。商品化试剂盒可用于检测多种细菌病原体，包括结核分枝杆菌、艰难梭菌、沙眼衣原体、淋病奈瑟菌、金黄色葡萄球菌和无乳链球菌等

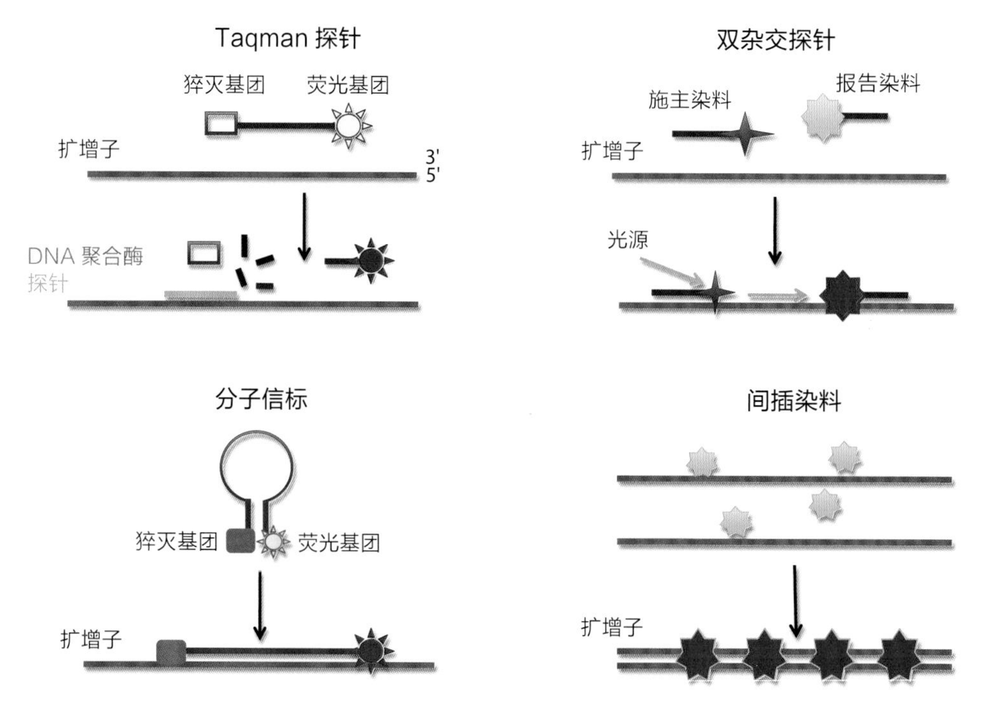

图 39-15 **分子探针技术。**可以使用不同的方法检测实时扩增反应的产物。将染料（如 SYBR Green I 等）嵌入双链 DNA，可用于确定核酸扩增反应中产生的双链 DNA 的数量。荧光共振能量转移探针用荧光染料和猝灭基团标记。探针中染料和猝灭基团之间间隔一定距离，使得染料的荧光可被猝灭基团吸收。在 TaqMan 方法中，探针与目标 DNA 杂交，当 Taq DNA 聚合酶的核酸外切酶活性消化探针时，荧光染料释放。或者，如图所示，双杂交探针不同的寡核苷酸中具有染料和猝灭基团，只有在它们都退火到扩增的目标 DNA 后，才会接近

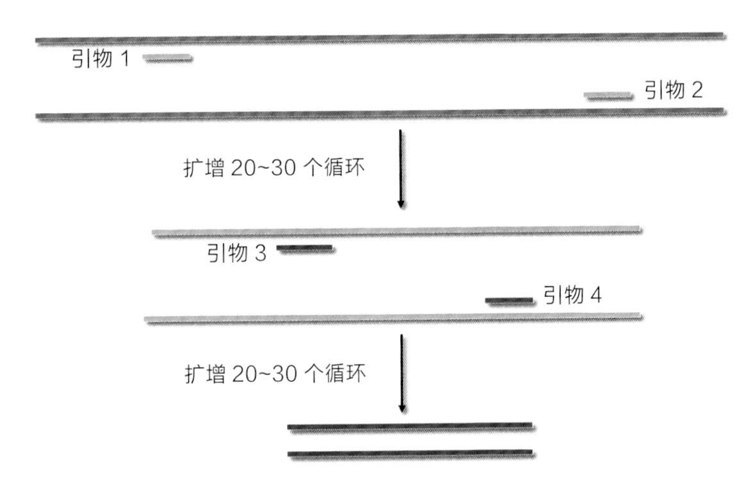

图 39-16　**巢式 PCR。**巢式 PCR 使用两组引物。在用第一组引物扩增后，添加第二组寡核苷酸，与第一轮扩增的序列互补，然后继续扩增。巢式 PCR 的主要目的是提高检测的灵敏度。除非在完全封闭的系统中进行，否则这种方法很难避免因携带而产生的污染问题

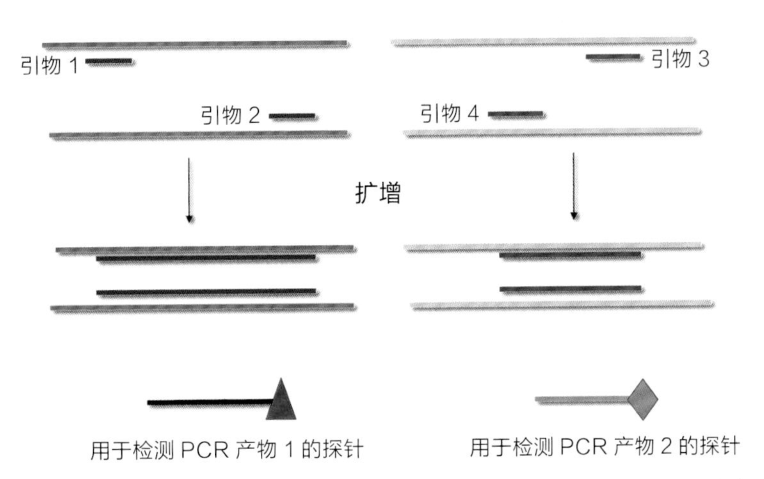

图 39-17　**多重 PCR。**多重 PCR 的目的是在同一反应中扩增不同的靶点。所选探针必须具有相似的退火温度，且不得互补。扩增完成后，每组引物的扩增产物可以用针对扩增产物的探针进行检测。现有的商品化分子检测试剂盒旨在帮助诊断血液、上下呼吸道、胃肠道和中枢神经系统感染。几家公司拥有检测多种细菌、病毒和寄生虫病原体的试剂盒，包括 BioFire（Salt Lake，UT）、Hologic Prodesse（San Diego，CA）、Luminex Corp（Austin，Tx）、GenMark Diagnostics（Carlibad，CA）和 T2 Biosystems（Lexington，MA）

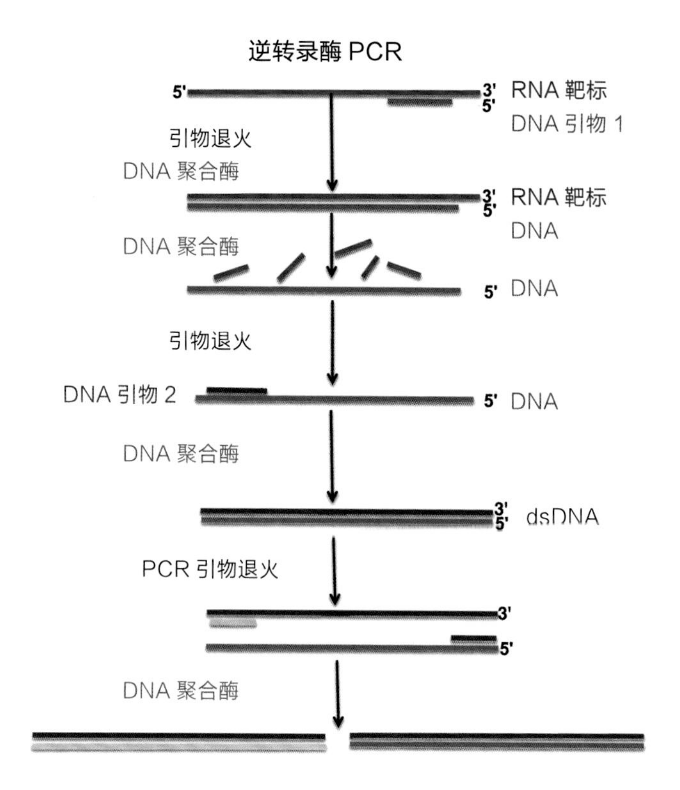

图 39-18 **逆转录酶 PCR**。PCR 最初用于进行 DNA 的扩增。为了扩增 RNA，需加入逆转录步骤，以 RNA 为模板，合成 cDNA。使用热稳定的 DNA 聚合酶，在适当条件下，同时具有逆转录酶和 DNA 聚合酶活性，可以使反应在单一酶的催化下进行

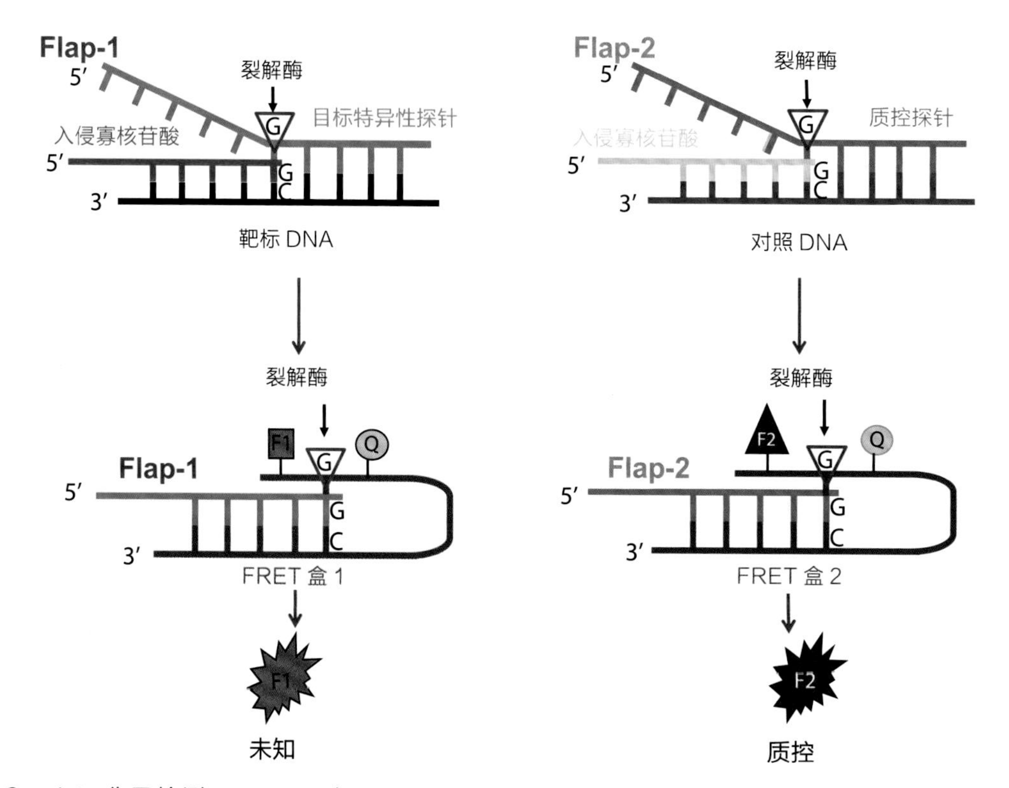

图 39-19 **Cervista 分子检测**。Cervista（Hologic，Bedford，MA）检测使用 Invader chemistry（一种信号放大方法）来检测特定的核酸序列。两个等温反应同时进行，一个是针对目标 DNA 的一级反应，另一个是产生荧光信号的二级反应。在一级反应中，探针和入侵寡核苷酸与靶标 DNA 结合。当该寡核苷酸与靶标 DNA 重叠至少 1 bp 时，形成一个侵入性结构，作为裂解酶的底物。然后，裂解产物与发夹式荧光共振能量转移（fluorescence resonance energy transfer，FRET）寡核苷酸结合，形成另一个被裂解酶裂解的侵入性结构。这样就使得荧光基团与猝灭基团分离，产生荧光信号。探针过量添加，它们快速循环，每小时产生 10^6~10^7 倍的信号放大。当检测人类标本时，需要加入阳性的内参，即人类组蛋白 2 基因，并用不同的一级和二级探针进行检测。该内参有助于确认阴性结果不是由于样本不足或存在抑制物质所致，并确保测试程序正确

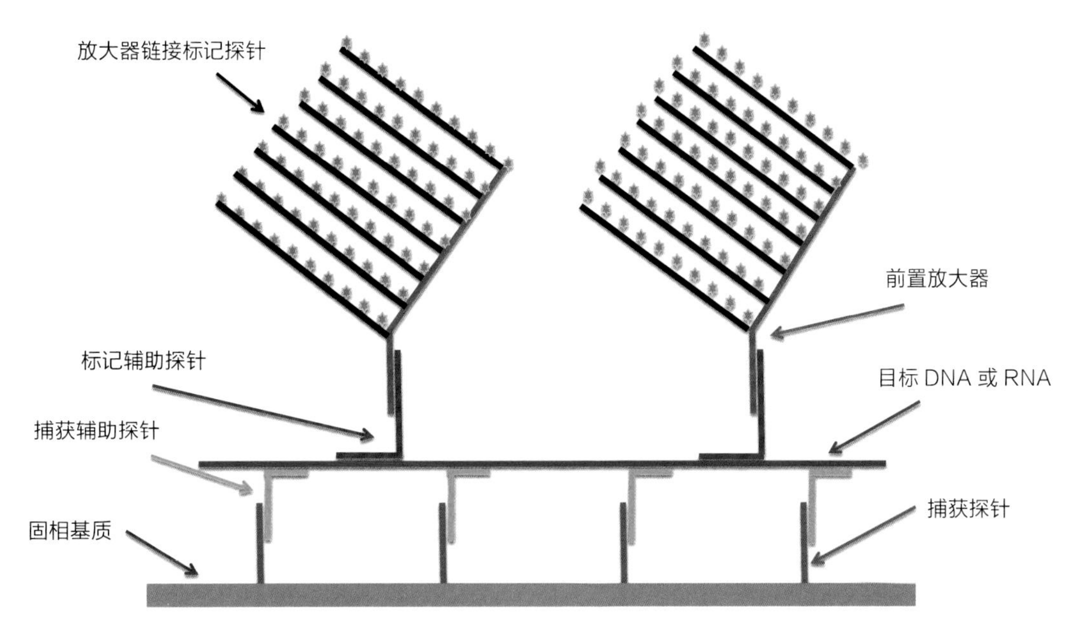

图 39-20　**分支 DNA。**分支 DNA（Siemens Healthcare Diagnostics，Deerfield，IL）是一种信号放大夹心杂交系统，包含多个人工合成的寡核苷酸探针。如图所示，固定在固相（如微孔板）上的捕获探针与捕获辅助探针（capture extenders）结合，捕获辅助探针也与所需的 DNA 或 RNA 互补。然后添加标记辅助探针，与 DNA 或 RNA 靶互补。前置放大器分子随后与标记扩展探针和放大器结合。碱性磷酸酶标记的探针与放大器杂交。当添加二氧乙烷时，产生光，可用光度计测量。光信号量与样本中目标基因的数量成正比，目标基因拷贝数可使用外部标准曲线计算。到目前为止，该方法已被用于病毒的鉴定和定量检测

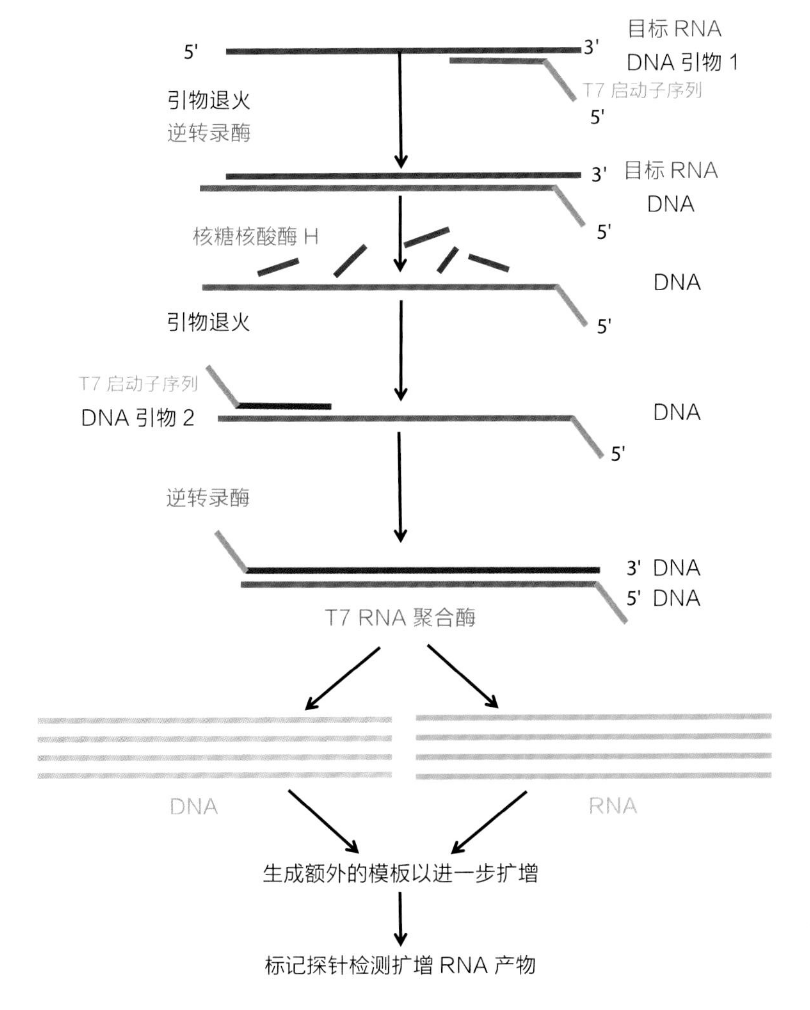

图 39-21　**转录基础上的扩增。**基于转录的扩增（Hologic Inc.，San Diego，CA）和基于核酸序列的扩增是以逆转录病毒复制为模型，对目标 RNA 进行等温扩增的方法。含有与目标 RNA 和 T7 RNA 聚合酶启动子互补序列的 DNA 引物与目标 RNA 杂交，利用逆转录酶合成 cDNA。然后，核糖核酸酶 H（RNase H enzyme）降解 RNA-DNA 杂交的目标 RNA。第二个引物与该 cDNA 结合，利用逆转录酶的 DNA 聚合酶活性使该引物延伸，导致在两端形成包含 T7 RNA 聚合酶启动子的双链 DNA。以 cDNA 为模板，T7RNA 聚合酶合成多个 ssRNA 拷贝，重新进入循环。反应的 RNA 产物可以通过寡核苷酸探针进行检测和定量分析。或者，可以使用实时方法测量扩增产物。这些检测方法在商品化后，可用于结核分枝杆菌、生殖支原体、沙眼衣原体、淋病奈瑟菌以及其他细菌和病毒病原体的检测

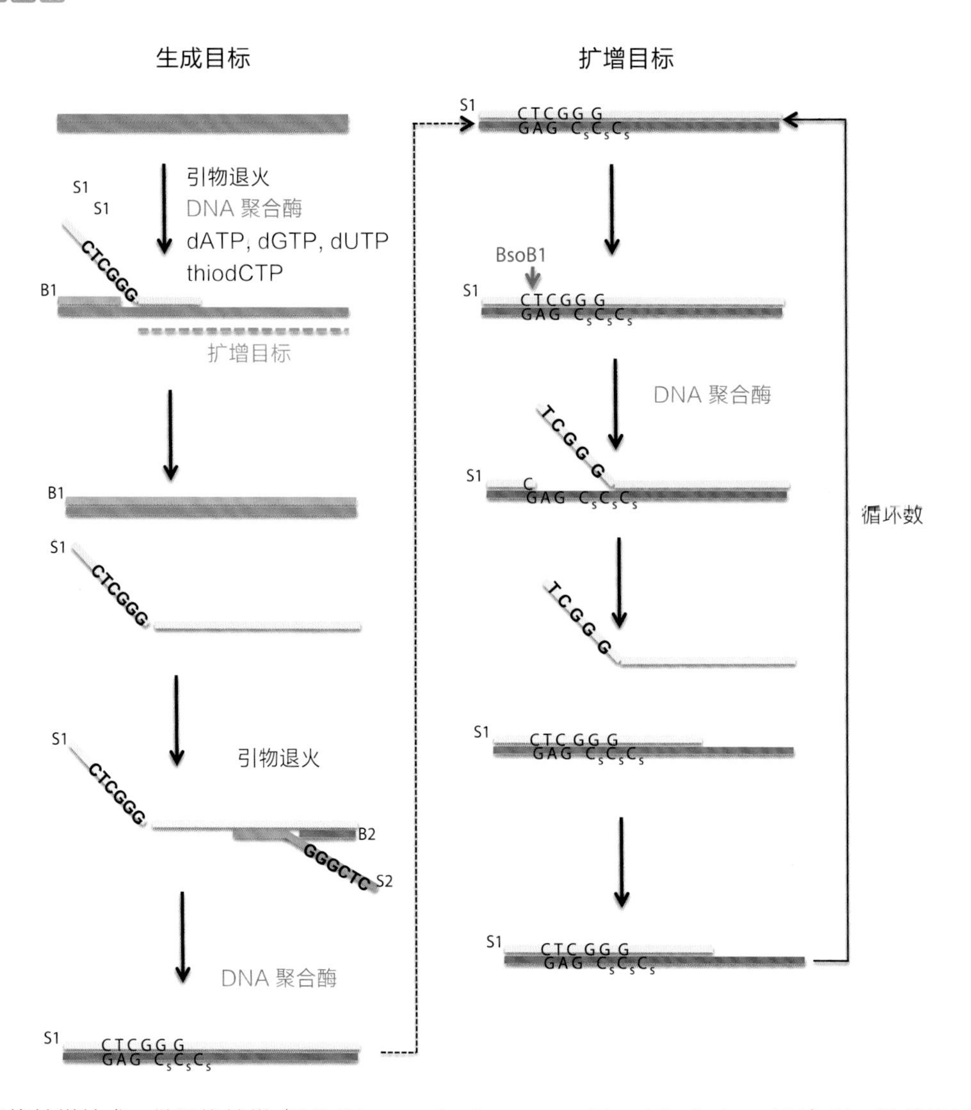

图 39-22 **链置换扩增技术。**链置换扩增（BD Diagnostic Systems，Franklin Lake，NJ）是一种等温扩增方法，可用于扩增 DNA 或 RNA。如图所示，双链 DNA 变性并与两种不同的寡核苷酸杂交，称为缓冲引物和扩增引物。扩增引物包括 5′ 端 BsoBI 的单链限制性内切酶序列。缓冲引物退火至待扩增片段上游的目标 DNA。除了硫化 dCTP（CS）外，还添加了三种标准脱氧核苷酸三磷酸盐，即 dATP、dGTP 和 dUTP。两个引物同时延伸导致扩增引物置换，然后可以与对侧链杂交。BsoBI 酶与扩增产物结合，由于 CS 的存在，只会在链上造成缺口而不是切割链。DNA 聚合酶与缺口部位结合并合成一条新链，同时置换下游链，从而产生具有相同结构特征的双链 DNA，重新进入循环。标记探针可用于实时检测扩增产物。本图只显示了一条链的扩增，但双链 DNA 的两条链同时被扩增。商品化的试剂盒可用于使用该方法检测沙眼衣原体和淋病奈瑟菌

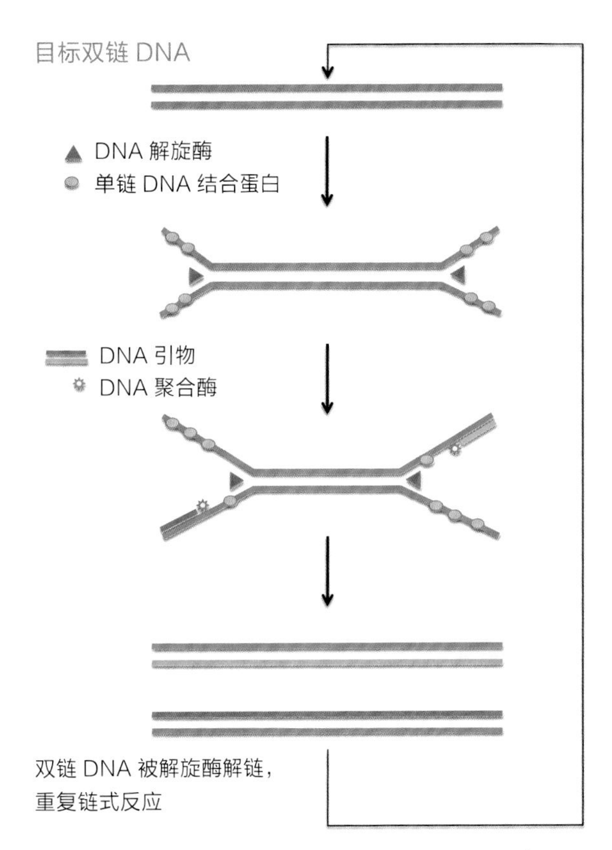

图 39-23 **解旋酶依赖性扩增技术。**解旋酶依赖性扩增技术是一种等温扩增法（Quidel，Beverly，MA），双链 DNA 由两种酶解链，分别是解旋酶和单链 DNA 包被的单链 DNA 结合蛋白，在这两种酶作用下形成两个单链 DNA 模板。因此，这两种酶取代了标准 PCR 中用高温使两条 DNA 解链。加入特定的引物，在 DNA 聚合酶作用下延伸链。新合成的产物继续循环，可以用多种探针检测。该方法可用于检测沙眼衣原体、淋病奈瑟菌、幽门螺杆菌、百日咳鲍特菌和其他病原体以及艰难梭菌毒素 A（选自 Vincent et al., EMO Rep 5: 793–8002004）

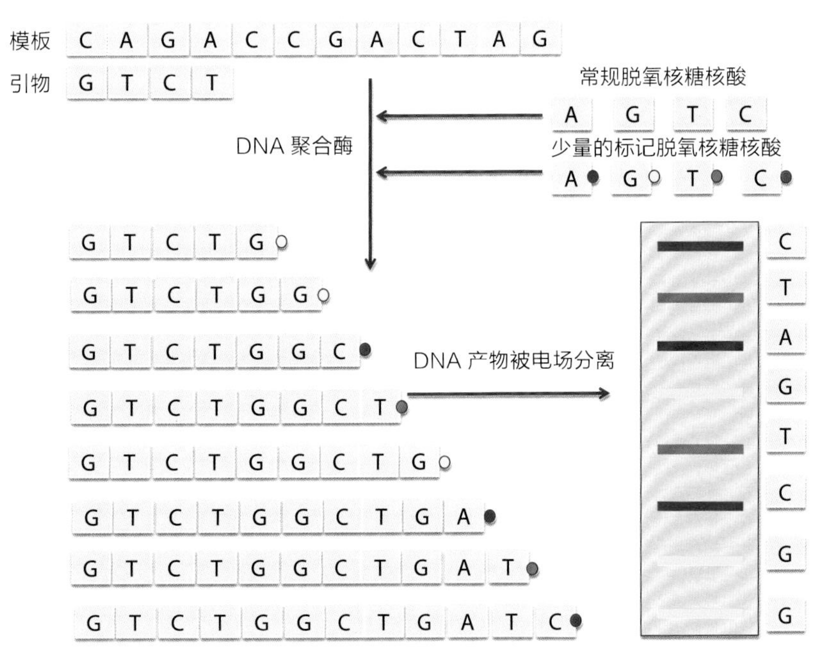

图 39-24 **DNA 测序（桑格法）。**为了使用桑格方法进行 DNA 测序，需要先进行 PCR。除四个常规脱氧核苷酸外，反应混合物中还含有少量四个荧光标记的 2′，3′ - 二脱氧核苷酸。2′，3′ - 二脱氧核苷酸中掺入 DNA 聚合酶可终止延伸反应。因此，并入该 DNA 链的最后一个碱基将对应于标记的 2′，3′ - 二脱氧核苷酸。DNA 片段通过凝胶或毛细管电泳进行大小分析。激光束可用于读取与四种碱基对应的四种不同荧光标记

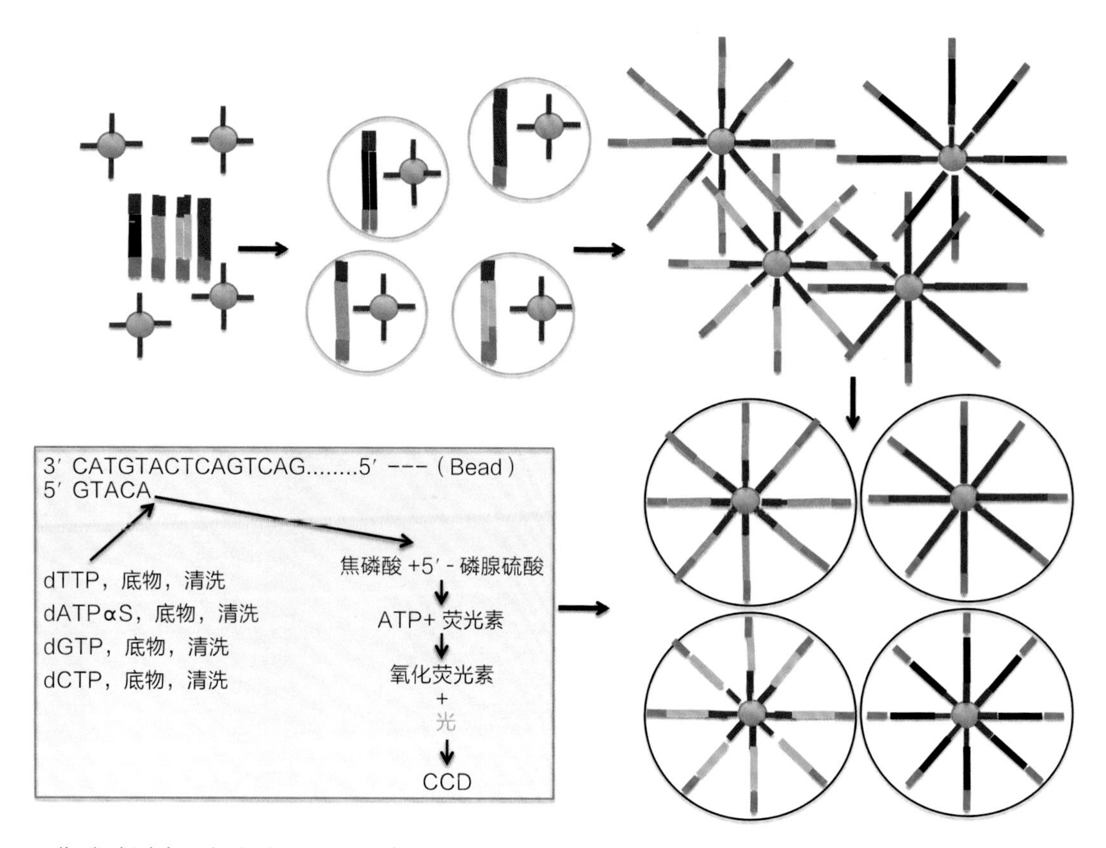

图 39-25 **焦磷酸测序。**在焦磷酸测序法（Roche 454；Roche，Basel，Switzerland）中，体外构建了待测序 DNA 的 adapter-flanked shotgun library。adapter 序列都是相同的，可以用一对引物进行多模板 PCR。另一种引物有一个 5′ - 生物素标记，可与微米级（28 μm）链霉亲和素涂层珠结合。与微珠结合完成后，在极低浓度模板的油包水溶液中进行 PCR，使得在众多的微珠中，只有一个模板分子。然后，PCR 产物被微珠表面的引物捕获。油包水溶液随后被破坏，用变性剂处理微珠，以去除未固定的链，富集为含扩增子的珠子，并转移到皮升孔微孔板中，每孔只允许一个珠子进入。测序引物与紧靠待测序片段起始端的通用接头杂交。每个微孔都有允许添加测序和反应检测所需酶的通道，包括嗜热脂肪芽孢杆菌聚合酶（stearothermophilus polymerase）、单链结合蛋白（single-stranded binding protein）、ATP 磺酰化酶（ATP sulfurylase）、荧光素酶以及底物荧光素和 5′ - 磷腺硫酸（adenosine-5′ - phosphosulfat，APS）。测序时，微孔板的一侧用作流动池，用于引入和移除试剂，另一侧具有用于信号检测的电荷耦合器件（charge-coupled device，CCD）。在每个循环中，每个孔中引入一个未标记的核苷酸（添加非荧光素酶底物的 dATPαS，而不是 dATP）。若存在互补核苷酸的模板，该核苷酸被添加入测序引物，同时释放焦磷酸（(PPi)。每加入一个核苷酸，都会产生焦磷酸，可通过 CCD 检测。另一方面，如果不存在互补核苷酸，就不会产生光。然后用 apyrase 清洗该孔以去除未结合的核苷酸，下一个核苷酸进入。相同碱基片段是该方法的局限性，例如 TT 或 CCCCC。虽然发光强度应与所含核苷酸的数量成正比，但不容易量化。该方法的一个优点是，它可以以 400~500 bp 的长度对每次运行进行 400×10^6~600×10^6 bp 的测序（改编自 Shendure 和 Ji, Nat Biotechnol 26: 1135–11452008）

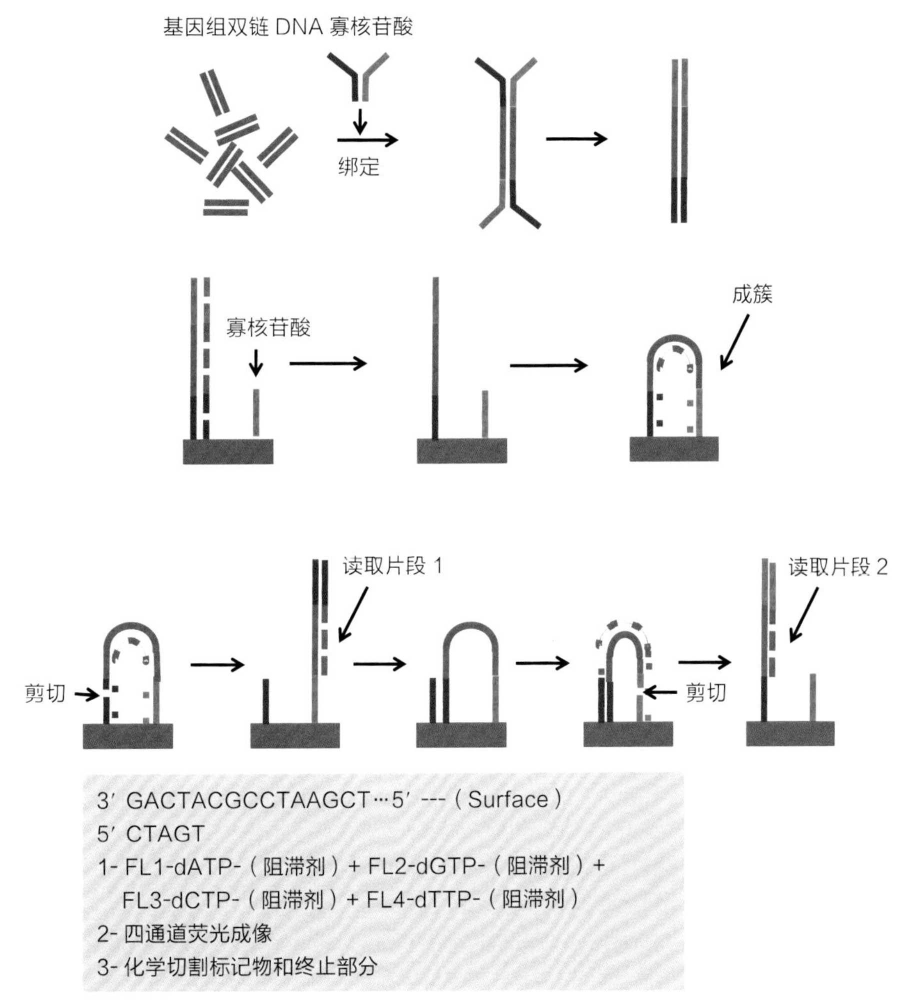

图 39-26　**使用可逆染料终止剂进行簇 DNA 测序。**在簇 DNA 测序（Illumina Genome Analyzer; Illumina，Inc.，San Diego，CA）中，要测序的基因组中的双链 DNA 被剪切并连接到一对寡核苷酸上。然后用两个寡核苷酸引物扩增 DNA，产生两端带有不同接头的双链钝端片段。为了产生单分子阵列克隆，将双链 DNA 变性处理，单链退火为连接到流动池表面的寡核苷酸。利用表面结合的寡核苷酸作为引物，从原始单链 DNA 复制出一条新链。通过变性去除原始单链 DNA，并将每个复制链 3′ 端的接头序列退火为一个新的互补寡核苷酸，该寡核苷酸附着在流动池表面，生成一个桥连结构。随后合成了双链 DNA，经过多次退火、延伸和变性，合成了 DNA 簇。因此，成桥扩增产生多个簇附着在一个表面上，每个簇代表一个模板。为了对每个簇进行测序，使用一个接头寡核苷酸内的裂解位点对 DNA 进行线性化。这些模板使用可逆染料终止核苷酸进行测序。每个核苷酸都用不同颜色的荧光团标记，当这些核苷酸中的一个被结合时，延伸反应就终止了。荧光团通过可切割的二硫键连接到嘧啶或嘌呤碱基。可切割荧光团的空间位阻使得游离 3′ -OH 修饰核苷酸具有终止性质。在每个簇中，在去除终止子基团并添加下一个标记的可逆染料终止子核苷酸之前，检测已结合的核苷酸。接下来成像，用四个通道检测每个簇中四个核苷酸中的任何一个的结合，确定 DNA 的序列（改编自 Bentley et al., Nature 456: 53–592008; Turcatti et al., Nucleutic Res 36: E252008; Shendure and Ji, Nat Biotechnol 26: 1135–11452008）

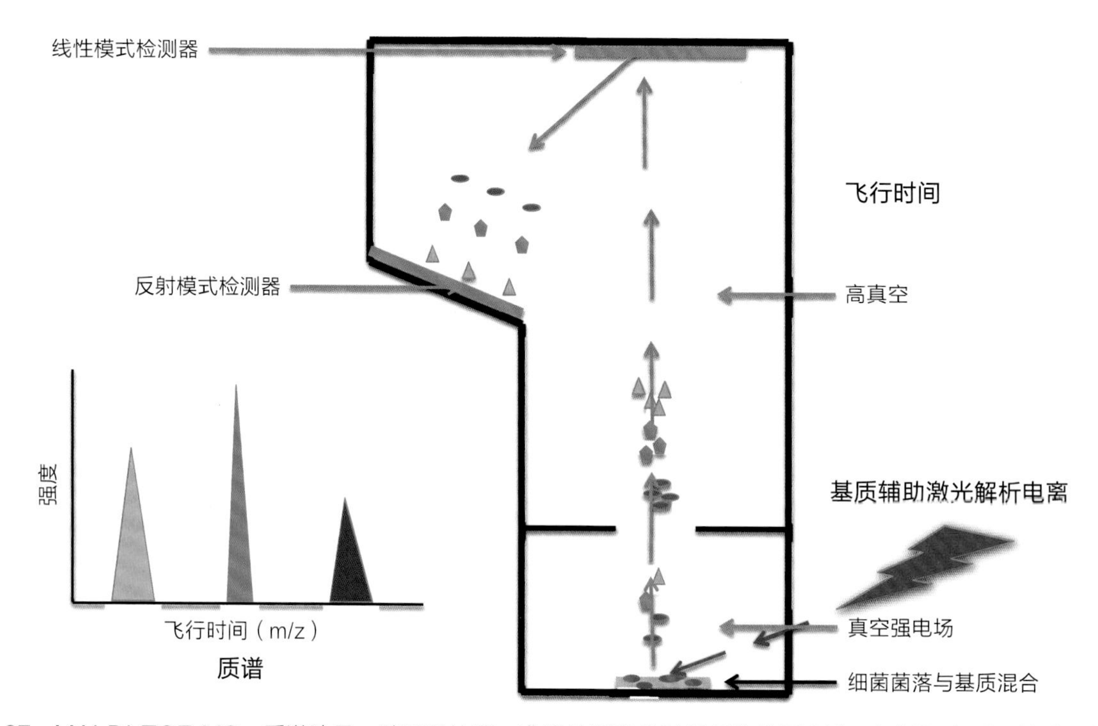

图 39-27　MALDI-TOF MS。质谱法是一种可以快速、准确地测定分子质量的分析方法，包括蛋白质和核酸，范围为 100 Da~100 kDa。在 MALDI-TOF MS 检测中，蛋白质等分子嵌入由低分子量有机酸（通常为 α- 氰基 -4- 羟基肉桂酸）组成的基质中。由于暴露于激光脉冲，能量从基质转移到待分析的分子中。分析物被解吸（去除）成气相，由于质量 / 电荷比（m/z）产生电位差，电离分子在飞行管中被加速。电离的分子与探测器碰撞，产生图形，然后与已知的质控图谱进行比较。该方法用于鉴定细菌时，需要从分离良好的菌落中提取大约 10^4~10^5 个 CFU。在一些检测系统中，细菌可直接加到质谱板上。或者，首先用乙醇固定细菌（或其他病原体，如真菌），然后用甲酸和乙腈提取蛋白质，再将其与基质溶液混合。MALDI-TOF MS 检测到的大多数细菌成分是 4~15 kDa 范围内的细胞内蛋白质，包括核糖体和线粒体蛋白、冷休克和热休克蛋白、DNA 结合蛋白和 RNA 伴侣蛋白。质谱也可用于检测和鉴定扩增的核酸，并进行测序

第 40 章　实验室自动化

随着技术的进步和新的检测系统的出现，应用于临床微生物学实验室的技术方法得到了革新，包括基质辅助激光解吸电离飞行时间质谱（MALDI-TOF MS）、多重分子分析（multiplex molecular assays）以及微生物无细胞 DNA 和 RNA 测序（microbial cell-free DNA and RNA sequencing）。临床微生物学实验室中完善的自动化系统包括持续监测血液培养系统、半自动化微生物鉴定和抗生素敏感性测试（antimicrobial susceptibility testing, AST）系统，以及全自动化分子分析。但是，在大多数检测系统中，一些任务，如标本处理和培养评估，基本上仍然依赖于手工操作。样本处理的第一个自动化模块诞生于 20 世纪 70 年代，但微生物实验室的完全自动化已经落后于临床实验室的其他领域，如血液学、化学和分子生物学，这些领域早在几十年前已经实现了自动化。造成微生物实验室自动化发展迟缓，以及不采用自动化方案的一些原因包括培养评估的复杂性以及不同样本在均一性、体积和可变性方面的问题。最近，微生物学界逐渐接受了实验室全自动化。样本数量的增加、液基转运系统的广泛使用、实验室的整合以及有经验的工作人员的短缺，使得微生物实验室自动化需求增加。自动化可以提高初始样本处理的标准化，减少鉴定和抗生素敏感性测试结果的周转时间，提高生产率和效率，避免样本交叉污染，并降低实验室暴露的风险。目前，自动化的范围包括样本接种、培养板管理、培养板的数字成像和培养板成像分离。可用的仪器分为样本处理设备、使用人工智能进行判读的自动匹配平板阅读器，以及能实现部分或完全的实验室自动化（total laboratory automation, TLA）的系统。

目前常用的样本处理器包括 Autoplak（NTE-Healthcare, Barcelona, Spain）、BD Innova（BD Diagnostics, Sparks, MD）、BD Kiestra InoqulA（BD Kiestra B.V., Drachten, Netherlands）、PreLUD（I2A Diagnostics, Montpellier, France）和 WASP DT（Copan Diagnostics, Murrieta, CA）。所有这些仪器都能够自动处理各种液体样本，并可以选择、标记、接种和划线接种到适当的琼脂平板上。其他功能还包括玻片制备、肉汤和试管培养基的接种、肉汤培养基的传代培养和分配抗生素纸片。研究表明，自动化仪器样本处理和划线接种更易标准化，菌落的分离率更高，从而减少了微生物鉴定和药敏试验所需的传代培养的次数。

APAS Independence（Clever Culture Systems, Zurich Switzerland）是首个获得 FDA 批准的独立人工智能技术，用于尿液培养板的全自动成像、分析和结果判读。该技术需要人工接种、孵化平板，将其放入仪器中，对平板进行成像、分析和结果判读，以检测是否存在微生物生长。尿液培养中有菌落生长的，需要由微生物学家进行检查。目前，关于该系统的公开数据有限。

目前，使用最广泛的部分或全部实验室自动化系统是 Kiestra TLA（Becton，Dickinson and Company, Franklin Lakes, NJ）和 WASPLab（Copan Diagnostics）。这些系统提供集成的自动化模块，包括以下内容：传送系统，用于在整个过程中移动标本和培养皿，包括在培养完成后丢弃废物；样本处理机；孵化器；以及包括读取器和显示模块在内的数字成像系统。接种完成后，将培养皿单独储存，并保持温度均匀恒定。在设定的时间间隔，不同的曝光度以及不同的角度，对培养皿进行扫描拍照。微生物学家通过工作站或其他位置的计算机（远程细菌学）查看培养物的图像（图 40-8）。随后，可疑的菌落被标记在屏幕上，必要时，微生物学家可对培养板进行进一步检查。

Kiestra TLA 模块包括 SorterA、BarcodA、InoqulA、带有数字成像的 ReaA Compact（二氧化碳和有氧条件）和人体工学工作台（图 40-2 至图 40-5）。WASPLab 模块（图 40-5 和 40-6）包括 WASP DT、CO_2 或有氧条件的带数字成像的培养箱。目前尚在开发中的其他功能包括使用多个样本处理器将样本排序或传送到适当的处理仪、自动化的细菌和酵母菌落选择、MALDI-TOF MS 靶向接种、McFarland 悬液制备、机器人协助手工操作，以及用人工智能来自动读取和分类培养皿。

在不久的将来，自动化程度和方法的可变性将逐步扩大。这些系统的持续发展和模块化将使各个实验室能够更灵活地实现其所需的自动化水平。自动化系统对工作流程、生产力、周转时间和临床微生物实验室的工作质量都有积极的影响。更重要的是，自动化的实施，可以大大改善患者护理，尤其是如果与主治医师、药剂师和其他医疗保健人员可以高效沟通并且共享检测结果。在考虑将自动化纳入实验室时，必须考虑设备成本和房屋空间的装修。这些因素需要在改善患者护理的背景下进行评估。

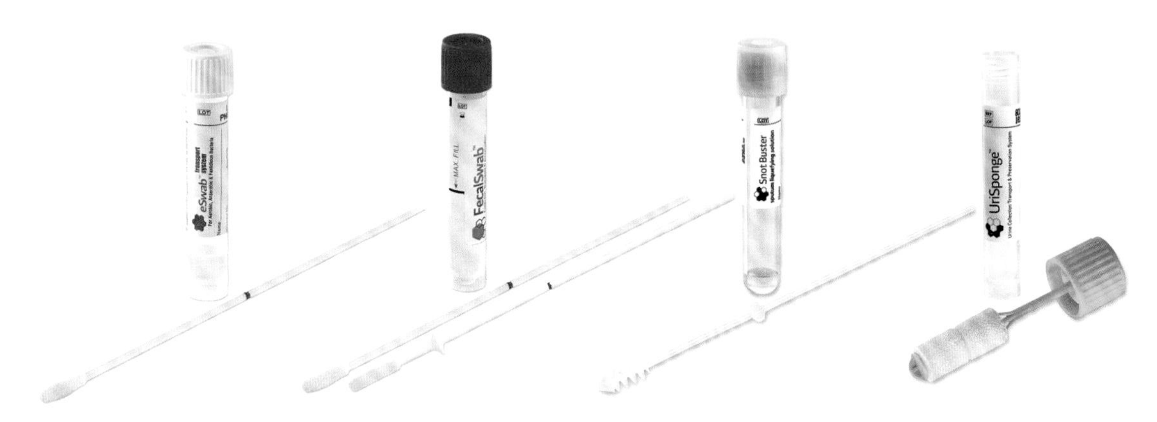

图 40-1　**液基样本转运系统。**多用途植绒拭子和其他类型的样本收集和转运系统（Copan Diagnostics，Murrieta，CA）已上市，可用于痰、粪便和尿液样本。通过使用液体运输系统对样品进行标准化，促进了自动化程序的实施（照片由美国加利福尼亚州穆里埃塔的 Copan Diagnostics 提供）

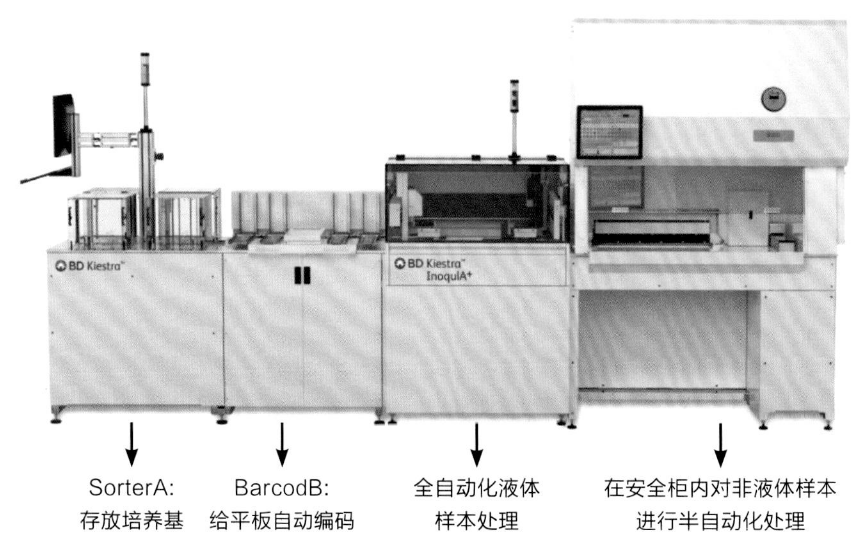

图 40-2　**BD Kiestra InoqulA+ 样本处理器。**如图所示的样本处理器分别由全自动和半自动模块组成，可以处理液体和非液体样本，主要用于批量处理样品。处理液体样品时，可以自动混匀、开盖并重新盖紧盖子。该仪器可自动选择合适的介质，对样品进行条形码编码，并将其传送至自动或半自动模块进行接种。使用至少 10 μL 的移液管接种培养板，并使用磁珠滚动技术，使用预定义或可定制的模式进行划线接种。该仪器还可制作涂片、接种肉汤培养管。该系统配有高效空气过滤器。它可以容纳多达 12 种不同类型的培养基，总共 612 块培养板和 288 个样本，每小时可以接种 220~300 次。使用该仪器，对生物安全柜的空间有一定要求：深度 948 mm；宽度 4434 mm；高度 2350 mm；承重 1350 kg（照片由美国新泽西州富兰克林湖的 BD 公司提供）

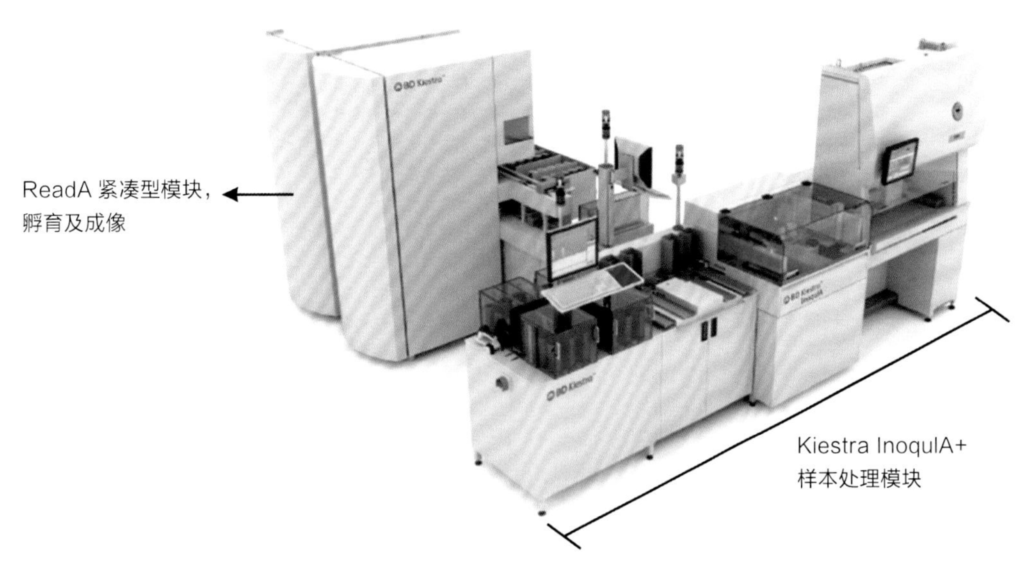

图 40-3　**BD Kiestra 细胞工作站（Work Cell Automation，WCA）系统。**WCA 系统是一个紧凑的模块化系统，用于自动处理样本、培养板培养和数字成像。样本处理模块最多可连接到三个 BD Kiestra ReadA 紧凑型智能孵化模块，带有单独的培养板存储和数字成像系统。在查看数字图像后，可以在远程工作台上对样本进行其他的检查。使用该系统对培养箱的空间有一定要求：深度 3348 mm；宽度 4434 mm；高度 2300 mm；承重 2005 kg（照片由美国新泽西州富兰克林湖的 BD 公司提供）

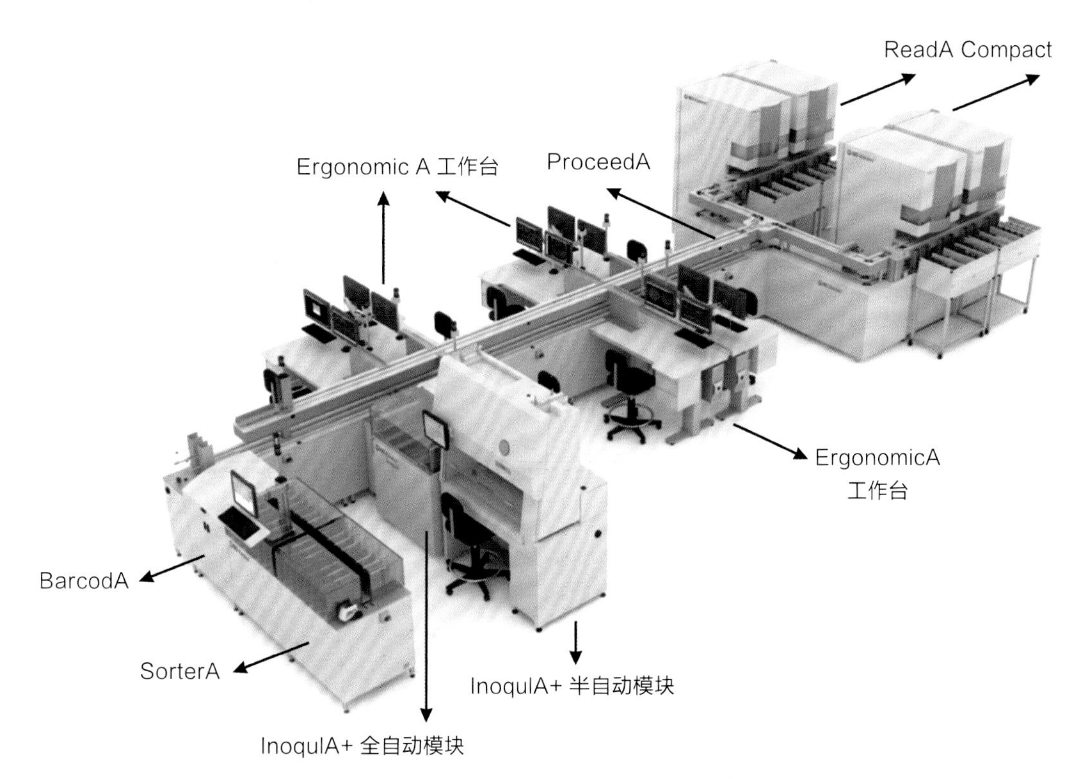

图 40-4　**BD Kiestra 全实验室自动化（Total Lab Automation，TLA）系统。**TLA 系统包括 SorterA、BarcodA、InoqulA、ReadA Compact，通过双向自动培养板运输通道 ProceedA 连接的 ErgonomicA（工作台）。其中的一条通道专门用于将接种用平板从 SorterA（仓库）运输到 InoqulA 或工作台。第二条通道连接培养箱和工作台。该系统可以存储和使用多达 48 种不同的培养基。ReadA Compact 结合了孵化（CO_2 和有氧条件下）和成像技术。数字图像可以在连接的工作台上通过远程细菌学系统进行检查，并且可以在屏幕上选择对培养物的其他处理。空间要求（取决于配置）：SorterA/BarcodA：深度 830~1380 mm；宽度 2281~2720 mm；带信号灯的高度：1950 mm；承重 300~500 kg。InoqulA+TLA：深度 933 mm；宽度 2659 mm；承重 700 kg。ErgonomicA：深度 850 mm；宽度 1650~2200 mm；承重 130~160 kg。ReadA Compact：深度 1594 mm；宽度 1000 mm；高度 2300 mm；承重 500 kg（照片由美国新泽西州富兰克林湖的 BD 公司提供）

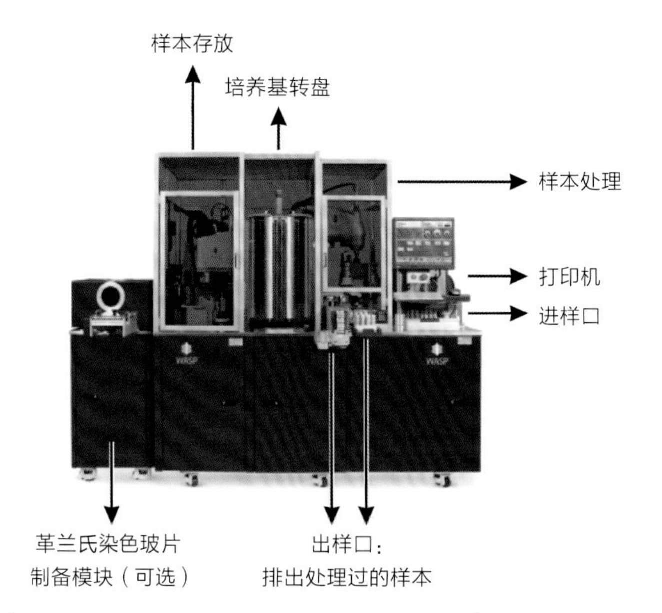

图 40-5　**非接触式样本处理器（Walk-Away Specimen ProcessorWASP）DT。** WASP DT 仅对液体样品进行处理，并可对培养板进行划线接种。该系统可连续进样，并可进行混匀、离心、开盖和重新盖盖。培养板转盘最多可容纳 70 个平板和 9 种不同类型的培养基。对革兰氏染色中用到的平板、试管和载玻片会进行自动标记。对平板进行划线接种时，使用可重复的金属接种环，规格可为 1 μL、10 μL 或 30 μL。可进行经典划线接种，或特定的划线方法。该仪器每小时可以处理和接种多达 150 个培养板，配有高效空气过滤器。可选功能包括载玻片制备、单样本双环接种、肉汤培养基接种，它还有两个纸片分配器，用于将纸片自动放置到接种过的培养板上，一个用于菌种鉴定（如 optochin 和 bacitracin），另一个用于抗生素敏感性试验。空间要求：深度 1104 mm；宽度 2069 mm；高度 1929 mm；承重 589 kg（照片由美国加利福尼亚州穆里埃塔的 Copan Diagnostics 提供）

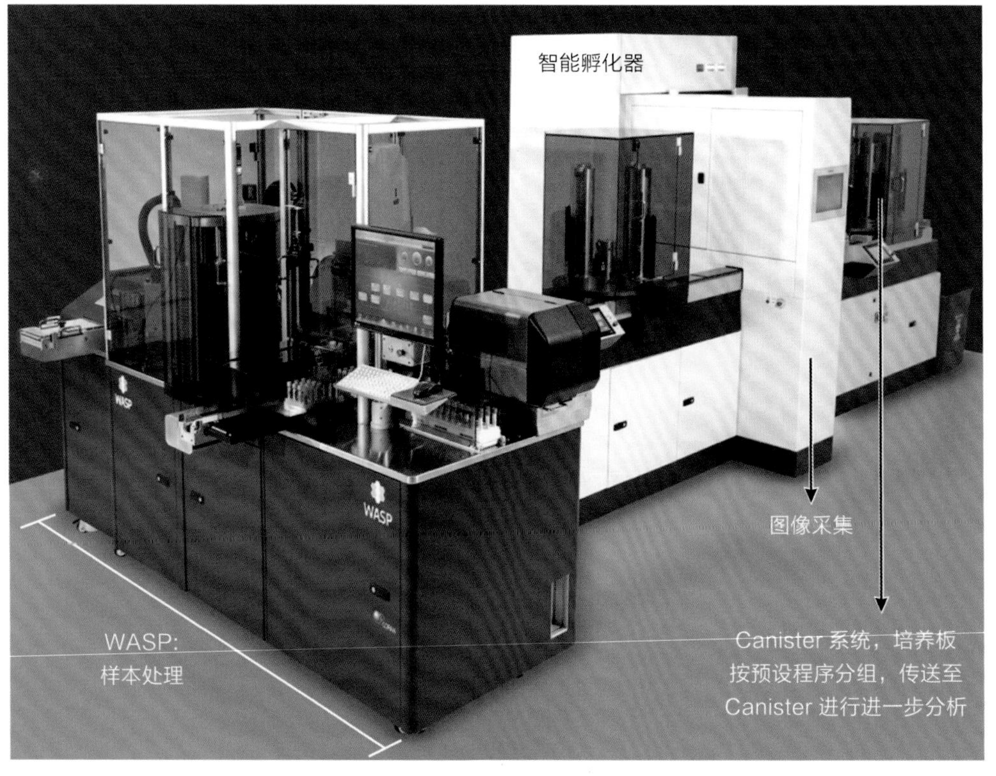

图 40-6　**WASPLab 自动化系统。** WASPLab 系统包括由单向输送轨道连接的不同模块。WASP DT 包括智能孵化（CO_2 和有氧条件下）、数字微生物学和人工智能。单智能培养箱和双智能培养箱分别能容纳 795 和 1590 个培养皿。数字图像的读取和附加工作在远程工作台上完成。WASP DT 单培养箱的空间要求：深度 1158 nn；宽度 853 nn；高度 2316 nn；承重 553 kg（照片由美国加利福尼亚州穆里埃塔的 Copan Diagnostics 提供）

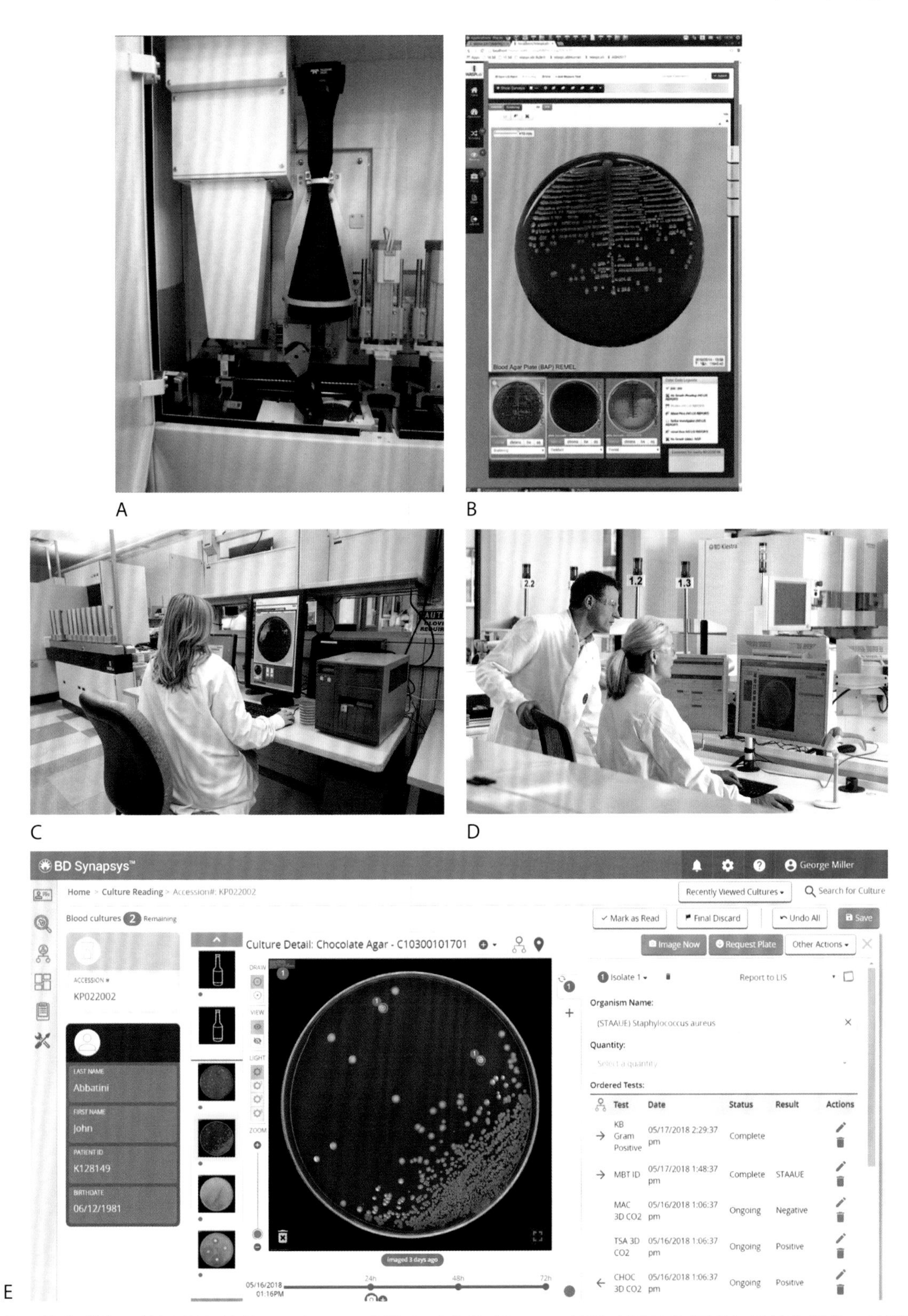

图 40-7　**数字成像。**这里所示的是 WASPLab（图 A~C）和 Kiestra LTA（图 D 和图 E）系统的组件。这些设备包括工业摄像机（图 A）、数字图像（远程细菌学）（图 B 和图 E）以及工作站（图 C 和图 D）。数字成像和远程细菌学是临床微生物学实验室的一大进步。利用数字成像软件，可以远程评估生物体的生长，并可以取代手动读取平板。摄像机在培养的零点拍摄板的图像，并根据用户定义的协议在指定的时间间隔拍摄后续图像。使用远程或连接工作站上的监视器读取和判读培养板图像。通过触摸屏或鼠标选择菌落，并设计进一步检查（如 MALDI-TOF MS、AST 或传代培养）。需要进一步检查的培养板按要求传送至连接的工作站或容器。此外，使用与人工智能相关的数字成像技术，可以对培养皿进行分类，并通过快速鉴定和报告阴性培养物来提高实验室效率（图 A~C 照片由美国加利福尼亚州穆里埃塔的 Copan Diagnostics 提供。图 D 和图 E 照片由美国新泽西州富兰克林湖的 BD 公司提供）

A

B

图 40-8 **划线接种。**（图 A）InoqulA 使用一次性磁珠。（照片由美国新泽西州富兰克林湖的 BD 公司提供。）（图 B）WASP 使用可重复使用的金属环（照片由美国加利福尼亚州穆里埃塔的 Copan Diagnostics 提供）

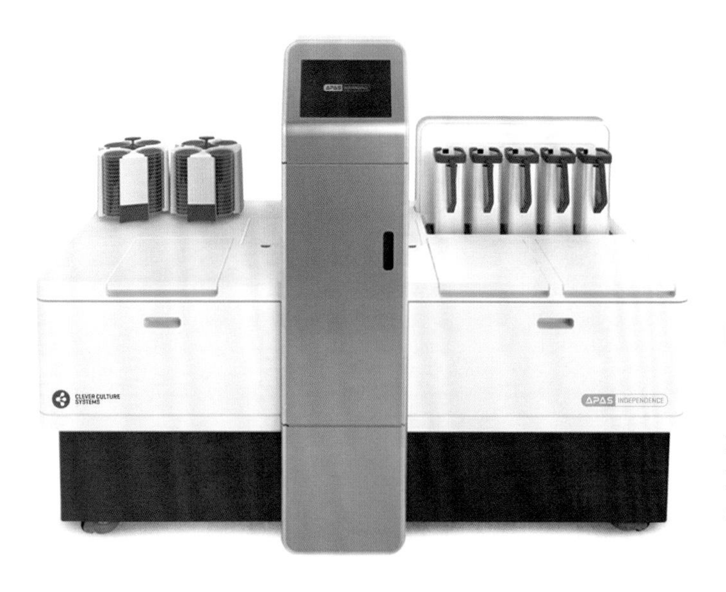

图 40-9 **APAS Independence。**APAS Independence 是一个独立的系统，使用人工智能自动对培养板成像、分析和判读。空间要求：深度 2000 mm；宽度 800 mm；高度 1600 mm；承重 330 kg（照片由瑞士苏黎世的 Clever Culture Systems 提供）

A

B

图 40-10 **附加模块。**图中所示的是 WASPLab 的组件，包括 WASP-FLO（图 A）和协作机器人（图 B）。在使用大批量样本处理器的实验室里，WASP-FLO 模块可用流水化处理样本。它会自动对样本进行排序，并将它们分配到适当的 WASP DT。协作机器人模块协助人工处理阳性的血培养样本、组织和传统拭子（照片由美国加利福尼亚州穆里埃塔的 Copan Diagnostics 提供）

第41章　染色、培养基、试剂和组织病理学

在临床实验室，可使用多种方法对细菌进行鉴定，包括显微镜镜检、观察生长特性、测定对有机物和无机化合物的反应以及分子技术。组织病理切片检查也有助于明确诊断或排除细菌感染。本章介绍诊断医学微生物学实验室中最常使用的染色方法、培养基，以及相关的组织病理学图像。为了观察细菌，革兰氏染色法是最广泛使用的方法。本章将展示在临床标本中发现的各种需氧和厌氧细菌的大小、形态和排列。还包括实验室中最常见的培养基，用于细菌的生长、分离、观察菌落形态、溶血、色素生成和其他显著特征。本章中的图片多是关于一些关键的试验和组织学图像，这些证据对检测和鉴别临床分离株大有帮助。

染色

革兰氏染色

革兰氏染色是细菌学中最重要的操作之一。革兰氏染色后，可根据细菌的大小、形状、排列和革兰氏反应对细菌进行分类。该方法最初由克里斯蒂安·格拉姆（Christian Gram）于1884年报道；目前使用的改良版革兰氏染色法，是由G.J. Hucker在1921年开发。Hucker改良版中使用的试剂和染料包括结晶紫、革兰氏碘液、丙酮醇和藏红。本节中的图片展示了细菌革兰氏染色下的各种形态以及革兰氏染色反应。

苏木精－伊红染色

苏木精－伊红（Hematoxylin and eosin，H&E）染色通常用于组织病理切片，可显示组织形态。苏木精使宿主细胞核呈深紫蓝色，伊红将宿主细胞质和细胞外基质染成不同程度的粉红色。微生物，尤其是细菌和真菌，也会被H&E染色。

特殊染色

“特殊染色”指除传统上用于组织病理切片的H&E染色以外的所有染色，包括用于突显组织、细胞、物质和微生物的各种方法和染料。用于微生物可视化的特殊染色包括但不限于Grocott methenamine silver（GMS）、改良Brownt和Hopps染色（组织革兰氏染色）、Warthin-Starry染色、Kinyoun染色和Fite染色。

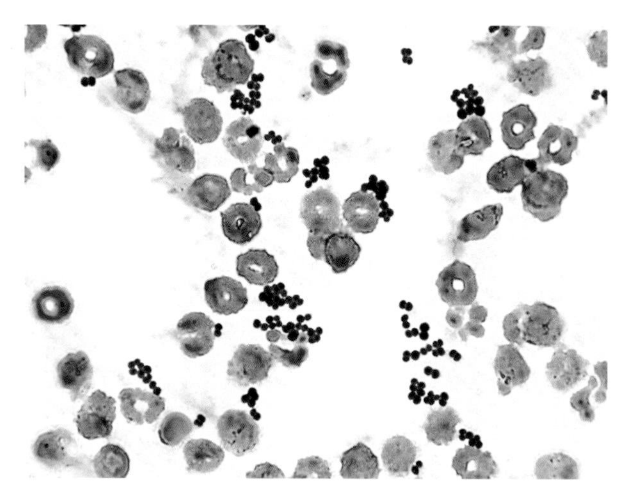

图 41-1　革兰氏阳性球菌，成对和成群分布

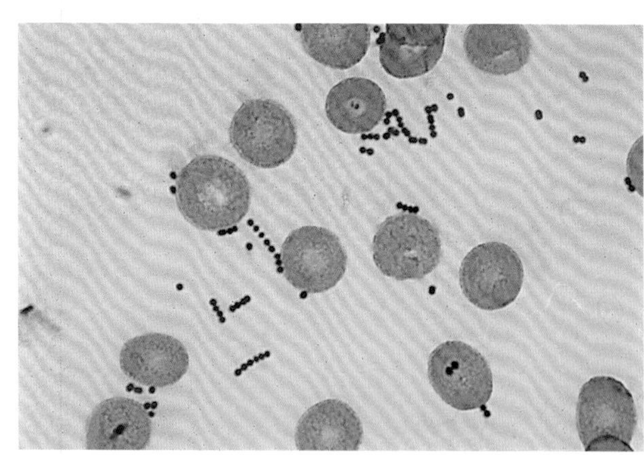

图 41-2　革兰氏阳性球菌，成对和短链分布

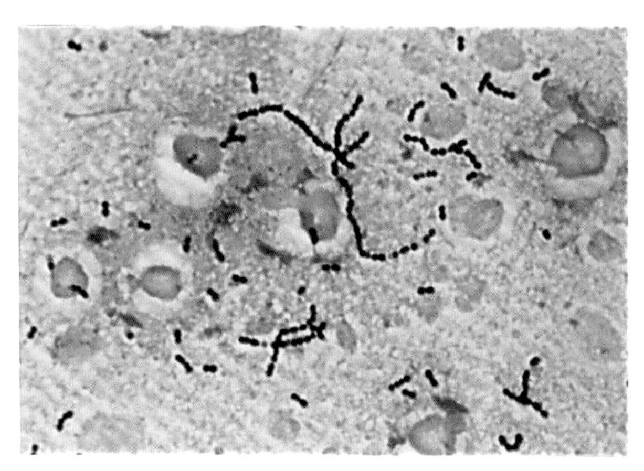

图 41-3　革兰氏阳性球菌，成对和链状分布

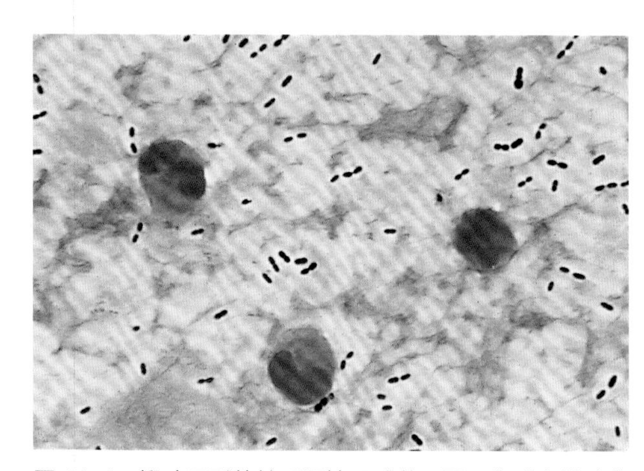

图 41-4　**柳叶刀形革兰氏阳性双球菌。**图示为肺炎链球菌的典型形态。微生物周围的透明区域是肺炎链球菌的荚膜

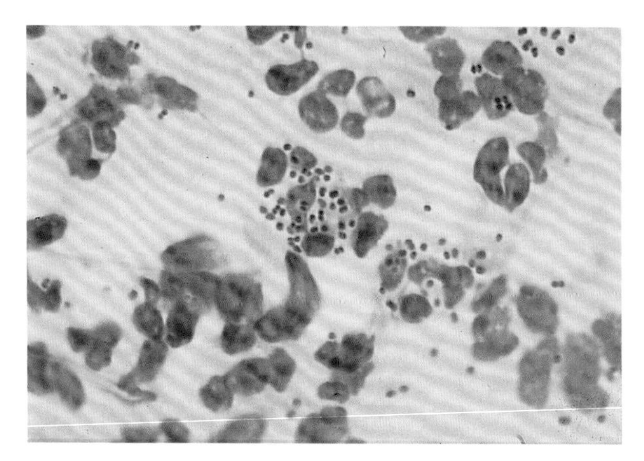

图 41-5　细胞内革兰氏阴性双球菌

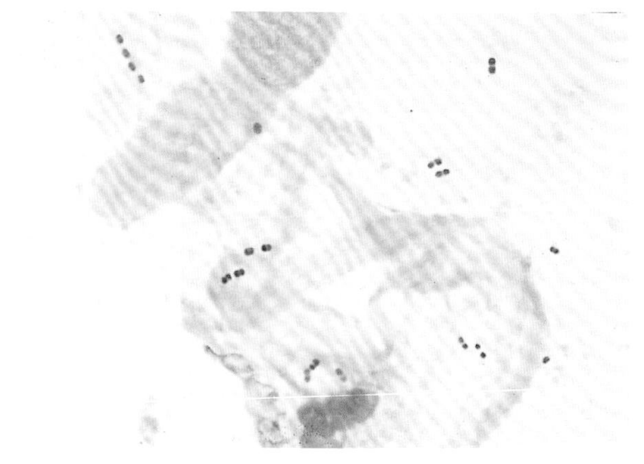

图 41-6　革兰氏阴性球杆菌，体积较小

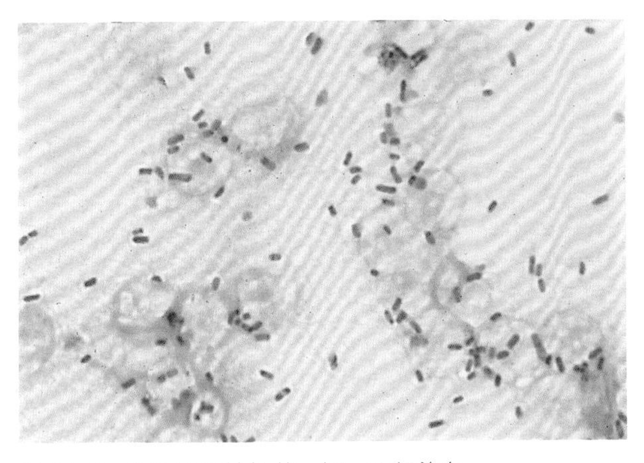

图 41-7　革兰氏阴性杆菌，短，双极染色

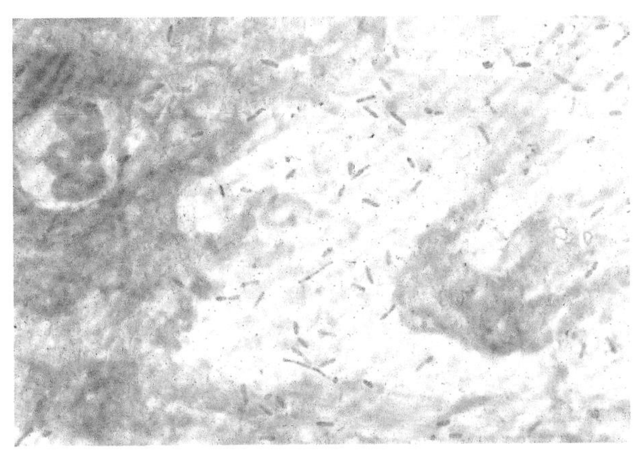

图 41-8　细长的革兰氏阴性杆菌

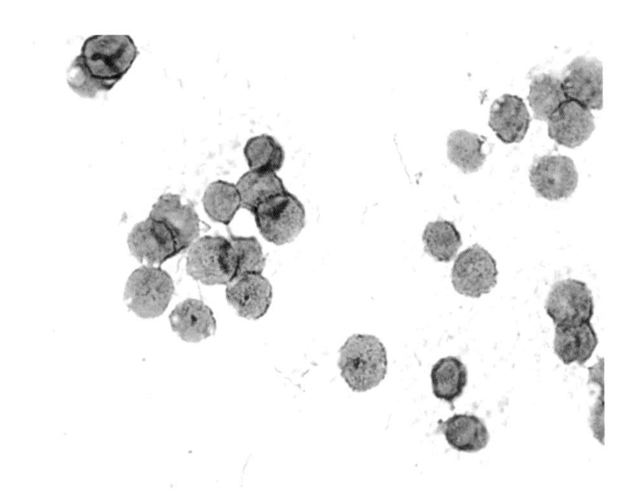

图 41-9　弯曲、多形的革兰氏阴性杆菌，类似弯曲杆菌

图 41-10　细长多形性革兰氏阴性杆菌，类似厌氧生物

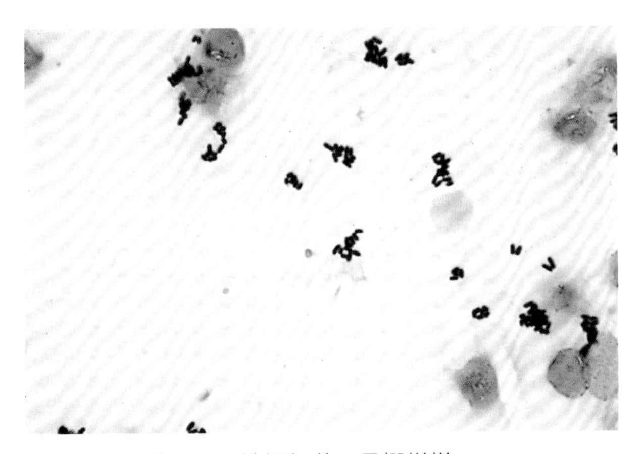

图 41-11　革兰氏阳性短杆菌，呈栅栏样

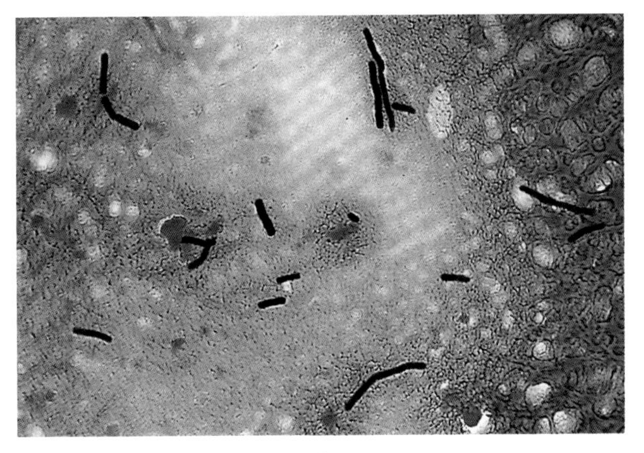

图 41-12　革兰氏阳性长杆菌

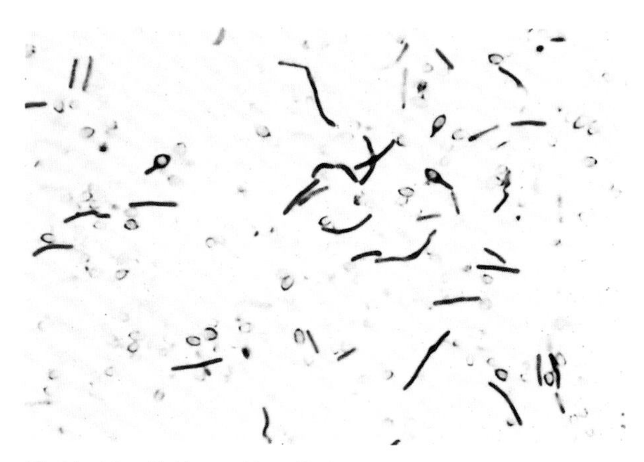

图 41-13　革兰氏阳性和革兰氏可变杆菌，体型较大，带有末端芽孢

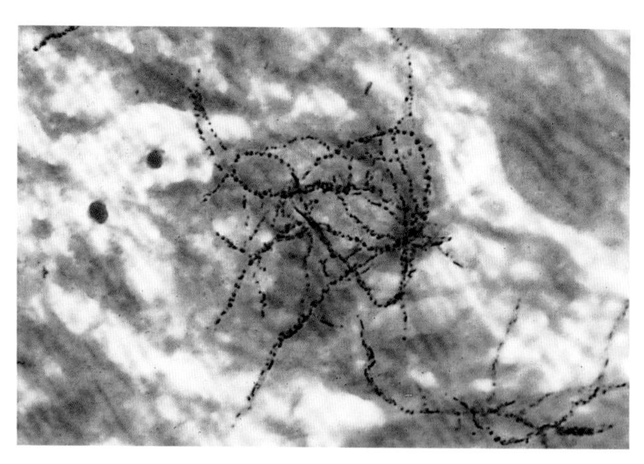

图 41-14　革兰氏阳性杆菌，有分枝

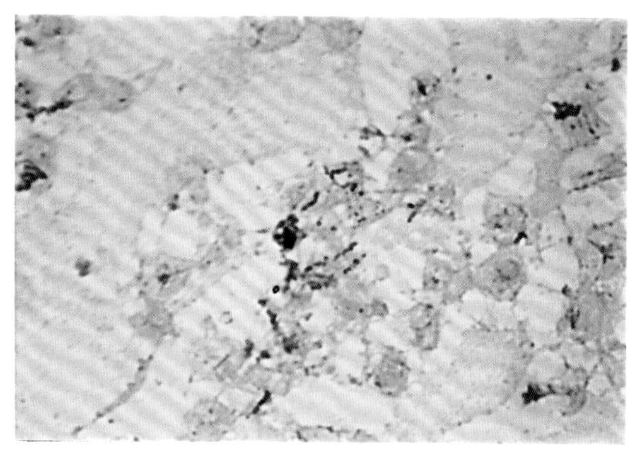

图 41-15　革兰氏阳性串珠状杆菌，提示可能为分枝杆菌

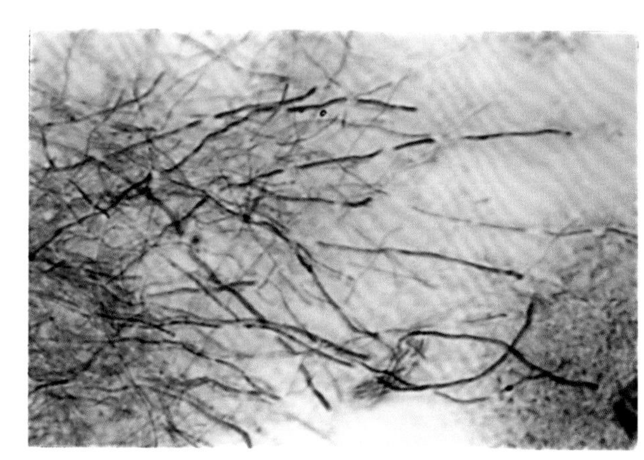

图 41-16　部分抗酸染色阳性，带有丝状分枝，类似诺卡菌属

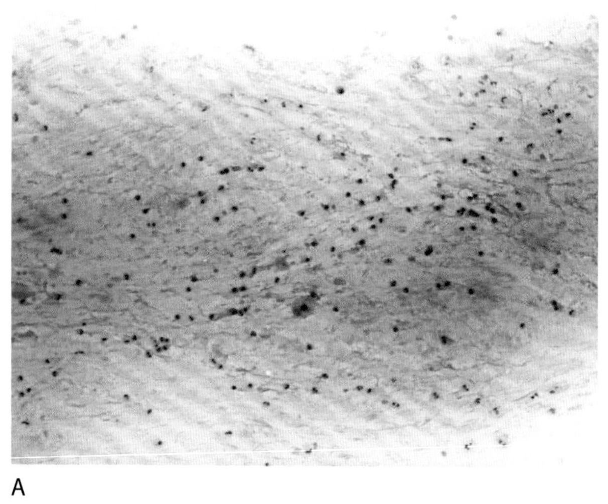

A

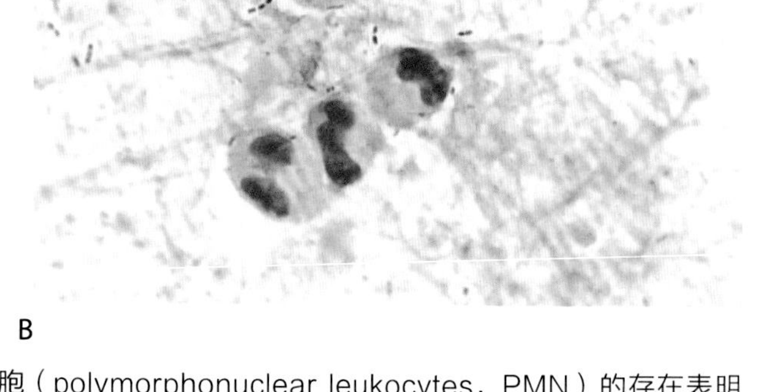

B

图 41-17　**高质量痰标本的革兰氏染色。**大量多形核白细胞（polymorphonuclear leukocytes，PMN）的存在表明样本质量良好，可用于进一步检查。在 10 倍物镜下观察时，可以看到几个类似 PMN 的细胞（图 A）。这一点通过在 100 倍物镜下检查 PMN 得到证实（图 B）

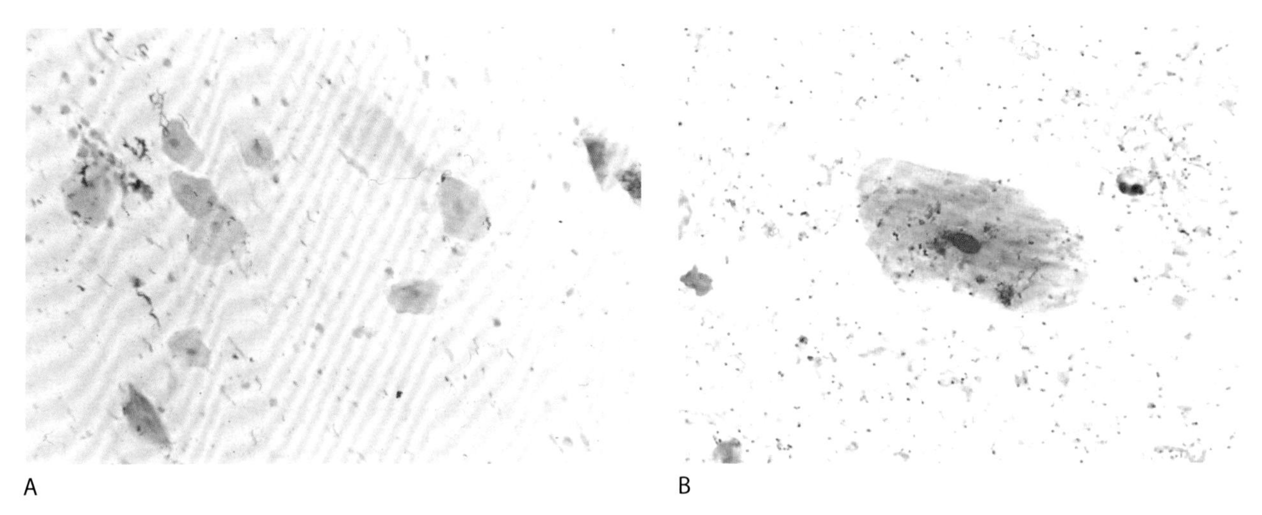

图 41-18　**质量较差的痰标本革兰氏染色。**大量鳞状上皮细胞的存在表明，样本可能已被正常口咽微生物群污染，如果可能，应要求重送样本。图中显示的是在低倍放大（10 倍物镜）（图 A）和油镜（100 倍物镜）（图 B）下观察到的鳞状上皮细胞，表明样本受到了口咽微生物群的污染

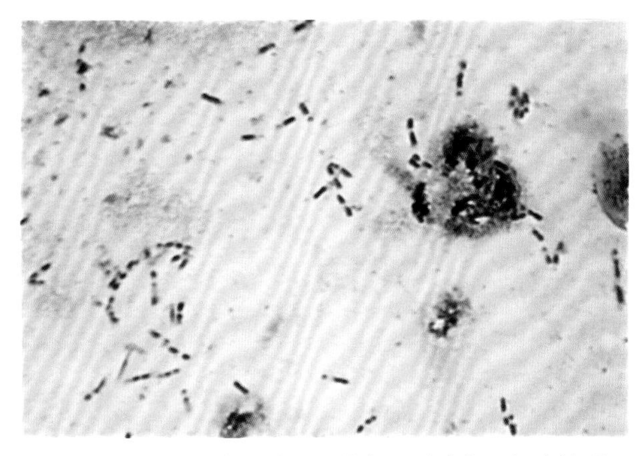

图 41-19　**脱色不良的革兰氏染色。**微生物、细胞基质和背景都呈紫色，表明载玻片没有适当脱色

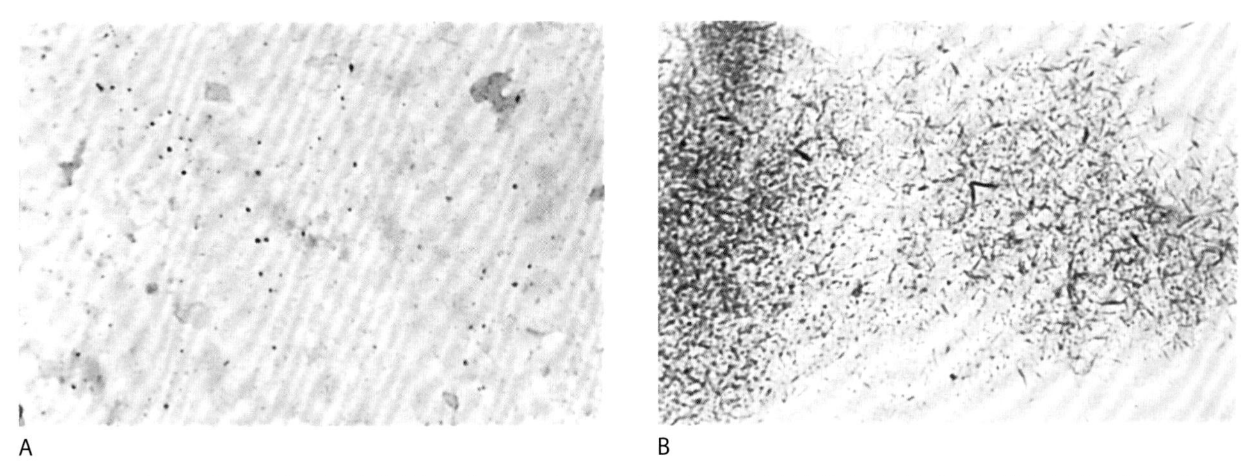

图 41-20　**含有异物、晶体和沉淀的革兰氏染色。**图 A 中可见大小不均的紫色染色球形结构，可能与革兰氏阳性球菌相混淆。但是，在有氧或厌氧环境下没有任何微生物生长，因此，这些被确定为异物。B 图中这些杆状结构可能与革兰氏阳性杆菌混淆，是结晶紫染料的沉积物。背景中出现沉淀色块

A

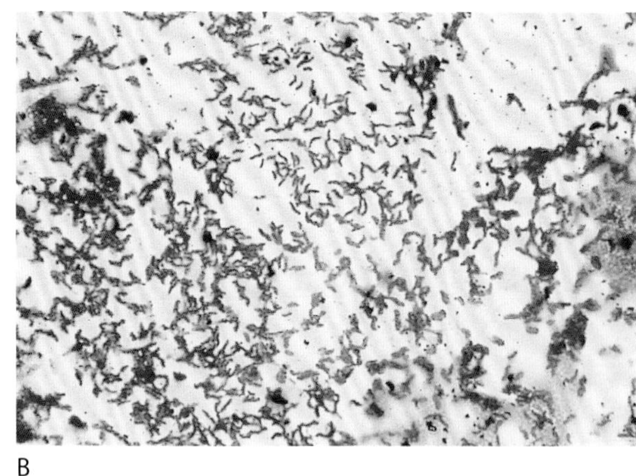

B

图 41-21　**用石炭酸品红复染的革兰氏染色。**石炭酸品红可用于对着色微弱的革兰氏阴性微生物进行复染。在这种改良方法中，采用试剂级丙酮和 95% 乙醇的 1：3 混合物作为脱色剂，石炭酸品红或 0.8% 碱性品红为复染剂。革兰氏阴性菌，如拟杆菌属、梭杆菌属、军团菌属、弯曲菌属和布鲁菌属，当使用石炭酸品红作为复染剂时，染色呈深粉色。如图中所示，弯曲杆菌属用常规革兰氏染色法染色，其中图 A 为藏红作为复染剂，图 B 为石炭酸品红做复染剂。这些微生物的形态用石炭酸品红复染的革兰氏染色比用藏红复染的更清晰

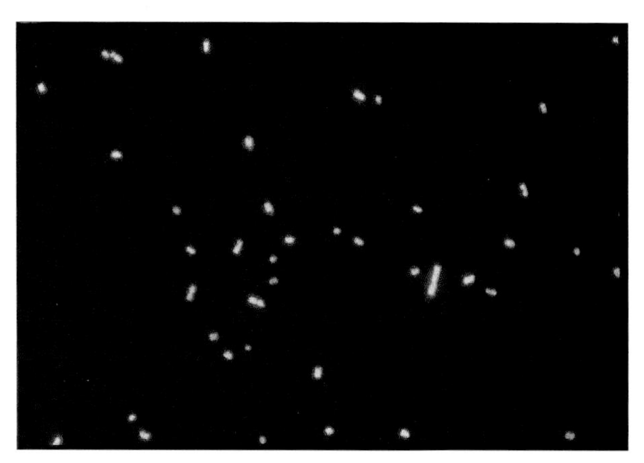

图 41-22　**吖啶橙染色。**吖啶橙是一种能与核酸结合的荧光染料。在低 pH 缓冲溶液中使用吖啶橙染料染色时，细菌和真菌呈橙色，而宿主核酸呈绿色至黄色。有文献报道，在检测少量细菌时，吖啶橙染色法比革兰氏染色法更敏感，一些实验室将其用于血液培养液、体液和其他可能存在少量细菌的样本染色

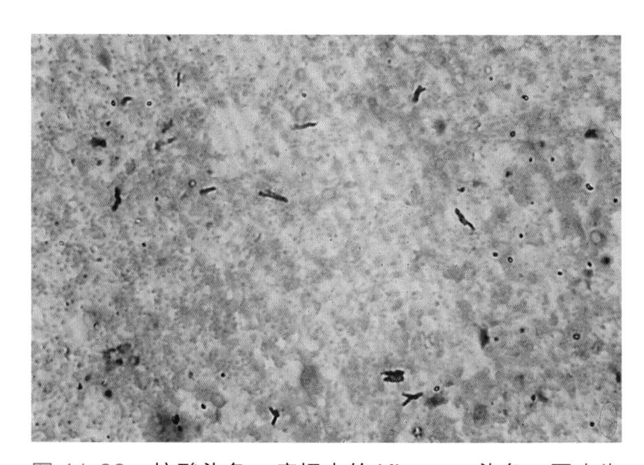

图 41-23　**抗酸染色：痰标本的 Kinyoun 染色。**图中为结核分枝杆菌，在蓝色背景下呈红色。分枝杆菌的细胞壁中脂肪含量很高，这使得品红染料能够与分枝菌酸结合，从而不会被酸性酒精脱色。抗酸染色法有两种：Ziehl-Neelser 染色法需要在用石炭酸品红染色时加热，而 Kinyoun 染色法在室温下进行。染色后，使用含有乙醇和 HCl 的溶液对玻片进行脱色，然后用亚甲基蓝进行复染。抗酸染色不仅有助于初步诊断，也有助于监测抗结核药物治疗的效果。一般来说，治疗后，培养结果比涂片结果更先转阴，因为分枝杆菌不再具有复制能力。涂片上微生物的定量结果以及与生长的相关性是判断治疗有效性的指标

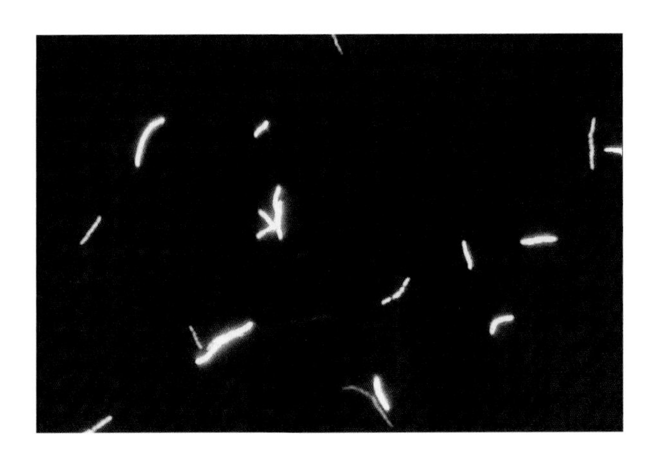

图 41-24　**抗酸染色：金胺荧光色素。**金胺 O 也可以用来进行分枝杆菌染色。在用金胺 O 染色时，先用溶解在乙醇和苯酚中的荧光染料对涂片进行染色。然后用盐酸酒精进行脱色，并使用高锰酸钾作为复染剂。如图所示，在荧光显微镜下观察，分枝杆菌在黑色背景下呈黄色（使用罗丹明时呈金色）。荧光染色涂片的优点是可以用 25 倍物镜观察到分枝杆菌，这大大减少了扫描玻片所需的时间，而在观察 Ziehl-Neelser 染色的玻片时需使用 100 倍物镜。但是，需要强调的是，这种染色是染料与微生物富含脂质细胞的物理化学结合的直接结果，而不是抗原抗体反应。因此，染色不具有特异性

PRIMARY PLATING MEDIA　基础培养基

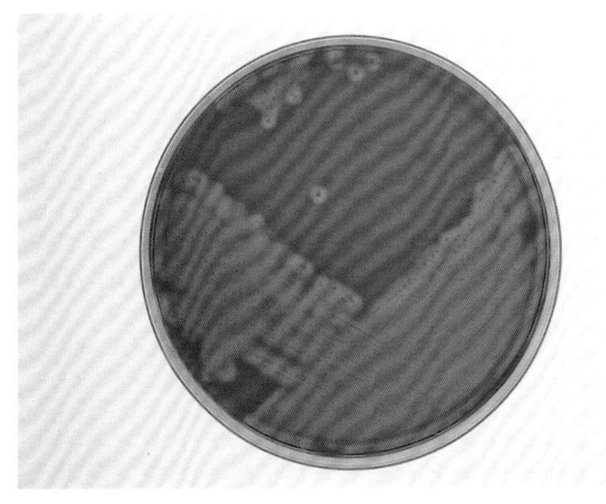

图 41-25　**血液琼脂平板。**血液琼脂平板是一种常见的培养基，用于临床标本的初次培养以及许多实验室细菌菌株的繁殖。一般来说，血液琼脂平板是非选择性的，但有鉴别菌种的能力，尤其是对于具有溶血特征的菌种。图中显示的是 5% 绵羊血琼脂和胰蛋白酶大豆肉汤平板。该配方有几个可变成分，包括所用红细胞的类型、细胞的百分比以及用于制备培养基的肉汤基质。在这张图片中，呈现 β - 溶血的是化脓性链球菌

图 41-26　**MacConkey 琼脂平板。**MacConkey 琼脂是含乳糖的蛋白胨基，用于鉴别快速乳糖发酵菌与延迟乳糖发酵菌或非发酵菌。培养基中的结晶紫和胆盐可抑制革兰氏阳性菌的生长。中性红是 pH 指示剂。菌落的颜色可从粉色到无色，从干燥的甜甜圈状到黏液状。快速乳糖发酵菌在 MacConkey 琼脂平板上过夜培养后呈粉红色菌落，其大小和颜色深浅因菌种而异。在本例中，大肠埃希菌菌落（顶部）呈深粉色，直径为 2~3 mm，周围有沉淀的胆汁。非发酵菌群（底部）无色或与培养基颜色相同

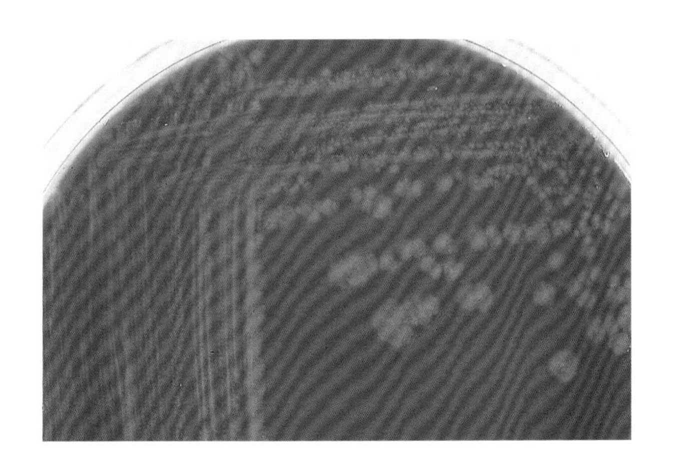

图 41-27　**巧克力琼脂平板。**巧克力琼脂平板是一种增菌培养基，常用于各种苛养细菌的培养。虽然有几种不同配方，但一般来说，是在 GC 琼脂基中添加血红蛋白，作为血红素（X 因子）的来源，因此培养基呈现棕色或巧克力色外观。也可使用其他增菌剂，如酵母提取物或 IsoVitaleX，它们可提供 NAD（V 因子）。能够在巧克力琼脂平板上生长但不能在血液琼脂平板上生长的微生物包括奈瑟菌属和嗜血杆菌属的一些成员

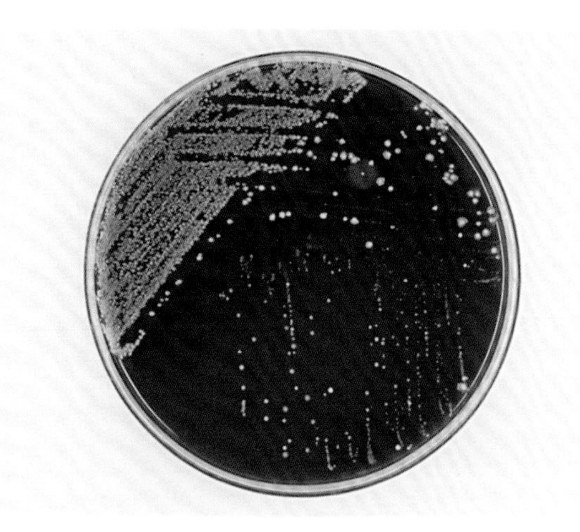

图 41-28 **苯乙醇琼脂平板。** 含 5% 绵羊血的苯乙醇琼脂平板是一种选择性培养基，用于从混合革兰氏阳性菌群和革兰氏阴性菌群的标本中分离革兰氏阳性菌，尤其是革兰氏阳性球菌。它还可抑制革兰氏阴性细菌，尤其是变形杆菌的生长。由于可能观察到非典型反应，因此不应使用该培养基来测定溶血反应。图中显示的混合革兰氏阳性菌是直接从粪便培养物中培养出来的。正如预期的那样，革兰氏阴性菌已被抑制

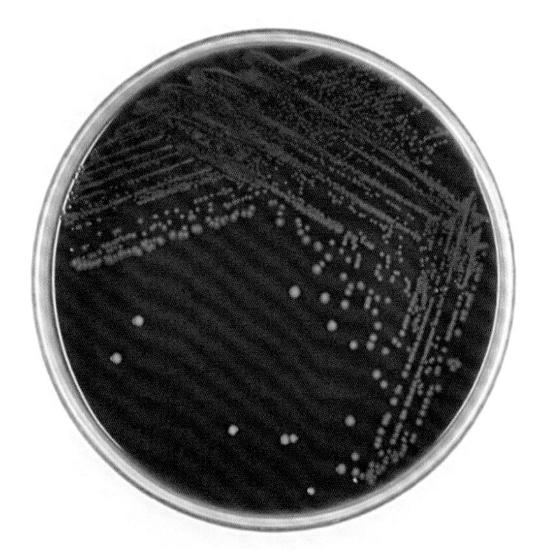

图 41-29 **改良 Thayer-Martin 琼脂平板。** 改良 Thayer-Martin（MTM II；BD Diagnostic Systems，Franklin Lakes，NJ）琼脂基于巧克力 II 琼脂，它包含改进的 GC 琼脂基、牛血红蛋白和 BBL IsoVitaleX 浓缩增菌液（BD Systems）。血红蛋白为嗜血杆菌提供 X 因子（血红素）。IsoVitaleX 增菌液是一种补充剂，为嗜血杆菌提供 V 因子（NAD）和维生素、氨基酸、辅酶、葡萄糖、铁离子，以及其他促进致病性奈瑟菌生长的因子。这种选择性培养基还含有抗菌剂万古霉素、多黏菌素、制霉菌素（V-C-N 抑制因子）和甲氧苄啶，以抑制正常菌群生长。万古霉素可抑制革兰氏阳性菌，多黏菌素抑制革兰氏阴性菌，包括假单胞菌属，但不抑制变形杆菌属。添加甲氧苄啶可抑制变形杆菌属，制霉菌素可抑制真菌。图示为淋病奈瑟菌菌落

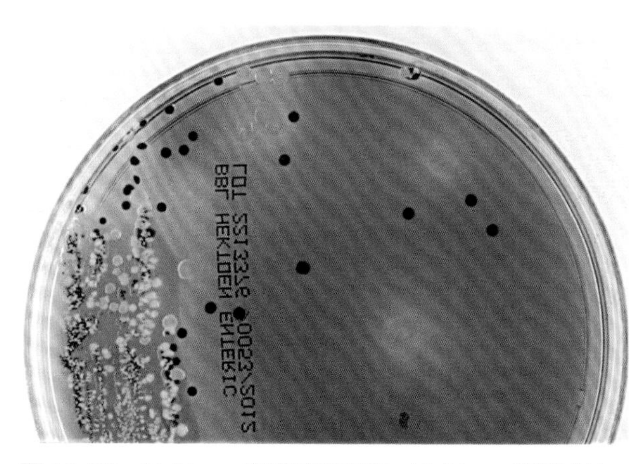

图 41-30 **Hektoen 肠道琼脂平板。** Hektoen 肠道（Hektoen enteric，HE）琼脂平板是一种选择性和鉴别性培养基，用于从粪便样本中分离沙门菌和志贺菌。培养基中含有乳糖、蔗糖和水杨苷。沙门菌属和志贺菌属通常不会发酵这些碳水化合物。此外，通过添加硫代硫酸钠和柠檬酸铁铵，可以检测硫化氢（H_2S）的生成，从而实现菌种的鉴定。产生 H_2S 的微生物以黑色菌落的形式出现。在 HE 琼脂上发生特定反应的微生物有大肠埃希菌属，它们呈黄色或三文鱼色；志贺菌属，绿色或透明；沙门菌属，绿色或透明，中心为黑色。图中显示的是乳糖阳性菌落（黄色）和产 H_2S 菌落（黑色）

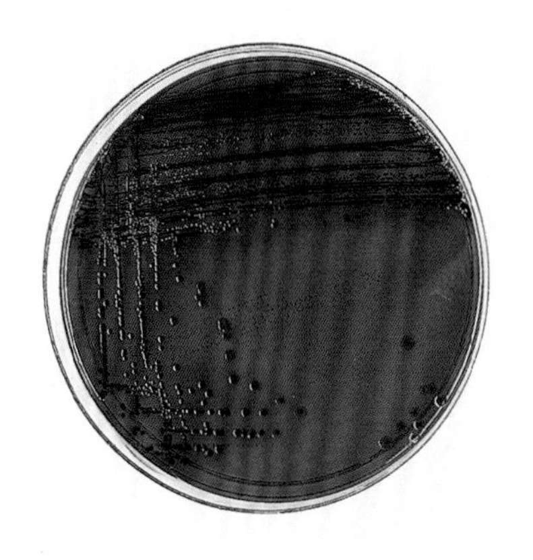

图 41-31　**伊红亚甲基蓝琼脂平板。** 伊红亚甲基蓝琼脂平板与 MacConkey 琼脂平板一样，具有中度抑制作用，用于抑制革兰氏阳性菌的生长和检测乳糖发酵。伊红 Y 和亚甲基蓝是该培养基中使用的抑制剂。由于染料的沉淀，快速乳糖发酵菌（如大肠埃希菌）形成带有金属光泽的菌落，如图所示；其他强酸性产物也可以使菌落出现相同的外观

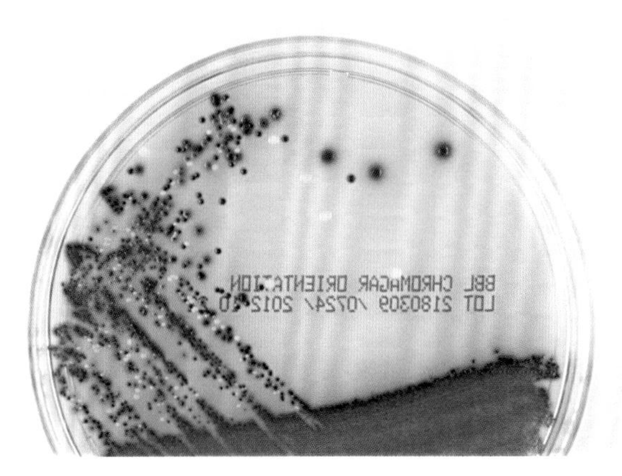

图 41-32　**CHROMagar 培养基。** CHROMagar 培养基是用于分离和鉴定多种微生物的显色培养基。这种培养基也被称为 Rambach 琼脂平板，以开发商 Alain Rambach 的名字命名。第一代培养基为单色培养基，专门用于检测大肠埃希菌和沙门菌属。第二代琼脂为多色培养基。BBL CHROMagar 定向培养基（如图所示）（BD Diagnostic Systems，Franklin Lakes，NJ）用于鉴别尿路感染中潜在病原体。图示培养基中生长有大肠埃希菌（粉红色菌落）、肠球菌（蓝色 / 绿松石色菌落）和凝固酶阴性葡萄球菌（金色不透明 / 白色菌落）

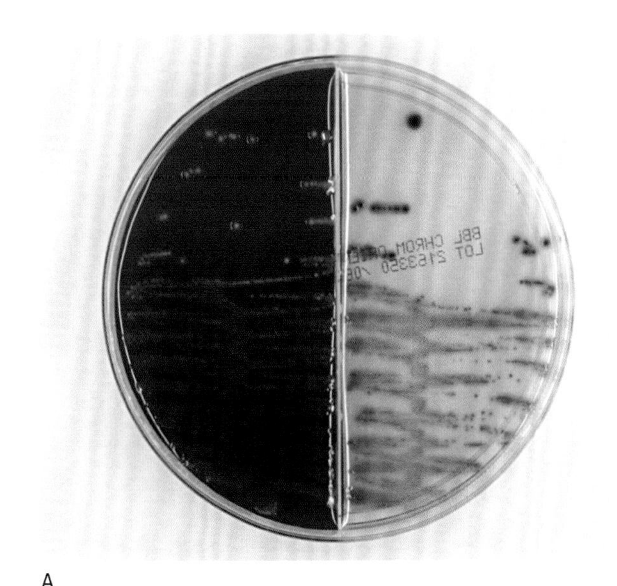

A

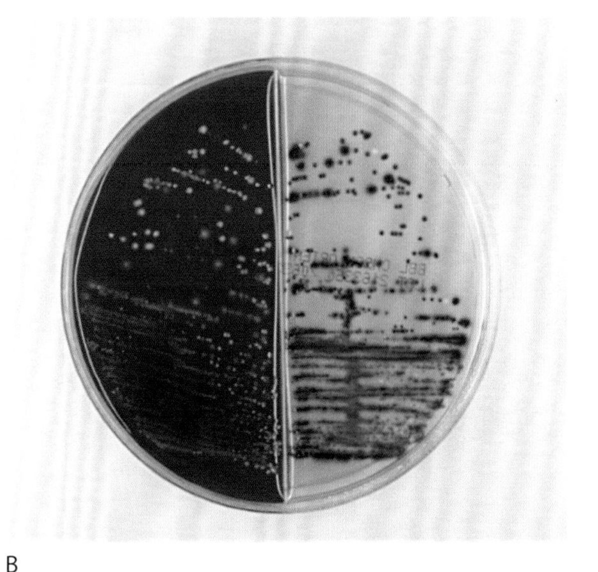

B

图 41-33　**含有 5% 绵羊血的 BBL CHROMagar 和 BBL 胰蛋白酶大豆琼脂平板（绵羊血琼脂，sheep blood agar，SBA）。** 含有 5% 绵羊血的 BBL CHROMagar 和 BBL 胰蛋白酶大豆琼脂（TSA-II；BD Diagnostic Systems，Franklin Lakes，NJ）的平板主要用于从尿液样本中分离和鉴定微生物。在图 A 中，很难确定 SBA（左）上的微生物是革兰氏阳性还是革兰氏阴性；然而，根据 CHROMagar 培养基上的颜色反应，该微生物很可能是大肠埃希菌（右）。图 B 中，SBA 上显示未混合培养物，CHROMagar 培养基上的颜色反应表明存在大肠埃希菌、肠球菌和凝固酶阴性葡萄球菌

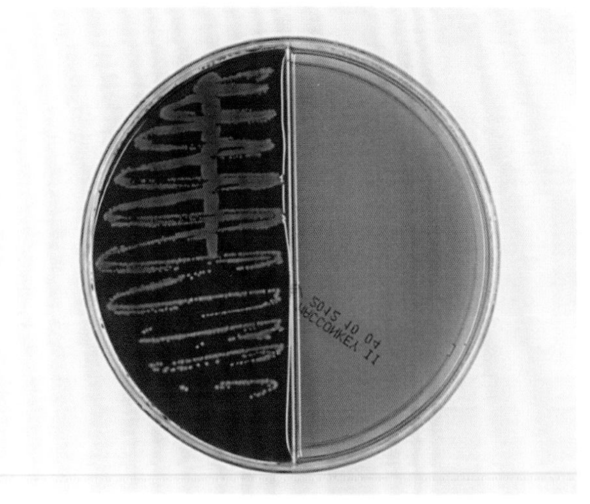

A

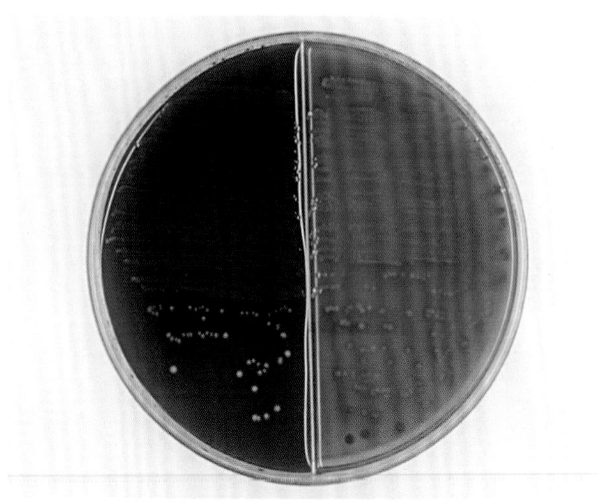

B

图 41-34　**哥伦比亚 CNA-MacConkey 琼脂双板。** CNA（多黏菌素 - 萘啶酸血琼脂）对革兰氏阳性球菌的生长具有选择性。培养基中的多黏菌素和萘啶酸能抑制革兰氏阴性杆菌的生长。（图 A）革兰氏阳性菌在含有 CNA 的培养皿的左半部分生长，MacConkey 琼脂侧没有生长。（图 B）在 CNA 琼脂上鉴定出肠球菌，在 MacConkey 琼脂上鉴定出大肠埃希菌

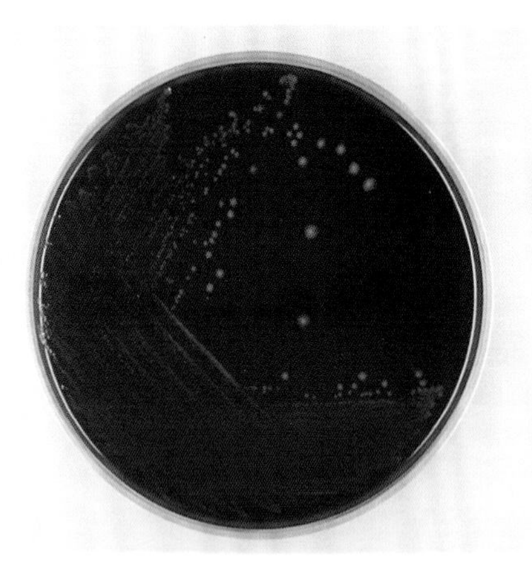

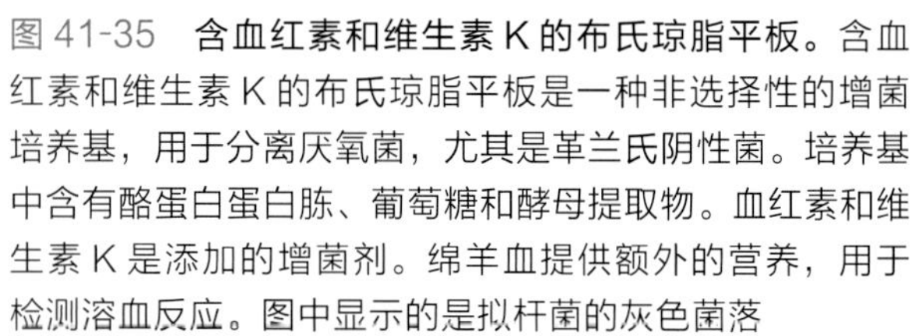

图 41-35　**含血红素和维生素 K 的布氏琼脂平板。** 含血红素和维生素 K 的布氏琼脂平板是一种非选择性的增菌培养基，用于分离厌氧菌，尤其是革兰氏阴性菌。培养基中含有酪蛋白蛋白胨、葡萄糖和酵母提取物。血红素和维生素 K 是添加的增菌剂。绵羊血提供额外的营养，用于检测溶血反应。图中显示的是拟杆菌的灰色菌落

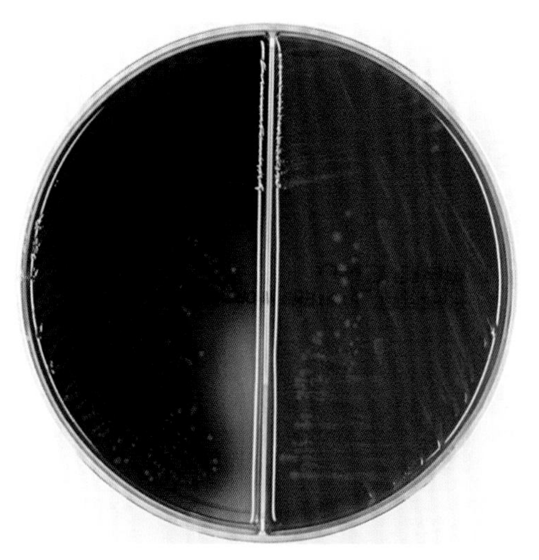

图 41-36　**卡那霉素 - 万古霉素 - 布鲁菌 - 裂解羊血琼脂和拟杆菌胆汁七叶皂苷琼脂平板。** 卡那霉素 - 万古霉素 - 布鲁菌 - 裂解羊血琼脂是一种增菌、选择性和鉴别培养基，用于分离厌氧菌，尤其是拟杆菌属，色素沉着的革兰氏阳性厌氧杆菌和普里沃菌属。培养基中的血液被裂解，并添加维生素 K_1，以促进产黑普里沃菌的生长。裂解血液是经过冻融循环处理的去纤化血液，可使红细胞溶血，从而释放许多营养物质。该培养基的基础是 CDC 厌氧菌血琼脂，其中的选择性药物是卡那霉素和万古霉素。卡那霉素可抑制革兰氏阴性兼性厌氧杆菌的生长，万古霉素抑制革兰氏阳性菌的生长。拟杆菌胆汁七叶皂苷琼脂是分离脆弱拟杆菌群的增菌培养基。它含有庆大霉素，可抑制大多数兼性厌氧菌。培养基中的胆汁抑制革兰氏阴性厌氧杆菌，但脆弱拟杆菌群和其他耐胆汁革兰氏阴性杆菌除外。拟杆菌群的大多数成员可水解七叶皂苷，因此培养基中的七叶皂苷在菌落周围产生棕黑色，如双板左侧所示，可与右侧生长菌落相鉴别

生化试验

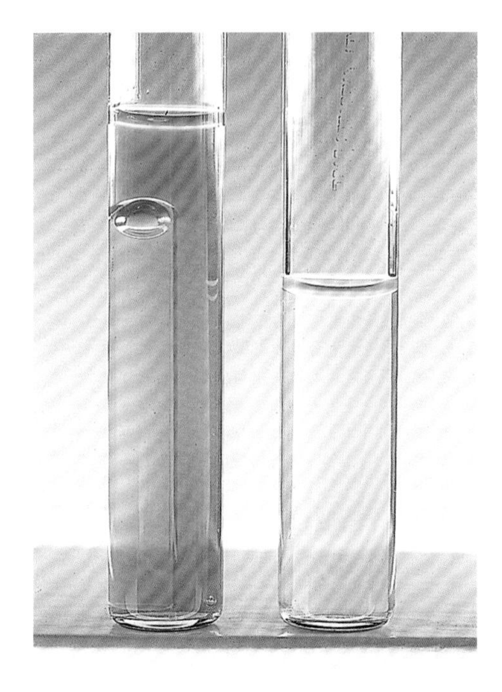

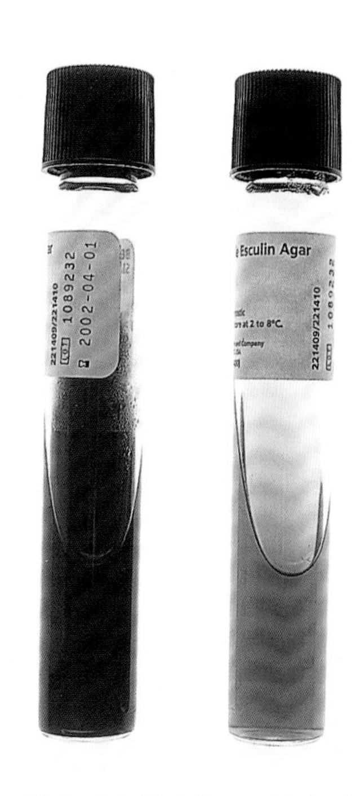

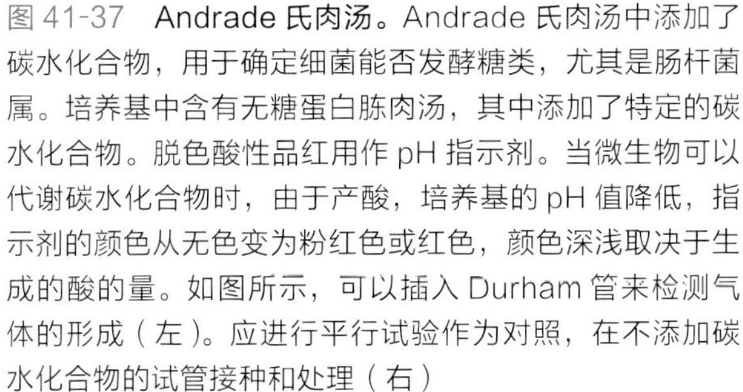

图 41-37　**Andrade 氏肉汤。**Andrade 氏肉汤中添加了碳水化合物，用于确定细菌能否发酵糖类，尤其是肠杆菌属。培养基中含有无糖蛋白胨肉汤，其中添加了特定的碳水化合物。脱色酸性品红用作 pH 指示剂。当微生物可以代谢碳水化合物时，由于产酸，培养基的 pH 值降低，指示剂的颜色从无色变为粉红色或红色，颜色深浅取决于生成的酸的量。如图所示，可以插入 Durham 管来检测气体的形成（左）。应进行平行试验作为对照，在不添加碳水化合物的试管接种和处理（右）

图 41-38　**胆汁七叶皂苷琼脂。**胆汁七叶皂苷琼脂是一种鉴别和选择性培养基。这种琼脂通常在培养皿或斜面培养。它用于将肠球菌属和牛链球菌群（D 组）与其他链球菌鉴别开来。该培养基含有 40% 的胆汁（oxgall），可抑制肠球菌或 D 组链球菌以外的链球菌。肠球菌和 D 组链球菌水解七叶皂苷，形成七叶皂苷原和葡萄糖。它们在介质中与柠檬酸铁形成络合物，牛成深棕色到黑色的沉淀物。图示粪肠球菌（左），胆汁七叶皂苷阳性，化脓性链球菌（右），胆汁七叶皂苷阴性

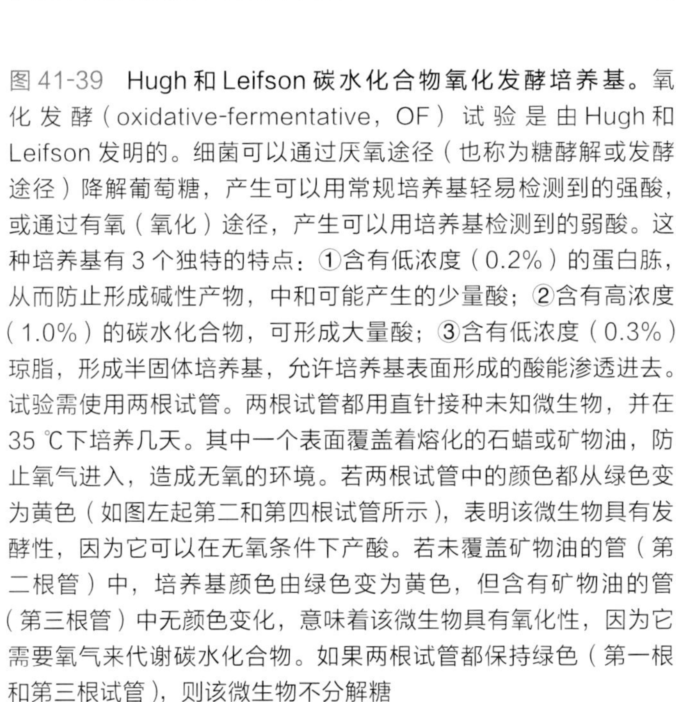

图 41-39　**Hugh 和 Leifson 碳水化合物氧化发酵培养基。**氧化发酵（oxidative-fermentative，OF）试验是由 Hugh 和 Leifson 发明的。细菌可以通过厌氧途径（也称为糖酵解或发酵途径）降解葡萄糖，产生可以用常规培养基轻易检测到的强酸，或通过有氧（氧化）途径，产生可以用培养基检测到的弱酸。这种培养基有 3 个独特的特点：①含有低浓度（0.2%）的蛋白胨，从而防止形成碱性产物，中和可能产生的少量酸；②含有高浓度（1.0%）的碳水化合物，可形成大量酸；③含有低浓度（0.3%）琼脂，形成半固体培养基，允许培养基表面形成的酸能渗透进去。试验需使用两根试管。两根试管都用直针接种未知微生物，并在 35 ℃下培养几天。其中一个表面覆盖着熔化的石蜡或矿物油，防止氧气进入，造成无氧的环境。若两根试管中的颜色都从绿色变为黄色（如图左起第二和第四根试管所示），表明该微生物具有发酵性，因为它可以在无氧条件下产酸。若未覆盖矿物油的管（第二根管）中，培养基颜色由绿色变为黄色，但含有矿物油的管（第三根管）中无颜色变化，意味着该微生物具有氧化性，因为它需要氧气来代谢碳水化合物。如果两根试管都保持绿色（第一根和第三根试管），则该微生物不分解糖

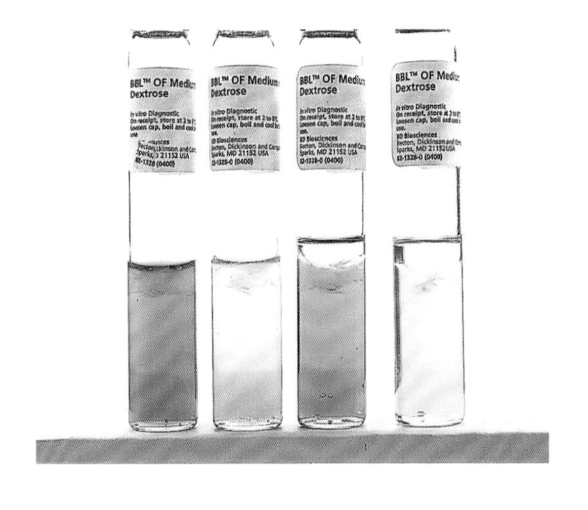

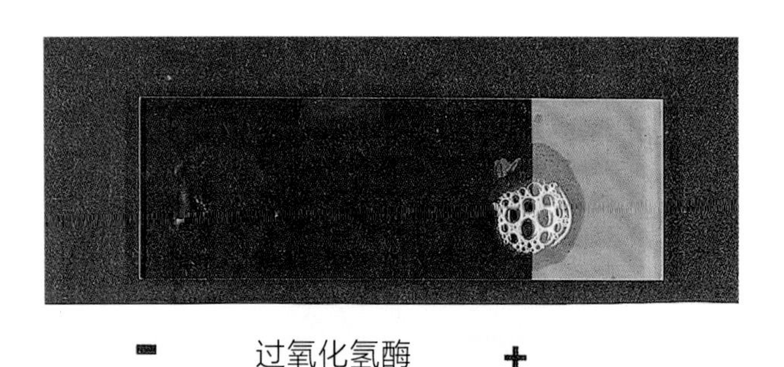

图 41-40　**过氧化氢酶试验。**过氧化氢酶快速试验中，使用 3% 过氧化氢溶液来确定微生物是否含有过氧化氢酶。微生物被添加到 1 滴 3% 的过氧化氢中。如果存在过氧化氢酶，由于过氧化氢被过氧化氢酶分解而释放出氧气，会出现气泡

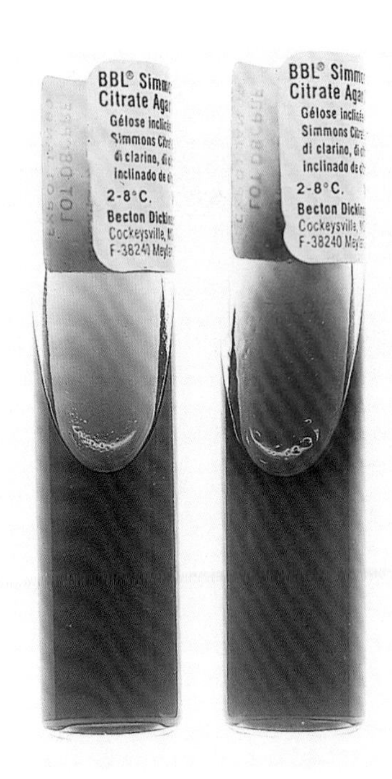

图 41-41　**柠檬酸盐利用试验。**一些微生物可利用柠檬酸钠作为唯一的碳源。因此，用于检测柠檬酸利用率的培养基不能含有蛋白质或碳水化合物等碳源。培养基中柠檬酸钠是唯一的碳源，磷酸铵是唯一的氮源。利用磷酸铵中的氮，分解柠檬酸盐的细菌会排出氨，导致培养基碱化。该实验以溴百里酚蓝用作指示剂。这一特征有助于鉴定肠杆菌属的几个成员。左侧斜面为阴性，右侧为阳性

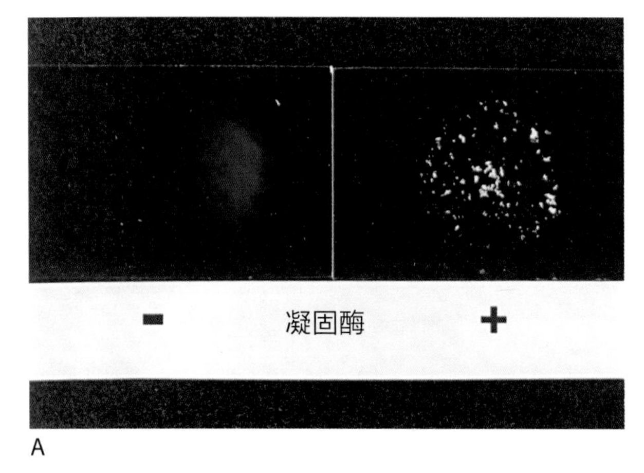

A

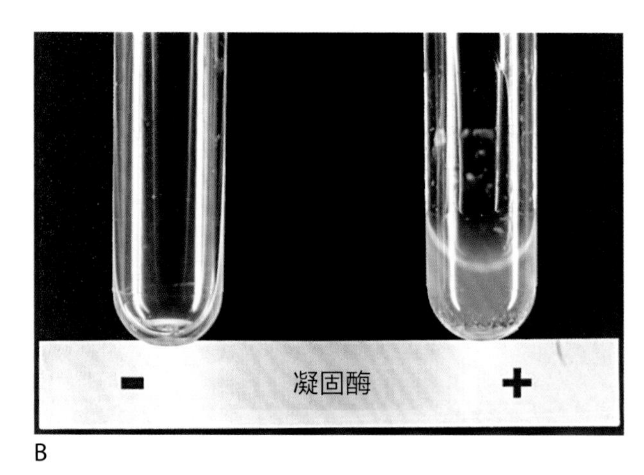

B

图 41-42　**玻片和试管凝固酶试验。**凝固酶试验广泛用于区分金黄色葡萄球菌和大多数其他葡萄球菌属。大多数金黄色葡萄球菌菌株产生两种形式的凝固酶，游离型和结合型。结合凝固酶或凝聚因子与细菌细胞壁结合，并与纤维蛋白原直接反应。当细菌悬液与兔血浆混合时，纤维蛋白原沉淀在葡萄球菌细胞上，导致微生物聚集。当存在结合凝固酶时，玻片凝固酶试验呈阳性，而试管凝固酶试验用于测定游离凝固酶。在大多数情况下，结合凝固酶的存在与游离凝固酶密切相关。然而，一些金黄色葡萄球菌菌株只产生游离凝固酶。此外，路邓葡萄球菌和施氏葡萄球菌仅产生结合凝固酶，因此玻片凝固酶阳性，而试管凝固酶试验阴性。（图 A）玻片凝固酶试验。在进行玻片凝固酶试验时，在玻片的左侧没有细胞聚集（阴性），而在玻片的右侧观察到悬浮在兔血浆中的细胞聚集（阳性）。（图 B）试管凝固酶试验。左边的试管显示阴性反应，因为血浆仍然是液体，而右边的试管中观察到血块，表明试验结果呈阳性。试管应在培养 4 h 形成凝块后进行判读，如果阴性，则重新培养 24 h。特别需要注意的是，一旦形成凝块，可以在 4 h 后溶解，因此如果在这段时间内没有记录到结果，可能会报告假阴性结果

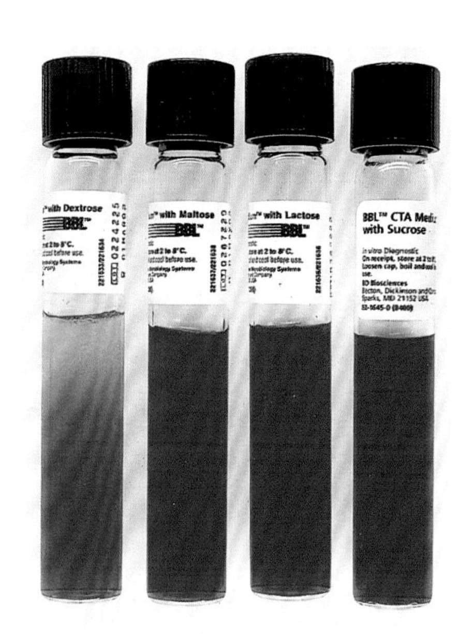

图 41-43　**含碳水化合物胱氨酸胰蛋白酶琼脂。**使用含有麦芽糖、蔗糖、乳糖和葡萄糖的胱氨酸胰蛋白酶琼脂，以酚红为 pH 指示剂，可以检测细菌对碳水化合物的利用。当碳水化合物氧化导致 pH 值降至 6.8 以下时，琼脂呈黄色，表示反应为阳性。图示为淋病奈瑟菌分离株，其表现出典型的葡萄糖氧化模式，但麦芽糖、乳糖和蔗糖氧化试验为阴性（从左到右）

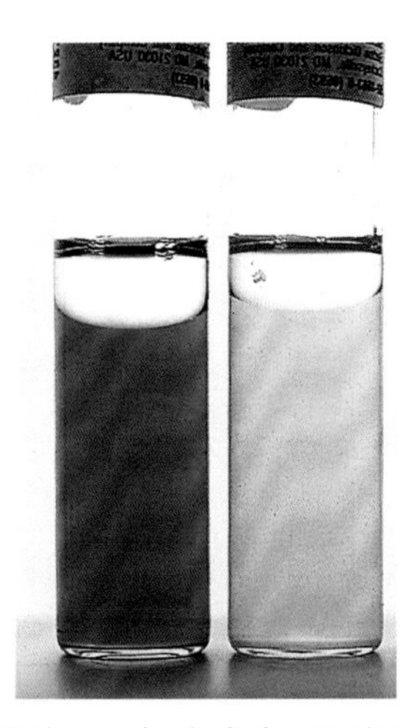

图 41-44　**脱羧酶 - 二氢酶试验。**脱羧酶 - 二氢酶试验的原理是，某些微生物能从氨基酸中去除羧基或羟基（水解）以形成胺，从而使 pH 值变为碱性。试验所需培养基中既含有葡萄糖，也含有赖氨酸、鸟氨酸和精氨酸中的一种。在厌氧条件下，某些微生物可以发酵葡萄糖，导致 pH 值降低，培养基颜色从紫色变为黄色。低 pH 激活脱羧酶，将赖氨酸转化为尸胺，并将鸟氨酸转化为腐胺。精氨酸最初在二氢酶作用下转化为瓜氨酸，随后瓜氨酸转化为鸟氨酸，鸟氨酸被脱羧为腐胺。碱性胺的形成会使 pH 值升高，培养基恢复紫色。在含有氨基酸的培养基中，碱性反应为阳性试验（左），而酸性反应为阴性（右）

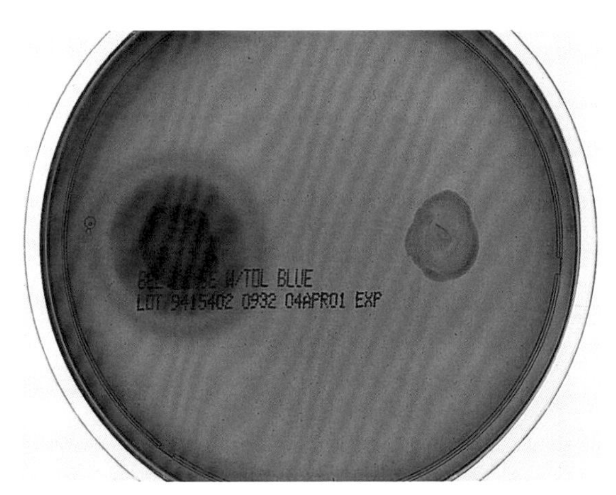

图 41-45　**DNA 酶试验。**DNA 酶试验可用于区分某些微生物群。在本试验中，DNA 酶的存在是通过其消化 DNA、产生寡核苷酸的能力来评估的。检测 DNA 酶的一种常用方法是将分离株接种到含有 DNA 和异染性染料甲苯胺蓝的琼脂平板上。如果不存在 DNA 酶，细菌生长周围的区域保持不变。若存在 DNA 酶，当 DNA 被 DNA 酶水解时，产生的寡核苷酸与甲苯胺蓝形成复合物，导致异染（粉红色）染色。在本图所示示例中，卡他莫拉菌为 DNA 酶阳性（粉红色环，左），而图中的另一种微生物为 DNA 酶阴性，因为培养基的原始蓝色没有变化（右）

图 41-46　**明胶水解试验。**明胶可加入各种培养基中，以检测一种蛋白水解酶 - 明胶酶的存在，明胶酶可将明胶水解为其组成氨基酸，随后失去其凝胶特性。使用暴露的未显影 X 射线胶片（exposed，undeveloped X-ray film）是检测明胶酶存在的一种方法。当发生水解时，胶片会失去其明胶涂层，从而形成一层透明的蓝色胶片（左）

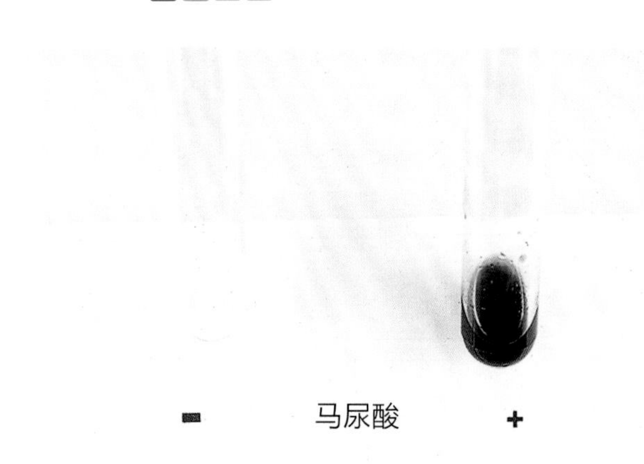

图 41-47　**马尿酸水解试验。**马尿酸水解试验可检测马尿酸酶；该反应可用于区分链球菌、阴道加德纳菌和空肠弯曲菌。马尿酸被马尿酸酶水解生成甘氨酸和苯甲酸钠。在图中所示的马尿酸试验中，在 1% 马尿酸盐水溶液中加入待测微生物的重悬液，并在 37 ℃下培养 2 h。添加茚三酮时，阴性反应没有颜色变化（左）。当添加的茚三酮与甘氨酸结合并使溶液变为紫色（右）时，检测呈阳性

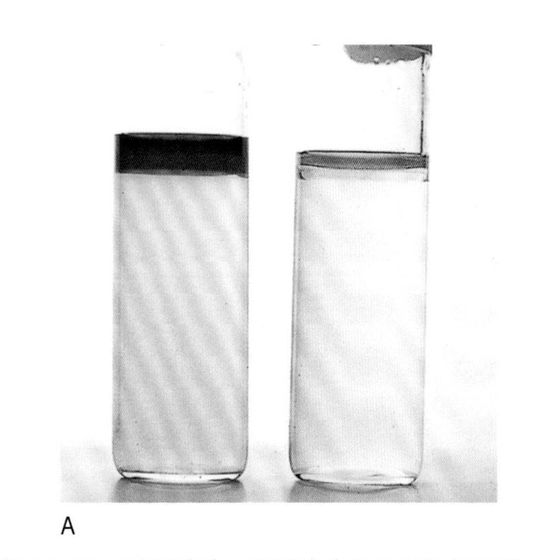
A

B

图 41-48　**吲哚试验。**有些微生物含有色氨酸酶，能将色氨酸转化为吲哚。通过向肉汤溶液中添加对二甲氨基苯甲醛（埃利希试剂或科瓦克试剂）来检测吲哚（试管试验）。（图 A）如果在肉汤顶部和试剂之间的界面上出现一圈红色，则试验为阳性（左）；右边显示的是阴性结果。（图 B）或者，当使用浸渍有对 - 二甲基甲酰胺的滤纸时，阴性反应（左）为无色，而绿色表示阳性结果（右）

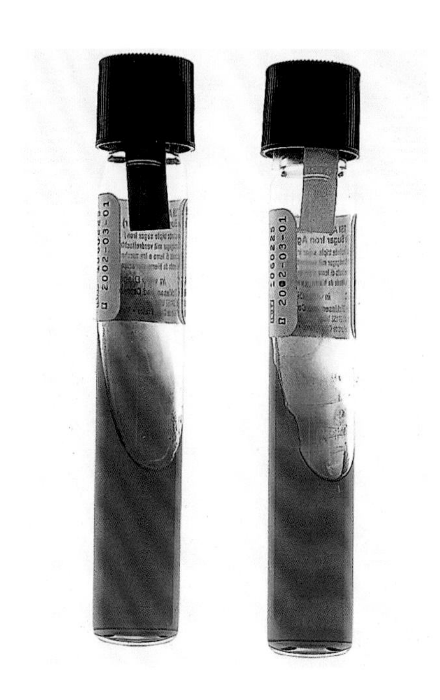

图 41-49　**醋酸铅试验。**某些微生物能够通过酶促反应，从含硫氨基酸或其他化合物中释放硫。随后，释放的硫化氢气体可与铁离子或醋酸铅反应生成黑色沉淀物，即硫化亚铁或硫化铅。指示剂的灵敏度各不相同。醋酸铅是最敏感的指示剂，用于检测产生微量 H_2S 的微生物。左管试纸条呈棕黑色，表明醋酸铅试验呈阳性

图 41-50　**甲基红试验。**当葡萄糖通过混合酸发酵途径代谢时，产生乳酸、乙酸和甲酸等强酸，导致 pH 值降至 4.5 以下。在此 pH 值下，加入甲基红后，肉汤变红（左）

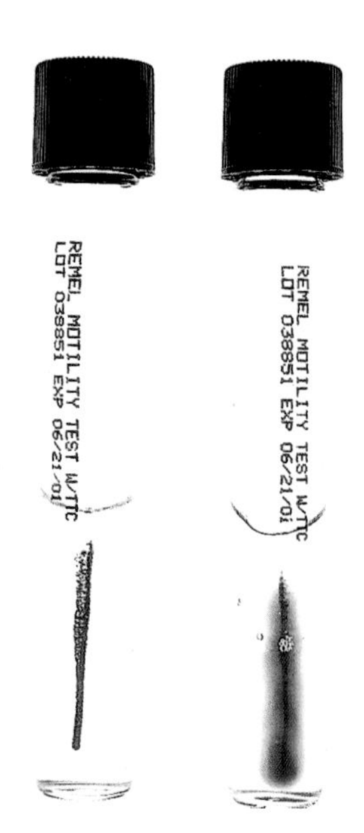

图 41-51　**运动试验。**有些微生物可以根据运动能力进行鉴定。在含有胰蛋白酶和染料氯化三苯基四氮唑的琼脂深层接种微生物，并在 35 ℃下培养过夜。可以运动的细菌从最初的接种点或穿刺线迁移。三苯基四氮唑氯化物被吸收入细菌体内，并被还原成不溶性红色素（formazan）。因此，在三苯基四氮唑氯化物的帮助下，可以观察到这种迁移。在图中所示的例子中，左边试管中为无运动能力的微生物，右边试管中的微生物有运动能力

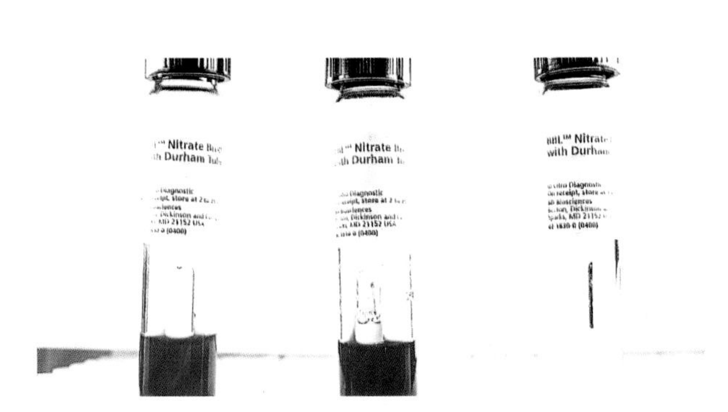

图 41-52　**硝酸盐试验。**某些细菌能够将硝酸盐还原为亚硝酸盐。向硝酸盐试管中添加 α - 萘胺和磺胺酸会形成对 - 磺基苯 - 偶氮 - α - 萘胺，这是一种红色重氮染料，表明硝酸盐已还原为亚硝酸盐（左）。阴性结果表明不存在亚硝酸盐，或者硝酸盐已被还原为其他化合物，如氨、分子氮、一氧化氮或一氧化二氮（右）。为了确定无色肉汤是否真的呈阴性，或者硝酸盐是否已被还原为亚硝酸盐以外的产物，在无色管中加入锌粉。锌将硝酸盐还原为亚硝酸盐，并产生红色。因此，如果添加锌时肉汤变红，则该试验被判读为阴性（中）。如果肉汤保持无色，硝酸盐已被还原为其他产物（右）

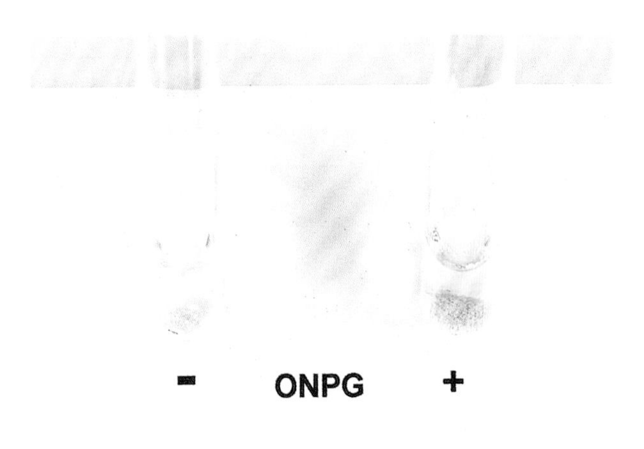

图 41-53　**邻硝基酚 - β -D 半乳糖苷试验。**延迟乳糖发酵菌很难与乳糖不发酵菌区分开来，因为两者在 MacConkey 琼脂上都是无色菌落。邻硝基酚 - β -d- 半乳糖苷（o-Nitrophenyl- β -d-galactopyranoside，ONPG）试验用于检测乳糖发酵菌中的 β - 半乳糖苷酶。如果反应管中没有颜色变化，则该微生物不含 β - 半乳糖苷酶（左）。产生这种酶的微生物能水解底物 ONPG，形成邻硝基苯酚（右）。邻硝基苯酚以自由形式存在，呈黄色，与 d- 半乳糖苷结合时无色。应注意的是，ONPG 测试仅检测 β - 半乳糖苷酶活性，也与酶的渗透性相关，不能等同于检测乳糖发酵

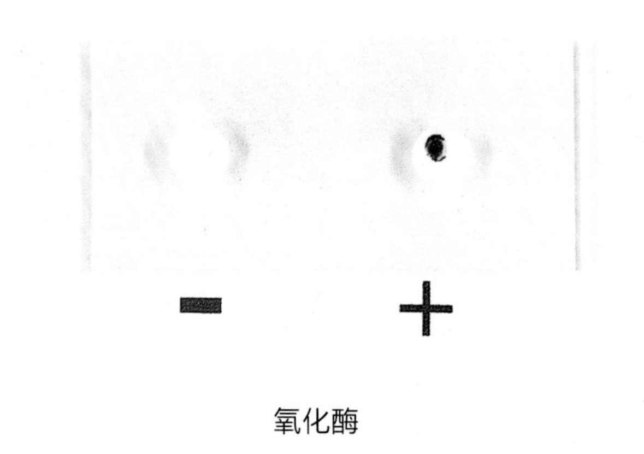

图 41-54　**氧化酶试验。**某些细菌具有细胞色素氧化酶或吲哚酚氧化酶，它们催化电子（氢）从供体化合物（NADH）到电子受体（通常是氧），并形成水。在氧气和细胞色素氧化酶的存在下，一些无色染料，如 1% 四甲基对苯二胺盐酸盐（科瓦克试剂），被氧化并形成靛酚蓝。将科瓦克试剂直接涂抹在菌落上，或将菌落研磨到用该试剂湿润的滤纸上，可以轻松地进行试验。如果在用试剂润湿的滤纸上研磨的菌落保持无色，则该微生物为氧化酶阴性（左）。如果菌落在 10~30 s 内变成深蓝色或紫色，则测试呈阳性（右）

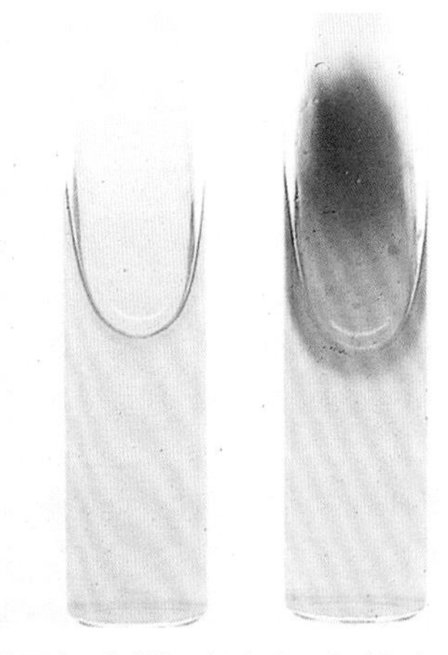

图 41-55　**苯丙氨酸脱氨酶试验。**氨基酸可以通过氧化脱氨基形成酮酸。在存在苯丙氨酸脱氨酶（phenylalanine deaminase，PAD）的情况下，氨基酸 l- 苯丙氨酸转化为苯丙酮酸。如果在试管中添加 10% 三氯化铁后斜面保持无色，则试验为阴性（左）。但是，如果斜面变为绿色，则测试为阳性（右）。变形杆菌属、普罗维登斯菌属和摩根菌属呈 PAD 阳性

图 41-56　**l- 吡咯烷基 - β - 萘酰胺试验。**l- 吡咯烷基 - β - 萘酰胺（l-Pyrrolidonyl- β -naphthylamide，PYR）试验通常用于鉴定 PYR 阳性的化脓性链球菌和肠球菌。在本试验中，l- 吡咯烷基芳酰胺酶水解底物 PYR，形成游离 β - 萘胺。随后，用 N，N- 二甲基氨基肉桂醛检测到该副产物，产生明亮的红色。图中左侧为无乳链球菌，反应呈阴性，右侧为化脓性链球菌，反应呈阳性

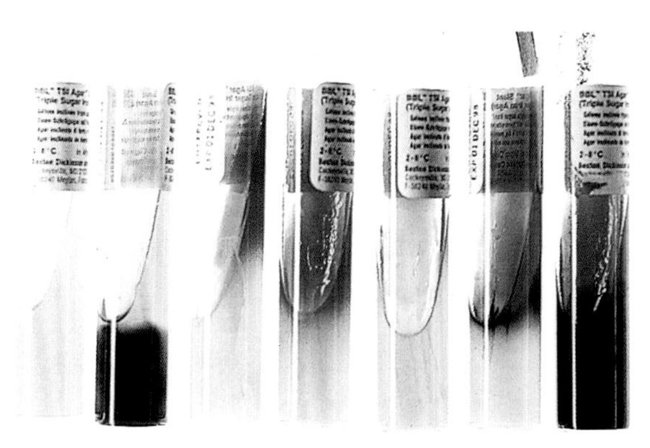

图 41-57　**三糖铁琼脂。**三糖铁（Triple sugar iron，TSI）琼脂斜面含有三种碳水化合物——葡萄糖、乳糖和蔗糖，比例为 10：10：1。在用于 H_2S 的检测时，硫代硫酸钠作为硫原子的来源存在于培养基中。硫酸亚铁和柠檬酸铁铵这两种铁盐和 H_2S 反应生成黑色的硫化亚铁沉淀。在 TSI 管中，琼脂的上半部分倾斜，由于暴露在氧气中，因此是有氧环境，而下半部隔绝空气，因此被认为是厌氧环境。通过观察琼脂中的裂缝或气泡，也可以检测 CO_2 和 H_2 的产生。试验时，用一根长而直的金属丝在试管中接种一个单独的、分离良好的菌落。培养基没有变化 [碱性 / 碱性（Alk/Alk）]，表明待测微生物不能发酵试管中的任何一种糖类物质，因此可排除肠杆菌属。如果只发酵葡萄糖，培养基的底部将变黄，因为在厌氧条件下发酵葡萄糖会产生酸；由于蛋白胨在有氧条件下氧化降解 [碱性 / 酸性（Alk/A）]，顶部（倾斜部分）将呈碱性（粉红色）。与单独发酵葡萄糖相比，发酵葡萄糖和乳糖或蔗糖产生的酸量增加，因此会产生酸性斜面和酸性底部（A/A）。如图所示，肠杆菌成员表现出多种反应。因为它们都会发酵葡萄糖，所以如果不被 H_2S 生成物掩盖（黑色），培养基底部将都呈酸性（黄色）。表 10-3 列出了与这些反应相关的可能微生物。图中显示的 TSI 斜面（从左到右）如下所示（“气体”意味着琼脂从试管底部稍微分离）。

斜面 1	斜面 2	斜面 3	斜面 4	斜面 5	斜面 6	斜面 7
A/A，气体	A/A，H_2S	Alk/A，气体	Alk/A	A/A	A/A，少量 H_2S	A/A，气体，H_2S

TSI 琼脂的替代品是不含蔗糖的 Kligler 铁琼脂。TSI 琼脂中含有蔗糖，其优势在于检测沙门菌属和志贺菌属，二者既不代谢乳糖也不代谢蔗糖。因此，TSI 斜面上的任何酸 - 酸反应都不包括沙门菌属和志贺菌属。小肠结肠炎耶尔森菌可发酵蔗糖，但不发酵乳糖，在 TSI 中产生 A/A 结果，在 Kligler 铁琼脂中产生 Alk/A 结果

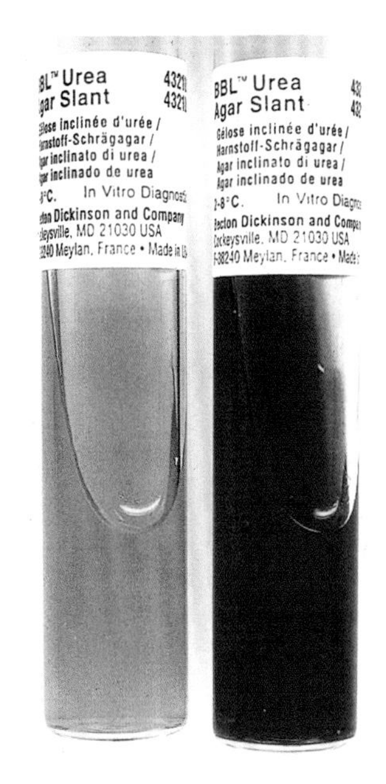

图 41-58　**尿素酶试验。**具有尿素酶的微生物能水解尿素，产生氨和二氧化碳，形成碳酸铵，这是一种碱性终产物（pH 值 8.1）。本试验以酚红为指示剂。左边的测试是阴性的，因为培养基的颜色不变。由于尿素的水解，右边的测试呈阳性，颜色从棕褐色变为樱桃色或亮粉色

图 41-59　**VP 试验。**与甲基红试验类似，VP 试验用于确定葡萄糖发酵的最终产物。当糖类通过发酵转化为乙酰甲基甲醇（乙酰乙酸）并进一步转化为二乙酰时，VP 试验为阳性。在试管中加入 5% 的 α- 萘酚和 40% 的 KOH 后，与二乙酰形成红色络合物（左），与此相对应的是，没有颜色变化（右）。各种反应如表 10-1 所示

组织病理学

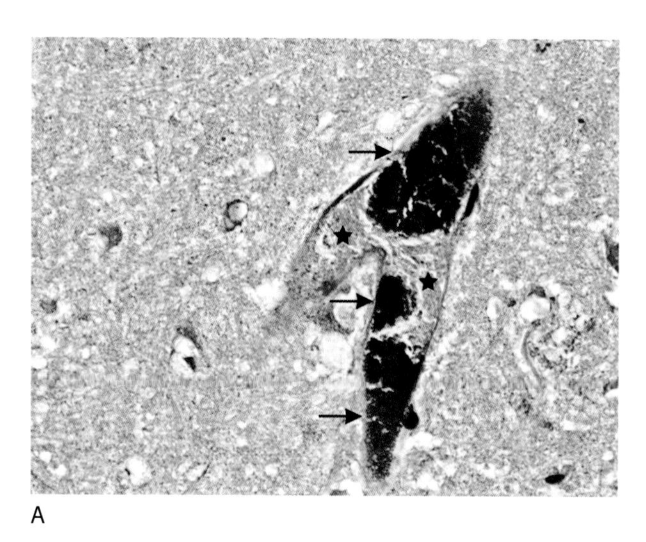

A

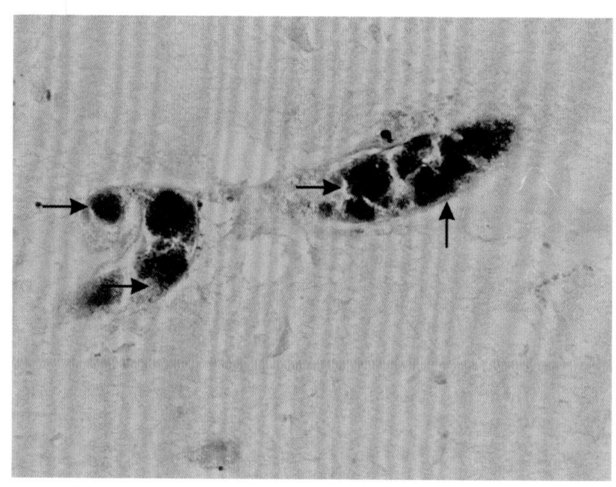

B

图 41-60 **脓毒性脑栓塞。**（图 A）一名死于金黄色葡萄球菌菌血症的患者的脑组织切片，用 H&E 染色，在 50 倍物镜下观察，可见血管内（图中星号所示）细菌栓塞（图中箭头所示）。（图 B）同一组织用改良 Brown 和 Hopps 染色法染色后，在 40 倍物镜下观察，可见血管内革兰氏阳性球菌呈簇状分布（图中箭头所示）

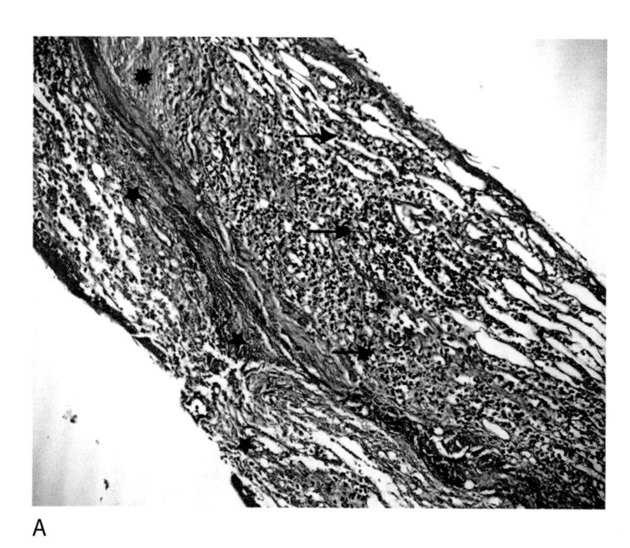

A

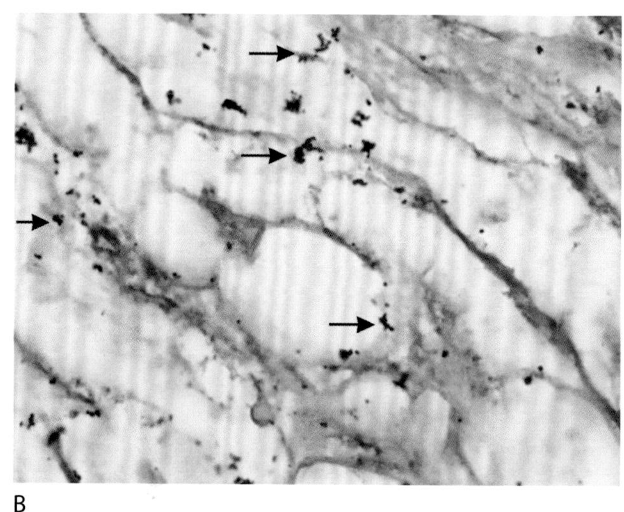

B

图 41-61 **眼眶蜂窝织炎。**（图 A）眼眶活检标本经 H&E 染色后，在 20 倍物镜下观察，可见大量混合性炎症细胞（图中箭头所示）和坏死（图中星形所示）。（图 B）改良 Brown 和 Hopps 染色后，在 100 倍物镜下观察，可见革兰氏阳性球菌（图中箭头所示）。活检标本经培养后，培养出了咽峡炎链球菌群和缓症链球菌－口腔链球菌

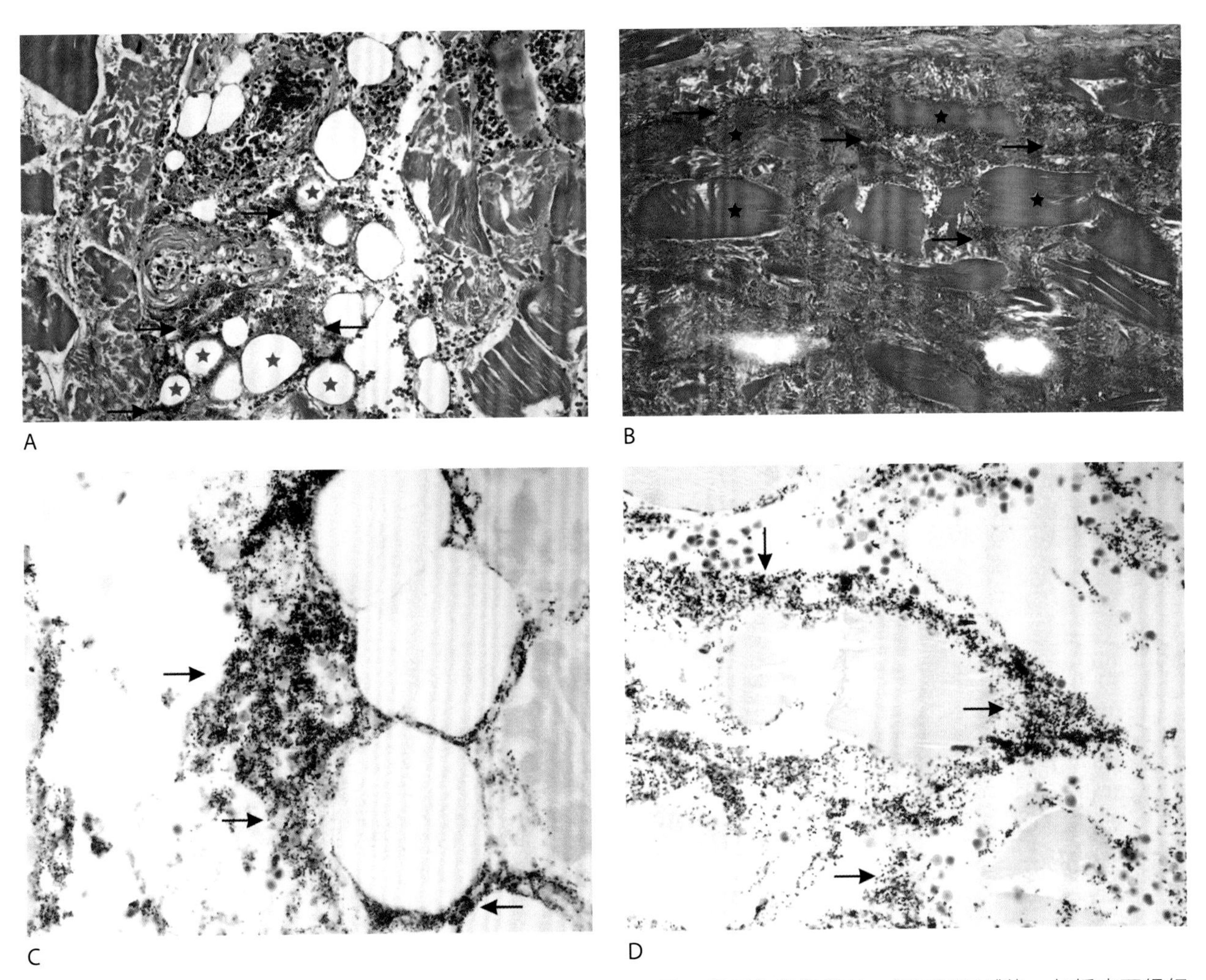

图 41-62　**链球菌中毒性休克综合征伴坏死性筋膜炎。**图 A 和图 B 所示为组织切片，提示深层感染，包括皮下组织（图 A 红星所示）和肌肉（图 B 黑星所示），H&E 染色后，在 20 倍物镜下观察可见大量细菌（箭头所示）。图 C 和图 D 是相同材料经 Brown 和 Hopps 染色后，在 40 倍物镜下观察，可见革兰氏阳性球菌（箭头所示），经培养鉴定为化脓性链球菌

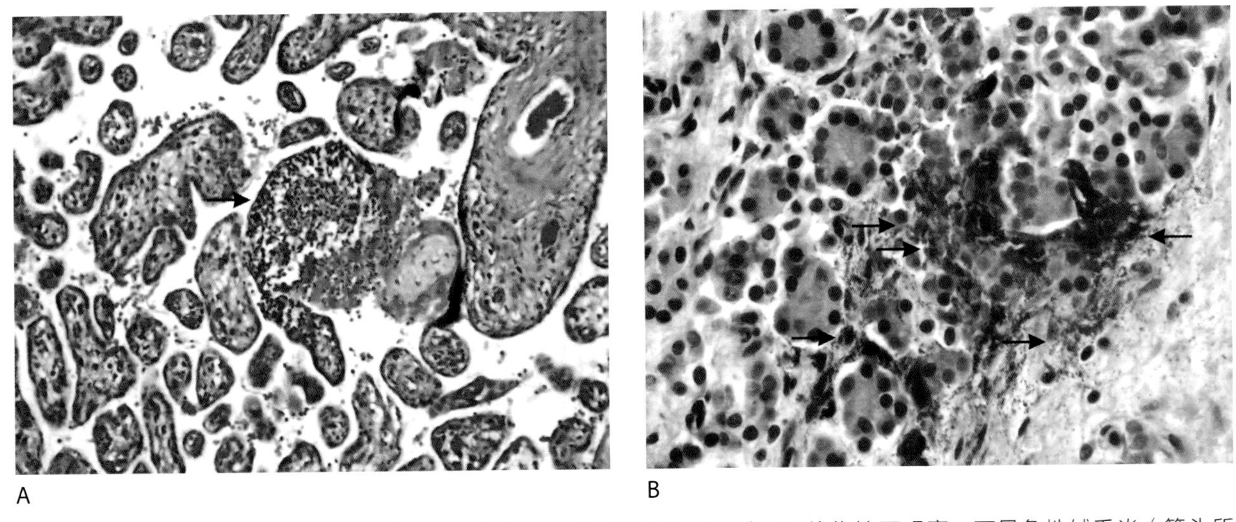

图 41-63　**母婴李斯特菌病。**（图 A）用 H&E 染色的胎盘组织切片，在 40 倍物镜下观察，可见急性绒毛炎（箭头所示），并有含中性粒细胞的微脓肿。（图 B）胎儿尸检的胰腺组织切片也用 H&E 染色，在 40 倍物镜下观察，其中含有大量细菌（箭头所示）

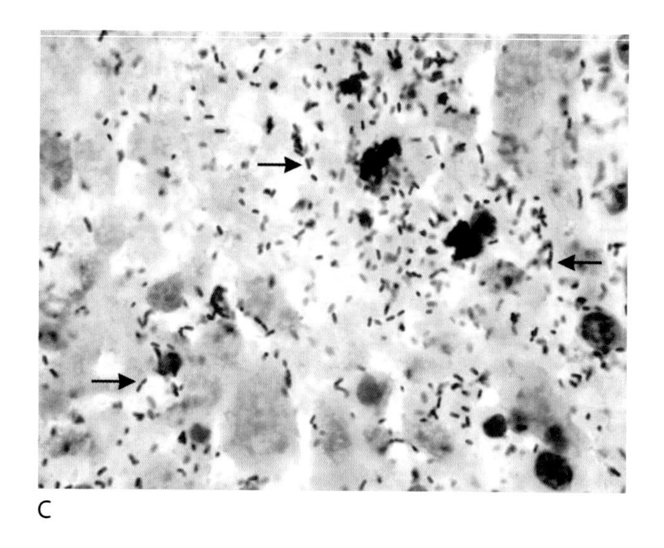

图 41-63（续）（图 C）胎儿胰腺组织的 Brown 和 Hopps 染色，在 100 倍物镜下观察，可见革兰氏阳性杆菌（箭头所示）

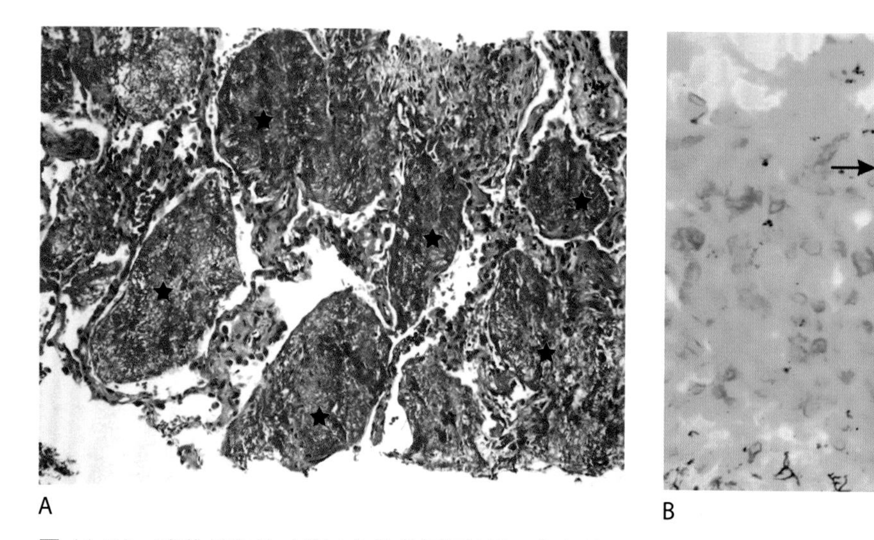

图 41-64 **肺诺卡菌病。**（图 A）肺组织切片显示有急性纤维蛋白样机化肺炎（星型所示）；常规 H&E 染色，10 倍物镜下观察没有发现微生物。（图 B）通过 Grocott-methenamine 银染色，在 50 倍物镜下观察，可见丝状菌（箭头所示）

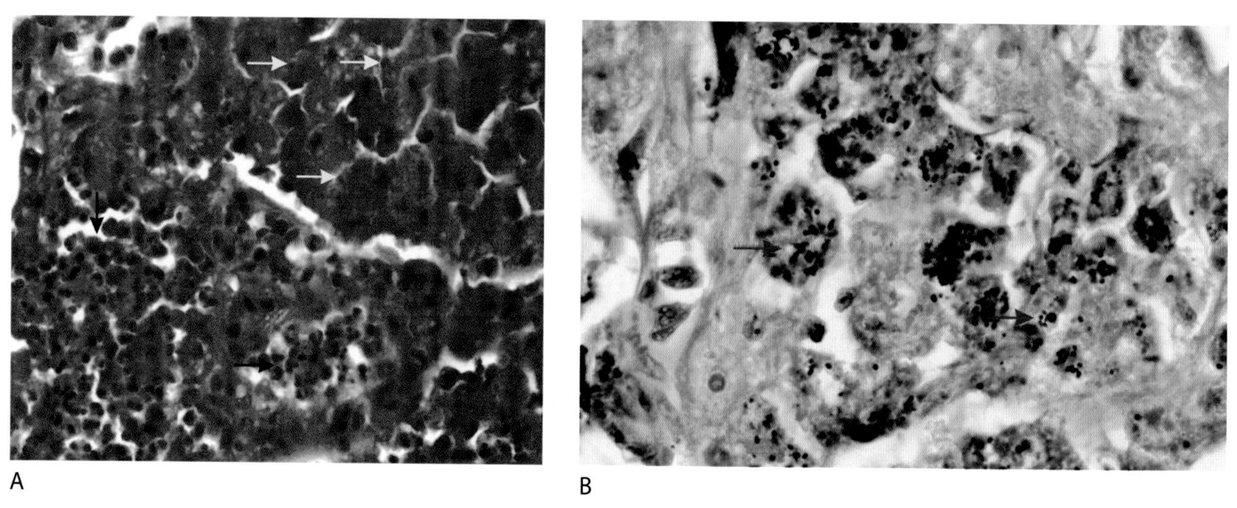

图 41-65 **红球菌肺部感染。**（图 A）H&E 染色后，40 倍物镜下观察可见混合性炎性渗出物（黑色箭头所示），主要是巨噬细胞，胞浆呈颗粒状嗜酸性泡沫状（黄色箭头所示）。（图 B）Grocott methenamine 银染色，在 50 倍物镜下观察，明显看到大量的球菌（红色箭头所示）

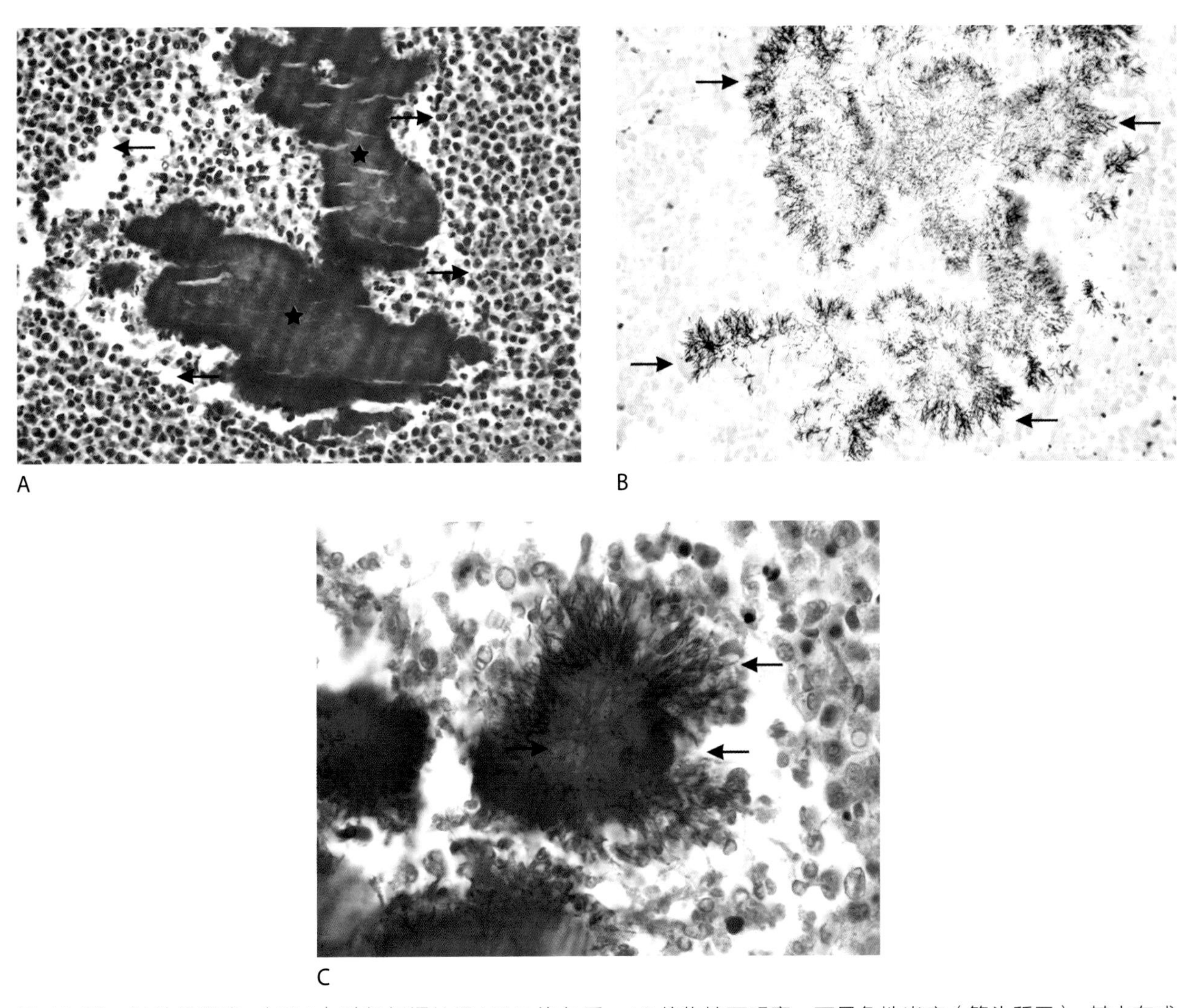

图 41-66　**肺放线菌病。**（图 A）肺组织切片经 H&E 染色后，40 倍物镜下观察，可见急性炎症（箭头所示），其中有成群的细菌菌落，称为硫颗粒（星形所示）。（图 B）Grocott methenamine 银染色后，40 倍物镜下观察，突出显示丝状细菌（箭头所示）。（图 C）Brown 和 Hopps 染色后，100 倍物镜下观察，可见革兰氏阳性丝状杆菌（箭头所示）

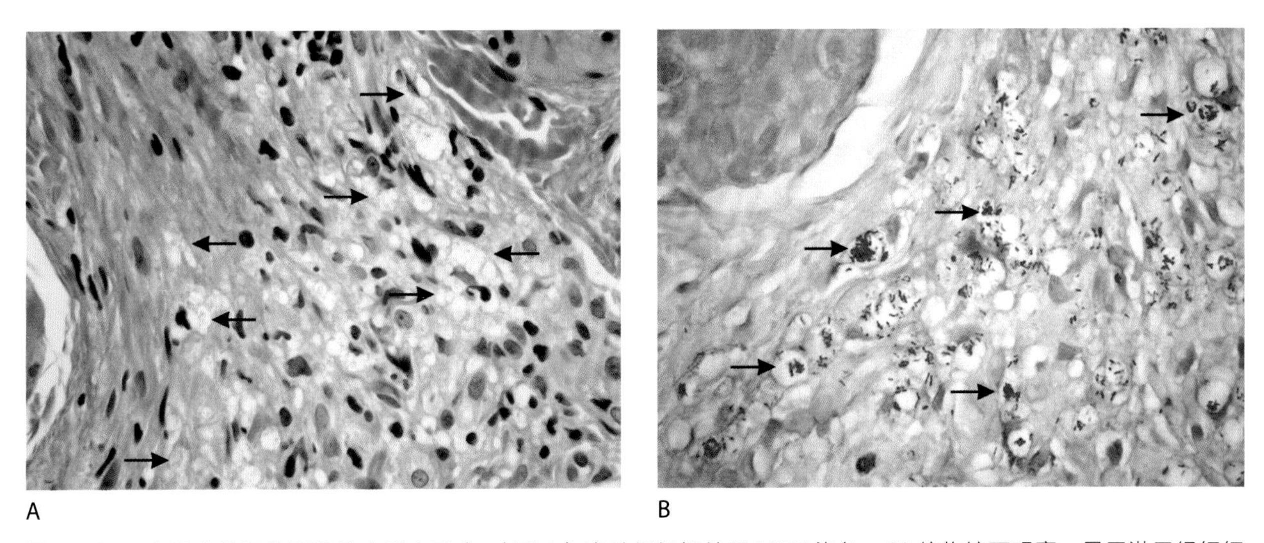

图 41-67　**麻风分枝杆菌引起的瘤型麻风病。**（图 A）皮肤组织切片用 H&E 染色，40 倍物镜下观察，显示淋巴组织细胞浸润泡沫状巨噬细胞（箭头所示）。（图 B）同一组织的 Fite 染色，40 倍物镜下观察，显示充满大量抗酸杆菌的巨噬细胞（箭头所示）

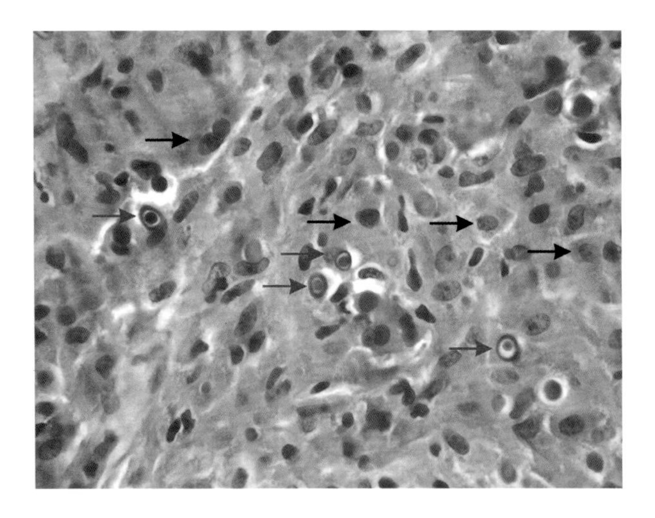

图 41-68　**软斑病（Malakoplakia）。**软斑病是一种罕见的感染性肉芽肿性疾病（尤其是大肠埃希菌感染），可累及皮肤和其他器官（尤其是膀胱）。这张图片是膀胱组织切片，用 H&E 染色后，40 倍物镜下观察，显示组织细胞，其细胞核偏心，细胞质中含有嗜酸性颗粒，这种细胞称为 von Hansemann 细胞（黑色箭头所示）。该图中还存在被称为 Michaelis-Gutmann 小体（未消化细菌）的靶向性胞浆内包涵体（红色箭头所示）

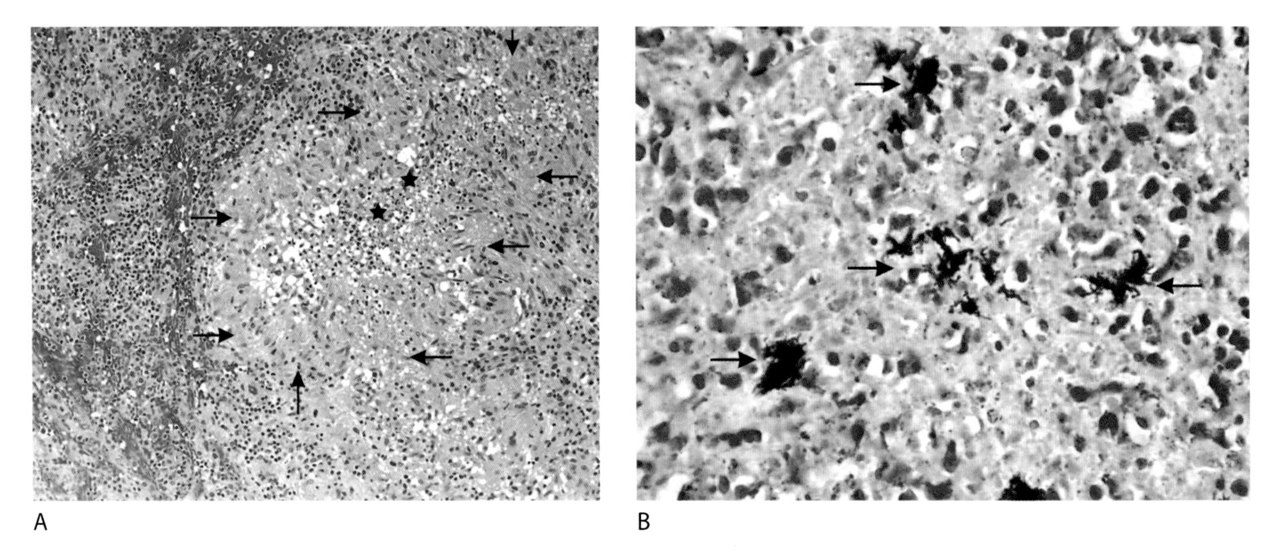

图 41-69　**由巴尔通体感染引起的猫抓热。**（图 A）H&E 染色的淋巴结活检，20 倍物镜下观察，可见星状坏死（星形所示），周围有栅栏样组织细胞（箭头所示）。（图 B）Warthin-Starry 染色后，50 倍物镜下观察，可见多形性杆菌簇（箭头所示）

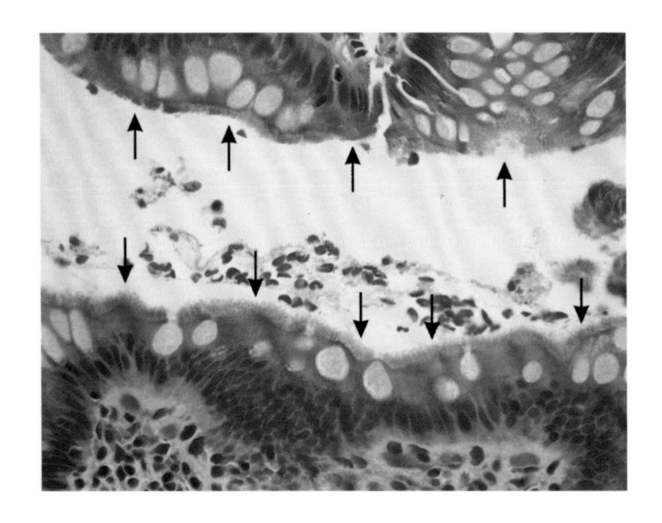

图 41-70　**肠道螺旋体病（短螺旋体属）。**用 H&E 染色的肠组织切片，40 倍物镜下观察，可见表面上皮的流苏状嗜碱性层（箭头所示），称为假刷状边缘

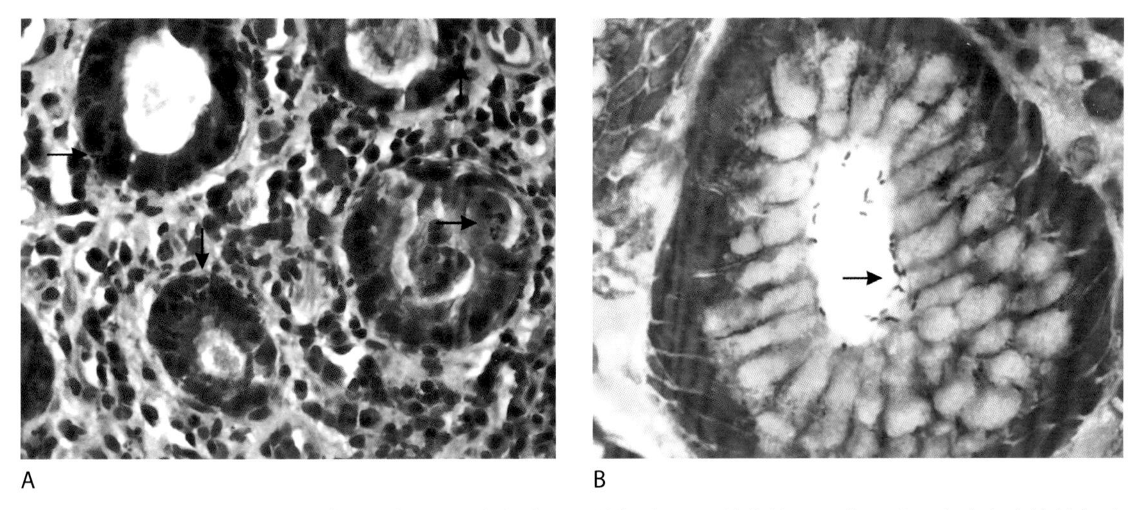

图 41-71　**幽门螺杆菌胃炎。**（图 A）H&E 染色的胃活检切片，40 倍物镜下观察，显示上皮内中性粒细胞（箭头所示），表明活动性幽门螺杆菌胃炎。（图 B）Giemsa 染色后，100 倍物镜下观察，突出显示胃腺体内细长弯曲的杆菌（箭头所示）

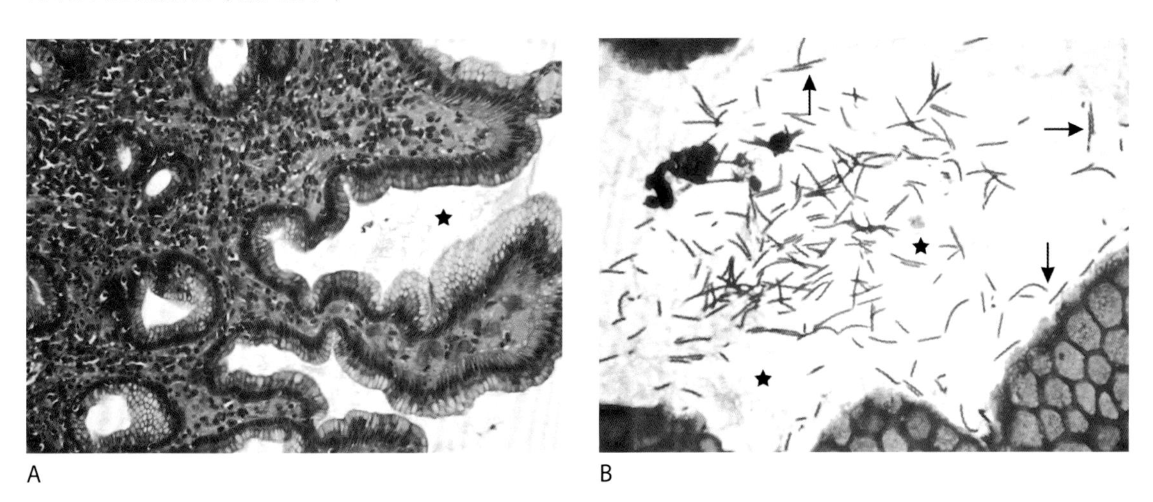

图 41-72　**海尔曼螺杆菌。**（图 A）H&E 染色的胃活检标本，10 倍物镜下观察，显示固有层弥漫性慢性炎症，上皮上有大量细菌，并漂浮在黏液中（星形所示）。（图 B）同一切片的 H&E 染色后，50 倍物镜下观察，显示黏液（星形所示）和上皮（箭头所示）中紧密卷曲的杆状细胞

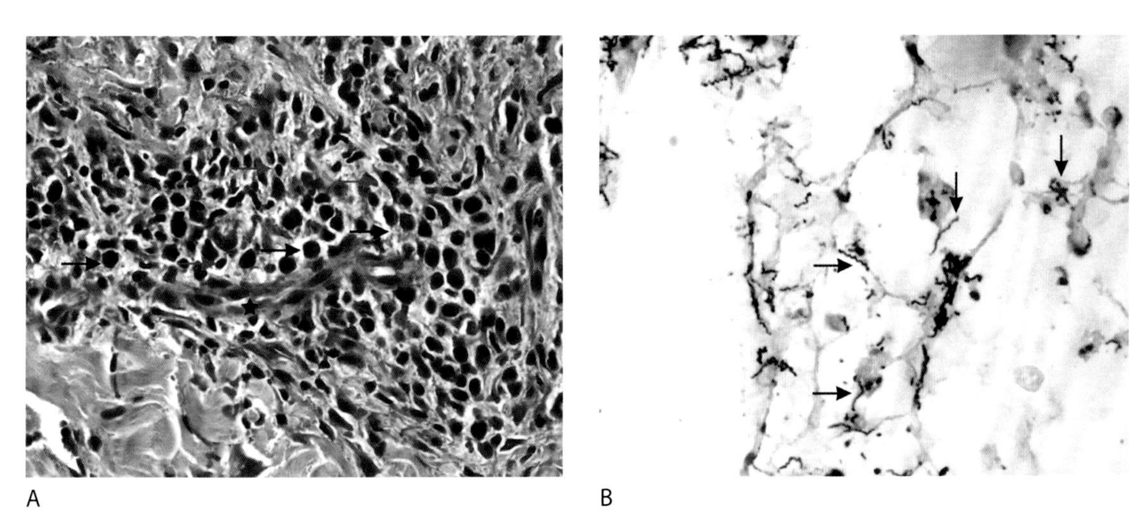

图 41-73　**二期梅毒。**（图 A）用 H&E 染色的皮肤切片，40 倍物镜下观察，可见真皮中有一条被淋巴细胞（红色箭头所示）和浆细胞（黑色箭头所示）包围的血管（星形所示）。（图 B）同一组织的 Warthin-Starry 染色，50 倍物镜下观察，可见紧密卷曲（箭头所示），是典型的梅毒螺旋体

第 42 章　速览：细菌

本章旨在对本书各章节进行简明的介绍，读者可以一目了然地查找到临床实验室中常见细菌分离株的基本信息。这些表格涵盖了每种微生物的显著特征，如革兰氏染色形态、生长特性、表型特征以及引起的临床症状。缩略照片可以在本书各主要章节中查看原图。

本章并不能取代教科书或手册。对于哪些特征是细菌的关键信息，这一认识的主观性很强，我们对本书中的遗漏表示歉意。在每一张表格中，包括大多数需要了解的重要特征，以便在实验室工作和备考时可以快速查阅。

第 1 章　葡萄球菌属和微球菌属[a]

微生物	革兰氏染色特征	生长特性	鉴别的关键表型特征	其他	临床表现
金黄色葡萄球菌	GPC，成对或成簇分布（图 1-1）	奶油色到金黄色的β-溶血菌落（图 1-3）	过氧化氢酶：+ 试管凝固酶：+ 凝聚因子：+ DNA 酶：+（图 1-16）	MRSA： 携带 *mecA* 基因（PBP2a） 携带 *mecC* 基因（PBP2c）	皮肤感染、血液感染、骨髓炎、肺炎和心内膜炎； 产毒素大疱性脓疱病、烫伤样皮肤综合征和中毒性休克综合征； 食物中毒（肠毒素）
表皮葡萄球菌	GPC，成对或成簇分布	白色非溶血性菌落（图 1-6）	过氧化氢酶：+ 试管凝固酶：0	可对甲氧西林耐药，携带 *mecA* 基因	心内膜炎，静脉吸毒者常见右侧心内膜炎
腐生葡萄球菌	GPC，成对或成簇分布	无色素或形成有颜色的菌落	过氧化氢酶：+ 试管凝固酶：0 新生霉素：R	产生生物膜	性活跃年轻女性的非复杂性尿路感染
路邓葡萄球菌	GPC，成对或成簇分布	奶油菌落；可能有β-溶血（图 1-7）	过氧化氢酶：+ 凝聚因子：+ 试管凝固酶：0 鸟氨酸：+（图 1-18）	*mecA* 基因不常见；生成生物膜；由于凝聚因子阳性，可能被误认为金黄色葡萄球菌	心内膜炎，败血症和关节感染
施氏葡萄球菌	GPC，成对或成簇分布	菌落无色素	过氧化氢酶：+ 凝聚因子：+ 试管凝固酶：0 DNA 酶：+	由于凝聚因子阳性，可能被误认为金黄色葡萄球菌	软组织感染、心内膜炎、败血症和关节炎
藤黄微球菌	GPC，成对、成簇或四分体分布（图 1-2）	黄色色素菌落（图 1-8）	microdase：+（图 1-22）		脑膜炎、中枢神经系统分流装置感染、心内膜炎和化脓性关节炎

[a] GPC. 革兰氏阳性球菌；microdase. 改良氧化酶试验；MRSA. 耐甲氧西林金黄色葡萄球菌；Ornithine. 鸟氨酸脱羧酶；PBP. 青霉素结合蛋白；R. 耐药；+. 阳性；0. 阴性。

第 2 章　链球菌属[a]

微生物	革兰氏染色特征	生长特性	鉴别的关键表型特征	其他	临床表现
化脓性链球菌	GPC，成对或成簇分布（图 2-1）	大面积 β - 溶血（图 2-6）	兰斯菲尔德 A 组抗原 PYR：+ VP：0 杆菌肽：S（图 2-16）	其他试验： • 直接检测 A 组抗原，如果阴性，则进行培养 • NAAT：灵敏度为 90% • M 蛋白用于流行病学分析 • 检测 ASO 和抗 DNA 酶 B 的滴度，可用于后遗症诊断	咽炎、脓疱病、菌血症和软组织感染 后遗症：风湿热、肾小球肾炎、猩红热猩红热样皮疹、中毒性休克样综合征，以及坏死性筋膜炎
无乳链球菌	GPC，成对或成簇分布	窄的 β - 溶血环（图 2-8）	兰斯菲尔德 B 组抗原 马尿酸抗原：+ CAMP：+（图 2-18）	增菌肉汤（LIM）可实现最佳复苏； 鉴别培养基：胡萝卜肉汤和 Granada 琼脂； 过夜培养后行 NAAT	由于出生时传播或出生后获得而引起的新生儿感染
停乳链球菌似马亚种	GPC，成对或成簇分布	大型菌落	兰斯菲尔德 C 组或 G 组抗原；也有 L 组和 A 组抗原的报道		类似于化脓性链球菌引起的感染
肺炎链球菌	GPC，成对分布（柳叶刀形）（图 2-3）	α - 溶血，菌落中心带有“穿孔”（图 2-9）	Quellung 反应：+ 胆汁溶解试验：+（图 2-22）	其他试验： • 尿液和 CSF 抗原检测 • NAAT 可通过接种疫苗预防感染	社区获得性肺炎、菌血症、心内膜炎、脑膜炎、 鼻窦炎和中耳炎
咽峡炎链球菌群	GPC，成对或成簇分布	小型菌落；可以是 α - 溶血、β - 溶血或非溶血	杆菌肽：R PYR：0 VP：+ 精氨酸：+	菌落有奶油糖果的味道	心内膜炎和脓肿
解没食子酸链球菌群	GPC，成对或成簇分布	α - 溶血或非溶血	兰斯菲尔德 D 组抗原 40% 胆汁试验：+ 水解七叶皂苷：+ 6.5% NaCl：+ PYR：0		菌血症（与结直肠癌相关）、心内膜炎和脑膜炎
缓症链球菌群	GPC，成对或成簇分布	α - 溶血	VP：0 尿素酶：0 精氨酸：0		心内膜炎并伴有牙菌斑
变异链球菌群	GPC 或短杆菌（图 2-4）	α - 溶血	精氨酸：0 胆汁试验：+ VP：+ 尿素酶：0 透明质酸酶：0		与龋齿有关

[a] ASO. 抗链球菌溶血素 O；CSF. 脑脊液；GPC. 革兰氏阳性球菌；NAAT. 核酸扩增试验；PYR. 吡咯烷基芳酰胺酶试验；R. 耐药；VP.Voges-Proskauer；+. 阳性；0. 阴性。

第 3 章　肠球菌属[a]

微生物	革兰氏染色特征	生长特性	鉴别的关键表型特征	其他	临床表现
粪肠球菌	GPC，成对或成簇分布	α-溶血或非溶血（图 3-2，左） 	兰斯菲尔德 D 组抗原[b] 过氧化氢酶：0 运动能力：0 6.5%NaCl：+ 水解七叶皂苷：+ 阿拉伯糖：0 MGP：0 PYR：+（图 3-6C）  - PYR + LAP：0（图 3-6D）  - LAP +	VRE：含以下耐药基因： • *vanA*：可变的高水平万古霉素和糖肽耐药 • *vanB*：万古霉素耐药水平可变（中度至高度）	医疗保健相关的血液感染、尿路感染、伤口感染和心内膜炎
屎肠球菌	GPC，成对或成簇分布	α-溶血或非溶血（图 3-2，右） 	兰斯菲尔德 D 组抗原[b] 过氧化氢酶：0 运动能力：0 6.5%NaCl：+ 水解七叶皂苷：+ MGP：0 PYR：+ LAP：+ 阿拉伯糖：+（图 3-7） 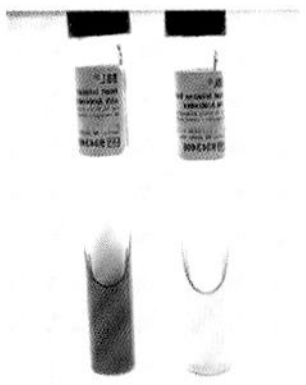	大多数 VRE 是屎肠球菌： *vanA*：可变的高水平万古霉素和糖肽耐药 *vanB*：万古霉素耐药水平可变（中度至高度）	医疗保健相关的血液感染、尿路感染、伤口感染和心内膜炎
酪黄肠球菌；鹑鸡肠球菌	GPC，成对或成簇分布	酪黄肠球菌菌落微黄（图 3-3） 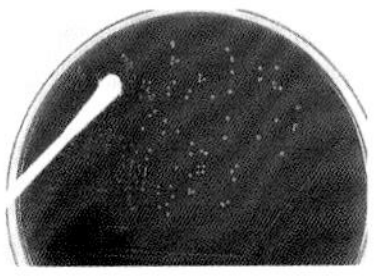	兰斯菲尔德 D 组抗原[b] 阿拉伯糖：+ MGP：+（图 3-8） 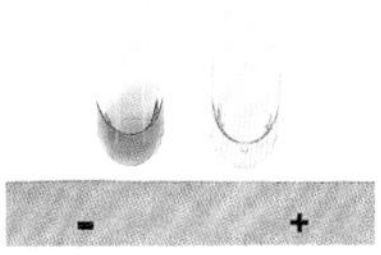 - + 运动试验：+（图 3-9） 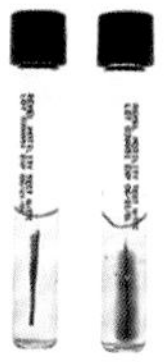	VRE：含以下耐药基因： *vanC*：染色体固有的低水平万古霉素耐药（MICs，2~32 μg/mL）；与万古霉素耐药性的广泛传播无关	医疗保健相关的血液感染、尿路感染、伤口感染和心内膜炎

[a] 阿拉伯糖. 阿拉伯糖利用试验；七叶皂苷. 在胆盐存在下水解七叶皂苷；GPC. 革兰氏阳性球菌；LAP. 亮氨酸氨基肽酶产生；MGP. α-D- 甲基葡萄糖苷的酸化；PYR. 吡咯烷基芳酰胺酶试验；VRE. 耐万古霉素肠球菌；+. 阳性；0. 阴性；6.5% NaCl. 在含 6.5% NaCl 的肉汤中生长。

[b] Lancefield D 组抗原仅在约 80% 的肠球菌菌株中检测到。

第 4 章　气球菌属、乏养菌属和其他革兰氏阳性需氧球菌[a]

微生物	革兰氏染色特征	生长特性	鉴别的关键表型特征	其他	临床表现
乏养菌属和颗粒链菌属	GPC，成对或链状分布，或为球杆菌（图 4-4） 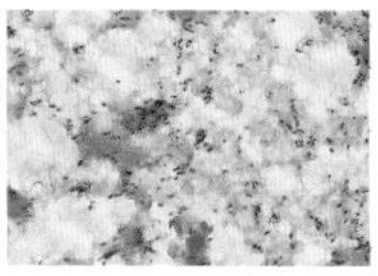	SBA：无生长；α-溶血或非溶血（图 4-12）	LAP：+ PYR：+	万古霉素：S 营养不良 需要外源性吡哆醛 卫星现象（图 4-13） 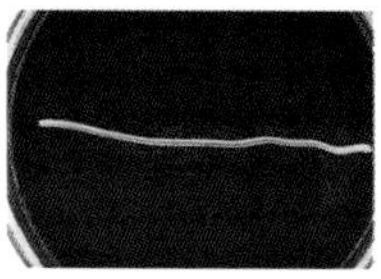	菌血症、心内膜炎（常见于免疫功能低下的患者）
尿道气球菌	GPC，成对、四分体或成簇分布	α-溶血（图 4-5） 	LAP：+ PYR：0	万古霉素：S	尿道感染（老年患者）
绿色气球菌	GPC，成对、四分体或成簇分布（图 4-1） 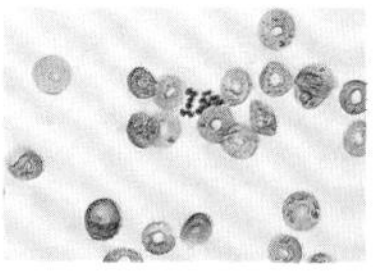	α-溶血（图 4-5） 	6.5%NaCl：+ LAP：0 PYR：+（图 4-6） 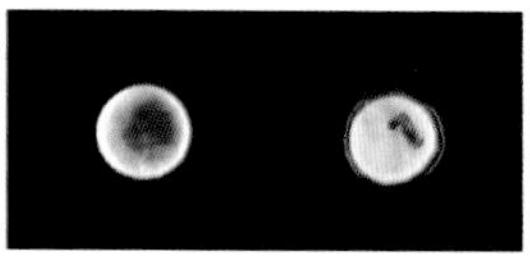	万古霉素：S 少数菌属过氧化氢酶试验：+	菌血症、心内膜炎
明串珠菌属	GPC，成对或链状分布（图 4-3） 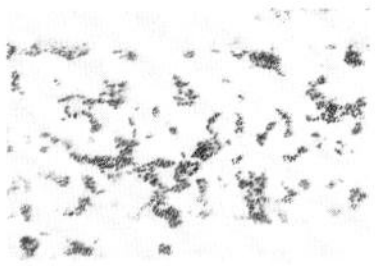	α-溶血（图 4-8） 	LAP：0 PYR：0 产气试验：+ 精氨酸：0	万古霉素：R（图 4-9） 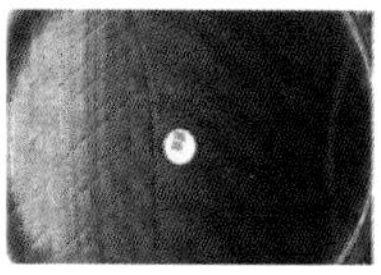	菌血症、心内膜炎
片球菌属	GPC，四分体或成簇分布	α-溶血，菌落类似于草绿色链球菌	LAP：+ PYR：0 6.5%NaCl：V 胆汁七叶皂苷：V 产气试验：0	万古霉素：R	菌血症，心内膜炎
魏斯氏菌属	GPC，成对或链状分布	α-溶血；可能被误判为乳杆菌样草绿色链球菌	LAP：0 PYR：0 产气试验：+ 精氨酸：+ 6.5%NaCl：+	万古霉素：R	菌血症、心内膜炎

[a] GPC. 革兰氏阳性球菌；LAP. 亮氨酸氨基肽酶产生；PYR. 吡咯烷基芳酰胺酶试验；R. 耐药；S. 敏感；SBA. 绵羊血琼脂；6.5% NaCl. 在含 6.5% NaCl 的肉汤中生长；+. 阳性；0. 阴性；V. 可变。

第 5 章 **革兰氏阳性棒状杆菌** [a]

微生物	革兰氏染色特征	生长特性	鉴别的关键表型特征	其他	临床表现
白喉棒状杆菌	GPB、可呈棒状、栅栏状、V 形和 L 形（图 5-2） 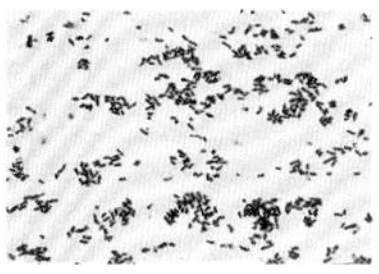	非溶血性（图 5-3，左） 	过氧化氢酶：+ 亚碲酸盐：灰黑色菌落（图 5-5） 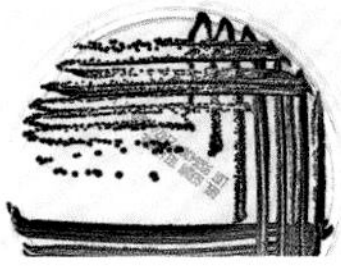	Loeffler 培养基能促进异染颗粒的生长（亚甲蓝染色）（图 5-7） 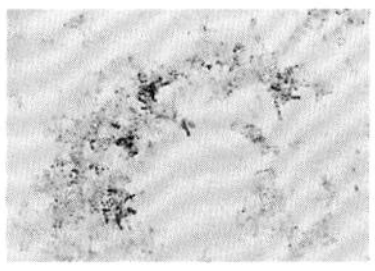 毒性试验：PCR（*tox* 基因）[b] 和 Elek 试验 可用疫苗预防感染	呼吸道和皮肤感染、心内膜炎和咽炎伴假膜
杰氏棒状杆菌	GPB、可呈棒状、栅栏状、V 形和 L 形	吐温 80 促进生长（亲脂性）（图 5-9） 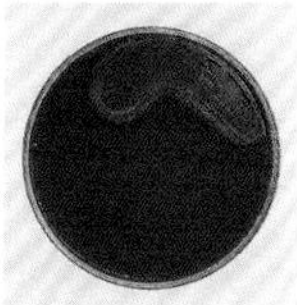	过氧化氢酶：+	MDRO（多数情况下）	菌血症、心内膜炎、假体、心脏瓣膜、骨髓、胆汁、伤口、尿路感染
纹带棒状杆菌	GPB、可呈棒状、栅栏状、V 形和 L 形	菌落直径 1.0~1.5 mm，干燥，奶油状，湿润，边缘完整	过氧化氢酶：+	CAMP：弱阳性 MDRO（多数情况下）	常见于无菌体液、组织、假肢
解脲棒状杆菌	GPB、可呈棒状、栅栏状、V 形和 L 形	吐温 80 能促进菌落生长（亲脂性）；菌落呈针尖样（直径 0.5~1 mm），凸起（图 5-13） 	过氧化氢酶：+ 尿素：强阳性（图 5-14） 	反向 CAMP：+（图 5-21） 	尿路感染（可见鸟粪石结晶）
溶血隐秘棒状杆菌	GPB	小型菌落，β - 溶血性（图 5-16）	过氧化氢酶：0 运动能力：0	反向 CAMP：+（图 5-21） 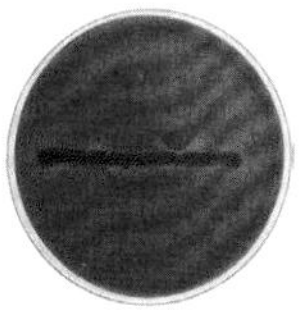	咽炎（青少年 / 年轻人）、菌血症、心内膜炎、伤口和组织感染
阴道加德纳菌	GVB 或球杆菌（图 5-18） 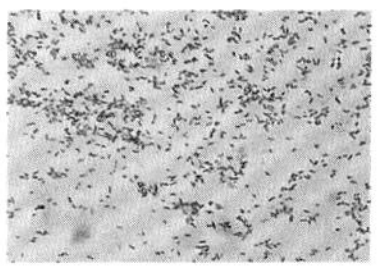	培养 48 h 之内几乎看不到菌落	过氧化氢酶：0 氧化酶：0 马尿酸盐：+	V 琼脂（添加人血）	细菌性阴道病（线索细胞）（图 5-19） 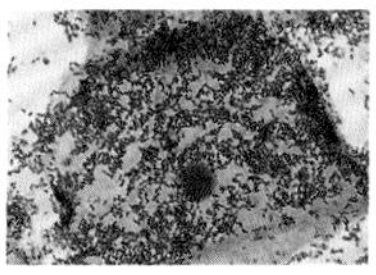

[a] GPB. 革兰氏阳性杆菌；GVB. 革兰氏染色可变杆菌；Loeffler. Loeffler 血清培养基；MDRO. 耐多药微生物；反向 CAMP. CAMP 抑制试验；亚碲酸盐培养基：含 Tinsdale 或胱氨酸 - 亚碲酸盐血琼脂；V 琼脂 . 阴道琼脂；+. 阳性；0. 阴性。

[b] 除白喉棒状杆菌外，溃疡棒状杆菌和假结核棒状杆菌也可能携带白喉毒素基因。

第 6 章　李斯特菌属和丹毒丝菌属[a]

微生物	革兰氏染色特征	生长特性	鉴别的关键表型特征	其他	临床表现
单增李斯特菌	GPB，单链或短链分布 无芽孢形成（图 6-1A） 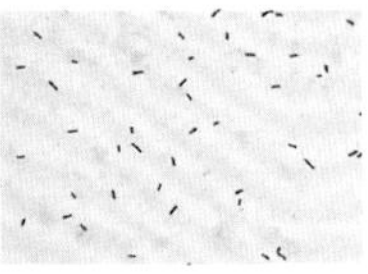	菌落较小，有窄的 β-溶血区（图 6-2A） 	过氧化氢酶：+ 七叶皂苷：+ VP：+ 甲基红：+ 马尿酸盐：+ CAMP：+（铲形）（图 6-5） 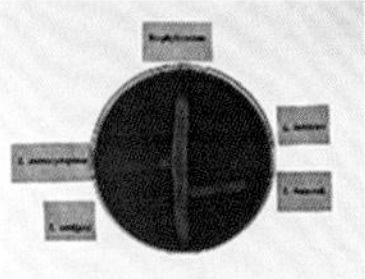	翻滚运动（湿涂片） 半固体琼脂中的伞状运动（图 6-4） 	食源性疾病：乳制品和肉类 败血症、脑膜炎和脑炎 孕妇（羊膜炎）、新生儿（早发性和晚发性婴儿败血症肉芽肿）、细胞介导免疫功能受损的患者以及老年人
红斑丹毒丝菌	GPB，单链或短链分布 无芽孢形成（图 6-7B） 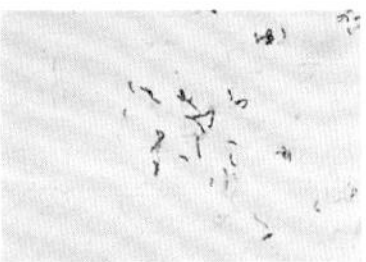	菌落较小，无溶血性（图 6-8B）	过氧化氢酶：0 七叶皂苷：0 VP：0 甲基红：0 H_2S：+（图 6-10） 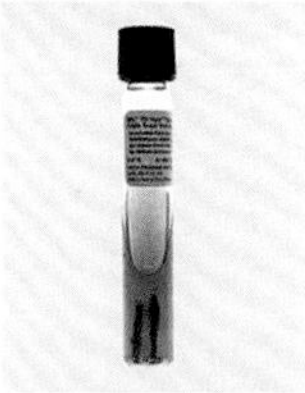	运动能力：0 明胶穿刺："试管刷"样生长（图 6-9） 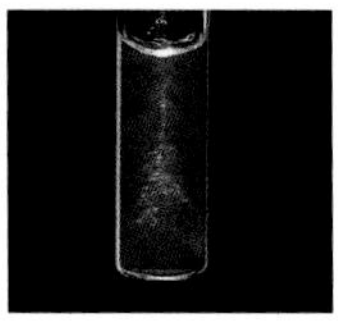	通过皮肤擦伤、外伤或动物咬伤（猪和鱼）直接接触而感染 类丹毒：手部皮肤感染 职业接触：兽医、屠夫和鱼类处理人员

[a] 七叶皂苷．七叶皂苷水解试验；GPB. 革兰氏阳性杆菌；马尿酸．马尿酸水解试验；硫化氢．硫化氢生产；R. 耐药；+. 阳性；0. 阴性。

第 7 章　芽孢杆菌属[a]

微生物	革兰氏染色特征	生长特性	鉴别的关键表型特征	其他	临床表现
炭疽杆菌	GPB，但也可以是GV 长链，竹节样 中央或近端孢子 荚膜：+（图 7-1） 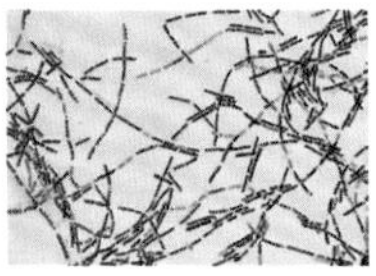	菌落无溶血性；边缘不规则（美杜莎头样）	过氧化氢酶：+ 运动能力：0（图 7-11，左） 	韧性试验：+（图 7-9） 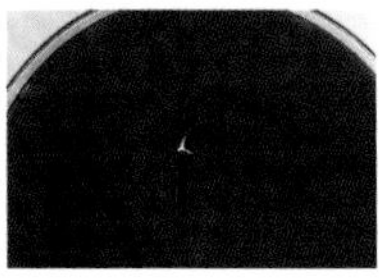	皮肤型（最常见）：黑色焦痂 吸入性：纵隔增宽 胃肠型（摄入型）

第 7 章（续）　**芽孢杆菌属** [a]

微生物	革兰氏染色特征	生长特性	鉴别的关键表型特征	其他	临床表现
蜡样芽孢杆菌	GPB，但也可以是GV 中央或近端孢子（图7-4）	大型菌落，β-溶血性（图7-10）	过氧化氢酶：+ 运动能力：+（图7-11，右）		食源性疾病：炒饭（耐热或不耐热肠毒素） 导管相关菌血症 眼睛和伤口感染（创伤）
蜡样芽孢杆菌炭疽生物变异菌株	GPB 荚膜：+	无溶血性	运动能力：V（多数+）		炭疽样疾病

[a] GPB. 革兰氏阳性杆菌；GV. 革兰氏染色可变；+. 阳性；0. 阴性；V. 可变。

第 8 章　**诺卡菌属、红球菌属、马杜拉放线菌属、链霉菌属、戈登菌属和其他需氧放线菌** [a]

微生物	革兰氏染色特征	生长特性	鉴别的关键表型特征	其他	临床表现
巴西诺卡菌	串珠状 GPB，有丝状分枝	灰白色气生菌丝；7~9 d 成熟		MAF：+ 首选的鉴别方法： • NAAT • 蛋白质组学	放线菌菌丝瘤
盖尔森基兴诺卡菌	串珠状 GPB，有丝状分枝	菌落形态因生长培养基不同而各异 SBA：白色至淡黄色，灰白色，扁平，轻微皱褶 7~9 d 内成熟		MAF：+ 首选的鉴别方法： • NAAT • 蛋白质组学	肺病、脑脓肿
马红球菌	GP，球杆菌（图8-11）	培养 3~5 d，菌落可呈鲑鱼粉色（图8-12）	革兰氏染色 菌落形态	MAF：+	免疫功能低下患者的肉芽肿性肺炎
马杜拉放线菌属	细长 GPB，有短的丝状分枝	粉笔状气生菌丝；4~10 d 内成熟		MAF：+ 首选的鉴别方法： • NAAT • 蛋白质组学	放线菌菌丝瘤（马杜拉足）

[a] GPB. 革兰氏阳性杆菌；MAF. 改良抗酸染色；NAAT. 核酸扩增试验；SBA. 绵羊血琼脂；+. 阳性。

第 9 章　分枝杆菌属[a]

微生物	革兰氏染色特征	生长特性	鉴别的关键表型特征	其他	临床表现
结核分枝杆菌复合群					
结核分枝杆菌	革兰氏染色不一定能找到结核分枝杆菌（鬼影） 串珠状革兰氏阳性杆菌（图 9-3） 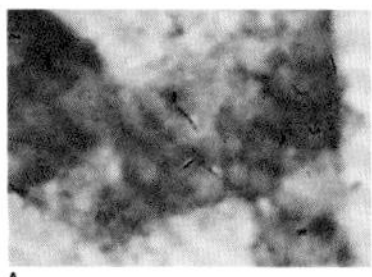 A 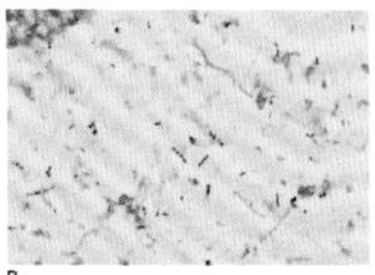 B Ziell-Neelsen 或 Kinyoun 染色：可见红紫色、弯曲、短或长的杆菌（图 9-1A）  金胺－罗丹明染色	浅黄色粗糙菌落（图 9-6C） 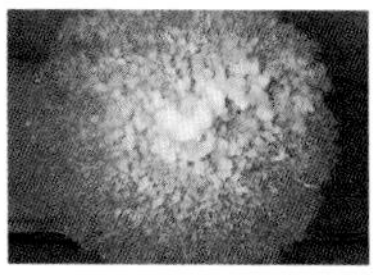	硝酸盐：+ T_2H：+ PZA：S 烟酸：+ 吡嗪酰胺酶：+	首选的鉴别试验： • NAAT：直接检测临床标本 • 蛋白质组学 其他测试： • 结核菌素皮肤试验（PPD） • 干扰素 - γ 释放试验	肺结核、肺外结核、粟粒性结核或潜伏性结核 通过空气中的颗粒物传播
牛分枝杆菌	革兰氏染色不一定能检测到 最好用抗酸染色法或金胺罗丹明染色法检测	在琼脂培养基上形成小而平的菌落	硝酸盐：0 T_2H：0 PZA：R 吡嗪酰胺酶：0	首选的鉴别试验： • 分子分析 • 蛋白质组学 减毒卡介苗可作为结核病疫苗接种（预防脑膜炎和播散性结核病）和治疗某些肿瘤	结核样疾病 传播途径是吸入和食用未经高温消毒的牛奶和奶酪制品
非结核分枝杆菌，缓慢生长型					
鸟－胞内分枝杆菌（属于鸟分枝杆菌复合群）	革兰氏染色不一定能检测到 最好用抗酸染色法或金胺罗丹明染色法检测 呈串珠状（图 9-4A） 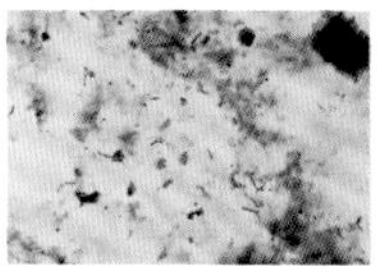	菌落无色素或浅黄色 反向观察："太阳黑子"样（图 9-7D） 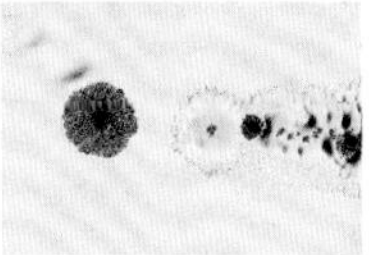	烟酸：0 硝酸盐：0 吐温：0 吡嗪酰胺酶：+	首选的鉴别试验： • 分子分析 • 蛋白质组学	呼吸系统疾病：好发于中年男性吸烟者和绝经后女性支气管扩张症（Lady Windermere 综合征） 淋巴结炎（Unilateral adenitis） 播散性疾病 HIV 阳性患者

第 9 章（续） 分枝杆菌属 [a]

微生物	革兰氏染色特征	生长特性	鉴别的关键表型特征	其他	临床表现
奇美拉鸟分枝杆菌（属于鸟分枝杆菌复合群）	革兰氏染色不一定能检测到 最好用抗酸染色法或金胺罗丹明染色法检测	菌落无色		首选的鉴别试验： • 分子分析 • 蛋白质组学	心脏搭桥术后 1~4 年内发生人工瓣膜心内膜炎、血管移植物感染或播散性疾病（加热器－冷却器装置受污染）
溃疡分枝杆菌	革兰氏染色不一定能检测到 最好用抗酸染色法或金胺罗丹明染色法检测	菌落无色素 最佳生长温度：30 ℃ 延长培养至 3 个月	硝酸盐：0	首选的鉴别试验： • 分子分析 • 蛋白质组学	皮肤疾病：Buruli 溃疡（非洲）和 Bairnsdale 溃疡（澳大利亚）
嗜血分枝杆菌	革兰氏染色不一定能检测到 最好用抗酸染色法或金胺罗丹明染色法检测	最佳生长温度：30 ℃ 菌落无色素（图 9-12）		生长需要血红素或血红蛋白； 首选的鉴别试验： • 分子分析 • 蛋白质组学	皮肤疾病，尤其好发于 HIV 阳性患者 儿童颈部淋巴结病
日内瓦分枝杆菌	革兰氏染色不一定能检测到 最好用抗酸染色法或金胺罗丹明染色法检测	菌落无色素		生长需要铁螯合剂（霉杆菌素 J） 需延长培养 首选的鉴别试验： • 分子分析 • 蛋白质组学	在免疫功能低下患者中易播散
堪萨斯分枝杆菌	革兰氏染色不一定能检测到 最好用抗酸染色法或金胺罗丹明染色法检测	光产色（图 9-13）	硝酸盐：+ 吡嗪酰胺酶：0 吐温：+	首选的鉴别试验： • 分子分析 • 蛋白质组学	慢性肺病：更常见于艾滋病患者或器官移植患者
海分枝杆菌	革兰氏染色不一定能检测到 最好用抗酸染色法或金胺罗丹明染色法检测	光产色（图 9-14） 最适生长温度为 30 ℃	吡嗪酰胺酶：+	首选的鉴别试验： • 分子分析 • 蛋白质组学	皮肤疾病：鱼缸肉芽肿
猿分枝杆菌	革兰氏染色不一定能检测到 最好用抗酸染色法或金胺罗丹明染色法检测	光产色（图 9-17）	烟酸：+	首选的鉴别试验： • 分子分析 • 蛋白质组学	在艾滋病患者中，其临床表现与鸟－胞内分枝杆菌复合体类似

第 9 章（续） 分枝杆菌属 [a]

微生物	革兰氏染色特征	生长特性	鉴别的关键表型特征	其他	临床表现
苏尔加分枝杆菌	革兰氏染色不一定能检测到，最好用抗酸染色法或金胺罗丹明染色法检测	37 ℃培养时暗产色 25 ℃培养时光产色（图 9-18）	硝酸盐：+ 吐温：V 尿素酶：+	首选的鉴别试验： • 分子分析 • 蛋白质组学	在中年男性患者中，引起类似结核病的肺部疾病
蟾蜍分枝杆菌	革兰氏染色不一定能检测到，最好用抗酸染色法或金胺罗丹明染色法检测	暗产色（一些菌株不产色） 最适生长温度：45 ℃ 菌落鸟巢样外观（图 9-19）	硝酸盐：0 吐温：0 尿素酶：0	首选的鉴别： • 分子分析 • 蛋白质组学	慢性呼吸道疾病、皮肤感染、化脓性关节炎和播散性疾病 可能会污染热水系统
戈登分枝杆菌	革兰氏染色不一定能检测到，最好用抗酸染色法或金胺罗丹明染色法检测	暗产色（图 9-11）	硝酸盐：0 吐温：+ 尿素酶：0	首选的鉴别试验： • 分子分析 • 蛋白质组学	很少引起人类疾病 污染物从自来水中分离出来
瘰疬分枝杆菌	革兰氏染色不一定能检测到，最好用抗酸染色法或金胺罗丹明染色法检测	暗产色（图 9-16）	硝酸盐：0 尿素酶：+ 吐温：0	首选的鉴别试验： • 分子分析 • 蛋白质组学	5 岁以下儿童的颈部淋巴结炎
非结核分枝杆菌快速生长型					
偶发分枝杆菌群	革兰氏染色不一定能检测到，最好用抗酸染色法或金胺罗丹明染色法检测	浅黄色菌落（图 9-10）	芳基硫酸酯酶：+ 耐盐性：+ 硝酸盐：+ 铁摄入：+	首选的鉴别试验： • 分子分析 • 蛋白质组学	皮肤感染：继发于穿透性损伤，如创伤或外科手术，与污染的水或土壤有关
龟分枝杆菌	革兰氏染色不一定能检测到，最好用抗酸染色法	浅黄色菌落（图 9-9C） 最适生长温度为30℃	芳基硫酸酯酶：+ 耐盐性：0 硝酸盐：0 铁摄取量：0	首选的鉴别试验： • 分子分析 • 蛋白质组学	皮肤感染：通常与免疫功能低下个体的播散性结节性皮肤病有关

第 9 章（续）　分枝杆菌属 [a]

微生物	革兰氏染色特征	生长特性	鉴别的关键表型特征	其他	临床表现
脓肿分枝杆菌	革兰氏染色不一定能检测到 最好用抗酸染色法	深褐色菌落（图 9-8）	芳基硫酸酯酶：+ 耐盐性：+ 硝酸盐：0 铁摄取量：0	首选的鉴别试验： • 分子分析 • 蛋白质组学	皮肤感染：与几次注射和导管相关的感染暴发有关 免疫抑制患者的肺部和播散性皮肤病变
产黏液分枝杆菌	革兰氏染色不一定能检测到 最好用抗酸染色法	浅黄色菌落（图 9-15）		首选的鉴别试验： • 分子分析 • 蛋白质组学	很少造成人类感染
不可培养的非结核分枝杆菌					
麻风分枝杆菌	革兰氏染色不一定能检测到 最好用抗酸染色法（Fite-Faraco）（图 9-5）	不可体外培养；生长在九带犰狳体内		麻风菌素试验（皮肤试验） 临床标本直接NAAT：更敏感	汉森病：慢性肉芽肿性疾病，通常表现为麻痹性皮肤损伤和周围神经病变

[a] NAAT. 核酸扩增试验；PZA. 吡嗪酰胺；R. 耐药；S. 敏感；T_2H. 在噻吩 -2- 羧酸酰肼上生长的能力；吐温 . 吐温 80 水解试验；+. 阳性；0. 阴性。

第 11 章　埃希菌属、志贺菌属和沙门菌属 [a]

微生物	革兰氏染色特征	生长特性	鉴别的关键表型特征	其他	临床表现
大肠埃希菌	GNB，短，丰满，直杆，双极染色（安全别针形）（图 11-1）	SBA：菌落灰色，光滑，通常为 β - 溶血 MAC：粉红色菌落（图 11-2） HE 和 XLD：鲑鱼色到黄色（图 11-3）	乳糖：+ 运动能力：+ IMViC：++00（图 11-6） MUG：+ TSI：A/AG（5% 无反应）	STEC O157：SMAC 上的无色菌落 STEC O157：H7：主要毒力因子为志贺毒素（*Stx1* 和 *Stx2*）	肠外感染：UTI、CAUTI、新生儿脑膜炎 胃肠炎：EAEC、ETEC、EPEC、EIEC 和 EHEC/STEC（与 HUS 相关）

第 11 章（续） 埃希菌属、志贺菌属和沙门菌属[a]

微生物	革兰氏染色特征	生长特性	鉴别的关键表型特征	其他	临床表现
志贺菌属 亚群 A：痢疾志贺菌 B：福氏志贺菌 C：鲍氏志贺菌 D：宋内志贺菌（最常见）	GNB	MAC：无色菌落 HE 和 XLD：无色菌落（图 11-9）	乳糖：0[b] 运动能力：0 IMViC：V+00 H_2S：0 TSI：Alk/A （图 11-10）	通过摄入方式感染的致病剂量较低	水样或血性腹泻 痢疾志贺菌：HUG 福氏志贺菌：反应性关节炎或雷特综合征
沙门菌属 肠道沙门菌（可细分为 6 个亚种） 邦戈尔沙门菌	GNB	HE：黑色菌落（H_2S）（图 11-11）	沙门菌属 乳糖：0 运动能力：+ IMViC：0+0+ 非典型反应 TSI：Alk/AG H_2S：+ 甲型副伤寒沙门菌 H_2S (TSI)：0 或弱 +； 伤寒沙门菌 IMViC：0+00 H_2S（TSI）：弱 +（胡须样）	伤寒和副伤寒沙门菌表达 Vi 荚膜抗原 伤寒疫苗可用于预防感染	肠热症：伤寒和副伤寒沙门菌小儿骨髓炎：镰状细胞疾病 携带状态：胆囊

[a] A. 酸性；ALK. 碱性；CAUTI. 导管相关尿路感染；EAEC. 肠聚集性大肠埃希菌；EHEC. 肠出血性大肠埃希菌；EIEC. 肠侵袭性大肠埃希菌；EPEC. 肠致病性大肠埃希菌；G. 气体；GNB ：革兰氏阴性杆菌；HE. Hektoen 肠道琼脂；H_2S. 硫化氢；HUG. 溶血性尿毒症综合征；IMViC. 吲哚、甲基红、VP 试验、柠檬酸利用试验；MAC. MacConkey 琼脂；MUG. 甲基伞形酰 - β -d- 葡萄糖醛酸阳性；SMAC. 含山梨醇的 MacConkey 琼脂培养基；STEC. 产志贺毒素大肠埃希菌；TSI. 三糖铁；UTI. 尿路感染；XLD. 木糖赖氨酸脱氧胆酸琼脂；+. 阳性；0. 阴性。

[b] 宋内志贺菌除外，它是一种延迟乳糖发酵菌。

第 12 章 克雷伯菌属、肠杆菌属、柠檬酸杆菌属、克罗诺杆菌属、沙雷菌属，邻单胞菌属和其他肠杆菌科[a]

微生物	革兰氏染色特征	生长特性	鉴别的关键表型特征	其他	临床表现
肉芽肿克雷伯菌	GNB	传统培养基上无法培养		使用 Giemsa 染色法或 Wright 染色法，从组织涂片中检测 Donovan 体	慢性生殖器溃疡（Donovan 症或腹股沟肉芽肿）
产酸克雷伯菌	GNB	MAC ：发酵乳糖	运动能力：0 IMViC：+V++		抗生素相关性出血性结肠炎

第 12 章（续）　**克雷伯菌属、肠杆菌属、柠檬酸杆菌属、克罗诺杆菌属、沙雷菌属、邻单胞菌属和其他肠杆菌科** [a]

微生物	革兰氏染色特征	生长特性	鉴别的关键表型特征	其他	临床表现
肺炎克雷伯菌肺炎亚种	GNB（图 12-1） 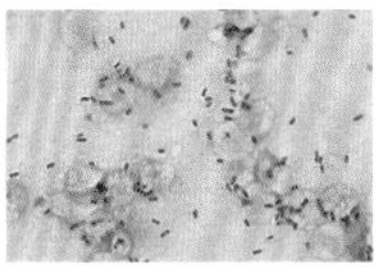	MAC：发酵乳糖；有荚膜的菌株呈粘液样（图 10-6） 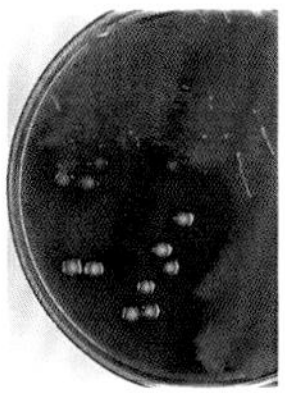	运动能力：0 IMViC：0V++	肺炎克雷伯菌高黏滞菌株 引起肝脓肿（K1 或 K2 荚膜） 台湾和东南亚的地方病 串珠试验呈阳性 重要耐药机制：碳青霉烯酶（KPC）	肺炎（红醋栗果冻状痰）、尿路感染，包括医疗相关感染
肺炎克雷伯菌鼻硬结亚种	GNB	MAC：发酵乳糖	吲哚：0 VP：0 ONPG：0		鼻硬结
阴沟肠杆菌复合群	GNB	MAC：发酵乳糖（图 12-2，左） 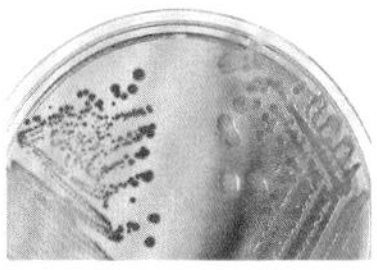	ADH：+ IMViC：00++（图 12-6） 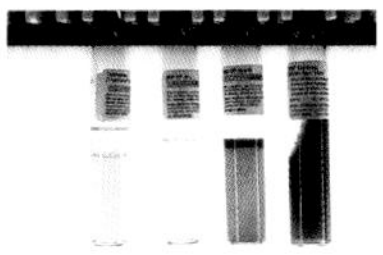	重要的耐药机制：*AmpC* β - 内酰胺酶	医疗保健相关的定植和感染（医疗设备和仪器）
弗氏柠檬酸杆菌	GNB	MAC：发酵乳糖（图 12-3） 	IMViC：VV0V H_2S：+（78%） ODC：0	重要的耐药机制：*AmpC* β - 内酰胺酶	菌血症、尿路感染、胃肠道感染
柯氏柠檬酸杆菌	GNB	MAC：发酵乳糖	VP：0 吲哚：+ H_2S：0 ODC：+ 丙二酸：+	重要的耐药机制：*AmpC* β - 内酰胺酶	新生儿脑膜炎、脑脓肿
黏质沙雷菌	GNB	红色菌落（灵菌红素）（图 12-3） 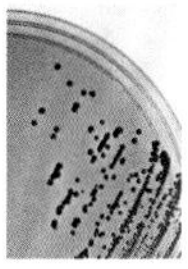	IMViC：00++	重要的耐药机制：*AmpC* β - 内酰胺酶	医疗保健相关感染
阪崎克罗诺杆菌	GNB	黄色菌落（图 12-8）	ADH：+ ODC：+ 丙二酸：0 IMViC：00++		新生儿脑膜炎和坏死性小肠结肠炎（配方奶粉污染）

第 12 章（续） **克雷伯菌属、肠杆菌属、柠檬酸杆菌属、克罗诺杆菌属、沙雷菌属、邻单胞菌属和其他肠杆菌科**[a]

微生物	革兰氏染色特征	生长特性	鉴别的关键表型特征	其他	临床表现
奇异变形杆菌	GNB	群集生长（图 10-3）	吲哚：0 ODC：+ H_2S：0：+ 尿素酶：+	氨苄西林：S	尿路感染，尿鸟粪石结石；导管结垢
普通变形杆菌	GNB	群集生长	吲哚：+ ODC：0 H_2S：0：+ 尿素酶：+	氨苄西林：R	伤口感染，尿鸟粪石结石；导管结垢
摩氏摩根菌	GNB	菌落呈灰白色且不透明	尿素酶：+ 苯丙氨酸脱氨酶：+ IMViC：+00	重要的耐药机制：AmpC β-内酰胺酶	医疗相关感染，如术后感染和尿路感染
类志贺邻单胞菌	GNB，直，短	菌落有光泽、不透明、光滑且不溶血（图 12-26）	氧化酶：+ IMViC：+00		胃肠炎

[a] ADH. 精氨酸二氢酶；GNB. 革兰氏阴性杆菌；IMViC. 吲哚、甲基红、VP 试验、柠檬酸利用试验；KPC. 肺炎克雷伯菌碳青霉烯酶；MAC. MacConkey 琼脂；ODC. 鸟氨酸脱羧酶；ONPG. 邻硝基苯基 -d- 半乳糖苷；V. 可变；VP. Voges-Proskauer；+. 阳性；0. 阴性。

第 13 章 **耶尔森菌属**[a]

微生物	革兰氏染色特征	生长特性	鉴别的关键表型特征	其他	临床表现
小肠结肠炎耶尔森菌	GNB，菌体小而丰满（图 13-1A）	CIN：牛眼样菌落（图 13-7B） 最适生长温度：25~28℃（也可在 4℃下生长）	ODC：+ 运动能力：+ 尿素酶：+ IMViC：V+00 蔗糖：+（图 13-5）	通过摄入受污染的食物或水而感染	小肠结肠炎至肠系膜淋巴结炎（阑尾炎样） 菌血症（与红细胞输注有关）
鼠疫耶尔森菌	GNB，通过 Giemsa 染色、Wright 染色、Wayson 染色或亚甲基蓝染色容易发现（安全别针样）	针尖样菌落，无溶血性（图 13-8） 长时间孵育呈现煎蛋外观 最适生长：25~28 ℃（也可在 4 ℃下生长）	ODC：0 运动能力：0 尿素酶：0 IMViC：0V00 蔗糖：0	媒介：跳蚤 宿主：啮齿动物 管制病原微生物	淋巴腺型（最常见） 肺炎型（可在人与人之间传播） 败血型

第 13 章（续） **耶尔森菌属** [a]

微生物	革兰氏染色特征	生长特性	鉴别的关键表型特征	其他	临床表现
假结核耶尔森菌	GNB，菌体小而丰满	灰色半透明的小菌落；最适生长温度：25~28 ℃ 最佳培养基为 MAC 培养基；在 CIN 和 CHROMagar 上生长抑制	ODC：0 运动能力：+ 尿素酶：+ 蔗糖：0	通过摄入受污染的食物或水而获得感染	肠系膜淋巴结炎

[a] CIN. 头孢磺啶 - 三氯生 - 新生霉素；GNB. 革兰氏阴性杆菌；IMViC. 吲哚生产、甲基红、VP、柠檬酸盐利用试验；MAC. MacConkey 琼脂；ODC. 鸟氨酸脱羧酶；+，阳性；0. 阴性；V. 可变。

第 14 章 **弧菌科** [a]

微生物	革兰氏染色特征	生长特性	鉴别的关键表型特征	其他	临床表现
霍乱弧菌	GNB，可卷曲，也可平直	非溶血性，绿色菌落（图 14-2）	氧化酶：+ 过氧化氢酶：+ 0% 氯化钠：+ 6% NaCl：V 蔗糖：+（TCBS 上为黄色菌落）（图 14-4）	霍乱弧菌血清型 O1 和 O139（霍乱毒素） 非 O1 型霍乱弧菌：最常见的血清群 可用疫苗预防感染	霍乱弧菌血清型： O1 型：无症状至水样腹泻（淘米水样便） 非 O1 型：肠胃炎、败血症和伤口感染
副溶血弧菌	GNB，可卷曲，也可平直	绿色菌落	氧化酶：+ 尿素酶：V[b] 0% NaCl：0 6% NaCl：+ 蔗糖：0（TCBS 上为绿色菌落）（图 14-6）	临床标本中最常见的分离菌株	食用生的、受污染的鱼或贝类后引起的胃肠炎
创伤弧菌	GNB，可卷曲，也可平直	非溶血性	氧化酶：+ 0% NaCl：0 6% NaCl：V 蔗糖：0（15% 的菌株可以 +）		处理或食用生牡蛎后出现败血症和伤口感染 易感因素：肝病、血清铁含量升高
麦氏弧菌	GNB，可卷曲，也可平直	非溶血性	氧化酶：0 过氧化氢酶：0 0% NaCl：0 6% NaCl：V		

a GNB. 革兰氏阴性杆菌；% NaCl. 在含 0% 或 6% NaCl 的营养肉汤中生长；TCBS. 硫代硫酸盐柠檬酸盐胆盐蔗糖琼脂；V. 可变；+. 阳性；0. 阴性。

b 尿素酶阳性菌株比尿素酶阴性菌株更具毒性。

第 15 章　气单胞菌属[a]

微生物	革兰氏染色特征	生长特性	鉴别的关键表型特征	其他	临床表现
气单胞菌	菌体小、GNB、球杆菌	大多数菌株是 β-溶血性； CIN：能提高污染样本的分离率	氧化酶：+ 吲哚：+	达卡气单胞菌：最常见的分离株，毒力最强	自限性胃肠炎、败血症、坏死性筋膜炎、水蛭治疗后的感染
嗜水气单胞菌	菌体小、直、GNB 和球杆菌（图 15-1）	β-溶血（图 15-2）	氧化酶：+ 吲哚：+ VP：+ ODC：0 七叶皂苷：+		
豚鼠气单胞菌	GNB	非溶血 CIN：菌落有粉红中心	氧化酶：+ 吲哚：+（偶有菌株为阴性） VP：0 ODC：0		
维罗纳气单胞菌温和变种	GNB	菌落为圆形，整个边缘凸起，表面光滑，半透明或白色至浅黄色	氧化酶：+ 吲哚：+ VP：+ ODC：0 七叶皂苷：0		侵袭性肠外感染

[a] CIN. 改良头孢磺啶－三氯生－新生霉素琼脂；七叶皂苷 . 七叶皂苷水解酶；GNB. 革兰氏阴性杆菌；ODC. 鸟氨酸脱羧酶；+. 阳性；0. 阴性。

第 16 章　假单胞菌属[a]

微生物	革兰氏染色特征	生长特性	鉴别的关键表型特征	其他	临床表现
铜绿假单胞菌	菌体细长，GNB（图 16-1）	MAC：非发酵菌 CF 患者分离菌株：黏液样菌落，含藻酸盐 菌落 β-溶血，带金属光泽，葡萄味。（氨基苯乙酮）（图 16-2）	过氧化氢酶 + 氧化酶：+ N_2：+ 麦芽糖：0 运动能力：+ 42℃生长：+	色素产生： Pyoverdin：黄绿色 绿脓素：蓝绿色 红脓素：红色 黑脓素：棕黑色（图 16-7）	与医疗保健相关的感染、坏疽性脓肿、“游泳者耳炎”、热浴缸毛囊炎、角膜炎、骨髓炎、静脉吸毒者的心内膜炎，以及 CF 患者的呼吸道感染
施氏假单胞菌	GNB	干燥和起皱的菌落，可以在琼脂上形成凹陷（图 16-8）	氧化酶：+ N_2：+ 麦芽糖：+ ADH：0 42℃生长：V		偶尔会导致免疫缺陷患者感染，如菌血症和脑膜炎

[a] ADH. 精氨酸二氢酶；CF. 囊性纤维化；GNB. 革兰氏阴性杆菌；MAC. MacConkey 琼脂；N_2. 将硝酸盐还原为氮气；V. 可变；+. 阳性；0. 阴性。

第 17 章　**伯克霍尔德菌属、寡养单胞菌属、罗尔斯顿菌属、贪铜菌属、潘多拉菌属、短波单胞菌属、丛毛单胞菌属、代尔夫特和食酸菌属**[a]

微生物	革兰氏染色特征	生长特性	鉴别的关键表型特征	其他	临床表现
洋葱伯克霍尔德菌复合群	GNB，菌体直或稍微弯曲	菌落有浅黄色至黄褐色色素； MAC：菌落深粉色/红色（乳糖氧化）（图 17-2）	过氧化氢酶：+ 氧化酶：+ 非发酵菌 运动能力：+	选择性培养基可提高污染样本的分离率	风险因素：慢性肉芽肿疾病与 CF 患者
鼻疽伯克霍尔德菌	GNB，菌体直或稍微弯曲	SBA：2 d 内长出无溶血性、光滑、灰色半透明菌落，无明显气味 MAC：48 h 内无菌落生长或针尖样菌落	过氧化氢酶：+ 氧化酶：V 非发酵菌 运动能力：0 庆大霉素：S 42℃下生长：0	生物恐怖微生物	在动物中引起腺体病，人类罕见
类鼻疽伯克霍尔德菌	GNB，菌体小，双极染色	SBA：在最初 1~2 d 内，菌落无溶血性、小而光滑，呈奶油状。随着时间的推移，菌落变得干燥、起皱。有独特的霉味 可在 MAC 上生长 在 Ashdown 培养基上生长良好	过氧化氢酶：+ 氧化酶：+ 非发酵菌 运动能力：+ 庆大霉素：R 42℃下生长：+	流行于东南亚和澳大利亚北部	类鼻疽（吸入或接触感染）
嗜麦芽寡养单胞菌	GNB，菌体直	可在 MAC 上生长 菌落无溶血性、绿色、有氨味（图 17-5）	过氧化氢酶：+ 氧化酶：V 非发酵菌 运动能力：+ DNA 酶：+ （图 17-6）		医疗保健相关的获得性感染和 CF 患者感染

[a] CF. 囊性纤维化；GNB. 革兰氏阴性杆菌；MAC. MacConkey 琼脂；R. 耐药；S. 敏感；SBA. 绵羊血琼脂；V. 可变；+. 阳性；0. 阴性。

第 18 章 不动杆菌属、金黄杆菌属、莫拉菌属、甲基杆菌属和其他非发酵革兰阴性杆菌[a]

微生物	革兰氏染色特征	生长特性	鉴别的关键表型特征	其他	临床表现
鲍曼不动杆菌	GNB 或 GV 球杆菌，单独或成对出现（图 18-1）	MAC：淡粉色的菌落无溶血、无色素（图 18-3）	氧化酶：0 硝酸盐：0 运动能力：0（可能有抽搐运动）	常与多药耐药性有关	呼吸机相关肺炎和血液感染，在战争中受重伤的士兵和自然灾害的伤者
卡他莫拉菌	GN 球杆菌，成对或短链分布	MAC：0 曲棍球征	氧化酶：+ 运动能力：0 吲哚：0 无唾液酸		成人慢性阻塞性肺病患者的中耳炎、鼻窦炎、上下呼吸道感染
腔隙莫拉菌	GN 球杆菌，成对或短链分布	菌落小、绿色，在长时间培养后可能会使琼脂凹陷（图 18-6）	氧化酶：+ 运动能力：0 吲哚：0 明胶：+ 吐温 80：+		眼部感染和感染性心内膜炎
产吲哚金黄杆菌	GNB，中心比两端细，也可以呈丝状	β-溶血，菌落有深黄色色素（柔红霉素）（图 18-19）	过氧化氢酶：+ 运动能力：0 氧化酶：+ 吲哚：+ 七叶皂苷：+ 明胶：+ 42℃下生长：0		呼吸机相关肺炎、导管相关感染、新生儿脑膜炎和从 CF 患者分离出的耐多药菌株
脑膜败血症伊丽莎白菌	GNB	菌落大、无色素或黄色至鲑鱼色	氧化酶：+ 甘露醇：+ 吲哚：+ ONPG：+ 明胶：+ 七叶皂苷：+		新生儿脑膜炎、心内膜炎和与透析相关的医疗感染
按蚊伊丽莎白菌	GNB	SBA：菌落光滑、淡黄色、半透明且有光泽 MAC：没有生长	氧化酶：+ 甘露醇：+ 吲哚：+ ONPG：+ 明胶：0 七叶皂苷：+	是该属主要的人类致病菌	已知该菌可导致成人和儿童败血症、新生儿脑膜炎；免疫功能低下患者的感染

[a] CF. 囊性纤维化；COPD. 慢性阻塞性肺疾病；七叶皂苷. 七叶皂苷的水解；GNB. 革兰氏阴性杆菌；GV. 革兰氏染色结果可变；MAC. MacConkey 琼脂；ONPG. 邻硝基苯基-β-d-半乳糖苷；SBA. 绵羊血琼脂；+. 阳性；0. 阴性。

第 19 章 **放线杆菌属、凝聚杆菌属、二氧化碳嗜纤维菌属、艾肯菌属、金氏菌属、巴斯德菌属和其他苛养菌或罕见的革兰氏阴性杆菌** [a]

微生物	革兰氏染色特征	生长特性	鉴别的关键表型特征	其他	临床表现
放线杆菌属	GN，卵圆形小球菌	SBA 和 CHOC：针尖样菌落或小菌落，灰白色，有粘附性，非溶血性（48 h）	氧化酶：+ 硝酸盐：+ 尿素：+		
伴放线凝聚杆菌	GN、球形或杆状杆菌，可呈丝状（图 19-1）	小菌落（24 h）（图 19-2） 星形结构和琼脂的点蚀（>72 h）	过氧化氢酶：+ 吲哚：0 硝酸盐：+	HACEK 细菌群	牙周炎、口腔科操作后感染性心内膜炎
嗜沫凝聚杆菌	GNB	颗粒状或光滑菌落，可为灰色至黄色	过氧化氢酶：0 吲哚：0 硝酸盐：+ 生长需要 V 因子（血红素）	HACEK 细菌群	系统性疾病、骨关节感染
二氧化碳嗜纤维菌属	菌体细，纺锤形，GNB（图 19-7）	生长需要二氧化碳 SBA 和 CHOC：琼脂表面有针尖样菌落（24 h）、琼脂表面呈薄雾状或群集（滑动运动） MAC：没有生长	过氧化氢酶：0 氧化酶：0	人类口腔的正常菌群	主要见于中性粒细胞减少症患者；败血症和其他内源性感染
犬咬二氧化碳嗜纤维菌	菌体细，纺锤形，GNB	生长需要二氧化碳；SBA 和 CHOC：琼脂表面有针尖样菌落（24 h）、琼脂表面呈薄雾状或群集（滑动运动） MAC：没有生长（图 19-8）	过氧化氢酶：+ 氧化酶：+	犬类口腔的正常菌群	猫、狗咬伤或接触酗酒和脾切除术患者的败血症，多引起严重后遗症
人心杆菌	GNB，多形性，末端肿胀，形成玫瑰花结（图 19-12）	生长需要二氧化碳 SBA 和 CHOC：菌落小，轻微 α- 溶血 MAC：没有生长（图 19-13）	过氧化氢酶：0 氧化酶：+ 硝酸盐：0 吲哚：弱 +（图 19-14）	HACEK 细菌群	感染性心内膜炎

第 19 章（续） **放线杆菌属、凝聚杆菌属、二氧化碳嗜纤维菌属、艾肯菌属、金氏菌属、巴斯德菌属和其他苛养菌或罕见的革兰氏阴性杆菌** [a]

微生物	革兰氏染色特征	生长特性	鉴别的关键表型特征	其他	临床表现
紫色色杆菌	GNB	在血液琼脂（左）和 Mueller-Hinton 琼脂（右）上形成紫色菌落（图 19-15） MAC：生长	过氧化氢酶：+ 硝酸盐：+		伤口污染、败血症、多发性脓肿
侵蚀艾肯菌	菌体细，GNB（图 19-9）	在琼脂表面形成小坑，腐蚀琼脂表面；有类似漂白剂的气味（图 19-10） MAC：没有生长	过氧化氢酶：0 氧化酶：+ 硝酸盐：+	HACEK 细菌群	心内膜炎、拳击伤和人咬伤
金氏金氏菌	菌体小，GN，球杆菌	菌落 β - 溶血（图 19-11） MAC：没有生长	过氧化氢酶：0 氧化酶：+ 硝酸盐：0	HACEK 细菌群	心内膜炎，骨髓炎，化脓性关节炎（<6 年）
多杀巴斯德菌	GNB，多形性或为球杆菌（图 19-18A）	菌落较小，灰色，光滑，无溶血性 MAC：没有生长（图 19-19，右）	过氧化氢酶：+ 氧化酶：+ 吲哚：+		动物咬伤（猫） 蜂窝组织炎和淋巴结炎
念珠状链杆菌	GNB，多形性伴肿胀区	增菌琼脂：煎蛋外观	过氧化氢酶：0 氧化酶：0 吲哚：0	肉汤培养基：面包屑样（图 19-16）	鼠咬热、Haverhil 热或流行性关节炎红斑（摄入）

[a] CHOC. 巧克力琼脂；GN. 革兰氏阴性；GNB. 革兰氏阴性杆菌；HACEK 细菌群 . 嗜血杆菌属、凝聚杆菌属、心杆菌属、腐蚀艾肯菌和金氏菌属；MAC. MacConkey 琼脂；硝酸盐 . 硝酸盐还原酶；SBA. 绵羊血琼脂；+. 阳性；0. 阴性。

第 20 章　**军团菌属**[a]

微生物	革兰氏染色特征	生长特性	鉴别的关键表型特征	其他	临床表现
肺炎军团菌	GNB 细长，常规革兰氏染色多检测不到 使用石炭酸品红复染可清晰显色（图 20-2）	在 BCYE（添加半胱氨酸）生长最旺盛。 孵化：最多 2 周，呈现切割玻璃外观（图 20-6）	马尿酸：+	Ⅰ型嗜肺军团菌：占军团菌肺炎的 90% 以上 附加测试： • DFA：敏感性低 • NAAT • 尿抗原（血清型 1） • 血清学检测	肺炎（退伍军人病） Pontiac 热，一种急性自限性流感样疾病 肺外疾病 气溶胶和污染水源传播
米克戴德军团菌	GNB 细长，常规革兰氏染色多检测不到 使用石炭酸品红复染可清晰显色	在 BCYE（添加半胱氨酸）生长最旺盛	马尿酸：0	抗酸染色阳性（组织）	肺炎

[a] BCYE. 活性炭酵母浸膏培养基；DFA. 直接荧光抗体试验；GNB. 革兰氏阴性杆菌；NAAT. 核酸扩增试验；+ 阳性；0. 阴性。

第 21 章　**奈瑟菌属**[a]

微生物	革兰氏染色特征	生长特性	鉴别的关键表型特征	其他	临床表现
淋病奈瑟菌	GN，常是细胞内双球菌（蚕豆状）（图 21-1）	选择性培养基（MTM）生长旺盛 SBA：没有生长 CHOC：灰白色菌落（图 21-4，右）	过氧化氢酶：+ 氧化酶：+ 葡萄糖：+ 麦芽糖：0 乳糖：0 蔗糖：0	NAAT：尿液和生殖器官标本	性传播疾病 播散感染：菌血症和关节感染
脑膜炎奈瑟菌	GN，双球菌（蚕豆状）	SBA：菌落生长 CHOC：灰色菌落，周围有绿色变色（图 21-4，左）	过氧化氢酶：+ 氧化酶：+ 葡萄糖：+ 麦芽糖：+ 乳糖：0 蔗糖：0	疫苗可用于血清型 C、W 和 Y（荚膜）和 B（无荚膜）菌株感染的预防	脑膜炎和菌血症
乳酰胺奈瑟菌	GN，双球菌	菌落形态类似于脑膜炎奈瑟菌	过氧化氢酶：+ 氧化酶：+ 葡萄糖：+ 麦芽糖：+ 乳糖：+ 蔗糖：0	上呼吸道的共生菌，尤其在幼儿中	罕见的脑膜炎和败血症病例

[a] CHOC. 巧克力琼脂；GN. 革兰氏阴性；MTM. 改良 Thayer-Martin 培养基；NAAT. 核酸扩增试验；SBA. 绵羊血琼脂；+ 阳性 .0. 阴性。

第 22 章 嗜血杆菌属[a]

微生物	革兰氏染色特征	生长特性	鉴别的关键表型特征	其他	临床表现
流感嗜血杆菌	菌体小、多形性、GN 球杆菌 荚膜：V（图 22-1）	SBA：没有生长 马血琼脂：非溶血性 CHOC：菌落灰色，黏液状，有光泽（图 22-3）	生长需要 V 和 X 因子 卫星现象：+	b 组流感嗜血杆菌荚膜疫苗可用于预防感染 其他测试： • 抗原检测：尿液和 CSF • NAAT	结膜炎、鼻窦炎、中耳炎、会厌炎、眼眶蜂窝组织炎、菌血症和脑膜炎 大多数流感嗜血杆菌感染是由非分型菌株引起的
副流感嗜血杆菌	菌体小、多形性、GN 球杆菌	灰白色至黄色，直径 1~2 mm（培养 24 h）	生长需要 V 因子	HACEK 细菌群的一部分	急性中耳炎、急性鼻窦炎、慢性支气管炎急性细菌性加重和亚急性心内膜炎
溶血性嗜血杆菌	菌体小、多形性、GN 球杆菌	马血琼脂：β - 溶血菌落	生长需要 V 和 X 因子		可导致侵袭性疾病
副溶血性嗜血杆菌	菌体小、多形性、GN 球杆菌	马血琼脂：β - 溶血菌落	生长需要 V 因子		很少致病
杜克雷嗜血杆菌	菌体小、多形性、GN 球杆菌 “鱼群”样排列（图 22-2）	培养 5 d 能长出可视菌落 最适生长温度：0~33℃	生长需要 X 因子		以生殖器疼痛性软下疳为特征的性传播感染，可发展为腹股沟淋巴结病

[a] CHOC. 巧克力琼脂；CSF. 脑脊液；GN. 革兰氏阴性；HACEK. HACEK 细菌群 . 嗜血杆菌属、凝聚杆菌属、心杆菌属、腐蚀艾肯菌和金氏菌属；NAAT. 核酸扩增试验；SBA. 绵羊血琼脂；+. 阳性；0. 阴性；V. 可变。

第 23 章 鲍特菌属及其相关菌属[a]

微生物	革兰氏染色特征	生长特性	鉴别的关键表型特征	其他	临床表现
百日咳鲍特菌	GN，球杆菌，微弱染色（图 23-1） 最好用石炭酸品红复染	使用含炭运送培养基以达到最佳分离率 SBA：无生长 特殊培养基（BGA 或 Regan Lowe）：菌落呈水银滴状外观（图 23-7） 生长速度：最多 5 d，长出可视菌落	氧化酶：+ 尿素酶：0	其他测试： • DFA：敏感性和特异性低 • NAAT：良好的灵敏度 • 可用血清学疫苗预防感染	百日咳

第 23 章（续）　**鲍特菌属及其相关菌属** [a]

微生物	革兰氏染色特征	生长特性	鉴别的关键表型特征	其他	临床表现
副百日咳鲍特菌	GN，球杆菌，微弱染色 最好用石炭酸品红复染（图 23-3）	使用含炭运送培养基以达到最佳分离率 SBA：生长 BGA：棕色菌落 生长速度：2~3 d	氧化酶：0 脲酶：+（24 h）		免疫功能低下患者的百日咳样症状
支气管败血症鲍特菌	GN，球杆菌，微弱染色 最好用石炭酸品红复染	在 SBA 和 MAC 上生长 生长速度：1~2 d	氧化酶：+ 脲酶：+（4 h）	主要是动物病原体（狗的犬窝咳）	免疫功能低下患者的百日咳样症状
木糖氧化无色杆菌	GN 球杆菌或小杆菌（图 23-4）	在 SBA 和 MAC 上生长（图 23-13）	过氧化氢酶：+ 氧化酶：+		与 CF 患者关系密切
粪产碱杆菌	GNB	在 SBA 和 MAC 上生长 SBA：菌落周围的绿色变色（图 23-14）	苹果味 亚硝酸盐：+		从各种临床标本中分离出来

[a] BGA. Bordet-Gengou 琼脂；CF. 囊性纤维化；DFA. 直接荧光抗体试验；GN. 革兰氏阴性；GNB. 革兰氏阴性杆菌；MAC. MacConkey 琼脂；NAAT. 核酸扩增试验；SBA. 绵羊血琼脂；+. 阳性；0. 阴性。

第 24 章　**布鲁菌属** [a]

微生物	革兰氏染色特征	生长特性	鉴别的关键表型特征	其他	临床表现
马耳他布鲁菌（山羊和绵羊种 流产布鲁菌（牛种） 犬种布鲁菌（犬种） 猪种布鲁菌（猪种）	菌体小，GN，球菌（轻微染色） 最好用石炭酸品红复染（图 24-1B）	培养 24~48 h 后出现光滑菌落（图 24-2）	过氧化氢酶：+ 氧化酶：+ 脲酶：+[b]（图 24-4） 硝酸盐：+	在人类感染中最常见的是马耳他布鲁菌 布鲁菌属的感染剂量非常低（$<10^2$CFU） 实验室获得性感染是重要的传播来源 其他测试： • 血清学 • NAAT	临床表现：间歇性发热、发冷、虚弱、不适、疼痛、出汗和体重减轻 主要通过摄入未经高温消毒的牛奶或其副产品传播

[a] GN. 革兰氏阴性；NAAT. 核酸扩增试验；+. 阳性。

[b] 猪种和犬种布鲁菌能快速水解尿素（在不到 1h 内），马耳他布鲁菌和流产布鲁菌则需要更长的时间或可能是阴性。

第 25 章 巴尔通体属[a]

微生物	革兰氏染色特征	生长特性	鉴别的关键表型特征	其他	临床表现
杆菌样巴尔通体	菌体小，染色模糊，略微弯曲，GNB	生长需要富含血液的培养基 生长缓慢，在固体培养基上需要 3 周，才能长出可视菌落	氧化酶：0 尿素酶：0	虫媒：沙蝇（Lutzomyia） 其他测试： • 血清学 • NAAT（巴尔通体属） • 组织病理学：银染	腐肉病：Oroya 热（急性溶血菌血症）和 verruga peruana（慢性结节型）
五日热巴尔通体	菌体小，染色模糊，略微弯曲，GNB	生长需要富含血液的培养基 生长缓慢，在固体培养基上需要 3 周，才能长出可视菌落	氧化酶：0 尿素酶：0	虫媒：体虱（人虱） 生长需要血液增菌培养基 其他检测： • 血清学 • NAAT（巴尔通体属） • 组织病理学：银染	海沟热 细菌性血管瘤病（AIDS） 心内膜炎（血培养阴性）
汉赛巴尔通体	菌体小，染色模糊，略微弯曲，GNB（图 25-1）	生长需要富含血液的培养基 生长缓慢，在固体培养基上需要 3 周，才能长出可视菌落 粗糙的菜花状菌落或更小，易于凹陷并粘附在琼脂上（图 25-2B）	氧化酶：0 尿素酶：0	虫媒：跳蚤 宿主：猫 其他检测： • 血清学 • NAAT（巴尔通体属） • 组织病理学：银染（图 25-3）	猫抓热 细菌性血管瘤病：肝脾肿大（AIDS） 心内膜炎（血培养阴性）

[a] GNB. 革兰氏阴性杆菌；NAAT. 核酸扩增试验；0. 阴性。

第 26 章 弗朗西斯菌属[a]

微生物	革兰氏染色特征	生长特性	鉴别的关键表型特征	其他	临床表现
土拉热弗朗西斯菌	菌体小，多形性，淡染色，GN，球杆菌 直接革兰氏染色多为阴性（图 26-1）	补给性琼脂培养基培养阳性率高（Thayer-Martin）（图 26-3） MAC：没有生长 SBA：48 h 内生长缓慢 CHOC：24 h 内生长	过氧化氢酶：0 或 +（弱） 氧化酶：0	生物恐怖微生物 低 CFU 下的高传染性 其他测试： • 血清学 • 待检组织的免疫组织化学染色 • NAAT 玻片凝集和 DFA：培养悬浮液（图 26-2）	溃疡性、腺性（无皮肤损伤）眼腺性、口咽性、伤寒性（无局部症状或体征）和肺炎 人类通常通过直接接触受感染的动物或被节肢动物咬伤而感染

[a] CHOC. 巧克力琼脂；DFA. 直接荧光抗体；GN. 革兰氏阴性；MAC. MacConkey 琼脂；NAAT. 核酸扩增试验；SBA. 绵羊血琼脂；+. 阳性；0. 阴性。

第 28 章　梭状芽孢杆菌属[a]

微生物	革兰氏染色特征	生长特性	鉴别的关键表型特征	其他	临床表现
肉毒梭菌	菌体直或弯曲，GPB，单独或成对出现 近端孢子（图 28-3）	菌落灰白色，伴有小范围的 β-溶血（图 28-4）	吲哚：0 七叶皂苷：V	可在各种临床标本中检测到，如血清、粪便和食物，能产生神经毒素	肉毒杆菌中毒的特点是突发的松弛性麻痹； 肉毒中毒类型：经典型（食源性）、伤口、婴儿肉毒中毒（蜂蜜）和其他形式（成人肠道毒血症）
无害梭菌	GPB，罕见末端孢子	灰白色至亮绿色菌落	吲哚：0 七叶皂苷：+ 卵磷脂酶：0	万古霉素：R	可引起免疫功能低下患者的菌血症
产气荚膜梭菌	GPB 或 GVB，顶端钝圆（盒式），单个或成对出现 罕见孢子（中央或近端）（图 28-14A）	双溶血区（图 28-15）	吲哚：0 七叶皂苷：V 卵磷脂酶：+（图 28-16） 反向 CAMP：+（图 28-17）		新生儿菌血症、创伤性肌坏死、食源性胃肠炎、坏死性小肠结肠炎
多枝梭菌	菌体直或弯曲，GVB，栅栏样 很少产生末端孢子（图 28-18）	菌落灰白色，无溶血（图 28-19）	吲哚：0 七叶皂苷：+ 卵磷脂酶：0	利福平：R	脓肿、腹膜炎、菌血症和慢性中耳炎
败毒梭菌	群体直或弯曲，GPB 或 GVB，可以产生长丝 近端孢子（图 28-21）	菌落灰色，β-溶血，成簇（美杜莎头样）（图 28-22）	吲哚：0 七叶皂苷：+ 卵磷脂酶：0 DNA 酶：+		菌血症（与结肠癌和其他恶性肿瘤相关）、非创伤性肌坏死和中性粒细胞减少性小肠结肠炎

第 28 章（续） 梭状芽孢杆菌属[a]

微生物	革兰氏染色特征	生长特性	鉴别的关键表型特征	其他	临床表现
索氏梭菌	菌体大，GPB 可产生近端孢子和游离孢子（图 28-23）	大型菌落、灰白色、叶状（图 28-24）	卵磷脂酶：+ 七叶皂苷：0 吲哚：+（图 28-25A） 尿素酶：+（图 28-25B）		中性粒细胞减少性小肠结肠炎 中毒性休克综合征与流产
第三梭菌	GVB 厌氧培养时产生末端孢子（图 28-28）	灰白色菌落、边缘不规则（图 28-30）	耐氧 吲哚：0 七叶皂苷：+ 卵磷脂酶：0	甲硝唑：R	中性粒细胞减少性菌血症、小肠结肠炎
破伤风梭菌	GPB 或 GVB，单独和成对出现 末端孢子（网球拍样）（图 28-31）	菌落灰色，边缘不规则，似根，可成簇（图 28-32）	吲哚：V 七叶皂苷：0 卵磷脂酶：0	可产生河豚毒素：神经毒素 有可用疫苗	以瘫痪和强直性痉挛为特征
艰难梭状芽孢杆菌	菌体直，短链状，GPB 可产生近端孢子和游离孢子（图 28-7）	菌落灰白色，非溶血 在固体培养基上生长时有“马粪”气味（图 28-8）	吲哚：0 七叶皂苷：+ 卵磷脂酶：0 荧光黄绿色（图 28-9）	产毒菌株：编码肠毒素 *Tcd*A（毒素 A）、细胞毒素 *Tcd*B（毒素 B）和 *Tcd*C（高毒核糖型 027/NAP1） 其他测试： • EIA：毒素 A 和毒素 B • NAAT • GDH • CCCNA（图 28-11A）	抗生素相关性腹泻和假膜性结肠炎

[a] CCCNA. 细胞培养细胞毒性中和试验；EIA. 酶免疫分析；七叶皂苷 . 七叶皂苷的水解；GDH. 谷氨酸脱氢酶；GPB. 革兰氏阳性杆菌；GVB. 革兰氏可变杆菌；NAAT. 核酸扩增试验；+. 阳性 .0. 阴性；V. 可变。

第 29 章 消化链球菌属、芬戈尔德菌属、厌氧球菌属、嗜胨菌属、*Cutibacterium*、乳杆菌属、放线菌属和其他革兰氏阳性厌氧无芽孢菌[a]

微生物	革兰氏染色特征	生长特性	鉴别的关键表型特征	其他	临床表现
厌氧消化链球菌	多形 GPC，链状分布（图 29-6）	非溶血 在固体培养基上生长时有刺鼻的甜味	SPS：S （图 29-8，左）		腹腔和女性泌尿生殖道感染
微小微单胞菌	成对或短链的小型 GPC（图 29-4）	被乳白色晕环包围的微小菌落	SPS：R		口腔感染
大芬戈尔德菌	成对或成簇的 GPC（图 29-2）	微小的非溶血菌落（图 29-3）	SPS：R		心内膜炎、脑膜炎、肺炎、皮肤和关节感染
以色列放线菌	带有分枝细丝的 GPB（串珠外观）（图 29-12）	臼齿外观（图 29-14B）	改良抗酸染色：0 硝酸盐：+ 过氧化氢酶：0	硫黄颗粒（图 29-11）	中枢神经系统、下呼吸道、生殖道（宫内节育器）和颈面部感染
溶齿放线菌	GPB，棒状或末端分叉（图 29-15）	粉红色菌落（4-10 d）（图 29-16B）	硝酸盐：+ 过氧化氢酶：0		宫内节育器感染和菌血症
痤疮杆菌	GPB，类白喉样或棒状	在微需氧条件下生长缓慢；厌氧环境生长增强（图 29-18）	硝酸盐：+ 吲哚：+ 过氧化氢酶：+ （图 29-19）		寻常痤疮、人工瓣膜、脑室 - 动脉分流术植入物和人工关节（肩）感染
迟缓艾格特拉菌	多形 GPB（图 29-22）	小而半透明的菌落	过氧化氢酶 + 硝酸盐：+	紫外光下发出橙色 / 红色荧光	菌血症

第 29 章（续） 消化链球菌属、芬戈尔德菌属、厌氧球菌属、嗜胨菌属、*Cutibacterium*、乳杆菌属、放线菌属和其他革兰氏阳性厌氧无芽孢菌[a]

微生物	革兰氏染色特征	生长特性	鉴别的关键表型特征	其他	临床表现
乳杆菌属	菌体细长、GPB、两侧平行侧和两端钝圆（图 29-24）	菌落无色素	过氧化氢酶：0 硝酸盐：0	万古霉素：R（一些菌种）	菌血症，心内膜炎，腹腔脓肿

[a] CNS. 中枢神经系统；GPB. 革兰氏阳性杆菌；GPC. 革兰氏阳性球菌；R. 耐药；S. 敏感；SPS. 聚乙烯醇磺酸钠；+. 阳性；0. 阴性。

第 30 章 拟杆菌属、卟啉单胞菌属、普里沃菌属、梭杆菌属和其他革兰氏阴性厌氧菌[a]

微生物	革兰氏染色特征	生长特性	鉴别的关键表型特征	其他	临床表现
脆弱拟杆菌	菌体不规则染色，多形性，GNB（图 30-1）	同心环或螺纹菌落（图 30-2A）	七叶皂苷：+ 吲哚：0（图 30-5，右） 20% 胆汁促进生长：+ 万古霉素：R 卡那霉素：R 多黏菌素：R （图 30-2B）		多从血液、溃疡、脓肿、支气管分泌物、骨骼、腹腔感染和头部标本中分离得到
具核梭杆菌	菌体细长，GNB，带锥形端头（图 30-12）	形状不规则的小菌落（“面包屑”样）（图 30-13）	万古霉素：R 卡那霉素：S 多黏菌素：S		脑脓肿
坏死梭杆菌	菌体多形性，长，GNB（图 30-15）	菌落白色至棕褐色，有光泽，可为伞形或圆形（图 30-16）	万古霉素：R 卡那霉素：S 多黏菌素：S 脂肪酶：+（图 30-17）		Lemierre 综合征：扁桃体炎并发颈静脉血栓性静脉炎和菌血症

第 30 章（续）　**拟杆菌属、卟啉单胞菌属、普里沃菌属、梭杆菌属和其他革兰氏阴性厌氧菌**[a]

微生物	革兰氏染色特征	生长特性	鉴别的关键表型特征	其他	临床表现
普里沃菌属	球杆菌（图 30-6）	菌落小、圆形的、有光泽，可为灰色	万古霉素：R 卡那霉素：R（少数 S） 多黏菌素：V（图 30-7）		口腔感染
卟啉单胞菌属	革兰氏染色可变（图 30-10）	菌落有色素产生[b]	万古霉素：S[b] 卡那霉素：R 多黏菌素：R（图 30-11）		可从口腔、腹腔内部、阴道、羊水、皮肤（褥疮）、血液和脑组织中分离出
韦荣球菌菌属	小型 GNC（图 30-20）	菌落小，不透明，不溶血（图 30-21）	万古霉素：R 卡那霉素：S 多黏菌素：S 硝酸盐：+（图 30-22）		从感染部位分离，常是混合感染的一部分

[a] 七叶皂苷．七叶皂苷水解；GN. 革兰氏阴性；GNB. 革兰氏阴性杆菌；GNC. 革兰氏阴性球菌；R. 耐药；S. 敏感；V. 可变；+. 阳性；0. 阴性。

[b] 卡托尼亚卟啉单胞菌无色素，对万古霉素耐药。

第 31 章　**弯曲菌属和弓形杆菌属**[a]

微生物	革兰氏染色特征	生长特性	鉴别的关键表型特征	其他	临床表现
结肠弯曲菌	GNB，菌体弯曲，海鸥翼形 推荐使用石炭酸品红或含水碱性品红作为复染剂	生长需要微需氧环境（5%~7% O_2、5%~10% CO_2 和 80%~90% N_2） 应使用选择性培养基	42 ℃下生长：+ 马尿酸盐：0 吲哚乙酸：+	其他测试： • 抗原检测 • NAAT	临床表现与空肠弯曲菌相似
胎儿弯曲菌胎儿亚种	GNB，菌体弯曲，海鸥翼形 推荐使用石炭酸品红或含水碱性品红作为复染剂（图 31-2）	生长需要微需氧环境（5%~7% O_2、5%~10% CO_2 和 80%~90% N_2） 应使用选择性培养基	42 ℃下生长：0 25 ℃下生长 马尿酸盐：0 吲哚乙酸：0		妊娠期或免疫功能低下患者的血液和肠外感染

第 31 章（续） **弯曲菌属和弓形杆菌属**[a]

微生物	革兰氏染色特征	生长特性	鉴别的关键表型特征	其他	临床表现
空肠弯曲菌空肠亚种	GNB，菌体弯曲，海鸥翼形 推荐使用石炭酸品红或含水碱性品红作为复染剂（图 31-1B）	生长需要微需氧环境（5%~7% O_2、5%~10% CO_2 和 80%~90% N_2） 应使用选择性培养基（图 31-5）	42℃下生长：+ 马尿酸盐：+（图 31-9，右） 吲哚乙酸：+	其他测试： • 抗原检测 • NAAT	临床表现从无症状到严重病例，包括发烧、腹部痉挛和腹泻，可能是血性腹泻，持续数天到数周 与雷特综合征和格林－巴利综合征有关
解脲弯曲菌	菌体小，GNB	菌落形态可变，点蚀培养基	尿素酶：+ 在 20% 胆汁生长：0		皮肤、软组织、尿道、肛周和牙周、胃肠道感染
弓形杆菌属	菌体螺旋形，GNB	耐氧	42 ℃下生长：0		腹泻和血液感染

[a] GNB. 革兰氏阴性杆菌；马尿酸：马尿酸水解；NAAT. 核酸扩增试验；+. 阳性；0. 阴性。

第 32 章 **螺杆菌属**[a]

微生物	革兰氏染色特征	生长特性	鉴别的关键表型特征	其他	临床表现
幽门螺杆菌	菌体螺旋、弯曲或呈直线；GNB（图 32-1）	菌落小，无溶血性（图 32-5A） 常规有氧环境中生长不良	尿素酶：+ 过氧化氢酶：+ 氧化酶：+	其他测试： • 血清学 • 粪便抗原 • 尿素呼气试验 • 快速尿素酶测试 组织病理学：弯曲杆菌（图 41-71B）	慢性胃炎、消化性溃疡、胃腺癌和 B 细胞 MALT 淋巴瘤
海尔曼螺杆菌	菌体大，螺旋紧密 GNB	体外生长不良	尿素酶：+ 过氧化氢酶：+ 氧化酶：+	其他测试： • 组织病理学：紧密卷曲的杆菌（图 41-72B）	罕见人类感染（0.3%~6%）；消化性溃疡、胃炎和 MALT 淋巴瘤

[a] GNB. 革兰氏阴性杆菌；MALT. 黏膜相关淋巴组织；+. 阳性。

第 33 章　衣原体[a]

微生物	革兰氏染色特征	生长特性	鉴别的关键表型特征	其他	临床表现
沙眼衣原体	革兰氏染色无法检测到	不能在人工培养基上培养；需要在活的真核细胞内培养	NA	有 15 个主要血清型：A~K、Ba、L1~L3 其他检测： • NAAT：首选 • DFA：对新生儿结膜炎特别有用 • EIA：灵敏度低	沙眼：A~C、Ba 血清型 性传播感染：D~K 血清型； 性病淋巴肉芽肿：血清型 L1、L2 和 L3 婴儿结膜炎和肺炎
肺炎衣原体	革兰氏染色无法检测到	不能在人工培养基上培养；需要在活的真核细胞内培养	NA	其他检测： • NAAT：首选	上呼吸道和下呼吸道感染（肺炎）
鹦鹉热衣原体	革兰氏染色无法检测到	不能在人工培养基上培养；需要在活的真核细胞内培养	NA	生物恐怖微生物 人畜共患病；主要宿主：家禽	肺炎（鹦鹉热）

a DFA. 直接荧光抗体染色法；EIA. 酶免疫分析；NA. 不适用或数据不可用；NAAT. 核酸扩增试验。

第 34 章　支原体和脲原体[a]

微生物	革兰氏染色特征	生长特性	鉴别的关键表型特征	其他	临床表现
肺炎支原体	不染色（缺乏细胞壁）	需要专门的培养基 球形菌落	NA	其他检测： • NAAT：首选 • 血清学 非典型肺炎	与冷凝集素引起的自身免疫性溶血性贫血相关
人型支原体	不染色（缺乏细胞壁）	菌落呈煎蛋外观（图 34-1）	NA		盆腔炎与产后发热
生殖支原体	不染色（缺乏细胞壁）	需要专门的培养基	NA	其他检测： • NAAT：首选	尿道炎、宫颈炎、子宫内膜炎和盆腔炎
解脲脲原体	不染色（缺乏细胞壁）	需要专门的培养基；菌落微小（15~30 μm）（图 34-3）	脲酶：+（图 34-4，右）		尿道炎与女性不孕症

[a] NA. 不适用或数据不可用；NAAT. 核酸扩增试验；+. 阳性。

第 35 章　钩端螺旋体属、疏螺旋体属、密螺旋体属和短螺旋体属[a]

微生物	革兰氏染色特征	生长特性	鉴别的关键表型特征	其他	临床表现
问号钩端螺旋体	最好用石炭酸品红复染	需要特殊培养基	NA	其他测试： • 血清学（MAT）：更敏感 • 暗视野检测：直接湿涂片法（图 35-1） • NAAT • 组织病理学：Warthin-Starry 银染色或 IHC	败血症期： • 无症状（最常见） • 发烧、寒战、头痛、腹痛、肌痛（小腿和腰部），结膜充血 免疫期： • 黄疸、肾功能衰竭、心律失常、肺部症状、无菌性脑膜炎、畏光；腺病和肝脾肿大 • 威尔氏病：肝肾衰竭 传播途径：直接或间接接触受感染动物（啮齿动物）的尿液 感染途径：皮肤割伤或擦伤、黏膜和结膜
回归热疏螺旋体		需要特殊培养基	NA	其他检测： • 血液涂片：Giemsa 染色或 Wright 染色 • 血清学 • NAAT 虫媒：人虱（虱子）	虱传回归热
赫姆斯疏螺旋体 特氏疏螺旋体 帕克疏螺旋体	不染色	需要特殊培养基	NA	其他检测： • 血液涂片：Giemsa 染色或 Wright 染色（图 35-4） 病媒：钝缘蜱（软蜱）	蜱传回归热
伯氏疏螺旋体	螺旋 GNB（图 35-3）	很少进行培养	NA	其他检测： • 血清学：两步法 • NAAT • 血液涂片：无法检测到的 虫媒：硬蜱（图 35-6）	莱姆病：游走性红斑、神经系统疾病（面神经麻痹）和心脏疾病（房室传导阻滞）、大关节炎（膝关节）

第 35 章（续）　钩端螺旋体属、疏螺旋体属、密螺旋体属和短螺旋体属[a]

微生物	革兰氏染色特征	生长特性	鉴别的关键表型特征	其他	临床表现
苍白密螺旋体	不染色	不可培养；在兔子睾丸中生长	NA	其他检测： • 暗视野检测：硬下疳标本（图 35-7） • 血清学：密螺旋体抗体和非特异性密螺旋体抗体检测 • NAAT • 组织病理学：Warthin-Starry 染色或 IHC（图 35-8）	初期：硬下疳（坚实、无痛） 二期：皮疹（脚底和手掌）、扁平湿疣； 三期：牙龈瘤；会影响心血管系统和中枢神经系统 先天性梅毒
短螺旋体属	着色不良	浅灰色菌落，弱 β-溶血	生化反应不可靠	组织病理学：假刷状边界（图 35-14）	慢性腹泻和腹痛：儿童、HIV 阳性感染者和 MSM 健康的成年人是携带者

[a] CNS. 中枢神经系统；GNB. 革兰氏阴性杆菌；IHC. 免疫组织化学；MAT. 显微镜凝集试验；MSM. 男同性恋者，与男性发生性关系的男性；NA. 不适用或数据不可用；NAAT. 核酸扩增试验。

第 36 章　立克次体属、东方体属、埃立克体属和柯克斯体属[a]

微生物	革兰氏染色特征	生长特性	鉴别的关键表型特征	其他	临床表现
立氏立克次体	弱 GN，专性细胞内细菌 最好用 Giemsa 染色和 Gimenez 染色	需要细胞培养	NA	其他检测： • NAAT：首选 • 血清学 • 细胞培养：很少进行 • 组织病理学：IHC 或直接免疫荧光 虫媒：革蜱	落基山斑疹热
普氏立克次体	弱 GN，专性细胞内细菌 最好用 Giemsa 染色和 Gimenez 染色	需要细胞培养	NA	其他检测： • NAAT：首选 • 血清学 • 细胞培养：很少进行 • 组织病理学 虫媒：人虱	流行性斑疹伤寒 布里尔 - 津瑟病（复发型）

第 36 章（续） **立克次体属、东方体属、埃立克体属和柯克斯体属** [a]

微生物	革兰氏染色特征	生长特性	鉴别的关键表型特征	其他	临床表现
斑疹伤寒立克次体	弱 GN，专性细胞内细菌 最好用 Giemsa 染色和 Gimenez 染色	需要细胞培养	NA	其他检测： • NAAT：首选 • 血清学 • 细胞培养：很少进行 • 组织病理学 • 外周血涂片：单核细胞内的桑椹体 虫媒：印鼠客蚤	地方性伤寒或鼠伤寒
查非埃立克体	弱 GN，专性细胞内细菌 最好用 Giemsa 染色和 Gimenez 染色	需要细胞培养	NA	其他检测： • NAAT • 血清学：IFA（金标准） • 外周血涂片：单核细胞内的桑葚胚（图 36-2B） 细胞培养：很少进行 虫媒介：美洲钝眼蜱（孤星蜱）（图 36-7）	埃立克体病
尤因埃立克体	弱 GN，专性细胞内细菌 最好用 Giemsa 染色和 Gimenez 染色	需要细胞培养	NA	其他检测： • 范围广泛的 NAAT 虫媒：美洲钝眼蜱	人尤因埃立克体病
嗜吞噬细胞无形体	弱 GN，专性细胞内细菌 最好用 Giemsa 染色和 Gimenez 染色	需要细胞培养	NA	其他检测： • NAAT • 血清学：IFA（金标准） • 外周血涂片：单核细胞内的桑葚胚 • 细胞培养：很少进行 虫媒：硬蜱类	人粒细胞无形体病
贝氏柯克斯体	弱 GN，专性细胞内细菌 最好用 Giemsa 染色和 Gimenez 染色	需要细胞培养	NA	生物恐怖微生物 其他检测： • 血清学：第一阶段和第二阶段 • NAAT • 组织病理学 • 细胞培养（图 36-4） 组织病理学：纤维蛋白环肉芽肿（骨髓或肝脏） 宿主：牛、羊、狗、猫和兔子	急慢性 Q 热 最常见的表现是肺炎、肝炎和发烧 主要并发症：心内膜炎 通过未经高温消毒的牛奶、避孕产品或婴儿排泄物传播 受感染的牛、羊和山羊

第 36 章（续） 立克次体属、东方体属、埃立克体属和柯克斯体属[a]

微生物	革兰氏染色特征	生长特性	鉴别的关键表型特征	其他	临床表现
恙虫病东方体	专性细胞内细菌 最好用 Giemsa 染色和 Gimenez 染色	需要细胞培养	NA	在从日本延伸到巴基斯坦、阿富汗和澳大利亚的“恙虫病三角”中流行 其他检测： • IHC • NAAT • 血清学 虫媒：螨虫	恙虫病

[a] GN. 革兰氏阴性；IFA. 间接免疫荧光法；IHC. 免疫组化染色；NA. 不适用或数据不可用；NAAT. 核酸扩增试验。

第 37 章 惠普尔养障体[a]

微生物	革兰氏染色特征	生长特性	鉴别的关键表型特征	其他	临床表现
惠普尔养障体	染色不良，GPB	培养需要 4~6 周时间才能长出菌落，而且很少进行	NA	组织病理学：肠黏膜内的泡沫状巨噬细胞（图 37-1B） • PAS：+ • AFB：0 • NAAT	惠普尔病：腹泻、体重减轻、腹痛、淋巴结病、发热、关节痛、皮肤色素沉着和神经症状

[a] AFB. 抗酸杆菌；GPB. 革兰氏阳性杆菌；NA. 不适用或数据不可用；NAAT. 核酸扩增试验；PAS. 高碘酸希夫试验。